水的深度处理与回用技术

张林生 主 编　　卢 永 陶昱明 副主编

第三版

SHUI DE SHENDU
CHULI YU
NG JISHU

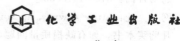

化学工业出版社
·北京·

本书主要介绍了给水与污水深度处理与回用技术的理论与应用。本书共12章，主要介绍了水的物理化学处理技术、微污染水生物处理技术、过滤及膜技术、微污染水源水处理技术及应用、特种水质处理技术及应用、污水除磷技术、污水脱氮技术、污水同步脱氮除磷技术、污水自然生态处理技术、污水处理再生利用技术、工业废水深度处理回用技术。

本书内容较第二版更为全面，通过更多方法和实例的介绍，方便读者掌握各种深度处理方法，针对不同水质选用更为经济有效的处理方法。本书可作为高等院校环境工程、市政工程及相关专业师生的教学用书，也可供从事环境治理工程、给水与废水处理工程的教学、设计、科技人员参考。

图书在版编目（CIP）数据

水的深度处理与回用技术/张林生主编．—3版．—北京：化学工业出版社，2016.4（2025.2重印）

ISBN 978-7-122-26431-2

Ⅰ.①水…　Ⅱ.①张…　Ⅲ.①废水处理②废水综合利用-技术　Ⅳ.①X703

中国版本图书馆CIP数据核字（2016）第043839号

责任编辑：徐　娟　　装帧设计：史利平

责任校对：陈　静

出版发行：化学工业出版社（北京市东城区青年湖南街13号　邮政编码100011）

印　　装：北京建宏印刷有限公司

787mm×1092mm　1/16　印张21¼　字数561千字　2025年2月北京第3版第13次印刷

购书咨询：010-64518888　　售后服务：010-64518899

网　　址：http：//www.cip.com.cn

凡购买本书，如有缺损质量问题，本社销售中心负责调换。

定　　价：69.00元

第三版前言

我国是一个缺水严重的国家。尽管我国淡水资源总量丰富，但人均水资源是全球最贫乏的国家之一。住房和城乡建设部曾预计，中国缺水的高峰将出现在2030年，进入联合国有关组织确定的中度缺水型国家的行列。我国水体污染严重，水的有效利用程度较低。目前城市污水与工业废水处理率及处理程度低，随着污水排放量的增大已引起水体水质恶化及相当普遍的水体富营养现象，甚至饮用水源水质只能达到国家水体标准的3至4类水。我国当前万元产值用水量及水的重复利用率指标也与发达国家有较大的差距。

当前改善水环境，保护水资源，已成为全民共识，污水的深度处理及再生利用工作十分迫切。微污染水源水的深度处理是保障饮用水水质安全，保护人类健康的根本措施；污水深度处理可使污水资源化重复利用，减少企业生产成本，控制水体污染。归根结底，水的深度处理与回用是保护人类生存与发展环境的重要举措。

本书主要内容为给水与污水深度处理与回用技术的理论与应用，既阐述了水处理相关技术的基本理论，也汇集了相关工艺在工程应用方面的内容。本书根据学科与工程应用的需要，在第二版的基础上更新了资料，吸收了国内外的最新技术，修改、增加、补充了部分内容后重新再版。

新增与更新的内容主要有：给水厂的应急预案选择、生态浮床处理技术、水葫芦生态植物塘、循环冷却水再生利用工程、雨水收集处理回用技术、电镀废水膜分离法处理与回用工程、造纸废水深度处理与回用工程、高盐化工废水深度处理与回用技术等。修改、补充的内容主要有：我国水资源的特点、饮用水深度处理技术概述、活性炭吸附运行方式、BAF的工艺设计计算、滤布过滤机与纤维过滤器、超滤的运行方式、氨化、硝化与反硝化及其反应的主要影响因素、冷却循环水处理回用方法、电镀废水处理回用方法、机械切削乳化液废水处理回用工程等。取消的内容主要有：渗滤处理系统，若干技术相对落后的污水回用工程及城市污水稳定塘处理工程。

本书题材广泛，吸收了国内外诸多文献的研究成果，在此谨向本书取材引用过的文献作者致以衷心的感谢。

本书可作为高校环境工程、市政工程及相关专业的学习参考书，也可供从事环境治理工程、给水与废水处理工程的教学、设计、科技人员参考。

本书主编为东南大学张林生，副主编为卢永、陶昱明。参加编写的人员有：鲍娟、朱翔、庄彦华、董岳、叶峰、耿震、杨协栋、张晓昱、俞学如、李文超、于飞等。本书在编写过程中引用了南京水务集团、南京普信环保公司、苏州弘宇节能减排工程公司、泰州晟禾水处理公司、无锡康霸环保公司等单位的研究与应用成果，编写时得到了胡海清、姚佩军、戴文平、杭辛聪等同仁的指导，在此一并表示感谢。

限于编者的水平，书中疏漏之处在所难免，欢迎广大读者与同行专家批评指正。

东南大学张林生

2016年1月

第二版前言

我国是一个缺水严重的国家。尽管我国淡水资源总量丰富，但人均水资源是全球最贫乏的国家之一。专家预计，中国缺水的高峰将出现在2030年，进入联合国有关组织确定的中度缺水型国家的行列。同时，我国水体污染严重，水的有效利用程度较低。目前城市污水与工业废水处理率及处理程度低，污水排放量的增大已引起水体环境恶化及相当普遍的水体富营养现象；我国当前万元产值用水量及水的重复利用率指标也与发达国家有较大的差距。

为了控制污染，有效利用宝贵的水资源，水与污水的深度处理及再生利用工作十分迫切。微污染水源水的深度处理是保障饮用水水质安全，保护人类健康的根本措施；污水深度处理可使污水资源化重复利用，减少企业生产成本，控制水体污染。归根结底，水的深度处理与回用技术是保护人类生存与发展环境的重要举措。

本书根据学科及工程应用的需求，在初版基础上更新了资料，吸收了国内外最新技术，增加补充了部分内容后重编再版。完善扩充的主要内容有：微污染水源水深度处理的理论与应用，如光催化氧化、电絮凝、电磁反应技术、光电反应、高梯度磁分离技术、紫外线、二氧化氯等消毒技术；微污染水生物处理技术（曝气生物过滤法、生物接触氧化法、生物活性炭法、膜生物反应器等）的相关原理、设备构造、工艺设计、计算方法；微污染水常规处理工艺的强化、深度处理综合技术及其应用；城市自来水厂应对水源突发污染的应急处理方法；藻类暴发成因及相关的除藻技术；特种水质（铁、锰、氟、砷等）的处理工艺和技术；新型过滤设备滤布过滤机、纤维过滤器等；纯净水的处理流程及设备；污水自然生态处理技术（如稳定塘、污水渗滤系统、湿地处理系统）；循环冷却水处理回用技术；重点工业（如电镀、造纸、化工、印染等）废水的处理回用技术。

全书共有12章，既阐述了水的深度处理有关工艺与技术的基本理论，也汇集了相关应用方面的工程实例。

本书由东南大学张林生教授主编，参加编写的人员有刘济阳、董岳、杨协栋、夏炎、茆亮凯、张帆、单国平、张敏、邵建安等。本书题材广泛，吸收了国内外诸多文献的研究成果，谨向本书取材引用过的文献作者致以衷心的感谢。本书在编写过程中还得到了东南大学吕锡武教授、吴浩汀教授的大力支持，在此一并表示感谢。

限于编者的水平，书中疏漏之处在所难免，欢迎广大读者与同行专家批评指正。

东南大学　张林生

2008年6月

第一版序言

我国是水资源相对贫乏的国家，随着近二十年来工农业生产和国民经济的快速发展，水资源问题越来越突出。污水排放使水体受到污染，个别水域出现富营养化现象，破坏了生态环境。同时，水源污染威胁饮用水源的安全，而水源水质还难以在较短时间内得到根本的改善。为了控制环境污染和保证饮用水质安全，需要吸收水处理新技术，而《水的深度处理与回用技术》一书正可满足这一要求。

本书综合了国内外水的深度处理与回用的理论和先进技术，内容涉及过滤及膜技术、特种处理技术、微污染水生物处理技术、污水脱氮除磷技术以及污水再生利用技术等。其中，超滤、微滤、臭氧氧化、光催化氧化、高梯度磁分离、BAF、BAC、生物脱氮除磷等方面的内容，都是当前大家关注的新技术。本书既阐明了水的深度处理与回用的基本理论，还介绍了有关的工艺和计算，并列举了一些工程实例，具有很好的参考价值。

严煦世

2004 年 2 月

第一版前言

我国人均水资源贫乏，属世界上的贫水国家，不少城市存在不同程度的缺水现象，严重缺水的城市达城市总数的15%以上。同时，我国水的有效利用程度较低，目前万元产值用水量及水的重复利用率指标均与发达国家有较大的差距。

我国水体污染也相当严重。目前城市与工业污水处理率及处理程度低，随着国民经济的快速发展，污水排放量增大，引起水体环境恶化及相当普遍的水体富营养现象，使不少水源受到污染，水质已不符合国家饮用水源水质标准。

为了控制污染保护环境，水与污水的深度处理及再生利用就十分重要。微污染水源水的深度处理可保证饮用水水质安全，保护人类健康。污水深度处理可使污水资源化重复利用，减少生产成本，控制水体污染。归根到底，水的深度处理与回用技术是保护人类生存与发展环境的重要举措。

本书主要内容为给水与污水深度处理与回用技术的理论与应用，既阐述了相关工艺与技术的基本理论，也汇集了有关工程应用方面的内容和知识。书中题材广泛，吸收了国内外诸多文献的研究成果，在此谨向文献的作者表示衷心的感谢。本书由东南大学的张林生教授主编。参加编写的人员有杨广平、查春花、巩有奎、李国新、王素芳、朱凤松、赵伟、杨弦、陈鸣等。本书在编写过程中还得到了东南大学的吕锡武教授、吴浩汀教授的大力支持，在此一并表示感谢。

本书的编写限于水平，疏漏之处，欢迎广大读者与同行专家批评指正。

东南大学张林生

2004年1月

目　录

第 1 章 水的深度处理与回用概述

1.1 我国的水资源现状

1.1.1 水资源的含义及主要特点

水是人类赖以生存和社会发展的宝贵自然资源，没有水，就没有生命，也没有我们生活的世界。它是人类社会可持续发展的限制因素，在自然界中以不同的形态存在并循环不息，其水质也受多种因素的影响而变化。

水资源定义有广义和狭义之分。广义的水资源指地球上所有的水，不论它以何种形式、何种状态存在。狭义的水资源则认为水资源是在目前的社会条件下可被人类直接开发与利用的水。而且开发利用时必须技术上可行，经济上合理且不影响地球生态。极地冰川、山地冰川、海水由于各自使用的不方便而未被人类大规模的开发利用。

通常所说的水资源是指陆地上可供生产、生活直接利用的江河、湖沼以及部分储存于地下的淡水资源，亦即“可利用的水资源”。这部分水量只占地球总水量的极少部分。

如果从可持续发展的角度来看，水资源仅指一定区域内逐年可以恢复更新的淡水。具体说是指以河川径流量表征的地表水资源，以及参与水循环的以地下径流量表征的地下水资源。对一定区域范围而言，水资源的量并不是恒定的，它随用水的目的和水质要求的不同、科学技术与经济发展水平的不同而变化。

水是自然环境的重要组成物质，它不断运动着，积极参与自然环境中正在发生和进行的一系列物理的、化学的和生物的过程。水资源作为一种动态的可更新资源，具有以下特性：再生性和有限性，时空分布的不均匀性，流动性和溶解性。

（1）再生性和有限性

地球上的水以相态转换、吸收和释放热量的形式，在地球大气圈、岩石圈以及生物圈的参与下形成水循环，使地球上各种水体不断更新，呈现再生性。但在一定的时间、空间范围来说，大气降水对水资源的补给却是有限的，水资源并不是“取之不尽，用之不竭”的，世界陆地年径流量约为 47 万亿立方米，可以说这是目前可资人类利用的水资源的极限。另外，一定地区在某一时间范围内的水资源是有限的，所以一定要将水资源的开发与维护相结合，以保持水资源持续开发利用。

（2）时空分布的不均匀性

水资源的时空变化是由气候条件、地理条件等多种因素综合决定的。那些距海较近、接受输送水汽较为丰富的地区雨量充沛，水资源数量也较为丰富；而那些位居内陆、水汽难以到达的地区，降水稀少，水资源极其匮乏。从沿海到陆地呈现为湿润区到干旱区的变化。在时间上，水循环的主要动力是太阳辐射，因而地球运动所引起的四季变化，造成同一地区所接受的辐射强度是不同的，使得同一地区的降雨在时间上的差异也是很明显的，主要表现为一年四季的年内水量变化以及年际间的水量变化。对一个地区来说，夏季雨量较多，循环旺盛，是一年的丰水期，而每年的冬天，水循环减弱，雨水稀少，是每年的枯水期。此外，径流年际变化的随机性很大，常出现丰枯交替的现象，还可能出现连续洪涝或持续干旱的情况，即出现所谓径流年际变化的丰水年组和枯水年组现象。这种径流时空分布的不均匀性对水资源利用产生了许多不利的因素。

(3) 流动性和溶解性

在常温下，水主要以液态形式存在，具有流动性，这种流动性使水可被拦蓄、调节、引调，从而使水资源的各种价值得到充分的开发利用，同时也使水具有一些危害，会造成洪涝灾害、泥石流、水土流失与侵蚀等。另外，水在流动并与地表、地面及大气相接触的过程中会夹带及溶解各种杂质，使水质发生变化。这一方面使水中具有各种生物所必需的有用物质，但也会使水质受到污染。

1.1.2 我国水资源的特点

我国幅员辽阔，人口众多，是一个发展中的国家，由于特定的地理、气象、人口、经济等因素的影响，我国水资源有着自己的特点。

(1) 水资源总量丰富，相对量较少

据水利部公布的2014年中国水资源公报，2014年全国地表水资源量26263.9亿立方米，比常年值偏少1.7%。全国矿化度小于等于2g/L地区的地下水资源量7745.0亿立方米。全国水资源总量为27266.9亿立方米。地下水与地表水资源不重复量为1003.0亿立方米，占地下水资源量的12.9%（地下水资源量的87.1%与地表水资源量重复）。

2014年全国总供水量6095亿立方米，占当年水资源总量的22.4%。其中，地表水源供水量4921亿立方米，占总供水量的80.8%；地下水源供水量1117亿立方米，占总供水量的18.3%；其他水源供水量57亿立方米，占总供水量的0.9%，主要为污水处理回用量和集雨工程利用量，分别占其中的80%及20%左右，即污水处理回用量仅占供水量的0.72%。全国海水直接利用量714亿立方米，主要作为火（核）电的冷却用水。

2014年全国总用水量6095亿立方米。其中，生活用水占总用水量的12.6%；工业用水占22.2%；农业用水占63.5%；生态环境补水（仅包括人为措施供给的城镇环境用水和部分河湖、湿地补水）占1.7%。

我国是一个干旱缺水严重的国家，虽然我国的淡水资源总量为27266.9亿立方米，占全球水资源的6%，居世界第六位，但是，我国的人均水资源量只有2300立方米，仅为世界平均水平的1/4，是全球人均水资源最贫乏的国家之一，居世界第109位。

(2) 水资源时空、地域分布不均衡

① 水资源时空分布不均，年际、年内变化大。年际间最大和最小径流量的比值，长江以南中等河流在5以下，北方河流多在10以上。径流量的逐年变化存在着明显的丰平枯水期，可能出现连续数年为丰水年或枯水年的交替现象。水资源年内径流分配也不均衡。长江以南地区60%的降水多出现在4～7月；长江以北地区80%以上的降水多出现在6～9月；西南地区70%左右的降水多集中在6～10月。一年中较长时间缺水的现象，给经济发展与人民生活带来很大困难。

② 水资源地域分布极不均匀，南北、东西部差距悬殊。我国水资源南多北少，东多西少，与人口、耕地、矿产等资源分布极不匹配。长江流域及其以南地区面积占全国总面积的36.5%，却拥有全国80.9%的水资源；长江以北诸水系的流域面积约占国土面积的63.5%，其水资源总量却只占全国的19.1%，其中西北内陆河地区面积占35.3%，水资源量仅占4.6%。有关资料表明，北方人均水资源占有量约1127m^3，仅为南方人均占有量的30%左右。在全国人均水资源占有量不足1000m^3的10个省（区）中，北方地区就占了8个，除

辽宁省外，其他都集中在华北地区。水资源地域分布极不均衡的特点，导致我国北方和西北地区常常出现资源性缺水；水资源年际变化大、年内分配不均的特点，是造成我国半干旱、半湿润和许多地区（包括南方地区）季节性缺水的根本原因。

(3) 水污染态势难以遏制

水污染是人为与自然双重因素所致，是水资源领域的特殊灾害，致使水资源匮乏的形势更加雪上加霜，是水资源管理中的“顽症”。

水利部公布的2014年中国水资源公报表明，2014年全国废污水排放总量771亿立方米。人均综合用水量447m^3，万元GDP（当年价）用水量96m^3。耕地实际灌溉亩均用水量402m^3，农田灌溉水有效利用系数0.530，万元工业增加值（当年价）用水量59.5m^3，城镇人均生活用水量（含公共用水）213L/d，农村居民人均生活用水量81L/d。

水功能区水质达标状况如下。2014年全国评价水功能区5551个，满足水域功能目标的2873个，占评价水功能区总数的51.8%。其中，满足水域功能目标的一级水功能区（不包括开发利用区）占57.5%；二级水功能区占47.8%。评价全国重要江河湖泊水功能区3027个，符合水功能区限制纳污红线主要控制指标要求的2056个，达标率为67.9%。其中，一级水功能区（不包括开发利用区）达标率为72.1%，二级水功能区达标率为64.8%。省界水体水质如下。2014年，各流域水资源保护机构对全国527个重要省界断面进行了监测评价，Ⅰ～Ⅲ类、Ⅳ～Ⅴ类、劣Ⅴ类水质断面比例分别为64.9%、16.5%和18.6%。各水资源一级区中，西南诸河区、东南诸河区为优，珠江区、松花江区、长江区为良，淮河区为中，辽河区、黄河区为差，海河区为劣。地下水水质如下。2014年，对主要分布在北方17省（自治区、直辖市）平原区的2071眼水质监测井进行了监测评价，地下水水质总体较差。其中，水质优良的测井占评价监测井总数的0.5%、水质良好的占14.7%、水质较差的占48.9%、水质极差的占35.9%。

(4) 水浪费现象普遍存在

水浪费和水污染加剧了水资源危机，造成了供需失衡。据统计，全国668座城市中，缺水城市达400个，全国城市平均每天缺水达1600万立方米，每年因缺水影响工业产值约2400亿元。

① 全国农业灌溉用水量约为3900亿立方米/年，占全国总用水量的64%，由于全国大部分地区仍采用“土渠输水，大水漫灌”的古老方式，水的浪费十分严重，有效利用率只有50%～55%，而发达国家由于实现了输水渠道防渗化、管道化，大田喷灌、滴灌化，灌溉达到自动化、科学化，水的有效利用率已达70%～80%。如果把我国灌溉用水有效利用率提高15%，每年可节水600亿立方米，比整个黄河的年水量还多。

② 我国许多企业设备陈旧，工艺落后，水的重复利用率只有50%左右，发达国家却达70%以上。我国工业万元产值耗水量为96m^3，是发达国家的8～15倍。

③ 由于水价偏低，供水技术落后，城市生活用水浪费现象普遍存在。据统计，全国城市自来水管网水量损失率高达20%～25%，再加上使用中的跑、冒、滴、漏，每年约损失掉12亿立方米的清水。

1.1.3 我国水资源紧缺的原因

(1) 污染严重

据不完全统计，目前全国工业污水日排放量约为771亿立方米，城市生活污水排放量为400亿立方米，全国已有1/3以上的河段受到污染，不能用于灌溉的河段长1.28万千米。

2005年11月13日，中石油吉林石化公司双苯厂苯胺车间发生爆炸事故，事故产生的约 100t 苯、苯胺和硝基苯等有机污染物流入松花江，导致松花江发生重大水污染事件。

2007 年 5 月 29 日开始江苏省无锡市城区区域内的太湖水位出现 50 年以来最低值，再加上天气连续高温少雨，太湖水富营养化较重，从而引发了太湖蓝藻的提前暴发，影响了自来水水源水质从而不能正常供水。

2007 年 6 月，巢湖、滇池也不同程度地出现蓝藻。安徽巢湖西半湖出现了区域在 $5km^2$ 左右的大面积蓝藻。滇池也因连日天气闷热，蓝藻大量繁殖。在昆明滇池海埂一线的岸边，湖水如绿油漆一般，并伴随着阵阵腥臭。太湖、巢湖、滇池蓝藻的连续暴发为“三湖”流域水污染综合治理敲响了警钟。

(2) 浪费严重

在农田灌溉方面，由于技术落后、工程不配套、管理不善等，水的利用率不到 40%，仅渠系渗漏的水每年高达 1700 亿立方米，占农田灌溉水总量的 43%。在工业用水方面，循环利用率低，仅为发达国家的 1/3 左右。在生活用水方面，在不同程度上存在着水龙头漏水现象。

(3) 现有水利工程调蓄能力小，供水保证率低

目前我国有各种大、中、小型水库 86 万多座，总容量约 4300 亿立方米，占总径流量 15.6%，但调蓄能力低。水库供水量只占总供水量的 54%，占总径流量的 8.6%，供水保证率也不高。

(4) 开发利用不平衡

我国北方水少，但集中了许多工业城市（如华北、辽宁等地区），需水量大，不论河川径流或地下水资源，其开发利用率都很高。海、辽两河的径流利用率已达到 60%～65%，海河流域的地下水开采利用率已高达 90%，因缺水造成工农业经济损失巨大，粮食减产。我国南方水资源丰富，工农业生产用水量较大，但河川径流利用率却低于 25%。

(5) 生态环境失调

毁林开荒造成严重的水土流失，使生态环境失调。某些地区，边治理边破坏，致使水土流失加剧，自然灾害频繁，无雨则旱，遇雨则涝，生态环境已经丧失了自然调节的功能。大型水库年淤积损失库容相当于每年报废一座库容在 1 亿立方米以上的大型水库。

综上所述，水资源作为人类生存和社会发展的一种宝贵资源必须十分珍惜，应采取各种有效措施，使有限的水资源得到合理的开发和利用，以保障社会的可持续发展。

1.1.4 水资源开发与利用

(1) 节约用水、合理利用水资源

节约用水除具有节省用水量的直接含义之外，还包括减少水的使用量；减少水的损失、浪费；增加水的重复利用率和回用；实行清洁生产；提倡污（废）水资源化等内容。节约用水是关系到我国社会经济可持续发展的根本大计。

(2) 治理污染，中水回用，扩大可利用水资源

水的再利用包括水的循环利用和回用两方面。后者又分为直接回用和间接回用两种形式。直接回用一般是将适当处理过的水，不经过天然水体缓冲、净化，直接用于灌溉、工业生产、水产养殖、市政、景观娱乐与生活杂用等。水的间接回用即将适当处理过的污水或废水经天然缓冲、自然净化、人工回灌等使污水或废水再生。间接回用一般需经历较长的时间，也要有较大的空间和环境容量。污水是一种水量稳定的可再生水资源，世界上许多国家尤其是干旱地区均建有污（废）水再生与回用的工程。污水综合处理、深度处理，达到回用要求，是扩大可利用水资源的重要途径。

1.2 水源微污染问题及饮用水深度处理技术

1.2.1 微污染水源的特点

“微污染”是我国近年来才出现的给水处理术语。微污染水源是指水的物理、化学和微生物指标已不能达到《地面水环境质量标准》中作为生活饮用水源水的水质要求。水体中污染物单项指标，如浑浊度、色度、臭味、硫化物、氮氧化物、有害有毒的物质［如重金属（汞、锰、铬、铅、砷等）］、病原微生物等有超标现象，但多数情况下是受有机物微量污染的水源。水体微污染现象对饮用水处理工艺的选用造成了很大的困难。

近年来，我国微污源水源水质主要具有下列特点。

① 表示有机物的综合指标，如COD、BOD、TOC等值升高，水源水中这些指标值越大，说明水中有机物越多，污染越严重。例如水源水的溶解氧一般在5～10mg/L之间，如降低到5mg/L以下时，作为饮用水源已不合适。溶解氧小于1mg/L时，由于有机物的分解，可使水源水开始发生恶臭。又如当水源水的BOD小于3mg/L时，水质较好；到7.5mg/L时，水质较差；超过10mg/L时水质极差，此时水中溶解氧已接近于零。

② 氨氮（NH_3-N）浓度升高。

③ 嗅味明显。

④ 致突变性的Ames试验结果呈阳性，而水质良好的水源应呈阴性。

1.2.2 微污染水的主要危害

发达国家的微污染水处理的中心问题是去除可同化有机碳（AOC）和氨氮为主的微污染物，以获得饮用水的生物稳定性。我国的微污染水源，其污染物浓度比发达国家微污染物的浓度高得多。就我国近几年有关微污染水处理研究的水质来看，通常以《地面水环境质量标准》（GB 3838—2002）Ⅳ类主要水质指标为评价标准，即$COD_{Mn}\leqslant 8$mg/L，凯氏氮$\leqslant$2mg/L，BOD$\leqslant$6mg/L。微污染物的性质及危害归纳如下。

(1) 有机物

微污染水中的有机物可分为天然有机物（NOM）和人工合成有机物（SOC）。天然有机物是指动植物在自然循环过程中经腐烂分解所产生的物质，也称作耗氧有机物；人工合成的有机物大多为有毒有机污染物。有机物在水中的存在使颗粒稳定，增加混凝剂用量和活性炭吸附器的负荷。一些有毒有害的污染物不仅难于降解，而且具有生物富集性和“三致”（致癌、致畸、致突变）作用，对公众健康危害很大。另外，水体中的可溶性有机物（DOM）容易与饮用水净化过程中的各种氧化剂和消毒剂反应。最为常见的是与液氯反应，形成三卤甲烷（THMs）、卤代乙酸（HAAs）以及其他卤代消毒副产物，其中大部分已证明可以使试验的动物引起癌症。

(2) 氮

氮在水中以有机氮、氨、亚硝酸盐和硝酸盐形式存在，用金属铝盐作为混凝剂对氨氮的去除率很低。在水厂流程和配水系统中，氨氮浓度0.25mg/L就足以使硝化菌生长，由硝化菌和氨释放的有机物会造成臭味问题。氨形成氯胺也要消耗大量的氯，降低消毒效率，而且可能生成氯化氰消毒副产物，影响水中有机物的氧化效率。氨氮在水中被氧化为亚硝酸盐及硝酸盐，亚硝酸盐的积累代替了血红细胞中氧的位置，最终导致窒息；高浓度的硝酸盐摄入后可引起中毒。

(3) 嗅和味

嗅和味较重的饮用水，即使经水厂处理后，口感仍很差。

(4) 三致物质

饮用水经氯化处理后，有可能形成“三致”物质，威胁人的健康。

(5) 铁锰

含铁、锰较高的饮用水中会产生红褐色以致出现沉淀物，会使被洗涤的衣服着色，并有金属味；另外，含铁、锰过高的水容易使铁、锰细菌大量繁殖，堵塞、腐蚀管道。

(6) 氟、砷

某些水源因地质条件或工业污染原因会含氟或砷，氟、砷会引起人体病变。

(7) 藻类及藻毒素

某些富有氮、磷的营养水体，当水温适当时会引起藻类暴发生长。藻细胞分泌的藻毒素不仅使水质产生嗅、味和恶感，而且有毒，严重时完全不能饮用或使用。2007 年无锡太湖蓝藻暴发，使无锡太湖水源自来水厂无法供水，产生了严重的后果和恶劣影响。

1.2.3 微污染水处理技术概述

由于传统的净水工艺已不能有效地处理微污染的水源水，另一方面由于我国目前的经济实力，无法在较短时间内控制水源污染，改变水源水质低劣的现状，因而人们不得不采用新的处理方法来保证饮用水的安全和人们的健康。从 20 世纪 70 年代开始，水处理研究人员开发出了许多净化新工艺，有的已经在实际中得到应用，取得了较好的效果。

(1) 强化传统处理工艺

目前强化传统处理工艺主要有强化混凝和强化过滤技术，该法不增加新设施，只是在原有工艺的基础上略加调整。强化混凝是指合理提高金属盐混凝剂的投加量，调节原水的 pH 值，或者同时进行两种处理，达到更有效去除 NOM 及悬浮物的目的。其机理包括胶体状 NOM 的电中和作用，腐殖酸和富里酸聚合体的沉淀作用，以及吸附于金属氢氧化物表面上的共沉作用。去除率的大小受到混凝剂的种类和性质、混凝剂的投加量及 pH 值等因素的影响。美国环保局（USEPA）认为：强化混凝是去除 NOM 的最佳方法，但过量投加混凝剂可使水中的金属离子有所增加，不利于居民健康，并增加污泥处理的困难。强化过滤是对普通滤池进行生物强化，滤料由多孔陶粒滤料、生物滤料和石英砂滤料组合而成。该工艺既可起到生物作用，又可起到过滤作用，经济和技术上都可行，但对于前处理的要求、运行管理的方法及微生物的控制等各方面的特性，还需进一步研究。

(2) 预处理技术

预处理通常是指在常规工艺前面，采用适当的物理、化学和生物处理方法，对水中的污染物进行初级去除，主要包括吸附预处理、化学氧化预处理及生物预处理。吸附预处理是在混合池中投加吸附剂，利用其吸附性能，改善混凝沉淀效果来去除水中的污染物。常用的吸附剂有粉末活性炭、硅藻土和黏土等。化学氧化预处理是依靠氧化剂的氧化能力来分解和破坏污染物，达到转化和分解污染物的目的。目前常用的氧化剂有紫外光、$KMnO_4$ 和臭氧等。使用这种方法能有效去除水中有机污染物的数量，并使有机物的可生化性提高，当使用氯气时也可能产生一些致突变性及致癌的物质，如卤代有机物，而这些卤代有机物难以在后续工艺中有效地去除。生物法预处理是借助微生物群体的代谢活动，去除水中的污染物。我国目前正处于推广应用阶段，采用的反应器基本上都是生物膜型的，主要有曝气生物滤池（BAF)、生物接触氧化池（BCO)、膜生物反应器（MBR）等。它的优点是对污染物的去除经济有效，不产生“三致”物质，减少混凝剂和消毒剂的用量。生物工艺的不足是运行效果受到诸多因素的影响，尤其是原水水质、水温、操作管理水平等，与常规工艺相比，启动时间稍长，需一定的成熟期。

(3) 深度处理技术

深度处理是在常规处理后，采用适当的处理方法，将常规处理不能有效去除的污染物或消毒副产物的前体物加以去除。目前较流行和成熟的技术主要有活性炭吸附、光催化氧化、臭氧-生物活性炭（BAC）联用技术等。

1.2.4 微污染水深度处理技术概述

应用较广泛的深度处理技术有活性炭吸附、臭氧氧化、臭氧活性炭、生物接触氧化（BCO）、生物活性炭（BAC）、光催化氧化、膜生物反应器（MBR）等。

(1) 活性炭吸附

在各种改善水质处理效果的深度处理技术中，颗粒活性炭（GAC）吸附是完善常规处理工艺以去除水中有机污染物的成熟有效的方法之一。活性炭是一种多孔性物质，其中由微孔（孔径小于40Å）构成的内表面积约占总面积的95%以上。活性炭对有机物的去除主要靠微孔吸附作用。

20世纪50年代初期，西欧一些以地面水为水源的饮用水处理厂就开始使用活性炭消除水中嗅味，活性炭在美国使用的最初目的也是为了去除水中的色和嗅，且以使用粉末活性炭（PAC）为主。目前90%以上的以地面水为水源的水厂采用活性炭吸附脱色除嗅。Lavezary等人的研究结果表明，向水中投加10mg/L的活性炭可以将引起水中嗅味的土臭素（Geosmin）和2-甲基异莰醇（MIB）从66ng/L分别降低至2ng/L和7ng/L。

美国给水协会（AWWA）、美国环保局在对活性炭吸附三卤甲烷的能力进行研究后认为，活性炭对三卤甲烷有一定的吸附能力，但使用周期较短。Anderson等人的研究结果表明，活性炭对氯化产生的三卤甲烷的去除率为20%～30%。饮用水的三卤甲烷主要由氯和有机物反应生成，故去除三卤甲烷的前体物（THMFP）成为控制饮用水中三卤甲烷的关键。测定THMFP的方法目前还属于间接测定，许多研究人员认为活性炭对THMFP的去除效果取决于原水水质、活性炭吸附能力等。

研究人员还发现活性炭对有机污染物的吸附作用有独特之处。Miltner等人研究了Maumee河中的有机污染物后发现，活性炭能较好地去除常规处理方法不能有效去除的一些杀虫剂，但同时也表明，活性炭对一些有机氯化物去除效果较差。

活性炭对饮用水致突变性的去除引起了许多研究人员的关注。Kool认为活性炭可以去除水中的致突变物质，但去除作用受到活性炭吸附容量的限制。清华大学的学者也发现，活性炭对水中的氯化致突变物质有去除作用，但活性炭去除氯化致突变物质的前体物时效果不明显。

(2) 臭氧氧化

臭氧在水处理中的应用较早，20世纪初臭氧开始应用于法国的Nice城，当时它作为饮用水的消毒剂。美国在水处理中使用臭氧开始于1940年，当时的主要目的是去除水中的色、嗅、味。现在世界上使用臭氧的主要目的转变为去除水中的有机污染物。由于臭氧具有很强的氧化能力，它可破坏有机污染物的分子结构以达到改变污染物性质的目的。

臭氧对水中已经形成的三氯甲烷没有去除作用。臭氧对THMFP的作用分为两种。当单独采用臭氧氧化，再经氯化时，三卤甲烷的含量较氧化前反而上升，除非臭氧能将有机污染物完全转化为CO_2和H_2O，这样可避免氯化后三卤甲烷的生成，这在实际中较难实现。当与其他工艺结合，如与常规工艺或活性炭结合时，则可降低THMFP。故臭氧氧化一般很少在水处理工艺中单独使用。

臭氧对人工合成有机物的氧化去除作用已有大量研究报道，如二甲苯、氯苯等都是比较容易被臭氧氧化分解的化合物，但臭氧对复杂有机物如 DDT、狄氏剂、氯丹等则是无效的。

通常认为臭氧对水的致突活性的影响没什么规律，臭氧若能与其他方法联合使用，取长补短，才能有效净化饮用水中的有机物。

(3) 臭氧活性炭

在炭前或炭层中投加臭氧后，一方面可使水中大分子转化为小分子，改变其分子结构形态，提供了有机物进入小孔隙的可能性，提高了污染物的可生物降解性；另一方面，部分臭氧分解为氧气，作为炭层生物过程的供氧，使炭层及大孔内的有机物得到氧化分解，减轻了活性炭的负担，使活性炭持续具有吸附、氧化有机物的功能，从而达到水质深度净化的目的。

臭氧和活性炭联用首先是于 1961 年在德国 Dusseldorf 市的 AmStard 水厂开始的。在过滤后又增加了活性炭吸附，与原有的工艺效果相比，出水水质明显提高。在此以后，欧洲国家和美国等开始将臭氧和活性炭联合使用。在实际使用中，活性炭一般放于整个处理工艺之后，但臭氧的位置却十分灵活。图 1-1 为巴黎饮用水处理工艺流程。

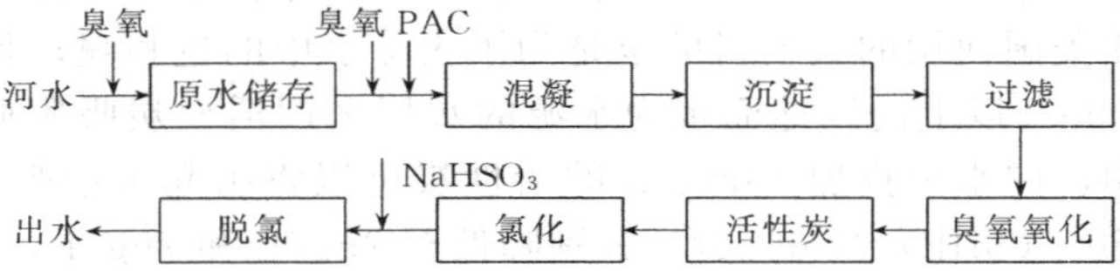

图 1-1 巴黎饮用水处理工艺流程

该流程有三个点可投加臭氧：首先是向原水投加，目的是为了增加水中有机物在储存池内的生物降解作用；在混凝前投加是为了提高混凝处理效果，预臭氧氧化替代了通常的预氯化，减少了预氯化过程产生的有机卤化物；最后是在活性炭吸附前投加以增强有机物的可吸附性。此处理工艺中，活性炭吸附放于流程的末端，以保证出水水质。

有研究结果表明，原水中所含的高分子腐殖酸和富里酸不易被活性炭吸附，但经臭氧氧化后，变成了可被吸附的小分子物质，提高了活性炭的吸附效果。

在我国，南京炼油厂、胜利油田厂、北京田村山水厂等相继建成了臭氧活性炭处理设施，并取得了较好的处理效果。

(4) 生物活性炭

据欧洲一些国家饮用水处理的运行结果，采用生物活性炭（BAC）比单独采用活性炭吸附具有以下优点：

① 完成生物硝化作用，将 NH_4^+-N 转为 NO_3^-，从而减少了后氯化的投氯量，降低了三卤甲烷的生成量；

② 可以提高水中溶解性有机物的去除效率，保证出水水质；

③ 延长了活性炭的再生周期，减少了运行费用。

生物活性炭法最早应用于德国慕尼黑市 Dohne 水厂。结果表明，采用预臭氧生物活性炭工艺优于原有的预氯化活性炭工艺。原来采用折点加氯、混凝沉淀、砂滤、活性炭吸附、加氯的处理流程。高氯量产生了大量的有机氯化物，这些物质不易被后续的工艺除去（见表 1-1）。另外，由于水源污染严重，活性炭负荷较高，很快便失效，再生周期只有 2～4 个月。

表 1-1　Dohne 水厂采用折点加氯工艺时水中有机氯化物的量

取水位置	溶解性有机氯化物/(μg/L)	非极性溶解性有机氯化物/(μg/L)	卤化物/(μg/L)	三氯甲烷/(μg/L)
Ruhr 河水	17	5	9	<1
折点加氯混凝沉淀出水	—	—	15	6
砂滤出水	203	30	23	7
活性炭吸附出水	151	17	21	7
地下渗滤加氯后进入供水管网	92	18	23	9

Dohne 水厂新采用的预臭氧生物活性炭处理流程见图 1-2，新的工艺使出水中溶解性有机碳（DOC）比原有工艺减少 50%。并且由于去除了预氯化工艺，处理过程中没有有机氯化物的产生，活性炭的再生周期达 2 年以上。Dohne 水厂新旧工艺运行参数见表 1-2。

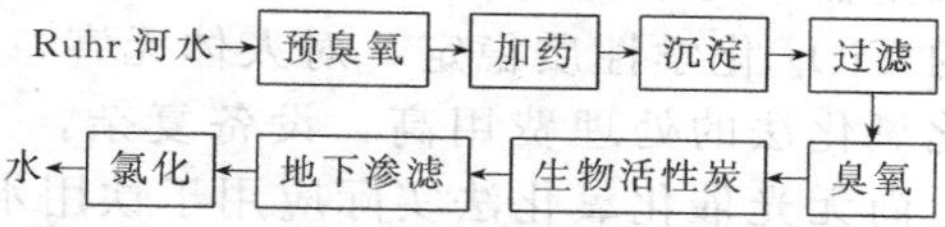

图 1-2　Dohne 水厂新采用的预臭氧生物活性炭处理流程

表 1-2　Dohne 水厂新旧工艺运行参数

运行参数	旧净化工艺	新净化工艺	运行参数	旧净化工艺	新净化工艺
预氧化/(mg/L)	10～50(Cl_2)	1(O_3)	停留时间/min	—	5
混凝剂 Al_2O_3 量/(mg/L)	4～6	4～6	砂滤池滤速/(m/h)	10.7	10.7
混合时间/min	0.5	0.5	生物活性炭滤速/(m/h)	22	11～22
絮凝剂 $Ca(OH)_2$ 量/(mg/L)	5～15	5～15	地下渗滤时间/h	30～50	32～50
沉淀时间/h	1.5	1.5	消毒(Cl_2)/(mg/L)	0.4～0.8	0.2～0.3
臭氧氧化/(mg/L)	—	2.0			

图 1-3 为法国 Choisy-Le-Rei 水厂水处理工艺流程，它代表了世界饮用水处理的发展方向。

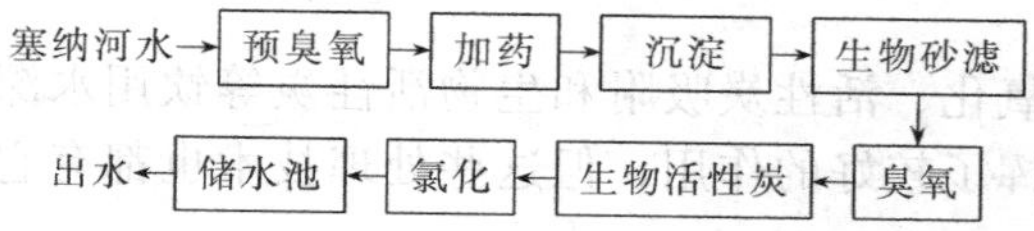

图 1-3　法国 Choisy-Le-Rei 水厂水处理工艺流程

在工艺设计时，不仅考虑到采用生物滤池，并在生物活性炭前增设臭氧氧化以最大限度减少有机物，达到将出水氯化副产物控制于最低水平。

图 1-4 是臭氧氧化和生物活性炭对水中有机物的去除效果比较。由图可见，砂滤池出水经臭氧氧化后，可生物降解的溶解性有机物（BDOC）增加了，而不可生物降解的溶解性有机物（NONBDOC）含量有所减小。生物活性炭的 BDOC 及 NONBDOC 均进一步减小。

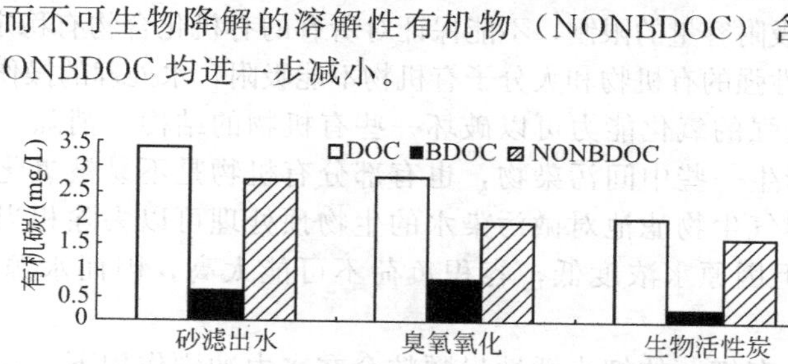

图 1-4　臭氧氧化和生物活性炭对水中有机物的去除效果比较

（5）光催化氧化

光催化氧化是以 n 型半导体为敏化剂的一种光敏化氧化。光催化氧化的突出特点是氧化能力极强，在众多起光敏化作用的n型半导体中，TiO_2的光化学稳定性和催化活性都很好，且反应前后它的性质不变，因此被普遍采用。

光催化氧化法对水中优先控制有机污染物有很强的氧化能力，对包括难与臭氧发生反应或完全不能被臭氧氧化的三氯甲烷、四氯化碳、六氯苯及六六六在内的多种优先控制有机污染物，光催化氧化法都能有效地予以氧化降解。

一般认为在合适的条件下，有机物经光催化氧化的最终产物是CO_2和H_2O。该方法的强氧化性、对作用对象的无选择性与最终可使有机物完全矿化，在饮用水深度处理效果中具有难以超越的优点。同处理效果很好的紫外-臭氧氧化法相比，由于无需臭氧发生器，光催化处理设备简单，初期投资低，运行的可靠性也相应较好。用作催化剂的TiO_2化学性质稳定，对人体无害，货源充足，价格不高，可回收重复使用。但光催化氧化法的处理费用高，设备复杂，工程应用的可操作性尚需进一步研究。至今国际上尚无光催化氧化法实际应用于饮用水深度处理的报道。

(6) 其他研究的新技术

除上述的处理方法外，一些其他方法也用于深度处理饮用水中有机污染物。Preagle等人的研究表明，利用紫外和臭氧结合（$UV-O_3$）的方法可以除去饮用水中25%的三氯甲烷。吕锡武教授的研究结果表明，$UV-O_3$对水中的六氯苯、苯、甲苯、乙苯和三氯甲烷都有很好的处理效果。

最近国内外对用过氧化氢和紫外光相结合的方法去除饮用水中的三氯甲烷进行了研究，结果表明，由于过氧化氢在紫外光激发下能够产生具有强氧化性的·OH自由基，从而能去除饮用水中三氯甲烷，同时能减少饮用水中总有机碳的含量，使水质有进一步提高。

膜滤（微滤、超滤、纳滤和反渗透）技术是最有前途的一种方法，其优点是有良好的调节水质的能力，去除的污染物范围广，不需添加药剂，运转可靠，设备紧凑，容易自动控制。缺点是基建投资和运转的费用高（尽管近年来随着膜制作成本的降低而大幅降低，但仍相对较高），需要较高水平的预处理和定期的化学清洗。在膜技术中，结合生物预处理的膜生物反应器是一种微滤装置，它通水量大，截留率较高，可大幅减少进入给水净水系统的有机物，因而有良好的应用前景。

(7) 深度处理的局限

水处理技术是不断变化发展的。尽管臭氧氧化、活性炭吸附和生物活性炭等饮用水深度处理技术对于控制饮用水污染和提高水质都发挥了较好的作用，但这些处理技术也都有它们的局限性。

活性炭吸附对饮用水中的有机物（包括有机污染物）有一定的吸附去除作用已被公认，但是，活性炭价格比较贵，因而影响了它在水处理中的推广。另外，活性炭对有机物的吸附去除作用受其自身吸附特性和吸附容量的限制，不能保证对所有的有机化合物有稳定的和长久的去除效果。活性炭对小分子极性强的有机物和大分子有机物不能吸附，水处理的操作管理也较麻烦。

尽管臭氧通过其较强的氧化能力可以破坏一些有机物的结构，消除一些有机污染物的危害，但它同时也可能产生一些中间污染物，也有部分有机物是不易被氧化的。

生物接触氧化或曝气生物滤池对微污染水的生物预处理可以去除相当部分有机物，并对NH_3完成硝化作用，但因原水浓度低，容积负荷不可能太高，因而水源需有较大的水面或占有较大设备。

生物活性炭上生长有细菌的细小活性炭颗粒会在水力冲刷作用下，流入最后的氯化处理单元，由于附着在活性炭颗粒上的细菌聚体比单个的细菌细胞对消毒剂有更大的抗性，一般的氯化消毒往往难以杀灭这些细菌，因此生物活性炭作为氯化前的最后一个处理工艺尚需进一步完善，最合适的方法是增加砂滤或微滤。

1.3 水体富营养化问题及污水深度处理技术

1.3.1 富营养化定义

富营养化是指湖泊等水体接纳过多的氮、磷等营养物，使藻类及其他水生生物过量繁殖，水的透明度下降，溶解氧降低，造成湖泊水质恶化，从而使湖泊生态功能受到损害和破坏。湖、库水体的水流滞缓，滞留时间又长，十分适于植物营养素的积聚和水生植物的生长繁殖。当湖、库水体中营养素积聚到了一定的水平，即会促使水生植物旺盛生长，形成富营养化污染。富营养化的湖泊、水库水体中，在阳光和水温达到藻类繁殖的季节，大片水面会被藻类覆盖，形成常见的"水华"，它不仅使水带有嗅味，并会遮蔽阳光，隔绝氧向水中的溶解。枯死的藻类沉积水底，又是新生的污染源，它们进行厌氧发酵，消耗溶解氧，并不断释放氮、磷，供水生植物作为营养物。由于氮、磷的循环积累，造成湖库水的污染逐步加重。

1.3.2 我国水体富营养化现状

2014年，水利部对全国21.6万千米的河流水质状况进行了评价。全年Ⅰ类水河长占评价河长的5.9%，Ⅱ类水河长占43.5%，Ⅲ类水河长占23.4%，Ⅳ类水河长占10.8%，Ⅴ类水河长占4.7%，劣Ⅴ类水河长占11.7%，水质状况总体为中。

2014年，水利部对全国开发利用程度较高和面积较大的121个主要湖泊共2.9万平方千米的水面进行了水质评价。全年总体水质为Ⅰ～Ⅲ类、Ⅳ～Ⅴ类、劣Ⅴ类的湖泊分别占评价湖泊总数的32.2%、47.1%和20.7%。对上述湖泊进行营养状态评价，大部分湖泊处于富营养状态。处于中营养状态的湖泊、富营养状态的湖泊，分别占评价湖泊总数的23.1%和76.9%。

国家重点治理的"三湖"情况如下。①太湖。若总氮不参加评价，全湖总体水质为Ⅳ类。其中，五里湖、梅梁湖、贡湖、湖心区、西部沿岸区和南部沿岸区为Ⅳ类，占78.2%；竺山湖为Ⅴ类，占2.9%。若总氮参评，全湖总体水质为Ⅴ类。太湖处于中度富营养状态，各湖区中，五里湖、东太湖和东部沿岸区处于轻度富营养状态，占湖区评价面积的19.1%；其余湖区处于中度富营养状态，占80.9%。②滇池。耗氧有机物及总磷、总氮污染均十分严重。无论总氮是否参加评价，水质均为Ⅴ类，处于中度富营养状态。③巢湖。西半湖污染程度重于东半湖。无论总氮是否参加评价，总体水质均为Ⅴ类。

2014年，水利部对全国247座大型水库、393座中型水库及21座小型水库，共661座主要水库进行了水质评价。全年总体水质为Ⅰ～Ⅲ类、Ⅳ～Ⅴ类、劣Ⅴ类水库分别占评价水库总数的80.8%、14.7%和4.5%。对635座水库的营养状态进行评价，处于中营养状态、富营养状态的水库，占评价水库总数的62.7%和37.3%。

综上可见，我国湖泊、水库的富营养化的问题已较严重，近年来，时有蓝藻、绿藻等的季节性爆发现象，甚至湖泊水质较好的千岛湖、洱海也每年爆发水华。水质富营养化问题给生态环境造成严重危害，经济损失也十分惨重。我国对湖泊富营养化状况、产生原因进行了一系列研究与防治的实践，中央和地方在湖泊富营养化治理方面投入了巨额资金，湖泊、水体的富营养化已初步得到控制，部分水体水质并有所改善。应该说，我国水体富营养化的治理任务很重还须坚持努力，才能根本消除水体富营养化问题。

流域性水污染在我国也较严重。国务院从"九五"期间起即确定淮河、辽河、海河和太湖、巢湖、滇池为水污染防治的重点流域。近年来，重点流域水污染防治工作取得进展，主要污染物的排放量有所削减，水质污染开始得到初步控制。

1.3.3 水体富营养化的危害

富营养化现象是湖泊水库主要的环境问题，造成多方面的危害。富营养化带来的问题主要由藻类和有机物引起，常见的不利影响有以下几个方面。

① 富营养化导致水质恶化，给饮用水处理增加困难。

城市湖泊、水库作为城市集中饮用水源时，必须维持其优良水质，确保其经一般常规处理后就能达到饮用水水质标准。但是，富营养化的水库、湖泊，由于藻类的大量繁殖引起的水质恶化，会给水的净化处理带来许多困难，进而严重影响饮用水水质。富营养水源给饮用水处理及饮用水水质带来的问题有：

a. 水中大量藻类和水生微生物的孳生繁殖使滤池堵塞，破坏正常的运行，且微生物还会穿透滤池在配水系统中繁殖，造成配水系统水流不畅或阻塞；

b. 藻类产生的微量有机物使水带有强烈异味；

c. 藻类分泌出的有机物会妨碍絮凝作用，导致出水浑浊，并影响加氯消毒过程；

d. 藻类分泌出的有机物分解生成难以降解的腐殖酸，即为三卤甲烷前驱物（THM的前驱物），如用氯消毒即生成具有致癌、致畸和致突变作用的有害物如总三卤甲烷（TTHM），使水质更加恶化，不宜饮用；

e. 湖库底部沉积物的厌氧发酵，会使水中 Fe^{2+}、Mn^{2+} 浓度因还原作用而增加；

f. 湖泊底部沉积物的厌氧发酵产生的甲烷等气体，会干扰水的处理过程；

g. 水中 NH_3-N 在一定条件下会转化为亚硝酸盐，使其浓度增加，严重时将使饮用水不能达到安全水质标准；

h. 水中过量的 NH_3-N 会干扰氯消毒过程；

i. 水中有机物的增加以及输水管道管壁上黏膜的形成，促使水微生物如线虫、淡水海绵、苔藓虫、昆虫蚴等在配水系统孳生繁殖；

j. 水中浮游动物和一些大型水生物穿过水处理构筑物而进入供水系统，造成滤网、闸门、水表等的堵塞失效。

② 富营养化湖泊、水库中溶解氧浓度因藻类覆盖水面而降低，湖库中鱼虾及水生生物常会缺氧窒息致死，导致水产养殖业减产甚至完全破坏。

③ 富营养化使湖泊、水库的水带霉臭味，因此丧失水体的游泳价值和观赏价值。

④ 富营养化使水体水质不能符合工业冷却水及工艺用水的水质要求，易造成冷却设施堵塞失效。

总之，湖泊、水库的富营养化严重影响了湖、库功能的发挥和有效作用，造成经济上、环境上的巨大损失。因此，国际上许多国家对湖泊、水库的富营养化问题进行了大量的研究和整治工作。

1.3.4 水体富营养化的污染源

为控制水的富营养化，首先必须弄清所有能进入水体的氮、磷等营养素的污染源。图 1-5 给出了湖泊、水库营养物的来源。从图中可见，大气的氮干湿沉降对水体的氮污染且有重要作用，但是过去常被人们所忽视。当考虑磷负荷时，应确定其背景值，即未受人类活动影响时的天然负荷。表 1-3 列出了湖泊、水库磷负荷的输入途径。

关于自然界释放氮类化合物及其迁移转化规律，近年来欧洲诸国进行了大量研究，采用了多种方法，例如英国对 NH_3 的释放量进行了估算，见表 1-4，包括了各种 NH_3 的释放源。表 1-5 中援引了英国还原性及氧化性氮沉降量的资料，这些氮化合物在一定条件下相互转化，最终流入水体，来自大气沉降的污染负荷是不容忽视的。

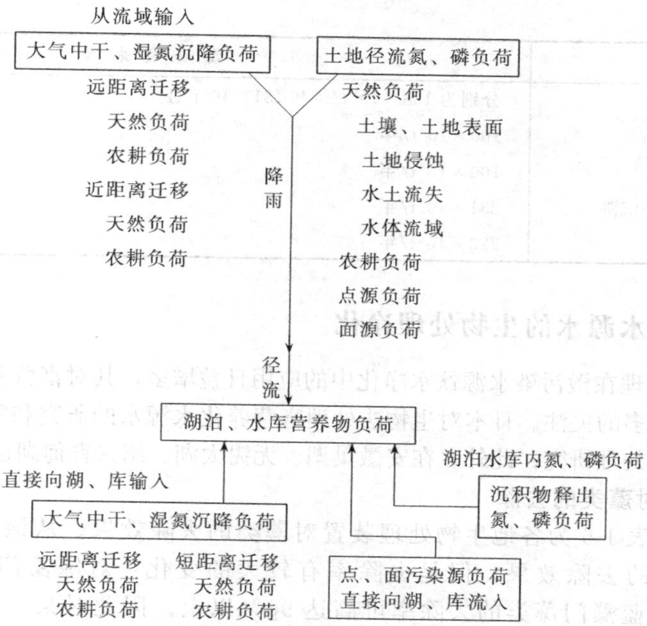

图 1-5　湖泊、水库营养物的来源

表 1-3　湖泊、水库磷负荷的输入途径

类型	输入途径	类型	输入途径	类型	输入途径
点源	从居民区城市下水道排入湖、库的	面源	化粪池排出的污水	面源	畜禽粪尿
	人粪尿		生活污水		场地冲洗水
	生活污水		腐烂物		桶及器皿洗涤水
	洗衣房排水		城市垃圾倾倒入河及湖、库		非农田排泄的
	饮食排水		工业固体废物倾倒入河、湖、库		腐烂物
	工业废水		从农田流出的		各种动植物残体
	街道径流		腐烂物		野生动物粪尿
	直接排入河流、湖泊、水库的工业废水		农灌退水		入湖河流
	城市污水处理厂排出的净化水		肥料		沉积物
	分流制下水道排放的城市降雨径流		植物残体		动植物残体
面源	居民区非下水道流出的		从畜禽养殖场排出的		大气干湿沉降

表 1-4　英国对 NH_3 释放量的估算（以 N 计）　单位：$\times 10^3$ t/年

NH_3 释放源	1990 年	1992 年	1994 年	NH_3 释放源	1990 年	1992 年	1994 年
畜禽养殖场	177	328	304(159～458)	人类活动及其他来源	49～54	2	29(11～58)
施肥作物及牧草分解	27～73	55	28(17～57)	合　计	260～311	391	367(189～585)
农产工业	7	6	6(2～12)				

表 1-5　英国还原性及氧化性氮沉降量（以 N 计）

氮沉降类别	数量及来源
NH_3 排放量	391×10^3 t/年 其中：牛 59%，猪 9%，羊 10%，禽类 7%，肥料 14%
NO_x 排放量	864×10^3 t/年 其中：畜禽养殖场 350×10^3 t/年，电厂 425×10^3 t/年，汽车尾气 71×10^3 t/年
N_2O	75%来自土地施肥及尼龙生产

续表

氮沉降类别	数量及来源
NO_3^-、NH_4^+ 的湿沉降	分别为 108×10^3t/年和 131×10^3t/年
NO 干沉降	100×10^3t/年
NH_3 干沉降	100×10^3t/年
总还原性 N($NH_3+NH_4^+$)沉降	231×10^3t/年
总氧化性 N 沉降	223×10^3t/年

1.3.5 富营养化水源水的生物处理净化

近年来，生物处理在微污染水源饮水净化中的应用日益增多，其对富营养化水源的净水作用也引起了人们越来越多的关注。日本对生物法处理富营养化水源水的研究和实践较多；我国在武汉东湖进行了生物预处理研究；此外，在安徽巢湖、无锡太湖、绍兴青甸湖也相继有过研究。

(1) 生物处理对藻类的去除

① 去除效率　表 1-6 为各地生物处理装置对藻类的去除效果。从该表可以看出，生物处理对藻类有一定的去除效果，但是去除率有较大的变化：对绿藻门藻类去除率较低，只有 40%左右；而蓝藻门藻类的去除率可高达 90%以上。因此对某一特定的湖水，生物处理对其中藻类的去除率将随优势藻的变化而变化。

表 1-6　各地生物处理装置对藻类的去除效果

试验地点	进水藻类分布			生物处理装置除藻情况	
	藻类名称		数量/(×10⁴个/L)	去除率/%	总去除率/%
日本仙台	绿藻门	栅裂藻	9		
		纤维藻	9	40	
	硅藻门	小环藻	39	90	
		直链藻	12	45～75	
		针杆藻	5		
	优势藻:小环藻、直链藻				70
武汉东湖	绿藻门	栅裂藻	未获得		
	硅藻门	直链藻			
	蓝藻门	平裂藻			
		席藻			
	优势藻:平裂藻、席藻、直链藻				70～90
绍兴青甸湖	绿藻门		1000	35.5	
	隐藻门		190	90.7	
	硅藻门		180	70.3	
	优势藻:绿藻				42.0

② 影响生物处理除藻效果的因素　影响因素中最主要的是水体中藻的种类及水力负荷。由于不同的藻类具有不同的物理、化学性质以及藻细胞的表面特性，从而影响生物膜对藻类的吸附作用，使生物膜对不同的藻类表现不同的去除率。试验数据表明：水力负荷越大、停留时间越短，藻类的去除率越低。其他因素（如气水比、水温等）未见显著影响。

(2) 生物处理对臭味的去除

各地生物处理装置对嗅阈值的去除效果见表 1-7。

表 1-7　各地生物处理装置对嗅阈值的去除效果

试验地点	水温/℃	进水嗅阈值	出水嗅阈值	去除率/%
武汉东湖	5～10	21	6	71.4
		20	8	60
		37	12	67.6
绍兴青甸湖	15～21.5	30	8	73.3
		12	6	50.0
		17	8	52.9
日本霞浦湖	3.5～28.8	未获得	未获得	50～81

可知，生物处理对嗅味的去除有好的效果，在50%～80%之间，而且即使水温较低，仍有好的去除效果。

(3) 生物处理对水质的全面改善

各地生物处理装置运行效果比较见表1-8。

表 1-8　各地生物处理装置运行效果比较

项目	指标	日本仙台	武汉东湖	绍兴青甸湖	项目	指标	日本仙台	武汉东湖	绍兴青甸湖
COD_{Mn}	进水/(mg/L)	7.2	4.63	7.20	SS	去除率/%	73.6		
	出水/(mg/L)	5.5	3.56	5.49	色度	进水		28.5	32.7
	去除率/%	23.6	23.1	23.8		出水		17.0	20.8
氨氮	进水/(mg/L)		0.68	0.94		去除率/%		40.4	36.4
	出水/(mg/L)		0.055	0.058	总N	进水/(mg/L)	0.90		
	去除率/%		92.0	93.8		出水/(mg/L)	0.70		
浊度	进水/NTU		14.8	13.5		去除率/%	22.0		
	出水/NTU		5.6	4.8	总P	进水/(mg/L)	0.074		0.058
	去除率/%		62.0	64.4		出水/(mg/L)	0.044		0.024
SS	进水/(mg/L)	7.2				去除率/%	40.5		58.6
	出水/(mg/L)	1.9							

1.3.6　污水的深度处理技术概述

在二级处理技术的处理水中，一般情况下还会有相当数量的污染物质，如BOD_5 20～30mg/L，COD 60～100mg/L，SS 20～30mg/L，NH_3-N 15～25mg/L，TP 3～4mg/L，此外，还可能含有细菌和重金属等有毒有害物质，排放以上污水可能导致水体富营养化。为了更好地去除上述物质，提高出水水质，进而达到回用要求，需要对水体进行深度处理。

深度处理的对象与目标是：①去除处理水中残存的悬浮物（包括活性污泥颗粒）、脱色、除臭，使水进一步澄清；②进一步降低BOD_5、COD、TOC等指标，使水进一步稳定；③脱氮、除磷，消除能够导致水体富营养化的因素；④消毒、杀菌，去除水中的有毒有害物质。表1-9列举的是对二级处理水进行深度处理的目的、去除对象和采用的主要处理技术。

表 1-9　对二级处理水进行深度处理的目的、去除对象和采用的主要处理技术

处理目的	去除对象		有关指标	采用的主要处理技术
排放水体再用	有机物	悬浮状态	SS、VSS	快滤池、微滤池、混凝沉淀
		溶解状态	BOD_5、COD、TOC、TOD	混凝沉淀、活性炭吸附、臭氧氧化
防止水体富营养化	植物性营养盐类	氮	TN、KN、NH_3-N、NO_2^--N、NO_3^--N	吹脱、折点加氯、生物脱氮
		磷	PO_4^{3-}-P、TP	金属盐混凝沉淀、石灰混凝沉淀晶析法、生物除磷、结晶法
回用	微量成分	溶解性无机物、无机盐类	电导率、Na^+、Ca^{2+}、Cl^-	离子交换膜技术
		微生物	细菌、病毒	臭氧氧化、消毒(氯气、次氯酸钠、紫外线)

(1) 悬浮物的去除技术

去除二级处理的悬浮物，采用的处理技术要依据悬浮物的状态和粒径而定：呈胶体状的粒子，采用混凝沉淀法去除是有效的；粒径1μm～1mm的颗粒，一般采用砂滤去除；粒径从几百埃到10μm的颗粒，采用微滤机一类的设备去除，而粒径在数埃至1000Å的颗粒，则应采用去除溶解性盐类的反渗透法去除。

图1-6为二级处理水中悬浮物的粒径和应采用的处理技术。

① 混凝沉淀 混凝沉淀工艺去除的对象是污水中呈胶体和微小悬浮状态的有机和无机污染物，从表观而言，就是去除污水的色度和浊度。混凝沉淀还可去除污水中的某些溶解性物质，如砷、汞等，也能够有效地去除可导致缓流水体富营养化的氮、磷等。

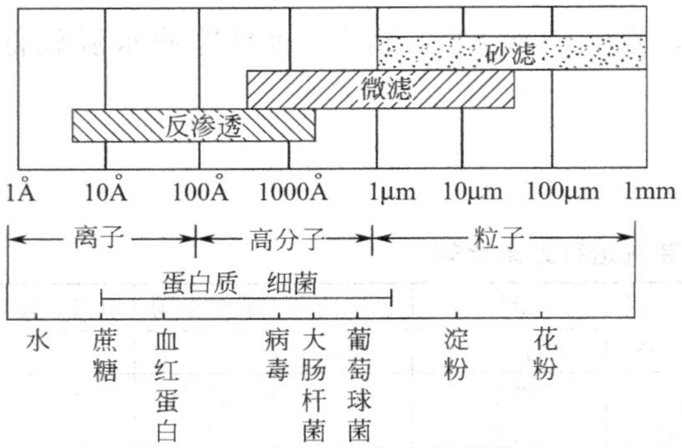

图1-6 二级处理水中悬浮物的粒径和应采用的处理技术

具体的混凝沉淀技术就是将适当数量的混凝剂投入污水中经充分混合反应后，使污水中的微小悬浮颗粒和胶体颗粒互相产生凝聚作用，成为颗粒较大、而且易于沉淀的絮凝体，再经过沉淀加以去除。混凝剂的正确选用是采用混凝沉淀技术的关键。

混凝要经过混合、反应两个步骤来完成，混凝剂与污水进行快速而充分混合是保证混凝反应进行正常作用的必要条件。混凝反应在絮凝池内进行，需保证正确的速度梯度G及水力停留时间HRT等水力条件。在这方面，给水工程上已有非常成熟的经验，无论在理论上还是设备设计方面，在污水深度处理领域可以在考虑本身特点的基础上加以参考应用。

采用混凝法去除污水中的有机物，去除效果良好，但投药量较大，如以商品浓度的工业聚合氯化铝计算，往往需要40～60mg/L。这样出现的问题是产生大量的含水率很高（可达99.3%）的污泥，这种污泥难以脱水，给污泥处理带来一定的困难。

② 过滤 过滤是一个包含多种作用的复杂过程，包括输送和附着两个阶段。只有将悬浮粒子输送到滤料表面，并使之与滤料表面接触才能产生附着作用，附着以后不再移动才算是被滤料截留，输送是过滤过程的前提。在层流条件下，悬浮粒子依靠惯性作用、筛滤作用、扩散作用、直接截留作用输送到滤粒表面。一般来说，粒子颗粒粒径越大，直接截留的作用越明显；对粒径大于10μm的粒子，则筛滤作用是主要的。但对微小粒子，扩散作用是主要的。

二级处理水过滤处理的主要去除对象是生物处理工艺残留于处理水中的生物絮体污泥，故二级处理水过滤主要有三个特点。

a. 在一般情况下，不需投加药剂，水中的絮体具有良好的可滤性，滤后水SS值可达10mg/L，COD去除率可达10%～30%。由于胶体污染物难于过滤去除，滤后水的浊度去除效果可能欠佳，这种情况下应考虑投加一定的药剂。

b. 反冲洗困难。二级处理水的悬浮物多是生物絮凝体，在滤层表面较易形成一层滤膜，致使水头损失迅速增加，过滤周期大为缩短。生物絮体易黏在滤粒表面，不易脱离，故需辅助冲洗或气水反冲。一般情况下，气水共同反冲[气强度20L/(m^2·s)，水强度为10L/(m^2·s)]效果较好。

c. 所用滤料应适当加大粒径，以增加单位体积滤料的截泥量。

(2) 溶解性有机物的去除技术

在生活污水中，溶解性有机物的主要成分是蛋白质、碳水化合物、阴离子表面活性剂等。经过二级处理的城市污水中溶解性有机物多是单宁、木质素、黑腐酸等难降解的有机物，常采用活性炭吸附、臭氧氧化等方法加以去除。

① 活性炭吸附 活性炭吸附以物理吸附为主（范德华力），但也有化学吸附的作用。活性炭吸附除可去除溶解性有机物外，还能够去除表面活性剂、色度、重金属和余氯等。

活性炭有粒状和粉状两种类型，颗粒炭的粒径介于0.20～5.0mm之间，粉状炭的粒径为0.05～0.15mm。污水处理，包括深度处理多使用粒状炭。

活性炭对二级处理水吸附处理的效果及其影响因素如下。

a. 活性炭对相对分子质量在1500以下的环状化合物和不饱和化合物以及相对分子质量在数千以上的直链化合物（糖类）有较强的吸附能力，效果良好。

b. 在吸附塔内有微生物孳生，根据镜检，在活性炭层内存活有根足虫类的表壳虫、变形虫，此外还检出游仆虫和内管虫等。由于有微生物存活，部分有机物为微生物所分解，能够显著提高吸附塔去除溶解性有机物的功能。

从另一方面看，如吸附塔内形成厌氧状态，就会孳生硫酸还原菌，导致产生硫化氢，这样会出现设备腐蚀、产生恶臭的后果，处理水呈乳白色。抑制在吸附塔内产生硫化氢比较有效的措施是向进水投加硝酸钠，这样能提高活性炭的有机负荷。

为避免活性炭滤层堵塞、活性炭的吸附功能下降，故在二级处理水去除有机物的时候，需进行一定程度的预处理，常采用的处理技术主要是以过滤和以石灰和铁盐为混凝剂的混凝沉淀。

② 臭氧氧化 臭氧分子式为O_3，具有较强的氧化能力。作为深度处理技术，臭氧对二级处理水进行以回用为目的的处理，其主要任务是：去除污水中残余有机物；脱除污水的色度；杀菌消毒。

用臭氧氧化处理二级水，在有机物去除方面有如下特征：能够被臭氧氧化的有机物多，如蛋白质、氨基酸、木质素、链式不饱和化合物及氰化物等，此外，臭氧对CHO^-、NH_2^-、SH^-、OH^-、NO^-等官能团也有氧化作用；臭氧对有机物的氧化，一般难于达到形成CO_2和H_2O的完全无机化阶段，只能部分氧化，形成中间产物；臭氧氧化形成的中间产物主要有甲醛、丙酮酸、丙酮醛和乙酸，但如臭氧足量氧化还会继续；污水用臭氧进行处理，BOD/COD随反应时间延长而提高，说明污水可生化性得到改善；臭氧对二级处理水进行处理，COD去除率与pH值有关，pH值上升去除率也显著提高。在高pH值下，臭氧能自行分解，分解过程中生成活性很强的·OH，在·OH的作用下，COD得到很高的去除率。

臭氧对污水有很好的脱色功能，特别是能够有效地脱除由不饱和化合物引起的色度，这是由于臭氧对不饱和化合物有较大的氧化作用。

(3) 溶解性无机盐类的去除技术

① 反渗透 反渗透（RO）是一种膜分离技术，多用于水的脱盐处理，在污水处理领域应用于污水以回用为目的的深度处理，或作为高盐度废水生物处理的预处理。

反渗透需要较大的工作压力，设备费运行费都较高。由于膜孔小，当原水悬浮物含量较高时，则需用过滤、微滤等工艺进行预处理。

② 电渗析 电渗析处理工艺是膜分离法的一种，在水处理领域，主要用于脱盐和酸碱回用。

图1-7所示为电渗析装置。阳离子交换膜和阴离子交换膜交替配置，两者分隔为多种小室，在两端设阴阳两电极，将小室注满含有无机盐类的污水，并在两极间通以直流电流。阳离子向阴极方向移动，阴离子则向阳极方向移动，而且阳离子交换膜只允许阳离子通过，把阴离子截留下来，同理，阴离子膜截留阳离子。结果这些小室的一部分形成离子很少的淡水室，排出淡水，与淡水室相邻的小室则成为富集大量离子的浓水室，排出浓水，从而使离子得到分离和浓缩。

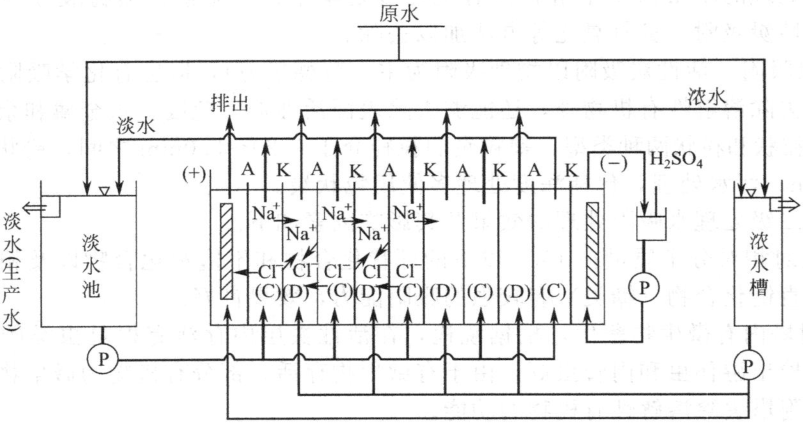

图 1-7 电渗析装置

K—阳离子交换膜；A—阴离子交换膜；D—淡水室；C—浓水室

经过一次电渗析工艺，原水可达20%～50%的脱盐率，欲得到更高的脱盐率，可采用图1-8所示的工艺系统。

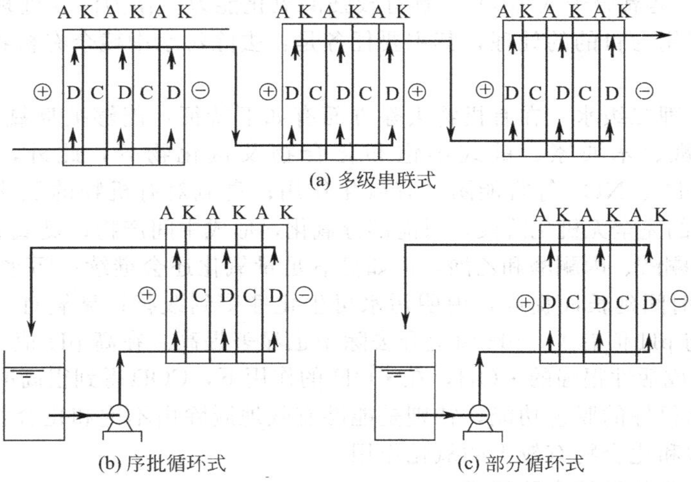

图 1-8 电渗析处理工艺的各种系统

K—阳离子交换树脂膜；A—阴离子交换树脂膜；D—淡水室；C—浓水室

(4) 污水的消毒

① 液氯消毒 液氯消毒的原理是$Cl_2+H_2O \longrightarrow HClO+HCl$，$HClO \longrightarrow H^+ + ClO^-$；所产生的HClO及$ClO^-$是极强的消毒剂，可以杀灭细菌及病原体。杀毒效果与水温、pH值、接触时间，混合程度、污水浊度及所含的干扰物质有效氯浓度有关。其主要缺点是氯化形成的余氯及某些含氯化合物低浓度时也对水生物有毒害作用；当污水含工业废水比例大时，氯化可能生成致癌物质。目前液氯消毒在污水处理中使用越来越少，主要仍用于自来水厂出水消毒。

② 臭氧消毒 臭氧由3个氧原子组成，具有很强的氧化能力，对于具有顽强抵抗力的微生物如病毒、芽孢等都有强大的杀伤力。另外，它还具有很强的渗入细胞壁的能力，从而破坏细菌有机体链状结构导致细菌死亡。

臭氧不能储存，需现场边发生边使用，其主要缺点是成本高，管理较复杂，适于水质要求较高，卫生条件要求较高的污水处理。

③ 次氯酸钠消毒 次氯酸钠消毒也是依靠 ClO^- 和 HClO 的作用，即 $NaClO+H_2O \rightleftharpoons HClO+NaOH$；次氯酸钠可由食盐水的电解液电解产生，$NaCl+H_2O \longrightarrow NaClO+H_2$；从次氯酸钠发生器产出的次氯酸可直接注入污水，进行接触消毒。

④ 紫外线消毒 紫外线消毒是利用光能对细菌酶系统进行破坏，由于不会产生含氯有机物，因而在污水处理厂被广泛应用。紫外消毒设备简单，管理方便，是有发展前景的消毒技术。

(5) 脱氮与除磷技术

① 脱氮技术 脱氮技术可分为物理化学脱氮和生物脱氮。物理化学脱氮主要以吹脱脱氮和折点加氯法为主。吹脱处理的特点是脱氮效果稳定，操作简便，容易控制。存在的问题是：逸出的游离氨能造成二次污染，使用石灰易生成水垢，水温降低，脱氮效果也降低。对这些问题采取的措施有改用氢氧化钠作为预处理碱剂，以防形成水垢；采用技术措施回收逸出的氨气。

生物脱氮是含氮有机物经过氨化与硝化，反硝化过程后，转变为 N_2 而去除，具体的脱氮工艺有传统三相活性污泥法脱氮工艺、缺氧-好氧活性污泥法脱氮工艺（A/O 法）。三相活性污泥法脱氮工艺的优点是有机物降解菌、硝化菌、反硝化菌分别在各自的反应器中生长繁殖，环境条件适宜，而且各自回流各沉淀池分离的污泥，反应速度快而且比较彻底，但处理设备多，造价高，管理不够方便。A/O 法工艺流程较简单、装置少，无需投加碳源，运行管理费用较低。

② 除磷技术 除磷方法可分为化学除磷和生物除磷。属于化学除磷的方法有混凝沉淀除磷技术与结晶除磷技术。常用的混凝剂有石灰、硫酸铝、铝酸钠、氯化亚铁及硫酸亚铁等，一般使用石灰居多。

生物除磷是利用聚磷菌一类的微生物，能够过量地从外部环境摄取磷，并将磷以聚合的形态储藏在菌体内，形成高磷污泥排出系统外，达到除磷的目的。生物除磷的机理是聚磷菌在厌氧条件下释放磷，然后在好氧时过度摄取磷。过剩的含磷污泥通过排泥排出。最常用的是 Phostrip 除磷工艺和厌氧-好氧除磷工艺。Phostrip 工艺处理效果好，但运行管理费用高。

③ 同步脱氮除磷 主要有巴颠甫（Bardenpho）脱氮除磷工艺、A^2/O 工艺和生物转盘同步脱氮除磷工艺。Bardenpho 工艺脱氮效果好、除磷率高，脱氮达 90%～95%，除磷率 97%，A^2/O 工艺实质为厌氧-缺氧-好氧工艺，具有水力停留时间短、无丝状菌膨胀等优点，但脱氮除磷的效果难以进一步提高。目前生物处理方法经改进均具有相当的同步脱氮除磷功能，如循环氧化沟工艺、SBR 工艺、CAST 工艺等。

1.4 污水资源化与再生利用

1.4.1 污水再生利用的目的及意义

(1) 再生利用的目的

近些年来世界各国，特别是水资源短缺、城市缺水问题突出的国家，在水领域的总体战略目标都进行了相似的调整。将单纯的水污染控制转变为全方位的水环境的可持续发展。随着经济发展和城市化进程的加快，我国目前相当部分城市严重缺水，连续几年的干旱更突出显示了水资源短缺问题的极端重要性和紧迫性，它直接影响到人民群众的生活，影响到社会的可持续发展。我国对当前水资源的严峻形势给予高度重视，采取了多种措施来缓解水的危机，其中主要包括污水再生利用。国务院召开的全国节水会议指出：大力提倡城市污水再生利用等非传统水资源的开发利用，并纳入水资源的统一管理和调配。在国民经济和社会发展第十个五年计划纲要中也首次出现了“污水处理回用”一词。纲要中明确规定：重视水资源的可持续利用，坚持开展人工降雨、污水处理回用、海水淡化。

城市污水其实也是一种资源，污水再生利用的目的就是回收淡水资源以及污水中的其他能源和有用的物质。“污水资源化”将污水作为第二水源是解决水危机的重要途径。从目前的情况看，污水再生利用的目的主要是以回收淡水资源为主。对于水资源的开发利用，科学合理的次序是地面水、地下水、城市再生水、雨水、长距离跨流域调水、淡化海水。目前地面水和地下水的短缺导致了水资源危机的出现，城市再生水的开发利用由此受到了广泛的关注和重视，因此，大力开发城市再生水、提高循环用水率，即进行污水再生利用已是当前缓解水资源危机措施的第一选择。

(2) 再生利用的意义

① 作为第二水源，可以缓解水资源的紧张问题。如前所述，由于全球性水资源危机正威胁着人类的生存和发展，世界上的许多国家和地区已对污水再生利用做出总体规划，把经过处理后的再生污水作为一种新水源，以缓解水资源的紧张问题。污水经适当处理后可重复利用，可促进水在自然界中的良性循环。城市污水就近可得，易于收集输送，水质水量稳定可靠，处理简单易行，作为第二水源比利用雨水和海水可靠得多。据研究表明，人类使用过的下水，其污染杂质只占0.1%，绝大部分是可再用的清水。城市供水量的80%变为污水排入下水道，是一种很大的资源浪费，至少有70%的污水可以再生处理后安全回用。因此进行污水再生利用，开辟非传统水源、实现污水资源化，对解决水资源危机具有重要的战略意义。

进行污水再生利用，在工业生产过程中以循环给水系统代替直流给水系统，可使淡水消耗量和污水排放量减少为原来的几分之一至几十分之一；在农业生产过程中提高农业用水的利用率，发展循环用水、一水多用和污水再生利用技术。大力发展污水再生利用，提高工业用水的重复利用率，积极推行城市污水资源化，将处理后污水作为第二水源加以利用，是节约使用水资源的重大措施与对策的重要组成部分，对我国国民经济的可持续发展有着十分重要的意义。

② 污水再生利用可减轻江河、湖泊污染，保护水资源不受破坏。如果水体受到污染，势必降低淡水资源的使用价值。目前，一些国家和地区已出现因水源污染不能使用而引起的水荒，被迫不惜高昂的代价进行海水淡化，以取得足够数量的淡水。污水即使经过一定程度的处理，排入江河、湖泊、水库等水体，还是可能使其受到污染。污水经处理后回用，不仅可以回收水资源及污水中的其他有用物质和能源，而且可以大幅减少污水排放量，从而减轻江河、湖泊等受纳水体的污染，保护水资源不受破坏。污水经过处理后用于灌溉，可通过植物对污水中营养物质的有效利用，使渗透水中的磷酸盐、氮和BOD等均有所下降。因此，污水回用于农业灌溉，是防止和解决卫生问题的一种经济有效的方法，它可使由于污水排放造成的地下水污染及湖泊、水库等水体的富营养化程度减小。

污水再生利用是环境保护、水污染防治的主要途径，是社会和经济可持续发展的重要战略，是环境保护策略的重要环节。污水再生利用与目前世界所提倡的“清洁生产”“源头削减”和“废物减量化”等环境保护战略措施是一致而且是不可分的。污水再生利用事实上也是对污水的一种回收和削减，而且污水中相当一部分污染物质只能在水再生利用的基础上才能回收。由污水再生利用所取得的环境效益、社会效益是很大的，其间接效益和长远效益更是难以估量。

③ 可减少用水费用从污水净化处理费用。以污水为原水的再生水净水厂的制水成本要低于甚至远远低于以天然水为原水的自来水厂，尤以远距离调水更为突出。这是因为省却了水资源费用、取水及远距离输水的能耗和建设费用等。

再生利用工程的水量越大，其吨水投资越小，成本越低，经济效益越明显。国内外同类经验与预测均表明，对城市污水厂二级处理出水，采用混凝—沉淀—过滤—消毒技术处理，在管网适宜的条件下，回用水量在10000m^3/d以上的工程的吨水投资都应在600元左右，处理成本在0.6元以下。按城市自来水价4.2元/m^3计，回用每吨污水最少可节约资金3.6元。按现在国内外通行惯例，再生水价格一般为自来水价格的50%～70%，按60%计，则再生水价格应为2.5元/t，可见需水方吨水节省1.7元，供水方吨水获利1.9元。供水方两年内可收回投资，供需双方经济效益都十分显著。

此外，长距离跨流域调水投资巨大，而且在干旱年份可能无水可调，也可能调来的是受一定程度污染的水，其调水投资和处理费用远大于城市自身的污水再生利用费用。海水是沿海城市取之不尽、用之不竭的水源，但海水淡化基建投资和制水成本过高，在经济上和规模上近期内不可能解决城市缺水问题。

1.4.2 污水再生利用的对象

(1) 用于农业灌溉

大约从19世纪60年代起，法国巴黎等世界上许多城市就一直将城市污水回用于农业灌溉。污水再生利用应将农业灌溉推为首选对象，其理由主要有两点：①农业灌溉需要的水量很大，全球淡水总量中大约有60%～80%用于农业，污水回用农业有广阔的天地；②污水灌溉对农业和污水处理都有好处，能够方便地将水和肥源同时供应到农田，又可通过土地处理改善水质。污水回用于农业，我国当前还存在水质、长年利用和管理三方面的问题需解决。

(2) 用于工业生产

从大多数城市的用水量和排水量看，工业都是大户。但是，面对淡水日缺、水价渐涨的现实，工厂除了尽力将本厂废水循环利用，提高水的重复利用率外，对城市污水回用于工业也日渐重视。工业用水根据用途的不同，对水质的要求差异很大，水质要求越高，水处理费用也越大。理想的再生利用对象应该是用水量较大且对处理要求不高的部门。符合这种条件的对象包括间接冷却用水和工艺用水。间接冷却用水对水质的要求，如碱度、硬度、氯化物以及锰含量等，城市污水的二级处理均能满足；其对水量要求很大，除考虑循环使用外，补充用水量就占工业总取水量的50%左右，所以间接冷却用水应作为城市污水工业回用的主要对象。工艺用水包括洗涤、冲灰、除尘、直冷以及锅炉给水、产品加工工艺用水等，其用水量约占工业总用水量的20%～40%。其中许多用途如冲灰、除尘等要求水质较低，污水可以简单处理后回用；原料加工过程工艺用水、锅炉补给水等高质用水，对水质有不同要求，要进行相应的高级处理。

(3) 用于城市生活

城市生活用水量比工业用水量小，但是对生活用水的水质要求较高。世界上大多数地区对生活饮用水源控制严格，例如美国环保局认为，除非别无水源可用，尽可能不以再生污水作为饮用水源。现今再生污水可再用于城市生活的对象一般限于两方面：①市政用水，即浇洒、绿化、景观、消防、补充河湖等用水；②杂用水，即冲洗汽车、建筑施工以及公共建筑和居民住宅的冲洗厕所用水等。

(4) 用于回注地层

污水回注于地下有助于土地渗液的进一步回收利用。补充地下水应注意防止地陷；注入含水层防止地下水污染，防止海水倒灌等。

地理、气候和经济等因素影响着世界各地水再生利用的方式与程度。在农业生产为主的地区，农业灌溉是水再生利用的主要方式；在干旱地区，如以色列、澳大利亚、美国的加利福尼亚和亚利桑那等州，农业灌溉和地表补充是水再生利用的主要方式；日本将再生水主要用作城市商业、工业中水与环境景观用水。

1.4.3 国外污水再生利用的发展状况

(1) 日本污水再生利用状况

日本国土狭小、人口众多，人均水资源占有量低于世界平均水平，人均年降雨量仅为世界平均降雨量的1/5，水资源严重短缺，这种情况与其高度发达的经济和较高的国民生产总值是不相称的，因此节约用水一直受到日本全社会的关注，污水再生利用技术的研究及工程的建设也开展得较早。20世纪60年代，日本沿海和西南一些缺水城市，如东京、名古屋、川崎、福冈等市即开始考虑将城市污水处理厂的出水经进一步处理后回用于工业或生活杂用(以冲洗卫生设备为主)。其中，较大的工业再生水项目有东京江东地区工业水道，再生水供水规模约$14\times10^4m^3/d$，供240个工业企业；名古屋工业水道，再生水供水规模的$40\times10^4m^3/d$，再生方式是将污水处理后出水同地面水混合后供工业企业；川崎市工业水道，再生水供水规模约$20\times10^4m^3/d$，供工业企业。另外，福冈市于1980年和1989年先后建成规模为$400m^3/d$和$2000m^3/d$的“污水再净回用示范工程系统”，分别供12个公共建筑物和2个小区；日本的其他城市因受水资源及技术经济条件限制，亦有类似再生水系统投入使用。相对而言，日本城市污水再生工程及“中水道”工程供生活杂用，其规模与技术均属世界知名。

20世纪90年代初，日本直接回用水的城市污水处理厂的出水量已达$3\times10^8m^3/$年，虽不及总取水量的1%，但已成为城市中的一种稳定、可靠的水源，并制定了相应的水质标准。1990年日本在全国范围内进行了污水再生利用的调查研究和工艺设计，对污水再生利用在日本的应用进行了全面深入的调查和总结，并在严重缺水的地区广泛推广污水再生利用技术，使日本近年来的取水量逐年减少。例如濑户内海地区污水回用量已占该地区使用淡水总量的2/3，新鲜水取水量仅为使用淡水量的1/3，大大缓解了濑户内海地区水资源严重短缺的问题。经过大量示范工程后，日本的“造水计划”中明确将污水再生利用技术作为最主要的开发研究内容加以资助，开发了很多污水深度处理工艺，建立起以濑户内海地区为首的许多“水再生工厂”。日本城市污水再生利用的分配情况见表1-10，其中，以生活杂用水的比重最大。

表1-10 日本城市污水再生利用分配情况

用　　途	所占比例/%	用　　途	所占比例/%
生活杂用水	40	补充河道的环境、景观用水	12
工业用水	29	融雪用水	4
农业灌溉用水	15		

在日本，污水再生利用的主要目标是将再生水用于居民区、商业区及学校杂用，包括用于厕所冲洗、绿化灌溉、景观性湖泊、美化环境。据文献报道，1990年以东京为主遍及全日本建立了1369座中水工程，回用量为$22.8\times10^4m^3/d$，中水回用率达到生活用水量的0.6%。日本的水资源主要依靠河流，其流量随雨量而变化，几乎没有新水源可供开发，对水资源的管理，除了不可避免地实行定量供水外，就是开发城市污水再利用资源，处理后的污水直接再用于城市给水，或工业用或生活卫生杂用。中水道就是特指再生水的管网系统，

这在东京、名古屋、川崎、大阪等城市已有实施，并且相应制定了针对不同再生水用户的水质标准和管理法规。

(2) 美国污水再生利用状况

美国也是世界上采用污水再生利用最早的国家之一，20世纪70年代初开始大规模建设污水处理厂，随后即开始了再生污水的研究和应用。目前，美国有357个城市的污水进行回用，再生回用点多达536个。美国城市污水回用总量约为94亿立方米/年，回用率达到45%以上。回用用途包括：农灌用水、景观用水、工艺用水、工业冷却水、锅炉补水及回灌地下水和娱乐养鱼等多种用途。其中，灌溉用水为58亿立方米/年，占总回用量的60%；工业用水占总回用量的30%；城市生活等其他方面的再生水不足10%。

美国城市污水的再生水用作高层建筑生活用水，即中水仅个别事例。相对而言，美国对城市污水的再生利用推行比较慎重，对再生水的水质标准控制较为严格。

在美国，城市污水再生利用工程主要集中于水资源短缺、地下水严重超采的西南部和中南部的加利福尼亚州、亚利桑那州、得克萨斯州和佛罗里达州等，其中的南加利福尼亚州成绩最为显著。美国第一个分质供水系统是1920年在亚利桑那州建成的，那里雨水量很少，淡水资源紧缺，最早由卡车和火车运送水。由于水源奇缺，所以污水经过处理后用于浇洒绿地和冲厕，并在永久居住区（包括学校、社区）用于冲车、冷却水、建筑和其他一些非饮用的地方。美国污水再生利用范围很广，涉及了城市、农业、娱乐、环境、工业等领域，效果甚佳。加利福尼亚州的桑提和南塔湖工程都是将城市污水经过一系列处理后直接回用于游乐场所，水质完全满足要求。洛杉矶污水回用于电厂冷却水早已实现，赌城拉斯维加斯污水三级处理厂出水作为间接回用输入河流再利用。目前，美国环保局制定的《污水再生利用标准》中涉及了污水再生利用的范围、州标、管理规范等内容和国际上污水再生利用的状况。表1-11为美国城市污水再生利用分类。其中污水再生利用工程项目数（约500多个）和再生水量均以农业灌溉居多，工业用水次之，作为高层建筑生活用水，即中水仅个别事例。从20世纪70年代初以来，总用水量不断增加，但总取水量反而减少，污水回用率稳步提高，使代表世界先进工业大国和农业大国的美国水工业走上良性循环的轨道。

表1-11 美国城市污水再生利用分类

作用类型	项目数	再生水量/%	作用类型	项目数	再生水量/%
农业灌溉(包括景观用水)	470	62	回灌地下水	11	5
			娱乐、养鱼、野生水生物	26	1.5
工业冷却水、工艺、锅炉用水	29	31.5	总　计	536	100

美国城市污水厂出水也多回用于灌溉（包括景观用水），灌溉范围包括荒地、草地、森林，灌溉地区主要集中于西南、中南部干旱缺水地区。由于城镇规模小而分散，城镇附近往往有土地可供城镇污水处理厂进行土地处理与处置。灌溉系统的规模一般较小，大约70%的农业灌溉系统规模约小于$29\times10^4 m^3/d$，面积小于80万平方米。平均城市服务人口数约在1.1万人以下。这些灌溉系统作为污水土地处理与处置的手段，管理粗放，监控不严。美国对灌溉不与人接触的草地、树木、谷物的再生水要求达到污水一级处理以上出水水质标准。而执行1972年联邦《水污染控制法》后，多数城镇污水处理已达二级或二级以下处理水质标准（见表1-12），因此，从总体上讲，用于灌溉的再生水质是好的。

表 1-12 美国用于农业灌溉的再生水处理情况

作 物	处理厂数	各处理级别所占比例/%			作 物	处理厂数	各处理级别所占比例/%		
		一级	二级	三级			一级	二级	三级
谷物	17	23	77	0	棉花	26	29	71	0
玉米	11	36	64	0	饲料	51	24	73	3
蔬菜	6	14	86	0	牧草	34	20	71	9
水果	12	18	82	0	草地和造景	47	9	70	21

此外，美国亦有一些大型的管理完善的灌溉系统。始建于 19 世纪的 Melbourne Australia 饲料农场灌溉系统，其规模达 $4.35\times10^4 m^3/d$，灌溉面积 11 亿平方米。农场、夏季实行地面灌溉，冬季施行喷灌，雨季用氧化塘处理。农场实行再生水水质监控，污水 BOD 去除率 95%，SS 去除率 92%，运行费用低廉。

(3) 以色列污水再生利用状况

目前，以色列全国需水量达 20 亿立方米，已超过了其水资源总量，因此以色列十分重视水资源的合理利用，并根据地区条件和社会经济结构采取不同的水回用原则。至 1987 年，以色列已有 200 多个市政污水回用工程，城市污水回用率达 72%。

以色列全国污水处理总量 46%的出水直接用于灌溉，其余 33.3%和约 20%的污水分别回灌于地下或排入河道，最终又被回用于其他方面（包括灌溉）。另外，占取水量约 8%未经处理排入河道的污水，最终也被间接回用。由此可见，以色列污水回用程度之高堪称世界第一，这与其特定的自然地理处境和国情有关。

在农业灌溉方面，由于水质要求较低，故污水处理的出水优先回用于农业灌溉。在以色列，污水回用分就地回用和集中回用两种形式。就地回用是数万人口的城镇污水利用氧化塘处理后就近回用于农业灌溉。集中回用是指城市污水经较严格的集中处理后，或单独回用或汇入国家供水管路远距离输送至南部沙漠地区。即使对农业灌溉回用水，也应用节水型喷灌或滴灌技术。此外，对农作物、蔬菜、果树的灌溉水质均制定了较严格的水质标准并进行卫生监测。

1.4.4 我国污水再生利用的发展与现状

我国人均淡水资源少，是世界上贫水国之一。我国的地表水、地下水都受到了不同程度的污染，日趋严重的水污染不仅降低了水体的使用功能，也加剧了水资源短缺的矛盾，对我国正在实施的可持续发展战略带来了严重影响，严重威胁着城乡居民的饮水安全和身体健康。目前全国工业废水年排放量约为 700 多亿立方米，城市污水排放量为 400 多亿立方米，如果把大量污水处理厂出水深度处理再生回用，开辟为新水源，缓解水资源供需矛盾，大幅减少污染物的排放，将根本改善我国的水环境，有力支持国民经济可持续发展。

(1) 我国污水再生利用现状

我国污水再生利用研究和实践整体上起步较晚，直到 20 世纪 80 年代末我国许多北方城市频频出现水危机，污水再生利用的相关研究和技术才真正得到广泛关注。作为再生水起步阶段和引导阶段，主要开展了水污染方式及城市资源化技术、污水处理与水工业关键技术研究等，重大实践项目主要有北京市环保研究所中水试点工程、北京国际贸易中心中水工程，以及北京市为首的一批建筑中水工程。十五、十一五期间，我国的再生水发展较快，主要进行了污水资源利用技术与示范研究，建设了集中再生水利用工程，并陆续将再生水纳入城市规划。目前，我国城市污水再生利用工作已经全面启动，国家和地方都开展了相关的科学研究和工程，有的已经取得了较好成效。大连、青岛、北京、天津等地积极开展城市污水再生利用，并将其用于城市杂用、景观用水和工业用水等。同时，我国在制定的地方污水再生利用规划和管理措施、发展再生水用户等方面积累了较好的经验，为下一步工作奠定了坚实的基础。城市污水再生利用相关技术标准不断完善，国家颁布一系列城市污水再生利用标准（一个分类和五个水质标准），为再生水的安全利用提供了可依据的准则；《污水再生利用工程设计规范》（GB 50335—2002）、《建筑中水设计规范》（GB 50336—2002）等技术规范，为城市污水再生利用工程设计、建设提供了依据。

我国城镇污水处理厂建设发展很快，十一五期间，污水厂数量年均增长10%，截至2010年年底，全国建成2630座城镇污水处理厂，污水处理能力达到1.22亿吨/天。十二五期间的总投资将超过3700亿～3900亿，新建县城及西部小型污水处理设施总规模将为4500万～4600万吨/天，重点流域、环境敏感区域的升级改造总规模约2000万吨/天，再生水新增规模2500万～2600万吨/天。2014年全国设市级以上城市污水厂1797座，处理能力1.31亿吨，集中处理率达到90.2%。

目前我国污水处理执行标准（分布密度选取全国227座污水处理厂为样本），88座污水厂出水水质执行《城镇污水处理厂污染物排放标准》（GB 18918—2002）一级A标准，127座执行一级B标准，11座执行二级标准，1座出水执行三级标准。由于执行一级A标准的污水厂总规模大于一级B标准、二级标准的污水厂规模，总起来全国有45%～50%污水出水达到一级A标准的水质。同时GB 18918—2002一级A标准的主要水质指标已达到或优于一般回用水指标（如景观水体用水CJ/T 95—2000、农田灌溉水GB 5084—2005、城市杂用水GB/T 18920—2002、工业冷却循环水CECS 61—1994），因此，随着我国城镇污水厂运行水平的提高，我国污水处理回用率可以达到50%。目前由于管网等配套工程尚需陆续完成以及其他原因，污水深度处理回用率与发达国家尚有一定差距。

工业废水处理回用方面，除电厂、大型化工厂循环水用量大，排水处理回用率比例较高，多数行业废水处理回用率低于城镇污水。近年来国家对重点污染的造纸、印染、电镀行业废水处理要求建设深度处理工程，并严格控制回用率。据不完全统计，一些地区已达到50%以上的再生用水率。

（2）我国污水再生利用技术发展现状

从污水再生利用的工艺发展来看，近20年来，由于再生水需求持续增加，再生水处理工艺也得到了快速发展。除了传统老三段工艺外，出现了多种处理工艺和单元。

目前，除直接使用污水灌溉外，最简单的再生处理工艺是经过一级处理后的水用于农业或者其他用途常用的工艺是城市污水经过二级处理后进行混凝、沉淀、过滤及消毒，出水可用于环境景观、市政杂用和部分工业用水。较为先进的再生水处理工艺常以膜法为核心处理工艺，如污水处理出水＋混凝＋沉淀＋微滤（超滤）＋反渗透＋消毒，此种工艺出水水质稳定，增强了再生水使用安全性；此外，臭氧技术具有脱色、除臭、消毒和去除微量有毒有机物等特点，有着广泛使用的前景。

（3）我国污水再生利用发展存在的主要问题

我国的污水再生利用虽然引起了广泛的重视并得到了迅速发展，但与发达国家相比，我国城市污水回用还存在较大的差距和不足。存在的主要问题是：一是对水资源的忧患意识和再生利用认识不足，缺乏促进污水再生利用的鼓励政策，结果一方面是城市用水紧张，另一方面城市杂用、景观用水和工业用水仍在大量使用优质水资源；二是再生回用水市场化水平不高，水价形成机制不合理，污水再生利用缺乏必要的市场环境；三是管网等配套设施不完善，基础建设落后，污水再生利用缺乏必要的条件。

综上所述，我国水资源紧缺问题日益严重，污水深度处理达到中水回用的工作十分重要，它不仅大幅减少了排污，保护了水体环境，也节省了水资源，有利于国计民生，是我国国民经济持续发展的基础条件。从研究与工程实施情况看，污水处理再生利用在技术与经济上都是可行的。近年来我国在污水再生利用方面已经取得长足的进步，也必将在以后几年取得更大的成就。

第 2 章 水的物理化学处理技术及应用

污染水的物理化学处理技术快速，有效，针对性强。主要方法有臭氧氧化法、光催化氧化法、活性炭吸附法、电化学法、电磁处理法、超声波法等。

2.1 臭氧化技术

臭氧是氧的同素异形体，分子式为 O_3，常态呈气体，淡蓝色，并可自行分解为氧气；微量时具有“清新”气味，浓度高时则具有强烈的漂白粉味。

臭氧化技术的主要优点如下。臭氧是自然界最强的氧化剂之一，在水中氧化还原电位（为 2.07V）仅次于氟而居第二位，在低浓度时亦具有强氧化作用。臭氧具广谱杀微生物作用，其杀菌速度高于氯气，用氯消毒后生成的有机氯化物不仅有异臭，有的可能是致癌物质，而臭氧无二次污染。臭氧制备的原料为空气，随处可得。臭氧自 1785 年发现以来，作为强氧化剂、消毒剂、精制剂、催化剂等已广泛用于化工、石油、纺织、食品及香料、制药等工业部门。

欧洲的德国、法国、瑞士、荷兰、比利时等一些工业较发达国家是世界上最早开发应用臭氧技术的国家。到 20 世纪末，应用臭氧技术的水厂在欧洲已近 3000 家，成为世界上最集中的地区。与此同时，多种复合型臭氧水处理工艺技术和多级臭氧化水处理技术首先在这些国家被开发和正式投入生产应用。在美国，受到美国环保局法规的刺激，臭氧在饮用水处理中的应用得到迅速增长，美国有 200 多个饮用水厂使用臭氧技术，有 500 个以上的公用冷却水塔在使用臭氧进行生物控制，有 50 多万个游泳池和温泉已安装了紫外线、臭氧发生设备。

近几年来，随着世界科技水平的不断提高，臭氧制备技术、测试技术、控制技术不断取得重大突破。工业发达国家一些臭氧产品的臭氧投加量可根据水量变化和臭氧浓度变化以及臭氧尾气浓度变化进行自动调整，另外还有专门配套的臭氧浓度分析仪、残余臭氧分析仪、臭氧泄漏检测仪等产品推向用户，这对稳定水质，提高水厂水质管理，实行自动化操作大为有利。

2.1.1 臭氧净水机理

臭氧具有卓越的杀菌消毒作用，是由于臭氧能够渗入生物细胞壁，影响其中的物质交换，使活性强的硫化物基因转变为活性弱的二硫化物的平衡发生移动，微生物有机体遭到破坏而致死。臭氧对过滤型病毒及其他病毒、芽孢等具有较强的杀伤力。臭氧能氧化多种无机物和有机物，使有毒物质转变为无毒物质。臭氧可以直接发生氧化反应，或通过 ·OH 自由基反应。

臭氧在水处理中主要用于水的消毒。近年来，针对常规处理所不能奏效的微量有机污染问题，臭氧越来越多地被用于三卤甲烷前体物（THMFP）去除、水的除臭脱色和病原性寄生虫（如贾第虫、隐孢子虫）的去除。

用臭氧处理污水并进行消毒、除臭、脱色，可降解和去除水中的毒害物质，如酚、砷、氰化物、硫化物、硝基化合物、有机磷农药、烷基苯磺酸盐、木质素以及铁、锌、锰、汞等金属离子。对污水中的大肠杆菌、致癌物质同样有杀灭去除的显著功能，使超标的BOD、COD、TOC得到有效改善。

（1）氧化无机物

① 铁、锰的氧化　臭氧能将水中二价铁、二价锰氧化成三价铁及高价锰，使溶解性的铁、锰变成固态物质，以便通过沉淀和过滤除去。其反应式如下。

$$6Fe^{2+}+O_3+15H_2O \longrightarrow 6Fe(OH)_3+12H^+$$

$$3Mn^{2+}+O_3+3H_2O \longrightarrow 3MnO_2+6H^+$$

$$6Mn^{2+}+5O_3+9H_2O \longrightarrow 6MnO_4^-+18H^+$$

② 氰化物的氧化　氰化物是剧毒物质，《生活饮用水卫生标准》对它的限制极严（不超过0.05mg/L）。臭氧很容易将氰化物氧化成毒性小100倍的氰酸盐。其反应式如下。

$$CN^-+O_3 \longrightarrow CNO^-+O_2$$

$$2CNO^-+H_2O+3O_3 \longrightarrow 2HCO_3^-+N_2+3O_2$$

③ 氨的氧化　臭氧能将氨氧化成硝酸盐，并能将亚硝酸盐氧化成硝酸盐，其反应式为

$$3NH_3+4O_3+3OH^- \longrightarrow 3NO_3^-+6H_2O$$

$$3NO_2^-+O_3 \longrightarrow 3NO_3^-$$

④ 硫化物的氧化　臭氧氧化硫化亚铁和硫化氢的反应式如下。

$$3FeS+4O_3 \longrightarrow 3FeSO_4$$

$$H_2S+O_3 \longrightarrow H_2O+S+O_2$$

（2）氧化有机物

臭氧氧化能力很强，能与许多有机物或官能团发生反应，如C═C、C≡C、芳香化合物、杂环化合物、N═N、C═N、C—Si、—OH、—SH、—NH_2、—CHO等。但目前在臭氧氧化反应机理上仍未有肯定的研究结论，通常认为臭氧与有机物的反应有两种途径：一是臭氧以氧分子形式与水体中的有机物进行直接反应；二是碱性条件下臭氧在水体中分解后产生氧化性很强的羟基自由基等中间产物，发生间接氧化反应。

臭氧能在酸性介质中分解产生原子氧和氧气，直接与污染物发生反应，同时还可以产生一系列自由基，其反应式为

$$O_3 \longrightarrow O+O_2$$

$$O+O_3 \longrightarrow 2O_2$$

$$O+H_2O \longrightarrow 2HO\cdot$$

$$2HO\cdot \longrightarrow H_2O_2$$

$$2H_2O_2 \longrightarrow 2H_2O+O_2$$

而在碱性介质中，臭氧分解产生自由基的速度很快，其反应式为

$$O_3+OH^- \longrightarrow HO_2\cdot+\cdot O_2$$

$$O_3+\cdot O_2 \longrightarrow \cdot O_3+O_2$$

$$O_3+HO_2\cdot \longrightarrow HO\cdot+2O_2$$

$$\cdot O_2+HO\cdot \longrightarrow O_2+OH^-$$

臭氧与水中有机物反应十分复杂，既有臭氧直接氧化反应，也有自由基的氧化反应，这与反应条件及有机物的性质密切相关。

臭氧能氧化多种有机物。为降低COD、BOD，必须投加足够的臭氧。虽然单纯采用臭氧来氧化有机物以降低COD、BOD一般不如生化处理经济，但在有机物浓度较低的水处理

中，采用臭氧氧化法不仅可以有效去除水中有机物，且反应快，设备体积小。尤其水中含有酚类化合物时，臭氧处理可以去除酚所产生的恶臭。

(3) 消毒

臭氧是目前加药消毒法中最有效的消毒剂。生产实践表明，各种常用消毒剂的效果按以下顺序排列：$O_3 > ClO_2 > HOCl > OCl^- > NHCl_2 > NH_2Cl$。

臭氧消毒的效果主要决定于接触设备出口的剩余量和接触时间。在实际生产中，臭氧用于自来水消毒所需的投加量为1～3mg/L。臭氧作为消毒剂是有选择性的，绿霉菌、青霉菌之类对臭氧具有抗药性，需较长的接触时间才能将其杀死。臭氧在水中分解速度较快，在pH值为7.6、温度为20℃的条件下，剩余臭氧浓度为0.4mg/L，1h内就会分解完，故会引起配水管网中细菌再升，此时，需在管网中二次投加臭氧或其他消毒剂。

(4) 色嗅味的去除

水的色度主要由溶解性有机物、悬浮胶体、铁锰和颗粒物引起，其中光吸收和散射引起的表色较易去除，溶解性有机物引起的真色较难去除。致色有机物的特征结构是带双键和芳香环，代表物是腐殖酸和富里酸。臭氧通过与不饱和官能团反应、破坏C═C而去除真色，去除程度取决于臭氧投加量和接触条件；同时臭氧可氧化铁、锰等无机呈色离子为难溶物；臭氧的微絮凝效应还有助于有机胶体和颗粒物的混凝，并通过颗粒过滤去除致色物。根据CDM公司的中试结果，常规处理可使东江原水色度从68度（均值）降到滤后水的1～3度，而投加110mgO_3/L进行预臭氧化和115mgO_3/L进行主臭氧化后，滤后水基本无色。

水的嗅味主要由腐殖质等有机物、藻类、放线菌和真菌以及过量投氯引起，现已查明主要致臭物有土臭素、2-甲基异冰片、2,4,6-三氯回香醚等。虽然水中异臭物质的阈值仅为0.005～0.01μg/L，但臭氧去除嗅味的效率非常高，一般1～3mg/L的投加量即可达到规定阈值。美国洛杉矶水厂10年的运行经验证实了预臭氧化控制饮用水异臭的有效性。臭氧化主要靠HO·去除异臭物质，催化产生更多的自由基将加强臭氧的除臭功能，目前主要有提高水的pH值和采用高级氧化技术等方法。

2.1.2 水质指标对臭氧化过程的影响

原水水质不同，臭氧化作用的效果及其副产物可能有很大的差异。

温度、pH值、碱度直接影响臭氧在水中的传质效率和稳定性，臭氧和其他物质的反应速度常数也受其直接影响，因此是臭氧化过程中最为重要的指标。

水中溶解性有机物和255nm的紫外吸光度值反映了水中有机物浓度的大小，有机物不仅影响臭氧的消耗量，同时与臭氧反应会产生大量的中间产物，因此这两个指标对臭氧化作用及副产物有较大影响。

其他指标对臭氧化作用的影响也不可忽视。有时即使大部分水质指标相同，仅一两个指标有差别也可能造成臭氧化作用效果有较大的差异。例如两种水质指标基本相同，前者由于含有较高浓度的Br^-，不仅要消耗更多的臭氧还会产生对人体有害的副产物（溴酸根和有机溴化物）。因此，研究臭氧化作用必须全面考虑各项水质指标。

2.1.3 臭氧的制备与投加

(1) 臭氧的制备

由于臭氧极不稳定，故只能随生产随使用。臭氧发生的方法按原理可分为无声放电法、放射法、紫外线法、等离子射流法和电解法等。

紫外线法是最早使用的制备臭氧的方法，只能生产少量的臭氧，主要用于空气的除臭。

电解法可以生产高浓度臭氧，但其能耗大，故实际生产上用得不多。

等离子射流法是氧气分子激发分解为氧原子，然后用液氧收集而生产臭氧。其臭氧浓度不高，能耗较大。

放射法是利用放射线辐射含氧气流，从而激发氧气生成臭氧。其热效率高，是无声放电法的2～3倍，但设备复杂，投资大，适于大规模使用臭氧的场合。

无声放电法有在气相中放电和液相中放电两种，前者是目前水处理中最常用的方法。

图 2-1 是无声放电法制备臭氧原理。它由高压极、接地极和介电体组成。介电体与接地极间的间隙一般为 1～3mm，即臭氧发生区。当在两极加入高电压后使得通过两电极间隙的含氧气体发生无声放电，形成氧离子，并且随着电流密度的增大，氧离子浓度也急剧增加，这些氧离子不仅同氧分子反应，而且相互之间也反应生成臭氧。由于在臭氧生成过程中，伴有弥散蓝紫色辉光的电晕现象，故又得名电晕放电法。

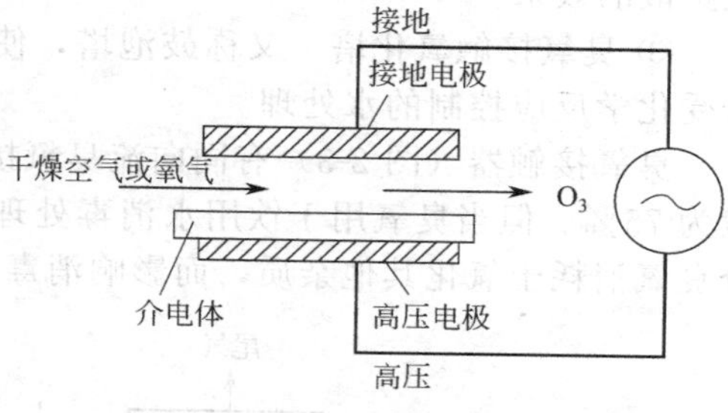

图 2-1　无声放电法制备臭氧原理

臭氧是氧分子通过高压放电区时，被高电位电场电离而变成氧原子，一个氧原子与一个氧分子再结合，形成 O_3（臭氧）。臭氧发生器的臭氧产量与质量分数，随着供气压力的增高而降低，其最佳工作压力一般为 0.12～0.13MPa。臭氧质量分数低，臭氧发生器的能耗也低，但臭氧发生所消耗的氧气量则增加；臭氧质量分数高，臭氧发生器的能耗也高，但臭氧发生所消耗的氧气量减少。因此，设计选用臭氧质量分数时，应根据当地的电价和氧气价格，进行经济平衡比较后才能确定。

臭氧发生器的气源可以是空气、液态氧（LOX）或气态氧。空气制臭氧，臭氧发生设备投资高，运行电耗高，臭氧产量与质量分数低，臭氧质量分数一般在 3%～4%之间，生产 1kg O_3 耗电量在 23～25kW·h 之间。

水处理臭氧发生多采用气隙放电法，因电能利用率低，大部分电能转化为热量，器件的温升也不可避免。温升是影响臭氧产生和设备寿命的主要因素，所以一般需要冷却。臭氧产量与气源干燥度成正比，即气源干燥度越高，每小时发生量也就越高，所以对气源的净化干燥处理是不可少的。气源预处理包括冷却、干燥、净化等步骤，典型的流程如下。

空气(压缩机)→冷却(5～10℃)→旋风分离→硅胶干燥→分子筛(除水分及杂质)
　　　　　　　↑↓
　　　　　　冷冻液
臭氧发生器←过滤(脱脂棉、毛毡、活性炭等)

(2) 臭氧接触设备

臭氧在水中的溶解度比较小。臭氧的应用都是通过臭氧与被反应介质充分混合反应来实施的，常见的臭氧处理系统见图 2-2。接触氧化系统的选择是非常重要的。种类有气液混合器、螺旋叶片管道混合器、臭氧接触氧化塔、接触氧化池、气液混合泵等。

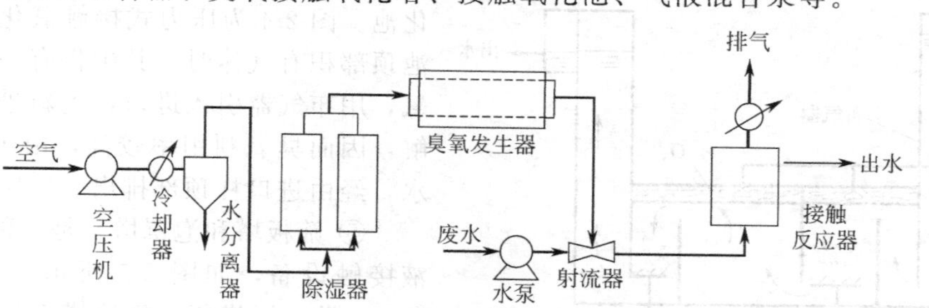

图 2-2　常见臭氧处理系统

① 气液混合器　根据文丘里管原理，当水流通过文丘里管时，利用吸入真空度吸入臭

氧化空气，使气、水彼此将对方分割成雾状小球，从而提高了臭氧与水中被氧化物质的接触面积和反应概率，因而大大提高了臭氧的利用率。

② 螺旋叶片管道混合器　由静态混合器演变而得，一般由三节混合器组成，根据需要可多于或少于三节。每节混合器带有一组分别左、右旋 180°的固定叶片，相邻两叶片之旋转方向相反并相错 90°。被混合的气、液体通过混合器彼此分割，径向和反向旋转，达到相互扩散的效果。

③ 臭氧接触氧化塔　又称鼓泡塔，使臭氧化空气通过多孔扩散器破碎成小气泡，常用于受化学反应控制的水处理。

臭氧接触器（图 2-3）有同向流臭氧接触器和异向流臭氧接触器。前者氧利用率低，一般为 75%。但当臭氧用于饮用水消毒处理时，则能使大量臭氧及早与细菌接触，以免大部分臭氧消耗于氧化其他杂质，而影响消毒效果。

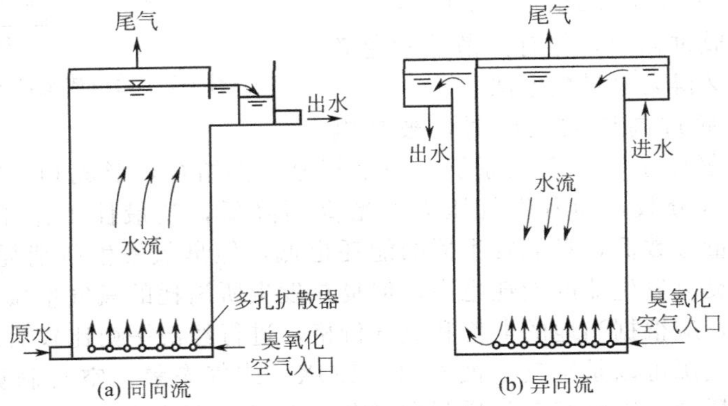

图 2-3　臭氧接触器

异向流臭氧接触器使低浓度臭氧与杂质浓度大的原水相接触，提高了臭氧利用率。而抗臭氧能力强的杂质正好遇上高浓度臭氧，保证了处理效果。其臭氧利用率可达 90%，被广泛使用。

④ 接触氧化池　适用于大流量、接触时间较长的水处理工程，如自来水厂、中水回用、污水处理厂等，一般为钢筋混凝土结构。

接触氧化池有多种形式，有单格式、双格式和多格式等。当原水污染较轻或只是氧化铁、锰时，可用单格接触氧化池。池底部设置多孔扩散布气器，将臭氧化空气分散为细气泡，接触时间为 4min 以上。需要可靠地消灭病毒或原水污染较重时，可采用多格接触氧化池，臭氧投加量也可相应增加至 5g/m³ 以上，接触时间为 10min 以上。臭氧化空气在水中的溶解效率和注入臭氧化空气的压力有关，压力高效果好，所以一般采用较深的接触氧化池。图 2-4 为压力式接触氧化池，当中间池顶部积有气体时，其中仍有一定比例的臭氧，用布气器引入进口，重新进入接触池溶解，因而臭氧利用率较高，由于 N_2 不溶于水，经由进口柱顶部排出。

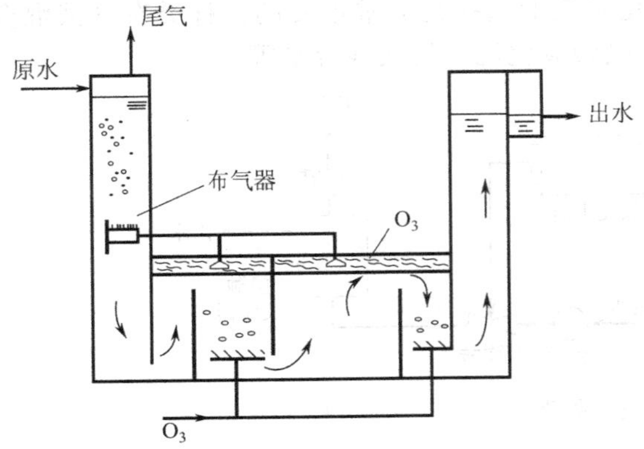

图 2-4　压力式接触氧化池

⑤ 筛板塔和泡罩塔　是一种气泡式的气液接触设备，如图 2-5 所示，塔内每 50～70mm 设一层塔板，每层塔上设溢流堰和降液管，液体在塔板上翻过溢流堰，经降液管流到下层塔板。塔板上开有许多筛孔的称为

筛板塔，上升气流通过筛孔分散成细小的流股，在板上液层中形成气泡，与液体密切接触后溢出液面，再与上一层液体接触。板上的溢流堰用以形成水封，防止气流沿降液管上升。筛孔直径一般为 3～8mm，孔心间距与孔径之比在 2.5～4.0 之间。

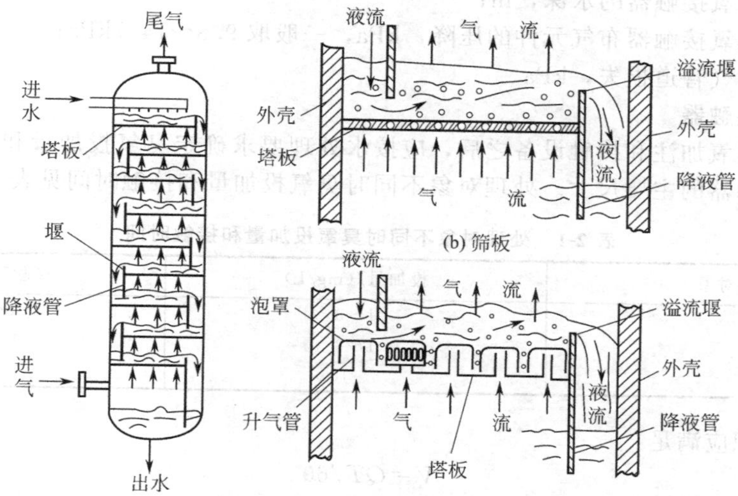

图 2-5 筛板塔和泡罩塔

筛板上装有若干短管，并在短管上附以泡罩的称为泡罩塔。筛板上的短管作为气流上升的通道，称为升气管。泡罩下部四周开有许多缝或孔，气流经升气管进入泡罩，然后通过缝或孔分散成气泡进入液层。泡罩在塔板上以等边三角形排列。

泡罩塔不易发生液漏现象，气、液负荷波动也能保持稳定的吸收效率，不易堵塞；但结构复杂，造价高，板上液层厚，气流压降大，液流阻力也较大。筛板塔结构简单，造价低廉，气压降及板上液面落差均较小，生产能力及吸收效率比泡罩塔高；但筛孔小，易堵塞，对负荷波动的适应能力较差。

筛板塔与泡罩塔适用于水中含难氧化有机物的废水（即反应速率控制）处理，氧化效率高，臭氧利用率高。

2.1.4 臭氧净水的工艺计算

(1) 臭氧发生器

水处理的臭氧需要量 Q_{O_3}(m^3/h) 按下式计算。

$$Q_{O_3}=1.06QC \tag{2-1}$$

式中 Q——处理水量，m^3/h；

C——臭氧投加量，mg/L；

1.06——安全系数。

因为用空气为气源生产臭氧化空气，其臭氧浓度（体积分数）约为 0.6%～1.2%，而生产臭氧的经济浓度为 10～14gO_3/m^3 气，相当于标准状态下的体积分数为 0.47%～0.65%。再根据下式求得臭氧化空气量（是经干燥处理后的干空气）。

$$V_{干}=Q_{O_3}/[O_3] \tag{2-2}$$

式中 $V_{干}$——臭氧化干空气量，m^3/h；

$[O_3]$——臭氧化空气浓度，g/m^3，以空气为气源时，一般取 10～14g/m^3。

臭氧发生器的工作压力可根据接触池的深度按下式计算。

$$H>9.8h_1+h_2+h_3 \tag{2-3}$$

式中 H——臭氧发生器的工作压力，kPa，一般在58.8～88.2kPa之间；

h_1——臭氧接触器的水深，m；

h_2——臭氧接触器布气元件的压降，kPa，一般取9.8～14.7kPa；

h_3——输气管道损失，kPa。

(2) 臭氧接触器

选择适当臭氧加注和接触设备之后，应按水处理要求确定臭氧投加量和接触反应时间，并据此确定接触器的主要尺寸。处理对象不同时臭氧投加量和接触时间见表2-1。

表2-1 处理对象不同时臭氧投加量和接触时间

处理对象	投加量/(mg/L)	接触时间/min
杀菌消毒	1～3	5～15
除臭脱色	1～3	10～15
除 CN^-、酚	5～10	10～15

接触池容积应满足

$$V=QT/60 \tag{2-4}$$

式中 V——臭氧接触池的容积，m^3；

Q——处理的水量，m^3/h；

T——水的停留时间，min。

通常接触池的深度取4～4.5m，臭氧化空气在池中的上升速度小于4～5mm/s。

2.1.5 臭氧水处理工艺的典型流程

臭氧与其他处理方法的结合工艺主要有以下几种：臭氧处理-活性污泥法、臭氧处理-活性炭吸附法、臭氧处理-絮凝-膜处理法、臭氧处理-絮凝-臭氧处理法、臭氧处理-气浮（吹脱）法、臭氧处理-超声波法、臭氧处理-生物活性炭法、臭氧处理-膜处理法。

强化臭氧化技术包括碱催化氧化、光催化氧化和多相催化氧化三种形式。碱催化臭氧化包括 O_3 法、O_3-H_2O_2 法；光催化臭氧化包括 O_3-H_2O_2-UV 法、O_3-UV 法；多相催化臭氧化则主要是 O_3-固体催化剂（金属及其氧化物、活性炭等）法。

(1) 臭氧用于微污染水的处理

图2-6所示是近年来国外运用较多的自来水深度处理典型流程。三种流程都是以常规的混凝—沉淀—过滤为骨架，不同之处在于导入臭氧和活性炭（多为生物活性炭）两个处理环节的位置不同。

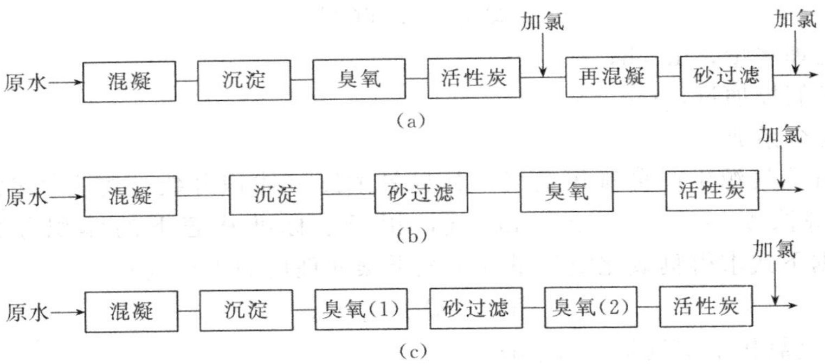

图2-6 臭氧化技术用于自来水深度处理的典型流程

流程（a）是在沉淀和过滤之间导入臭氧和活性炭处理。活性炭层的出水中往往含有微小炭粒和从活性炭颗粒表面的生物膜上脱落下来的微生物，这些杂质通过最后的砂滤池得以去除。为了提高过滤效率，在此之前进行了氯处理和二次混凝。这一流程的出水水质容易得到保证，但臭氧的投量往往较高。这是因为沉淀池出水中所有的有机物和其他还原物质都会消耗臭氧。

流程（b）是将臭氧和活性炭处理放在了砂滤池之后，由于砂滤池能够去除相当一部分消耗臭氧的物质，该流程所需的臭氧投量要比流程（a）低。但是从活性炭层泄漏出的微炭粒和微生物有可能影响最终出水的水质，这就要求对活性炭层进行比较频繁的反冲洗。

流程（c）的特点是进行两级臭氧处理，即在砂滤池前后分两次注入臭氧，其余与流程（b）相同。砂滤前的臭氧投量较小，主要目的是提高砂滤池的过滤效率。

上述三种流程在微污染控制效果上并无大的差异，但决定流程时应充分考虑原水的水质。原水中悬浮性有机物含量较多时应采用先进行砂滤的方法，而原水中有引起砂滤池堵塞的生物存在时，臭氧处理环节以置于砂滤之前为宜。因此，确定方案之前必须进行可行性试验研究。在欧洲，也有在臭氧和活性炭处理之后再加慢速过滤的设计实例。

（2）臭氧去除有机胶体的M-D法

含有腐殖酸的原水（如湖泊水）虽然浊度不高，但带有较高色度。常规混凝法用药量大，且不能取得满意效果。M-D（Micellization-Demicellization）法可以取得去除腐殖酸及相关色度的效果，其机理是利用臭氧对水中腐殖酸等有机胶体粒子具有强烈的断开化学键和氧化分解作用，使亲水性的胶体有机物成为疏水性物质，在少量凝聚剂作用下即形成微絮体，通过直接过滤即可除去。臭氧化代替氯化方法减少了三卤甲烷及其他消毒剂产品的前驱物产生的可能性，因而在给水健康上有保证。M-D法典型流程如图2-7所示。这一系统在法国、俄罗斯等国的水厂用得较普遍。

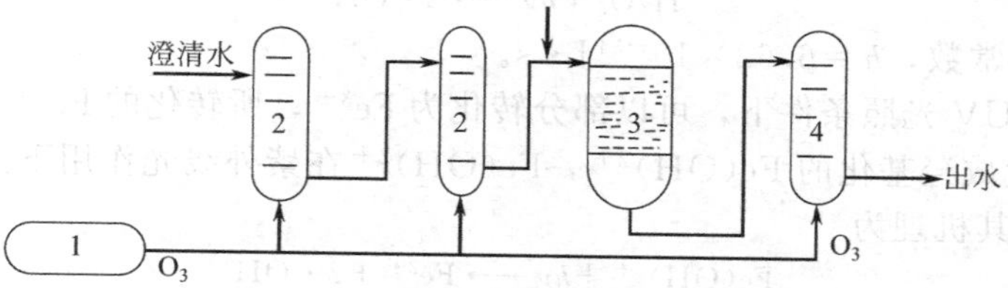

图2-7 M-D法典型流程

1—臭氧发生器；2—臭氧接触柱；3—接触滤器；4—臭氧消毒柱

2.2 光催化氧化技术

2.2.1 光催化氧化技术的基本概念及发展概况

在自然界有一部分近紫外光（190～400nm）易被有机污染物吸收，在有活性物质存在时会发生光化学反应使有机物降解。天然水体中存在大量活性物质，如氧气、亲核剂·OH及有机还原物质，因此自然界河水、海水发生着复杂的光化学反应。光降解即指有机物在光作用下，逐步氧化成CO_2、H_2O及NO_3^-、PO_4^{3-}、Cl^-等。光化学反应经常有催化剂参与反应，这就是光催化氧化。由于可利用自然光作能源解决污染治理，这一技术一开始就受到广泛关注，并获得迅速发展，近十几年应用于水处理领域。

1972年Fujishima首先发现光电池中受辐射的二氧化钛（TiO_2）可发生持续的水的氧化还原反应。1977年Bard提出利用半导体光催化反应处理工业废水中的有害物质以后，在半导体微粒悬浮体系中进行光催化消除污染物的研究日趋活跃起来。近年来 S. N. Frank 等在催化光解水中污染物方面进行了开拓性的工作，研究了 TiO_2 多晶电极/氙灯作用下对二苯酚、I^-、Br^-、Cl^-、Fe^{2+}、Ce^{3+} 的光解过程，用 TiO_2 粉末来催化分解水中污染物。他们用氙灯作光源，发现 TiO_2、ZnO、CdS 能有效催化 CN^-；TiO_2、ZnO、CdS 和 Fe_2O_3 能有效催化 SO_3^{2-}。A. L. Pruden 等进行了十几种水中常见优先污染物的去除研究，主要包括三氯乙烯、三氯甲烷、二氯乙烯、二氯甲烷、二溴甲烷、氯苯等。R. W. Matthews 对三十几种有机物进行了光催化氧化研究，包括苯、苯酚、苯胺、氯仿、水杨酸、甲醇、丙酮、乙酸、蔗糖。国内外大量的研究报告表明，光催化氧化法对水中的烃卤代物、羟酸、表面活性剂、染料、含氮有机物、有机磷杀虫剂等均有很好的去除效果，即使通常情况下较难降解的有机污染物，一般经过持续反应可达到完全矿化。

光催化过程采用半导体材料作为光催化剂，在常温常压下进行，如果利用太阳光作光源，则可大大降低水处理费用。更主要的是，光催化技术可将污染物降解为无毒的无机小分子物质（如 CO_2、H_2O）及各种相应的无机离子而实现无害化，光催化氧化为微污染水及污水深度处理提供了一条新的、有潜力的途径。

2.2.2 光催化氧化机理

光催化氧化是指有催化剂的光化学降解，一般可分为有氧化剂直接参加反应的均相光化学催化氧化，以及有固体催化剂（n 型半导体材料）存在，紫外光或可见光与氧或过氧化氢作用下的非均相（多相）光化学催化氧化。

均相光化学催化氧化主要是指 UV/Fenton 试剂法。Fenton 试剂是一种强氧化剂，当辅助以紫外线或可见光辐射，则极大地提高了传统的 Fenton 氧化还原的处理效率，同时减少 Fenton 试剂用量。H_2O_2 在 UV 光照条件下产生 · OH，其机理为

$$H_2O_2 + h\nu \longrightarrow 2 \cdot OH$$

式中，h 为普朗克常数，$h = 6.62 \times 10^{-34} J \cdot s$。

电化 Fe^{2+} 在 UV 光照条件下，可以部分转化为 Fe^{3+}，所转化的 Fe^{3+} 在 pH 值为 5.5 的介质中可以水解生成羟基化的 $Fe(OH)^{2+}$，$Fe(OH)^{2+}$ 在紫外线光作用下又可转化为 Fe^{2+}，同时产生 · OH。其机理为

$$Fe(OH)^{2+} + h\nu \longrightarrow Fe^{2+} + 2 \cdot OH$$

由于上述反应过程的存在，使得 H_2O_2 的分解速率远大于 Fe^{2+} 催化 H_2O_2 的分解速率。

当用光照射半导体光催化剂时，如果光子的能量高于半导体的禁带宽度，则半导体的价带电子从价带跃迁到导带，产生光致电子和空穴（如半导体 TiO_2 的禁带宽度为 3.2eV）。当光子波长小于 385nm 时，电子就发生跃迁，产生光致电子和空穴。光致空穴具有很强的氧化性，可夺取半导体颗粒表面吸附的有机物或溶剂中的电子，使原本不吸收光而无法被光子直接氧化的物质，通过光催化剂被活化氧化。光致电子具有很强的还原性，使得半导体表面的电子受体被还原。但是迁移到表面的光致电子和空穴又存在复合的可能，降低了光催化反应的效率。为了提高光催化效率，需要适当的俘获剂，降低电子和空穴复合的可能性，这是近年来光催化研究的重点。

光催化氧化机理可以 TiO_2 为例，用下面几式加以描述。

$$TiO_2 + h\nu \longrightarrow TiO_2(h\nu_b^+) + e^-$$

$$TiO_2(h\nu_b^+) + H_2O \longrightarrow TiO_2 + \cdot OH + H^+$$

$$TiO_2(h\nu_b^+) + OH^- \longrightarrow TiO_2 + \cdot OH$$

$$TiO_2(h\nu_b^+) + RH + OH^- \longrightarrow TiO_2 + R \cdot + H_2O$$

这一过程可分为几个阶段：光催化剂在光照下产生电子空穴对；表面羟基或水吸附后形

成表面活性中心；表面活性中心吸附水中有机物；羟基自由基形成，有机物被氧化；氧化产物分离。

2.2.3 光催化氧化的催化剂

(1) TiO_2 催化性能的决定因素

非均相光化学催化氧化主要是指用光敏半导体材料作催化剂，如 TiO_2/ZnO 等通过光催化作用氧化降解有机物。目前，研究最多的半导体材料催化剂是 TiO_2、ZnO、CdS、WO_3、SnO_2 等。由于 TiO_2 化学稳定性高，耐光腐蚀，紫外光、模拟太阳光和日光均可作为光源；可以利用自然条件，如空气作为催化促进物；具有较深的价带能级，可使一些吸热的化学反应在被光辐射的 TiO_2 表面完成；加之 TiO_2 对人体无害，所以目前在光催化有机污染物领域所采用的光催化剂多为纳米 TiO_2。TiO_2 的光催化性能主要由其粒径、表面形态和晶型决定。

① 粒径 随着晶粒粒径的减小，分立能级增大，其吸收光的波长变短，光生电子比宏观晶体具有更负的电位，相应地表现出更强的还原性；而光生空穴具有更正的电位，故表现出更强的氧化性；TiO_2 的粒径小，光生电子和空穴从 TiO_2 体内扩散到表面的时间短，它们在 TiO_2 体内的复合概率减小，到达表面的电子和空穴数量多，因此光催化活性高。此外，粒径小，比表面积大，有助于氧气及被降解有机物在 TiO_2 表面的预先吸附，则反应速率快，光催化效率必然增大。当颗粒大小为 1～10nm 时，出现量子尺寸效应。量子尺寸效应会导致禁带变宽，并使能带蓝移。禁带变宽使电子-空穴具有更强的氧化能力，使半导体的光效率增加。尽管 TiO_2 粒子小，量子尺寸效应使禁带变宽，并使导带能级负移，价带能级正移，导致催化剂的氧化还原能力增强。但锐钛矿型 TiO_2 的禁带宽度为 3.2eV，用波长等于或小于 387nm 的光照射下，价带电子被激发到导带形成电子-空穴对。如果禁带变宽，所需激发光的能量升高，即必须用波长比 387nm 更短的光源，太阳光利用率更低，甚至无法利用太阳光。据文献报道，TiO_2 晶粒尺寸从 30nm 减小到 10nm 时，其光催化降解苯酚的活性提高了近 45%。但粒径减小也有其负面作用，即随着 TiO_2 晶粒尺寸的减小，其吸收带边将会蓝移，对所用光源的光响应范围将会变窄，从而使得单位时间内吸收的光子数量减少，并因此导致光催化效率的降低。

② 表面形态 光催化剂表面应有一定的羟基基团，借助羟基基团实现光生空穴的捕获，抑制空穴-电子对的复合；TiO_2 表面的适光强度和一定数量的酸碱中心的匹配也会促进光催化过程；表面缺陷（尤其是氧空位形成的缺陷）的存在对 TiO_2 光催化活性也起着重要的作用，它可以增加催化剂表面活性羟基的反应活性，从而提高反应速率，但有时缺陷也可能成为空穴与电子的复合中心；此外，在晶格缺陷等其他因素相同时，催化剂表面积越大，吸附量越大，活性就越高，但实际上，由于对催化剂的热处理不充分，具有大表面积的 TiO_2 往往也存在更多的复合中心，当复合过程起主要作用时，就会出现活性降低的情况。

③ 晶型 TiO_2 主要有三种晶型：锐钛矿型、金红石型、板钛矿型。用作光催化剂的主要是锐钛矿型和金红石型，其中锐钛矿型的催化活性最高。

④ 氧气 在光催化降解有机污染物中起着重要的作用。它通过与光生电子反应生成超氧离子 O_2^-，一方面抑制了光生电子与光生空穴的复合，另一方面 O_2^- 在溶液中通过一系列的反应形成 H_2O_2，H_2O_2 再生成·OH。

⑤ 其他因素 一般来说，如果污染物是非极性的，则在光催化降解时受 pH 值的影响不大；如果污染物是极性的，则在有利于其在 TiO_2 表面吸附的 pH 值条件下，其光催化效率高。

温度对催化的效果影响不大。

强氧化剂如 $K_2S_2O_8$、H_2O_2、$NaIO_4$、$KBrO_4$ 等加入光催化体系中均可大大提高催化氧化速率，其原因是氧化剂作为良好的电子受体能俘获 TiO_2 表面的光生电子 e^-，抑制了电子与空穴的复合，而且强氧化剂本身可直接氧化有机物。

至于光照强度，总的来说，相当强的灯或集中的太阳光源，其光量子效率较差。由此可见，光强过大并不一定有效，这是由于光强太大时，存在中间氧化物在催化剂表面的竞争性复合，或随着光强增加，一方面电子与空穴的数量增加，电子与空穴复合的数量也增加，另外产生的·OH 会自反应生成 H_2O_2，而 H_2O_2 氧化有机物的速率比自由基要慢得多。

(2) TiO_2 的改性研究

改进半导体催化剂的性能包括对催化剂进行表面贵重金属沉积、金属离子掺杂、半导体的光敏化和复合半导体的研制以提高 TiO_2 的催化效率。贵重金属在 TiO_2 表面的沉积有利于提高光氧化还原反应速率。掺杂特定金属离子有可能使催化剂吸收波长延至可见光范围。将光活性化合物通过化学吸附或物理吸附附着于 TiO_2 表面，能扩大激发波长范围，增加光催化反应效率，这一过程就是催化剂的光敏化。若采用禁带宽度较小的半导体与 TiO_2 复合，则可能延展催化剂吸收光谱范围。如 Fe_2O_3 的禁带宽度为 2.2eV，其最大吸收波长可达 563nm。复合体系的类型较多，比较简易的制备方法是将两种氧化物共同煅烧或共同附着于载体上，复合半导体的光降解效率明显高于单一半导体。

2.2.4 光催化氧化反应器

(1) 光催化反应器

光催化反应器分为悬浮型光催化反应器和固定型光催化反应器。

早期光催化研究多以悬浮型光催化反应器为主。此类反应器结构简单，与污染物接触面积大，能保持催化剂固有的活性，反应速率较高，但催化剂回收连续使用困难，后期处理必须经过过滤、离心、絮凝等方法将其分离并回收，过程复杂，且由于悬浮粒子对光线的吸收阻挡影响了光的辐射深度，使得悬浮型光催化反应器很难用于实际水处理中。如国内采用开放式悬浮型光催化反应器，以太阳光中紫外光代替紫外灯，激发染料污水悬浮液中的 TiO_2，使其产生·OH，将染料脱色。试验结果表明：在一般晴天经 2h 的太阳光照射，阳离子蓝 X-GRRL 的脱色效率在 80%～93%之间。

固定型光催化反应器是将 TiO_2 等半导体材料涂覆在载体上，使水流过经固定化的催化剂。以这种形式存在的 TiO_2 不易流失，且减少了催化剂分离步骤。但带来的问题是催化剂接触表面积相对较小，因而效率不高。关于载体的选择及催化剂固定技术的研究已成为光催化处理废水的一个关键环节。

Geise 等针对典型化合物二氯乙酸（DCA）的降解分别进行了悬浮式 TiO_2 和固定式 TiO_2 液膜反应器（Flow-Film Reactor，FFR）研究。结果表明：与固定式催化剂反应系统相比，悬浮式系统能够获得更高的 DCA 降解率，达到了固定式系统的 3 倍，这是因为催化剂的固定限制了传质和降低了光催化活性。因此，如果能够通过固液分离技术实现 TiO_2 颗粒与处理水的分离及回收利用，那么悬浮式反应器将比固定式反应器有着明显的优势。

Yatmaz 等设计了一种新式的 TiO_2 光催化氧化反应器：涡流盘反应器（Spinning Disc Reactor，SDR）。在此反应器内光催化剂被负载在旋转的圆盘表面，当废水从此流过时形成一个薄的放射状紊流液膜，从而提高了有机污染物向催化剂表面的传质速率。

Wooseok 等采用流化床反应器（Fluidized Bed Reactor，FBR）对甲基橙在弱照射条件下（15W 低压水银灯）的光催化氧化进行了研究。流化床反应器具有这样的优点：能更好地利用光源，易于实现对温度的控制，在目标化合物和光催化剂间能实现良好的接触。试验结果表明：FRS 的几何结构对光催化氧化反应的影响可以忽略；反应器内气体的供给，不但可以用于催化剂颗粒的流化，而且还可以消除光生电子，提高反应效率。

对于光催化氧化制备有机中间体如合成 DCAC，催化剂和引发剂的用量只有反应体系的 0.5%左右，故只需要投入反应器即可，无需采取其他措施。

(2) 载体的选择及催化剂的固定化技术

作为载体需要满足以下几个条件：①化学惰性；②机械强度好；③透光性好；④比表面积大；⑤与 TiO_2 之间有较强的作用力；⑥易于固液分离。已报道的载体有玻璃片、玻璃纤维、空心玻璃微球、黄砂、玻璃管、活性炭等。

光催化剂在载体上的固定一般有两种方法，即物理法和化学法。

物理法就是将制备好的 TiO_2 纳米粉体通过黏结剂加载在载体上。国外，Berry 等报道可用环氧树脂将 TiO_2 粉末黏附于木屑上。国内用硅偶联剂将纳米 TiO_2 偶联在硅铝空心微球上，制备了漂浮于水上的 TiO_2 光催化剂。这种方法操作简单，但是加了黏结剂后催化剂的比表面积减小，会使光催化效率降低。

化学法是在纳米 TiO_2 粒子生成过程中在载体上直接成膜。目前最常用的方法是溶胶-凝胶法，其基本步骤如图 2-8 所示。目前，多数人认为溶液的 pH 值、溶液浓度及反应时间对溶胶-凝胶化过程有重要影响，热处理过程对 TiO_2 薄膜的光催化活性也有影响。国内有人对此进行了研究，结果表明，加热温度和加热时间是影响 TiO_2 催化活性最主要的因素；429℃是 TiO_2 由非晶型向锐钛矿型转变的温度；当 600℃热处理 5h、锐钛矿型与金红石型的比例为 83∶17 时，TiO_2 的催化活性最高。

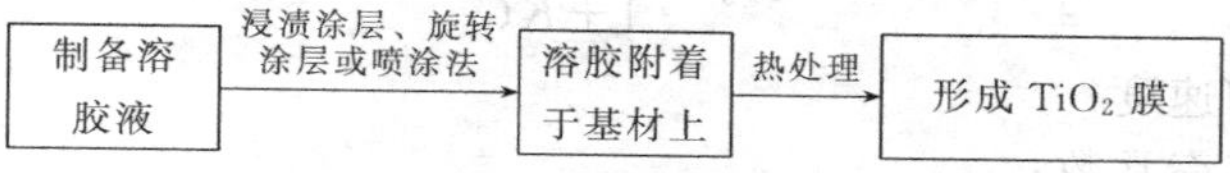

图 2-8 溶胶-凝胶法固定纳米 TiO_2 基本步骤

(3) 反应器光源

① 人造光源 理论上紫外光包括波长 100～400nm，实践中常用到 180～380nm 的波段。在光催化氧化研究中，高压汞灯、低压汞灯、杀菌灯、黑炽灯等均被广泛应用。试验表明，对辛醇和 PTA（对苯二甲酸）废水，高压汞灯和低压汞灯的 COD_{Cr} 去除率是一样的，高压汞灯对炭黑废水 COD_{Cr} 去除率较高。由于高压汞灯的有效弧长只有 102mm，不便于在工业装置中应用，而且功率大、耗能高，试验一般选用低压汞灯。有人研究比较了水银灯（185nm）、杀菌灯（250～260nm）、黑光灯（300～400nm）对 2,4-二硝基苯酚的降解效率，得到达到同样的降解效率所需时间：水银灯＜杀菌灯＜黑光灯，表明光源的放射波长越小，反应器的降解效率越高。

② 自然光源 目前，以净化水体为目的的高级氧化技术是以应用紫外辐射为主，自然环境中一部分近紫外光（290～400nm）极易被有机污染物吸收，在有活性物质存在时就发生强烈的光化学反应使有机物发生降解。因此，应深入开展利用自然光源的技术研究。

2.2.5 光催化氧化的工艺及应用

(1) 光催化反应器效率的主要影响因素

影响反应器效率的因素很多，如光照、催化剂性质、外加氧化剂、pH 值、废水成分等。

① 光源强度与光照 在同等波长的条件下，一般光强越高，效率越高，但并非线性相关。K. Vinodgopal 等发现，一般在低光强时，有机物降解速度与光强呈线性关系，高光强时，降解速度与光强的平方根存在线性关系。一般波长越短，效率越高。H. C. Yatmaz 等比较了紫外光波长的影响，通过对两支 15W 的低压汞灯（主波长 254nm）和一支 400W 的

中压汞灯（主波长 365nm）降解试验的研究，发现即使中压汞灯的功率是低压汞灯的十几倍，处理效果还不如低压汞灯。

② 催化剂粒径、类型与用量　催化剂粒径越小，其催化活性也越高。范益群等对不同粒径的 TiO_2 对亚甲基蓝的降解效果进行了初步研究。结果证明，随着粒径的减小，其降解初速度增大，完全降解所用的时间缩短，尤其是粒径为 30nm 时，其降解速度有一个较大的飞跃。TiO_2 有不同的晶型，晶型对光催化的影响，一般认为锐钛矿型比例较高（相对于金红石型）时，光催化活性较好。催化剂用量，目前一般认为投加量在 2～4g/L 较合适。

③ pH 值　不同结构的有机物降解有各自的最适 pH 值。

④ 氧化剂和还原剂　氧化剂如 O_2、H_2O_2、O_3、$S_2O_8^{2-}$ 等，它们均是良好的电子捕获剂，能有效地使电子和空穴分离，提高光催化效率。氧气和过氧化氢较为常用，但是用量都不能太高。Sandra Comes de Moraes 等在光催化过程中加入了臭氧化工艺处理染料废水，结果表明该工艺能使 TOC 降低 60%，色度基本去除，效果远比单纯的光催化和臭氧化好。还原剂的加入，同样可以防止电子和空穴的复合。Yuexiang Li 研究了在无氧条件下，以还原剂草酸为电子供体，不仅可以产生氢气，还可以降解污染物。

⑤ 废水中抑制物　废水中 Cl^-、NO_2^-、SO_4^{2-}、PO_4^{3-} 会显著降低光子效率，因为它们与有机物竞争空穴，尤其 PO_4^{3-} 对光催化效率影响很大。

⑥ 反应动力学常数　反应动力学一般通过 Langmuir-Hinshalwood 方程式来研究。

$$R_0=\frac{k_{L\text{-}H}KC}{1+KC} \tag{2-5}$$

式中　R_0——反应初速度；

$k_{L\text{-}H}$——光解速率常数；

K——吸附常数；

C——反应物初始浓度。

$k_{L\text{-}H}$、K 由反应体系中多方面因素决定，通过调节光照、催化剂表面特性、pH 值等提高 R_0 以提高反应速度，缩短反应时间。

(2) 光催化氧化工艺的应用

水体中有机污染物呈现复杂性和多样性，把光催化氧化技术与其他方法相结合的联用技术是行之有效的。

① 与混凝沉降法联用　光催化氧化混凝工艺处理化工废水，对十二烷基苯磺酸钠废水、苯酐废水、富马酸废水、邻苯二甲酸二辛酯废水、对苯二甲酸废水、对苯二甲酸二甲酯废水、腈纶废水、橡胶废水、印染废水等进行处理，COD_{Cr}去除率为 38%～96%，出水 BOD_5 与 COD_{Cr}值大多有所提高，印染废水色度去除率>96%。

② 与超声法联用　泽田胜也等研究了单独 Hg 灯/TiO_2 光催化氧化、单独超声辐射、同时光催化氧化-超声辐照、先光催化氧化后超声辐照以及先超辐射照后光催化氧化五种工艺对 1,2-二氯乙烯（DCE）的降解效果。研究认为，先超声辐照后汞灯光催化氧化，超声辐照减小了 TiO_2 颗粒粒径，并加快了 DCE 向 TiO_2 粉末表面传质，有利于后续的汞灯对 DCE 的光催化降解，从而大大提高了 DCE 的降解效率。

③ 与生物法联用　光催化氧化技术可以将一些大分子的难降解有机物氧化成为小分子、易于生物降解的有机物。日本已有用光催化氧化法与活性污泥法相结合处理印染废水的实际应用。

(3) 光催化氧化技术存在的问题

利用光催化氧化来降解废水存在一个普遍的问题，即光的利用率低，量子效率低（<4%）、反应速率慢的缺点，致使光催化还无法在实际工程中发挥应有的作用。光催化氧

化技术的另一个缺点是催化剂的回收比较困难。

(4) 光催化氧化技术展望

光催化氧化技术可将有机物彻底无机化，副产物少，是水深度处理技术中最有前景的一种方法。由于一些原因，目前的研究成果尚未完全实用化。今后的研究工作重点应着眼于：提高催化剂的催化活性或寻求新的高效催化剂；充分利用吸收光谱域，提高太阳光能的利用效率，将光能转化为可被物质吸收的能量形式；提高光催化剂的光谱响应范围，如金属离子掺杂法，表面光敏化来提高催化剂的活性和扩大激发波长范围；抑制光子和空穴的复合，如贵金属沉积法、半导体复合法、外加氧化剂法；改进催化剂制备方法，如表面修饰法、表面强酸化法。

2.3 活性炭吸附技术

2.3.1 活性炭的性质及其吸附作用

活性炭外观为暗黑色，具有良好的吸附性能，其化学性质稳定，耐强酸强碱，耐高温，密度比水小，是一种多孔的疏水性吸附剂。

(1) 活性炭的细孔构造和分布

活性炭在制造过程中，其挥发性有机物被去除，晶格间生成空隙，形成许多不同形状与大小的细孔。其比表面积一般高达 500～700m^2/g。这就是活性炭吸附能力强、吸附容量大的主要原因。

表面积相同的炭，对同种物质的吸附容量有时却不同，这与活性炭的细孔结构和细孔分布有关。根据半径大小，一般将细孔分为三种：①大微孔，半径 1000～100000Å；②过渡孔，半径 20～1000Å；③小微孔，半径小于 20Å。

活性炭小微孔容积一般为 0.15～0.90ml/g，表面积占活性炭总表面积的 95%以上。因此，活性炭与其他吸附剂相比，小微孔特别发达。过渡孔容积一般为 0.02～0.10ml/g，表面积占活性炭总表面积的 5%。大微孔容积一般为 0.2～0.5ml/g，表面积只有 0.5～2.0m^2/g，对液相的物理吸附作用不大，但作为触媒载体，作用十分显著。

总之，在吸附过程中，真正决定吸附能力的是微孔结构。全部比表面几乎都是微孔构成的。粗孔和过渡孔分别起着粗、细吸附通道作用，它们的存在和分布在相当程度上影响了吸附和脱附的速率。活性炭的细孔分布及作用模式见图 2-9。

(2) 活性炭的表面化学性质

活性炭的吸附特性，不仅受到细孔结构的影响，而且受到活性炭表面化学性质的影响。

活性炭的组成元素中，碳占 70%～95%。此外还有氢和氧，它们在原料中本来就存在，或在炭化过程中不完全炭化而残留于活性炭结构中，或在活化时以化学键结合。灰分构成活性炭的无机部分。灰分的含量及组成随活性炭的种类而异，椰壳炭的灰分在 3%左右，煤质炭的灰分高达 20%～30%。活性炭的灰分对活性炭吸附溶液中的某些电解质和非电解质有催化作用。

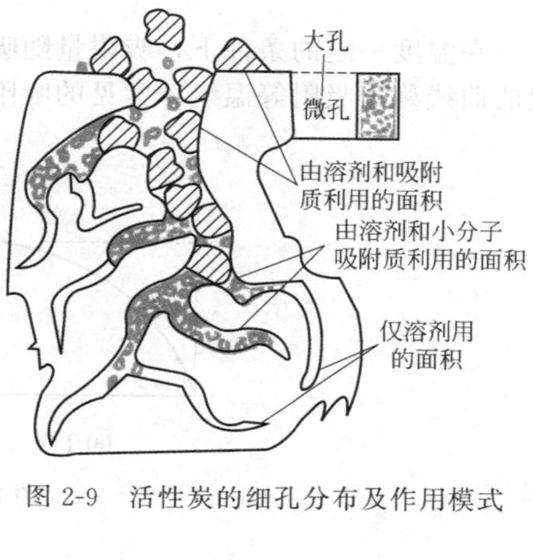

图 2-9　活性炭的细孔分布及作用模式

活性炭中的氢和氧，对活性炭的吸附及其他特性有很大影响。在炭化与活化过程中，氢和氧同碳以化学键结合，使活化炭表面上有各种有机官能团形式的氧化物和碳氢化物。氧化物使活性炭与吸附质分子发生化学作用，显示出选择吸附性。这些有机官能团有羧酸、酚性烃基、醚、碳酸无水物、环状过氧化物等。

(3) 吸附作用与吸附形式

将溶质聚集在固体表面的作用称为吸附作用。活性炭表面具有吸附作用。吸附可以看成是一种表面现象，所以吸附与活性炭的表面特性有密切关系。活性炭有巨大的内部表面和孔隙分布。它的外表面积和表面氧化状态的作用是较小的，外表面积可以提供与内孔穴相通的许多通道。表面氧化物的主要作用是使疏水性的炭骨架具有亲水性，使活性炭对许多极性和非极性化合物具有亲和力。活性炭具有表面能，其吸附作用是构成孔洞壁表面的碳原子受力不平衡所致，从而引起表面吸附作用。

活性炭的吸附形式分为物理吸附与化学吸附。物理吸附是通过分子力的吸附，即同偶极之间的作用和氢键为主的弱范德华力有关。它有足够的强度，可以捕获液体中的分子。物理吸附是分子力引起的，吸附热较小。物理吸附需要活化能，可在低温条件下进行。这种吸附是可逆的，在吸附的同时，被吸附的分子由于热运动会离开固体表面，这种现象称为解吸。化学吸附与价键力相结合，是一个放热过程。化学吸附有选择性，只对某种或几种特定物质起作用。化学吸附不可逆，比较稳定，不易解吸。

活性炭的吸附过程分为三个阶段。首先是被吸附物质在活性炭表面形成水膜扩散，称为膜扩散，然后扩散到炭的内部孔隙，称为孔扩散，最后吸附在炭的孔隙表面上。因此，吸附速率取决于被吸附物向活性炭表面的扩散。在物理吸附中，炭粒孔隙内的扩散速度和炭粒表面上的吸附反应速度，主要同前两项有关。

2.3.2 吸附等温线

(1) 吸附平衡

活性炭吸附过程通常是可逆的。当吸附速度和解吸速度相等时，即单位时间内吸附的数量等于解吸的数量时，则吸附质在溶液中的浓度和吸附剂表面上的浓度都不再改变而达到平衡。此时吸附质在溶液中的浓度称为平衡浓度。

吸附剂吸附能力的大小以吸附量 q（g/g）表示。所谓吸附量是指单位质量的吸附剂所吸附的吸附质的质量。取一定容积 V（L），含吸附质浓度为 C_0（g/L）的水样，向其中投加活性炭的质量为 W（g）。当达到吸附平衡时，水中剩余的吸附质浓度为 C（g/L），则吸附量 q 可用下式计算。

$$q=\frac{V(C_0-C)}{W} \tag{2-6}$$

在温度一定的条件下，吸附量随吸附质平衡浓度的提高而增加。吸附量随平衡浓度而变化的曲线称为吸附等温线。常见的吸附等温线有两种类型，如图 2-10 所示。

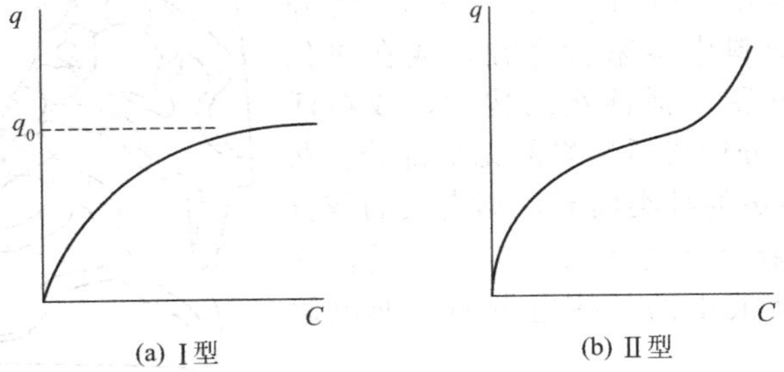

图 2-10 吸附等温线形式

(2) 吸附等温式

由于液相吸附很复杂，至今还没有统一的吸附理论，因此液相吸附的吸附等温式一直沿用气相吸附等温式。表示Ⅰ型吸附等温式有朗谬尔（Langmuir）公式和费兰德利希（Freundlich）公式，表示Ⅱ型吸附等温式有BET公式，现分述如下。

① 朗谬尔（Langmuir）公式 Langmuir吸附等温式是基于下列假定条件，根据吸附动力学或热力学推导得出的：a. 吸附剂表面的吸附能是均匀分布的；b. 吸附剂表面被吸附的溶质分子只有一层，单层吸附饱和时，吸附容量最大；c. 被吸附在吸附剂表面上的溶质分子不再迁移；d. 吸附能为常数。

Langmuir吸附等温式可用下式表示。

$$q=\frac{q_0bC}{1+bC} \tag{2-7}$$

式中 q_0——吸附剂表面上溶质分子单层吸附饱和时，每单位质量吸附剂吸附溶质的量，即单分子层饱和吸附容量，g/g或mol/g；

b——吸附系数，与1mol溶质的吸附能或净焓 ΔH 有关，L/g或L/mol，b 与 $e^{-\Delta H/(RT)}$ 成正比；

C——吸附平衡时水中溶质浓度，g/L或mol/L。

Langmuir吸附等温线如图2-10(a)所示。当吸附量很小，吸附平衡浓度 C 很小时，$bC \ll 1$，式(2-6)成为线性关系。

$$q=q_0bC=HC \tag{2-8}$$

式中 H——亨利（Henry）系数，$H=q_0b$。

当吸附量很大时，则 C 很大，$bC \gg 1$，则 $q \Rightarrow q_0$，此时吸附量与 b 值无关。

式(2-7)可用倒数方式表示为

$$\frac{1}{q}=\frac{1}{q_0}+\frac{1}{q_0b}\times\frac{1}{C} \tag{2-9}$$

图2-11为按式(2-8)确定的Langmuir吸附等温式。线性解的纵坐标为 $\frac{1}{q}$，横坐标为 $\frac{1}{C}$，截距为 $\frac{1}{q_0}$，直线斜率 $\frac{1}{q_0b}$。由此可知，根据试验数据 $q \sim C$ 的关系，即可求得 q_0、b 等系数，从而确定Langmuir吸附等温式的形式。

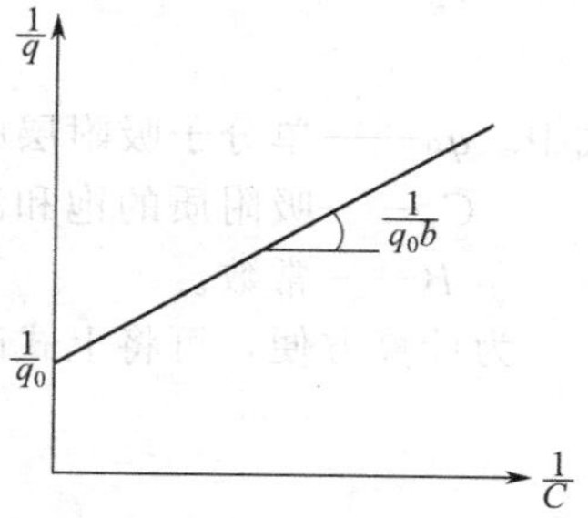

图2-11 Langmuir等温式线性解

② Freundlich吸附等温式 这是一种不均匀表面吸附能的经验公式。

式(2-7)中系数 b 是随着吸附剂表面吸附质的覆盖值 q 而变化的函数，并严格服从吸附热平衡。Freundlich吸附等温式的表达式为

$$q=KC^{1/n} \tag{2-10}$$

式中 K——与温度、吸附剂比表面积有关的常数，与 $RTnbe^{\Delta H/(RT)}$ 成正比；

n——与温度有关的常数，$n>1$。

式(2-10)可用来图解试验结果、描述数据，一般适用于浓度不高的情况，其缺点是不能给出饱和吸附容量。求解时可将式(2-10)改写成倒数形式

$$\lg q=\lg K+\frac{1}{n}\lg C \tag{2-11}$$

把 C 和与其对应的 q 点绘在双对数坐标纸上，便得到一条近似的直线（图 2-12）。这条直线的截距为 K，斜率为 $\frac{1}{n}$。$\frac{1}{n}$ 越小，吸附性能越好。一般认为 $\frac{1}{n}=0.1\sim0.5$ 时，容易吸附；$\frac{1}{n}>2$ 时，则难于吸附。当 $\frac{1}{n}$ 较大时，即吸附质平衡浓度越高，则吸附量越大，吸附能力发挥得也越充分，这种情况最好采用连续式吸附操作。当 $\frac{1}{n}$ 较小时，多采用间歇式吸附操作。

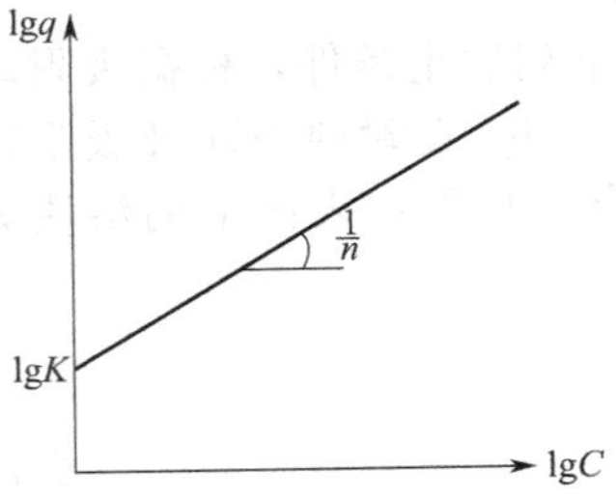

图 2-12 Freundlich 吸附等温式线性解

吸附量是选择吸附剂和设计吸附设备的重要数据。吸附量的大小，决定吸附剂再生周期的长短。吸附量越大，再生周期就越长，从而再生剂的用量及再生费用就越小。

测定吸附等温线时，吸附剂的颗粒越大，则达到吸附平衡所需的时间就越长。因此，为了在短时间内得到试验结果，往往将吸附剂破碎为较小的颗粒后再进行试验。由颗粒变小所增加的表面积虽然是有限的，但由于能够打开吸附剂原来封闭的细孔，使吸附量有所增加。由于实际吸附设备运行效果的影响因素很多，由吸附等温线得到的吸附量与实际的吸附量并不完全一致。但是，通过吸附等温线所得吸附量的方法为选择吸附剂提供了可比较的数据，对吸附设备的设计有重要的参考价值。

③ BET 吸附等温式　BET 等温式是代表吸附剂表面有多层溶质分子被吸附的吸附模式。其吸附容量 q 与平衡浓度 C 的关系见图 2-10(b)。

BET 等温式的给定条件为：a. 吸附剂表面吸附多层溶质分子层，每一单层吸附规律符合 Langmuir 公式；b. 并不需要里层吸附层完全生成后，再开始形成外层吸附层；吸附平衡条件还涉及每一个表面位置上吸附着不同形式的分子层。

BET 吸附等温式可表示为

$$q=\frac{BCq_0}{(C_s-C)\left[1+(B-1)\frac{C}{C_s}\right]} \tag{2-12}$$

式中　q_0——单分子吸附层的饱和吸附量，g/g；

C_s——吸附质的饱和浓度，g/L；

B——常数。

为计算方便，可将上式改为倒数式，即

$$\frac{C}{(C_s-C)q}=\frac{1}{Bq_0}+\frac{B-1}{Bq_0}\times\frac{C}{C_s} \tag{2-13}$$

从上式可看出，$\frac{C}{(C_s-C)\ q}$ 与 $\frac{C}{C_s}$ 呈直线关系，利用这个关系可求 q_0、B 值。

2.3.3 活性炭吸附的主要影响因素

(1) 活性炭的性质

由于吸附现象发生在吸附剂表面上，所以吸附剂的比表面积是影响吸附的重要因素之一，比表面积越大，吸附性能越好。

因为吸附过程可看成三个阶段，内扩散对吸附速度影响较大，所以活性炭的微孔分布是影响吸附的另一重要因素。

此外，活性炭的表面化学性质、极性及所带电荷也影响吸附的效果。用于水处理的活性炭应有三项要求：吸附容量大，吸附速度快，机械强度好。活性炭的吸附容量除其他外界条件外，主要与活性炭比表面积有关，比表面积大，微孔数量多，可吸附在细孔壁上的吸附质就多。吸附速度主要与粒度及细孔分布有关，水处理用的活性炭，要求过渡孔较为发达，有利于吸附质向微孔中扩散，活性炭的粒度越小吸附速度越快，但阻力损失要增大，一般在8～30目范围较宜。活性炭的机械强度，则直接影响活性炭的使用寿命。

（2）吸附质（溶质或污染物）的性质

同一种活性炭对于不同污染物的吸附能力有很大差别。

① 溶解度　对同一族物质的溶解度随链的加长而降低，而吸附容量随同系物的系列上升或分子量的增大而增加。溶解度越小，越易吸附。

② 分子构造　吸附质分子的大小和化学结构对吸附也有较大的影响。因为吸附速度受内扩散速度的影响，吸附质（溶质）分子的大小与活性炭孔径大小相当，最利于吸附。在同系物中，分子大的较分子小的易吸附。不饱和键的有机物较饱和的易吸附。芳香族的有机物较脂肪族的有机物易于吸附。

③ 极性　活性炭基本可以看成是一种非极性的吸附剂，对水中非极性物质的吸附能力较极性物质的为大。

④ 吸附质（溶质）的浓度　吸附质（溶质）的浓度在一定范围时，随着浓度增高，吸附容量增大。因此吸附质（溶质）的浓度变化时，活性炭对该种吸附质（溶质）的吸附容量也变化。

（3）水的性质

① pH值的影响。溶液pH值对吸附的影响，要与活性炭和吸附质（溶质）的影响综合考虑。溶液pH值控制了电解质的离解度，当pH值达到某个范围时，这些化合物就要离解，影响这些化合物的吸附。溶液的pH值会影响吸附质（溶质）在水中存在的状态（分子、离子、络合物等）、溶解度及带电情况，从而对吸附效果有影响。

活性炭从水中吸附有机污染物质的效果，一般随溶液pH值增加而降低，pH值高于9.0时，不易吸附，pH值较低时效果较好。在实际应用中，通过试验确定最佳pH值范围。

② 溶液温度的影响。因为液相吸附时吸附热较小，所以溶液温度的影响较小。吸附是放热反应。吸附热，即活性炭吸附单位质量的吸附质（溶质）放出的总热量，以kJ/mol为单位。吸附热越大，温度对吸附的影响越大。另一方面，温度对物质的溶解度有影响，因此对吸附也有影响。用活性炭处理水时，温度对吸附的影响不显著。

③ 多组分吸附质共存的影响。应用吸附法处理水时，通常水中不是单一的污染物质，而是多组分污染物的混合物。在吸附时，它们之间可以共吸附，既可互相促进又可互相干扰。一般情况下，多组分吸附时的吸附容量比单组分吸附时低。

2.3.4　吸附运行方式

水处理中常用的吸附方式有固定床和移动床。

（1）固定床

这是水处理工艺中最常用的一种方式。当水连续通过填充吸附剂的吸附设备（吸附塔或吸附池）时，水中的吸附质便被吸附剂吸附。若吸附剂数量足够时，从吸附设备出水中吸附质的浓度可以降低到零。吸附剂使用一段时间后，出水中吸附质的浓度逐渐增加，当达到某一数值时，即所谓“穿透”，应停止通水，将吸附剂进行再生。吸附和再生可在同一设备内交替进行。因为这种吸附设备中吸附剂在操作中是固定的，所以叫固定床。

固定床根据水流方向又分为上向流和下向流两种形式。下向流固定床吸附塔如图2-13

所示。下向流固定床的出水水质较好，但经过吸附层的水头损失较大，特别是处理含悬浮物较高的水时，为了防止悬浮物堵塞吸附层，需定期进行反冲洗。有时需要在吸附层上部设反冲洗设备。在上向流固定床中，发现水头损失增大时，可适当提高水流流速，使填充层稍有膨胀（上下层不能互相混合）就可以达到自清的目的。这种方式由于床层内水头损失增加较慢，所以运行时间较长为其优点，但对水入口处（底层）吸附层的冲洗难于下向流式。另外由于流量变动或操作一时失误就会使吸附剂流失，为其主要缺点。

固定床根据处理水量、原水的水质和处理要求可分为单床式、多床串联式和多床并联式三种。

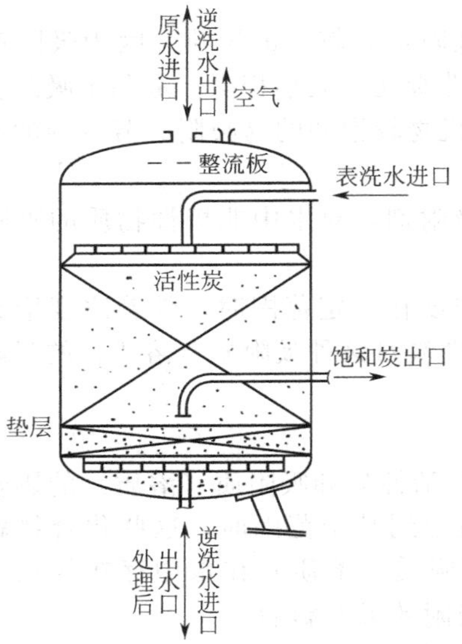

图 2-13 下向流固定床吸附塔

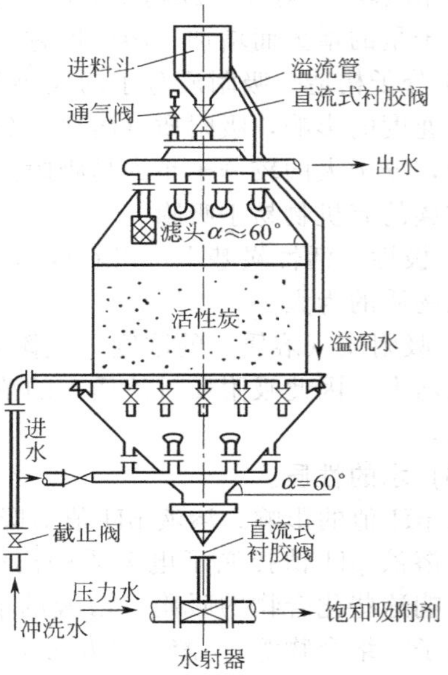

图 2-14 移动床吸附塔

(2) 移动床

移动床吸附塔（见图 2-14）的运行操作方式如下。原水从吸附塔底部流入和吸附剂进行逆流接触，处理后的水从塔顶流出，再生后的吸附剂从塔顶加入，接近吸附饱和的吸附剂从塔底间歇地排出。这种方式较固定床能充分利用吸附剂的吸附容量，并且水头损失小。由于采用上向流式，水从塔底流入，从塔顶流出，被截留的悬浮物随饱和的吸附剂间歇地从塔底排出，所以不需要反冲洗设备。但这种操作方式要求塔内吸附剂上下层不能互相混合，操作管理要求高，控制阀门仪表的自动化程度要高。

移动床一次卸出的炭量一般为总填充量的 5%～20%，在卸料的同时投加等量的再生炭或新炭。卸炭和投炭的频率与处理的水量和水质有关，从数小时到一周。移动床进水的悬浮物浓度不大于 30mg/L。移动床高度可达 5～10m。移动床占地面积小，设备简单，操作管理方便，出水水质好，目前较大规模的水处理多采用，尤其是微污染水的处理，由于吸附周期长，再生并不频繁，管理即可简化。

(3) 穿透曲线与吸附容量的利用

以固定床下向流操作方式为例，如图 2-15 所示，左图模拟固定床通水实况，当穿透时尚有部分吸附剂未饱和。随水不断通入，到达一定时刻 t_a 时，出水中吸附质的浓度将迅速增加，直到等于原水的浓度 C_0 时为止。以通水时间 t（或出水量 Q）为横坐标，以出水中

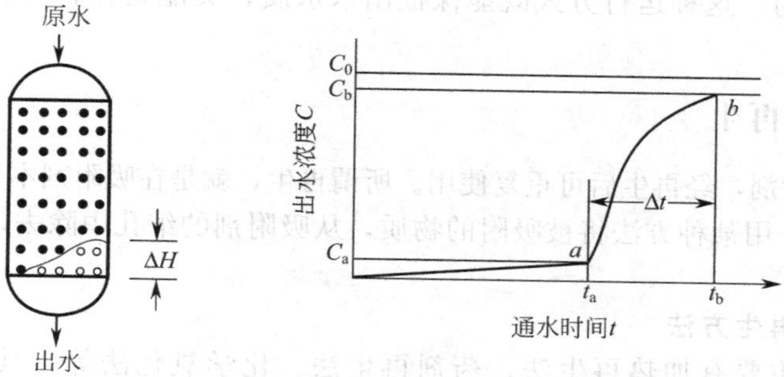

(a) 吸附性能好的吸附剂

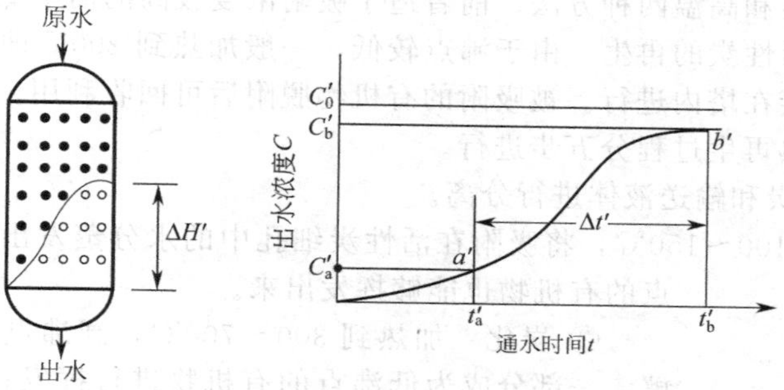

(b) 吸附性能差的吸附剂

图 2-15　吸附带与吸附穿透曲线

●—吸附饱和的炭粒；○—未饱和的炭粒

吸附质浓度 C 为纵坐标作图 2-15 所示的曲线。这条曲线称穿透曲线。图中 a 点称穿透点，b 点为吸附终点。从 a 到 b 这段时间 Δt 为穿透到饱和的延续时间，称为吸附带延续时间，吸附带所移动的距离 ΔH 为吸附带长度。一般 C_b 取（0.9～0.95）C_0，C_a 取（0.05～0.1）C_0 或根据排放要求确定。

由图 2-15 可知，不同吸附性能的活性炭达到穿透时的 t_a 值、t_b 值不同，吸附带延续时间 Δt 与吸附带长度 ΔH 均不同。Δt 与 ΔH 表示吸附剂吸附性能，Δt、ΔH 大的，表明吸附性能差。吸附操作中，当出水 $C \Rightarrow C_a$，水质已穿透，有些吸附剂尚有相当数量未饱和，而又必须再生，这会造成很大浪费。为了解决一些吸附剂吸附容量较大而吸附性能相对较差的问题（例如我国有相当数量的活性炭是用植物果壳、椰子壳、核桃壳等制造的），充分利用其吸附容量，采用多级串联的方式是一种有效的方法。

三柱串联操作如图 2-16 所示。开始时按Ⅰ柱⟶Ⅱ柱⟶Ⅲ柱的顺序通水，当Ⅲ柱出水水质达到穿透浓度时，Ⅰ柱中的填充层已接近饱和，再生Ⅰ柱，将备用的Ⅳ柱串联在Ⅲ柱后面。以后按Ⅱ柱⟶Ⅲ柱⟶Ⅳ柱的顺序通水，当Ⅳ柱出水浓度达到穿透浓度时，Ⅱ柱已接近饱和，将Ⅱ柱进行再生，把再生后的Ⅰ柱串联在Ⅳ柱后面。这样进行再生的吸附柱中的吸

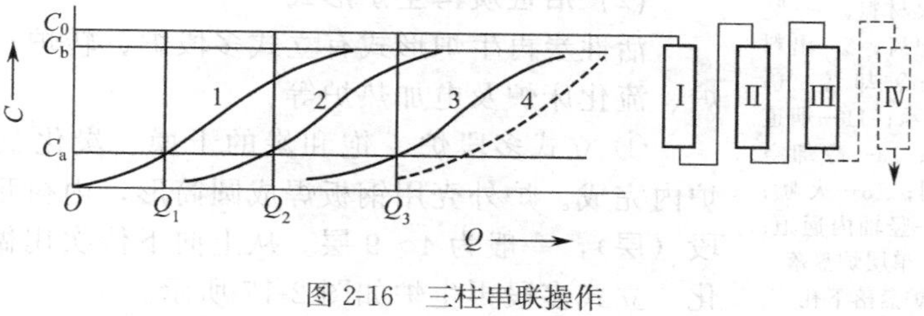

图 2-16　三柱串联操作

附剂都是接近饱和的。这种运行方式既能保证出水水质，又能充分利用弱质活性炭的吸附容量，提高再生效率。

2.3.5 吸附剂的再生

吸附饱和的吸附剂，经再生后可重复使用。所谓再生，就是在吸附剂本身结构不发生或极少发生变化的情况下，用某种方法将被吸附的物质，从吸附剂的细孔中除去，以达到能够重复使用的目的。

(1) 活性炭的再生方法

活性炭的再生主要有加热再生法、药剂再生法、化学氧化法等。其中加热再生法用得较多。

加热再生法分低温和高温两种方法。前者适于吸附浓度较高的简单低分子量的碳氢化合物和芳香族有机物的活性炭的再生。由于沸点较低，一般加热到200℃即可脱附。多采用水蒸气再生，再生可直接在塔内进行。被吸附的有机物脱附后可回收利用。后者适于水处理粒状炭的再生。高温加热再生过程分五步进行。

① 脱水 使活性炭和输送液体进行分离。

② 干燥 加温到100～150℃，将吸附在活性炭细孔中的水分蒸发出来，同时部分低沸点的有机物也能够挥发出来。

③ 炭化 加热到300～700℃，高沸点的有机物由于热分解，一部分成为低沸点的有机物进行挥发；另一部分被炭化，留在活性炭的细孔中。

④ 活化 将炭化留在活性炭细孔中的残留炭，用活化气体（如水蒸气、CO_2及O_2）进行气化，达到重新造孔的目的。活化温度一般为700～1000℃。炭化的物质与活化气体的反应如下。

$$C+O_2 \longrightarrow CO_2$$
$$C+H_2O \longrightarrow CO+H_2$$
$$C+CO_2 \longrightarrow 2CO$$

⑤ 冷却 活化后的活性炭用水急剧冷却，防止氧化。

活性炭高温加热再生系统由再生炉、活性炭储罐、活性炭输送及脱水装置等组成。

高温加热再生法的优点是：几乎所有有机物都可采用此法；再生炭质量均匀，再生性能恢复率高，一般在95%以上；再生时间短，粉状炭需几秒钟，粒状炭30～60min；不产生有机再生废液。缺点有：再生损失率高，再生一次活性炭损失率达3%～10%；在高温下进行，再生炉内内衬材料的耗量大；需严格控制温度和气体条件；再生设备造价高。

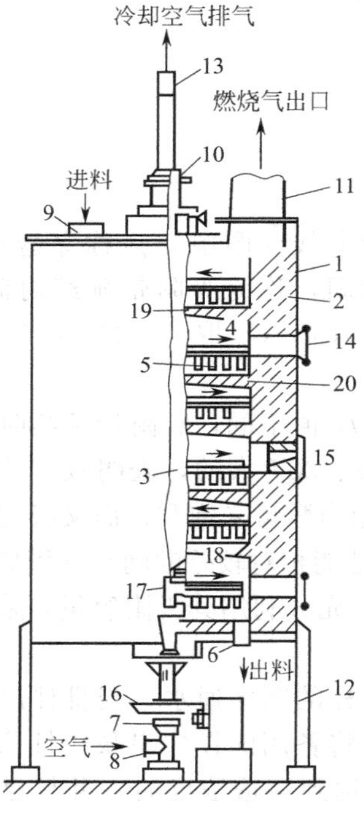

图 2-17 立式多段再生炉

1—炉外壳；2—耐火材料；3—竖轴；4—耙臂；5—耙齿；6—出料口；7—轴承；8—冷却空气；9—进料口；10—轴承；11—烟道气出口；12—支架；13—冷却空气出口；14—炉门；15—火嘴；16—减速齿轮；17—竖轴内通道；18—耙臂内层；19—单层炉盘落下孔；20—双层炉盘落下孔

(2) 活性炭再生炉形式

活性炭再生炉形式有立式多段炉、转炉、盘式炉、移动床炉、流化床炉及电加热炉等。

① 立式多段炉 饱和炭的干燥、炭化及活化三个步骤在炉内完成。炉外壳用钢板焊成圆筒形，内衬耐火砖，炉膛分多段（层），一般为4～9层。从上向下依次用做干燥、炭化、活化。立式多段再生炉如图 2-17 所示。

炉腔中心装有竖轴，由电机及减速装置带动旋转，从竖轴向每层炉腔伸出搅拌耙臂 2～4 条，臂上带有多个耙齿。在活化段的几层分别设火嘴和蒸汽注入口，再生炭由炉顶进料斗进入第一层，单数层炉盘的落下孔在盘中央，双数层炉盘的落下孔在炉盘边缘，用耙齿将再生炭耙到下层，由最底层的出料口卸出。为防止尾气对大气的污染，需进行洗涤、除尘等处理。

② 移动床炉　外热式移动床炉如图 2-18 所示。燃烧室为圆筒形，再生套筒由两层不锈钢制成。活性炭由内筒与外筒中间从上向下移动，进行干燥、炭化和活化，产生的气体经外筒上的通气孔送入燃烧室作燃料，活化的空气从内筒供应，再生后的活性炭从底部卸出，卸炭量由出料盘的转速控制。由于间接加热，所以这种炉再生活性炭的损失率较低，约为 3%～4%。再生过程产生的尾气送到燃烧室减少污染，操作管理较简单，占地面积小，适用于小规模再生时采用。

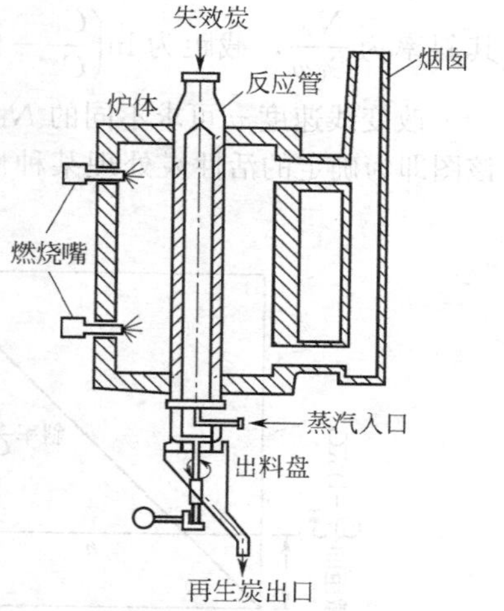

图 2-18　外热式移动床炉

2.3.6　吸附塔的设计

吸附塔的设计方法有多种，这里介绍以博哈特-亚当斯计算法和通水倍数法。

（1）博哈特-亚当斯计算法

动态吸附活性炭层的性能可用博哈特（Bohart）和亚当斯（Adams）提出的方程式表示。

$$\ln\left(\frac{C_0}{C_e}-1\right)=\ln\left[\exp\left(\frac{KN_0h}{v}\right)-1\right]-KC_0t \tag{2-14}$$

式中　C_0——进水吸附质浓度，kg/m^3；

C_e——出水吸附质允许浓度，kg/m^3；

K——速率系数，$m^3/(kg\cdot h)$；

N_0——吸附容量，即达到饱和时吸附剂的吸附量，kg/m^3；

t——工作时间，h；

v——线速度，即空塔速度，m/h；

h——炭层高度，m。

因 $\exp\left(\frac{KN_0h}{v}\right)\gg1$，上式等号右边括号内的 1 可忽略不计，则工作时间 t 由上式可得

$$t=\frac{N_0}{C_0v}h-\frac{1}{C_0K}\ln\left(\frac{C_0}{C_e}-1\right) \tag{2-15}$$

$t=0$ 时，保证出水吸附质浓度不超过允许浓度 C_e 的炭层理论高度称为临界高度 h_0，可由下式求得。

$$h_0=\frac{v}{KN_0}\ln\left(\frac{C_0}{C_e}-1\right) \tag{2-16}$$

在实际设计前，一般先通过模型试验求得穿透时间 t 与工作高度 h 的关系，方法为以一定线速 v 使水通过炭柱，当出水达到允许浓度 C_e 时相应的 h_i、t_i，作 $h\sim t$ 图（如图 2-19），

其斜率为$\frac{N_0}{C_0 v}$，截距为$\ln\left(\frac{C_0}{C_e}-1\right)/(KC_0)$，从而求得$K$和$N_0$值，代入式(2-16)，求得$h_0$。

改变线速度v可求不同的N_0、K和h_0，作$v\sim K$、$v\sim N_0$、$v\sim h_0$曲线，如图2-20所示。该图即为确定的活性炭处理某种性质水的设计参数图示。

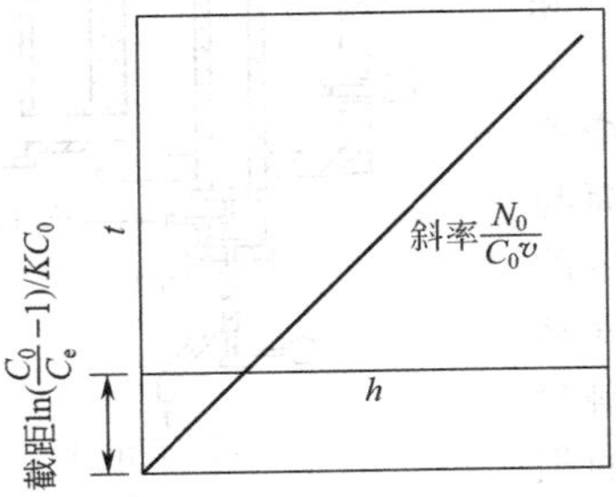

图2-19 t对h的图解

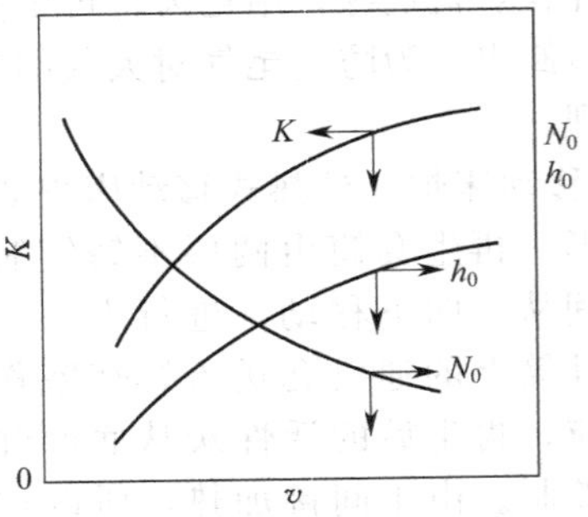

图2-20 K、N_0、h_0对v的图解

吸附塔设备计算方法如下。

① 运行周期t(h) 由线速度$v=\frac{4Q}{\pi D^2}$，由图2-10查得N_0、K、h_0，再由式(2-15)求t。

② 活性炭更换次数n（次/年） $n=365\times 24/t$。

③ 活性炭年耗量W(m^3/年) $W=n\pi D^2 h/4$。

④ 吸附质年去除量G(kg/年) $G=nQt(C_0-C_e)/1000$。

(2) 通水倍数法

水处理采用的吸附设备的大小和操作条件，表2-2数据可供设计工艺时参考。

根据表2-2中所列的设计参数，选定空塔线速v、接触时间t、通水倍数W、并联塔数n等参数，计算吸附塔总面积$F=Q/v$，单塔面积$f=F/n$，吸附塔直径$D=\sqrt{4f/\pi}$，吸附层高度$H=vT$，每日所需吸附剂量$G=24Q/W$等。

表2-2 活性炭吸附器设计参数

塔径(D)	1～3.5 m	容积速度(N_V)	2 $m^3/(m^3\cdot h)$以下(固定床) 5 $m^3/(m^3\cdot h)$以下(移动床)
吸附塔高度(H)	3～10 m		
填充层与塔径比(H'/D)	(1∶1)～(4∶1)	线速度(v)	2～10 m/h(固定床) 10～30 m^3/h(移动床)
吸附剂粒径(δ)	0.5～2 mm(活性炭)		
接触时间(t)	10～50 min		

2.3.7 吸附法在水处理中的应用

(1) 吸附法用于水处理的优点及特性

① 吸附法用于水处理的优点

a. 处理程度高。城市污水用活性炭进行深度处理后，BOD可降低99%，TOC可降到1～3mg/L。用于饮用水的深度处理则不但可去除微量有机物，而且可去除卤代烷等三致物及氰化物、汞、嗅、味等。

b. 应用范围广，对水中绝大多数有机物都有效，包括微生物难以降解的有机物。

c. 粒状炭可进行再生重复使用，被吸附的有机物在再生过程中被烧掉，不产生污泥。

d. 用于处理废水可回收有用物质，例如用活性炭处理含酚废水，用碱再生吸附饱和的活性炭，可以回收酚钠盐。

② 活性炭的吸附特性 活性炭的吸附特性除取决于 2.3.3 中的一般影响因素外，尚受多种具体条件的影响。下面分析在水处理中活性炭吸附的一些特点。

a. 分子结构。芳香族化合物一般比脂肪族化合物容易被吸附。如苯酚的吸附量约为丁醛的 2 倍，安息酸的吸附量约为乙酸的 5 倍。

b. 界面张力（界面活性）。当饱和脂肪酸或乙醇溶于水时，水溶液的界面张力将随该物质碳量的增加，呈几何级数增加。根据吉布斯（Gibbs）的吸附理论，越使溶液界面张力减少的物质越易被吸附。因此，如醇类的吸附量按甲醇＜乙醇＜丙醇＜丁醇的顺序增加，脂肪酸类的吸附量则按甲酸＜乙酸＜丙酸＜丁酸的顺序增加。

c. 溶解度。活性炭是疏水性物质，较易吸附。脂肪酸的烷基越长，越具疏水性，越难溶于水，吸附性也随之增强。如将烷基碳数相等的直链型醇、脂肪酸、酯等物质加以比较也可以发现，溶解度越低则越容易被吸附。

d. 离子性和极性。在有机酸和胺类中，有的溶于水后呈弱酸性或弱碱性。这类弱电解质的有机物，在处于非离解的分子状态时要比离子化状态时的吸附量大。对于葡萄糖、蔗糖等分子内具有羟基而使极性增大的物质，吸附量要少。

e. 分子大小。吸附量与分子量也有关系。分子量越大，吸附性越强。但分子量过大时，在细孔内的扩散速度将会减慢。采用活性炭吸附处理时，相对分子质量在 1500 以上的物质吸附速度显著变慢，因此，可采用臭氧氧化或生物分解方法，使分子量降到某种程度之后，再进行吸附处理，效果会变好。

f. pH 值。将水的 pH 值降低到 2～3，再进行吸附，通常能增加有机物的去除率，这是因为 pH 值低时，水中的有机酸形成离子的比例较小，故吸附量大。

g. 浓度。一般水中有机物浓度增加，吸附量即呈指数函数而增加，但烷基苯磺酸的吸附量与浓度无关。

h. 共存物质。有机物的吸附不会受天然水中所含无机离子共存的影响。但有些金属离子如汞、铬酸、铁等在活性炭表面将发生氧化还原反应，生成物沉淀在颗粒内，结果会妨碍有机物向颗粒内的扩散。

活性炭对无机物的吸附研究较少，最近的一些成果证明，活性炭在一定条件下对汞、镍、六价铬等均有良好的吸附能力。

（2）活性炭吸附在水处理中的应用

活性炭吸附法多用于去除生物或物理、化学法不能去除的微量呈溶解状态的有机物。用于水的深度处理，通常需要配套的再生设施。活性炭吸附的应用非常广泛，是非常有前景的水处理技术之一。图 2-21 是活性炭吸附器。

图 2-21 活性炭吸附器

① 在微污染水源净化中的应用 20 世纪 60 年代末 70 年代初，由于煤质粒状炭的大量生产和再生技术的解决，在世界范围内，尤其是工业发达和科学技术先进的国家，为了消除饮用水水源的污染，开展了活性炭吸附、臭氧氧化、氧化剂氧化等方法去除水中微量有机物的研究工作。近几年来在给水处理工艺方面发生了巨大的

变革，粒状活性炭吸附装置被用于去除饮用水污染的新处理系统中。美国从1966年在马萨诸塞州的索默塞特城建成第一座砂滤粒状活性炭串联过滤设备，到目前已有40多座水厂建成或新建这种装置。我国目前也开始将活性炭技术用于污染水源的除嗅味，1975年在甘肃白银有色金属公司建成日处理3万立方米的粒状活性炭净水装置，净化受石油化工污染的地面水水源。我国南方一些城市和地区，为了改善饮用水水质，研制了不同型号与规格的活性炭净水器，用于工厂、饭店及家庭。1985年北京市建成日供水17m³的地面水饮用水厂，采用臭氧氧化和活性炭深度净化流程。由活性炭吸附为基础发展的生物活性炭（BAC）技术已在给水深度处理中受到广泛的重视。

② 用于城市污水及有机工业废水深度处理　城市污水及工业废水中的污染物以有机物为主，其中有的毒性较大，如酚类、苯类、氰化物、农药及石油化工产品等。目前采用的污水处理技术，一般将沉淀作为一级处理，去除有机及无机悬浮物；将活性污泥等生化处理法作为二级处理，去除能被生物氧化分解的溶解性有机物。由于排放污水水质的复杂化，经过二级处理后有些有机物不能被生物分解，出水仍达不到排放要求。在水资源缺乏的地区，由于考虑污水的再利用问题，对排放水质要求较高，因此近年来用活性炭吸附法去除污水中剩余溶解性有机物，已在城市污水和工业废水三级处理流程中，成为有效的处理技术之一，逐渐得到广泛应用。

③ 活性炭吸附法处理含汞废水　活性炭吸附法适用于处理含汞量在5mg/L以下的废水。日本有人将这种方法与混凝等其他方法组合作用，处理电解氯碱厂和染料化工厂的含汞废水。我国生产水银温度计工厂排出的含汞废水，用制药厂生产过程中排出的粉状炭吸附处理，处理效果在97%以上，出水可以达到排放标准，每千克炭吸附汞可达到2g，饱和炭送到加热炉中燃烧，升华的汞经冷凝器冷凝回收。某厂用活性炭处理含汞废水的流程如图2-22所示。

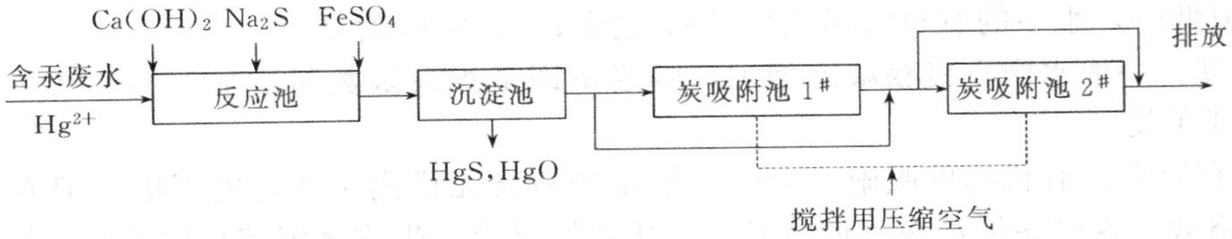

图2-22　某厂用活性炭处理含汞废水的流程

含汞废水经硫化钠沉淀处理（同时投加石灰调节pH值，加硫酸亚铁作混凝剂）后，仍含汞约1mg/L，高峰时达2～3mg/L，而允许排放的标准是0.05mg/L，所以需采用活性炭法进一步处理。由于水量较小（每天10～20m³），采取静态间歇吸附池两个，交替工作，即一池进行处理时，废水注入另一池。每个池容积40m³，内装1m厚的活性炭。当吸附池中废水进满后，用压力为294～392kPa的压缩空气搅拌30min，然后静置沉淀2h，经取样测定含汞符合排放标准后，放掉上清液，进行下一步处理。

2.4 电絮凝处理技术

2.4.1 电絮凝的原理与方法

(1) 电絮凝的基本原理

电絮凝处理原理是：将金属电极（铝或铁）置于被处理水中，然后通以直流电，此时金属阳极发生电化学反应，溶出 Al^{3+} 或 Fe^{2+} 等离子在水中水解而发生混凝或絮凝作用，其过程和机理与化学混凝基本相同。

采用铝作为阳极时，电絮凝的基本原理如图 2-23 所示，其中发生的主要反应分析如下。

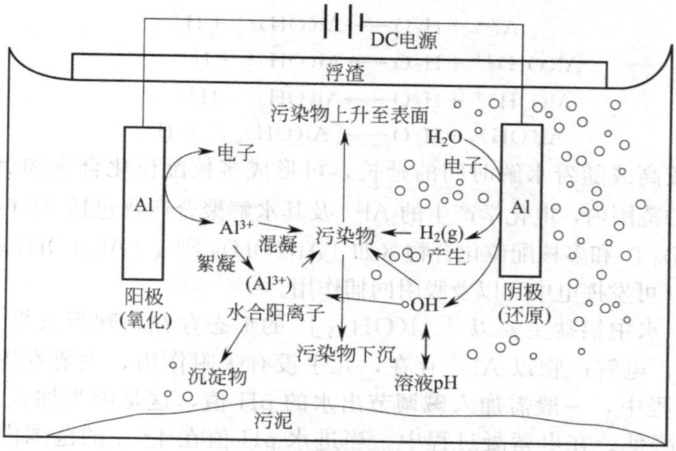

图 2-23　电絮凝的基本原理示意

阳极主要是铝电解生成 Al^{3+} 反应：

$$Al - 3e^- \longrightarrow Al^{3+}$$

在碱性条件下：

$$Al^{3+} + 3OH^- \longrightarrow Al(OH)_3$$

在酸性条件下：

$$Al^{3+} + H_2O \longrightarrow (AlOH)^{2+} + H^+$$

$$(AlOH)^{2+} + H_2O \longrightarrow [Al\ (OH)_2]^+ + H^+$$

当采用铁作为阳极时，阳极发生与铝相似的金属溶解的电化学反应，其反应如下。

$$Fe - 2e^- \longrightarrow Fe^{2+}$$

在碱性条件下：

$$Fe^{2+} + 2OH^- \longrightarrow Fe(OH)_2$$

在酸性条件下：

$$4Fe^{2+} + O_2 + 2H_2O \longrightarrow 4Fe^{3+} + 4OH^-$$

同时阳极发生 H_2O 析出 O_2 的反应：$4OH^- - 4e^- \longrightarrow O_2 + 2H_2O$

当处理水中含有 Cl^- 时，阳极会发生 Cl^- 的电解及 Cl_2 的水解反应：

$$2Cl^- - 2e^- \longrightarrow Cl_2$$

$$Cl_2 + H_2O \rightleftharpoons HClO + H^+ + Cl^-$$

$$HClO \rightleftharpoons H^+ + ClO^-$$

阴极主要是 H_2O 的电解反应：

$$2H_2O + 2e^- \longrightarrow H_2 + 2OH^-$$

在不同的 pH 值条件下，金属离子及其水解聚合产物可发挥电中和压缩双电层、絮凝吸附作用。电极表面释放的微小气泡黏附颗粒上浮分离，有助于迅速去除废水中的溶解态和悬浮态胶体化合物。阳极表面的直接电氧化作用和 Cl^- 转化成活性氯的间接电氧化作用对水中溶解性有机物和还原性无机物有很强的氧化能力，阴极释放出的氢则具有较强的还原作用。

通常，电化学反应器内进行的化学反应过程是极其复杂的。在电絮凝反应器中同时发生了电絮凝、电氧化电气浮过程，水中的溶解性物质、胶体和悬浮态污染物在混凝、氧化和气浮作用下均可得到有效转化和去除。

(2) 电絮凝过程的溶液物理化学要素

影响电絮凝过程的溶液物理化学性质主要包括 pH 值、电导率、离子种类和数量、水温等。

① pH 的影响　在一定条件下，电化学溶解出来的 Al^{3+} 经过水解、聚合或配合反应可形成多种形态的配合物或聚合物以及 $Al(OH)_3$。

Al^{3+} 的单核配位化合物的形成机理如下：

$$Al^{3+}+H_2O \longrightarrow Al(OH)^{2+}+H^+$$
$$Al(OH)^{2+}+H_2O \longrightarrow Al(OH)_2^+ +H^+$$
$$Al(OH)_2^+ +H_2O \longrightarrow Al(OH)_3+H^+$$
$$Al(OH)_3+H_2O \longrightarrow [Al(OH)_4]^- +H^+$$

当 Al^{3+} 浓度较高或随着水解时间的延长，可形成多核配位化合物和 $Al(OH)_3$ 沉淀。

在 pH=4～9 的范围内，电化学产生的 Al^{3+} 及其水解聚合产物包括 $Al(OH)^{2+}$、$Al(OH)_2^+$、$Al(OH)_3$、$[Al(OH)_4]^-$ 和多核配位化合物（如 $[Al_4(OH)_9]^{3+}$、$[Al_{13}(OH)_{32}]^{7+}$ 等），表面带有不同数量的正电荷，可发挥电中和以及吸附网捕作用。

当 pH>9 时，水中铝盐主要以 $[Al(OH)_4]^-$ 的形态存在，絮凝效果急剧下降。而在很低的 pH 值条件下，电解产物以 Al^{3+} 存在，几乎没有吸附作用，主要发挥压缩双电层作用。

在化学混凝过程中，一般需加入碱调节出水的 pH 值，这是因为加入无机盐混凝剂后通常导致溶液 pH 值降低。在电絮凝过程中，当进水 pH 值在 4～9 的范围内时，处理后水 pH 值通常会有所升高，这是由于阴极析出 H_2 导致了 OH^- 浓度的升高；但当进水 pH>9 时，电絮凝出水的 pH 值通常会下降。这是由于如下反应消耗了 OH^-。

$$Ca^{2+}+HCO_3^- +OH^- \longrightarrow CaCO_3\downarrow +H_2O$$
$$Al(OH)_3+OH^- \longrightarrow [Al(OH)_4]^-$$

由此可见，与化学混凝不同，电絮凝对于处理废水的 pH 具有一定的中和缓冲作用。

② 溶液电导率的影响　当溶液电导率较低时，需要加入电解质来提高其导电性，否则电流效率低而能耗高，还会引起所需外加电压过高而导致极板发生极化和钝化，这些都会影响电絮凝的处理效果和处理成本。通常采用加入 NaCl 来提高溶液的电导率以降低能耗，同时 Cl^- 的加入还可消除 CO_3^{2-}、SO_4^{2-} 对电絮凝过程的不利影响。CO_3^{2-} 和 SO_4^{2-} 的存在会导致处理水中的 Ca^{2+} 和 Mg^{2+} 在阴极表面沉积，形成一层不导电的化合物，使得电流效率下降。因此一般在电絮凝处理过程中 Cl^- 的含量应控制在总阴离子含量的一定比例。

③ 水中离子对电絮凝过程的影响　影响电絮凝过程的阴离子主要有 Cl^-、CO_3^{2-} 和 SO_4^{2-} 等，NO_3^- 对电絮凝过程基本没有影响。水中存在 Cl^- 时铝阳极处于活动状态，电流效率增大，并与 Cl^- 含量有关。此外，在电絮凝过程中存在 Cl^- 时，电解过程会生成活性氯，可杀灭水中的病毒和细菌等。HCO_3^- 和 SO_4^{2-} 使铝的阳极溶解过程减慢，SO_4^{2-} 抑制 Cl^- 的活化活动，并且当 $[SO_4^{2-}]/[Cl^-]>5$ 时，铝的电流效率开始逐步降低。当在总的阴离子含量中加入约 20%Cl^- 时，铝阳极的溶解进行得很有效，并且铝的电流效率达到对于氯介质的特定值。

④ 水温的影响　水温从 2℃变化到 30℃时铝的电流效率迅速增长。当温度>60℃时铝的电流效率开始出现下降。铝的电流效率的增加是由于水温升高时铝氧化膜破坏，化学作用速度增加。

当进一步提高水温时，铝阳极由于水化和膨胀作用而引起胶体氢氧化铝的容积紧密性变差，铝的电流效率反而降低。

在相同电流密度下进行电凝聚时，提高水温可以使处理单位体积水的能耗大大降低。例如，前苏联学者的研究结果表明，在电流密度为 $20A/m^2$ 的条件下，2℃时的电耗为 $4W\cdot h/m^3$，而在 80℃时电耗仅为 $1.3W\cdot h/m^3$，降低了大约 2/3（表 2-3）。

表 2-3　电絮凝过程中电耗与水温的关系

水温/℃	2	10	20	30	40	50	60	70	80
电压/V	4.5	4.3	4.0	2.9	2.65	2.5	2.1	1.8	1.5
电耗/($W \cdot h/m^3$)	4.0	3.8	3.6	2.6	2.4	2.3	1.9	1.6	1.3

⑤ 水的流动状态的影响　通常在电絮凝反应器中采用各极板间水流并联，这样结构上较为简单，但并联后水流速度较低，不利于电解时金属离子的迅速扩散和絮体良好形成。同时，电解的 Al^{3+} 较难迁移出电极表面的滞流层，会造成极板钝化、电耗增加等不良后果。反之，当水流速度过高时会使已经形成的絮体破碎，也会影响处理效果。因此一般电凝聚反应器内流体流动时控制 $Re>4400$，为此可采用流水道部分并联然后串联的方式来保证水流的速度。

(3) 电极的钝化及消除

电极在电解过程中的钝化是一个十分重要的问题。钝化是因为在金属表面上形成了金属氧化物所致。阳极吸附的氧或氯能改变表面原子的能量状态，封闭金属溶解的活性中心以及改变双电层结构。

对于电凝聚处理过程，水中通常含有 Ca^{2+} 和 Mg^{2+}，因此会发生如下副反应导致电极发生极化和钝化。

$$Ca^{2+} HCO_3^- + OH^- \longrightarrow CaCO_3 \downarrow + H_2O$$
$$Mg^{2+} + 2OH^- \longrightarrow Mg(OH)_2 \downarrow$$

在电凝聚过程中，铝电极在电解过程中表面上形成氧化物薄膜（Al_2O_3）及阴极附近 pH 值的升高引起碳酸盐析出和沉积均可导致电极表面发生钝化。采用投加一定量的 Cl^- 或定时倒换电流极性的方法可消除或缓解电极的钝化：当向溶液中添加不同的阴离子时，在一定条件下，会使钝化的铝阳极活化。阴离子的作用能力按 $Cl^- > Br^- > I^- > F^- > ClO_4^- > OH^-$ 的顺序降低。

Cl^- 活化作用的机理与它的几何尺寸不大和渗透性有关。倒换电流极性后，在倒换前作为阳极表面的 Al_2O_3 氧化物薄膜被还原，阴极表面的碳酸盐被阳极表面和附近的 H^+ 溶解。倒极周期根据实际电流、钝化程度确定。

2.4.2　电絮凝工艺设计

电絮凝反应器的设计，通常需从以下几个方面进行考虑：电极材料和形式、电路连接、液路连接、电流密度的选择、极间距和外加电压等。

电絮凝反应器的运行方式有间歇式和连续式两种，通常大多采用后者。就污染物的去除方式而言，当电流密度较低时，污染物主要通过沉淀的方式去除。而当电流密度较高时，电极表面释放出的大量气泡可以使污染物上浮而分离。因此，在设计电絮凝反应器时，应该根据污染物的种类和数量来确定合适的反应器构型、操作参数和分离方式。

(1) 电极材料

如前所述，电絮凝通常采用的电极材料有两种：铝和铁，对于饮用水的处理，通常采用铝作为阳极。而对于废水处理而言通常采用铁电极。当水中 Ca^{2+}、Mg^{2+} 含量较高时，宜选取不锈钢作为阴极。

(2) 电极连接方式

按照反应器内电极连接的方式，电絮凝反应器可分为单极式和复极式，电路连接方式如图 2-24 所示。有时也称为单极式电絮凝反应器和双极式电絮凝反应器。

在单极式电絮凝反应器中，每一个电极均与电源的一端连接，电极的两个表面均为同一极性，或作为阳极，或作为阴极。在复极式电絮凝反应器中则有所不同，仅有两端的电极与

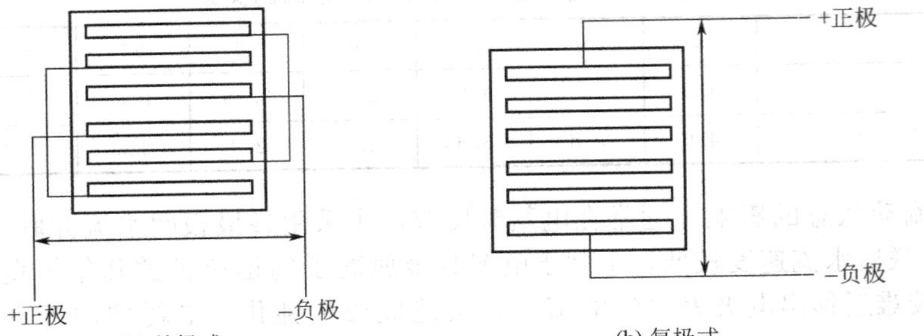

图 2-24 单极式和复极式电路连接方式

电源的两端连接，每一电极的两面均具有不同的极性，即一面是阳极，另一面是阴极。两种电絮凝反应器的特点见表 2-4。

表 2-4 单极式和复极式电化学反应器的比较

特点	单极式电絮凝反应器	复极式电絮凝反应器
电极两面的极性	相同	不同
槽内电极	并联	串联
电流	大($I=\sum I_i$)	小($I=I_i$)
槽压	低($V=V_i$)	高($V=\sum V_i$)
对直流电源的要求	低压，大电流，较贵	高压，小电流，较经济
单元反应器电压降	较大	极小
占地	大	小，设备紧凑
电流分布	不均匀	较均匀
构造	较简单	较复杂

采用单极式电絮凝时，电解槽内电极并联，槽电压较低而总电流较大，因此电极上电流分布不大均匀；对直流电源要求较高，需要提供较大的电流，费用高；占地面积较大，但设计制造比较简单。

采用复极式电絮凝时，电解槽内电极串联，槽电压较高而总电流较小，电极上电流分布比较均匀，所需直流电源要求电流较小，比较经济，设备紧凑、占地面积小，但其设计制造比较复杂。

采用复极式电化学反应器时应该防止旁路和漏电的发生。由于相邻两个单元反应器之间有水流连接，这时如果出现旁路电流在相邻的两个反应器中的两个电极之间流过，不仅降低了电流效率，而且可能导致中间的电极发生腐蚀。

(3) 液路连接方式

根据原水通过电絮凝反应器的方式，可分为串联和并联两种液路连接方式，如图 2-25 所示。

国内大部分电凝聚采用各极板间水流并联，这样结构上较为简单。但并联后应保持适当的水流速度，以保证絮体的形成，并缓解电极的钝化。因此，可采用流水道部分并联然后串联的方式来保证水流速度。注意水流串联流动时在电凝聚反应器内将产生更大的温升，应采取相应措施。

(4) 外加电压

为了使电化学反应得以顺利进行，外加电压（U_0）必须综合考虑。电凝聚单元电化学

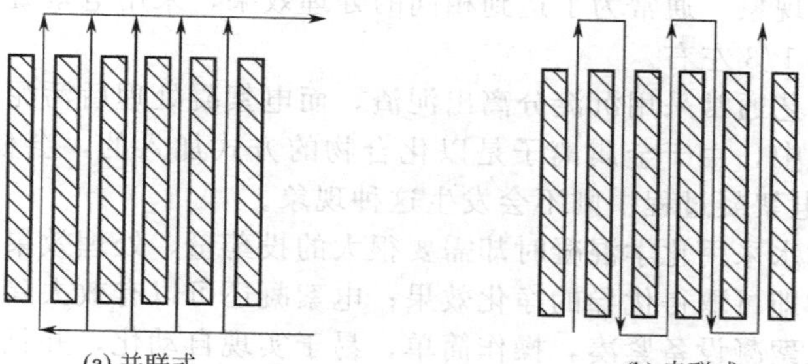

图 2-25 电凝聚水流连接方式

反应器的电压由以下几个部分组成。

$$U_0=E_0+|\eta|+(d/\kappa)I \tag{2-17}$$

式中 E_0——理论分解电压，V；

η——电极过电位，V；

d——相邻两电极净间距，m；

κ——处理水电导率，$\Omega^{-1}\cdot m^{-1}$；

I——电流，A。

η 可采用 Tafel 公式进行计算：

$$\eta=a+b\lg i \tag{2-18}$$

式中 a，b——与反应机理、电极性质、反应条件有关的常数；

i——电流密度，A/m^2。

上式可简化为

$$U_0=E_0+(d/\kappa)I+k_1\ln i \tag{2-19}$$

对于长期使用的电极，则需增加附加电压 U'，U'根据电极钝化程度确定。

以上为单元极板间电位差，对于单极式电凝聚，总电压与单元电极间电压相同，即 $U=U_0$。

对于复极式电凝聚，总电压可以采用下式进行计算：

$$U=(n-1)U_0 \tag{2-20}$$

式中 n——总的极板数，为保证较高的电流效率，通常 $n<8$。

电絮凝反应器的设计，尚需考虑以下因素：尽量降低电压降 I_R；减少电极表面 H_2 和 O_2 气泡的聚集；降低传质阻力。

为了提高溶液电导率，应采用比较小的极间距，必要时对 I_R 进行补偿，即增加附加电压 U'。提高水在电凝聚反应器内的流速可减少电极表面 H_2 和 O_2 气泡的聚集和降低传质阻力。

(5) 电絮凝与化学絮凝的比较

电絮凝和化学混凝的本质均是利用离子态铝或离子态铁及其水解聚合产物的混凝作用去除水中胶体和悬浮物。

化学混凝过程中，金属离子的水解通常会导致溶液 pH 值低，因此有必要对原水 pH 值和碱度进行调节。而电凝聚对水的 pH 值有一定的中和作用，其 pH 值作用范围较宽，通常在 pH=4～9 的范围内均可取得较好的处理效果。

化学混凝中，Al^{3+} 的加入是一个离散过程，体系平衡向酸性方向移动，并可能导致再稳定现象。电絮凝过程中形成的絮体大而密实，电荷密度高，电絮凝过程中 Al^{3+} 的释放和 OH^- 的生成同时进行，存在着金属离子和 OH^- 的浓度梯度，是一个连续的非平衡过程，一般不会出现再稳定现象。通常为了达到相同的处理效果，采用电絮凝方法所需金属离子的量只有化学混凝法的 1/3 左右。

化学混凝后续工艺通常采用沉淀分离出泥渣，而电絮凝处理后污泥同时有沉淀气浮分离过程。化学混凝过程中，由于金属离子是以化合物的方式加入的，会使出水阴离子（Cl^-、SO_4^{2-}）含量增加，电絮凝过程中则不会发生这种现象。

低温、低浊度的水采用化学混凝时却需要很大的投药量，处理效果较差。采用电絮凝时在较低的电流密度时即可取得优异的净化效果；电絮凝还可以有效去除水中溶解性有机物产生的色度和气味。电絮凝设备紧凑，操作简单，易于实现自动化，并且可以安装在移动设备上，适于流动作业。

电絮凝处理废水具有许多优点，但同时也存在一些缺点，如由于生成氧化膜而使电极钝化，电能和金属的消耗都较大等。当没有其他净化方法时，或者与其他方法相比在技术经济上有明显优势时，采用电凝聚方法应是合理的。

2.4.3 电絮凝技术在水处理中的应用

(1) 电絮凝在饮用水处理中的应用

在给水处理方面，电絮凝能弥补化学混凝的不足。电絮凝尤其适用于小规模水量的处理。它可以有效去除天然水中的胶体化合物，降低其浊度和色度，除去水源水中的藻类和微生物。对于铁、硅、腐殖质和溶解氧等也有很好的去除效果。

① 水的澄清和脱色　对各种不同色度、悬浮物含量和硬度的水进行电絮凝的研究表明，当 $1m^3$ 水消耗 2.3g 铝和 0.29kW·h 电能时，可将浊度由 100NTU 降低到 0.5NTU，同时色度由 80 倍降至 5 倍以下。对于去除水中浊度的研究表明，采用铁阳极时，铁的消耗量要比使用铝时的消耗量大，容易发生极化和钝化现象，处理效果也略差。

电絮凝用于水的澄清最佳 pH 值范围是 4～7，在其他 pH 值条件下澄清效果下降。适当提高电流密度，由于发生了电气浮作用，澄清水所需的铝剂量会有所下降。水的澄清效果随温度的升高而提高。

电絮凝用于水的脱色的最佳 pH 值范围是 3.5～7.2。且铝盐的单位消耗量几乎要比 $Al_2(SO_4)_3$ 少一倍。但是提高 pH 值将迅速减小色度的去除率。

② 去除水中的藻类和细菌　电絮凝是一种去除水中藻类的有效方法。例如，在含有5×10^8 个/L 藻类的水中加入电化学获得的铝 2mg/L，便可去除 60%的藻细胞，而加入同样剂量的 $Al_2(SO_4)_3$，除藻的效果就仅为 50%以下。电絮凝在除藻的同时，对水中的藻毒素也有很好的氧化作用。

电絮凝产生的新生态 $Al(OH)_3$ 比 $Al_2(SO_4)_3$ 的水解产物对去除水中的微生物具有更高的活性。当水中投加部分 NaCl 时，由于产生新生态氯，杀菌作用可以由于氯消毒。

③ 除氟　目前除氟的方法有混凝沉淀法、吸附过滤法、电絮凝法、电渗析法和反渗透法等。电絮凝法具有构造简单、处理费用低、占地面积小、携带方便等优点，适合处理小水量的饮用水。

电絮凝除氟的实质是利用铝吸附剂对水中 F^- 进行吸附，其作用机理是基于静电吸附和离子交换吸附，pH 值、含氟量、水温、接触时间、水流速度等对除氟效果都有影响，但影响最大的是 pH 值，因为它直接决定了静电吸附和离子交换吸附能否进行。理论上电絮凝除氟时 Al/F＝11.5～12（质量比），实际上这一比值为 16～17.5。

大量的试验和运行实践证明，电絮凝除氟必须在溶液为酸性条件下才具有明显的效果。从技术和经济的双重因素考虑，电絮凝除氟时 pH 值应控制在 6.5 左右。原水经电絮凝处理后 pH 值会略有上升，大概在 7.6，基本接近中性。当 pH＝5～7.6 时，有利于形成配位化合物而除去水中的氟。

温度升高时，除氟效果下降。对于初始浓度为5mg/L的含氟水，17℃时出水F^-浓度为0.2mg/L，40℃时则为0.7mg/L。这是因为电絮凝除氟的原理为吸附，当温度升高时F^-发生了脱附。

当水中不存在其他阴离子时，F^-的去除主要发生在电极表面；而当溶液中有共存阴离子时，F^-的去除主要是在本体溶液中进行。含氟地下水中通常还含有大量Cl^-、HCO_3^-、SO_4^{2-}、$HSiO_3^-$等阴离子，这些离子通常对F^-吸附影响甚小。但当浓度过高时也会与F^-产生竞争吸附，明显影响除氟效果。

虽然电絮凝中电解出的Al^{3+}活性较强，能在数十秒至数分钟内完成从扩散、水解到混合、反应、吸附的全过程，注意需要维持反应室内较高流速，保证反应过程完成充分。水流速度以40～100mm/s效果最好，可采用水流部分并联然后串联或者空气搅拌的方式来保证水流速度。

④ 除砷　目前砷的主要去除方法有混凝沉淀、离子交换吸附和反渗透等。采用化学沉淀法对As(Ⅴ)的去除率可达到99%，对于As(Ⅲ)的去除率只有40%～50%。而采用电絮凝方法可有效去除饮用水中的砷。

采用Fe电极，砷去除率大于99%，残留砷小于10μg/L。在电解开始5min内即可去除50%～60%的砷。随后去除速率逐渐降低。当采用Al电极时，砷的去除率较低。

⑤ 除铁　电絮凝过程中，Al^{3+}水解产物的表面羟基对水中的Fe^{2+}产生强烈的吸附作用，其作用机理归纳为共价键化学吸附、静电吸附、离子交换吸附等。使用铝和铜作为电极，在电流密度为120A/m^{2}和电耗为140～180W·h/m^{3}时，含有40mg/L铁的水经过60min处理后铁可被完全除去。当处理水的流量不大时，电絮凝可进行深度除铁。例如，在电流密度为20A/m^2、pH=6.8时将25mg/L的铁从水中完全去除时，铝的耗量为25mg/L，电耗为0.4kW·h/m^3。

⑥ 去除水中的NO_3^-　近年来硝酸盐污染已经成为一个不容忽视的问题，采用电絮凝可以对水体中NO_3^-加以去除。其基本原理如下。

$$2Al+3NO_3^-+3H_2O\longrightarrow 2Al^{3+}+3NO_2^-+6OH^-\ (E^\ominus=1.72V)$$

$$10Al+6NO_3^-+18H_2O\longrightarrow 10Al^{3+}+3N_2+36OH^-\ (E^\ominus=1.97V)$$

采用铁电极，对于初始浓度为300mg/L的NO_3^-溶液，在pH=9～11范围内电解10min后硝酸盐浓度降低到50mg/L以下，电耗为0.05W·h/g。

(2) 电絮凝在废水处理中的应用

目前常用的可溶性电极是铝和铁，虽然铝离子要比铁离子的凝聚效果好，但从实用和经济角度看，在废水处理中还是使用铁比铝更方便和适合。

Fe^{2+}进入水中与OH^-结合形成$Fe(OH)_2$。在空气中氧的参与下$Fe(OH)_2$氧化$Fe(OH)_3$：

$$4Fe(OH)_2+2H_2O+O_2\longrightarrow 4Fe(OH)_3$$

$Fe(OH)_2$和$Fe(OH)_3$絮状物吸附了污染物，并用沉淀和过滤工艺从水中除去。在水中溶解1g的铁相当于加进2.904g$FeCl_3$或7.16g$Fe_2(SO_4)_3$。处理同样的废水到同一指标时所需要的金属量，电絮凝只需化学凝聚的1/3左右。铁电极的电流效率为90%～98%，电絮凝中的凝聚剂99%以上分布在浮渣中，有很微量的铁离子残余在清液中（其残留量是Fe^{2+}和Fe^{3+}的溶度积残留）。

在电解中进行充气搅拌不仅可以改善和加快净化过程，还可以减少水中残留的铁离子。

① 染料废水　染料废水的脱色包括混凝、吸附和化学氧化等方法。染料废水由于可生化性较差，生物处理有一定难度。采用电絮凝对染料废水可进行有效脱色，其作用机理有两

种：氧化和吸附。新生态的 $Al(OH)_3$ 具有很大的比表面积，对溶解性有机化合物有极强的吸附性能，絮体可通过沉淀或阴极析出的 H_2 气浮分离。电絮凝产生的 Fe^{2+} 有较好的还原作用，同时产生的·OH 或新生态［Cl］有良好的氧化作用，对染料物质可完成还原或氧化过程。

当 pH<6 时，采用铝电极电絮凝时，COD 的去除效果好于铁电极；在中性和碱性介质中，铁电极的效果要好些。就去除单位质量 COD 的能耗而言，采用铁阳极时能耗为较低，为铝阳极的 90%左右，但铝消耗量较铁少。提高电流密度和 Cl^- 浓度可提高染料的脱色速率。

对 Acid Red 14 的电絮凝脱色的研究表明，在 pH＝6～9 的范围内，电流密度为 $80A/m^2$，铁阳极电絮凝 4min 后，脱色率可达 93%，COD 去除率为 85%。单极式脱色效果好于复极式，电路串联优于并联。

染料的种类和电极材料对电絮凝脱色过程影响十分明显。对分散染料和活性染料的处理结果表明，电絮凝对分散染料的脱色效果较好，而对活性染料的 COD 去除效果较差。处理活性染料时，采用铁阳极比较有利；对于分散染料，采用铝阳极时脱色效果要好于铁阳极。

② 重金属废水　目前去除水中重金属离子大多采用化学沉淀和离子交换等方法。当水中含有多种重属离子时，这些方法存在药剂用量大、难以同时去除多种离子等缺点。采用电絮凝对重金属离子进行去除是一种十分有效的方法。与原有方法相比，电絮凝具有操作简单、去除效率高和去除速率快等特点，并且无需对进水 pH 值进行调节。

以电镀废水的处理为例。采用铝电极，在 pH＝4～8 的范围内 Cu^{2+}、Zn^{2+} 和 Cr(Ⅵ) 均可有效去除。Cu^{2+}、Zn^{2+} 的去除速率是 Cr(Ⅵ) 的 5 倍，原因在于 Cu^{2+}、Zn^{2+} 的去除以生成 $Cu(OH)_2$ 和 $Zn(OH)_2$ 共沉淀为主，而 Cr(Ⅵ) 的去除首先是还原为 Cr^{3+}，随后生成 $Cr(OH)_3$ 而除去。当 pH>8 时，Cu^{2+}、Zn^{2+} 的去除率基本不变，Cr(Ⅵ) 去除率急剧下降。因为在 pH＝8～10 的范围内，$Cr_2O_7^{2-}$ 变为溶解性的 CrO_4^{2-}。

采用铁电极，在电解过程中阳极铁板溶解产生 Fe^{2+}。Fe^{2+} 是强还原剂，在酸性条件下可将废水中的 Cr(Ⅵ) 还原为 Cr^{3+}，阳极反应为

$$Fe \longrightarrow Fe^{2+} + 2e^-$$

$$Cr_2O_7^{2-} + 6Fe^{2+} + 14H^+ \longrightarrow 2Cr^{3+} + 6Fe^{3+} + 7H_2O$$

$$CrO_4^{2-} + 3Fe^{2+} + 8H^+ \longrightarrow Cr^{3+} + 3Fe^{3+} + 4H_2O$$

在阴极除 H^+ 获得电子生成 H_2 外，废水中 Cr(Ⅵ) 直接还原为 Cr^{3+}：

$$Cr_2O_7^{2-} + 6e^- + 14H^+ \longrightarrow 2Cr^{3+} + 7H_2O$$

$$CrO_4^{2-} + 3e^- + 8H^+ \longrightarrow Cr^{3+} + 4H_2O$$

$$2H^+ + 2e^- \longrightarrow H_2$$

从上述反应可知，随着电解过程的进行，废水中 H^+ 逐渐减少，结果使废水碱性增强。在碱性条件下，可将上述反应得到的 Cr^{3+} 和 Fe^{3+} 以 $Cr(OH)_3$ 和 $Fe(OH)_3$ 的形式沉淀下来。电解时阳极溶解产生的 Fe^{2+} 是 Cr(Ⅵ) 还原为 Cr^{3+} 的主要因素，而阴极直接还原作用是次要的。因此，为了提高电流效率，采用铁阳极并在酸性条件下进行电解是有利的。

③ 电絮凝除磷　电絮凝去除磷酸盐的效果要优于化学混凝。当 Al/P>1.6（物质的量比）时有很好的除磷效果。当水中磷酸盐的浓度超过可利用的 Al 的化学计量比时，磷酸盐浓度的下降呈线性；当磷酸盐浓度进一步降低时，其去除速率变缓。

电絮凝阳极产生的 Al^{3+}(Fe^{3+}) 可以通过形成 $AlPO_4$ 或羟基磷酸盐 $Al_2(OH)(PO_4)_3$ 沉淀而去除，Al^{3+}(Fe^{3+}) 水解缩聚的絮体对磷的吸附作用也能除磷。

④ 餐饮废水及含油废水出油　采用电絮凝处理餐饮废水时，主要影响参数为电解时通过的电量，约为 $1.67\sim9.95F/m^3$ 废水（1F＝96500C/mol），电流密度宜在 $30\sim80A/m^2$ 之

间。在以上条件下，油和脂肪的去除率≥90%，SS去除率≥80%，COD去除率≥65%。Al电极的消耗为17.7～106.4g/m^3废水，电耗<1.5kW·h/m^3废水。

含油废水中含有大量有机物，COD（通常在80～200g/L之间）和BOD（通常在12～63g/L之间）很高。生物法难以进行有效处理。电絮凝方法处理该类废水，进水水质为：pH=4.96，TS=45.3g/L，COD=57.8g/L，多酚含量2.42g/L，电导率11.4mS/cm。采用铝阳极电絮凝，电流密度75mA/m^2，电解25min后，COD去除76%，脱色率为95%，电能消耗为2.11kW·h/m^3废水。铝阳极处理效果要好于铁阳极，最佳pH值为6左右，停留时间10～15min。

2.5 电磁处理技术

电磁水处理技术应用始于20世纪70年代末，美国国家航空和宇航局研制成功电子水处理器，利用磁场或电场作用来防止水的结垢和设备腐蚀。其原理是在一定磁感应强度和电场强度下通过改变水垢的结晶类型，生成松散泥渣而被水流带走。使用的磁场类型有电磁场和永磁体形成的磁场。

电磁水处理设备具有阻垢和防腐作用，还具有一定的杀菌灭藻功能。

2.5.1 电磁变频反应器原理

电磁变频净水器多是将直流脉冲变频技术应用于水处理过程，通过微电脑控制较宽范围的频率和功率变化，来满足防垢除垢、杀菌灭藻的一种反应器。水中钙、镁、硅酸盐等无机离子无规则运动形成非晶型泥渣而除垢，并由于变频能量传递，可杀菌灭藻。

(1) 基本原理

电磁变频反应器的基本原理是制造一个脉冲变频电磁场，脉冲电流在高电平转入低电平的瞬间，积聚在感应线圈的能量，由于电路的突然启闭，在线圈两端产生反冲高压，使管道中感应的电压瞬间猛增猛降，产生了一个很大的瞬间电流，加速了电磁场能量的传递，进行各种物理、化学和生物反应，完成水处理过程。

在脉冲变频电磁场中，水中的各种反应分别对应于某种频率的电场力，因而对多种污染物质均有去除作用。在水处理的复杂过程中，电磁场能量能以多种形式有效地参与各种物理、化学和生物反应，提高了水处理效果。

电磁变频水处理器在运行时，自动、周期性和规律性地产生各种频率的脉冲电磁场。并在水中产生各种极性离子。各种离子的微弱电能在反抗外加脉冲电场的过程中相互碰撞，从而得以消耗，各种离子的运动强度和运动方向因此被束缚。金属管壁接阴极，管内水为阳极，水中的各个质点与管壁形成一个脉冲电场。在这个脉冲电场作用下，水中各种离子分别组合成脉动的正负离子基团，形成易排除的松散水垢。同时水的pH值、CO_2、活性氧及·OH等的含量也发生了变化，水中物质发生相关的氧化还原反应，在阳极区附近产生一定量的氧化性物质，这些氧化性物质与细菌及藻类作用，破坏其正常的生理功能，使细胞膜过氧化而死亡，达到杀菌除藻的目的。因此，电磁脉冲变频场中既能完成除垢反应，又能杀菌灭藻。

脉冲电磁场还会引起一系列微弱的化学变化，在阴极区附近产生大量的钙镁碳酸盐微晶核，改变了结晶物的结构形态。脉动的离子对水管管壁上的老垢和水中结晶物的吸引，使结晶物被逐渐疏松分散成粉末状的老垢被水带走，从而达到了除垢效果。直流脉冲电磁场还通过传感线圈在水体中感应出一系列脉冲正电压和金属管壁的负压，在水体和管壁间发生了电极效应，使管壁内表面形成氧化保护膜，防止了管道的腐蚀，延长了管道的使用寿命。

(2) 反应器运行的影响因素

① 反应器类型与应用对象　反应器类型主要是直流型，也可以是交流型。

直流脉冲变频电磁场水处理器一般用于金属水管，管壁接地，也就是接阴极。当设备运行时，水管中的水分子感应成阳极，与管壁形成一个变频的脉冲电压。这种电压，一方面使水中的离子产生电离现象，对水中的藻类和菌类起到杀伤作用，另一方面对管壁的污垢进行冲击和吸引，达到除垢和防垢的目的。

交流型一般用于非金属水管，也可用于金属水管。当设备运行时，管中的水分子感应成极性分子。极性分子的形成，改变了水中微生物的生存环境，达到达到杀菌除藻的目的。同时，设备的电磁场感应源是周期性的极化，产生吸引管壁污垢的作用，从而达到除垢防垢的效果。

② 电磁脉冲变频反应器的运行影响因素

a. 反应器扫频范围与作用功能。交流型以除垢为主要目标，其扫频频率范围由低频至高频，频率范围较宽，为 20Hz～60kHz，扫描周期 1.2s，载频频率为 1MHz。

直流型可分别用于除垢防垢和杀菌灭藻，根据其应用对象不同，所采用的扫频范围也不同。以杀菌灭藻为主、除垢为辅的反应器，其扫频范围由低频至高频，即 20Hz～60kHz，扫描周期 1.2s，载频频率为 1MHz；以除垢为主、杀菌灭藻为辅的反应器，其扫频频率范围为中频至高频，即 400Hz～60kHz，扫描周期 1.0s，载频频率为 1MHz。变频电磁反应器可以根据需要采用不同功率，功率最大的为 150W，一般为 20W，最小的为 5W。大中功率的设备一般用于工业系统，而小功率一般适于民用。一般情况下，反应器的输入电源电压为 220V，输出电源电压为 12V，使用环境温度为－10～55℃。

b. 其他影响因素。除以上影响因素外，管材、绕线圈数、粗细以及组数、管道尺寸等也有一定的影响。管道材质对交直流反应器的影响不同。交流更适合于非金属材料的管道，而直流则更适合于金属材质的管道。绕线的粗细直径根据功率、电流而定，目前所使用的变频反应器一般最大功率 150W，相对应的绕线直径和股数为 $1\times7/0.2mm^2$（单线，7 股，截面积 $0.2mm^2$），20W 的为 $1\times7/0.1mm^2$，5W 为 $1\times7/0.02mm^2$。管道尺寸越大，需采用的设备功率越大，一般来说，同一规格即同一功率设备，管径小的处理效果比管径大的好，其原因是水流紊动条件较好。

2.5.2 电磁变频技术的除垢与除藻

(1) 电磁变频反应器的防垢除垢作用

电磁防垢除垢效果与被处理的原水水质有很大的关系，特别是水中含有的较高浓度的无机离子和某些有机物，将影响电磁场的抑垢和除垢效果。

① Ca^{2+}、Mg^{2+} 总浓度的影响　随着 Ca^{2+}、Mg^{2+} 总浓度的增大，单位面积结垢量增加较快，电磁处理的抑垢率下降，并随其浓度的升高抑垢效率下降加速。一般来说，对于碳酸盐硬度的水（其硬度＞碱度，碱度主要存在形式为 HCO_3^-），脉冲电磁场的除垢效果总体较好，但 Ca^{2+}、Mg^{2+} 总浓度过高时，除垢率有所下降。这主要是由于电磁场能量不足，而 Ca^{2+}、Mg^{2+} 的沉积物晶体形成过程过快所致。实际上，在特定功率和一定范围的扫频工作条件下，能抑制 Ca^{2+}、Mg^{2+} 成垢的最大能力是有限值的。当 Ca^{2+}、Mg^{2+} 过高时，将生成定形和无定形晶体，并以水垢为主。

在这种情况下，电磁反应不能有效阻止 $CaCO_3$ 和 $Mg(OH)_2$ 晶核的生成，进而加速水垢的形成。因此，如果要提高 Ca^{2+}、Mg^{2+} 存在时的抑垢除垢效果，需根据实际水质情况调整电磁反应器的相关参数。

② Ca^{2+}、Mg^{2+}浓度比值对抑垢除垢效果的影响　有研究表明，在总硬度一定的条件下，电磁场处理含Ca^{2+}较高的水，其抑垢效果较好。而对Mg^{2+}较高的水，抑垢效果较差。这种现象说明，变频式电磁水处理器对$CaCO_3$的生成有更好的抑制作用。

③ 碱度及pH值对抑垢效果的影响　随着水中HCO_3^-、CO_3^{2-}浓度的增加，与水中的Ca^{2+}有效碰撞概率增大，加速了$CaCO_3$的生成，碱度越高这种反应进行就越快。同样，OH^-浓度升高对Mg^{2+}的成垢趋势也遵循上述规律。过高的碱度与过高的Ca^{2+}、Mg^{2+}一样，都使有限的电磁场防垢能力不足，而导致抑垢效率下降。因此，在碱度较高的情况下，也应选择较大功率的变频电磁水处理反应器，以达到有效抑垢的效果。

pH值对电磁场抑垢效果的影响规律与碱度对电磁场抑垢效果的影响规律类似。pH＞9时，无论经电磁场处理与否，单位面积结垢量随pH值的提高而显著增加，抑垢除垢率明显下降。

④ 管材对抑垢效果的影响　采用导电材料进行电磁处理防垢比采用绝缘材料时抑垢效率要明显提高。管道表面的光洁程度好，对防止结构有非常明显的作用。

变频式电磁水处理器去除水垢的主要参数如下：电源，交流220V，50Hz；电流1～6A；工作电压，直流12V；输出功率20W；扫频范围（除垢防垢）20Hz～60kHz；扫描周期1.2s；载频频率1MHz；温度（25±5)℃。

运行方式为连续工作；两组线圈并联。

内壁结垢的水管采用电磁变频水处理器进行除垢。垢厚约1.5mm的水管，处理90天后，绝大部分水垢脱落。结垢水管绝大部分水管内壁露出了原体，水垢去除效果较为显著。

(2) 变频电磁反应器的杀菌除藻效能

① 变频方式对杀菌除藻效果的影响　采用交流变频式水处理器，其杀菌率为45%，而直流脉冲式水水处理器对细菌的去除率可达76%。这说明直流脉冲式要比交流变频式的能量传递效率高，对水中的细菌具有更强的杀灭功能。

② 管材对杀菌除藻效果的影响　有试验表明，对于同样的直流脉冲式水处理器，采用金属管材取得了比ABS管材更好的除菌效果。如当原水中细菌数为2×10^7个/ml时，铸铁管材中的细菌去除率达87.3%，而ABS管材中的细菌去除率仅为68.2%。

③ 绕线圈数、粗细、组数对杀菌除藻效果的影响　如前所述，采用变频电磁反应器对水进行净化时，一般要将水处理器通过导线缠绕于管道上产生电磁场。因此，导线的导电性质、缠绕方式和圈数将对水处理效果产生重要的影响。

④ 作用时间对杀菌效果的影响　细菌藻类数量的减少是电磁场能量直接作用的结果。在脉冲电场的作用下，激发感应电流破坏细胞，或改变离子通过细胞膜的途径使蛋白质变性或酶的活性遭到破坏，造成大部分细菌不能适应而死亡；同时在脉冲电场下电极反应产生的活性物质也可氧化细胞膜，破坏其正常的生理功能，起到灭菌除藻作用。

⑤ pH值及水温对杀菌除藻效果的影响　pH值是影响细菌藻类生长的重要因素之一。水的pH值对电磁场的能量传递与作用产生影响。细菌最适宜的pH值范围为7.0～8.0。将不同pH值条件下的生活污水采用电磁水处理器进行处理，水的pH值对电磁场杀菌效果的影响见图2-26。由图可知，脉冲电磁场水处理器的杀菌率随pH值上升而提高。

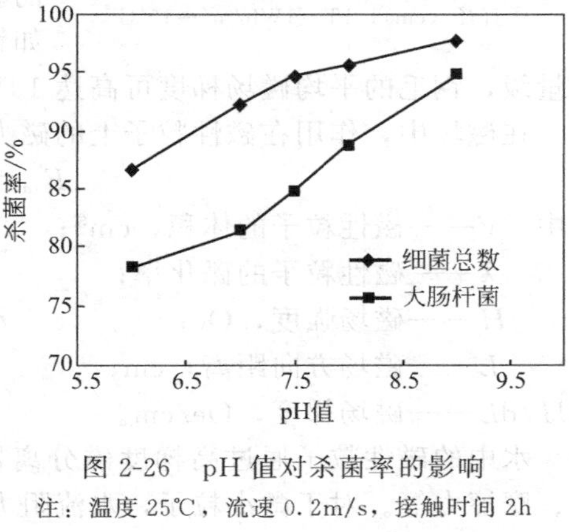

图2-26　pH值对杀菌率的影响

注：温度25℃，流速0.2m/s，接触时间2h

温度是影响细菌藻类存活的主要环境因素之一。虽然在一定的范围内升高温度可促进细菌的生长和代谢，但同时升高温度也有利于电磁反应器中各种物理化学反应的进行。温度也对电磁场作用于水中细菌藻类的能力产生一定影响。将不同温度下的水样经电磁水处理器处理，发现温度升高有利于电磁杀菌除藻作用。

2.5.3 高梯度磁分离技术

高梯度磁分离技术具有分离效率高、分离速度快、分离物系的粒度小等优点，可以使某些采用传统分离方法较难或不能分离的物系得以顺利地分离。高梯度磁分离技术已在高岭土的脱色增白、煤的脱硫、矿石的精选、生物工程、酶反应工程等领域得到了广泛的应用，并已用来处理城市工业和生活废水，污染的河水、湖水以及饮用水。

(1) 高梯度磁分离技术的原理

磁力分离法是用磁铁将水中强磁性物质吸出的方法。对于弱磁性物质则必须增大磁场强度或者提高磁场梯度。

铁磁性物质的颗粒所受的磁场力与磁场强度和磁场梯度成正比。磁性颗粒在匀强磁场中，由于受两极的引力相等，所受合力为零，因而不会发生运动。只有在存在磁场梯度的磁场空间里，磁性颗粒才会发生移动。在强磁场的N极和S极之间，投加大量颗粒（尺寸在100μm左右），使磁力线的疏密程度发生很大变化，便构成了高梯度磁场。含有铁磁性微粒的工业废水通过高梯度磁分离器，磁性颗粒便被截留下来，从而被净化。这便是高梯度磁分离法。

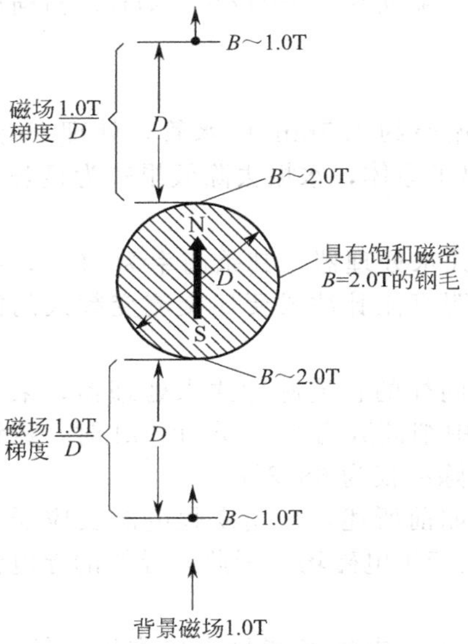

图 2-27 磁场梯度图示

注：B 为磁感应强度（G）；D 为磁性粒子直径（cm）；$1T=1Wb/m^2=10^4G$

工业上常采用不锈钢导磁钢毛来生产高梯度磁场，图2-27为磁场梯度图示。该图表示在磁场内磁化至饱和的钢毛截面上的磁通量值，钢毛表面的高磁场在离开钢毛本身直径的距离后，就衰减到背景磁场的数值。因此，磁场梯度与钢毛的直径成反比。需要采用较细的钢毛来提高磁场梯度，但钢毛太细时，在强磁场作用下，它们互相吸引成束，从而在填充层内形成槽沟，造成短路，使捕集效率降低。一般工程上常选用直径约为100μm的钢毛作为聚磁基质，使其有足够的强度和弹性，这对于反冲洗、耐磨损及降低成本都是有利的。钢毛填充率采用5%为宜，填充厚度15～25cm。如钢毛具有尖锐的边缘，则磁场梯度更可以高出几个数量级，钢毛的平均磁场梯度可高达10^8G/m。

在磁场中，作用在磁性粒子上的磁力F_m（$1dyn=10^{-5}N$，下同）。可用下式表示。

$$F_m=V\chi H(dH/dL) \tag{2-21}$$

式中 V——磁性粒子的体积，cm^3；

χ——磁性粒子的磁化率；

H——磁场强度，Oe；

L——磁场方向距离，cm；

dH/dL——磁场梯度，Oe/cm。

水中的磁性粒子通过高梯度磁分离器时，还受到与磁力抗衡的水流阻力、重力、惯性力、摩擦力等。对于微小粒子，水流阻力起主要作用。水流阻力F_c(dyn)可表示为

$$F_c = 3\pi\mu D v \tag{2-22}$$

式中 μ——水的黏度，g/(cm·s)；

D——磁性粒子的直径，cm；

v——粒子相对于水流的速度，cm/s。

当 $F_m > F_c$ 时，磁性粒子将被吸住而从水中分离出来。

(2) 高梯度磁分离处理设备

① 高梯度磁分离器 高梯度磁分离器（图 2-28）能产生高梯度、强磁场，因此它能从水中分离极细（微米级）的弱磁性物质。该装置主要由激磁线圈（图 2-29）、过滤筒体、钢毛滤料层、导磁回路外壳、上、下磁极及进出水管路组成。直流线圈通过激磁线圈，使过滤筒体内的上、下磁极产生强背景磁场，钢毛受到磁化，并在磁场中使磁力线紊乱，造成磁通疏密不均，形成很高的磁场梯度，磁性粒子在磁力 F_m 作用下，克服水流阻力及重力而被吸附在钢毛表面，从水中分离出来。当钢毛滤料层被磁性粒子堵塞后，切断直流电源，使磁场的磁力消失，被捕集的杂质能很容易地从钢毛中冲洗出来。

高梯度磁分离设备中，电磁体可装在壳体里面［图 2-30(a)］。这种设备的电磁体是一根钢轴，上面有多个环形沟槽，槽中装有导线制成的激磁线圈，使用直流电，用硒整流器整流。内壳中（连同电磁体）充满变压器油，用以冷却线圈发热量。水以 2m/s 的速度流过磁场。电磁体装在壳体外面［图 2-30(b)］，便于检修。

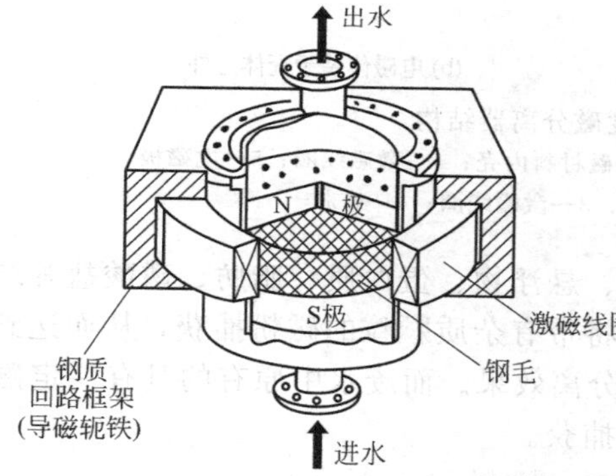

图 2-28 高梯度磁分离器示意

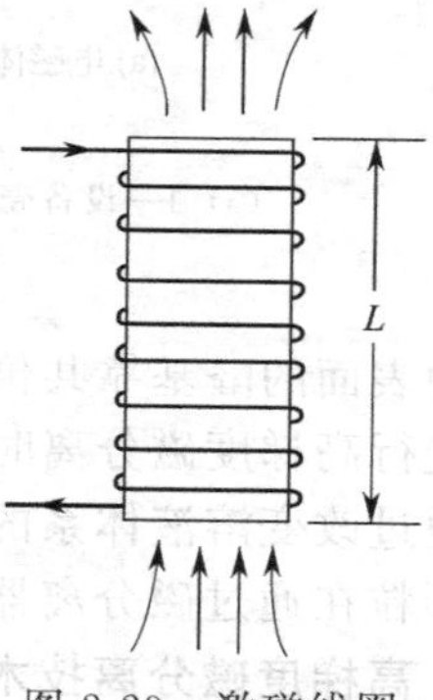

图 2-29 激磁线圈

注：L 为线圈长度

激磁线圈的磁感应强度与电流及线圈匝数的关系可用下式计算。

$$0.4\pi NI = BL \tag{2-23}$$

式中 N——线圈匝数；

I——电流强度，A；

B——磁感应强度，G；

L——线圈长度，cm。

在水处理领域，B 值在 3000G 以内可满足要求，电流强度可根据整流设备及导线尺寸选定，线圈长度根据分离器构造（钢毛填充高度）决定。

② 磁种的制备方法 多数污染物本身没有磁性，用磁场处理时，必须用磁种来吸附它们，然后用磁场处理。常用磁种有铁粉、磁铁矿、磁-赤铁矿、赤铁矿微粒等。

例如，先将 Fe_2O_3 磁粉进行硅烷化处理，即用 γ-氨基丙基三乙氧基硅烷作偶联剂，它的 x 基团首先水解成硅醇，然后硅醇脱水与 Fe_2O_3 中的 Fe 原子耦合，Fe_2O_3 表面被包了一层单分子层的硅烷偶联剂，再用戊二醛活化，从而得到具有特殊吸附功能的磁种。

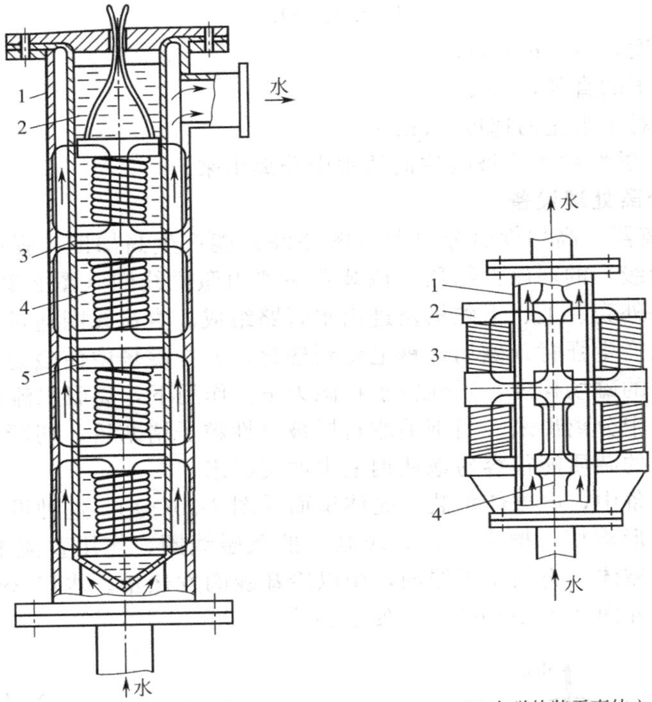

(a) 电磁体装于壳体之内　　(b) 电磁体装于壳体之外

图 2-30　高梯度磁分离器结构

(a) 1—设备壳体；2—变压器油；3—反磁材料内壳；4—激磁线圈；5—电磁极

(b) 1—钢管；2—电磁极；3—激磁线圈；4—磁芯

磁种表面的醛基靠共价键和废水中的胶体、悬浮物、蛋白质、脂肪、磷酸盐等结合在一起，在进行高梯度磁分离时就能够在过滤器中将带有杂质颗粒的磁粉捕获，从而达到分离的目的。通过改变溶液体系的 pH 值，可以强化分离效果。而废水中原有的具有一定磁性的悬浮固体颗粒在通过磁分离器时很容易被磁场所捕获。

(3) 高梯度磁分离技术的特点

磁分离技术在水处理应用方面具有下列特点。

① 高梯度磁分离设备容易实现自动化，处理水量大，不受自然温度影响，工作可靠，维修简单，占地少。

② 高梯度磁分离法可去除耐药性和毒性很强的病原微生物、细菌以及一些难降解的有机物等。有研究表明，磁场力可使病原微生物、细菌等细胞内的水和酶钝化或失活，使它们被杀灭。用于给水的杀菌消毒处理，不产生有害的副产品。

③ 磁分离技术能实现多种污染的一次净化，具有多功能性和通用性。在原水中通过投加磁种和混凝剂，使得各种性质的弱磁性微细颗粒甚至胶体颗粒在高梯度磁场中能得到高效去除，如去浊和去除重金属离子、油污、放射性污染等。

④ 磁化水能利用磁场磁化那些矿化度较高的水源，不需要加入化学药剂来阻垢、防垢。

⑤ 磁分离技术是一种简易可行且处理效率高的水处理技术，但存在着一定的技术难度和局限性，从而影响着它的广泛应用。例如，介质的剩磁使得磁分离设备在系统反冲洗时，难以把被聚磁介质所吸附的磁性颗粒冲洗干净，因而影响下一周期的工作效率；为了尽可能提高磁场梯度，必须选择高磁饱和度的聚磁介质，对聚磁介质的选择具有一定的技术困难。在实际应用中，对于这些技术难度和局限性有待研究克服。

(4) 磁分离处理方法

① 磁过滤法　用于处理含磁性悬浮物废水。由于高梯度磁分离器磁场梯度很高，不仅强磁性微粒能被其截留，弱磁性微粒也能被截留。轧钢废水中含有大量细微的氧化铁微粒。炼钢厂烟尘中含有大量 Fe_2O_3 微粒，经湿法除尘成为血红色废水，其中悬浮大量 Fe_2O_3 微粒。这些废水均可用高梯度磁分离器加以净化。

② 铁氧体法　用于处理不含铁磁性物质的含金属废水。铁氧体是铁元素与其他一种或几种金属元素构成的复合氧化物晶体，具有较强的磁性。含 Mn、Zn、Cu、Co、Ni、Cr 的废水，均可以与 $FeSO_4$ 制成铁氧体。研究证明，电镀厂的含铜氨络离子 $[Cu(NH_3)]^{2+}$ 的废水是蓝色透明的水溶液，长期存放无沉淀物形成，在碱性条件下，60℃左右，与 $FeSO_4$ 能生成铁氧体，通过高梯度磁分离器，Cu 的去除率在 99.9%以上。

③ 磁种混凝法　用于处理不含金属的有机废水。对于含有油类、无机悬浮物、色度和细菌的污水，投加絮凝剂产生矾花，同时投加磁种。例如粒径在 10μm 以下的 Fe_3O_4 粉末可作磁种，投加量 200～1000mg/L，通过高梯度磁分离器，几秒钟便可使污水净化，油、细菌和色度的去除率可达 70%～90%甚至更高。用磁种混凝法处理聚氯联二苯废水，投加水量 0.3%的 Fe_3O_4 粉，通过高梯度磁分离器，1 次可去除 96%，2 次则可去除 99.9%以上。

④ 污水磁化处理　对于没有磁性微粒的城市污水，不投加磁种，仅进行磁化处理，也有一定效果。COD、BOD 均有所降低。

(5) 高梯度磁分离技术在水处理中的主要应用

废水中的污染物种类很多，对于具有磁性的污染物，可直接用高梯度磁分离器分离。对于非磁性污染物，可先投加磁种和混凝剂，使磁种与污染物缔合，然后用高梯度磁分离技术除去。高梯度磁分离器以高饱和磁密不锈钢聚磁钢毛为基质，当废水中的污染物对钢毛的磁力作用大于其黏性阻力和重力作用时，污染物被截留。国内外对钢铁厂、造纸厂、电镀厂、纺织印染厂等工厂的废水以及城市污水和饮用水进行了高梯度磁分离处理，研究结果表明高梯度磁分离技术用于废水和给水处理有良好效果。

① 用于钢铁工业废水处理　钢铁工业废水中具有大量磁性微粒，可以直接用该方法去除。主要参数为磁场强度 0.85T，钢毛填充率约 5%，滤筒内径 0.75m，水流速度 8.3m/min，利用气水混合脉冲反冲洗，悬浮物的去除率为 80%～90%，处理后的水质符合循环用水要求。

② 用于含油废水处理　油水分离器出水用常规的气浮法处理时，油浓度降至 20～30mg/L，悬浮物降至 20～50mg/L。当同样的出水经磁场强度为 1.9T 的高梯度磁分离器处理后（不加磁种和混凝剂），油与悬浮物浓度降低，出水水质也得到改善。如果除投加磁种外，再加混凝剂，出水油质量浓度可降至 5～20mg/L，悬浮物浓度降至 1～5mg/L，酚浓度降至 0～26mg/L。

③ 用于城市污水和饮用水处理　哈佛大学的研究人员发现，某些细菌和病毒会吸附在氧化铁或其他磁性粒子上，如最常见的大肠杆菌就容易吸附在磁性粒子表面上，利用高梯度磁分离技术能有效地去除它们。哈尔滨建筑大学宋金璞等与哈尔滨供水一厂、二厂合作采用高梯度磁分离技术处理松花江水，主要参数为：磁种投加量 30～100mg/L，混凝剂投加量 30～60mg/L，磁场强度 0.08～0.12T，滤速 2.5～4.5m/min，可将浊度为 48 度的河水一次净化到 1 度，对色度、细菌、重金属及磷酸盐也有很好的去除效率。与传统给水处理技术相比，高梯度磁分离技术对水中有机物的去除效果显著，前者处理出水中沸点在 136℃以上的有机物检出 164 种，后者处理出水中检出 100 种，多去除了 64 种，检出的有机物浓度也降低了 70%。

(6) 工程实例

图 2-31 为北京某钢厂轧钢废水高梯度磁分离处理工艺流程。高梯度磁分离器直径 ϕ750mm，空芯水内冷式螺旋管线圈高 576mm，钢毛填料层高 250mm，填料层上、下端的磁极结构为纯铁，开有许多 120mm×ϕ30mm 的布水孔，钢毛与磁极间距为 25mm，构成磁通回路框架的上部轭铁与分离器的间隙装进楔形块来消除安装所需的空隙，以减少漏磁，节省能耗。工作磁感应强度为 3000G，工作激磁功率为 5.4kW。

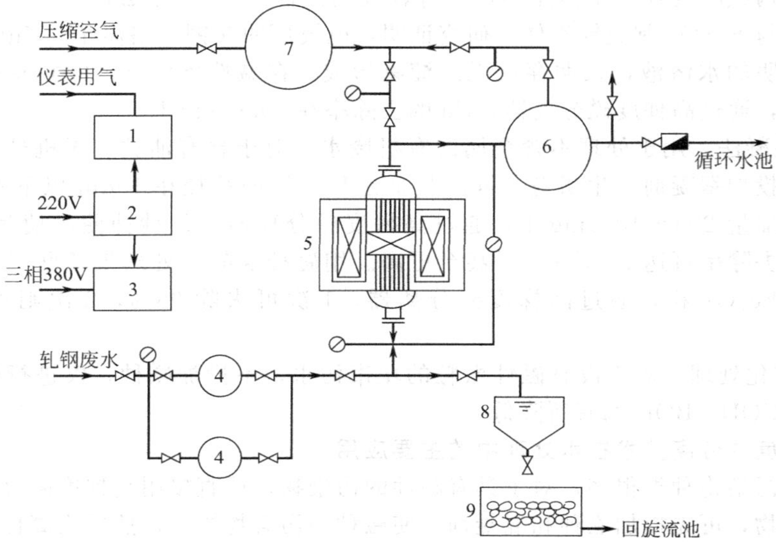

图 2-31 北京某钢厂轧钢废水高梯度磁分离处理工艺流程

1—电磁阀箱；2—控制柜；3—SCR 整流电源；4—前过滤器；5—高梯度磁分离器；6—反冲洗水槽；7—储气罐；8—反洗污水槽；9—氧化铁皮滤池；⊘—压力表；◪—流量计

200m^3/h 的轧钢废水经旋流沉淀池后，用泵送入前置过滤器，内装格栅及多层铅丝网，以去除浮油，出水悬浮物浓度为 40～200mg/L，由底部以 500m/h 的滤速进入高梯度磁分离器，净化后出水中悬浮物小于 10～20mg/L，排至反冲洗水储罐后又送到循环水池回用。当钢毛填料截留一定数量的杂质后，线圈停止供电，10～15s 后磁场的磁力降到 0，水和压缩空气同时由分离器的上部进入，进行联合冲洗，反冲洗流速为 1000m/h，冲洗完毕后线圈通过电激磁，8～12s 后磁场的磁力由零升到额定值，又重新进行过滤。反冲洗周期为 30min，反冲洗持续时间为 1min。全部操作过程为全自动控制。

反冲洗排污水送到氧化铁皮滤池过滤，出水送回旋流沉淀池。氧化铁皮进入旋流沉淀池成为沉渣，解决了高梯度磁分离器排污水的沉渣脱水问题，最后与氧化铁皮一起送到烧结厂，回用于生产。

2.5.4 光电组合处理技术

(1) 光电催化降解原理

半导体粒子有两级能带，包括价带（valence band，VB）和导带（conduction band，CB），在能带间有能级禁区。当用能量等于或大于禁带宽度的光照射时，半导体价带上的电子可被激发跃迁到导带，形成导带电子（e^-），同时在价带上产生相应的空穴（h^+），如图 2-32 所示（以 TiO_2 为例）。当可氧化的底物被吸附（迁移）到空穴上时，就发生电子迁移，发生氧化反应，产生具有高度活性的·OH。由于·OH 是一种无选择性的强氧化剂，能降解或矿化各种有机物，通常认为是光催化反应体系中主要的活性氧化物种。此外，空穴也能直接氧化溶液中的有机物。·OH和其他氧化性物种的产生用以下反应式表示。

$$TiO_2 + h\nu \longrightarrow TiO_2(h^+ + e^-)$$
$$h^+ + H_2O(OH^-) \longrightarrow \cdot OH + H^+$$
$$e^- + O_2 \longrightarrow \cdot O_2^-$$
$$\cdot O_2^- + H^+ \longrightarrow HO_2 \cdot$$

有研究表明，外加电场可以在光电极内部产生一个电位梯度，光生电子在电场的作用下，迁移到对电极，使载流子得以分离，有利于充分发挥光生空穴的氧化作用，提高光催化反应的效率，因此可以将光催化剂负载在电极表面，借助于外加电场提高光催化反应效率，发挥光电协同作用。

电场提高光催化效率的机理如图2-33所示。阳极为固定了光催化剂（如TiO_2）的光电极，在紫外线的照射下，在阳极产生一定强度的阳极偏压，那么光生电子通过外电路流到反向电极上，有效阻止了载流子在半导体上的复合。由此延长了空穴的寿命，进一步产生·OH，其强氧化作用得以保持，光催化的效率得到明显的提高，实现了能量的高效利用。

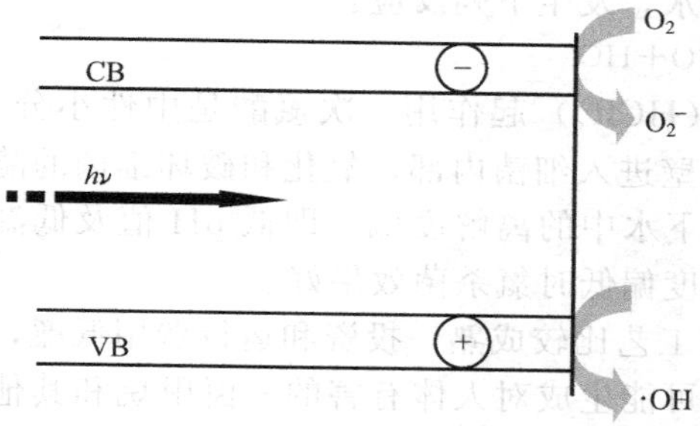

图2-32　TiO_2半导体光生电子和空穴产生机理示意

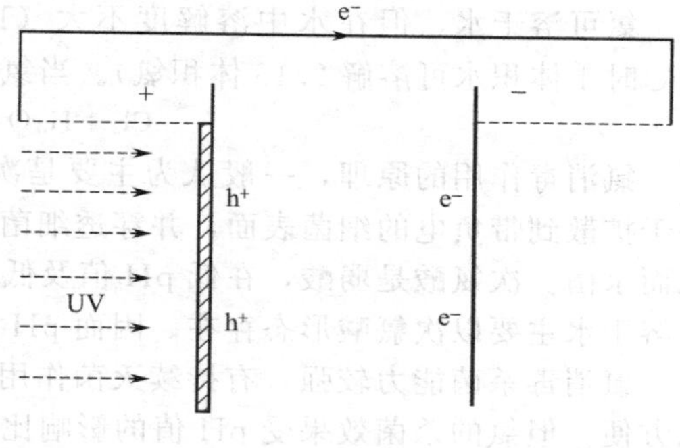

图2-33　半导体电助光催化作用机理示意

(2) 影响光电降解过程的主要因素

① 外加偏压的影响　有研究发现TiO_2薄膜上的电荷分离程度容易通过调节外加偏压而加以控制，进而实现对降解速率的控制。有研究表明，当外加偏压维持在+0.6V时，4-氯酚以较快的反应速率降解。如果将用阳极氧化法制备得到的网状TiO_2/Ti电极用于光电催化降解染料，较小的外部偏压就可以有效提高光催化氧化的速率。而使用直接热氧化法制备得到的TiO_2薄膜电极时，当外加阳极偏压从0V增加到+1.0V时，苯胺的降解速率常数迅速增大。

② 溶解性盐类的影响　当阴离子电解质能够转化成强氧化性物种时，可提高对物料的降解速率。如相同条件下，染料废水在0.5mol/L NaCl溶液中的降解速率要高于0.5mol/L Na_2SO_4溶液中的降解速率。

③ 溶液初始pH值的影响　无论是单独的光催化过程、电催化过程还是光电催化过程，溶液的初始pH值都会对水中有机物降解效果产生影响。这是因为金属氧化物表面的羟基在不同pH值时直接影响了金属氧化物的表面电性。溶液pH值从三个方面来影响反应：

a. 半导体的平带电势，半导体的平带电势E_{fb}是溶液pH值的函数：$E_{fb} = E^{\ominus}_{fb} - 0.0595pH$；

b. 电活性物种的吸附（包括与已吸附 OH^- 的竞争吸附）；

c. 辐射条件下 $H_2O(OH^-)$ 的光电氧化与其他可形成氧化性物种的反应物的竞争反应。

④ 曝气的影响 Fendler 在《纳米粒子与纳米结构薄膜》一书中指出，利用阳极偏压来分离载流子，并非一定要氧作为电子受体，从而可以在无氧条件下实现光催化反应。

2.6 消毒技术

消毒技术是生活饮用水安全、卫生的最后保障。消毒并不是将水中微生物全部消灭，只是消除水中致病微生物的致病作用。目前常用的方法是氯和次氯酸盐消毒，还有二氧化氯消毒、臭氧消毒、电化学消毒紫外线消毒以及超声波消毒。

2.6.1 氯和次氯酸盐消毒

(1) 氯的特性和消毒原理

氯可溶于水，但在水中溶解度不大（101.3kPa 时的最高溶解度是 9.6℃时约为 1%，20℃时 1 体积水可溶解 2.15 体积氯）。当氯溶解于水，发生下列反应：

$$Cl_2 + H_2O \rightleftharpoons HClO + HCl$$

氯消毒作用的原理，一般认为主要是次氯酸（HClO）起作用。次氯酸是中性小分子，易于扩散到带负电的细菌表面，并穿透细菌的细胞壁进入细菌内部，氧化和破坏细菌的酶系统而杀菌。次氯酸是弱酸，在低 pH 值及低温条件下水中的离解度低，即低 pH 值及低温时氯溶于水主要以次氯酸形态存在。因而 pH 值及温度偏低时氯杀菌效果好。

氯消毒杀菌能力较强，有持续灭菌作用；技术工艺比较成熟；投资和运行费用低廉，来源方便。但氯的杀菌效果受 pH 值的影响比较大，可能生成对人体有害的三卤甲烷和其他卤化有机物。

(2) 加氯量和加氯点

根据水中物质成分的不同，加氯量也有所不同。最常见的理论为折点加氯，但是实际使用还需通过现场试验确定。作为估计，一般地表水混凝前的加氯量为 1.0～2.0mg/L；水经混凝、沉淀而未经过过滤的可采用 1.5～2.5mg/L，都是以余氯量为控制指标。

在常规水处理流程上可以投加氯消毒剂的方式有以下几种：在混凝剂前投加氯；过滤前加氯；过滤后加氯；补充加氯。第一种方式可氧化水中有机物，提高混凝效果。如混凝剂是亚铁盐，可以氧化成铁盐，促进凝聚效果。但是对于受污染水，为避免氯的消毒副产物产生，这种方式已不常用。

当城市管网延伸很长时，管网末梢的余氯量难以保证，需要在管网中途补充加氯。根据实际情况，可能需要多个加氯点同时投加。

(3) 加氯方式

加氯方式分为：①负压投加，通过负压管道输送投加，一般真空投加；②正压投加，通过正压管道输送投加；③直接投加干氯气，这种方式只适用于小水量，应急用。

(4) 次氯酸盐消毒及类型

次氯酸盐通过水解反应生成次氯酸，因此消毒原理与氯相同。次氯酸盐消毒运输、储存安全性大于液氯，但是成本高于氯消毒，所以一般比较适合中小型水厂。

次氯酸盐常用的有漂白粉、次氯酸钙、次氯酸钠。

2.6.2 二氧化氯消毒

(1) 二氧化氯特性及消毒原理

二氧化氯（ClO_2）在常温下是一种黄绿色到橙色的气体，颜色变化取决于其浓度。有刺激性气味。二氧化氯的沸点为11℃，熔点为－59℃，易溶于水，其溶解度约为氯的5倍以上。中性条件下的离解常数为1.2×10^{-7}，即基本保持在不离解的状态。二氧化氯易被硫酸吸收但不与硫酸反应，还能溶于四氯化碳和冰醋酸中。

二氧化氯的挥发性较强，稍一曝气即从溶液中逸出。二氧化氯是一种易于爆炸的气体，受热和受光照能加速分解。二氧化氯的检测手段还不完备，分析检测较复杂，相对的操作管理水平也要求较高。

二氧化氯具有较强的氧化能力，它的理论氧化能力是氯的2.63倍。它能附在细胞壁上，穿过细胞壁与含巯基的酶反应而使细菌死亡。二氧化氯与细菌及其他生物蛋白质中的部分氨基酸发生氧化还原反应使氨基酸分解破坏进而控制微生物蛋白质合成，最终导致细菌死亡。二氧化氯作为饮用水消毒剂具有下列优点。

① 二氧化氯不与水中的黄腐酸、腐殖酸等形成三氯甲烷、卤已酸等消毒副产物。

② 二氧化氯在水中不与氨氮反应，杀菌效果优于氯，并且用量少，作用快，不受水的pH值、温度和氨氮浓度的影响。

③ 其强氧化性能有效杀灭用氯消毒效果较差的孢子和病毒等，并能有效氧化去除水中的藻类、酚类、氰类及硫化物等有害物质，具有很好的脱色、除臭效果。

该法缺点是消毒成本较高，存放不易，过量投加会产生亚氯酸盐等无机副产物。由于水中剩余二氧化氯比剩余氯更容易挥发，所以一般水中剩余二氧化氯要比剩余氯消耗速率高。

(2) 二氧化氯的制备

二氧化氯的制备方法主要有电解法、稳定性二氧化氯活化法和化学法。

① 电解法　同电解食盐水制取次氯酸钠一样，电解法制取可用食盐水和氯酸钠溶液电解产生二氧化氯。但该法隔膜和电极寿命有限，产生的二氧化氯浓度低，设备复杂，运行维护困难。

② 稳定性二氧化氯活化法　二氧化氯不稳定，一般需要现场发生，为此人们先生产出高纯度的二氧化氯，再用碳酸盐等稳定剂使其稳定，以便于储运，在使用时再用盐酸等活化剂使其活化产生二氧化氯。稳定性二氧化氯使用方便，但价格较高，只适用于经济条件较好的地区小规模水消毒。

③ 化学法　化学法是目前饮用水净化中应用最多的方法，包括氯酸盐法和亚氯酸盐法等。

a. 氯酸盐法。该法是在高酸性介质，用还原剂还原氯酸钠而制取二氧化氯，其效率随还原剂不同而异，主要还原剂目前有盐酸、甲醇、氧化钠等。

还原剂为盐酸的氯酸盐法的特点是反应的产物氯化钠和氯都可以回收利用进行二氧化氯的再生产（氯化钠电解再生成氯酸钠），系统封闭性好。当反应温度较高时，产生二氧化氯纯度可达70%，其生产成本低。国产发生器一般采用此法。反应式为

$$2NaClO_3+4HCl\longrightarrow 2ClO_2+Cl_2+2NaCl+2H_2O$$

b. 亚氯酸盐法。该法制备的二氧化氯纯度高，可分为氧化法和酸化法。

氧化法是在pH值低于3.5的条件下，用亚氯酸盐与氯或者次氯酸进行反应产生二氧化氯。国外大水厂多采用此法。反应式为

$$2NaClO_2+Cl_2\longrightarrow 2ClO_2+2NaCl$$

酸化法是使亚氯酸盐与酸（主要是盐酸）反应产生二氧化氯，但反应速度慢，盐酸用量

大，只适合小规模生产。反应式为

$$5NaClO_2 + 4HCl \longrightarrow 4ClO_2 + 5NaCl + 2H_2O$$

由于采用的亚氯酸盐价格较氯酸盐高，因此亚氯酸盐法成本较高。另外，亚氯酸盐为强氧化剂，易受外界条件影响而发生爆炸。

(3) 二氧化氯的应用方式和投加量

二氧化氯的投加量与所处理的水质有关。据资料介绍，当细菌浓度在 $10^5 \sim 10^6$ 个/ml 时，0.5mg/L 的二氧化氯作用 5min 后即可杀灭 99%以上的异养菌，并且作用比较持久，0.5mg/L 的二氧化氯在 12h 内对异养菌的杀灭能力保持在 99%以上。为了保证饮用水的卫生安全性，二氧化氯的投加量应按下式计算：

$$C = R_F + C_1 + C_2 \tag{2-24}$$

式中 C——二氧化氯投加量，mg/L；

R_F——出厂水的余量，mg/L；

C_1——杀灭微生物及氧化还原性物质的消耗量，mg/L；

C_2——与水接触的给水处理设施 ClO_2 的消耗量，mg/L。

对于采用二氧化氯消毒的自来水厂，R_F 取 0.1mg/L；对于直饮水净化站，R_F 取0.07mg/L。

二氧化氯是一种易爆炸的气体；具有强氧化性，对处理设备和管道造成一定的腐蚀；二氧化氯进行饮用水消毒产生：ClO_2^- 和 ClO_3^- 等无机副产物，以 ClO_2^- 的毒害性更大些。实际应用二氧化氯消毒饮用水时，如采用 1mg/L 的投加量，水中可能存有的 ClO_2^- 和 ClO_3^- 浓度应在 0.6～0.9mg/L，不会产生副作用。

(4) 工程应用

二氧化氯灭菌消毒剂是饮用水和工业循环及污水处理等方面杀菌、清毒、除臭的理想药剂，是国际上公认的氯系消毒剂最理想的更新换代产品。

下面介绍无锡市充山水厂工艺改造案例。无锡市充山水厂原设计规模 $1.6\times10^4 m^3/d$，采用传统的水处理工艺（混凝—气浮—过滤—消毒）。而充山水厂的水源太湖梅梁湖属于Ⅳ～Ⅴ类水体，藻类、有机物和氨氮等超标，而且水质污染有日趋严重的趋势。

针对充山水厂原水氨氮高、藻类含量高和有机污染严重的特点，在水厂原有常规工艺的基础上，增加生物预处理和臭氧-生物活性炭深度处理工艺，同时改变了原有的消毒方式，采用 ClO_2 消毒，以使原水主要超标项目有机物、氨氮和藻类得到有效控制，减少消毒副产物和出厂水臭味，为城市提供清洁、安全的饮用水。改造后的水厂工艺流程见图 2-34。

充山水厂水源为太湖梅梁湖水，流动性较差，有机污染特别是水生植物和动物死亡后产生的有机污染物绝大多数是消毒副产物前体，采用液氯消毒不但会产生难闻的氯味，而且会

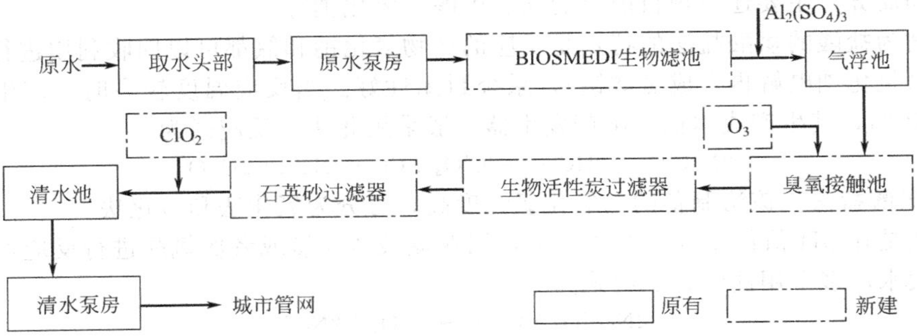

图 2-34 充山水厂工艺流程

生成大量的消毒副产物三卤甲烷（THMs）。而二氧化氯在消毒过程中不产生消毒副产物THMs。二氧化氯已被欧美国家推崇为第四代消毒剂，因此本工程用二氧化氯消毒，采用全盐酸法或开斯汀法（NaClO＋HCl）制取二氧化氯，直接在清水池前投加二氧化氯，设计最大加注量3mg/L，合1.2kg/h。

二氧化氯投加量较低，主要是前面BIOSMEDI生物滤池、气浮池、臭氧-生物活性炭过滤器和石英砂过滤器已去除绝大部分氨氮，同时石英砂过滤器也阻止脱落的生物膜通过，降低了二氧化氯的消耗。

2.6.3　紫外线消毒

(1) 紫外线特性及消毒原理

日光照射是天然的消毒方法之一，其实质是利用天然光源中的紫外线达到杀菌消毒的目的。

紫外线是指波长范围在100～400nm之间的不可见光线，紫外线的波长不同，作用也不同。紫外线按照波长划分为四个部分：A波段（UV-A），称为黑斑效应紫外线（400～320nm），有附着色素及光化学作用，也称为化学线；B波段（UV-B），称为红斑效应紫外线（320～275nm），有促进维生素D生成作用，称为健康线；C波段（UV-C），称为灭菌紫外线（275～200nm），具有杀菌作用；D波段（UV-D），称为真空紫外线（200～100nm），能有效产生臭氧。

紫外线消毒是一种物理消毒方法，并不是杀死微生物（细菌、病毒、芽孢等病原体），而是使其丧失繁殖能力进行灭活。紫外线消毒的原理通常认为主要是用紫外光C波段（UV-C）改变和破坏微生物的遗传物质核酸（DNA或RNA），使其突变，改变其遗传转录特性，使生物体丧失蛋白质的合成和复制繁殖能力。紫外线消毒主要采用的是C波段。如图2-35所示，DNA的吸收光谱为240～280nm，吸收峰在260nm左右。

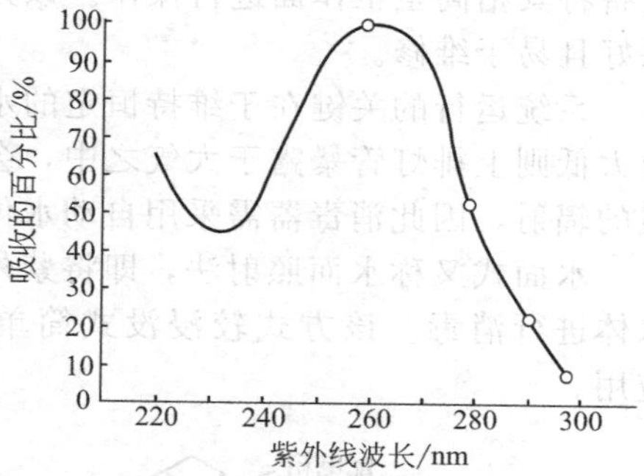

图2-35　DNA对紫外线的吸收

用紫外线照射后的细菌的残存量可以用下式表示：

$$P=P_0 e^{-\beta t} \qquad (2\text{-}25)$$
$$\beta=E/Q$$

式中　P——照射后残存的细菌数量，个/mol；

P_0——细菌的初始数量，个/mol；

β——试验方法求得的死亡过程常数，s^{-1}；

t——照射时间，s；

E——有效的紫外线照射强度，mW/cm^2；

Q——当细菌的残存率P在1/e时所需要的紫外光照射量，mJ/cm^2。

紫外线杀菌设备在实际使用中的标准单位照射量和强度，是以在杀灭抗紫外线能力较强的菌种时所需要的照射量为标准的。当对还有稳定的孢子形成菌（例如炭疽杆菌）的水进行消毒时，对紫外线照射最不敏感的孢子形成菌的抗性应该是确定照射剂量的标准。

(2) 紫外线制备及工程应用

紫外线源可分为水银灯、金属卤灯、脉冲紫外线灯等；按工作时内部水银蒸气的压力可以分为低压灯和中压灯；按灯管电极工作时的温度高低又可分为热电极灯和冷电极灯等。

紫外线灯与日光灯、节能灯发光原理一样，灯管内的汞原子被激发产生汞的特征谱线。目前市场上销售的紫外线消毒灯，大多是发出 253.7nm 短波紫外线的汞灯。紫外线杀菌灯的管壁由能透过紫外线的特殊玻璃制成，灯管内壁不涂荧光粉。日光灯、节能灯灯管采用的是普通玻璃，紫外线不能透出来，被荧光粉吸收后发出可见光；而杀菌灯灯管则用透紫外线玻璃或石英玻璃。

低压紫外线灯分低压低强度、低压高强度两种。灯管中充入的是过量的液态汞，它一般在0.8～10Pa 压力下运行，在波长 253.7nm 处能够放射 85%的光能，比功率（单位灯管长度输出的紫外光功率）大约为 0.1～0.2W/cm，国产低压低强度灯功率一般不超过 40W，低压高强度灯功率能达到 120～260W，比功率能达到 0.5～1W/cm。

中压紫外线灯灯管中所有的汞都是以气体状态存在，压力可高达 0.1～0.5MPa，功率在 1000W 以上，辐射光谱较宽，为 230～300nm，且位于具有杀菌作用的波长范围内的能量比例较小。从放出射线的绝对量来看，中压灯比低压灯更有效，从中压灯放出的位于 UV-C 波段的紫外线的量比低压灯大约高 50～80 倍，所以中压系统中所需紫外灯的量就要少得多。处理较大水量时使用中压灯能减少灯具数量，降低维修量，简化线路。

紫外线消毒系统大致可以分两种方式：敞开重力式和封闭压力式。

敞开式紫外线消毒器中，水在重力作用下流经紫外线消毒器。敞开式系统又可分为浸没式和水面式两种。浸没式又称为水中照射法，其典型构造如图 2-36 所示。将外加同心圆石英套管的紫外灯置入水中，水从石英套管的周围流过，当灯管（组）需要更换时，使用提升设备将其抬高至工作面进行操作。该方式构造比较复杂，但紫外辐射能的利用率高，灭菌效果好且易于维修。

系统运行的关键在于维持恒定的水位，若水位太高则上部进水得不到足够的辐射；若水位太低则上排灯管暴露于大气之中，会引起灯管过热并在石英套管上生成污垢膜而抑制紫外线的辐射，因此消毒器需采用自动水位控制器来控制水位，如图 2-36 所示的滑动闸门。

水面式又称水面照射法，即将紫外灯置于水面之上，由平行电子管产生的平行紫外光对水体进行消毒。该方式较浸没式简单，但能量浪费较大、灭菌效果差，实际生产中很少应用。

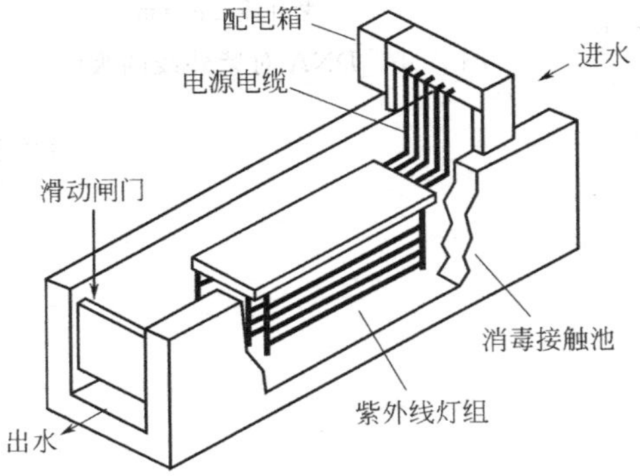

图 2-36 敞开浸没式紫外线消毒器

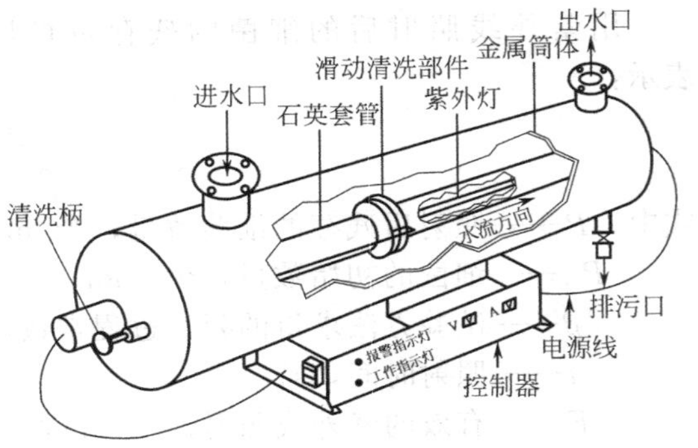

图 2-37 封闭式紫外线消毒器

封闭式紫外线消毒器属承压型，用金属筒体和带石英套管的紫外线灯把被消毒的水封闭起来，结构形式如图 2-37 所示。筒体常用不锈钢或铝合金制造，内壁多做抛光处理以提高对紫外线的反射能力和增强辐射强度，并根据处理水量的大小设置紫外线灯的数量。有的消毒器在筒体内壁加装了螺旋形叶片以改变水流的运动状态而避免出现死水和管道堵塞，所产生的紊流以及叶片锋利的边缘会打碎悬浮固体，使附着的微生物完全暴露于紫外线的辐射中，提高了消毒效率。系统中外罩密封石英套管的紫外线灯管都可以与水流方向垂直或平行布置。平行系统水力损失小、水流形式均匀，而垂直系统则可以使水流紊动，提高消毒效率。

由于系统比较复杂，所以封闭式紫外线消毒器一般适用于中、小水量处理或有必要施加压力且消毒器不能在明渠中使用的情况。反应室内流速不宜过低，以防止结垢的产生。

紫外线消毒法对许多因素相当敏感，如灯管温度、光源的辐射强度、水层厚度及其处理时间、水流分布状态、水质、微生物的抗性等。

紫外线消毒法不需要投加化学药剂，不产生有毒有害副产物，消毒效率高，操作简单。但对套管外壁的结垢清洗困难，紫外线灯寿命有限。此外，紫外线消毒法不能提供剩余的消毒能力，无法解决管网再污染问题。

(3) 紫外线消毒系统的工程应用

新西兰曼努高污水处理厂的紫外消毒系统是世界上正在运行的最大的污水紫外消毒系统之一（处理能力为 $121\times10^4 m^3/d$）。该厂已有 40 年左右的历史，最初采用的是氧化塘工艺，出水排入曼努高海湾。随着环保要求的不断提高，后又改为三级处理工艺，采用了生物脱氮、砂滤和紫外消毒技术，总投资为 2.44 亿欧元。该污水处理厂的工艺流程见图 2-38。

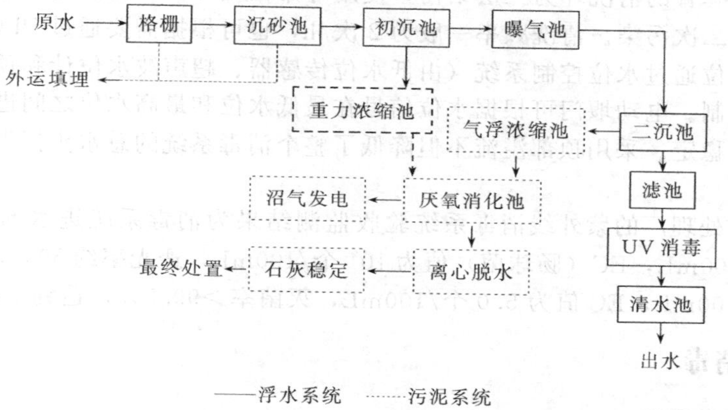

图 2-38　曼努高污水处理厂的工艺流程

紫外消毒系统的最大设计流量为 $50400m^3/h$，进水为砂滤出水和未经生物处理的雨水，经消毒后或排放或回用。该消毒系统为明渠式，由配水渠、消毒渠和出水渠等构成（见图 2-39）。消毒渠由 12 个平行的渠道构成，每个渠道长 17m、宽 3m、深 1.5m，每渠内串联放置 3 组紫外消毒模块组，每组有 216 支紫外灯管，总计 7776 支。所有灯管（采用石英套管密封保护）均浸没在水面以下，水流方向与灯管轴线方向一致（为顺流式设计），整个渠道的总占地面积为 $800m^2$。

紫外消毒系统主要包括：由消毒模块组和渠道构成的功能部分，由传感器与 PLC 构成的控制系统，自动清洗系统，以及供配电系统与整流器。消毒渠道为矩形断面，其内部设备由进水端至出水端依次为导流板（不锈钢穿孔板）、紫外消毒模块及支架、低水位传感器、超声波水位计和出水堰门。为防止紫外光泄漏，在渠道上部设有盖板。紫外消毒模块主要由紫外灯管、石英套管、紫外强度传感器、不锈钢支架、内置自动清洗环及传动机构组成。每 18 支紫外灯组成一个消毒模块，每 12 个模块插挂在一个不锈钢框架上，组成一个消毒模块组。这种模块化的设计便于设备的控制、维修和扩容。系统所采用的紫外线灯灯管为低压高强型固态汞合金灯管，其功率为 270W，254nm 波长处的输出强度为 125W。该灯管由智能整流器控制，可使输出强度根据水质、水量的变化自动进行无级连续调整，达到了节电和延

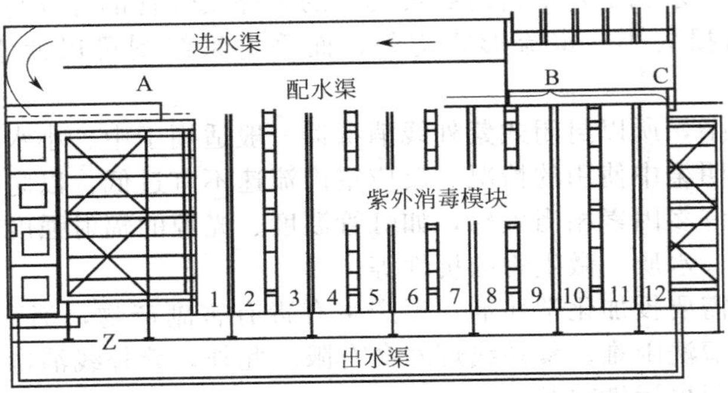

图 2-39 曼努高污水处理厂紫外消毒系统

A—配流渠；B—紫外消毒模块；C—出水渠；Z—导流渠

长灯管寿命的目的。系统所处理污水的透光率最小允许达到 30%（254nm 处），设计的最小 UV-C 剂量为 450J/m²。

自动清洗系统采用机械清洗方式，驱动力为压缩空气，可同时清洗石英套管和 UV-C 传感器。清洗石英套管的清洗环为三层结构，使用寿命在 3 万次以上。整个清洗过程不使用任何化学药剂，无二次污染。清洗频率一般为 2 次/h，也可根据需要通过 PLC 随意调整。

渠道内的液位通过水位控制系统（由低水位传感器、超声波水位计和顶部溢流式电动堰门组成）进行控制。电动堰门可根据水位信号在最低水位和最高水位之间进行自动调节，以保证消毒效果的稳定。采用顶部溢流不但降低了整个消毒系统的总水头损失，而且减少了提升费用。

曼努高污水处理厂的紫外线消毒系统验收监测结果为消毒系统进水的 FC（类大肠菌）值约为 10^4 个/100mL，EC（肠球菌）值为 10^3 个/100mL，透光率约 50%，经消毒后 FC 出水值为 5.4 个/100mL，EC 值为 5.0 个/100mL，灭菌率>99.5%，达到了设计要求。

2.6.4 臭氧消毒

(1) 臭氧消毒原理

臭氧的特性见本书 2.1.1 节。

臭氧消毒原理可以认为是一种氧化反应，其作用包括直接氧化和分解时的中间产物的氧化。

① 臭氧对细菌灭活的机理　臭氧对细菌的灭活反应进行得很迅速。与其他杀菌剂不同的是：臭氧能与细菌细胞壁脂类双键反应，穿入菌体内部，作用于蛋白和脂多糖，改变细胞的通透性，从而导致细菌死亡。臭氧还作用于细胞内的核物质，如核酸中的嘌呤和嘧啶破坏 DNA。

② 臭氧对病毒灭活的机理　臭氧对病毒的作用首先是病毒的衣体壳蛋白的四条多肽链，并使 RNA 受到损伤，特别是形成它的蛋白质。噬菌体被臭氧氧化后，电镜观察可见其表皮被破碎成许多碎片，从中释放出许多核糖核酸，干扰其吸附到寄存体上。

臭氧的制备和应用详见本书第 2.1.3 节。

(2) 臭氧消毒的工程应用

山东里能集团舜泰园小区二次加压供水消毒工程应用情况如下。山东里能集团舜泰园小区位于济宁市，是高档小高层住宅区，区内 5400 人。小区供水采用二次加压供水方式，即把市政给水管道的水输送到清水池，然后通过水泵加压，把清水池内的水输送到区内管网。二次供水工程包括清水池、加压泵房、消毒室和变配电室。加压泵房设计了立式离心泵；消毒室安装了消毒设备；变配电室内置控制设备。

① 消毒方案选择 研究了3套消毒方案：氯消毒，二氧化氯消毒，臭氧消毒。各方案特点比较见表2-5。

表2-5 消毒方案特点比较

消毒方法	优　点	缺　点	适用条件
氯消毒	具有余氯的持续性消毒作用，成本低，操作简单，易保存和运输	会产生有机氯化物等副产物	氯气供应方便的地方
二氧化氯消毒	具有较强的氧化作用，杀菌效果好，可去除铁、锰等物质，不会产生有毒有机物	操作管理要求高，不易储存，有爆炸危险	有机物污染严重时
臭氧消毒	具有较强的氧化作用，杀菌效果好，作用快，可除臭、去色，去除铁、锰等物质，不会产生有毒有机物	在水中不稳定，持续性消毒差	电力供应方便和充足的地方，有机物污染严重时

通过比较，并考虑到高档住宅小区对水质要求较高，水在清水池中停留时间不长，管网不长（对持续性消毒要求不高），且电力供应方便，故选择臭氧消毒方案。尤其作为可疑的或疑似的致癌物质，自来水中的三氯甲烷等有机氯化物已越来越引起人们关注的情况下，臭氧消毒工艺是一个合理的选择。

② 臭氧消毒工艺设计

a. 工艺流程。由空气（或氧气）通过臭氧发生器生成的臭氧，通过水射器与水混合，接着进入清水池进行充分接触混合与反应，然后由水泵输送至小区管网。

b. 气源。气源的选择要结合臭氧发生量、场地条件、能耗、运行管理、维护等因素综合考虑。臭氧发生器的气源为空气和氧气。采用空气为气源时，由于空气中含有较高的水分和灰尘，需对空气进行除尘和脱水干燥。以氧气为气源时，相比空气气源，耗电量小，节省动力费用，占地少，但购买氧气也增加了运行成本，并且需经常更换氧气瓶，日常管理麻烦。考虑到电力供应充足，消毒间比较宽敞，工程选用空气为气源。

c. 臭氧投加量。臭氧的杀菌效果主要取决于水中臭氧的含量、臭氧气体在水中的混合程度、与水接触的时间等。水中臭氧的浓度越高，杀菌的效果就越好，投加量也少。对二次供水工程，由于原水水质较好，臭氧投加量一般取1.0mg/L。

d. 投加混合方式。常用的投加混合方式一般有三种：采用固定螺旋管道混合器，把其安装在清水池的进水管上，臭氧与水在混合器混合后进入清水池；采用射流器（水射器），这是一种比较常用的气水混合装置，可安装在清水池进水管上，直接利用进水管内的压力进行水气混合，然后进入清水池，或者从水泵总出水管接一条管道，进入射流器与臭氧混合后进入水池，而不必通过进水管；采用臭氧接触氧化塔或接触氧化池，水进入接触塔或接触池与臭氧混合后，再进入清水池。本工程采用射流器方式，从水泵总出水管接一条管道，进行气水混合，投加点在清水池底部，设计一组呈放射状的接触混合穿孔管，利于臭氧与水充分混合。

e. 设备。选用空气型高频臭氧发生器，臭氧产量180g/h，额定功率2.7kW。设备包括空压机、冷却器、过滤器、干燥器、臭氧发生器。

③ 使用效果及存在的问题 自工程投入使用以来，臭氧发生器运行稳定，消毒效果比较理想。多次取水样化验，水质均达标，个别指标甚至优于自来水水质指标。

使用过程中，存在的问题有：消毒室建于地下，室内潮湿，一旦臭氧泄漏，对室内的管道、设备就会产生一定的腐蚀，为此采用排风扇强制通风；臭氧与水混合后，会有一定的剩余臭氧从水中逸出，通过水池通气管排到空气中。

2.6.5 超声波消毒

(1) 超声波的特性及消毒原理

超声波是指频率超过20000Hz，在弹性介质中传递的机械振荡波。具有频率高、方向性恒定、穿透力强、能量集中的特点。因为波长较短，基本做直线传播，由于是机械波，所以传递衰减小。

超声波技术的传统用途主要是超声波定位、医疗诊断、清洗、探伤等。从上世纪中叶以来，超声波在污水和污泥处理中开始应用。该法方法简便、速度快、效率高、易于调整（功率和频率），这种消毒方法已受到越来越多的重视。

超声波消毒的机理可能主要是超声波频率的激烈变化对于超声场内的物质起的破坏作用。超声波对细胞机械破坏引起细菌的死亡，细菌原生质蛋白质的分解破坏了细胞的生命功能，水蛭、纤毛虫、剑水蚤、吸虫和其他原生动物对超声波特别敏感。

(2) 超声波的产生和应用

超声波的产生有三种方法。

① 机械方法　用高速流体冲击簧片、空腔或特殊构造而产生。构造简单，产生装置（换能器）成本低，但是换能器功率低。

② 高变磁场　用某些特殊金属或稀土材料在高频交变磁场作用下，由内部分子运动而使得外部在介质中发出超声振动。这种换能器功率较大，但频率低，造价高。

③ 高变电场　用某些电介质材料高频交变电场作用下，由内部分子运动而使得外部在介质中发出超声振动。这种换能器功率较小，但频率高。

超声波可杀死原生动物与后生动物，它们给饮用水和工业给水带来特别大的危害。属于此类的有用肉眼可见到的昆虫（毛翅类、摇蚊、蜉蝣）的幼虫、寡毛虫、某些线虫、海绵、苔藓动物、软体动物的饰贝、水蛭和其他。这些原生动物中的许多种类栖息在给水厂的净化构筑物中，在有利条件下繁殖和占据很大的空间，在超声场中即被杀死。在超声作用下，海洋水生物有动、植物区系也死亡。

超声波在薄水层里1～2min内即可消灭95%的大肠杆菌。已经有资料说明超声波对痢疾杆菌、斑疹伤寒、病毒及其他微生物有杀菌作用。经超声作用之后，牛奶得到灭菌。

超声波消毒的优点是设备简单，处理时间短，输出频率和功率可以无级调节。缺点是能耗高。不过，在降耗方面随着技术的发展应该可以解决。

第 3 章 微污染水生物处理技术

近年来，不少地区饮用水水源水质日益恶化，水源水和饮用水中能够测得的微污染物质的种类不断增加，人们在饮用水的水质净化中碰到了新的问题。

面对水源水质的变化，常规饮用水处理工艺已显得力不从心。微污染水经常规的混凝、沉淀及过滤工艺只能去除水中有机物 20%～30%，且由于溶解性有机物的存在，不利于破坏胶体的稳定性而使常规工艺对原水浊度去除效果明显下降（仅为 50%～60%）。用增加混凝剂投加量的方式来改善处理效果，不仅使水处理成本上升，而且可能使水中金属离子浓度增加，也不利于居民的身体健康。地面水源中普遍存在的氨氮问题常规处理也不能有效解决。目前国内大多数水厂采用折点加氯的方法来控制出厂水中的氨氮浓度，以获得必要的活性余氯，但由此产生的大量有机卤化物又导致水质毒理学安全性下降。因此，常规的饮用水处理工艺已不能与现有的水源和水质标准相适应，必须开发新的水处理技术。

目前已开发或正在开发的水处理技术主要包括两方面。一是预处理技术，包括化学氧化和生物预处理技术。其中尤以生物预处理技术备受水处理工作者的关注。二是深度处理技术，包括活性炭吸附、臭氧氧化、生物活性炭、膜技术等。

微污染水生物预处理是指在常规的净水工艺之前增设生物处理工艺，借助于微生物群体的新陈代谢活动，对水中的有机污染物、氨氮、亚硝酸盐及铁、锰等无机污染物进行初步去除，这样既改善了水的混凝沉淀性能，使后续的常规处理更好地发挥作用，也减轻了常规处理和后续处理过程的负荷，可以最大可能地发挥水处理工艺整体作用，降低水处理费用，更好地控制水的污染。另外，通过可生物降解有机物的去除，不仅减少了水中三致物前体物的含量，改善出水水质，也减少了细菌在配水管网中重新孳生的可能性。用生物预处理代替常规的预氯化工艺，不仅起到了与预氯化作用相同的效果，而且避免了由预氯化引起的卤代有机物的生成，这对降低水的致突变活性，控制三卤甲烷物质的生成是十分有利的。

由于微污染水的污染物浓度较低，其生物处理技术往往采用低负荷、出水效果好的处理手段。最常用的有效方法有曝气生物滤池法（Biological Aerated Filtration，BAF）、生物接触氧化法（Biological Contact Oxidation，BCO）、生物活性炭法（Biological Activated Carbon，BAC）、膜生物反应器（Membrane Bioreactor，MBR）。

3.1 曝气生物滤池法（BAF）

曝气生物滤池法（BAF）最早由法国 CGE 公司所属的 OTV 公司开发。目前，在欧美、日本等地已有数百座大小各异的水处理厂采用了曝气生物滤池技术。我国北京已有多个示范工程。从 BAF 工艺的开发到日趋成熟，国内外还出现了多种基于曝气生物滤池技术的水处理工艺。

3.1.1 BAF的工艺原理和特点

曝气生物滤池（Biological Aerated Filtrater，BAF）也叫淹没式曝气生物滤池（Submerged Biological Aerated Filtrater，SBAF），充分借鉴了污水处理接触氧化法和给水快滤池的设计思路，集曝气、截留悬浮物、降解有机物、高滤速、定期反冲洗等特点于一体。

其工艺原理为：在滤池中装填一定量粒径较小的粒状滤料，滤料表面生长着生物膜，滤池内部曝气，水流经过时，利用滤料上高浓度生物膜量的氧化降解能力对水进行快速净化，此为生物氧化降解过程；同时，因水流经过时，滤料呈压实状态，利用滤料粒径较小的特点及生物膜的生物絮凝作用，截留水中的大量悬浮物，且保证脱落的生物膜不会随水漂出，此为截留作用；运行一定时间后，因水头损失的增加，需对滤池进行反冲洗，以释放截留的悬浮物并更新生物膜，此为反冲洗过程。

BAF在微污染水预处理中具有以下特点。

① 微污染水的物理、化学和生物化学性质也存在较大差异，并且与其去除特性存在一定的关系。从相对分子质量上来说，生物可降解有机物主要是低相对分子质量的有机物（相对分子质量<1500）。常规的给水处理工艺，即混凝、沉淀和过滤，主要是去除相对分子质量>10000的有机物，对低相对分子质量有机物去除率低，特别是对相对分子质量<500的有机物，几乎没有去除能力，甚至有所增加。而这部分有机物是可能形成消毒副产物卤乙酸的主要前体物，也是饮用水管网中细菌生长的主要营养基质。而生物预处理能有效去除这部分有机物，对提高整个给水处理工艺对有机物的去除效果有重要意义。

② 对低浓度有机物有良好的去除效果。在BAF中，微生物利用水中营养基质进行生长繁殖，在载体表面形成薄层结构的微生物聚合体，产生生物膜。在BAF的填料上生物量的积累大于悬浮生物处理系统，有利于世代期较长的微生物生长。饮用水中微量污染物浓度（毫克每升数量级）有利于贫营养微生物的繁殖，如土壤杆菌、假单胞菌、嗜水气单胞菌、黄杆菌、芽孢杆菌和纤毛菌等。这些贫营养微生物具有较大的比表面积，对可利用基质有较大的亲和力，且呼吸速率低，有较小的最大比增殖速度和Monod饱和常数（K_s约为1～10μg/L），所以在天然水体条件下，其对营养物的竞争具有较大的优势。Namkung和Rittmann的研究指出，几种微量基质生物降解的同时进行，与同样浓度的单个基质生物降解相比，能导致更多的生物量积累和有更快的去除速率，这表明多种微量污染物的混合，可增加生物膜系统处理效果的稳定性，而受污染水源水中往往含有多种微量有机物。另外，贫营养菌通过二级基质的利用能去除浓度极低的微量污染物。例如贫营养菌在分解利用浓度为1.1mg/L的富里酸时，对浓度为100μg/L的酚和萘的去除率分别为90%和92%，对土臭素和2-MIB(2-甲基异莰醇）的去除率分别为55%和44%，这表明利用水中天然有机物形成的生物膜处理系统可较好地去除微量污染物、嗅味及色度物质。

③ 能去除氨氮、铁、锰等污染物。BAF中，生物膜固定生长的特点使生物具有较长的停留时间，一些生长较慢的微生物如硝化菌等自养菌可在反应器内不断积累。反应器内载体应具有足够的溶解氧，这样就能促进生物膜上好氧硝化菌的生长和代谢活动。对硝化反应动力学的分析表明，即使在低温下，生物膜去除氨氮的作用也是十分明显的。

3.1.2 BAF的结构、类型及运行方式

(1) BAF的结构

BAF的结构与普通快滤池类似，如图3-1所示，其主体可分为配水系统、布气系统、

承托层、生物填料层、反冲洗排水槽五部分，其过滤进、出水管及反冲洗进水管设计可以考虑满足BAF既能上向流又能下向流运行之需要。

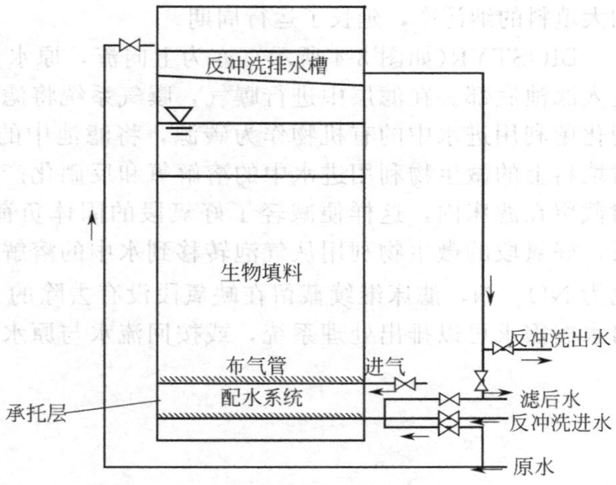

图3-1 生物滤池结构示意

(2) BAF的类型

BAF按水流流向分可分为下向流BAF和上向流BAF。下向流BAF以OTV公司的BIOCARBONE为代表。上向流BAF以OTV公司的BIOSTYR和Degrmont公司的BIOFOR为代表。

① 下向流BAF　BIOCARBONE结构见图3-2。预处理的水从滤池顶部进入，在滤池底部进行曝气，气水逆向流动。在反应器中，有机物被微生物氧化分解，NH_3-N被氧化成NO_2^--N和NO_3^--N，另外，由于在生物膜内部存在厌氧/兼氧环境，在硝化的同时实现部分反硝化。在无脱氮要求的情况下，从滤池底部的出水可直接排出系统，一部分留作反冲洗之用。

随着过滤的进行，由于填料表面新产生的生物量越来越多，截留SS不断增加，在开始阶段水头损失增加缓慢，当固体物质积累达到一定程度，堵塞滤层的上表面，并且阻止反硝化产生的N_2的释放，将会导致水头损失很快达到极限，此时应进行反冲洗再生，以去除滤床内过量的生物膜及SS，恢复处理能力。

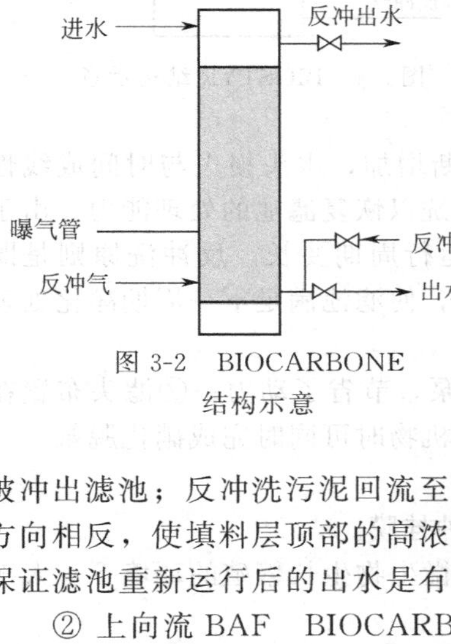

图3-2 BIOCARBONE结构示意

反冲洗采用气水联合反冲，反冲洗水为处理后的达标水，反冲洗空气来自底部单独的反冲气管。反冲洗时关闭进水和工艺空气，水气交替反冲，最后用水清洗。冲洗时滤层有轻微的膨胀，在气水对填料的流体冲刷和填料间相互摩擦下，老化的生物膜和被截留的SS与填料分离，冲洗下来的生物膜及SS在漂洗中被冲出滤池；反冲洗污泥回流至BAF预处理部分进行处理。由于正常过滤和反冲洗时水流方向相反，使填料层顶部的高浓度污泥不经过整个滤床，而是以最快的速度离开滤池，这对保证滤池重新运行后的出水是有利的。

② 上向流BAF　BIOCARBONE属早期曝气生物滤池，其缺点是负荷仍不够高，且大量被截留的SS集中在滤池上端几十厘米处，此处水头损失占了整个滤池水头损失的大多数，滤池纳污率不高，容易堵塞，运行周期短。最新的BAF有法国Degrmont公司开发的BIOFOR和OTV公司开发的BIOSTYR，克服了BIOCARBONE的这些缺点，它们属于上向流BAF。

BIOFOR结构如图3-3所示。底部为气水混合室，之上为长柄滤头、曝气管、垫层、滤料。所用滤料密度大于水，自然堆积。BIOFOR运行时采用上向流，水从底部进入气水混合室，经长柄滤头配水后通过垫层进入滤料，在此进行BOD、COD、氨氮、SS的降解和去除。反冲洗时，气、水同时进入气水混合室，经长柄滤头配水、气后进入滤料，反冲洗出水回流入初沉池，与原污水合并处理。BIOFOR上向流的优点是：同向流可促使布气、布水均匀；滤池内不会出现负水头及沟流现象；截留在底部的SS可在气泡的上升过程中被带入滤池中上部，加大填料的纳污率，延长了运行周期。

BIOSTYR（如图 3-4 所示）亦为上向流，原水与经硝化的滤池出水按一定回流比混合后进入滤池底部。在滤层中进行曝气，曝气系统将滤池分为好氧和缺氧两部分。在缺氧区，反硝化菌利用进水中的有机物作为碳源，将滤池中的 NO_3^--N 转化成为 N_2，实现反硝化；同时填料上的微生物利用进水中的溶解氧和反硝化产生的氧降解 BOD。此时，一部分 SS 被吸附截留在滤床内，这样便减轻了好氧段的固体负荷。经过缺氧段处理的污水升流进入好氧段，好氧段的微生物利用从气泡转移到水中的溶解氧进一步降解 BOD，硝化菌将 NH_3-N 氧化为 NO_3^--N，滤床继续截留在缺氧段没有去除的 SS。流出滤层的水经上部滤头排出滤池，出水按需求可以排出处理系统，或按回流水与原水混合进行反硝化。

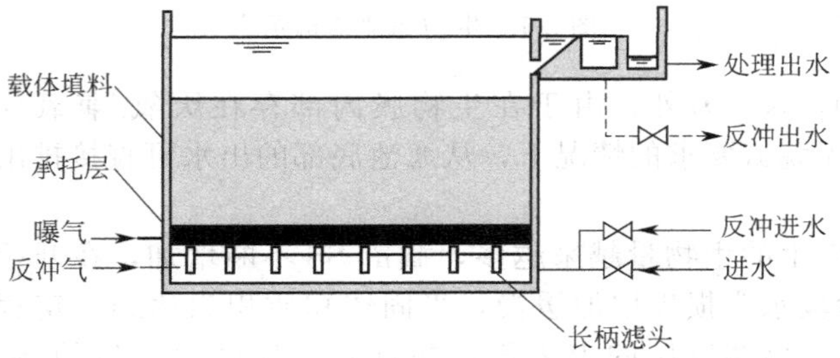

图 3-3 BIOFOR 结构示意

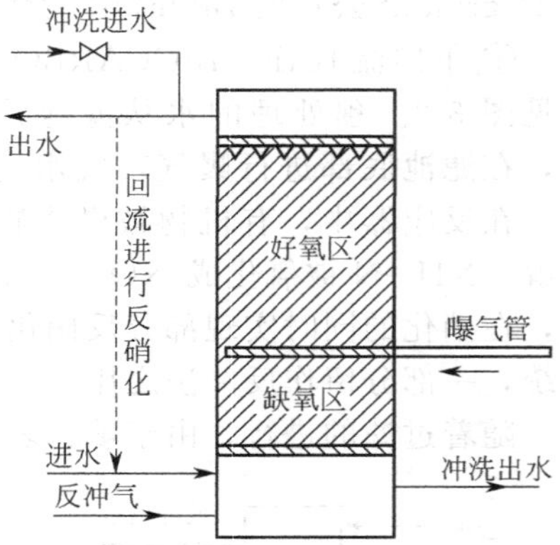

图 3-4 BIOSTYR 结构示意

随着过滤的进行，滤层中新产生的生物膜和 SS 积累不断增加，水头损失与时间成线性正相关。当水头损失达到极限水头损失时，应及时进入反冲洗以恢复滤池的处理能力。由于没有形成表面堵塞层，使得 BIOSTYR 比 BIOCARBONE 运行周期要长。反冲洗原则是既要恢复过滤能力，又要保证填料表面仍附着有足够的生物体，使滤池满足下一周期净化处理的要求。

BIOSTYR 工艺有如下优点：①重力流反冲洗无需反冲泵，节省了动力；②滤头布置在滤池顶部，与处理水接触不易堵塞，便于更换；③在降解有机物时可同时完成硝化脱氮。

(3) BAF 的运行方式

① BAF 的挂膜 挂膜有两种方式：自然挂膜及人工接种挂膜。

自然挂膜一般适用于水温较高、营养充足、非常适宜于微生物生长繁殖的环境下。人工挂膜适用于温度较低、营养源不足的情况。

在水处理中，完成挂膜一般以 COD_{Mn} 去除率大于 15%，NH_3-N 去除率大于 65% 为标志。但微污染水中 COD_{Mn} 一般都很低，异养菌生长状况不稳定，对 COD_{Mn} 的去除效率也不稳定，因此，用 NH_3-N 作指标较可靠。由于硝化菌的世代时间较异养菌要长，达到 COD_{Mn} 去除 15% 的条件一般需 15～30d，达到 NH_3-N 去除率 65% 的条件一般需要 30～40d 甚至更长，所以 BAF 的挂膜应以后者为考核指标。

挂膜时期，最好选在夏季进行，因为在温度高 15℃时，微生物生殖代谢速率要快得多，再保证充足的营养源，可以大大缩短挂膜时间。

BAF 运行实践证明：在滤料表面组成生物膜的细菌能在不利的环境条件下形成孢子，停止运行后再次启动很快，在环境适宜的条件下，微生物活性能迅速恢复。

② 正常运行 挂膜完成后，即进入了正常运行阶段。BAF 为周期运行，从开始过滤至

反冲洗完毕为一个完整的周期。反应器中微生物对环境因素的变化较为敏感，如操作或管理不当，将影响滤池的运行效果。为保证生物滤池的稳定运行，需注意以下问题。

a. 水流方向如前所述，在曝气量满足的条件下，上向流方式对BOD及NH_3-N去除效果优于下向流，尤其适用于微污染水的处理。而上向流由于气水同向流，因气流作用疏松了滤料，减小了阻力，滤速可以提高。但如进水中SS较多，易堵塞配水系统孔洞，造成配水不均匀。流向的选择应根据实际水质、运行条件确定。

b. 足够的溶解氧　为保证BAF稳定的水处理效果，溶解氧应在2～3mg/L。过量曝气不利于BAF的运行，曝气强度过大，不仅造成能量浪费，而且扰动生物膜，导致微生物和滤料的流失。此外，大的曝气量同时使气泡占据了更多的滤池空间，缩短了水在滤池内的真正停留时间，反而不利于提高处理效果。

c. 相对稳定的水质条件　BAF对冲击负荷的适应性有一定限度，进水水质变化太大，将影响出水水质。当水质严重恶化时，应降低滤速，保证污染物负荷的稳定。

③ 反冲洗　实际运行时应按设计要求定期进行反冲洗。反冲洗对曝气生物滤池有很大的影响，合适的反冲洗周期和反冲洗强度是保证滤池进行有效处理的关键技术之一。一般来说，BAF的反冲洗周期为3～7d。

BAF一般采用气水联合的反冲洗方式。首先用气冲洗使填料层松动；然后进行气水联合反冲洗，把填料表面生物膜脱落下来；再进行水漂洗，把脱落的生物膜和悬浮物较为彻底地冲洗出池外。表3-1为BAF反冲洗的参考数据。

表3-1　BAF反冲洗的参考数据

参数	气反冲(气松动)	气水联合反冲(脱膜)	水反冲(水漂洗)
时间/min	2～3	3～5	3～5
强度/(m/h)	90	气90，水30	30

3.1.3 BAF的工艺设计

(1) 水力负荷

水力负荷(q)是曝气生物滤池的一项重要工艺参数，也是决定曝气生物滤池水力停留时间、反应器的有效容积及工程投资的重要技术指标。

水力负荷的意义是单位滤料层截面积(A)通过的实际污水流量(Q)，即

$$q=\frac{Q}{24A} \tag{3-1}$$

式中　q——水力负荷，$m^3/(m^2 \cdot h)$；

Q——进水流量，m^3/d；

A——横截面面积，m^2。

从量纲来看，水力负荷的本质是滤速。维持一定的水力负荷既可以保证较高的污染物降解效率，又能通过水力剪切力的作用使生物膜不断更新，保持活性。微污染水的处理中水力负荷$q \approx 2 \sim 4m^3/(m^2 \cdot h)$。

(2) 有机负荷

有机负荷是反映曝气生物滤池降解COD效能的重要指标。有机负荷的确定对滤池的设计和运行起着非常关键的作用，曝气生物滤池池体设计和计算方法中最主要的是有机负荷计算法，一般有机负荷计算法的计算依据是滤池进水中的BOD浓度。水力负荷(q)和有机负荷(N_V)之间是相关的：

$$N_V=\frac{QS_0}{V}=\frac{QS_0}{HA}=\frac{24S_0}{H}q \quad (3\text{-}2)$$

式中 N_V——滤池有机负荷，kgBOD/(m^3·d)；

S_0——滤池进水 BOD 浓度，kg/m^3；

H——滤料层高度，m。

从式(3-2)可以看出，S_0 和 H 不变的情况下，q 增加，N_V 随之增加。BAF 处理微污染水可采用的负荷约 0.1～0.15kgBOD/(m^3·d)。

(3) NH_3-N 负荷

NH_3-N 负荷是反映曝气生物滤池硝化性能的重要指标，其意义是单位容积滤料每天所负荷的 NH_3-N 量，也称硝化负荷（N_D），单位以 kgNH_3-N/(m^3·d) 表示。

(4) 滤料层高度

曝气生物滤池工艺的水力负荷和有机负荷取值与滤料层高度密切相关，在保证一定去除率的条件下，滤料层越高，水力负荷和有机负荷也可相应增大，但动力消耗相应增大，而滤料层高度减小势必增加滤池面积。实际工程应用中需要综合考虑各种因素，选定合理的滤料层高度。一般情况下，应选择较高的高径比，滤料层高度不宜小于 2m。

(5) 滤料

选择滤料的原则是密度小，可减少反冲洗的能耗；比表面积大，表面粗糙，易于微生物挂膜，反冲洗后易保留菌种；粒径不宜太小（2～5mm），否则冲洗时易被冲走。常用的滤料有陶粒、沸石、麦饭石、砂子、焦炭等，其中尤以多孔陶粒应用最多，效果最好。另一种合成有机滤料如聚丙烯珠、聚乙烯珠等也可用于上向流 BAF 中。

(6) 气水比

研究表明，气水比（G/W）增加，COD 去除率增加；但 G/W 达到某一定值后，COD 去除率增加缓慢。有可能此时供氧已不成为微生物代谢的限制因素。一般微污染水 BAF 处理的经验 G/W 值为（0.5～1.2）∶1。当水污染程度增加时，G/W 应提高。

3.1.4 BAF 在微污染水处理中的工程应用

(1) BAF 处理微污染水的效果

近年来国内外学者及研究人员对 BAF 处理有机物的试验成果见表 3-2。清华大学环境工程系对以陶粒作填料的曝气生物滤池进行了广泛深入的研究。研究结果见表 3-3 和表 3-4，可见 BAF 的处理效果明显优于其他生物滤池。

表 3-2 BAF 处理有机物的试验成果

工　艺	填料(括号内为填料尺寸)	试验地点	进水有机物浓度/(mg/L)	有机物去除率/%
臭氧-曝气生物滤池(生产性试验)	细卵石＋活性炭(2×3mm)	法国 Annet Sur Marne	TOC 3.2 NH_3-N<1	38 79.5
曝气生物滤池(小试)	碎石(0.6～1.2mm)	韩国	BOD 3.2～59 COD_{Mn} 14～20	35～60 27～30
曝气生物滤池(小试)	碎石	武汉	COD_{Mn} 3.7～5.6 NH_3-N 0.4～1.1	10.4～27.5 81～98
曝气生物滤池(小试)	海蛎子壳	上海	COD_{Mn} 10～15	7.1～9.8
曝气生物滤池(小试)	陶粒(2～4mm)	北京	COD_{Cr} 20～30 NH_3-N 1.4～2.0	43.1 99

表 3-3 BAF及其他生物滤池工艺参数范围及对微污染水的净化效果

指标		Ⅰ型	Ⅱ型	Ⅲ型
水力负荷		4～6m/h	0.91～1.67m³/(m²·h)	0.78～1.12m³/(m²·h)
气水比		(0.77～1.2):1	(1～1.5):1	(0.7～1.2):1
COD_{Mn}	范围/(mg/L)	2.12～5.98		
	平均值/(mg/L)	3.11		
	去除率/%	24.6	14.6	11.9
NH_3-N	范围/(mg/L)	0.16～3.94		
	平均值/(mg/L)	2.22		
	去除率/%	94	82.6	84.7
NO_2^--N	范围/(mg/L)	0.023～0.79		
	平均值/(mg/L)	0.231		
	去除率/%	98	79.9	76.3
TOC	范围/(mg/L)	2.1～5.3		
	平均值/(mg/L)	3.5		
	去除率/%	28.1	8.7	11.9
藻类	范围/(万个/L)	68～688		
	平均值/(万个/L)	251		
	去除率/%	61.5	58.9	51.1
浊度	范围/NTU	3.1～43.3		
	平均值/NTU	7.56		
	去除率/%	64.6	56.3	51.7
TON(稀释倍数)	范围	8.0～40.0		
	平均值	15		
	去除率	47.9	47.9	47.1
锰	范围/(mg/L)	0.09～0.68		
	平均值/(mg/L)	0.28		
	去除率/%	73.8	64.5	62.5
色度	范围/度	23～73		
	平均值/度	34		
	去除率/%	41.8	37.3	31.8

注:1. 试验温度范围为13.8～31℃。

2. Ⅰ型为淹没式BAF,Ⅱ型为中心曝气循环式生物滤池,Ⅲ型为直接微孔曝气生物接触氧化池。

表 3-4 BAF对几种特殊水质指标的净化效果

指标	原水浓度范围(均值)/(mg/L)	去除率范围(均值)/%		
		Ⅰ型	Ⅱ型	Ⅲ型
TOC	2.3～5.3	3.7～57.9(29.5)	0～48.6(14.3)	0～36.8(11.9)
T-THMFP	0.078～0.125(0.087)	10.4～24.8(18.3)	8.7～14.3(11.2)	6.8～13.3(9.6)
COD_{Mn}	2.49～3.86(2.63)	13.2～27.3(22.3)	4.3～20.1(12.4)	5.2～14.4(9.8)

续表

指标	原水浓度范围(均值)/(mg/L)	去除率范围(均值)/%		
		Ⅰ型	Ⅱ型	Ⅲ型
D-COD_{Mn}	2.21～2.92(2.46)	8.6～35.6(20.4)	5.0～22.8(14.3)	5.4～29.7(12.1)
UV254	0.047～0.070(0.055)cm^{-1}	6.4～21.4(14.3)	2.2～11.8(7.8)	5.1～16.7(8.2)

注：1. 试验温度范围为13.8～31℃。
2. Ⅰ型为淹没式BAF，Ⅱ型为中心曝气循环式生物滤池，Ⅲ型为直接微孔曝气生物接触氧化池。

表3-5为BAF对微污染水源水的处理效果，可见都取得一定去除效率，注意到有关运行参数还可以适当放宽，这样可以进一步提高污染物的去除效果。

表3-5 BAF对微污染水源水的处理效果

水　源	规模	空床停留时间/min	源水水质/(mg/L)	去除率/%
深圳水库水	小试	30	COD_{Mn} 2.3～4.5 NH_3-N 0.4～1.7	13.0～31.1,平均21.4 平均94
北京通惠河水	中试	30	COD_{Cr} 15～50 NH_3-N 1.20～7.01	夏50～60,冬30～35 >90
北京团城湖水	中试	60	COD_{Cr} 8～30 NH_3-N 2.0	45～51 接近100
官厅水库水	中试	15	COD_{Mn} 4～7 NH_3-N 0～1.4	平均20 >90
邯郸滏阳河水	中试	10～15	COD_{Mn} 7～12 NH_3-N1.22～2.02	18～40 >90
淮河水安徽蚌埠段	生产试验	20～33	COD_{Mn} 2.1～10.3 TOC 4.2～12.7 NH_3-N 0～18	2.5～35.8,平均18.0 18.5～35.6,平均29.5 70～90
大同册田水库水	中试	20	COD_{Mn} 3～8 NH_3-N 0.1～1.6	11.4～20.0 50～90
绍兴青甸湖水	小试	25	COD_{Mn} 3.64～6.80 NH_3-N 0.15～0.55	15.9～38.8,平均25.0 66.7～99.9,平均84.7

(2) BAF与UF组合工艺

由于BAF与微滤（UF）在处理上有互补性，可以依此开发出新的净水工艺，即BAF→常规处理→UF。水中有机物种类繁多，不同形态有机物要用不同的工艺加以去除。BAF主要去除水中相对分子质量小于1000的亲水性有机物，对更大分子量的有机物由于细胞膜的屏障作用而难以进入细胞内部。BAF的生产性试验说明，BAF对DOC的去除似乎主要与相对分子质量500以下的有机物占DOC的百分比有关。水中有机物可分为悬浮态有机物、胶体有机物和溶解性有机物。根据能否被微生物去除分为可生物降解和不可生物降解的有机物等。水中可生物降解的有机物用BAF去除，而不可生物降解的有机物则不能用BAF去除；对于悬浮状态和胶体状态的有机物，采用混凝沉淀方法则有好的去除效果，特别对于大分子有机物（相对分子质量大于10000），常规工艺对其去除效果较好。对相对分子质量小于3000的有机物，亲水性的可生化部分可用BAF加以去除，疏水、难降解部分以及细菌和病毒用UF去除。总之，BAF、UF和常规处理三者基本呈互补关系。该组合工艺在处理微污染水方面具有明显的优势。东南大学与南京自来水公司以江宁秦淮河水用BAF+UF工艺做生产性试验，结果可使COD由10～15mg/L降低到1mg/L以下，而NH_3-N可由1～1.5mg/L降低到0.3mg/L以下。

3.2 生物接触氧化法（BCO）

3.2.1 BCO的工艺原理及特征

（1）BCO的工艺原理及特征

BCO技术是介于活性污泥法和生物膜法之间的生物处理技术，在填料表面上培养微生物，形成生物膜，并采用与曝气池相同的曝气方法向微生物供氧，水流过时与填料上的生物膜接触，通过微生物代谢作用降解水中污染物以达到净化的目的。

生长于载体上的生物膜不仅具有很大的表面积，能够大量吸附水中的有机污染物，而且具有生物降解能力，在进水有机物浓度较低时，能在很短的时间内将有机物吸附下来，一部分氧化降解，一部分转变为细胞物质。由于生物膜上微生物的老化死去，生物膜将会从填料表面脱落，然后随废水流出池外，从而保证了载体上微生物的活力。

（2）BCO处理微污染水的理论

BCO在污水处理中已有成熟的经验，将该工艺转运用到微污染水的处理中，能否达到预期目的，这基于一种理论。

水处理过程中，基质浓度在一定的时间内是基本不变的。现在的BCO工艺基本属于稳定运行状况，即随着时间的变化，生物膜没有净增长或净死亡的现象。Rittmann等按照生长速度等于消耗速度，根据Monod方程，推出了稳态生物过程的最小基质浓度S_{min}的表达式。

$$S_{min}=K_s\times\frac{b}{Yk-b} \tag{3-3}$$

式中 K_s——Monod半速率常数；

b——内源呼吸系数；

Y——产率系数；

k——最大比基质利用率。

S_{min}表示稳定生长条件下，单一基质培养所能达到的最小出水浓度。换言之，在稳态生物膜法水处理工艺中，出水基质不可能小于S_{min}。

饮用水水质标准中，有害物质的最大允许浓度通常是微克每升级，远小于常见的最小基质浓度（0.1～1.0mg/L）。但这一最小基质浓度是针对单一基质培养而言，实际水处理则是有多种营养物质和污染物存在的混合培养。在此条件下，各种单一污染物的浓度有可能被微生物降低到各自的最小基质浓度之下。这种现象源自“二级利用”：当水中有一种以上营养物质存在时，生物膜有可能从其中一种浓度较高的物质获得长期稳定生长的能量，在此基础上利用其他营养物质，将其浓度降低到此物质单独存在时的最小基质浓度之下，这就叫“二级利用”。它的重要性在于，腐殖酸类有机物在大多数情况下可以提供生物膜稳定生长所需的碳源和能量，使生物处理有可能将微量有害物质的浓度降到最小基质浓度下。

对于微生物膜可将进水中的有机物浓度降低到S_{min}以下这一现象，还有一种观点认为这是生物一种应激性的表现。微生物前期处于相对高水平的营养环境中，当进水基质浓度突然减小后，微生物为维持其自身生长需要，就会发挥自身潜能，尽量多地摄取外界环境中的有机物，从而使出水有机物浓度降低到一个新的水平。

(3) BCO 的工艺特征

与传统活性污泥法相比，BCO 具有以下特征。

① 本工艺使用多种型式的填料，由于曝气，在池内形成液、固、气三相共存体系，有利于氧的转移，溶解氧充沛，适于微生物存活增殖。在生物膜上微生物是丰富的，除细菌和多种种属原生动物和后生动物外，还能够生长氧化能力较强的球衣菌属的丝状菌，生物膜上形成稳定的生态系统与食物链，具有稳定的有机物降解功能。

② 填料表面全为生物膜所布满，形成了生物膜的主体结构，由于丝状菌的大量孳生，有可能形成一个呈立体结构的密集的生物网，水在其中通过起到类似“过滤”的作用，能够有效地提高净化效果。

③ 由于进行曝气，生物膜表面不断地接受气泡，这样有利于保持生物膜的活性，抑制厌氧膜的增殖，也利于提高氧的利用率，因此，能够保持较高浓度的活性生物量（MLSS 达 13g/L)，正因为如此，生物接触氧化处理技术能够接受较高的有机负荷率，处理效率较高，有利于缩小池容，减少占地面积。

④ 在运行方面，对冲击负荷有较强的适应能力，间歇运行仍能够保持良好的处理效果。操作简单、运行方便、易于维护管理，无需污泥回流，不产生污泥膨胀现象。污泥生成量少，污泥颗粒较大，易于沉淀。

生物接触氧化处理技术的主要缺点是：如设计或运行不当，填料可能堵塞；布水、曝气不易均匀，可能在局部部位出现死角。

生物接触氧化处理技术具有多种净化功能，除有效地去除有机污染物外，如运行得当还能够用以脱氮，因此，可以作为深度处理技术和微污染水的预处理技术。日本政府建设省通告将 BCO 技术定为首先推荐采用的微污染水处理工艺，并且公布了构造的准则，推动了这种技术的通用化、规范化和系列化。

3.2.2 BCO 池的构造及工艺

(1) BCO 池的构造

BCO 池是 BCO 处理系统的核心，池体多呈矩形，池内填料高度为 3.0～3.5m，底部布气层高为 0.6～0.7m，顶部稳定水层≤0.5～0.6m，总高度为 4.5～5.0m。图 3-5 和图 3-6 分别表示 BCO 池的平面示意和基本构造。

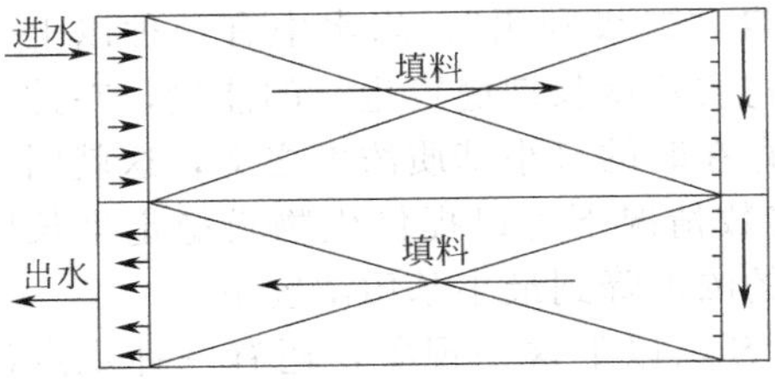

图 3-5 BCO 池的平面示意

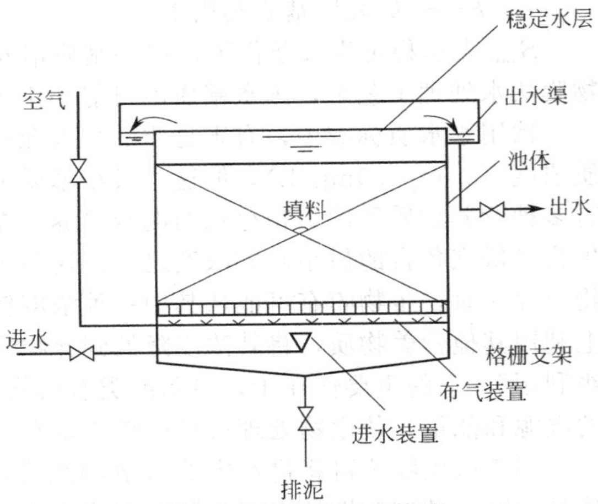

图 3-6 BCO 的基本构造

① 填料选择 在BCO池中，填料作为生物膜的载体，并直接影响生化池的充氧性能、处理效果。采用BCO处理微污染原水时，对填料的要求严格，选择原则如下。

填料的材质要求无毒无害不能含有邻苯二甲酸酯（PAE）等具有“三致”作用的增塑剂。比表面积大、孔隙率高、水流通畅、良好、阻力小、流速均一的填料优先选择。表面粗糙、膜附着性能好、填料表面的电位、亲水性、极性等应有利于微生物附着。微生物多带负电，为亲水性极性物质，亲水性填料易于附着，表面的电位愈高，附着力愈强。化学与生物稳定性较强，经久耐用。

常用的填料有以下几类。

a. 固定式填料。主要有蜂窝类填料。材质有酚醛树脂或不饱和树脂加玻璃纤维布及固化剂、塑料等。比表面积为150～200m^2/m^3，该类填料对布水布气均匀性要求较高，易因脱膜困难而引起堵塞，同时造价高，更换不便。

b. 悬挂式填料。如软性填料、半软性填料、弹性立体填料、组合型填料等。其中，软性填料理论比表面积大，挂膜容易，但容易结团断丝。半软性填料布水布气性能较强，不易堵塞，但其理论比表面积小。弹性立体填料，其丝条呈辐射立体状态，具有一定的柔性和刚性，弹性好，布水布气性能良好，不易结团堵塞，目前在水处理领域应用越来越广泛。

c. 堆积式、悬浮式填料，即分散式填料。其特点在于无需固定或悬挂，安装更换简单，但是为了防止流失，在填料上部需要装网格。

② 曝气方式 原则上BCO曝气应越均匀越好。均匀曝气可使水在池内均匀推流（一般为上向流），有利于填料充氧与脱膜，避免局部短流。曝气方式有微孔曝气、可变孔曝气、软管曝气等方式。常用的曝气装置有固定平板型微孔空气扩散器、固定钟罩型微孔空气扩散器、膜片式微孔空气扩散器、摇臂式空气扩散管、弹簧隔膜式曝气管、膨胀膜式曝气管等，这些空气扩散器可释出1.5～3.0mm气泡，水中有少量尘埃，也可以通过微孔而不会堵塞，动力效率可达3～3.5$kgO_2/(kW \cdot h)$，氧利用率可达25%～30%(甚至35%)。

(2) BCO池的类型

BCO池按曝气方式分两类，即分流式和直流式。

分流式是将水的曝气和生物降解过程分开在两个隔室内进行的，水经过曝气后再流入另一充有填料的隔室与生物膜接触，完成降解过程。由于分流式水流缓慢，对生物膜的冲刷力小，生物膜更新缓慢，适合低有机负荷水（如微污染水）的处理。图3-7和图3-8为两种分流式BCO池。

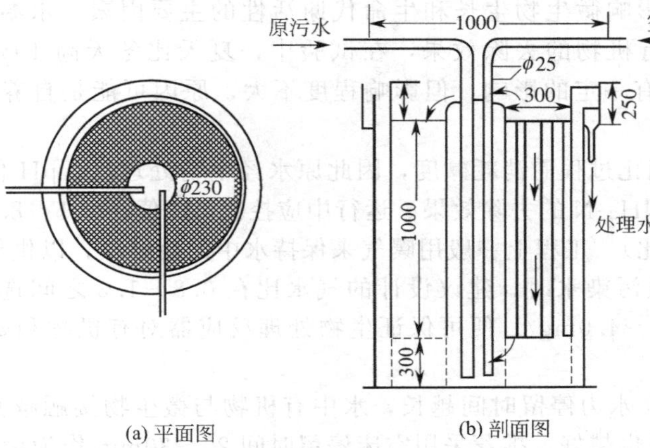

图3-7 标准分流式BCO池（单位为mm）

应用较多的是直流式 BCO 池（图 3-9），它在促进膜的更新与维护膜的活性方面是一种良好的运行方式。直接在填料底部曝气、充氧，从而能在填料间产生上向流，使填料各部分均匀地附着生物膜。曝气区域生物膜受到上升气流的搅动，便于脱落更新，使生物膜保持较高的活性，又可在一定程度上克服填料的积泥现象。

图 3-9 所示为我国采用的外循环直流式 BCO 池。在填料底部设密集的穿孔管曝气，在填料体内、外形成循环，均化负荷，效果良好。

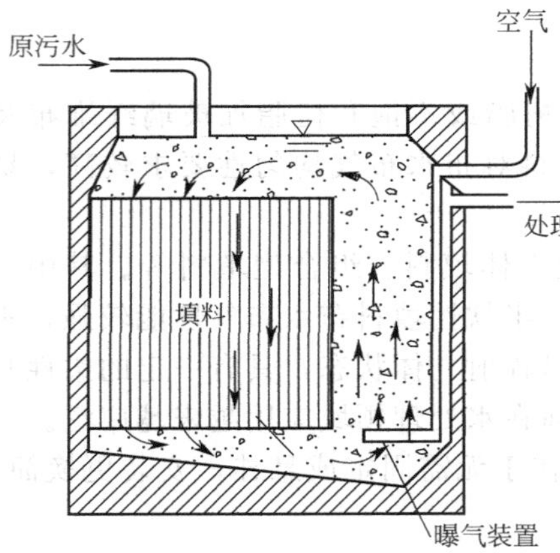

图 3-8 单侧鼓风曝气式 BCO 池

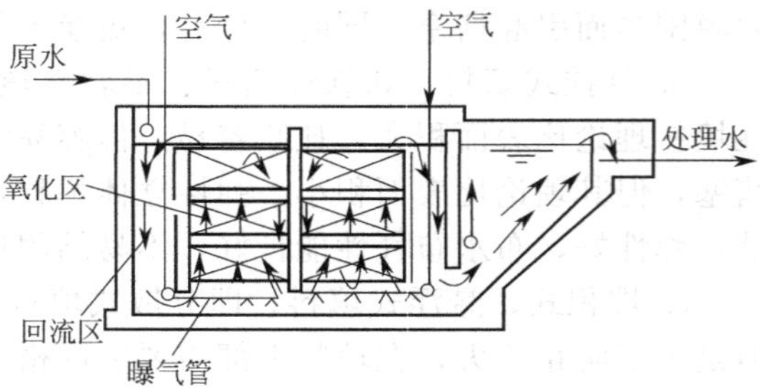

图 3-9 外循环直流式 BCO 池

(3) BCO 工艺的主要影响因素

从已进行的试验研究来看，影响 BCO 工艺水质净化效果的主要环境因素有原水水质、水温、pH 值、溶解氧（气水比）、水力停留时间、填料类型等。

① 原水水质　BCO 对 NH_3-N 的去除是最能显示其经济性和高效性的，但去除率与原水 NH_3-N 含量密切相关。在常温条件下，当原水 NH_3-N 含量在 1～3mg/L 时，NH_3-N 去除率达 80%～90%以上；而当 NH_3-N 含量在 3.5mg/L 以上时，NH_3-N 的去除率能达到 75%～85%左右；NH_3-N 含量太低时，由于缺乏足够的营养物质，微生物生长繁殖的速度缓慢，难以培养起生物膜，处理效果差。

原水中可生物降解有机物的比例也直接影响生物处理的效果。因此，应用 BCO 工艺之前应考察原水中可生物降解有机物占可溶性有机物的比例。

② 水温　水温是影响微生物生长和生命代谢活性的主要因素，水温越低，活性越小。受温度影响较大的是有机物的去除效果，在试验中，夏天比冬天高 10%～20%。温度对 NH_3-N 的去除效果也有一定的影响，但影响程度不大，原因可能是自养硝化菌适合在2～40℃范围内生长。

③ pH 值　生物硝化过程需消耗碱度，因此原水经生物处理后，pH 值都有不同程度的下降，这样又会影响 NH_3-N 的去除效果。运行中应控制 pH 值在 6.5～8.5 之间。

④ 溶解氧（气水比）　工程上一般用曝气来保持水中的溶解氧，以供给生物氧化之需和提高传质效果。处理微污染水时，建议设计的气水比在 0.8～1.2 之间选取。实际运行中，保持出水溶解氧在 2.0～4.0mg/L 便可保证生物处理反应器对有机物和氨氮有较好的处理效果。

⑤ 水力停留时间　水力停留时间越长，水中有机物与微生物接触越充分，微生物降解有机物越多，去除效果也越好。推荐采用空床停留时间 20～30min 作为设计参数。

⑥ 填料性能　填料应具有较大的比表面积，良好的亲水性、吸附性以及较高的表面粗

糙度，这样才有利于微生物的附着、生长和传质。

(4) BCO处理微污染水的效果

BCO是综合改善微污染水源水质的有效途径，能有效去除微污染源水中的有机物、氨氮、亚硝酸盐氮、浊度、色度、藻类等。

黄显怀等在巢湖进行了原水BCO的预处理试验，结果表明：BCO对巢湖水源中的COD_{Mn}、NH_3-N、NO_2^--N、藻类、嗅阈值、色度、浊度的平均去除率分别为28.5%、70.0%、70.4%、71.5%、61.1%、47.7%、42%，显示出良好的净化效果，同时节约混凝剂25%～30%，并增加了水中的溶解氧。

刘文君等在淮河（蚌埠段）进行了国内第一家生产规模饮用水BCO的试验，结果表明：生物预处理对水源中有机物（OC）、NH_3-N、浊度、色度的去除率分别为13.6%～20.5%、70%～90%、19.2%～63%、11.1%～41.6%。试验中还测定了UV_{254}指标，其去除率为17.43%～40.22%。由于UV_{254}与三卤甲烷（THMs）前体物（THMFP）的生成能力有很好的相关性，因此也说明生物预处理对THMFP有很好的去除作用，这对整个工艺降低氯耗、减少THMs的生成有十分重要的意义。

针对姚江水源受污染的现状，肖羽堂等人对宁波市梅林水厂的传统净水工艺进行了改造，取消了预加氯和加矾工艺，增设了BCO池。对改进前后的去除污染物的效率进行对比试验结果表明：改进后的生化工艺系统对浊度、色度、NH_3-N、NO_2^--N及COD_{Mn}的平均去除率比传统工艺分别提高了24.5%、30.3%、58.5%、70.7%和27.5%，除污染效果明显优于传统净水工艺外，还可节约矾耗50%以上和氯耗77%左右。

以上研究表明：BCO处理微污染水的效果是显著的，并且对后续工艺产生了积极的影响，降低了药耗和矾耗，同时通过去除UV_{254}，提高了饮用水的安全性。

3.2.3 BCO的工艺设计与组合工艺

(1) BCO处理微污染水的主要设计参数

水力停留时间（t）20～30min；体积负荷（N_V）0.1～0.3kgBOD/(m^3·d)；气水比（G/W）（体积比）0.8～1.2；溶解氧（DO）2～4mg/L。

(2) BCO工艺的计算（接触时间计算法）

$$t=K\ln\left(\frac{L_0}{L}\right) \tag{3-4}$$

式中 t——接触反应时间，h；

L_0——原水BOD值，mg/L；

L——出水BOD值，mg/L；

K——比例常数。

K值根据有关研究结果为

$$K=0.33L_0^{0.46} \tag{3-5}$$

按一般BCO池填料充填率75%，设实际充填率为P(%)，则有

$$t=0.33\times\left(\frac{P}{75}\right)L_0^{0.46}\times\ln\left(\frac{L_0}{L}\right) \tag{3-6}$$

(3) BCO处理微污染水的组合工艺

由于微污染水中污染物的多样性和复杂性，采用单一净水工艺很难获得安全可靠的饮水，目前常采用多个单元的工艺组合，可获得稳定的水质。净水工艺选择的原则就是根据当地水源的水质水量和处理出水的水质要求，并考虑经济因素，在强化传统工艺基础上适度增加预处理和深度处理。

由常规处理和活性炭吸附组成的组合工艺可以充分发挥各自的特点，对水中不同分子量的有机物和不同极性的有机物均有较好的去除作用：不仅能去除低分子亲水性有机物，而且还能有效去除氯化消毒副产物前体物；常规处理去除大分子、疏水性有机物和胶体；活性炭去除小分子和微量有害有机物，降低氯化出水的致突变性，使整个出水水质达到最佳。湖泊或水库水源的藻类分泌物（藻毒素）易于和混凝剂形成络合物而穿透滤池，采用BCO可以弥补常规处理和活性炭吸附对去除低分子亲水性有机物的不足。

根据实际情况，可按水源水质与出水水质的不同选择不同的工艺。

工艺1：原水→BCO→混凝沉淀→过滤→消毒

工艺2：原水→BCO→混凝沉淀→过滤→活性炭吸附→UF→消毒

工艺3：原水→混凝沉淀→BCO→过滤→消毒

工艺4：原水→混凝沉淀→BCO→过滤→活性炭吸附→UF→消毒

工艺5：原水→臭氧→BCO→混凝沉淀→过滤→UF→消毒

当微污染水源水中，低分子量的可生物降解有机物含量较高时，则将BCO前置；如果微污染水源水中含有大分子量（相对分子质量10000以上）的有机物较多、色度或浊度高、悬浮颗粒和胶体多的情况下，则应选择后置。因此，原水色度和浊度较低时选用工艺1及2（其中要求更好的水质用工艺2），原水色度和浊度较高时选用工艺3及4（其中要求更好的水质用工艺4）。工艺5适用于原水有机物含量相对较高，且可生化性较差的水的预处理。

3.2.4 BCO处理微污染水工程实例

(1) 嘉兴市石臼漾水厂二期扩建工程

由于取水水源受到污染，嘉兴市石臼漾水厂二期扩建工程引入了BCO工艺，采用微孔曝气微污染水预处理池对原水进行预处理，设计规模为$10^5 m^3/d$，于1996年6月投入使用。

据水源水质监测，嘉兴市石臼漾水厂的取水水源新塍塘水体水质已由20世纪90年代初的Ⅲ类水体下降为Ⅳ～Ⅴ类，其主要污染为有机物和微生物污染。表3-6为1996年石臼漾水厂水源水质。

表3-6 1996年石臼漾水厂水源水质

项　　目	最大	最小	平均	项　　目	最大	最小	平均
水温/℃	31.0	5.0	17.5	NH_3-N/(mg/L)	6.45	0.10	0.92
pH值	7.4	6.9	7.1	总铁/(mg/L)	9.80	0.20	2.08
色度/度	泛黑	20	33	锰/(mg/L)	0.25	<0.05	0.11
浊度/NTU	265.0	7.0	46.9	细菌/(个/ml)	3100	80	613
COD_{Mn}/(mg/L)	16.6	3.20	6.50	大肠菌群/(个/L)	>23800	2300	—

在石臼漾水厂二期扩建工程设计中，结合工程现场实际情况，将取水口、预处理池及取水泵房设计为一个地下综合构筑物——BCO预处理池，同时该池又起着引水渠的作用，如图3-10所示。池前端为取水口，呈喇叭状，中部为BCO池，长96m，总宽16m，后部为取水泵站，采用潜水轴流泵。

BCO预处理池设计规模为$10^5 m^3/d$，分为独立的两格，两格可独立以$5\times10^4 m^3/d$的处理规模单独运行或清洗。池内采用KBB微孔曝气头，常水位下设YDT型弹性立体填料，通过曝气使水充氧，以促进填料表面生物膜的挂膜生长，从而达到降解有机物、降低氨氮的目的。

预处理池主要设计参数为：停留时间1h；气水比0.6∶1；有效水深3m；填料高度2.5m。BCO池生物填料及曝气设备情况详见表3-7。

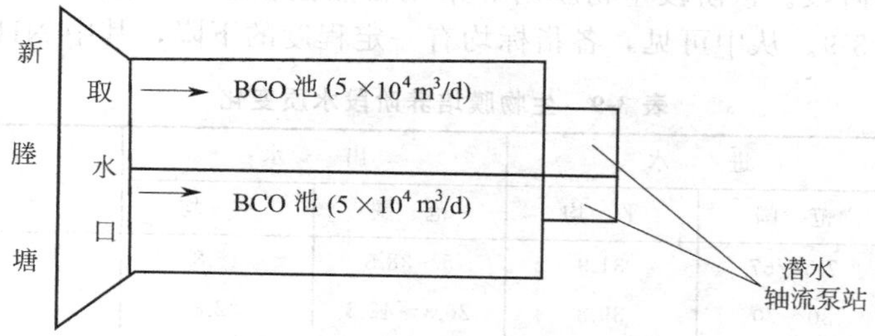

图 3-10　BCO 预处理池平面示意

表 3-7　BCO 池生物填料及曝气设备情况

设备材料	YDT 型弹性立体填料	KBB 微孔曝气头
材质	聚酰胺类	ABS 橡胶组合
单元直径	180mm	260mm
填料比表面积	$>2000m^2/m^3$	曝气量：$0\sim5m^3/(d\cdot只)$ 服务面积：$0.5m^2/只$
排列形式	400mm×400mm，间距呈梅花状交错布置，充满整个 BCO 池	曝气头间距，每组 100 只，24 组共 2400 只

表 3-8　BCO 池水质指标变化情况

项　目	去除率/%			项　目	去除率/%		
	最小	最大	平均		最小	最大	平均
NH_3-N<1.0mg/L			50	铁	9.5	76.7	26.1
NH_3-N>1.5mg/L			60～80	锰	16.7	76.7	31.7
COD_{Mn}	1.8	29.7	6.5	NO_2^--N	6.7	77	20
浊度		31.2		细菌	6.9	80	33.3
色度	5	8	6.7				

原水经 BCO 池处理后，水质得以改善，水质指标变化情况见表 3-8。根据实测数据，BCO 池对 NH_3-N 去除率较高，COD_{Mn}去除率尚待提高，总水质有所改善。

(2) 上海市惠南水厂

上海市惠南水厂以大治河作为取水水源，由于受到污染，其扩建工程在常规处理的基础上增加了 BCO 池。

① 水源状况大治河系人工开挖的黄浦江支流，东面出口入海，大治河的进出口均建有节制闸，水源流量充沛。由于沿途工业废水和生活污水的排放，大治河的水质受到了轻度的污染。

② BCO 池及相关设施

a. BCO 池设计能力 $12\times10^4m^3/d$，分 2 座，单座设计能力 $6\times10^4m^3/d$；每座平面尺寸 769m×172m，内分独立两格池；填料为 YDJ 型弹性波纹立体填料；曝气器采用 KBB 型微孔曝气器。

b. 一级泵站近期设 4 台水泵，其中 1 台 35S-16X 水泵（额定流量 $1350m^3/h$），3 台 24Sh-19JX 水泵（额定流量 $2700m^3/h$）。正常情况下，1 台 35S-16X 和 1 台 24Sh-19JX 并联供水。

c. 鼓风机房设有 4 台 BE200 三叶罗茨风机，其中 3 台风量为 $46.1m^3/min$，风压 59kPa(1 用 2 备)，1 台 $30.7m^3/min$，风压 59kPa（冬季作调节气水比用）。正常情况下气水比为 0.69：1。

③ 试验结果与分析

a. 生物膜培养阶段。该阶段生物膜培养采用自然挂膜法。水温 27～31℃。生物膜培养阶段水质变化见表 3-9。从中可见，各指标均有一定程度的下降，其中 NH_3-N 的变化最大。

表 3-9 生物膜培养阶段水质变化

指 标	进水		出水		去除率/%
	范 围	平 均	范 围	平 均	
浊度/NTU	7.5～67	31.9	5～38.5	16.8	47.34
色度/度	30～70	39.8	26.3～42.2	32.8	17.59
NH_3-N/(mg/L)	1.24～3.92	2.45	0～1.68	0.51	79.18
COD_{Mn}/(mg/L)	5.45～8.39	6.76	5.02～7.39	6.21	8.14

图 3-11 是生物膜培养阶段 NH_3-N 去除率变化曲线。可见，在培养的初期，NH_3-N 去除率与培养时间成正比，随时间的延长而迅速提高，如生物膜成熟以 NH_3-N 去除率达到 70%以上作为标准，则可以认为运行至第 3 天时生物膜已培养成熟，成熟期为 3 天。

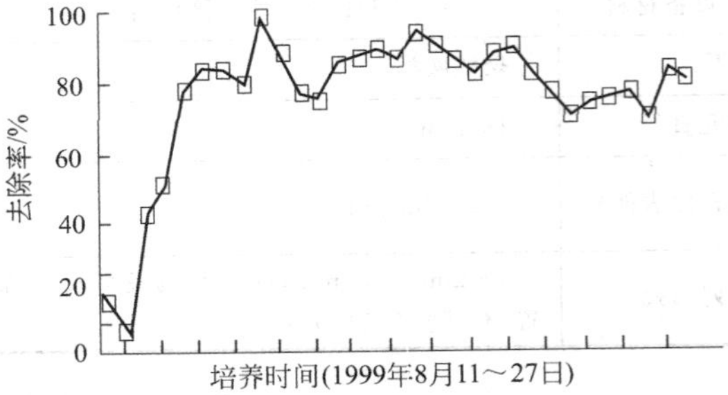

图 3-11 生物膜培养阶段 NH_3-N 去除率变化曲线

b. 试运行进、出水水质变化。试运行工作从 1998 年 8 月底开始，至 2000 年 12 月底已有 16 个月，历经春、夏、秋、冬各季节，BCO 池对主要水质指标的处理取得了满意的效果，达到了预期的目的。BCO 池运行数据见表 3-10。

表 3-10 上海惠南水厂 BCO 池运行数据

指 标	进水/(mg/L)	出水/(mg/L)	平均去除率/%	指 标	进水/(mg/L)	出水/(mg/L)	平均去除率/%
COD_{Mn}	2.72～7.84	2.26～6.96	12.3	Fe	0.01～1.25	0.187	48.6
NH_3-N	1～3	<0.1	93.0	Mn	0.03～0.62	0.041	69.3
NO_2^--N			53.4	色度	10～70(倍)	8～50(倍)	24.1

3.3 生物活性炭法（BAC）

活性炭的应用由来已久，而生物活性炭法（BAC）是欧洲在利用臭氧和活性炭去除饮用水中的有机物时才发现的。目前在欧洲和美国，凡水源受到有机物污染的净水厂，大多采用 BAC。在我国，BAC 的研究已相当成熟，但还没有达到普遍工业化应用的水平，目前净水厂正处在试验性的运用中，并取得较好的成果。在微污染水处理领域，BAC 是很值得推广的技术。

3.3.1 BAC 的工艺原理

活性炭空隙多，比表面积大，能够迅速吸附水中的溶解性有机物，同时也能富集水中的微生物，而被吸附的溶解性有机物也为维持炭床中微生物的生命活动提供营养源。只要供氧充分，炭床中大量生长繁殖的好氧菌生物降解所吸附的低分子有机物，这样就在活性炭表面生长出了生物膜，形成挂膜生物碳，该生物膜具有氧化降解和生物吸附的双重作用。活性炭对水中有机物的吸附和微生物的氧化分解是相继发生的，微生物的氧化分解作用，使活性炭的吸附能力得到恢复，而活性炭的吸附作用又使微生物获得丰富的养料和氧气，两者相互促进，形成相对平衡状态，得到稳定的处理效果，从而大大地延长了活性炭的再生周期。活性炭附着的硝化菌还可以转化水中的含氮化合物，降低水中的NH_3-N浓度，生物活性炭通过有效去除水中有机物和嗅味，从而提高饮用水化学、微生物学安全性，是微污染水深度净化的一个重要途径。关于BAC中微生物对饱和活性炭吸附性能恢复的作用，也就是生物再生理论，首先是Rodman和Porrotti等人于20世纪70年代提出的胞外酶再生假说。该假说认为细菌的个体较大，不能直接进入活性炭的微孔中，但细菌分泌的胞外酶比细菌小得多，其直径是纳米数量级，所以有一部分酶可以扩散进入炭的微孔，与炭内吸附位上的有机物形成酶-基质复合体，并进一步反应，使活性炭吸附位空出，得以再生。国内一些研究人员对活性炭进行了生物再生试验，从炭的比表面积、碘值、吸附等温线三个指标证明生物能够部分地再生被酚类物质饱和的活性炭。比表面积、碘值的再生率分别为52%、45%。活性炭中的生物再生作用，已是不容置疑的事实，但迄今为止尚未有一种令人十分信服的方法来证实这一观点。

实践证明，采用BAC具有如下优点：①增加水中溶解性有机物的去除效率，提高出水水质；②延长了活性炭的再生周期，减少了运行费用；③水中NH_3-N和NO_2^--N可被生物氧化为NO_3^--N，从而减少了后氯化的投氯量，降低了THMs的生成量；④有效去除水中可生化有机物（BDOC）和无机物（NH_3-N、NO_2^--N、铁和锰等），提高了出厂水的生物稳定性。生物活性炭的前提条件是应避免预氯化处理，否则影响微生物在活性炭上的生长。

3.3.2 BAC的工艺结构及主要设计参数

（1）BAC的工艺结构

图3-12为BAC工艺结构示意。BAC是在活性炭滤床基础上改进的，结构可以是压力式固定床、管式混合器，也可以是接触氧化池（视规模而定），有的需要反冲系统。BAC运行周期很长，一般活性炭损耗只需补充活性炭。挂膜运行方法同普通生物滤池。

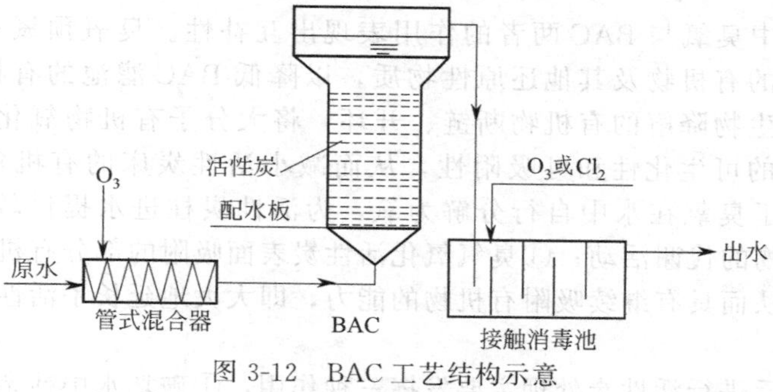

图3-12 BAC工艺结构示意

（2）BAC主要设计参数

活性炭粒径（d）0.9～1.2mm（颗粒炭）；空床停留时间（t）20～30min；床高（h）2～4m；体积负荷（N_v）0.25～0.75kgBOD/(m^3·d)；水力负荷（q）8～10m^3/(m^2·h)；运行周期3～4年；预臭氧投加量1.5～2.5mg/L（当水中有酚、有机磷农药等污染物时，臭氧投加量在4mg/L以上）。

（3）BAC运行的控制方法

①BAC自然挂膜速度慢、选择性差、生物相复杂，如能采用驯化培养的高活性工程菌

则挂膜快，适应性好。

② BAC 充氧可以用普通空气，但不能用氯气预氧化，否则将引起微生物毒害。

③ BAC 运行失效指标可以参考 COD 及 UV_{254}，有数据表明：COD 变化值域为 15%～45%，UV_{254}变化值域为 20%～25%，当运行监控指标连续数日达到最低值时，可考虑换活性炭。

④ BAC 用于微污染水深度处理不宜用碘及亚甲基蓝作为控制指标。因为 BAC 主要功能是有机物生物降解而不是吸附。

3.3.3 BAC 组合工艺流程

BAC 常放在常规处理后面，作为一种深度处理手段，国内外 BAC 组合工艺大致有以下几种。

(1) 常规处理＋生物活性炭（＋超滤）**联用技术**（常规处理指混凝、沉淀、砂滤）

该工艺的特点是不采用预氯化或其他预氧化过程（如臭氧氧化），利用生物活性炭提供的巨大比表面积和吸附能，为微生物氧化降解水中的微量有机物创造了良好的条件，因而处理有机物效果稳定。

该工艺要求前面的常规处理应该除去大部分 SS，否则会增加 BAC 的负荷，降低 BAC 有效降解有机物的能力。BAC 出水中未被去除的不溶性杂质或其他 BAC 难以去除的杂质，再经过超滤处理，安全性更好。

(2) 常规处理＋臭氧-BAC（OBAC）**联合工艺**

臭氧 - BAC（OBAC）第一次联合使用是 1961 年德国 Dusseldorf 市 Amstadt 水厂。从 20 世纪 60 年代以后，OBAC 技术已被发达国家广泛应用到污水深度处理中，并且对净化饮用水具有良好的效果。该工艺在 70 年代传入我国，并在 80 年代开始应用该项技术。

实践表明：此工艺对 NH_3-N 和总有机碳（TOC）的去除率可达 70%～90%和 30%～75%，对饮用水中三致物质有很好的去除效果。

OBAC 将活性炭物理化学吸附、臭氧化学氧化、生物氧化降解、臭氧消毒灭菌四种技术合为一体。它的做法是在传统的水处理工艺基础上，以臭氧氧化代替预氯化，在快滤池后设置 BAC 滤池。

在水处理过程中臭氧与 BAC 两者的作用表现出互补性。臭氧预氧化的作用有：①初步氧化分解在水中的有机物及其他还原性物质，以降低 BAC 滤池的有机负荷，同时臭氧氧化能使水中难以生物降解的有机物断链、开环，将大分子有机物氧化为小分子有机物，提高原水中有机物的可生化性和可吸附性，从而减小活性炭床的有机负荷，延长活性炭的使用寿命；②由于臭氧在水中自行分解为氧，为活性炭柱进水提供较高浓度的溶解氧，从而促进好氧微生物的代谢活动；③臭氧氧化活性炭表面吸附的部分有机物，腾出部分吸附位使活性炭再生，从而具有继续吸附有机物的能力，即大大地延长了活性炭的使用寿命和再生周期。

经过臭氧处理后进行活性炭处理主要发挥三种作用：①破坏水中残余臭氧，一般发生在最初炭层的几厘米处；②通过吸附去除化合物或臭氧副产物；③通过活性炭表面细菌的生物活动降解物质。研究表明，在活性炭处理过程中，同时发生快速吸附、慢速吸附、生物作用和臭氧激化的生物作用。OBAC 运行之初，活性炭具有最大的吸附容量，快速吸附占主导作用；随着吸附能力的饱和，活性炭表面积累大量的有机物，活性炭的吸附容量逐渐减少，吸附速率下降，以慢速吸附为主；同时开始了生物活动，并逐步达到生物吸附平衡。活性炭表面出现明显的生物活性大约要运行 5～20d 的时间。

经 OBAC 工艺后出水水质可以大大提高，往往可以使原本出水的毒理学评价 Ames 致突变活性从阳性转为阴性；有机物的去除率达到50%左右，NH_3-N、NO_2^--N去除率达到90%左右；色、嗅、味、浊度全面降低；能有效降低可同化有机碳（AOC）值，使出水生物稳定性大为提高。

由于臭氧发生器的安装、运行、管理难度较高，臭氧对处理效果的影响与经济消耗是否匹配，是一个很值得探讨的问题。但不管如何，OBAC法在微污染水处理中的应用还是相当广泛的。

(3) 生物预处理＋常规处理＋BAC联合工艺

生物预处理是指生物接触氧化或曝气生物滤池。生物预处理通常可以提高BAC对水中有机污染物质的去除，其原因在于以下两点：①生物处理中比较容易进行生物氧化作用的物质多数为亲水性化合物，而容易被活性炭吸附的物质则多数为疏水性有机物，生物处理对亲水性有机物的去除保证了BAC对疏水性有机物的吸附，因而会使活性炭对有机物的降解效率提高；②生物处理具有对大分子有机物的分解作用，微生物胞外酶和分泌物能改变大分子有机物表面的电荷而引起卷曲，通过对BAC进水有机物分子量的分析，水中有机物的形态发生了变化，小分子有机物的数量有所增加，这部分小分子有机物与原水中相应分子量的小分子有机物有所不同，其疏水性相对较强，这可能是生物处理是活性炭吸附降解效率增加的另一个因素。

此种工艺有两种典型流程。

原水→生物接触氧化池→沉淀池→砂滤池→臭氧接触池→BAC1→消毒

原水→生物接触氧化池→沉淀池→砂滤池→BAC2→消毒

两种流程的不同之处就在于是否经臭氧氧化。一般而言，对有机物和NH_3-N的去除效果OBAC比BAC稍好，但没有显著的差别。生物预处理若采用微孔曝气，则其出水溶解氧一般能保持在5.5mg/L以上，进入BAC2的溶解氧能够保证微生物代谢活动的需要。臭氧分解可以提高一定量的溶解氧，但是进入BAC池的臭氧浓度不能过高，否则BAC池中微生物有被杀灭的危险，故两个BAC池中可用的溶解氧总量相差不大。

(4) 微污染水臭氧＋沸石＋颗粒炭（GAC）组合工艺

常州自来水公司第二水厂始建于1969年，日处理能力$8\times10^4m^3$，目前采用的常规处理工艺主要是针对水的浊度、细菌而采取的混凝、沉淀、过滤、消毒工艺，不能大幅度去除水中溶解的污染杂质。运河水源受到污染（见表3-11），水厂的出水亦相应变差，不能满足饮用水水质要求。经多年研究，常州自来水公司采用臭氧＋沸石＋GAC组合工艺作为水厂常规工艺的深度处理，如图3-13所示。

表3-11 常州运河水源水几种有害有毒物质检测结果

水源与标准＼检测项目	臭味（强度级）	溶解氧/(mg/L)	COD_{Mn}/(mg/L)	挥发酚/(mg/L)	凯氏氮/(mg/L)	总氰化物/(mg/L)
运河水	3	4.0	7.18	0.018	10.71	0.17
Ⅲ类水源标准①	0	≥5.0	≤6.0	≤0.005	≤1.0	≤0.20

① 国家《地表水环境质量标准》(GB 3838—2002)。

臭氧化的目的是氧化分解水中嗅、味、色度物质、有机物及还原态铁锰。沸石的功能是交换吸附水中NH_3-N。颗粒活性炭（GAC）用于吸附降解臭氧化后的小分子有机物及其他有害有毒物质。

该工艺采用液态氧制造臭氧，臭氧发生器采用瑞士Ozinina公司的OZAT-CFL-5型，接触罐内装玻璃珠填料，臭氧化接触时间12min；沸石为浙江缙云的丝光沸石，粒径0.8～1.5mm，装填高度1.5m，吸附时间12min；活性炭为上海活性炭厂煤质颗粒炭，$\delta=1.5$～

2mm，柱高 5m，填装高度 2m，活性炭柱水力负荷 $8m^3/(m^2 \cdot h)$，接触时间 15min。沸石再生采用 5%～6%NaCl 溶液，pH 值 11，再生速度 1.2～2.4m/h，再生时间 4～6h。

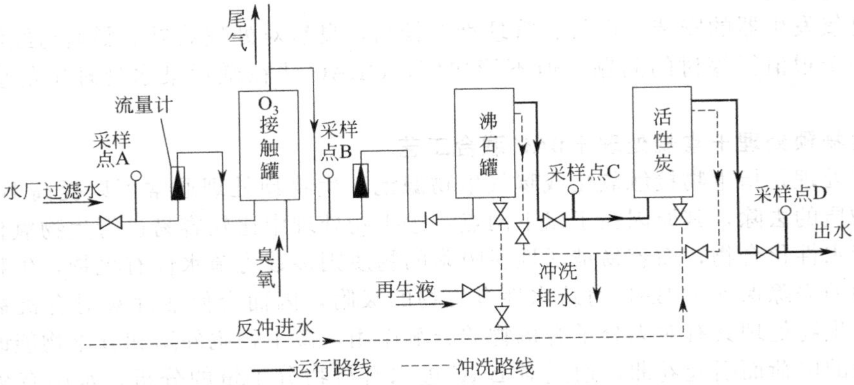

图 3-13 常州运河水厂微污染水源水深度处理工艺

臭氧+沸石+GAC 组合工艺出水，COD_{Mn}降低 30%，挥发酚去除 70%以上，氰化物去除 50%，NH_3-N 去除 60%～70%，亚硝酸盐去除 70%～90%。

3.3.4 BAC 工程实例

(1) 哈尔滨月亮弯饮用水深度处理厂

哈尔滨工业大学王宝贞教授等在哈尔滨的江北月亮弯开发区，采用臭氧和生物活性炭联用的方法设计并建成了一座小规模的饮用水深度处理厂，处理能力为 200t/d。

① 原水水质 1997 年 6 月对月亮弯水质进行了全面分析，原水水质见表 3-12。

表 3-12 月亮弯原水水质

分析项目	前进水厂出水	现场原水	分析项目	前进水厂出水	现场原水
色度/度	23	28	磷酸盐/(mg/L)	0.16	0.23
浊度/度	9	17	硝酸盐氮/(mg/L)	0.32	0.39
臭味	腥	腥	亚硝酸盐氮/(mg/L)	0.040	0.044
pH 值	7.25	7.29	铁/(mg/L)	1.10	2.13
溶解性固体/(mg/L)	143	150	锰/(mg/L)	0.72	0.85
COD_{Mn}/(mg/L)	3.24	3.52	细菌总数/(个/ml)	15	11
酚/(mg/L)	未检出	未检出	大肠杆菌数/(个/L)	<3	<3
阴离子洗涤剂/(mg/L)	未检出	未检出	游离余氯/(mg/L)	未检出	未检出

② 工艺流程 处理工艺流程如图 3-14 所示。

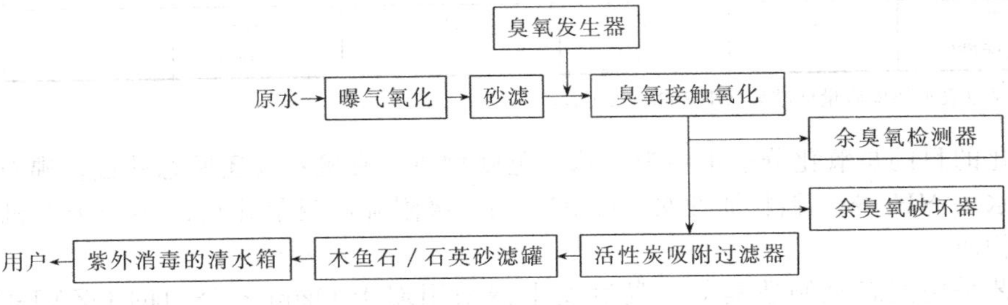

图 3-14 处理工艺流程

③ 有关设备

a. 曝气单元。曝气塔主体为直径 2m，高 3m 的敞口钢罐。曝气器采用的是经适当改进的浮球阀，它既可调节水箱的水位，又可在调节水箱进水的同时进行曝气。将水中低价的铁、锰氧化为不溶性的铁、锰氧化物或水合氧化物。

b. 双层砂滤罐。双层砂滤罐尺寸为 D12m×H2m，采用普通碳钢制造，内壁用玻璃丝布加环氧树脂内衬防腐。滤速为 6m/h，水力停留时间 10min。使用双层滤料：上层为焦炭，粒径为 1.2～2.5mm，层高 0.6m；下层为石英砂，粒径 0.8～1.0mm，层高 0.6m。双层滤料的作用是截留原水中的悬浮物及高价铁、锰的沉淀物，减轻活性炭的负荷，延长其使用寿命。

c. 臭氧发生器。臭氧发生器采用的是德国 ProMinent 公司生产的 Bono Zon 牌 BONalA 型臭氧发生器。

d. 臭氧接触反应塔。臭氧接触反应塔尺寸为 D0.5m×H3.4m，接触时间为 10min。反应塔内装有臭氧引射器，其作用是使含臭氧气体与高速水流强烈掺混，使臭氧和水充分接触。臭氧接触反应塔采用上向流式，顶部设有不锈钢浮球式气水分离阀，分离后的气体进入剩余臭氧消除器，臭氧氧化的水进入活性炭滤罐。为使臭氧与水的接触反应更加充分、流动更加均匀，在塔中的有效高度内填有聚乙烯多面体塑料球。

e. 活性炭滤罐。活性炭滤罐尺寸为 D12m×H3m，水力停留时间 20min，由于水中含有臭氧，活性炭滤罐采用不锈钢材质，滤床采用下向流压力式，由于活性炭量少，故失效活性炭应一次性更换。

f. 矿化罐。矿化罐尺寸为 D1.2m×H1.2m，反冲洗膨胀率为 50%，矿化罐内填 13～18 目（1～1.5mm）木鱼石。

g. 余臭氧消除器。采用小型的壁挂式活性炭吸附催化剩余臭氧。

h. 紫外灯管。将 4 根波长为 253.7nm 的紫外灯管均匀地悬挂在比较靠近抑流孔和入孔的水箱顶棚上，采用紫外灯水面照射法杀菌。

④ 处理结果。水厂建成运行半年后，出水水质见表 3-13。所有项目均达到国家标准。

表 3-13　月亮弯微污染水源水 BAC 工艺处理水质

项　目	检　测　指　标	标准值	检测结果
毒理指标	铬/(mg/L)	≤0.05	<0.004
	硝酸盐/(mg/L)	≤20	0.38
	四氯化碳/(μg/L)	≤3	<1
	总汞/(mg/L)	≤0.001	<0.0002
	氰化物/(mg/L)	≤0.05	<0.002
	镉/(mg/L)	≤0.01	<0.005
	氯仿/(μg/L)	≤60	<30
	总砷/(mg/L)	≤0.05	<0.01
	氟化物/(mg/L)	≤1.0	<0.1
	铅/(mg/L)	≤0.05	<0.05
放射指标	总 β 放射性/(Bq/L)	≤1	0.004
	总 α 放射性/(Bq/L)	≤0.1	0.049
感官指标	色度/度		5
	臭和味		0
	浑浊度/度		3
	肉眼可见物		无

续表

项　目	检　测　指　标	标准值	检测结果
	氯化物/(mg/L)	≤250	12.4
	溶解性总固体/(mg/L)	≤1000	188
	锰/(mg/L)	≤0.1	<0.05
	铁/(mg/L)	≤0.3	<0.05
	铜/(mg/L)	≤1.0	<0.015
	锌/(mg/L)	≤1.0	<0.05
理性指标	硫酸盐/(mg/L)	≤250	10.8
	阴离子合成洗涤剂/(mg/L)	≤0.3	<0.10
	亚硝酸盐氮/(mg/L)	≤250	<0.001
	氨氮/(mg/L)		<0.02
	pH 值	8.5～8.5	7.17
	总硬度/(mg/L)	≤450	148.1
	挥发酚类/(mg/L)	≤0.002	<0.002

(2) 前郭炼油厂臭氧+BAC 工艺处理微污染水工程

前郭炼油厂水处理项目由某大学设计，处理水量 400m^3/h，原水为松花江水。工艺流程见图 3-15，设计参数见表 3-14，处理水质见表 3-15。出水指标达到国家饮用水标准。

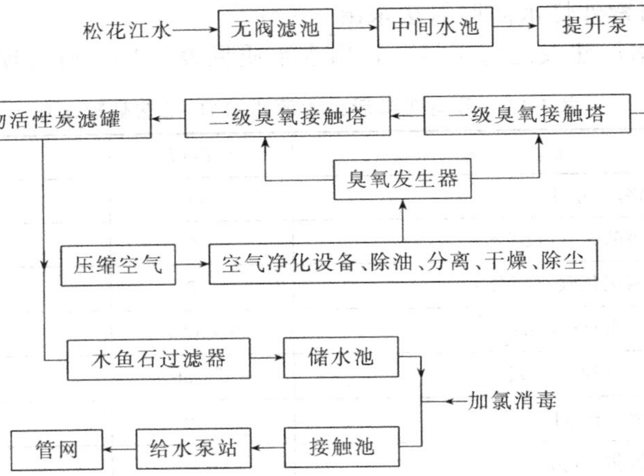

图 3-15　前郭炼油厂水处理工艺流程

表 3-14　前郭炼油厂水厂设计参数

名　　称	设计值	名　　称	设计值
处理能力/(m^3/h)	400	木鱼石过滤器滤速/(m/h)	9
BAC 炭床高度/m	3.6	BAC 炭罐吸附时间/min	20
O_3 接触时间/min	12.2	BAC 炭罐水反冲洗强度/[L/(m^2·s)]	7.5
反冲膨胀高度/m	1.6	接触池停留时间/h	2～3
O_3 投加量/(mg/L)	3.0～3.5		

表 3-15 前郭炼油厂水厂出水水质

指标	数值	指标	数值
COD(平均值)/(mg/L)	0.75	细菌总数/(个/ml)	<10
浑浊度/NTU	<0.1	总大肠菌/(个/L)	<3
铁/(mg/L)	<0.01	总 α 放射性/(Bq/L)	0.0057
锰/(mg/L)	<0.02	总 β 放射性/(Bq/L)	0.0074
挥发酚(以苯酚计)/(mg/L)	<0.002		

3.4 膜生物反应器 (MBR)

膜生物反应器（MBR）是将超滤、微滤膜分离技术与污水处理中的生物反应器相结合而成的一种新的污水处理装置。这种反应器综合了膜处理技术和生物处理技术的优点。

MBR 最早出现在酶制剂工业中。1969 年，Smith 首先报道了活性污泥法和超滤结合处理城市污水的方法，该工艺最引人注目的是用膜分离技术取代常规的活性污泥二沉池，用膜分离技术作为处理单元中富集生物的手段，而不是采用常规的回流循环手段。近 10 年来，随着膜技术的飞速发展，日本、欧洲等膜制造技术发达的国家广泛开展了 MBR 新工艺的研究，日本率先将这一技术用于中水道系统并取得成功。国内外 MBR 处理技术已进入实用阶段。

3.4.1 MBR 的原理及特点

MBR 以膜组件取代二沉池的泥水分离单元设备，并与生物反应器组合构成一种新型生物处理装置，MBR 常用一体式、分体式两种方式，其典型的工艺流程见图 3-16。

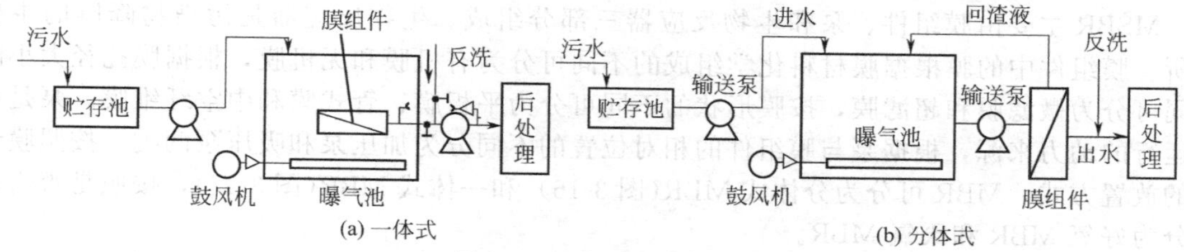

图 3-16 MBR 工艺流程

污水首先在反应器中进行微生物的同化和异化作用，异化产物多数为 CO_2 和 H_2O，同化物质成为微生物的组成物质。膜单元部分主要用于截留微生物和过滤出水，微生物固体可有效地被截留［图 3-16(a)］或回流［图 3-16(b)］到反应器中，实现水力停留时间与污泥停留时间的彻底分离，消除了传统活性污泥工艺的污泥膨胀问题。并且由于曝气池中活性污泥浓度的增大和污泥中泥龄较长的细菌的出现，提高了生化反应速率，同时，通过降低 F/M（营养和微生物比率）减少剩余污泥产生量，提高生化处理效果。

与传统的生物处理相比，MBR 具有以下显著的优势。

① 传统的生物处理泥水分离是在二沉池中靠重力作用完成的，分离效率依赖于活性污泥的沉降性和沉淀池的运行状况；而 MBR 固液分离效率高，通过膜分离将二沉池无法截留的游离细菌和大分子有机物阻隔在生物池内，从而大大提高反应器内的生物浓度，降低了污泥负荷，提高了生化效率。由于 MBR 同时可以去除细菌、病毒等，出水浊度低，所以其处

理后的出水水质较高。MBR 尤其适于微污染水的处理。

② MBR 具有较大的污泥龄，有利于增殖缓慢的微生物，如固氮菌、硝化菌以及难降解有机物分解菌的截留和生长，有利于丰富生物相，适合进行废水深度处理。

③ 当 F/M 保持在某一低值时，活性污泥处于因生殖而增长和因内源呼吸而消耗的动态平衡中，剩余活性污泥量远低于活性污泥工艺，无污泥膨胀，降低了对剩余污泥处置的费用。

④ 系统可实现全程自动化控制，占地面积小，工艺设备集中。

但是 MBR 也具有一些尚需改进的问题。

① 建设和运行费用高。MBR 使用中的不足之处突出表现为膜组件的费用较高。在运行费用中，膜组件的更换费用占总运行费用的 40%～75%。因此，优化 MBR 膜组件结构，提高膜组件使用寿命是促进 MBR 发展和应用的一个重要因素。

② 存在膜污染。膜污染是影响 MBR 推广应用的主要因素。膜污染导致膜通量下降，增加膜组件更换和膜清洗的频率，从而增加运行费用。

③ 经济可行性有待论证。与其他工艺一样，MBR 工艺的发展不仅取决于工艺本身，还取决于其经济可行性。目前在国内外，尤其是在国内的经济发展水平，在膜产品供应状况和规范设计要求不足的条件下，确定 MBR 用于污水处理的最大经济流量是一个亟待解决的问题，同时需要界定和推荐比较适于采用 MBR 技术处理的污水类别。

3.4.2 MBR 的类型及工艺设计

(1) MBR 的类型

MBR 按结构可分为三类：膜分离生物反应器（Membrane Separation Bioreactor，MSBR）、膜曝气生物反应器（Membrane Aeration Bioreactor，MABR）、萃取膜生物反应器（Extractive Membrane Bioreactor，EMBR）。其中，MSBR 是应用最广泛的一种，也是本部分重点介绍的内容。

MSBR 主要由膜组件、泵和生物反应器三部分组成。生物反应器是污染物降解的主要场所。膜组件中的膜根据膜材料化学组成的不同可分为有机膜和无机膜，根据膜孔径大小的不同可分为微滤膜和超滤膜，按膜形状的不同可分为平板膜、管式膜和中空纤维膜。泵是系统运行的动力来源，根据泵与膜组件的相对位置的不同分为加压泵和吸压泵两类。按照膜组件的放置方式，MBR 可分为分体式 MBR（图 3-16）和一体式 MBR（图 3-17），按照是否需氧可分为好氧 MBR 和厌氧 MBR。

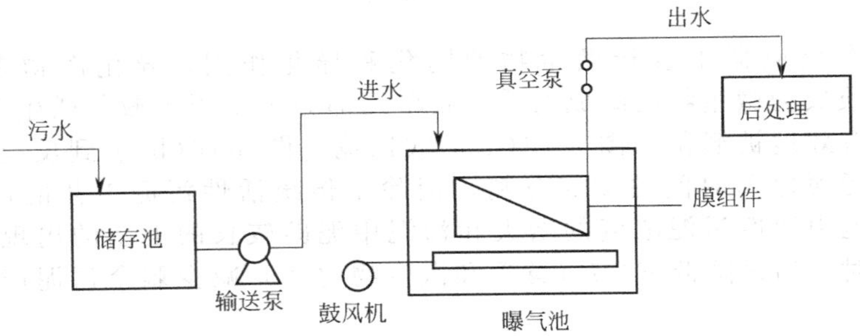

图 3-17 一体式 MBR

分体式 MBR（又称分置式 MBR）是研究最早的 MBR 类型。该反应器用于固体的分离与截留，生物反应器与膜单元相对独立，由泵与管线相连接。膜组件一般采用加压的方式，生物反应器内的混合液经泵增压后进入膜组件，在压力的作用下混合液的液体透过膜成为系统出水，固体、大分子物质等被膜截留，随浓缩液回流到生物反应器中。操作压力和膜面流速是分体式 MBR 的两个重要参数，一般来说，宜选用低的操作压力和高的膜面流速以缓解膜污染。其运行稳定可靠，操作管理容易，易于膜的清洗、更换及增设，但是由泵提供的料液流速很高，为此动力消耗较高。

一体式 MBR 是将无外壳的膜组件直接浸没在曝气池中，微生物在曝气池中好氧降解有机污染物，水通过负压抽吸由膜表面进入膜组件引出反应器。这种反应器的特点是体积小，整体性强，工作压力小，无需水和泥的循环。此外，由于曝气形成的剪切和紊动使污泥固体很难积聚在膜表面，因此不易堵塞纤维中心孔，同时还可以借助曝气形成的剪切和紊动来控制膜表面固体的厚度。目前这种系统使用较为普遍。一体式 MBR 在运行稳定性、操作管理方面和清洗更换上不及分体式 MBR，且不适于厌氧处理，但是运行能耗低。

（2）MBR 的工艺设计

MBR 在我国还未大规模应用，设计参数还不成熟，需要试验测定。以下是一体式 MBR（取超滤膜）设计的一些经验，可供参考。

① 超滤膜及膜组件的选择　根据废水水质情况选取超滤膜的材料和型号，主要考虑其孔径、截留分子量、化学稳定性等。

根据废水水质情况选取膜组件式样：管式、平板式、卷式和中空纤维式。中空纤维式和管式较为常用。

② 超滤膜水通量 $J[m^3/(m^2 \cdot d)]$ 的计算

$$J=K\times \lg\left(\frac{X_g}{X}\right) \tag{3-7}$$

式中 X_g——膜表面污泥浓度，mg/L；

X——混合液污泥浓度，mg/L；

K——传质系数，$m^3/(m^2 \cdot d)$。

虽然较高的污泥浓度能减小 MBR 的体积，延长污泥泥龄，有利于系统中硝化细菌的生长，但过高的 MLSS 对于 MBR 正常运行是不利的。一般处理低浓度污水宜控制较低的污泥浓度，以尽量提高膜通量；而处理高浓度污水宜控制较高的污泥浓度，以尽量增大有机物去除能力。大多数 MBR 的 MLSS 值在 5～20g/L 之间。

传质系数与膜材料密切相关。

③ 所需超滤膜总面积 $A(m^2)$ 的计算

$$A=\frac{Q_p}{J} \tag{3-8}$$

式中 Q_p——处理水量，m^3/d。

④ 膜组件体积 $V(m^3)$ 的计算

$$V=NV_1 \tag{3-9}$$

$$N=\frac{A}{A_1} \tag{3-10}$$

式中 N——膜组件的个数；

V_1——单个膜组件的体积，m^3；

A_1——单个膜组件的膜面积，m^2。

⑤ 真空泵的选择　根据 Q_p 选择泵的流量，根据运转压力选择泵的扬程。

⑥ 水力停留时间 $T(h)$

$$T=\frac{1.1\times\frac{L_0}{L}\times(K_s+L)}{KX} \tag{3-11}$$

式中 K——底物最大比降解速度常数，h^{-1}；

K_s——饱和常数，其值等于底物去除速度为最大值的一半时的底物浓度，mg/L；

L——反应器出水有机物浓度，mg/L；

L_0——反应器进水有机物浓度，mg/L。

⑦ 曝气池容积 $V(m^3)$ 以及曝气池各部分尺寸

$$V=Q_pT \tag{3-12}$$

⑧ 曝气量 Q 的确定　根据进水水质状况确定曝气量。

⑨ 污泥负荷 N_s 的核算

$$N_s=\frac{Q_pS_0}{VX} \tag{3-13}$$

式中 S_0——进水 BOD_5 浓度，mg/L。

MBR 工艺的污泥负荷应该比普通活性污泥法低。

3.4.3 MBR 中膜污染的防治

(1) 膜污染的成因及表现

膜污染是 MBR 工艺中不可避免的现象。形成途径主要有三个：一是滤饼层。主要是水透过膜时，被截留下来的部分活性污泥和胶体物质，没来得及送走就在过滤压差和透过水流的作用下堆积在膜表面，形成膜污染；二是溶解性有机物，其来源主要是微生物的代谢产物，它可在膜表面形成凝胶层，也可在膜内微孔表面被吸附而堵塞孔道；三是微生物污染，膜面和膜孔中有微生物所需的营养物质，因而不可避免地会有大量微生物孳生。

膜污染现象一般表现为：膜通量的降低、膜过滤阻力增大。

(2) 膜污染机理

研究 MBR 的膜污染机理，不仅需要考虑常规的膜污染过程，并且应充分考虑到混合悬浮液的生物动力学特性及其与膜过滤的关系。迄今 MBR 的膜污染机理并没有完全弄清楚，英国学者将膜污染的主要影响因素归为三大类（见图 3-18）：膜的结构性质（如膜材料、膜孔径和分布、膜组件的）、活性污泥、运行条件（如压力、错流速率和紊流程度）。

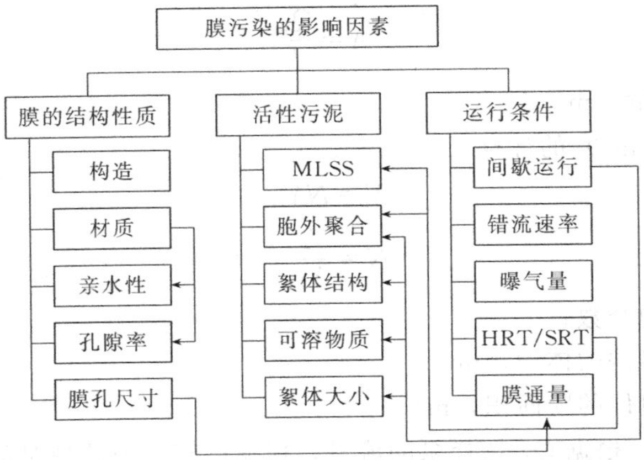

图 3-18　膜污染的影响因素

(3) 膜污染的控制对策

膜污染控制对策有：低压操作；膜的反冲洗；换向操作；化学清洗；膜材料改性；膜组件的优化设计；临界通量控制；水动力学控制；空气喷射和活塞流。

3.4.4 MBR 的工程应用

MBR 在饮用水处理中的应用历史已久，1992 年法国的 Chang J. 等人将 MBR 应用于给水处理，开展了微污染饮用水脱氮的研究，出水中氮的浓度在 0.1～20mg/L。1996 年，Urbain V. 用 MBR 进行饮用水生产的中试研究，以去除饮用水中微量的氮、有机物和杀虫剂，取得了良好效果。日本于 1977 年出台了法律，要求所有大型的建筑物设施必须安装污水回用或雨水收集等节水设施，促进了 MBR 的推广应用。不久就有 39 座 MBR 在运行，最大处理能力为 $500m^3/d$。1980 年，日本有 100 多处的高楼采用 MBR 进行中水回用。至 2002 年，日本已有 300 余座 MBR 工艺的小区中水回用工程。例如，日本的三井大楼和东京饭店都采用了 MBR 工艺进行中水回用。在我国，MBR 技术在饮用水处理中的实际生产应用报道较少，目前的研究大多限于实验室规模，但是前景广大。

受水资源的限制，中水回用已经被广泛接受。由于受使用目的和城市建筑的限制，回用水水质要求较高，不能产生卫生上的问题，能够达到回用的水质标准，同时要求处理的流程简单，占地少，运行稳定。污水一般情况下需要深度处理才可以达到回用的要求，但深度处理的费用太高，难以广泛应用。MBR 恰能满足以上要求，而且 MBR 的出水 COD 与 BOD 的去除率高，氮去除优势明显，浊度很低，大部分细菌和病毒被截留，优良的出水水质使得出水可直接回用于建筑及城市绿化清洁、消防等。

近年来，随着材料科学技术的发展，膜材料和膜组件的费用在逐渐降低，缓解膜污染的措施的研究也越来越深入，从目前研究发展的趋势来看，中水回用将是 MBR 在我国推广应用的主要方向。

(1) 大连某饭店中水回用工程

设计规模为 $60m^3/d$，来水为优质杂排水，其来水水质及中水水质见表 3-16。

表 3-16 来水水质及中水水质

参数	COD/(mg/L)	BOD/(mg/L)	SS/(mg/L)
来水水质	100	50	150
中水水质	<10	<1	<1

该饭店原有的中水回用系统是以接触氧化池、沉淀池和砂滤罐为主体，共占地 $280m^2$。改造为以 MBR 为核心的中水回用系统后仅占地 $48m^2$，是原占地面积的 17%，为酒店节省了宝贵的空间。MBR 由原水池改建而成，主要设计参数：有效水深为 2.7m；有效容积为 $34.7m^3$；停留时间 HRT 为 14h。现有的中水回用系统将生物降解、沉淀、过滤集中为一体，减少了设备需求，可使运行成本降低，故障点减少。其 MBR 工艺流程如图 3-19 所示。

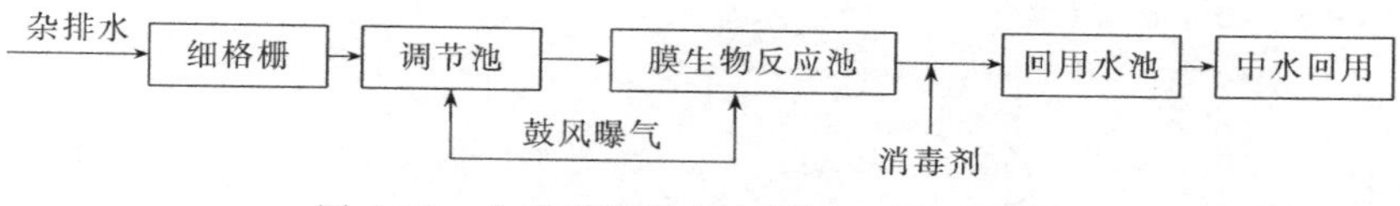

图 3-19 大连某饭店中水回用工程工艺流程

该处理系统自 2001 年 10 月投产以来运行性能良好，出水水质完全达到《生活杂用水水质标准》(CJ/T 48—1999)。

(2) 阿曼某污水处理厂

阿曼某污水处理厂于2006年11月开始运行，处理水量76000t/d，进水格栅3mm，膜组件型号为EK400，膜片22400片（306组，每组400片），膜的总有效面积97920m^2，膜通量0.8$m^3/(m^2 \cdot d)$。

该厂出水水质为：BOD<10mg/L；TSS<10mg/L；NH_3-N<1mg/L；NO_3-N<8mg/L；大肠杆菌<2.2个/100mL；其他寄生虫类<1个/L；浊度<2 NTU。

该厂工艺流程见图3-20。

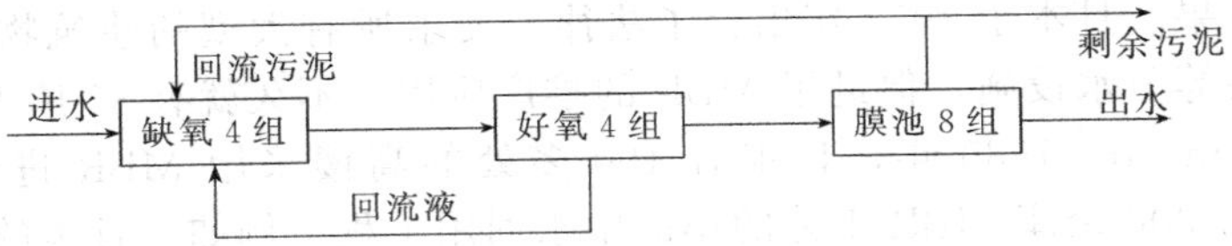

图3-20 阿曼某污水处理厂工艺流程

第 4 章　过滤及膜技术

过滤和膜技术都是通过某种过滤媒介分离水中污染物的水处理措施，是水的深度处理的常用手段。有人将膜技术归为过滤，称为膜过滤，但由于膜技术的精细程度、过滤机理、设备要求等和过滤有很大差别，所以本书将膜和过滤分开讨论。

过滤主要用于去除水中的固体悬浮物。在水处理技术中，过滤是以具有孔隙的粒状滤料层截留水中的杂质从而使水获得澄清的工艺过程。过滤的设施——滤池通常设置于沉淀池或澄清池之后，作为出水保障，或用于保护后续处理设施如活性炭吸附、离子交换柱及膜分离的正常运行，也用于出水能够再次循环使用的深度处理工艺。

过滤技术在国内发展基本成熟，在滤池结构上，创造了双阀滤池、无阀滤池、虹吸滤池、移动冲洗罩滤池等。滤料是滤池的最为重要的组成部分，对滤料的改良也成为过滤技术发展的一个重要方向。

膜技术是 21 世纪水处理领域的关键技术，也是近些年来水处理领域的研究热点。膜分离可以完成其他过滤所不能完成的任务，可以去除更细小的杂质，可去除溶解态的有机物和无机物，甚至是盐。膜分离是指在某种外加推动力的作用下，利用膜的透过能力，达到分离水中离子或分子以及某些微粒的目的。利用电位差的膜法有电渗析（electrodialysis，ED）和倒极电渗析（EDR）；利用压力差的膜法有微滤、超滤、纳滤和反渗透。

4.1　过滤

4.1.1　过滤机理

关于过滤机理的研究，通常认为过滤去除污染物是依靠下列几种作用完成：①截留，大的颗粒难以通过滤料的小孔被直接去除，小的颗粒撞到滤料正面被截留；②沉降，颗粒直接沉降到滤料上；③撞击，颗粒偏离水流流线而撞击到滤料上；④拦截，当颗粒随水流流线迁移时碰到滤料而被去除；⑤吸附，颗粒受到滤料的某种物化作用，被吸附到滤料表面；⑥凝聚，未被截留的颗粒碰到已被截留的颗料表面时，凝聚在上面，同时被去除。

4.1.2　滤池的形式及构造

最早出现的滤池为下向流重力式石英砂快滤池，又称普通快滤池，进入这种滤池的水大多经过混凝沉淀处理。图 4-1 表示普通快滤池的单池构造。从图中可知，它主要由池体、滤料层、承托层、配水系统和为满足过滤、反冲洗要求而配制的管道、阀门系统组成。

普通快滤池自从 1840 年问世以来，至今已有 170 多年的历史，在这期间，虽然对过滤方式和滤池型式做了不少改进，但改进的重点是增加滤池的含污能力，也即从改进滤料的级

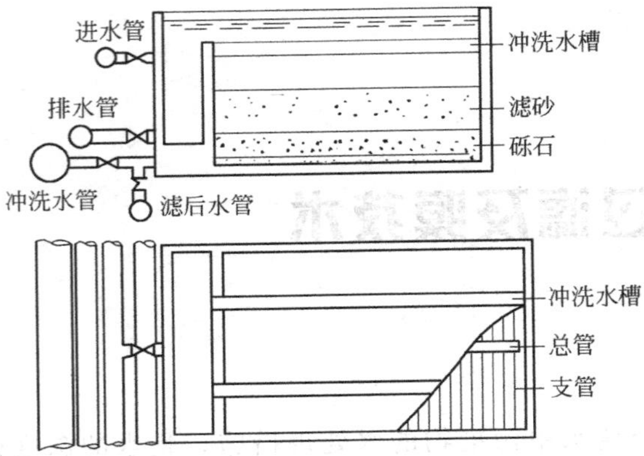

图 4-1 普通快滤池的单池构造

配组成、提高过滤的滤速以及延长运行的周期三个方面做了很大努力。其次是从节约滤池的阀门设备以及便于操作、向着自动化和连续操作的方向上做了很多改进和革新，由于这一系列的努力和改进，形成了如下各种类型的滤池。

① 从水流方向上分：下向流、上向流、双向流和辐射流（水平流）滤池。

② 从不同的滤料组成上分：单层滤料、双层滤料、三层以及混合滤料滤池。

③ 从药剂投量和加注点的不同上分：沉淀后水过滤（传统式）微絮凝过滤和（接触）凝聚过滤。

④ 从阀门配置上分：四阀滤池、双阀滤池以及无阀滤池（虹吸滤池）。

⑤ 从冲洗方式上分：小阻力、中阻力和大阻力滤池。

⑥ 从运行方式上分：间歇过滤滤池、移动冲洗罩滤池和连续过滤滤池。

实际上，这六种分类方式是不能截然分开的，通常在选用时，是将各种方式组合起来，形成一种特定的滤池。

4.1.3 深层过滤滤池

(1) 虹吸滤池

虹吸滤池常用于大水量，与沉淀池澄清池配合使用。其进水和排水采用虹吸管，不需设阀门，容易实现自动化。过滤过程属于变水头等速过滤，池深要比普通滤池高 2m 左右。虹吸滤池利用滤池本身的出水进行反冲，因而不需另设反冲洗水塔或冲洗泵，但由于反冲洗水头较低，常采用小阻力的冲洗系统，每次反冲洗一般要浪费掉从洗砂水槽到池水面间的水量。

虹吸滤池典型构造见图 4-2。Ⅲ—Ⅲ剖面右面表示过滤过程，左面表示反冲洗过程。

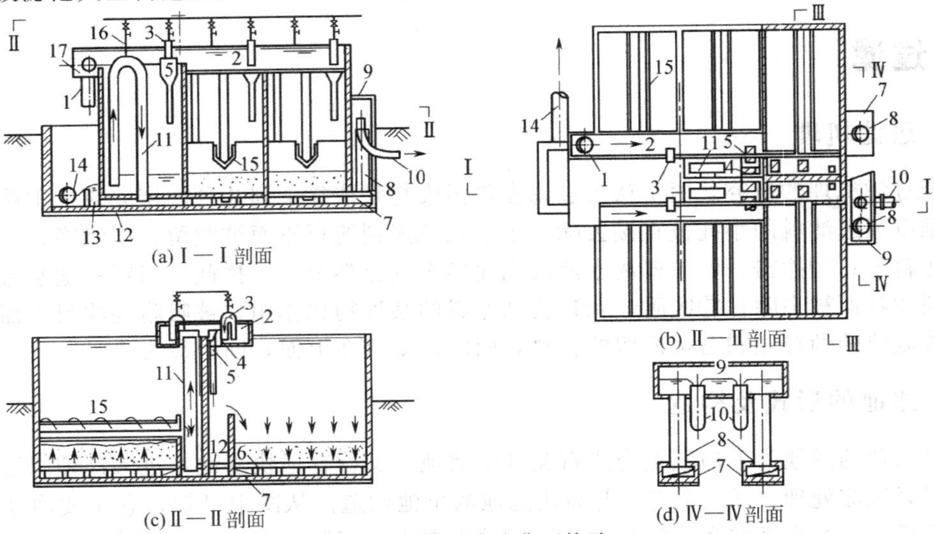

图 4-2 虹吸滤池典型构造

1—进水管；2—配水管；3—进水虹吸管；4—进水水封槽；5—进水斗；6—小阻力配水系统；7—清水连通渠；8—清水连通管；9—出水槽；10—出水管；11—排水虹吸管；12—排水渠；13—排水水封井；14—排水管；15—排水槽；16—抽气管；17—进水连通管

（2）移动罩滤池

移动罩滤池是一种低水头、自动反冲洗的连续式下向流过滤装置，滤料多用颗粒滤料。在一只滤池里分为若干个长条小格，利用装设在移动行车上的冲洗泵和排水泵对各条滤池依次进行冲洗，未被冲洗的滤池则连续过滤。冲洗水利用其余各格滤池出水。整个过滤冲洗过程可用程序控制器自动操作。其结构见图 4-3。

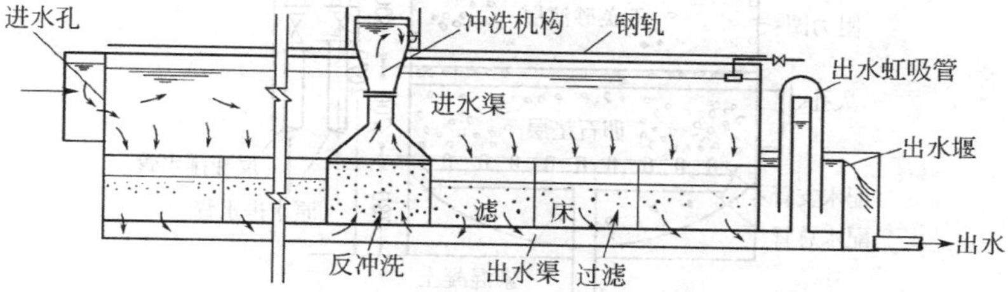

图 4-3　移动罩冲洗滤池结构

（3）压力滤池

含油废水多采用压力滤池进行处理，压力滤池的特点如下。

① 滤池的允许损失水头较高，通常为 6～7m，而重力式滤池一般为 2m。

② 采用下向流时，多采用无烟煤和石英砂双层滤料。日本为去除二级出水中的悬浮物，无烟煤的有效粒径采用 1.6～2.0mm，为石英砂的 2.7 倍以下，滤层厚度为 600～1000mm，砂层厚度为无烟煤的 60 %以下，最大滤速采用 12.5m/h。为加强冲洗，采用表面水冲洗和空气混合冲洗方法。

压力滤池有立式和卧式两种，如图 4-4 所示。立式压力滤池因横断面面积受限制，多为小型的过滤设备。规模较大的废水处理厂宜采用卧式压力滤池，如国外污水处理三级处理中采用直径 3m、长 11.5m 的卧式压力滤池。

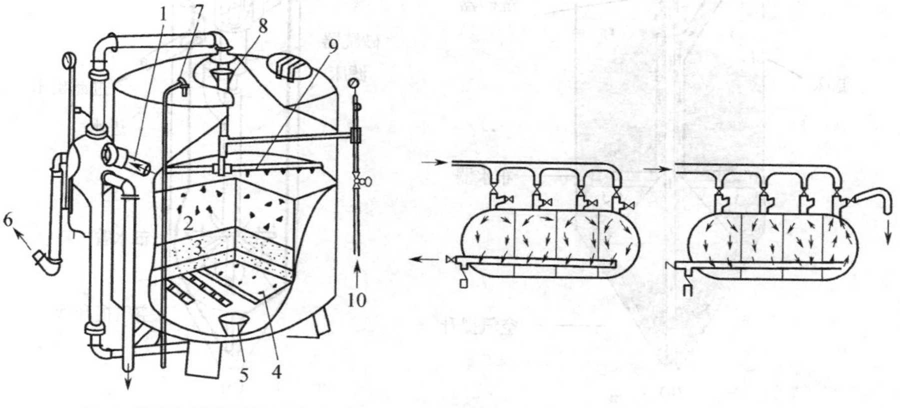

(a) 立式压力滤池结构示意

(b) 卧式压力滤池工作情况
(左：过滤；右：冲洗)

图 4-4　压力滤池的结构示意及工作情况

1—进水管；2—无烟煤滤层；3—砂滤层；4—滤头；5—下部配水盘；6—出水口；7—排气管；8—上部配水盘；9—旋转式表面冲洗装置；10—表面冲洗高压水进口

立式压力滤池的处理流程如图 4-5 所示。过滤时，废水由进水管径喇叭口进入池中，自上而下地通过滤层，废水中微小悬浮物被去除。垫层主要起支撑滤料的作用，同时使反冲洗时布水均匀。

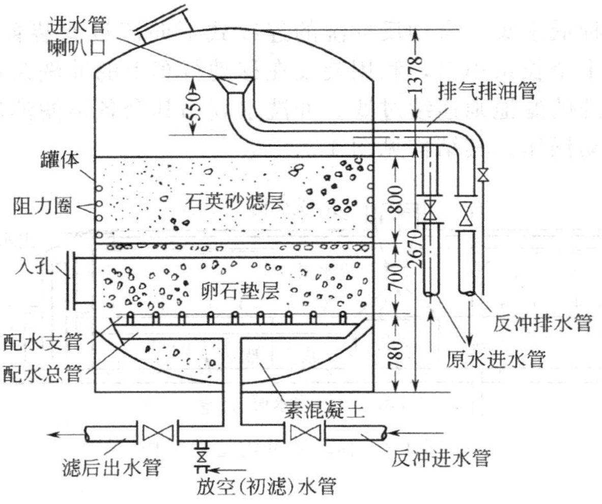

图 4-5 立式压力滤池的处理流程（单位为 mm）

4.1.4 连续流动床过滤器与辐射流过滤器

(1) 连续流动床深层过滤器

连续流动床深层过滤器（又称 DYNA SAND 过滤器）结构如图 4-6 所示。

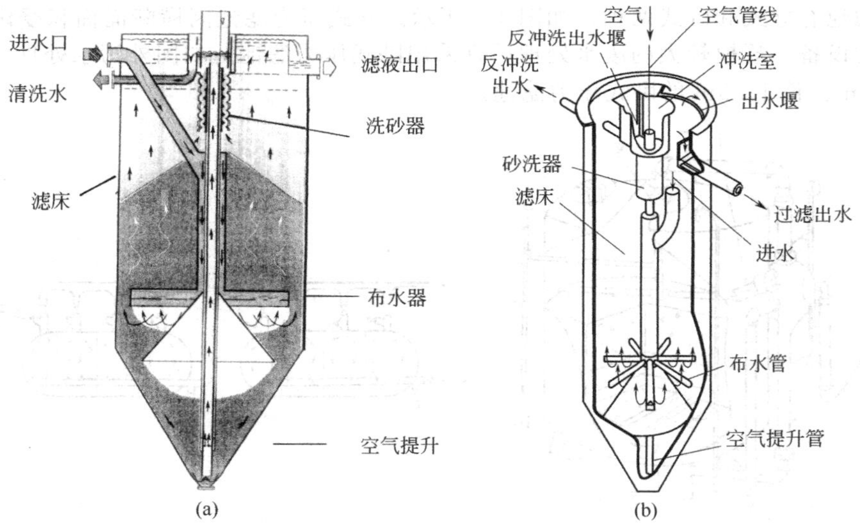

图 4-6 连续流动床深层过滤器（DYNA SAND 过滤器）

待滤水从滤器的底部进入，通过一系列的布水管从滤帽中流出，上向流进入砂滤层，与向下的滤砂相遇，过滤后的净水从出水堰流出，流出过滤器。同时，少量空气通过空气提升管进入过滤器，与提升管外部的滤床相比，形成负压，于是滤砂便流入空气提升管向上流，在滤床内向下流补充流出的滤砂。待洗砂在砂洗器里洗净，清洗出水通过溢流堰流出。

滤池采用上向流符合正粒度原理。滤床含污量大，承受原水 SS 浓度高；不会发生负水头和气阻现象；不需电动、气动阀门和反冲洗泵，投资省；可连续自动运行。该滤池是一种有前景的新型过滤器，但滤速不能过高（一般小于 5m/h），配水系统易积泥。

(2) 辐射流过滤器

根据过滤理论，如果使滤速随着过滤的进行逐渐减小，可以使单位滤层厚度所截留的悬浮物量近于相同，同时滤速逐渐减小也有利于保证过滤水质。为此 Horner 和 Shlji 等人设计和探讨了辐射流滤池，见图 4-7。

4.1.5 新型滤料过滤

滤料层是滤池的重要部分，是滤池工作好坏的关键。根据所要去除污染物的特性选用合适的滤料是滤池设计的前提。滤料的发展是滤池改善的一个重要方面。随着化工材料产业的发展，滤料不断更新、改良，含污能力不断提高，在有的滤料表面做了适当改善，改变滤料表面的物理化学性质，使滤料对污染物不仅是简单的物理截留的作用，还可以辅助降解污染物。

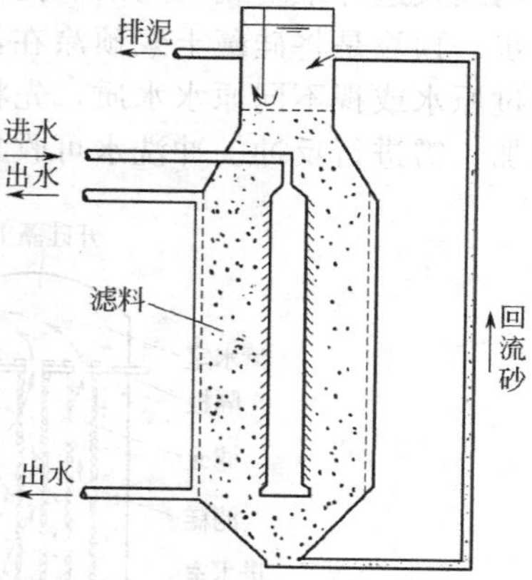

图 4-7 辐射流滤池

(1) 双层滤料过滤

1829 年，英格兰建造的世界上第一个滤池的滤料是石英砂，石英砂滤料具有来源广、价格低、机械强度和化学稳定性好等优点，因此应用较早也较广泛。但传统的石英砂滤料存在一定的缺陷。石英砂滤层在反冲洗后由于水力筛分作用，使得沿水流方向的砂子粒径逐渐变大，孔隙尺寸也沿水流方向逐渐变大。当下向流过滤时，水流先经过粒径小、孔隙也小的上部砂层，再到粒径大、孔隙也大的下部砂层。水中颗粒大部分截留在上部数厘米深度内，床层上部孔隙容易堵塞，床层的水头损失上升迅速，下部滤层大部分容量尚未发挥出来就不得不终止过滤。为了克服这一缺陷，研究人员开发了双层滤料，即在石英砂滤层上部放置一层粒径较大、密度较小的轻质滤料，使用较早也较广泛的轻质滤料是无烟煤，后来使用的轻质滤料还有多孔陶粒、人工合成纤维等。双层滤料过滤在一定程度上提高了滤速和过滤效率，增加了床层截污容量，延长了过滤周期。

常用双层滤料为无烟煤和石英砂。上层无烟煤粒径为 1.1～1.4mm，下层石英砂粒径为 0.5～0.7mm。利用上层孔隙率大、纳污量多和下层孔隙小的特点，易保证水质。双层滤料可发挥整个滤层的作用，运行周期长，水头损失增加慢。在双层滤池的基础上又发展了柘榴石（或磁铁矿）粉作底层的三层滤池。

(2) 硅藻土过滤

硅藻土是以硅藻遗骸（壳体）为主的硅质生物沉积岩，其颗粒很小，一般在几微米至 30μm 以上。硅藻土的化学组成主要是 SiO_2（一级土 $SiO_2 \geqslant 85\%$），结构为非晶质（无定形 SiO_2），硅藻壳体为多孔构造，故亦称“天然分子筛”。硅藻壳体是由非晶质 SiO_2 和果胶组成，壳壁外层呈不同形式排列的微孔。我国硅藻土资源丰富，储量 10 亿吨以上，为助滤剂的生产提供了物质基础。硅藻土助滤剂是用优质硅藻土为基本原料加工制成的粉状产品，在工业生产过滤中用来帮助被过滤液体提高滤速、提高澄清度的过滤材料。由于其具有独特的孔结构、不同的粒度分布范围和稳定的化学性质，因此可使被过滤液体获得高流速比并能滤除微细的固体悬浮物。

硅藻土在水处理过滤中用作助滤剂。硅藻土的基本组成和特征构造使其具有真密度、堆密度小，稳定性高，耐酸、耐热，吸附性、悬浮性、分散性好等特点，煅烧加工后湿度低（水分≤1%），渗透性能很好。硅藻土过滤技术可用于饮用水、食品、饮料、酿酒、工业用水、游泳池水过滤净化。主要可滤除细微悬浮物、胶体物质、细菌病毒等，最小可截留杂质粒子粒径为 0.1～1μm，滤水清亮透明，水质优良。法国的自来水厂中不少采用硅藻土滤池作为最终出厂水的设备。

图 4-8 为压力式硅藻土滤池系统布置。硅藻土滤池的进水室内装有圆管形滤元。滤元用金属、塑料或陶瓷材料制作，表面多孔，中间空心作排清水用并支承滤网，滤网一般用金属丝网或人造纤维绕成，用以承托预涂层。压力式硅藻土滤池操作步骤分为预涂、过滤、冲洗三步。预涂是将硅藻土浆预涂在滤元表面的滤网上，形成 1.5～2.0mm 的预涂层。过滤则通过原水或视不同原水水质，先将原水与少量硅藻土混合然后过滤。过滤一定时间后，阻力增加，需进行反冲。冲洗水可收集，分离硅藻土重复使用。

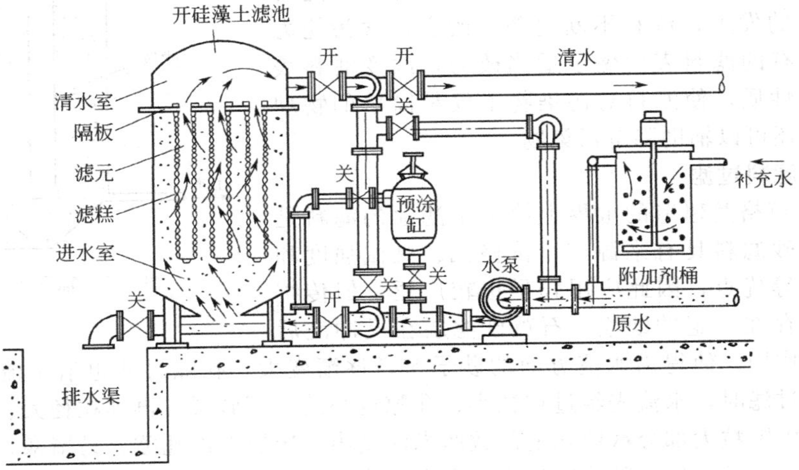

图 4-8 压力式硅藻土滤池系统布置

(3) 核桃壳过滤

核桃壳滤料具有亲油疏水性能，处理含油废水后容易洗涤再生，因此已应用于含油污水处理工程中。

核桃壳过滤器是一种压力容器，在行业标准《油田采出水处理设计规范》(GB 50428—2007) 中规定了滤速、反洗强度、过滤周期、反洗时间。这些参数的选择范围都较大，需要制造厂根据水质的实际情况确定。

核桃壳过滤适用于低浓度含油废水的处理，通常进水含油 20～30mg/L 时，出水油含量<5mg/L。反冲洗时滤层表面应加机械搅拌或辅以压缩空气表面曝气。

机械工业乳化液废水破乳气浮后出水含油一般仍大于 20mg/L，采用核桃壳过滤可使出水含油稳定达标。南京 IVECO 发动机厂含油废水处理即采用了核桃壳过滤，效果很好。

(4) 多孔陶粒过滤

球形轻质多孔陶粒以天然陶土为主要原料，掺加适量的辅料配制而成，具有强度大、孔隙率大、比表面积大、化学稳定性好、生物附着力强、水流流态好、反冲洗容易等优点。球形填料粒径 0.5～32mm，不均匀系数 $K_{80}=1.80$，堆积密度 0.7～1.2g/cm^3，密度 1.2～2.6g/cm^3，孔隙率 55%～58%，破损率和磨损率<1.62%，比表面积 2×10^4～1.5×10^4cm^2/g。

多孔陶粒用天然材料烧结而成，不会产生对人体有害的溶出物；机械化生产粒径易做到均匀，作为深层过滤，克服了石英砂上细下粗的反粒度现象，因而纳污量大，运行周期长，出水水质好。随着工业化生产规模的增大，多孔陶粒的价格逐步降低，可能使工程应用更加广泛。

在工业废水处理方面，由于多孔陶粒表面有许多微孔，粗糙度大，易于培养化学晶种或便于微生物挂膜，目前利用该特点，东南大学环境工程研究所用多孔陶粒培养成功除磷陶粒晶种，用于结晶过滤床除 PO_4^{3-}-P。多孔陶粒用于曝气生物滤池（BAF）的研究也已获得成功。

(5) 瓷砂过滤

瓷砂滤料是以优质高岭土为原料，掺和一定的成孔剂、黏合剂和发泡剂，经过炼泥、陈腐、成型、干燥、烧成等工艺生产而成的一种球型均质滤料，表面坚硬，外观白色，内部多微孔。瓷砂具有良好的物理性能和足够的化学稳定性，是一种耐摩擦、抗冲击、耐腐蚀、密度适度、颗粒均匀、孔隙率高、比表面积大、使用寿命长的新型滤料。

瓷砂滤料同天然石英砂滤料一样，也是一种无机滤料，其成分不含对人体有害的重金属离子及其他有害物质。其主要化学成分为 SiO_2、Al_2O_3、Fe_2O_3、CaO 和 MgO 等瓷砂滤料。瓷砂滤料粒径一般在 0.5～3.0mm 之间，比表面积（0.9～1.81）$\times 10^4 cm^2/g$，松散密度800～1000kg/m^3，密度 800～2000kg/m^3，良好的物理性能和化学稳定性使瓷砂滤料过滤具有截污能力强、水头损失小、过滤周期长、滤后水质好、反冲洗强度小等优点，是一种具有发展前景的新型过滤方式。

(6) 人工合成有机滤料过滤

目前采用的人工合成滤料有聚苯乙烯滤料珠、聚氯乙烯珠、聚丙烯珠等。由于它们具有密度小、粒度均匀、显示等粒度过滤纳污量大、过滤周期长的优点，同时反冲洗亦方便，可用于单一滤料过滤，亦可与其他滤料配合使用。

4.1.6 滤布过滤机

(1) 概述

滤布过滤机是目前世界上比较先进的过滤器，主要用于污水的深度处理与再生水回用。该工艺具有土建占地面积小、处理效果好、出水稳定等特点，可以连续运行，能承受较高的水力负荷及 SS 负荷，全部自动化控制运行，操作及保养简便，运行费用低。目前在全世界已有超过 350 个污水处理厂采用了该项技术。

滤布过滤机用于污水的深度处理，设置于常规活性污泥法、延时曝气活性污泥法、SBR 系统、氧化沟系统、滴滤池系统、氧化塘系统之后，可以去除总悬浮固体，结合投加药剂可以去除磷、色度等。

滤布过滤机结构如图 4-9 所示。

每套滤布过滤机包括滤布滤盘、清洗装置、排泥装置等。

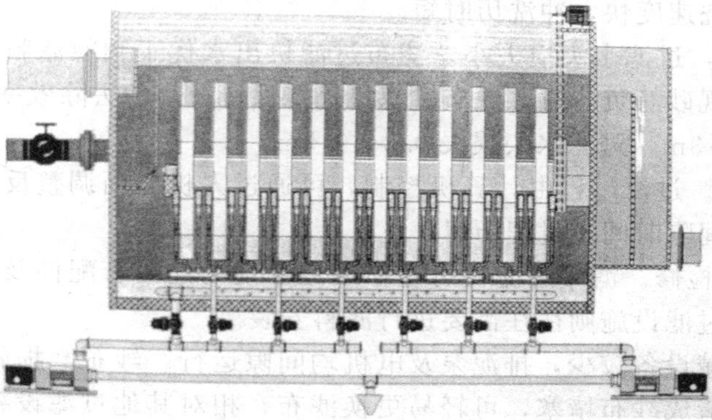

图 4-9 滤布过滤机结构示意

滤盘数量根据滤池设计流量而定，一般为1～12片。每片滤盘分成6小块。滤盘由防腐性材料组成，滤盘连接件均为304不锈钢。每片滤盘外包有高强度滤布，滤布的密实度在10μm以下。滤盘设在中空管上，通过中空管收集滤后水。

反冲洗装置由反冲洗水泵、管配件及控制装置组成。

排泥装置由集泥井、排泥管、排泥泵及控制装置组成。

(2) 工作原理

污水重力流或压力流进入滤池，滤池中设有挡板消能设施。污水通过滤布过滤，过滤液通过中空管收集，重力流通过溢流槽排出滤池。过滤中部分污泥吸附于滤布外侧，逐渐形成污泥层。随着滤布上污泥的积聚，滤布过滤阻力增加，滤池水位逐渐升高。通过测压装置可监测滤池与出水池之间的水位差。当该水位差到达反冲洗设定值时，微机控制系统PLC即可启动反冲洗泵，开始反冲洗过程。

过滤期间，滤盘处于静态，有利于污泥的池底沉积。反冲洗期间，滤盘以1r/min的速度旋转。反冲洗泵利用中空管内的滤后水冲洗滤布，洗除滤布上积聚的污泥颗粒，并排除反冲洗水。

滤布过滤机设有斗形池底，有利于池底污泥的收集。污泥池底沉积减少了滤布上的污泥量，可延长过滤时间，减少反冲洗水量。经过一设定的时间段，PLC启动污泥泵，通过池底排泥管将污泥排放至植物处理构筑物或回流至污水预处理构筑物。其中，排泥间隔时间及排泥历时可予以调整。具体操作步骤如下：①关闭进水阀门，污水进入其他格滤池；②开始普通反冲洗，去除滤布外层污泥；③打开排泥阀，排放污泥；④排泥结束，关闭排泥阀，开始下一阶段过滤。

(3) 滤布过滤机主要设计参数

滤速16～20m/h，水头损失0.3～0.5mH_2O（1mH_2O=98.1kPa），反冲洗强度7～12L/(s·m^2)，排泥间隔时间6h，排泥历时30s，反冲洗间隔时间60min，反冲洗历时60s。

(4) 滤布过滤机主要特点

① 工艺简单，设计新颖。重力运行，根据水位差自动反冲洗。反冲洗期间连续过滤，过滤期间滤池维持静态，滤盘仅于清洗时旋转。滤盘垂直中空管设计，使较小的占地面积即可保证较大的过滤面积，从而减少了池容，显著降低了土建费用。

② 自然沉淀与滤布截留相结合的SS去除设计。滤布过滤机中自然沉淀下来的污泥沉积于池底，而非直接吸附于滤料上。池底积泥通过排泥泵周期性排出，减少了滤布积泥量，可延长过滤时间，减少反冲洗水量。

③ 反冲洗高效，冲洗历时短。滤布仅厚2～3mm，易清洗干净，因而反冲洗十分有效。冲洗强度不高，冲洗速度快，冲洗历时短。

④ 出水水质好，过滤水头损失小。滤布过滤机出水优于颗粒滤料滤池。当水力负荷及污泥负荷远大于常规砂滤负荷时，滤布过滤机仍能保持较高的去除效率，保证较好的出水水质。过滤水头为2～3m，过滤水头损失0.3～0.5m。

⑤ 运行自动化。过滤过程由计算机控制，可通过人机界面调整反冲洗过程、高压喷洗过程及排泥时间的间隔时间及过程历时。

⑥ 便于安装、检修。滤布过滤机可整体装运。现场连接管配件及电气设备之后，即可投入使用。而其他过滤设施则往往需要进行滤料安装。

滤布过滤机机械设备较少，排泥泵及电机均间隙运行。纱布磨损较小，滤盘易于更换。如果由于某些原因造成纱布堵塞，可轻易更换滤布。相对其他过滤设备而言，若滤料堵塞，则需要很大的清洗工作量。

4.1.7 纤维过滤器

纤维作为过滤介质用于水处理过滤工艺过程是近20多年发展起来的一项新技术。纤维是柔性丝状过滤介质，可以根据工艺特点采用束状、捆状、球状或缠绕或织物状等装填方式。常用纤维过滤材料为尼龙、聚酯、丙纶、聚丙烯等。纤维性能稳定，直径为微米级，过滤精度高，具有水流阻力小等水力学特点。

与粒状过滤材料相比，纤维过滤材料的比表面积较大，有更大的界面吸附并截留悬浮物，同时纤维较柔软，在过滤时能够实现密度调节或沿水流方向过滤孔径逐渐变小的合理过滤方式，易于实现深层过滤，使设备出水质量、截污能力、运行流速都得到大幅度提高。

(1) 纤维过滤技术特点

纤维过滤技术特点可归纳为如下几点：①过滤介质为直径20～50μm的纤维丝，有较大的比表面积；②纤维滤料构成的滤层有较大的孔隙率；③纤维滤料层为柔性丝状材料，密度较小，便于以各种结构状态构成过滤介质，以适应过滤工艺的需要；④纤维滤料阻力小，易实现深层过滤过程。

纤维滤料与石英砂滤料主要技术参数对比见表4-1。

表4-1 纤维滤料与石英砂滤料主要技术参数对比

项目		粒状滤料(石英砂)	纤维滤料
滤料	种类	石英砂	经膨化处理的丙纶纤维
	粒度(径)	0.5～1.2mm	50μm
	孔隙度	44%	72%(过滤状态)
	比表面积	4928m^2/m^3	10000m^2/m^3(过滤状态)
	孔隙尺寸	136μm	118.6μm
滤速		5～10m/h	≥30m/h
出水浊度		<1NTU	<1NTU
截污容量		1～1.2kg/m^3	4～5kg/m^3
过滤方式		易发生表层过滤过程	易实现深层过滤过程

(2) 纤维过滤材料的种类

① 短纤维单丝乱堆过滤材料　以密度大于过滤水的短纤维单丝乱堆方式构成滤床，在过滤器中设置隔离丝网以防止短纤维过滤材料流失，反洗方式为气水联合反冲洗。这种过滤材料的缺点是显而易见的，如短纤维单丝易流失，易缠挂隔离丝网，此外由于纤维与过滤液的密度差小，因而清洗效果差。

② 卷曲纤维球过滤材料　长5～50mm的无卷缩（低卷曲）纤维丝在液体中搅拌制作成球状纤维过滤材料，亦称纤维球。丝径5～100μm，外形为直径5～20mm、厚3～5mm的扁平椭球体。这种过滤材料的特征是制造简便，由于过滤材料在液体中成型，纤维缠绕紧密，因而过滤材料内核较硬，变形小，但过滤材料内部捕捉的粒子反洗时脱落困难。

③"布帛片"过滤材料　将类似于毛毡的无纺布切割成20mm厚，面积为0.5～20cm^2"毡片"，制成过滤材料，特点是纤维牢固不掉丝，但同样存在过滤材料内部捕集的粒子不易清洗干净的缺陷。

④ 中心结扎纤维球　以纤维球直径的长度作为节距，用细绳将纤维丝束扎起来，在结扎间的中央处切断纤维束，形成大小一致的球状纤维过滤材料，亦称纤维球。

⑤ 纤维束过滤材料　这是一种极其规格化的纤维滤料，首先将纤维长丝缠绕成卷，拉

直后构成束状，形成纤维束，在过滤设备的填充中，纤维束采用悬挂或者是两端固定的方式。

⑥ 改性纤维过滤材料　选用新的化学配方合成的特种纤维丝做成纤维球，成为改性纤维球滤料，其主要特点是经过本质的改性处理将纤维滤料由亲油型改变为亲水型。该产品应用于油田含油污水的精细过滤，改性纤维球不易粘油，便于反洗再生，过滤精度高。

(3) 纤维过滤器的类型

① 纤维球过滤器　纤维球过滤器是在容器内填装纤维球形成床层，由于纤维球个体较疏松，在床层中纤维球之间的纤维丝可实现相互穿插。床层中纤维球受到的压力为过滤水流的流体阻力、纤维球自身的重力以及截留悬浮物的重力之和（如果水流从上至下通过床层，该力在滤层中沿水流方向是依次递增的）。纤维球具备一定弹性，在压力下滤层孔隙率和过滤孔径由大到小渐变分布，滤料的比表面积由小到大渐变分布。形成一种过滤效率由低到高递增的理想过滤方式，直径较大、容易滤除的悬浮物可被上层滤层截留，直径较小、不易滤除的悬浮物可被中层下层滤层截留。在整个滤层中，机械筛分和接触絮凝作用都得到充分发挥，从而实现较高的滤速、截污容量和较好的出水水质。纤维球过滤污水的现场试验数据表明，当运行流速在15～40m/h时截污容量一般在2～12kg/m^3之间，运行流速和截污容量均是砂滤池的数倍，出水浊度明显好于砂滤池。

该过滤器存在的不足是：因纤维球是呈辐射状的球体，靠近球中心部位的纤维密实，反洗时无法疏松，截留的污物难于彻底清除；用气、水联合清洗时纤维球易流失，用机械搅拌清洗时纤维球易破碎，且不易洗净。

② PCF型纤维过滤器　采用微细且多束的柔软纤维丝，一般采用的是聚丙烯、尼龙材质，在过滤器运行时用机具加以压榨，使其孔隙变小后过滤，清洗时再放松让孔隙舒张，用加压空气和水反冲洗以去污。这种过滤器的运行、反洗方式是纤维滤料与水流的方向呈垂直状态，是融合了筒式过滤器的精密过滤性能和砂滤反冲洗性能而研制出的新型过滤器。

PCF型纤维过滤器的特点是体积小、占地面积小，比纤维束和纤维球过滤器的占地面积还要小，且易于实现自动控制。不足之处是纤维装填量少，运行周期短，反洗频繁。

③ 纤维束过滤器　将纤维束固定在两块孔板之间，其中一块孔板可以在设备内部上下运动，运行时靠水和纤维之间产生作用力，使活动板压实纤维，反洗时在反向力的作用下孔板与运行时反向运动，拉直纤维，在气水的联合反洗作用下，使截留在纤维中的悬浮物得以清除。这种纤维束过滤器称为无囊式纤维过滤器，是较常用的一种。

此外还有一种自压式纤维过滤器，依靠滤层和水流之间产生的作用力，将纤维层压缩。当水流自上向下通过纤维层时，纤维承受向下的纵向压力且越往下纤维所受的向下压力越大，使纤维层整体下移。由于纤维层所受的纵向压力沿水流方向依次递增，所以纤维层沿水流方向被压缩弯曲的程度也依次增大，滤层孔隙率和过滤孔径沿水流方向由大到小分布，这样就达到了高效截留悬浮物的理想床层状态。

纤维束过滤器的特点是截污容量大，过滤周期长，占地面积小。但这种靠水和纤维之间的作用力自动调节过滤空隙率的过滤方式，经长时间的运行，纤维形成固定的弯曲轨道，运行时不能实现在过滤的过程中变空隙率，这样会造成水头损失大，而且截污容量不能充分利用。

纤维束过滤器还有英国Eric C. Greek公司研制的一种旋压式纤维过滤器、英国Exeter大学研制的羊毛碳纤维滤料的压缩纤维过滤器、瑞典人Hans Muller发明的刷型过滤器等。纤维过滤器的型式还在不断发展。

(4) 纤维过滤器的主要设计参数

纤维过滤器滤速20～40m/h；周期产水量360～700m^3/m^2；水头损失0.3～1.5m；反

冲洗为气水联合反冲洗，气冲强度 40L/(m² · s)，水冲强度 8～12L/(m² · s)，冲洗时间 6～7min，反冲洗水量：3～6m³/m²。

4.2 反渗透及纳滤

4.2.1 膜分离法概述

利用隔膜使水同溶质（或微粒）分离的方法称为膜分离法，根据溶质或溶剂透过膜的推动力不同，可将膜分离法分为三类：①以电动势为推动力的有电渗析；②以浓差为推动力的有扩散渗析；③以压力为推动力的有微滤（MF）、超滤（UF）、纳滤（NF）、反渗透（RO）。

（1）膜分离法的特点

① 膜分离过程不发生相变化，能量转化率高；

② 分离和浓缩同时进行，可回收有价值的物质；

③ 根据膜的选择透过性和膜孔径的大小及膜的荷电特性，可以将不同粒径、不同性质的物质分开，使物质纯化而不改变其原有的理化性质；

④ 膜分离过程不会破坏对热不稳定的物质，高温下即可分离；

⑤ 膜分离过程不需投加药剂，可节省原材料和化学药品；

⑥ 膜分离适应性强，操作及维护方便，易于实现自控。

（2）膜分离法的比较

膜分离方法的主要性能见表 4-2。

表 4-2 膜分离方法的主要性能

名 称	驱动力	操作压力/MPa	基本分离机理	膜孔/nm	截留分子量	主要分离对象
微滤(MF)	压力差	0.1～0.2	筛分	250～90000	(过滤粒径在0.025～10μm之间)	固体悬浮物、浊度、原生生物、细菌和病毒等
超滤(UF)	压力差	0.1～0.6	筛分	60～1000	1000～30000	高分子化合物、蛋白质、大多数细菌、病毒
纳滤(NF)	压力差	1.0～2.0	筛分+溶解/扩散	3～60	100～1000	大分子物质、病毒、硬度、部分盐
反渗透(RO)	压力差	2～7	溶解/扩散	<2～3	<100	小分子物质、色度、无机离子

（3）膜处理过程及膜性能

尽管四种膜分离的分离机理等不尽相同，但它们的分离过程却基本相同，见图 4-10。原水从膜的一侧流过，部分水分子和小分子渗透到另一侧，即形成淡水水流，没有透过膜的水和大分子杂质则顺势流出，即形成浓水水流。

评价膜的性能的优劣主要考虑以下几个因素：①截留分子量和截留率，截留分子量越小，截留率越高越好；②水通量，在截留率一定的条件下，水通量越大越好；③平均孔径和孔径分布，孔径分布越均匀越好；④膜表面的物理化学性能，如亲水性和疏水性，荷电性

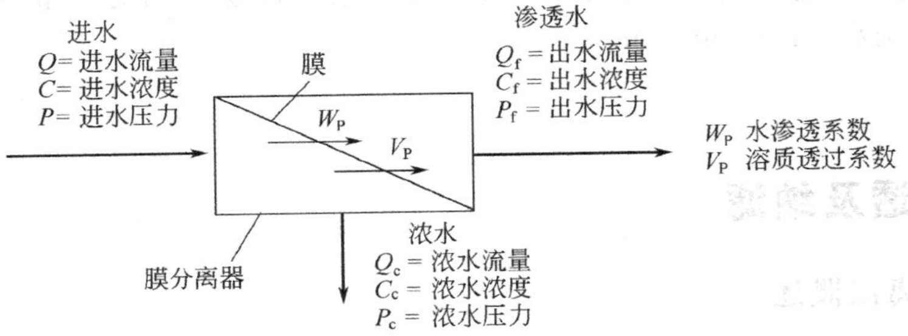

图 4-10　膜分离过程示意

等；⑤其他性能，如耐热性、耐酸性、强度、寿命等。

4.2.2　反渗透机理

(1) 渗透现象与渗透压

如图 4-11 所示，当 U 形管的中间放置半透膜，其左右两侧分别为纯水和含溶质的水溶液时，即可观察到渗透现象。半透膜是只能通过水分子但不能通过溶质分子的膜，虽然水分子能通过半透膜，但在渗透现象中水分子只能从半透膜的纯水一侧进入水溶液的一侧。这是一个类似水向低处流的自发过程。渗透过程要到半透膜的两边出现一定的压力差才停止。这个压力差称为渗透压，渗透压由溶质的种类和浓度大小而定。

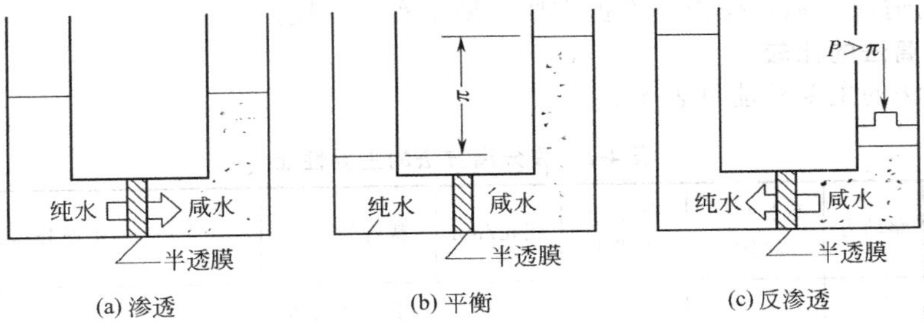

图 4-11　渗透与反渗透现象

对理想溶液来说，溶液的渗透压 π 可由范德荷夫（Van'd Hoff）方程式表示为

$$\pi = iCRT \tag{4-1}$$

式中　π——溶液渗透压，Pa；

i——系数，对于海水，i 约等于 1.8；

C——溶液的物质的量浓度，mol/m^3；

R——气体常量，为 8.314Pa·m^3/(mol·K)；

T——温度，K。

例如，盐度（指海水中的含盐量）为 34.3‰的海水，浓度等于 560mol/m^3，其渗透压（25℃）为

$$\pi = iCRT = 1.8 \times 560 \times 8.314 \times 298 = 2.5 \times 10^6 (\text{Pa}) = 2.5 (\text{MPa})$$

(2) 反渗透

如图 4-11(c) 所示，当咸水一侧施加的压力 P 大于该溶液的渗透压 π，可迫使渗透反向，实现反渗透过程。此时，在高于渗透压的压力作用下，咸水中的纯水的化学位升高并超过纯水的化学位，水分子从咸水一侧反向地通过膜透过到纯水一侧，海水淡化即基此原理。

理论上，用反渗透法从海水中生产单位体积淡水所耗费的最小能量即理论耗能量（25℃）可按下式计算。

$$W_{\lim}=\frac{ARTS}{\overline{V}} \tag{4-2}$$

式中　$W_{\lim}$——理论耗能量，$kW \cdot h/m^3$；

A——系数，等于 0.000537；

T——温度，K；

S——海水盐度，一般为 34.3‰，计算时仅用数值代入式中；

$\overline{V}$——纯水的摩尔体积，$\overline{V}=1.8\times10^{-5}m^3/mol$；

R——气体常数，$R=2.31\times10^{-6}kW \cdot h/(mol \cdot K)$。

将上列各值代入上式，得

$$W_{\lim}=\frac{0.000537\times2.31\times10^{-6}\times298\times34.3}{1.8\times10^{-5}}=0.7(kW \cdot h/m^3)$$

由于 $1kW \cdot h=3.6\times10^6 Pa \cdot m^3$，故

$$W_{\lim}=0.7\times3.6\times10^6=2.52\times10^6(Pa)=2.52(MPa)$$

该值亦即海水的渗透压。

实际上，在反渗透过程中，海水盐度不断提高，其相应的渗透压亦随之增大，此外，为了达到一定规模的生产能力，还需施加更高的压力，所以海水淡化实际所耗能量要比理论值大得多。

(3) 反渗透机理

反渗透膜的透过机理目前尚未见有一致公认的解释，其中以选择性吸着-毛细管流机理常被引用。该理论以吉布斯吸附式为依据，认为膜表面由于亲水性原因，能选择吸附水分子而排斥盐分，因而在固-液界面上形成厚度为两个水分子（1nm）的纯水层。在施加压力作用下，纯水层中的水分子便不断通过毛细管流过反渗透膜（见图 4-12）。膜表皮层具有大小不同的极细孔隙，当其中的孔隙为纯水层厚度的一倍（2nm）时，称为膜的临界孔径，可达到理想的脱盐效果。当孔隙大于临界孔径时，透水性增大，但盐分容易从孔隙中透过，导致脱盐率下降。反之，若孔隙小于临界孔径，脱盐率增大，而透水性则下降。

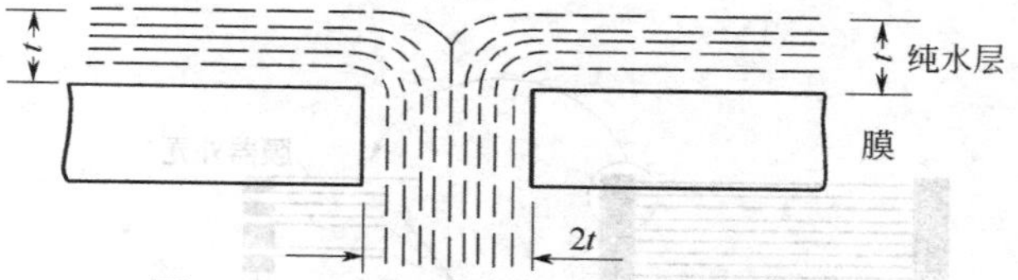

图 4-12　选择性吸着-毛细管流机理示意

4.2.3　反渗透处理的工艺设计

(1) 膜及膜组件

目前应用较多的反渗透膜主要有醋酸纤维素（CA）膜和芳香族聚酰胺膜两大类。膜组件由两种膜型——平板膜和管式膜安装组成，板框式和卷式膜组件使用平板膜，管式、毛细管式和中空纤维膜组件使用管式膜。图 4-13 列出了几种典型的膜组件构造形式。

板框式装置由一定数量的多孔隔板组合而成，每块隔板两面装有反渗透膜。在压力作用下，透过膜的淡化水在隔板内汇集并引出。

管式装置分为内压管式和外压管式两种。前者将膜镶在管的内壁，含盐水在压力作用下

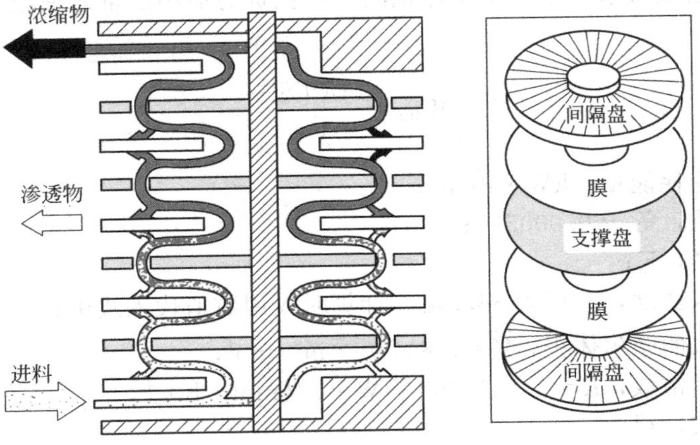

(a) 板框式膜组件(DDS公司，RO型)

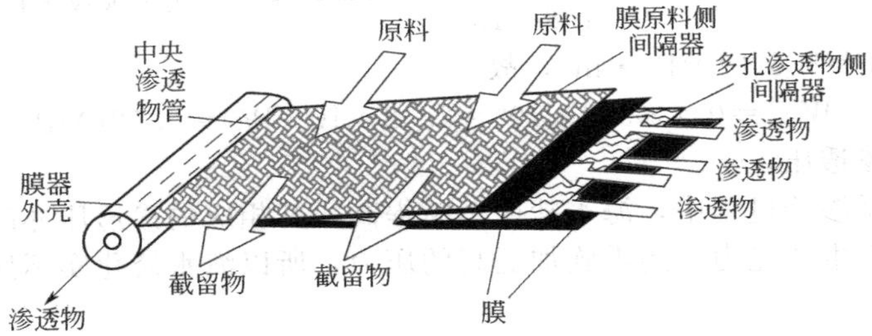

(b) 卷式膜组件

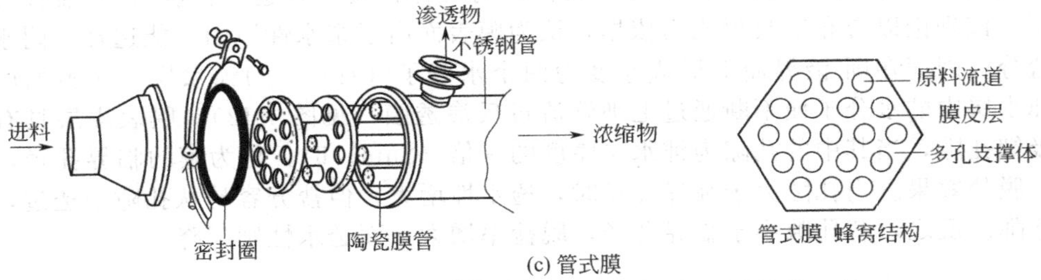

(c) 管式膜

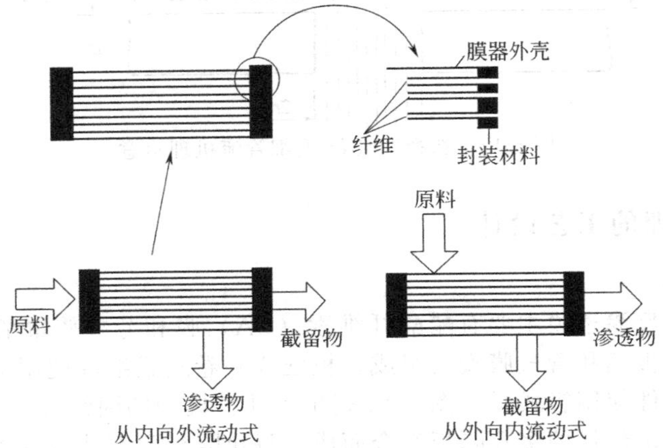

(d) 毛细管膜组件

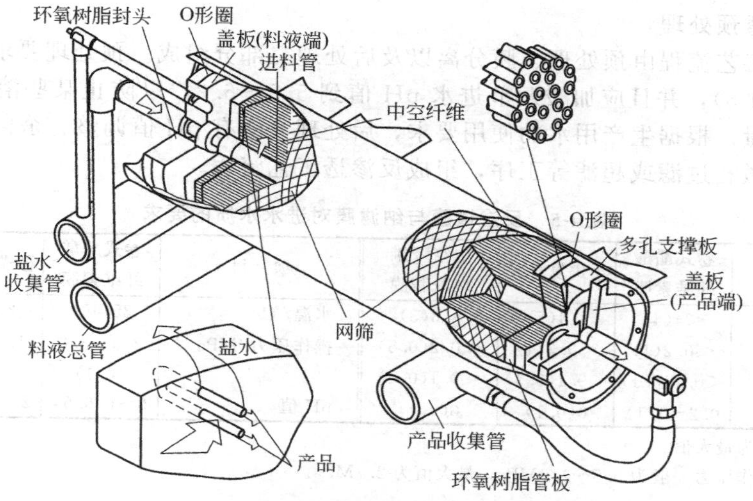

(e) Du Pont公司Permasep中空纤维反渗透膜组件

图 4-13 几种典型的膜组件构造形式

在管内流动，透过膜的淡化水通过管壁上的小孔流出；后者将膜铸在管的外壁，透过膜的淡化水通过管壁上的小孔由管内引出。

卷式装置如图 4-13(b) 所示，把导流隔网、膜和多孔支撑材料依次叠合，用黏合剂沿三边把两层膜黏结密封，另一开放边与中间淡水集水管连接，再卷绕一起。含盐水由一端流入导流隔网，从另一端流出，透过膜的淡化水沿多孔支撑材料流动，由中间集水管引出。

中空纤维式装置是把一束外径 50～100μm、壁厚 12～25μm 的中空纤维弯成 U 形，装于耐压管内，纤维开口端固定在环氧树脂管板中，并露出管板。透过纤维管壁的淡化水沿空心通道从开口端引出。该装置特点是膜的装填密度最大，而且不需外加支撑材料。

各种反渗透器的主要性能见表 4-3。部分反渗透器产品规格见表 4-4。

表 4-3 各种反渗透器的主要性能

类型	膜装填密度/(m^2/m^3)	操作压力/MPa	透水率/[$m^3/(m^2 \cdot d)$]	单位体积透水量/[$m^3/(m^3 \cdot d)$]
板框式	492	5.5	1.02	501
管式(外径 1.27cm)	328	5.5	1.02	334
卷式	656	5.5	1.02	668
中空纤维式	9180	2.8	0.073	668

注：原水 5000mg/L（以 NaCl 计），脱盐率 92%～96%。

表 4-4 部分反渗透器产品规格（用于咸水脱盐）

性能参数	中空纤维反渗透器				卷式反渗透器			
	A 型	B 型	C 型	D 型	A 型	B 型	C 型	D 型
膜材料	聚酰胺				醋酸纤维素			
直径/cm	10.2	10.2	10.2	20.3	10.2	10.2	20.3	20.3
长度/cm	44	64	119	122	102	102	102	102
产水量/(m^3/d)	5	9	16	60	8	6	32	26
最低脱盐率/%	90	90	90	90	95	97	95	97
运转压力/MPa	2.4～2.8	2.4～2.8	2.4～2.8	2.4～2.8	2.8～4.2	2.8～4.2	2.8～4.2	2.8～4.2
pH 值工作范围	4～11	4～11	4～11	4～11	4～6.5	4～6.5	4～6.5	4～6.5
进水 NaCl 浓度/(mg/L)	1500	1500	1500	1500	2000	2000	2000	2000
回收率/%	75	75	75	75	10	10	10	10
运转温度/℃	0～40	0～40	0～40	0～40	0～40	0～40	0～40	0～40

(2) 反渗透预处理

反渗透法工艺流程由预处理、膜分离以及后处理三部分组成。预处理要求进水水质达到规定指标（表 4-5），并且应加酸调节进水 pH 值到 5.5～6.2，以防止某些溶解固体沉积膜面而影响产水量。根据生产用水的使用要求，后处理方法有 pH 值调整、杀菌、终端离子交换树脂混床、微孔过滤或超滤等工序，组成反渗透工艺流程。

表 4-5 反渗透膜与纳滤膜对进水水质的要求

项目	卷式醋酸纤维素膜	卷式复合膜	中空纤维聚酰胺膜	项目	卷式醋酸纤维素膜	卷式复合膜	中空纤维聚酰胺膜
SDI	<4(4)	<4(5)	<3(3)	水温/℃	25(40)	25(45)	25(40)
浊度/NTU	<0.2(1)	<0.2(1)	<0.2(0.5)	操作压力/MPa	2.5～3.0 (4.1)	1.3～1.6 (4.1)	2.4～2.8 (2.8)
铁/(mg/L)	<0.1(0.1)	<0.1(0.1)	<0.1(0.1)				
游离氯/(mg/L)	0.2～1(1)	0(0.1)	0(0.1)	pH 值	5～6(6.5)	2～11(11)	4～11(11)

注：1. 括号内为最大值。
2. 纳滤膜的操作压力一般为 0.5～1.0MPa，最大值为 2.7MPa。

预处理方法有如下几类。

① 根据反渗透膜允许使用的温度和 pH 值范围，调整和控制 pH 值及进水温度。

② 用混凝沉淀和精密过滤相结合工艺，去除水中 0.3～1μm 以上的悬浮固体及胶体。用 5～25μm 过滤介质，去除水中悬浮固体。

③ 采用氯或次氯酸钠氧化可有效地去除可溶性、胶体状和悬浮性有机物，也可根据有机物种类采用活性炭去除。

④ 在反渗透分离过程中，可溶性无机物同时被浓缩。当可溶性无机物的浓度超出了它们的溶解度范围后，就会在水中沉淀并被截留在膜表面形成硬垢，因此要控制水的回收率。同时可将进水 pH 值调整在 5～6，以控制水中碳酸钙及磷酸钙的形成。亦可采用石灰法去除水中的钙盐，借助投加六偏磷酸钠防止硫酸钙沉淀。

⑤ 细菌、藻类、微生物易使膜表面产生软垢，可采用消毒法抑制其生长。

⑥ 超滤也可作为反渗透的预处理法以去除水中的油、胶体、微生物等物质。

(3) 膜分离工艺组件的组合方式

反渗透系统布置有单程式、循环式和多段式，见图 4-14。在单程式系统中，原水一次经过反渗透器处理，水的回收率（淡化水流量与进水流量的比值）较低。循环式系统有一部分浓水回流重新处理，可提高水的回收率，但淡水水质有所降低。多段式系统可充分提高水的回收率，用于产水量大的场合，膜组件逐段减少是为了保持一定流速以减轻膜表面浓差极化现象。

(4) 膜清洗工艺

膜清洗工艺是膜分离工艺的重要环节，分为物理法和化学法两大类。

物理法又可分为水力清洗、水气混合冲洗、逆流清洗及海绵球清洗。水力清洗主要采用减压后高速的水力冲洗以去除膜面污染物。水气混合冲洗是借助气液与膜面发生剪切作用而消除极化层。逆流清洗是在卷式或中空纤维式组件中，将反向压力施加于支撑层，引起膜透过液的反向流动，以松动和去除膜进料侧活化层表面污染物。

化学清洗法是采用清洗溶液对膜面进行清洗的方法。去除膜面的氢氧化铁污染多采用 1%～2%的柠檬酸铵水溶液。柠檬酸钠水溶液用盐酸将 pH 值调至 4～5，用于去除无机沉垢。高浓度盐水常被用于胶体污染体系。加酶洗剂对蛋白质、多糖类及胶体污染物有较好的清洗效果。乳化油废水，如机械加工企业的冷却液，以及羊毛加工企业的洗毛废水多采用表面活性剂和碱性水溶液对膜表面进行清洗。溶剂清洗法主要利用有机溶剂对膜表面污染物的溶解作用。例如乳胶污染常用低分子醇及丁酮，纤维油剂污染除用温水清洗外，还定期用工

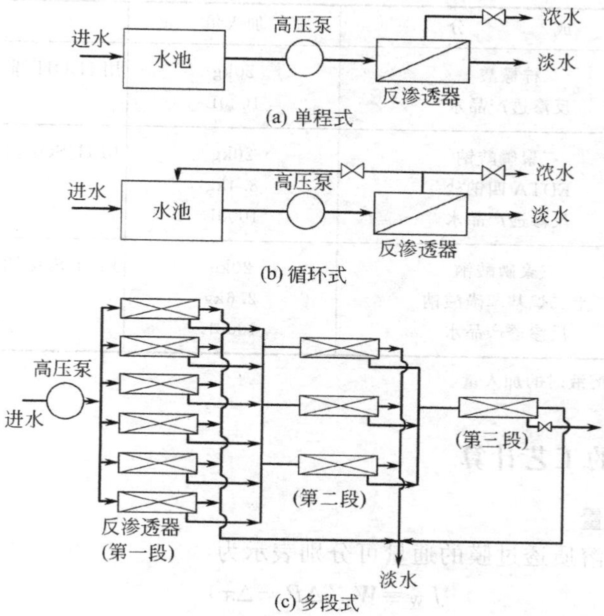

图 4-14　反渗透系统布置

业酒精清洗。

在化学清洗中，必须考虑到以下两点：①清洗剂必须对污染物有很好的溶解或分解能力；②清洗剂必须不污染和不损伤膜面。

因此，根据不同的污染物确定其清洗工艺时，要考虑到膜所允许使用的 pH 值范围、工作温度等。

表 4-6 是反渗透膜污染特征及处理方法，表 4-7 是反渗透膜常见清洗液配方，可供参考。

表 4-6　反渗透膜污染特征及处理方法

污染物及可能位置	一般特征	处理方法
钙类沉积物(一般为碳酸钙,发生于第二段)	脱盐率适度降低,系统压降适度增加,产水量稍降	用配方 1 清洗
氧化物(铁、镍、铜等的氧化物,常见于第一段)	脱盐率明显下降,系统压降明显升高,产水量明显降低	用配方 1 清洗
各类胶体(第一段)	脱盐率稍降,系统压降逐渐明显升高,产水量逐渐减少	用配方 2 清洗
硫酸钙、硫酸钡、硫酸锶(第二段)	脱盐率明显下降,系统压降稍有或适度增加,产水量降低	用配方 2 清洗
有机物(所有各段)	脱盐率可能适度降低,系统压降逐渐适度升高,产水量逐渐明显降低	用配方 2 清洗,严重时用配方 3 清洗
微生物(任何一段)	脱盐率可能明显降低,系统压降明显升高,产水量明显降低	0.1% NaOH + 0.2% $EDTA-Na_2$, pH 值 12 溶液清洗,再用 0.1% 甲醛溶液清洗

表 4-7 反渗透膜常见清洗液配方

清洗液	成　　分	加入量	pH 值调节
1	柠檬酸 反渗透产品水	20kg 1000L	用 NaOH 调节 pH 值至 4.0
2	三聚磷酸钠 EDTA 四钠盐 反渗透产品水	20kg 8.4kg 1000L	用 H_2SO_4 调节 pH 值至 10.0
3	三聚磷酸钠 十二烷基苯磺酸钠 反渗透产品水	20kg 2.6kg 1000L	用 H_2SO_4 调节 pH 值至 10.0

注：加入量为配制 1000L 溶液时的加入量。

4.2.4 反渗透装置的工艺计算

(1) 水与溶质的通量

反渗透过程中水和溶质透过膜的通量可分别表示为

$$J_W = W_p(\Delta P - \Delta\pi) \tag{4-3}$$

$$J_s = K_p \Delta C \tag{4-4}$$

式中 J_W——水透过膜的通量，$cm^3/(cm^2 \cdot s)$；

W_p——水的透过系数，$cm^3/(cm^2 \cdot s \cdot Pa)$；

ΔP——膜两侧的压力差，Pa；

$\Delta\pi$——膜两侧的渗透压差，Pa；

J_s——溶质透过膜的通量，$mg/(cm^2 \cdot s)$；

K_p——溶质的透过系数，cm/s；

ΔC——膜两侧的浓度差，mg/cm^3。

由上两式可知，在给定条件下，透过膜的水通量与压力差成正比，而透过膜的溶质通量则主要与分子扩散有关，因而只与浓度差成正比。所以提高反渗透器的操作压力不仅使淡化水产量增加，而且可降低淡化水中的溶质浓度。另一方面，在操作压力不变的情况下，增大进水的溶质浓度将使水通量减小，溶质通量增大，这是由于原水渗透压增高以及浓度差加大所造成的结果。

图 4-15 表示进水压力恒定时反渗透水通量与回收率（m＝淡化水流量/进水流量）的关系。由图可知，水通量随水的回收率增大而减小；当原水含盐量增大时，水通量亦减小。图 4-16 表示反渗透淡水水质与回收率的关系。该图说明淡水水质随回收率增加而变差；当原水含盐量增大时，淡水含盐量亦增加。

(2) 脱盐率

反渗透的脱盐率（或溶质去除率）表示为膜两侧的含盐浓度差与进水含盐量的比率，即

$$R = \frac{C_b - C_f}{C_b} \times 100\% \tag{4-5}$$

式中 C_b——进水含盐量，mg/L；

C_f——淡化水含盐量，mg/L。

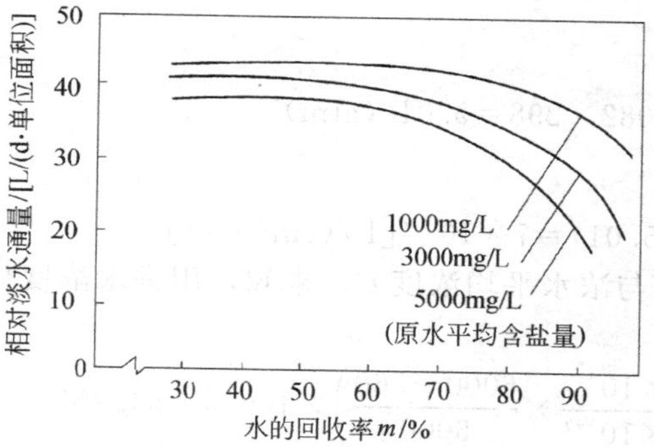

图 4-15 进水压力恒定时反渗透水通量与回收率的关系

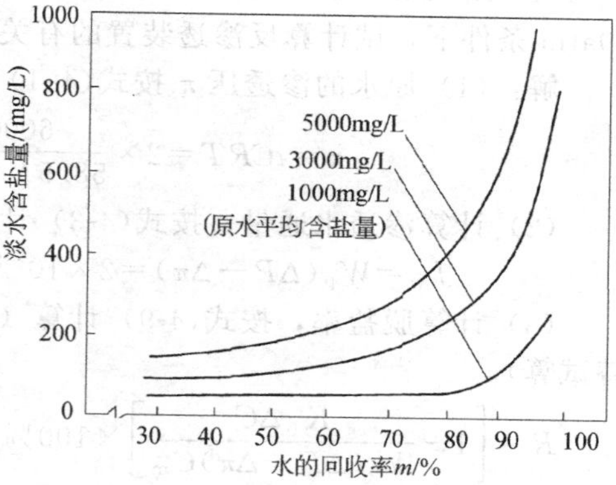

图 4-16 反渗透淡水水质与回收率的关系

式(4-5) 仅适用于间歇反渗透。实际反渗透装置中，膜面水流量由于渗出淡水而减小，导致含盐浓度逐渐增大，因此含盐量是变化的。反渗透过程中的物料衡算关系为

$$QC_b=(Q-Q_f)C_c+Q_fC_f \tag{4-6}$$

这里进水流量 Q 与淡化水流量 Q_f 以 L/s 表示，C_b、C_c、C_f 分别表示进水、浓水、淡化水中的含盐量，均以 mg/L 表示。在此情况下，膜进水侧的含盐量平均浓度 C_m 可表示为

$$C_m=\frac{QC_b+(Q-Q_f)C_c}{Q+(Q-Q_f)} \tag{4-7}$$

脱盐率可写成

$$R=\frac{C_m-C_f}{C_m} \quad 或 \quad \frac{C_f}{C_m}=1-R \tag{4-8}$$

由于 $J_s=J_wC_f$，故

$$R=1-\frac{J_s}{J_wC_m}=1-\frac{K_p\Delta C}{W_p(\Delta P-\Delta\pi)C_m} \tag{4-9}$$

(3) 淡化水的含盐量

淡化水含盐量可用近似法进行计算。首先假定 $C_f=0$，式(4-6) 简化为

$$QC_b=(Q-Q_f)C_c$$

此时，膜进水侧的含盐量平均浓度

$$C_m=\frac{2QC_b}{2Q-Q_f}=\frac{2C_b}{2-\dfrac{Q_f}{Q}}=\frac{2C_b}{2-m} \tag{4-10}$$

$$m=Q_f/Q$$

式中 m——水的回收率，即淡化水流量与进水流量的比值。

将式(4-10) 代入式(4-8)，得

$$C_f=C_m(1-R)=\frac{2C_b}{2-m}(1-R) \tag{4-11}$$

将上式算得的 C_f 初值代入式(4-6)，再由式(4-7) 和式(4-8) 求得 C_f 的新值，即为淡化水的含盐量。对用于苦咸水淡化的醋酸纤维素膜，初步计算时，其脱盐率可按 90%考虑。

计算实例 原水含盐量为 6000mg/L 的 NaCl，水温 25℃，用反渗透器除盐，要求除盐后的含盐量降到 560mg/L 左右。淡水产量为 $4000m^3/d$，设水力渗透系数根据试验为 $W_p=$

2×10^{-8} L/(cm^2·s·atm[1])，溶质渗透系数 $K_p=4\times10^{-8}$ L/(cm^2·s)，在操作压力为40atm条件下，试计算反渗透装置的有关参数。

解：(1) 原水的渗透压 π 按式(4-1) 计算。

$$\pi=iCRT=2\times\frac{6000}{58.5\times1000}\times0.082\times298=5.01\ (\text{atm})$$

(2) 计算渗透水通量，按式(4-3) 计算。

$$J_w=W_p(\Delta P-\Delta\pi)=2\times10^{-8}\times(40-5.01)=7\times10^{-7}[\text{L}/(\text{cm}^2\cdot\text{s})]$$

(3) 计算脱盐率，按式(4-9) 计算（注意进水与浓水平均浓度 C_m 未知，用进水浓度代替试算）。

$$R=\left[1-\frac{K_p\Delta C}{W_p(\Delta P-\Delta\pi)C_m}\right]\times100\%=\left(1-\frac{4\times10^{-8}}{7\times10^{-7}}\times\frac{6000-560}{6000}\right)\times100\%=94.8\%$$

(4) 求淡水含盐量 C_f

设水的回收率 $m=90\%$，则浓水量 Q_c 为

$$Q_c=\frac{Q_f}{m}-Q_f=\frac{4000}{0.9}-4000=444\ (\text{m}^3/\text{d})$$

故原水的流量为

$$Q=Q_f+Q_c=4000+444=4444\ (\text{m}^3/\text{d})$$

用试算法计算淡化水的含盐量。先假定 C_f 等于零，由式(4-10) 有

$$C_m=\frac{2C_b}{2-m}=\frac{2\times6000}{2-0.9}=10909\ (\text{mg/L})$$

由式(4-11) 可得

$$C_f=C_m(1-R)=10909\times(1-0.948)=567\ (\text{mg/L})$$

将此值代入式(4-6) 以求 C_c，并用式(4-7) 和式(4-11) 进行重复计算，得出比较正确的 C_c 值如下。

$$C_c=\frac{QC_b-Q_fC_f}{Q-Q_f}=\frac{4444\times6000-4000\times567}{4444-4000}=54946\ (\text{mg/L})$$

$$C_m=\frac{QC_b+(Q-Q_f)C_c}{Q+(Q-Q_f)}=\frac{4444\times6000+444\times54946}{4444+444}=10446\ (\text{mg/L})$$

$$C_f=C_m(1-R)=10446\times(1-0.948)=543\ (\text{mg/L})$$

C_f 值与命题要求的560mg/L接近，此时浓水一侧的平均渗透压力

$$\pi=iC_mRT=2\times\frac{10446}{58.5\times1000}\times0.082\times298=8.73\ (\text{atm})$$

淡水平均通量

$$J_w=W_p(\Delta P-\Delta\pi)=2\times10^{-8}\times(40-8.73)=6.25\times10^{-7}[\text{L}/(\text{cm}^2\cdot\text{s})]$$
$$=6.25\times10^{-4}[\text{cm}^3/(\text{cm}^2\cdot\text{s})]=0.54\ [\text{m}^3/(\text{m}^2\cdot\text{d})]$$

考虑到膜的垢与压实等因素，设计的淡水实际通常按75%计算，即

$$J_w=0.54\times0.75=0.405\ [\text{m}^3/(\text{m}^2\cdot\text{d})]$$

则需要的膜面积

$$A=\frac{Q_f}{J_w}=\frac{4000}{0.405}=9876.5\ (\text{m}^2)$$

根据此膜面积可选择反渗透元件数与设备。

---

[1] 1atm=101325Pa，下同。

4.2.5 反渗透在水处理中的应用

(1) 海水淡化

常用的二级除盐法就是先通过第一级膜过程，从含盐量为3.5%NaCl的海水中制取含盐量为3000～4500mg/L的除盐水，然后把这种盐水作为第二级过程的料液，制得含盐量在500mg/L以下的淡水。两级淡化水，无论是第一级还是第二级，膜的除盐率只要在80%～95%即可，运行压力在5～7MPa。二级除盐法的运行可靠性很高，对膜及其附属设备要求则要低于一级除盐法。

(2) 苦咸水淡化

苦咸水一般是指含盐量在1000～5000mg/L的湖水、河水及地下水。对于这种水可用一级淡化工艺制取含盐量在500mg/L以下的脱盐水。由于原水含盐较低，它的渗透压也比较低，因此可在操作压力2～3MPa下运行。若对脱盐率要求不高（一般为90%～95%）时，水透过速度可达0.5～0.8$m^3/(m^2 \cdot d)$。用反渗透法淡化苦咸水的工艺已很成熟。

日本鹿岛钢厂建成了产水量为13900m^3/d的反渗透脱盐装置，用于离子交换装置的预脱盐。由于原水系地表水，水的含盐量高，其中有机物、微生物、藻类繁多，同时受海水倒灌的影响，水中Cl^-浓度高达800mg/L，因此对原水进行了一系列的预处理。整个系统流程如图4-17所示。

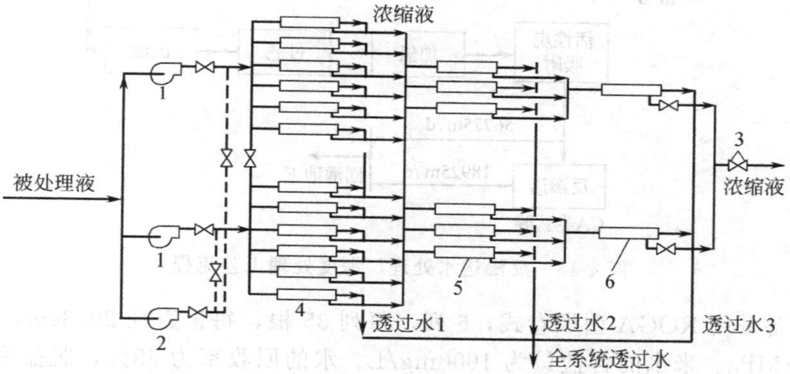

(a) 流程

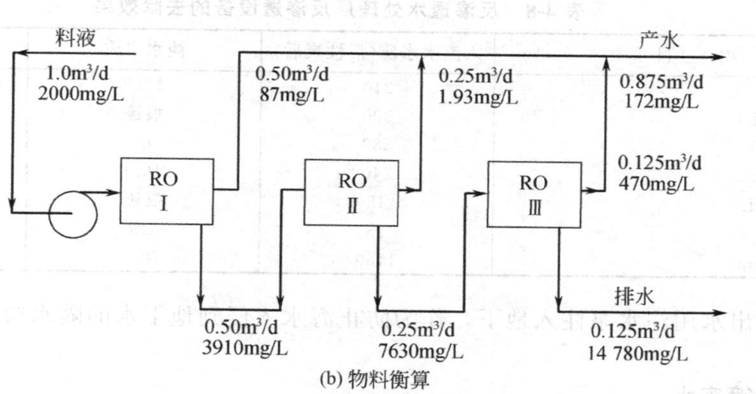

(b) 物料衡算

图4-17 一级三组苦咸水淡化反渗透流程及物料衡算示意

1—高压泵；2—备用高压泵；3—压力和流量控制阀；4—第一级RO组件；5—第二级RO组件；6—第三级RO组件

该流程可分为三个部分。

① 前处理系统　它包括用 NaClO 杀菌，聚合氯化铝（PAC）混凝沉淀分离，双层过滤器和精密过滤器，用 H_2SO_4 调节 pH 值，最后经保安过滤器过滤。为防止瞬时水质恶化还设置了粉状活性炭注入装置，必要时加入到混凝沉降槽中以降低 COD 值，经前处理的原水 SDI<2。

② 反渗透系统　采用三级串联排列方式，每级又并联不同数量的组件，膜组件均为醋酸纤维素膜的螺旋式装置。操作压力为 3MPa，水的平均回收率大于 84%，脱盐率为 95%，各个反渗透装置的高压泵和给水配管共用，以提高泵的运转效率。

③ 后处理系统　包括将反渗透的酸性脱盐水在脱气塔内除 CO_2 气体，以及用活性炭除去残余氯。

(3) 城市污水深度处理

国外某污水处理厂采用反渗透法处理二级出水，进行深度处理。处理污水量为 18925m^3/d，该厂的深度处理工艺流程如图 4-18 所示。

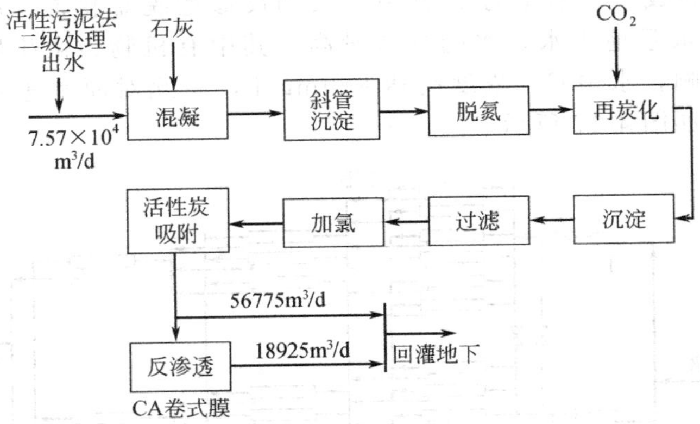

图 4-18　反渗透水处理厂深度处理工艺流程

反渗透设备采用 ROGA 型螺卷式，6 列，每列 35 根，每根直径 20.3cm，长 6.9m。工作压力为 4.12MPa。来水的含盐量为 1000mg/L。水的回收率为 85%，脱盐率为 90%。该厂反渗透设备的去除效果见表 4-8。

表 4-8　反渗透水处理厂反渗透设备的去除效果

项　目	入流水水质(活性炭后)	淡水水质	混合注水水质
钠/(mg/L)	210	11.0	108.0
总硬度/(mg/L)	300	痕迹	—
SO_4^{2-}/(mg/L)	280	0.8	121.0
Cl^-/(mg/L)	240	16.0	103.0
NH_3-N/(mg/L)	45	痕迹	0.86
COD/(mg/L)	15	1.5	10.0
电导率/(μS/cm)	1460	70.0	784.0

该厂的出水用注水泵注入地下，作为防止海水入侵到地下水的隔水层及部分用于补充地下水用。

(4) 电镀废水

反渗透法处理电镀废水的典型工艺流程如图 4-19 所示。

反渗透法处理镀镍废水，组件多采用内压管式或卷式。采用内压管式组件，在操作压力

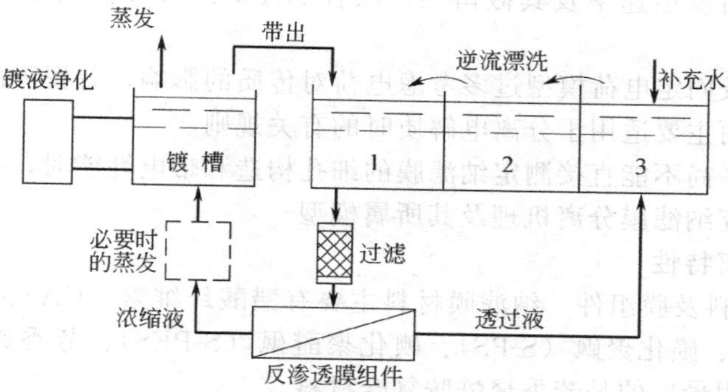

图 4-19　反渗透法处理电镀废水的典型工艺流程

为 2.7MPa 左右时，Ni^{2+} 分离率为 97.2%～97.7%，水通量为0.4m^3/(m^2·d)，镍回收率大于 99%。根据电镀槽规模不同，可在 7～20 个月内收回反渗透装置的投资。

反渗透法处理镀铬废水，膜多采用耐酸耐氧化性能的聚砜酰胺膜。当含铬废水 $Cr_2O_7^{2-}$、CrO_4^{2-} 浓度为 5000mg/L，操作压力为 4MPa 时，水通量为 0.16～0.2m^3/(m^2·d)，铬去除率为 93%～97%。当废水中的 $Cr_2O_7^{2-}$、CrO_4^{2-} 浓缩至 15000mg/L 后，可回用于镀槽，最终实现了镀铬废水的闭路循环。

4.2.6　纳滤的分离特性及其应用

纳滤（NF）膜是近十几年发展起来的，分离需要的压力一般为 0.5～2.0 MPa，比用反渗透膜达到同样的渗透通量所必须施加的压差低 1～5MPa。根据操作压力和分离界限，可以定性地将纳滤排在超滤和反渗透之间，有时也把纳滤膜称为“低压反渗透”。20 世纪 70 年代 Caditte 研究 NS-300 膜，即为研究纳滤膜的开始。当时，以色列脱盐公司用“混合过滤（Hybrid Filtration）”来表示介于超滤与反渗透之间的膜分离过程。后来美国的 Film-Tech 公司把这种膜技术称为纳滤。之后，纳滤膜发展得很快，膜组件于 80 年代中期商品化。纳滤膜孔径处于纳米级，它具有两个显著特征：一个是其截留分子量在 200～500，另一个是纳滤膜对无机盐有一定的截留率。

(1) 纳滤的分离机理

纳滤的分离机理处于研究阶段，很不成熟。大致说来纳滤分离以毛细管渗透筛分机理为主，某些情况下膜电荷对电解质分离起到很大的辅助作用。目前用于描述纳滤膜分离机理的模型主要有立体阻碍-细孔模型和电荷模型（包括空间电荷模型和固定电荷模型）。

① 立体阻碍-细孔模型　该模型假定膜分离层具有均一的细孔结构，认为溶质的传递是由于膜两侧的压力差引起的对流扩散和浓度梯度引起的分子扩散，溶质受到的空间阻碍作用以及溶质与孔壁之间相互作用影响溶质的传递过程。该模型主要适用于分离非电解质时的有关规则。

② 电荷模型　电荷模型根据对膜结构的假设分为空间电荷模型（the Space Charge Model）和固定电荷模型（the Fixed Charge Model）。

空间电荷模型假定膜分离层由孔径均一且壁面上电荷密度均匀的微孔构成，其细孔内也充满电荷，离子浓度和电位在膜面和膜孔面上分布不一。该模型主要描述离子在膜内传递过程中离子浓度和电位关系，以及膜内离子电导率、体积透过通量等之间的关系。

固定电荷模型假定膜分离层由凝胶相构成，其上固定电荷分布均匀且对被分离的电解质或离子作用相同，离子浓度和电位在传递方向具有一定梯度。该模型主要描述膜浓差电位、溶剂和电解质在膜内渗透速率及其截留性，联合 Nerst-Planck 扩散方程可以预测纳滤膜对离子截留率。

空间电荷模型及固定电荷模型过多考虑电荷对传质的影响，忽视膜的结构参数作用及其对传质的影响，因而主要适用于分离电解质时的有关规则。

在目前技术水平尚不能直接测定纳滤膜的细孔构造和带电性能时，根据试验条件和测试数据，可以具体研究纳滤膜分离机理及其所属模型。

(2) 纳滤的分离特性

① 纳滤膜的材料及膜组件　纳滤膜材料主要有醋酸纤维素（CA）、醋酸纤维素-三醋酸纤维素（CA-CTA）、磺化聚砜（S-PS）、磺化聚醚砜（S-PES）、芳香族聚酰复合材料及无机材料等。目前应用最广的是芳香聚酰胺复合材料。

纳滤过程的经济性和实用性决定于组件的价格与性能，它对组件的机械强度、流体力学结构及经济性都有较高的要求。目前用于纳滤过程的组件，分别是管式、板框式、卷式及中空纤维式，它们有着不同的性能及操作条件，见表 4-9。在纳滤过程中卷式和中空纤维式膜组件较为适用。

表 4-9　膜组件用于纳滤时的性能及操作条件

比较项目	管式	板框式	卷式	中空纤维式
填充密度/(m^2/m^3)	20	150	250	1800
膜清洗难度	内压式易，外压式难	易	难	难
膜更换难度	内压式难，外压式易	一般	易	易
原水预处理成本	低	中等	高	高
价格	高	高	低	低

② 纳滤膜对有机物的分离　不同纳滤膜对有机物的分离截留效果见图 4-20。

由图 4-20 可见，纳滤膜一般对相对分子质量在 200 以上的有机物具有较好的去除率（大于 90%），纳滤膜的截留分子量（MWCO）为 200～500 也是针对这一点的，这主要指的是一种孔径的物理截留作用。纳滤膜的 MWCO 大于反渗透膜的 MWCO(100)，而小于超滤膜的 MWCO(1000 以上)。纳滤膜对有机物的去除受操作压力、进水浓度、pH 值、进水有机物性质等因素的影响。图 4-21 是纳滤膜对不同性质有机物去除效率的对比。图中亲水部

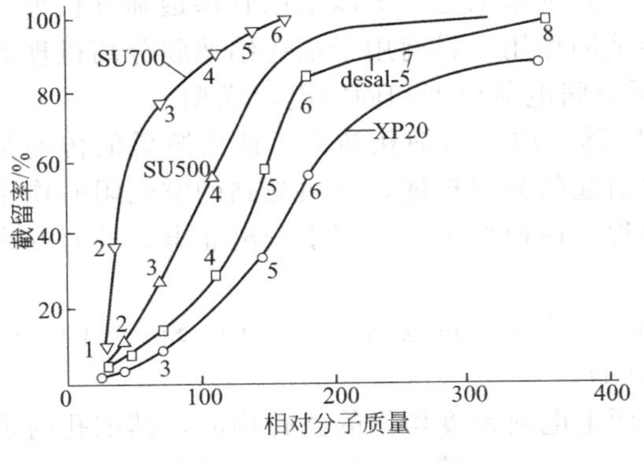

图 4-20　纳滤膜对有机物的截留效果

1—甲醇；2—乙醇；3—正丁醇；4—二丁醇；5—三甘醇；6—葡萄糖；7—蔗糖；8—乳糖

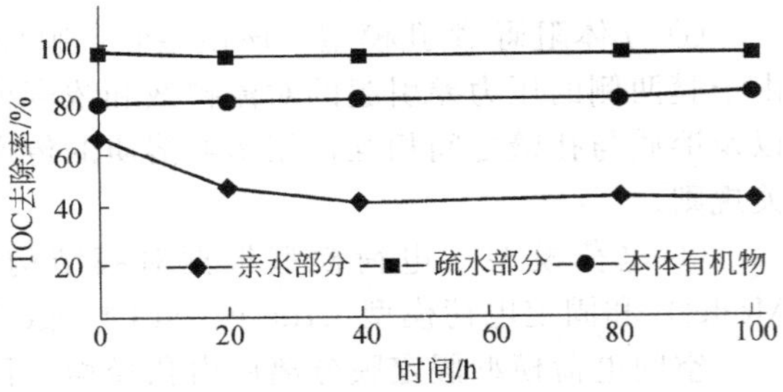

图 4-21　纳滤膜对不同性质有机物去除效率的对比

分有机物、疏水部分有机物以及未分级的本体有机物维持同样的有机物浓度（TOC 为 1mg/L）。在同样的操作条件下，纳滤膜对它们的去除效率相差很大，纳滤膜对疏水性的有机物去除效果最好（>97.5%），而亲水性的有机物一般为小分子有机物，截留率较低，易于与水分子一起透过纳滤膜。这说明了纳滤膜对有机物去除的选择性。

③ 纳滤膜对无机物的分离　纳滤膜对无机离子的去除效率介于反渗透和超滤之间，它对不同的无机离子有不同的分离特性，如它对 Mg^{2+}、Ca^{2+}、SO_4^{2-} 的去除效率远远高于对 Na^+、Cl^- 等的去除效率，这是纳滤膜与反渗透膜分离性能的主要差别。从不同膜对不同离子的透过系数对比中可以看出纳滤与反渗透的区别（见表 4-10）。

表 4-10　不同膜元件的离子透过系数

离子种类	醋酸纤维素 RO 膜	聚酰胺复合 RO 膜	PVD 纳滤膜	离子种类	醋酸纤维素 RO 膜	聚酰胺复合 RO 膜	PVD 纳滤膜
Ca^{2+}	0.1	0.25	0.46	SO_4^{2-}	0.05	0.25	0.005
Mg^{2+}	0.1	0.25	0.38	Cl^-	1.0	1.0	1.0
Na^+	1.0	1.2	0.86	F^-	0.5	2.0	2.0
K^+	1.3	1.5	1.5	NO_3^-	2.0	2.0	2.0
NH_4^+	3.0	1.5	1.5	SiO_2	2.0	0.5	0.5
HCO_3^-	0.4	1.8	0.65				

注：表中离子透过系数是以 Cl^- 的透过率 1 为基准。

膜对具体无机离子的透过系数是与膜对该离子的截留率相反的概念。某一离子的透过系数越大，那么相应地，这种膜对这种离子的截留率越小。从上述数据可以看出，PVD 纳滤膜对水中的高价离子的截留率较高。以截留率从小到大的次序，列出该纳滤膜对水中具体离子的去除效率为：$SO_4^{2-}>Mg^{2+}>Ca^{2+}>SO_3^{2-}>HCO_3^->Na^+>Cl^->K^+>NH_4^+>F^->NO_3^-$。而且纳滤膜相对于反渗透膜来说，阴离子的透过率明显降低，一般的纳滤膜的去除规律也基本与此相似。

（3）纳滤的工程应用

① 染料废水处理及染料回收　某高校利用图 4-22 所示的试验装置对染料废水进行纳滤法处理效果进行了研究。

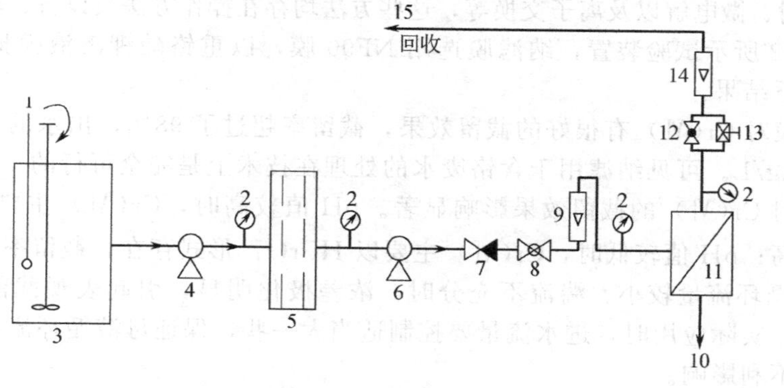

图 4-22　试验装置流程

1—pH 值调节；2—压力表；3—废水池；4—增压泵；5—微滤器；6—高压泵；7—单向阀；8—球阀；9，14—流量计；10—膜产水；11—纳滤器；12—调节阀；13—电磁阀；15—浓液

染料废水水量大，色度深（500～50 万倍），浓度高（COD 1000～10^5 mg/L），含盐量高（有时达 10%～25%），成分复杂，具有毒性大、难降解、难生化等特点。目前生化法处理常需大量稀释，即使如此，处理仍难达标。

采用纳滤技术处理水溶性染料废水，回收有用染料，透过水可直接排放或进一步处理回用。图 4-22 的试验装置中，纳滤膜采用 NF270，考察其对染料直接黑、活性艳红、酸性橙Ⅱ和酸性大红的处理效果，有如下结果。

a. 染料废水浓度增加，膜对其截留率逐渐升高。当以上几种染料的浓度大于 0.5%(5g/L) 时，截留率达到 99.5%以上。这证明纳滤膜应用于染料废水时，其分离性能很好。

b. 膜的产水量整体上随进料浓度升高而呈下降趋势，但膜的产水量仍在50L/(m^2 · h) 以上。

c. 纳滤技术可用于染料工业废水的处理和回用。只要选择合适的纳滤膜，控制好操作条件，可将染料截留并回收；透过水可以排放或进一步简单处理回用，实现对高浓度难降解染料废水的资源化回收。

② 中药提取液回收　中草药有效成分的提取浓缩一般都采用水提醇沉法。这是用水作溶剂获得中药提取液，再用不同浓度（50%～70%左右）的乙醇沉淀分离。这需要消耗大量的能量。

某高校试验研究纳滤法直接从提取液中分离提取中草药以替代醇沉法（药液采用南京同仁堂制药厂牛黄清心丸提取液），结果如表 4-11 所列。

表 4-11　牛黄清心丸提取液纳滤分离效果

项　目	进水水质	出水水质	去除率/%
COD/(mg/L)	165×10^4	87×10^4	47.3
乙醇/(g/L)	486	476	2.06
色度	65536	64	99.9

由表 4-11 可知：纳滤膜对乙醇几乎不截留，仅为 2.05%；由于提取液中药的有效成分呈直链环烷等结构，对提取液中有效成分完全截留（出水 COD 几乎全部由乙醇组成）。因此采用纳滤膜分离牛黄清心丸提取液，既可以获得牛黄清心丸有效成分（浓液），又可以分离出乙醇（膜的产水）。

③ 纳滤处理含铬废水的试验研究　纳滤膜对无机离子也有相当的截留率。东南大学采用 NF90 膜处理含铬废水，取得试验成果。目前处理含铬废水或从废水中回收铬的方法有化学还原、沉淀、吸附、微电解以及离子交换等，这些方法均存在操作方法及设备、药品上的问题。

采用图 4-22 所示试验装置，纳滤膜选用 NF90 膜，以重铬酸钾溶液模拟含铬废水进行试验，得出如下结果。

a. NF90 膜对 Cr(Ⅵ) 有很好的截留效果，截留率超过了 98%，出水的 Cr(Ⅵ) 浓度整体上低于 0.5mg/L。可见纳滤用于含铬废水的处理在技术上是完全可行的。

b. pH 值对 Cr(Ⅵ) 的截留效果影响显著。pH 值较高时，Cr(Ⅵ) 主要以 CrO_4^{2-} 形式存在，截留率高；pH 值较低时，Cr(Ⅵ) 主要以 $HCrO_4^-$ 形式存在，截留率低。

c. 当母液循环流量较小、湍流不充分时，浓差极化明显，引起表观截留率随压力升高而下降的现象。实际应用时，进水流量要控制适当大一些，保证母液循环流量充分以减轻浓差极化带来的不利影响。

4.3 超滤

早在 1861 年，Schmidt 首次在过滤领域提出超滤（UF）概念。20 世纪70～80 年代超滤技术高速发展，应用面越来越广，使用量越来越大。目前，我国已开发了多种不同结构型式的超滤器，并在纯水、超纯水制备和溶液浓缩分离、工业废水处理等多领域得到广泛应用。

4.3.1 超滤的工作原理

由于超滤膜具有精密的微细孔，超滤虽无去除无机盐和溶解性有机物等小分子的性能，但对于截留水中的细菌、病毒、胶体、大分子等微粒相当有效，而且操作压力低，设备简单。因此超滤用于纯水终端处理是较为理想的处理方法。此外，超滤亦广泛应用于医药工业、食品工业以及工业废水处理等各个领域。其净化机理见图 4-23。在外力的作用下，被分离的溶液以一定的流速沿着超滤膜表面流动，溶液中的溶剂和低分子量物质、无机离子，从高压侧透过超滤膜进入低压侧，并作为滤液而排出；而溶液中高分子物质、胶体微粒及微生物等被超滤膜截留，溶液被浓缩并以浓缩液形式排出。由于它的分离机理主要是借机械筛分作用，膜的化学性质对膜的分离特性影响不大，因此可用微孔模型表示超滤的传质过程。

图 4-23 超滤净化机理

4.3.2 超滤的运行操作方式

超滤的基本操作有两种，一种是间歇式操作，另一种是连续式操作。此外，还有重过滤操作。

(1) 间歇式操作

间歇式操作常用于小规模生产。从保证膜透过通量来看，这种方式效率最高，因为膜始终可保证在最佳浓度范围内进行操作。在低浓度操作时，可得到较高的膜透过通量。图4-24是间歇式超滤过程。

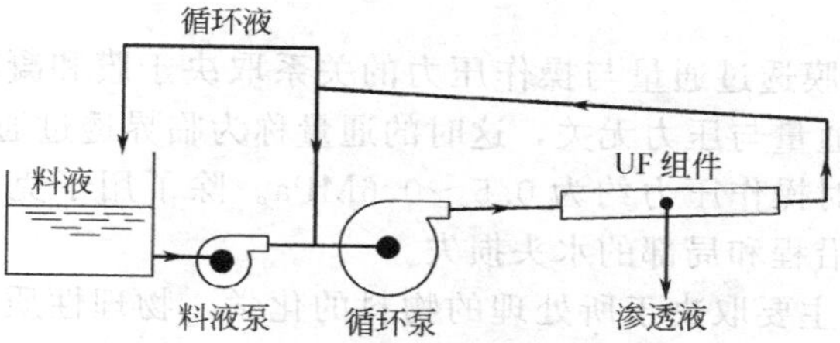

图 4-24 间歇式超滤过程

(2) 连续式操作

连续式操作常用于大规模生产。由于需要分离物料的生产量常比控制浓差极化所需的最小流量还小，因此运行时采用部分循环方式，而且循环量常比料液量大得多。这种系统实际上是由密闭式循环操作串联起来的，如图 4-25 所示。

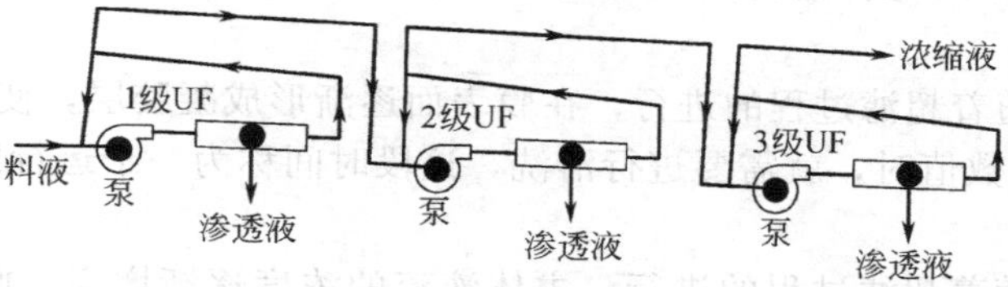

图 4-25 多级连续式超滤过程

(3) 重过滤操作

重过滤操作用于大分子和小分子的分离。料液中含有各种大小分子溶质的混合物，如果不断加入纯溶剂（水）以补充滤出液的体积，这样低分子组分就逐渐被清洗出去，从而实现大小分子的分离。重过滤过程如图 4-26 所示。

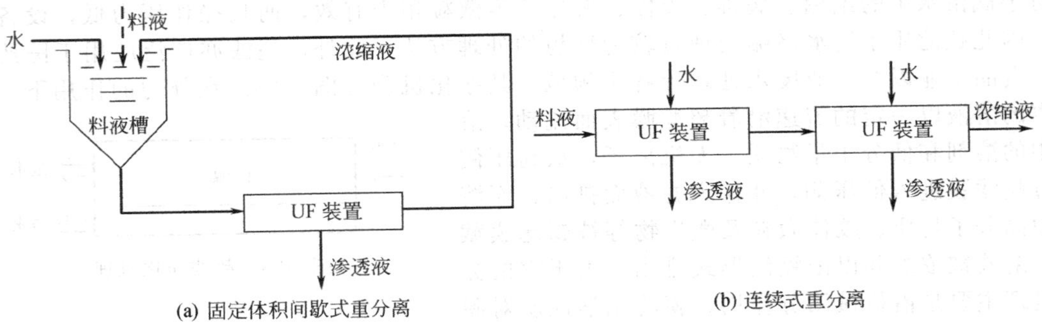

(a) 固定体积间歇式重分离　　(b) 连续式重分离

图 4-26　重过滤过程示意

4.3.3　超滤运行操作的影响因素

超滤的操作压力为 0.1～0.6MPa，温度为 60℃时，超滤透过通量为 1～500L/(m^2·h)，一般为 1～100L/(m^2·h)。低于 1L/(m^2·h) 时，实用价值不大。超滤透过通量的影响因素如下。

① 料液流速　提高料液流速虽然对减缓浓差极化，提高透过通量有利，但需提高料液压力，增加能耗。一般紊流体系中流速控制在 1～3m/s，在层流体系中流速小于 1m/s。

② 操作压力　超滤膜透过通量与操作压力的关系取决于膜和凝胶层的性质。超滤过程为凝胶化模型，膜透过通量与压力无关，这时的通量称为临界透过通量。实际超滤操作应在极限通量附近进行，此时操作压力约为 0.5～0.6MPa。除了用于克服通过膜和凝胶层的阻力外，还要克服液流的沿程和局部的水头损失。

③ 温度　操作温度主要取决于所处理的物料的化学、物理性质。由于高温可降低料液的黏度 μ，增加传质效率，提高透过通量，因此应在允许的最高温度下进行操作。温度 T 与扩散系数 D 的关系可用式(4-12) 表示。

$$\frac{\mu D}{T}=\text{常数} \tag{4-12}$$

由上式可见，温度 T 越高，黏度 μ 变小，而扩散系数 D 则增大。例如，酶最高温度为 25℃，电泳涂料为 30℃，蛋白质为 55℃，制奶工业为 50～55℃，纺织工业脱浆废水回收 PVA 时为 85℃。

④ 运行周期　随着超滤过程的进行，在膜表面逐渐形成凝胶层，使透过通量逐步下降，当通量达到某一最低数值时，就需要进行清洗，这段时间称为一个运行周期。运行周期的变化与清洗情况有关。

⑤ 进料浓度　随着超滤过程的进行，主体液流的浓度逐渐增高，此时黏度变大，使凝胶层厚度增大，从而影响透过通量。因此对主体液流应定出最高允许浓度。不同料液超滤的最高允许浓度列于表 4-12 中。

表 4-12　不同料液超滤的最高允许浓度

料液名称	最高允许浓度/%	料液名称	最高允许浓度/%
颜料和分散染料	30～50	植物、动物细胞	5～10
油水乳化液	50～70	蛋白和缩多氨酸	10～20
聚合物乳胶和分散体	30～60	多糖和多聚糖	1～10
胶体、非金属、氧化物、盐	不定	多元酚类	5～10
固体、泥土、尘泥	10～50	合成水溶性聚合物	5～15
低分子有机物	1～5		

⑥ 料液的预处理　为了提高膜的透过通量，保证超滤膜正常稳定运行，根据需要应对料液进行预处理。通常采用的预处理方法有沉淀、混凝、过滤、吸附等。

⑦ 膜的清洗　膜必须进行定期清洗，以保持一定的透过通量，并能延长膜的使用寿命。清洗方法一般根据膜的性质和被处理料液的性质确定。一般先以水力清洗，然后再根据情况采用不同的化学洗涤剂进行清洗。例如对电涂材料可选用含离子的增溶剂，对水溶性有机涂料可用“桥键”型溶剂清洗。食品工业中蛋白质沉淀可用朊酶溶剂或磷酸盐、硅酸盐为基础的碱性去垢剂。膜表面由无机盐形成的沉淀可用 EDTA 之类的螯合剂或酸、碱加以溶解。对不同的膜组件，可以采用不同的清洗方法。例如，管式组件可用海绵球进行机械清洗，中空纤维式组件可用反向冲洗等。膜组件的清洗方法见表 4-13。

表 4-13　膜组件的清洗方法

膜面污染物质	清洗方法	膜面污染物质	清洗方法
有机悬浮物	(1)～(6)	硬质垢	
软质垢 $Al(OH)_3$, $Fe(OH)_3$, $Mn(OH)_3$	(1)(2)(4)(6)	$CaSO_4$, $MgSO_4$, $BaSO_4$	(2)(3)(4)(6)
微生物	(3)(5)	$CaCO_3$, $MgCO_3$	

注：(1) 水洗（热水、脉冲、空气-水混合冲洗）；(2) 酸洗（HCl、H_2SO_4、草酸、柠檬酸）；(3) 碱洗（NaOH、Na_2CO_3）；(4) 化学药剂（EDTA、表面活性剂）；(5) 酵母清洗剂；(6) 机械清洗。

膜的寿命是生产厂提供的膜在正常使用条件下可以保证使用的最短时间。一般在规定的料液和压力下，在允许的 pH 值范围内，温度不超过 60℃时，超滤膜可使用 12～18 个月。如膜清洗不佳，会使膜的寿命缩短。

4.3.4　超滤的工艺设计

(1) 超滤的产水量

超滤可根据渗透压现象与反渗透加以区别。相对分子质量小于 300 的溶质在水溶液中显示出高度的溶解性，可以具有很高的渗透压。而在超滤中，这些微小溶质却容易透过膜，被截留的大分子，其溶液渗透压较低，可忽略不计，所以超滤可在低压下进行。在此条件下，水和溶质的通量以及溶质去除率有如下关系。

$$J_w=\frac{P_w}{\delta_m}\Delta P \tag{4-13}$$

$$J_s=\frac{P_s}{\delta_m}(C_b-C_f) \tag{4-14}$$

$$R=\frac{C_b-C_f}{C_b} \tag{4-15}$$

$$J_s=J_wC_f=C_b(1-R)J_w \tag{4-16}$$

式中　J_w——水透过超滤膜的通量，$cm^3/(cm^2 \cdot s)$；

P_w——膜对水的透过特性，$cm^2/(Pa \cdot s)$；

δ_m——膜厚度，cm；

ΔP——膜两侧的压力差，Pa；

J_s——溶质透过超滤膜的通量，$mg/(cm^2 \cdot s)$；

P_s——膜对溶质的透过特性，$cm^2 \cdot s$；

C_b——主体溶液（进水）的溶质浓度，mg/cm^3；

C_f——滤过液（出水）的溶质浓度，mg/cm^3；

R——溶质去除率，%。

应当指出，式(4-13) 中水通量正比于操作压力的关系，仅指纯水或稀溶液而言。对于高浓度的大分子溶质，由于浓差极化现象的产生，上述关系不复存在。另外，滤过液的溶质浓度可按下式计算。

$$C_f = C_b \times [2(1-q)^2 - (1-q)^4] \times (1 - 2.104q + 2.09q^3 - 0.95q^5) \tag{4-17}$$

$$q = r_s / r_p$$

式中 r_s——要求截留的溶质分子半径，cm；

r_p——膜的孔道平均半径，cm。

上式中第二项表示溶质分子进入孔道的概率，第三项表示溶质流受到孔道壁摩擦阻力的阻碍程度。

(2) 超滤过程中的浓差极化

在膜分离过程中，水连同小分子透过膜，而大分子溶质则被膜所阻拦并不断累积在膜表面上，使溶质在膜面处的浓度 C_m 高于溶质在主体溶液中的浓度 C_b，从而在膜附近边界层内形成浓度差（$C_m - C_b$），并促使溶质从膜表面向着主体溶液进行反向扩散，这种现象称为浓差极化。又由于进行超滤的溶液主要含有大分子，其在水中的扩散系数极小，导致超滤的浓差极化现象较之反渗透尤为严重。

在稳定状态下，厚度为 δ_m 的边界层内浓度剖面是恒定的（见图 4-27）。取厚度为 dx 的微元体积，可推导出一维传质微分方程

$$J_w \frac{dC}{dx} - D \frac{d^2C}{dx^2} = 0 \tag{4-18}$$

积分得

$$J_w C - D \frac{dC}{dx} = C_1 \tag{4-19}$$

式中 D——溶质在水中的扩散系数，cm^2/s；

C_1——积分常数。

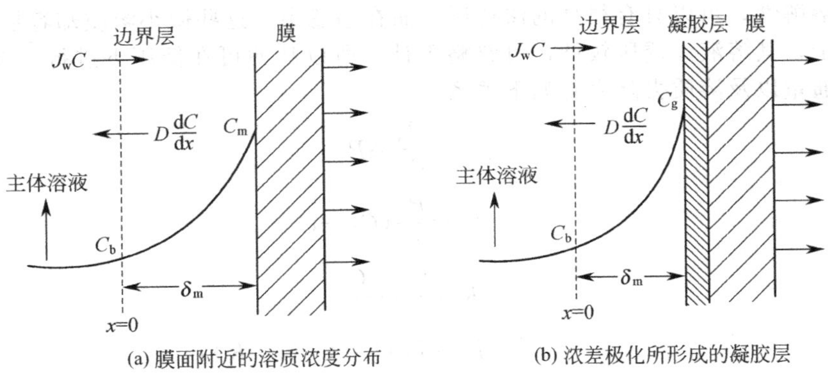

图 4-27 边界层内浓度分布

在式(4-19)中，J_wC 表示向着膜的溶质通量，$D\frac{dC}{dx}$表示由于扩散从膜面返回主体溶液的溶质通量，在稳态下其差值等于透过膜的溶质通量。因此，上式可改写成

$$J_s=J_wC-D\frac{dC}{dx} \tag{4-20}$$

将式(4-16)代入得

$$J_w dx=D\frac{dC}{C-C_f}$$

根据边界条件：$x=0$，$C=C_b$；$x=\delta_m$，$C=C_m$，积分得

$$J_w=\frac{D}{\delta_m}\ln\frac{C_m-C_f}{C_b-C_f}$$

因 C_f 值很小，上式可简化成

$$J_w=K\ln\frac{C_m}{C_b} \tag{4-21}$$

$$K=D/\delta_m$$

式中 K——传质系数。

该式虽然没有直接表达出压力与诸变数之间的关系，但增大压力势必提高透过水通量，因而膜面的溶质浓度亦随之增大，浓差极化现象就越是严重。在稳态下，J_w 与 C_m 之间总是保持着式(4-21)所表达的对数函数关系。另外，式中边界层厚度 δ_m 主要由流体动力学条件，亦即平行于膜面的水流速度所决定，而扩散系数 D 则与溶质性质及温度有关。在大分子溶液超过滤过程中，由于 C_m 值急剧增加，结果使极化模数即 C_m/C_b 迅速增大。在某一压力差下，当 C_m 值达到这样程度，以致大分子物质很快生成凝胶，此时膜面溶质浓度称为凝胶浓度，以 C_g 表示。于是，式(4-21)相应地改写成

$$J_w=K\ln\frac{C_g}{C_b} \tag{4-22}$$

在此情况下，C_g 为一固定值，其值大小与该溶质在水中的溶解度有关，因而透过膜的水通量亦应为定值。若再加大压力，溶质反向扩散通量并不增加，在短时间内，虽然透过水通量有所提高，但随着凝胶层厚度的增大，所增加的压力很快为凝胶层阻力所抵消，透过水通量又恢复到原有的水平。因此，由式(4-22)可得出：

① 一旦生成凝胶层，透过水通量并不因压力的增加而增加；

② 透过水通量与进水溶质浓度 C_b 的对数值呈直线关系减小；

③ 透过水通量还取决于与确定边界层厚度有关的流体动力学条件。

图4-28表示超滤用于分离含乳化油的水时，透过水通量与压力差之间的关系。当含油0.1%时，J_w 与 ΔP 成正比关系。当含油1.2%时，ΔP 时 J_w 的影响已见减少，浓差极化开始起控制作用。至含油7.3%时，J_w 已基本上与 ΔP 无关，凝胶层开始生成。试验结果与上述分析大致符合。

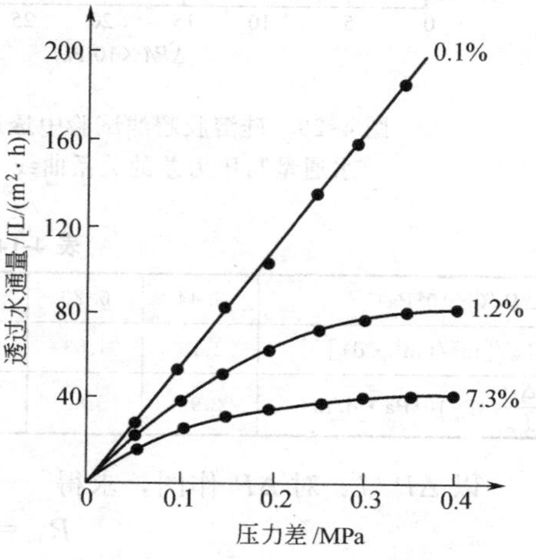

图4-28 含乳化油的水超滤时透过水通量与压力差之间的关系

在凝胶层存在的情况下，超滤阻力倍增，因为除了膜阻力之外，又添加了凝胶层阻力，而后者甚

至起着控制作用。所以，在给定压力下，凝胶层的生成势必使透过水通量下降。其表达式可写成

$$J_w=\frac{\Delta P}{\dfrac{\delta_m}{P_w}+\dfrac{\delta_g}{P_g}}=\frac{\Delta P}{R_m+R_g} \tag{4-23}$$

$$R_m=\delta_m/P_w$$

$$R_g=\delta_g/P_g$$

式中 δ_g——凝胶层厚度，cm；

P_g——凝胶层对水的透过特性，$cm^2/(Pa \cdot s)$；

R_m——膜阻力，$s \cdot Pa/cm$；

R_g——凝胶层阻力，$s \cdot Pa/cm$。

在压力差一定的情况下，凝胶层阻力可看作是与透过水累积体积 V 成正比；在压力差变化的情况下，增大压力在短时间内会引起透过水通量的增加，带到膜表面的溶质数量亦增多，从而凝胶层阻力亦因之而增大，可以认为，凝胶层阻力随压力的增加而增加。综合起来，R_g 的表达式可写成

$$R_g=\alpha V\Delta P \tag{4-24}$$

代入式(4-23) 得

$$J_w=\frac{\Delta P}{R_m+\alpha V\Delta P} \tag{4-25}$$

上式表示在凝胶层存在的情况下，超滤过程的 J_w-ΔP 函数关系式。其中 α 为一比例系数。

为求得透过水通量与压力差的关系，通常从 ΔP 的最低值开始试验，调整 ΔP 使之保持某一数值，并以运行同一时间后所测得的 J_w 值，作为透过水通量的标准，在此情况下，V 可视作定值。基于此，式(4-25) 简化成如下形式。

$$\frac{\Delta P}{J_w}=R_m+\beta\Delta P \tag{4-26}$$

以 $\Delta P/J_w$ 对 ΔP 作图，得一直线，其截距即等于 R_m，由直线斜率可求得系数 β，并由此算出 R_g 值。

图 4-29 为硅溶胶超滤试验中透过水通量与压力差的关系曲线。试验数据见表 4-14。

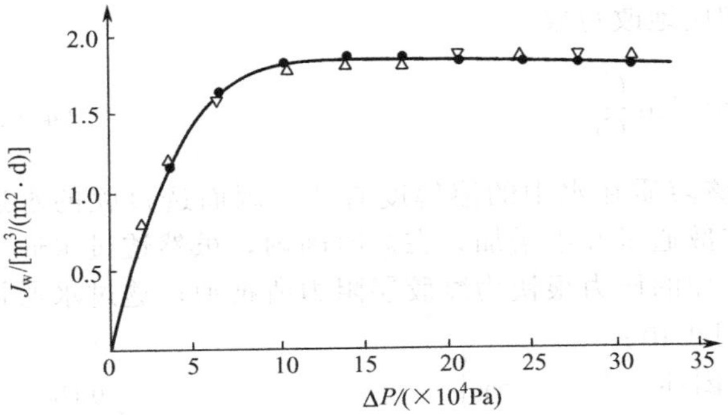

图 4-29 硅溶胶超滤试验中透过水通量与压力差的关系曲线

表 4-14 硅溶胶超滤的试验数据

$\Delta P/(\times 10^4 Pa)$	3.44	6.20	10.34	13.78	17.23	20.68	24.13	27.58	31.02
$J_w/[m^3/(m^2 \cdot d)]$	1.16	1.63	1.81	1.83	1.83	1.83	1.83	1.83	1.83
$\dfrac{\Delta P}{J_w}/(\times 10^4 Pa \cdot d/m)$	2.96	3.80	5.71	7.53	9.41	11.30	13.18	15.07	16.95

以 $\Delta P/J_w$ 对 ΔP 作图，求得

$$R_m=0.412\times 10^4\ Pa \cdot d/m$$

$$\beta=0.525\ d/m$$

故有

$$J_w=\frac{\Delta P}{0.412\times10^4+0.525\Delta P}$$

该式近似地描述图 4-29 所示的 J_w-ΔP 曲线关系。图中黑点为试验数据，白点为上式的计算数据，各点相当一致。当压力超过 10.34×10^4Pa 时，J_w 基本上已与 ΔP 无关，凝胶层已开始生成。此后，所增加的压力为相应增加的 R_g 值所抵消，透过水通量保持不变。

4.3.5 超滤在水处理中的应用

超滤在处理领域中应用广泛，在给水处理中可用于饮用水处理、纯水制备、配合曝气生物滤池（BAF）等可用于微污染水的处理等；在污水处理中可用于膜生物反应器（MBR）系统、污水处理回用。在工业废水中应用尤其广泛，特别是汽车、家电、仪表工业的电泳涂漆废水、机械加工的乳化液废水、食品工业废水的蛋白质、淀粉的回收等。下面列举几例。

（1）饮用水处理

超滤膜在饮用水处理中，是用于对水中浊度、微生物等颗粒的去除，以获得优质饮用水。

低截留分子量（500～800）的超滤膜可去除色度 95%，去除 THMFP 80%，对水的含盐量和硬度（<10%）只有轻微的变化。这对于高色度的饮用水处理是有效的。表 4-15 列出了超滤工艺应用于饮用水处理的水力运行参数。

表 4-15 超滤工艺应用于饮用水处理的水力运行参数

处理工艺	UF				PAC-UF①	臭氧-PAC-UF
膜的类型	中空纤维膜（纤维素）	中空纤维膜（聚丙烯）	管式（TiO_2/锆）	中空纤维膜	中空纤维膜	
截留分子量	10万～0.01mm②	8万～0.1mm	50万～0.05mm	600～800	10万～0.01mm	
水通量(20℃)/[L/(m²·h)]	80	40	300～100	12	100	100
错流速度/(m/s)	0.9	0.6	3		0.9	0.9
压力/MPa	0.08	0.04	0.05～0.5	0.4	0.08	0.08
反冲洗压力/MPa	0.25	0.25	0.3	无反冲洗	0.25	0.25
历时/s	60	60	5		1	1
水得率/%	82	74	80	92	85	85
化学清洗频率	>12次/年	>12次/年	1次/d～1次/周	8次/年	6次/年	4次/年
能耗/(kW·h/m³)	0.55	1.2	0.6	0.5	0.33	0.33

① 投加量：粉末活性炭 PAC 30g/m³，臭氧 3g/m³。
② mm 表示超滤膜的孔径大小。

（2）纯水制备

在制取纯水的过程中，除通常采用离子交换法之外，再配以反渗透与超滤组成的处理系统，成为当前纯水制备的方向。

图 4-30 为反渗透设于前端的超纯水制备系统流程举例。

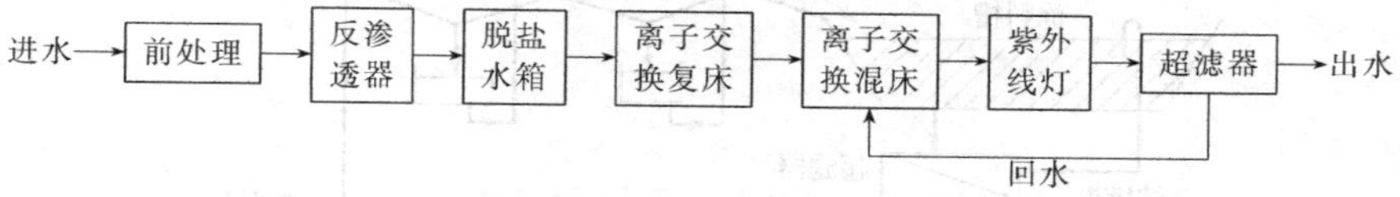

图 4-30 反渗透设于前端的超纯水制备系统流程举例

在图 4-30 中，前处理（亦称预处理）指混凝、沉淀、过滤以及调整 pH 值。反渗透器主要用于去除水中离子、微粒、微生物的大部分，然后再由离子交换复床以及混合床完全去除水中的残留离子。利用反渗透进行预脱盐，可大大减轻离子交换的负荷。考虑到来自树脂本身的溶解物、碎粒以及细菌的繁殖，在终端设有紫外线灯与超滤装置。这样整个系统的可靠性更高，完全可以满足电子工业对超纯水水质的要求。

(3) 生活污水处理

目前研究用 MBR 进行生活污水处理，它是膜分离工程与生物工程组合成的一个新系统。这种处理方式如图 4-31 所示，是高浓度活性污泥法与 UF 系统的组合。

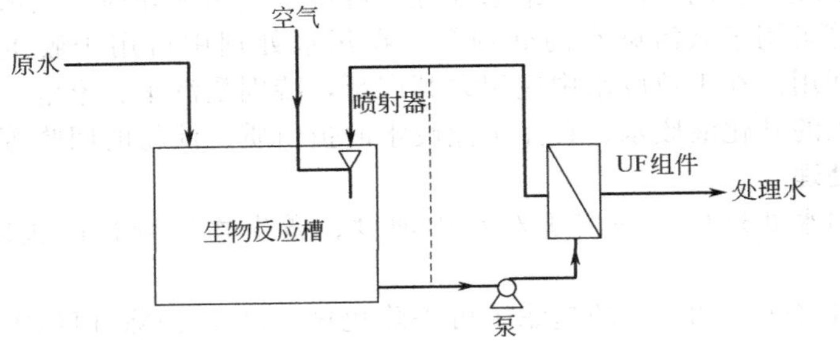

图 4-31 膜型生物反应器系统

这种系统具有以下特点：

① 固液分离效率高，用超滤设备代替了以往的沉淀池，不但设备小而且分离效率高，所得超滤渗透水可直接再用；

② 在生物反应器中污泥回流，泥龄（SRT）可任意调整，反应器内能保持高浓度微生物，因此，可促进生长速度较慢的厌氧微生物的生长，利于难生物降解的有机物分解，有利于脱氮除磷。

(4) 电泳涂漆废水处理

电泳涂漆是把要涂漆的金属制品作为阳极、漆料作为阴极，加直流电后，带负电的漆料在金属制品表面放电，并在其表面沉积一层非水溶性的树脂膜。电涂后的物件从槽内取出后，需把物件上附着的多余涂料用水洗掉，这部分漆料约占所用漆料的 15%～50%，随水排放，既浪费大量漆料，又造成环境污染，采用超滤法几乎可全部回收废水中的漆料。此外，物件在电泳过程中，会把无机盐带入电泳槽，使比电阻下降。当下降到 500Ω·cm 以下时，槽液无法使用。若不加处理排放，将会造成更严重的环境污染和浪费。超滤可净化电泳漆的槽液，使漆液中的无机盐透过超滤膜，把漆料截留下来，返回电泳槽重新使用。

超滤法处理电泳涂漆废水和净化电泳漆槽液的工艺，被国内外许多工厂采用。我国某汽车厂采用的超滤处理电泳漆工艺流程，如图 4-32 所示。

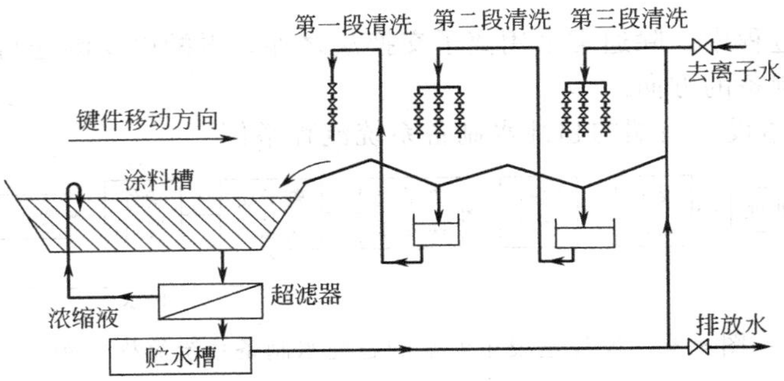

图 4-32 超滤处理电泳漆

（5）含乳化油废水处理

石油炼制、金属加工、纤维处理过程产生的含油废水，采用超滤法去除其中的乳化油得到广泛应用。废水中的油分常以浮油、分散油和乳化油三种状态存在。乳化油由于被一些有机物或表面活性剂乳化成乳化液，一般是先破乳后再除油，而超滤法处理乳化油废水不需要破乳就能直接分离浓缩，并可回收利用。同时，透过膜的水中含有低分子量物质，可直接循环再利用或用反渗透进行深度处理后再利用。图 4-33 为超滤（或与反渗透联合）处理乳化油废水的工艺流程。

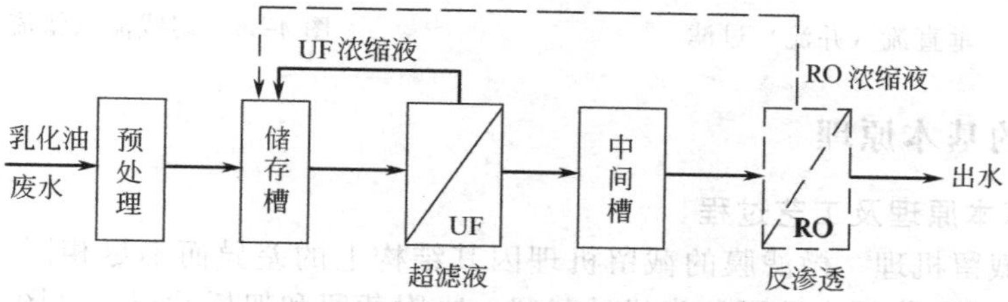

图 4-33　超滤（或与反渗透联合）处理乳化油废水的工艺流程

乳化油废水在超滤前需进行预处理，例如从金属加工过程排出的废水中还含有大量的金属和其他杂质，为防止这些杂质对膜的损害和污染，需进行预处理。常用的方法有离心分离、混凝沉淀、过滤等，视具体水质而定。超滤分离浓缩乳化油的过程中，随着浓度的提高，废水中油粒相互碰撞的机会增大，使油粒粗粒化，在储存槽表面形成浮油得到回收。超滤法可将含乳化油 0.8%～1.0%的废水的含油量浓缩到 10%，必要时可浓缩到 50%～60%。大规模使用的膜组件有管式、毛细管式和板框式，膜有醋酸纤维素膜、聚酰胺膜、聚砜膜等。

4.4 微滤

微滤分离过程是在液体压力差的作用下，利用膜对被分离组分的尺寸选择性，将膜孔能截留的微粒及大分子溶质截留，而使膜孔不能截留的微粒及小分子溶质透过膜。

与常规过滤相比，微滤属于精密过滤。精密过滤截留的微粒尺寸范围狭窄、准确，因此微滤多用于滤除细菌、大分子物质和细小的悬浮颗粒。从粒子的大小来看，它是常规过滤的延伸。其原理如图 4-34 所示。

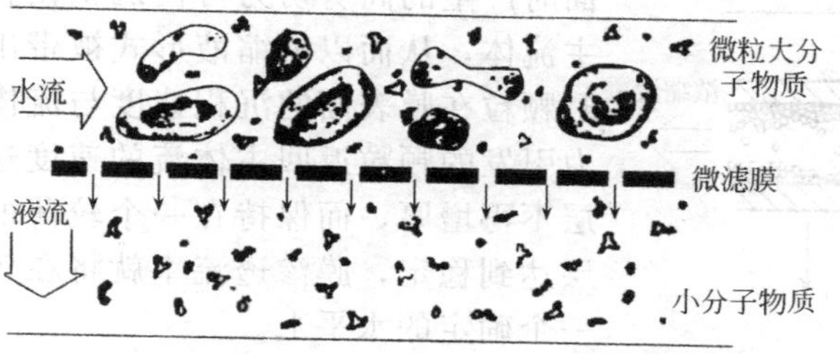

图 4-34　微滤原理示意

微滤操作有并流（又称垂直流）过滤和错流（又称切线流）过滤两种形式（见图 4-35、图4-36）。并流过滤主要用于水量较小、固体含量较低的流体的分离处理。膜大多制成一次性的滤芯。错流过滤对于悬浮粒子大小、浓度的变化不敏感，适用于固体含量大于 0.5%的料液分离，工程上应用较多，但错流操作的膜组件需要经常清洗再生。

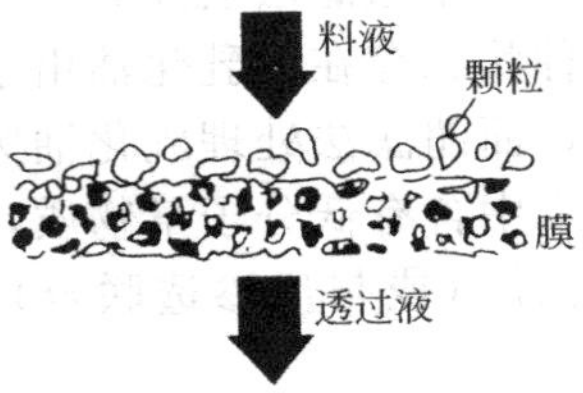

图 4-35 垂直流（并流）过滤

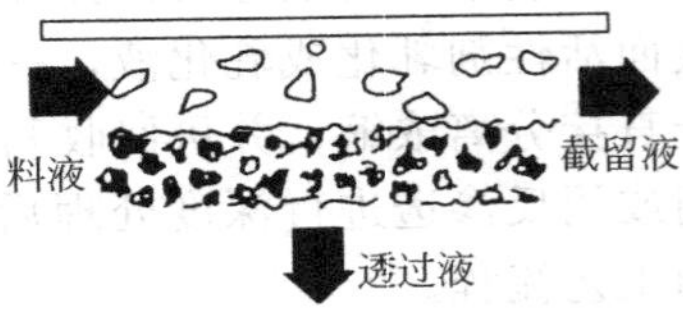

图 4-36 切线流（错流）过滤

4.4.1 微滤的基本原理

(1) 微滤基本原理及工艺过程

① 微滤的截留机理 微滤膜的截留机理因其结构上的差异而不尽相同。通过电镜观察分析，微滤膜的截留作用大致可分为机械截留、吸附截留和架桥截留，见图 4-37。

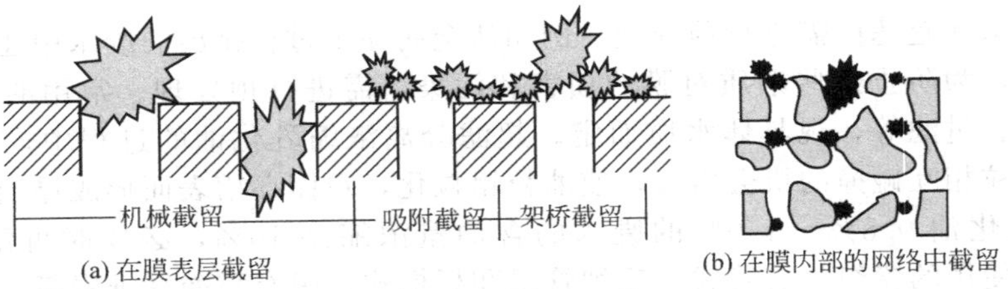

图 4-37 微滤膜截留机理示意

机械截留是指膜具有截留比其孔径大或与其孔径相当的微粒等杂质的作用，即筛分作用。除了膜孔径截留作用之外，膜孔表面吸附也起一定作用。通过电镜可以观察到，在孔的入口处，微粒因架桥作用也同样可被截留。

对微滤膜的截留作用来说，筛分作用仍是主要的，但微粒等杂质与孔壁之间的相互作用有时是不可忽略的。

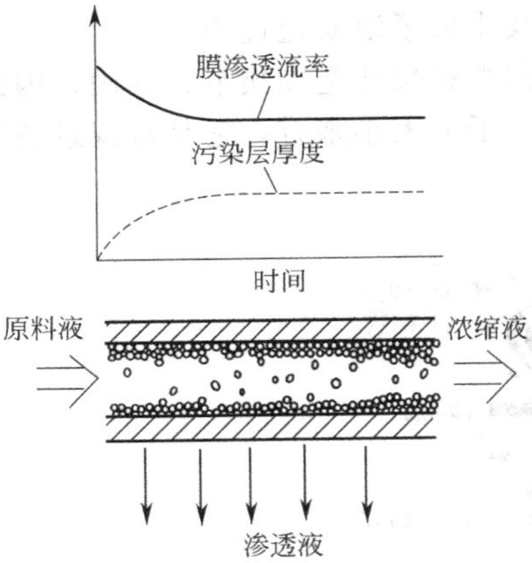

图 4-38 错流操作（动态过滤）

② 微滤的工艺过程 微滤操作工艺中，错流操作应用较多，其工艺过程如图 4-38 所示。原料液以切线方向流过膜表面，在压力作用下通过膜，料液中的颗粒则被膜截留而停留在膜表面形成一层污染层。料液流经膜表面时产生的高剪切力可使沉积在膜表面的颗粒扩散返回主流体，从而以浓缩液形式被带出微滤组件。由于过滤时颗粒在膜表面的沉积速度与流体流经膜表面时的剪切力引发的颗粒返回主体流的速度达到平衡，可使该污染层不再增厚，而保持在一个较薄的水平。因此一旦污染层达到稳定，膜渗透流率就将在较长一段时间内保持在一个确定的水平上。

在错流微滤中，被过滤流体平行于膜表面流动，由此而沿过滤介质表面产生的剪切力和湍流流动，限制了滤饼层厚度的增加。当处于稳定状态时，滤饼层的厚度维持不变，对于全截留组分而言，流入和流出滤膜组件的质量相等。

用 Fick 第一定律描述反向传递时，有如下质量平衡关系：

$$D\frac{dc}{dx}=J_c \tag{4-27}$$

利用下述边界条件：

$$x=\delta_c,\ c=c_b$$
$$x=0,\ c=c_1$$

可求得方程的解为

$$J=k\ln\frac{c_1}{c_b} \tag{4-28}$$
$$k=D/\delta_c$$

式中 k——传质系数；

c_b——主体流内截留物浓度；

c_1——滤饼表面截留物浓度。

沿滤膜垂直方向，截留物浓度存在一定梯度及传统的浓差极化。在诸多因素中，反向传递取决于系统的流动状况和颗粒的特性与结构。

(2) 错流微滤特性及其操作参数

影响错流微滤特性的操作参数主要有错膜压差、切线流速、温度和污染物浓度。

① 错膜压差　就是膜上下游的压力差。错膜压差对过流率有影响，就反向传递而言还要影响颗粒层厚度。过流率随压差增加到一定程度后就保持不变，此时滤膜表面形成了致密的颗粒层。继续增加压差只能导致滤膜表面出现胶体或大颗粒的净增加，形成更厚更致密的颗粒层。一般情况下，错膜压差可维持在 0.1～0.3MPa 之间。

② 切线流速　平行于滤膜方向的切线流速对流动状态及作用于颗粒层上的剪切力均有影响。流动速度高可使颗粒层厚度恒定，过流率长时间稳定。一般来讲，切线流速越高，过流率越高。最佳切线流速取决于物料和滤膜组件结构。对于直径 5.5mm 的管状滤膜，最佳切线流速通常为2.5～5m/s。

③ 温度　温度升高，流体黏度降低，影响流动状态，过流率一般增加。

④ 污染物浓度　主流层内污染物浓度对滤膜的传质和流动状态有影响。一般过流率随浓度增大呈对数递减。有时，过流率与原水悬浮物浓度大致呈线性递减关系。

4.4.2 微滤的工艺设计

(1) 微滤膜及膜组件

微滤膜根据膜孔的形态结构可以分为两类，一类是具有毛细管状孔的筛网型微滤膜，另一类是具有弯曲孔结构的深度型微滤膜。后者内部孔结构错综复杂，互相交织在一起，形成了一个立体网状结构，在悬浮液经过时，截留、吸附、架桥三种作用同时起作用，因此深度型微滤膜可以去除粒径小于其表观孔径的微粒。

用于制备微滤膜的材料很多，主要有硝酸纤维素（CN）、醋酸纤维素（CA）、聚丙烯、聚乙烯、聚砜、聚醚砜等。

膜组件是膜分离过程的核心部件，除了要求膜组件内部没有死角，保持良好流道，有利于降低膜组件内部压力外，还必须考虑到方便清洗、便于拆换、造价低廉、装填率高等实际要求。

按膜的形式，膜组件分为平板式膜组件、中空纤维膜组件等；根据膜排列方式，膜组件分为板框式膜组件、卷式膜组件、管式膜组件等。

① 平板式膜组件　平板式膜组件是最常用的膜组件之一，图 4-39、图 4-40 所示分别为

平板微滤膜组件及平板式膜组件流道示意。

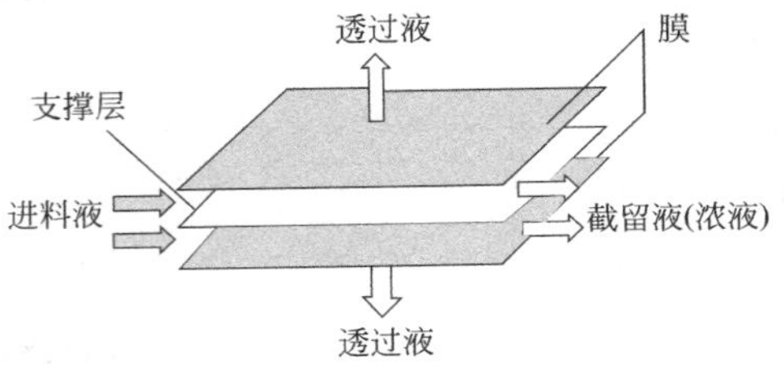

图 4-39 平板微滤膜组件示意

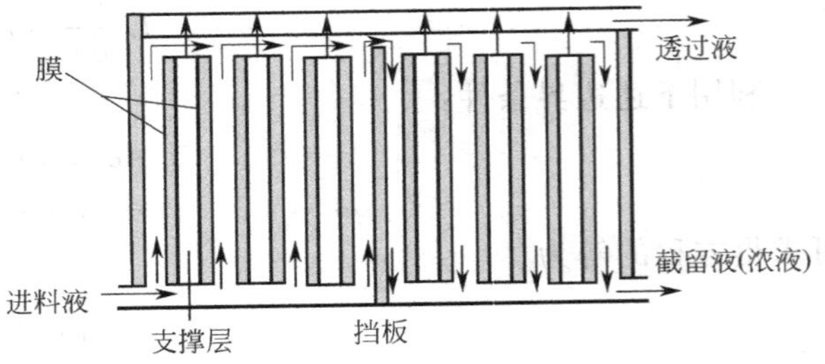

图 4-40 平板式膜组件流道示意

② 卷式膜组件 卷式膜组件展开就成为平板式膜组件，因此卷式膜组件是另外一种板框式膜组件。其特点是：膜有效面积大、结构紧凑，占地面积小。图 4-41 所示为卷式微滤膜组件示意。

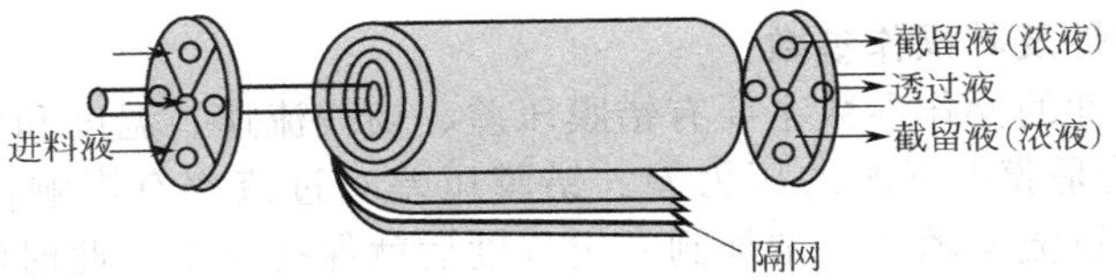

图 4-41 卷式微滤膜组件示意

在卷式膜组件的两张膜之间插入透过液隔网，两张膜与一个透过液隔网的三个边缘用环氧或聚氨酯胶密封黏结，第四个未黏结的边缘固定在开孔中心管上，这样透过液被收集在中心管内，而截留液仍在原管腔被收集。

③ 管式膜组件 一般管式膜组件多见于无机陶瓷膜，除了管状结构外，还有蜂窝状结构，但是都属于管式膜组件一类，分别见图 4-42、图 4-43。

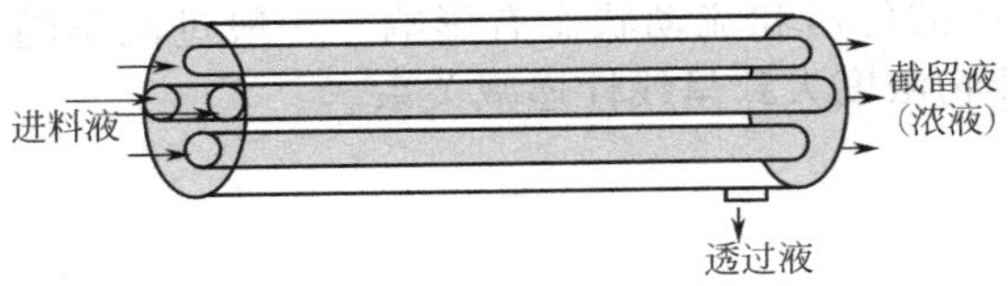

图 4-42 管状微滤膜组件示意

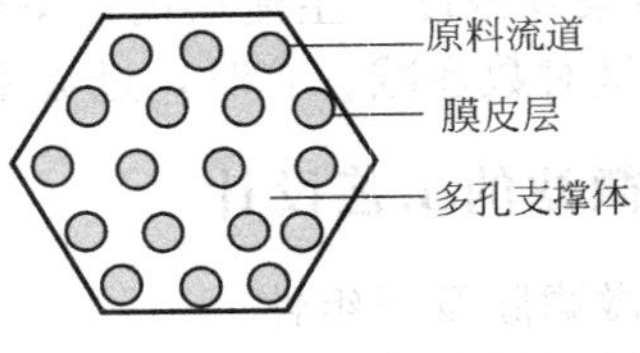

图 4-43 蜂窝状陶瓷微滤膜组件示意

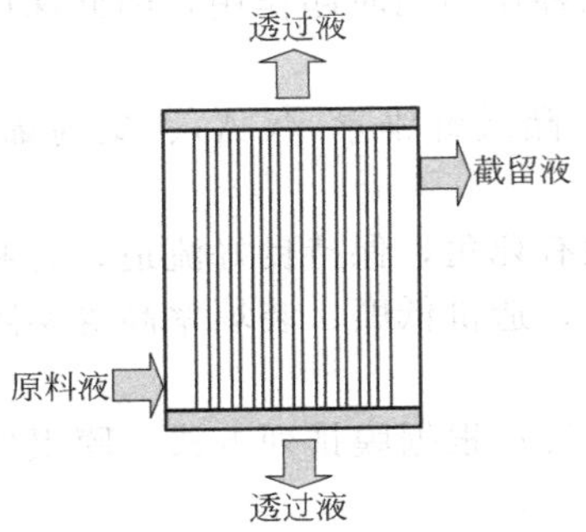

图 4-44 中空纤维膜组件示意

④ 中空纤维膜组件 中空纤维膜组件是膜装填密度最高的一种膜组件，一般装填密度可达到 $30000m^2/m^3$。由于膜面积的增大，因此处理能力也大大提高，是最有应用前景的一种膜组件，如图 4-44 所示。

不同膜组件的特点比较见表 4-16。

(2) 错流微滤的系统设计

在错流操作下，料液以切线方向流经膜的表面，在压力作用下通过膜，料液中的颗粒物则被膜截留而停留在膜表面形成一层污染层。当流体对膜表面的冲刷使污染层的沉积达

表 4-16 不同膜组件的特点比较

项目	管状膜	平板膜	卷式膜	中空纤维膜
装填密度	低 ……			→高
投资	高 ……			→低
污染状况	低 ……			→高
清洗难易	易 ……			→难
膜更换	可/不可	可	不可	不可

到恒定状态时，污染层的厚度将达到稳定状态，膜的渗透通量可在一定时间内保持较高的水平。如图 4-38 所示。

微滤的操作方式和超滤技术相似，微滤技术根据操作方式的不同可设计成以下几种工艺。

① 单程操作　在料液不进行补充，截留液不循环的情况下进行的间歇操作，一般称为单程操作，如图 4-45 所示。单程操作典型的应用为中空纤维膜生物反应器。

② 循环间歇操作　在原料液不进行补充，只进行截留液循环的情况下进行的间歇操作，称为循环间歇操作，如图 4-46 所示。循环间歇操作适合于截留液常被废弃的场合，此种操作方式需要的膜面积小，故常用于试验和小规模水量的处理。

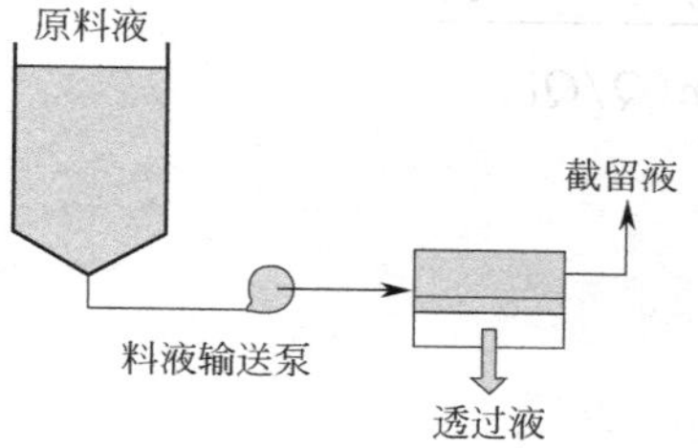

图 4-45　单程操作

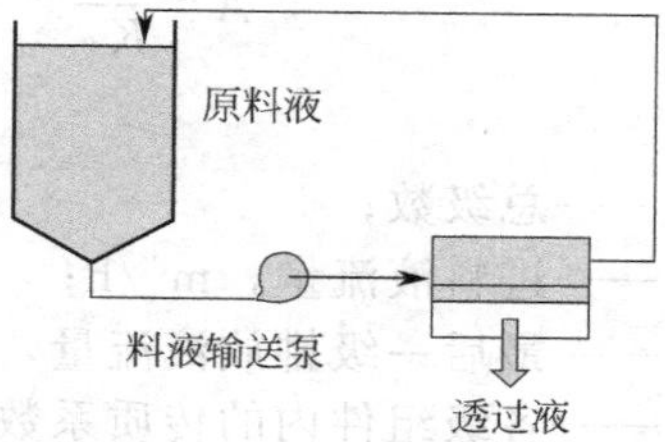

图 4-46　循环间歇操作

③ 单级循环连续错流操作　原料液不断补充，截留液不断进行循环错流操作，称为单级循环连续错流操作。单级操作始终在高浓度的情况下操作，透过液流量低。在稳定压力和流速下一定时间后将部分截留液排出体系，排放的速度满足：

$$x=\frac{Q_0}{Q}=\frac{Q+Q_p}{Q} \tag{4-29}$$

式中　x——浓缩因子；

Q_0——进料液流量，m^3/h；

Q——截留液流量，m^3/h；

Q_p——透过液流量，m^3/h。

单级循环连续错流操作所需膜面积可由下式计算：

$$A=\frac{Q_0}{K_0}\times\frac{1-Q/Q_0}{\ln(c_w/c_{b0})+\ln(Q/Q_0)} \tag{4-30}$$

式中　A——所需膜面积，m^2；

K_0——组件内的传质系数，m/h；

c_w——排放截留液浓度，mg/L；

c_{b0}——进料液浓度，mg/L。

④ 多级循环连续错流操作　多级循环连续错流操作如图 4-47 所示。

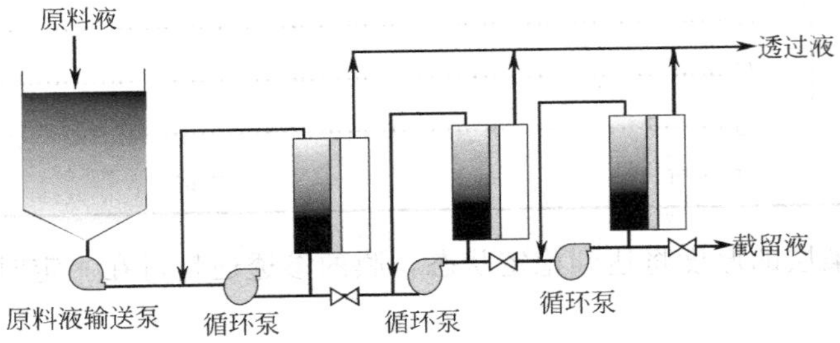

图 4-47　多级循环连续错流操作

在多级循环连续错流操作下，除了最后一级在高浓度下操作外，其余各级均在较低浓度下操作。多级循环连续错流操作所需总膜面积小于单级循环连续错流操作，接近于间歇操作所需的膜面积。

多级循环连续错流操作所需膜面积 $A(m^2)$ 可由下式计算：

$$A=\frac{Q_0}{K_0}\times\frac{(Q/Q_0)^{1/N}[(Q/Q_0)^{-1/N}-1]}{\ln(c_w/c_{b0})+\frac{1}{N}\ln(Q/Q_0)} \tag{4-31}$$

式中　N——总级数；

Q_0——进料液流量，m^3/h；

Q——最后一级排放液流量，m^3/h；

K_0——各级组件内的传质系数，m/h；

c_w——排放截留液浓度，mg/L；

c_{b0}——进料液浓度，mg/L。

对于多级循环连续错流操作，泵的能耗可用下式计算：

$$E=Q_0(p_f-\Delta p)+NQ\Delta p \tag{4-32}$$

式中　E——泵的能耗；

Q——料液进入膜组件的流量；

Q_0——进料液的流量；

p_f——操作压力；

Δp——料液流经组件造成的压力损失；

N——级数。

(3) 微滤的膜污染及其防治

膜污染是指处理物料中的颗粒、胶粒、乳浊液、大分子和盐等在膜的表面或膜孔内的不可逆沉积，这种沉积包括吸附、沉淀、堵塞、形成滤饼等。料液与膜接触开始的同时，就发生了膜污染。

膜污染影响膜通量下降的因素，一般认为主要有以下四个方面：①膜孔吸附，被分离溶质在膜表面或膜孔内沉积进而吸附其他的分子，形成污染；②形成凝胶层，在较低流速时，浓差极化使膜表面的溶质浓度大于其饱和溶解度，在膜表面吸附沉积而产生凝胶层；③浓差极化，由于膜表面上溶质的浓度成梯度增加，同时边界层渗透压升高，使膜的渗透通量下降；④膜孔阻塞，被分离溶质在膜表面或膜孔内形成阻塞，造成通量下降。一般认为浓差极化和凝胶层是导致膜通量下降的主要原因。

采用适当的预处理去除部分杂质及细菌可使浓差极化的影响和膜污染减小到最低程度。如不能采取预处理或预处理效果差时，还可采用改变操作方式的方法控制膜污染。常用的方法有低压操作和恒定通量操作。

① 低压操作　图 4-48 所示为两种典型的渗透通量随时间变化曲线。曲线 A 的初始通量值较大，但衰减也较快；曲线 B 为低压操作。运行一段时间后，渗透通量仍能维持一定的水平，比曲线 A 都高。对于压力驱动且污染严重的膜过程，如微滤、超滤等，低压操作比高压操作更有效。

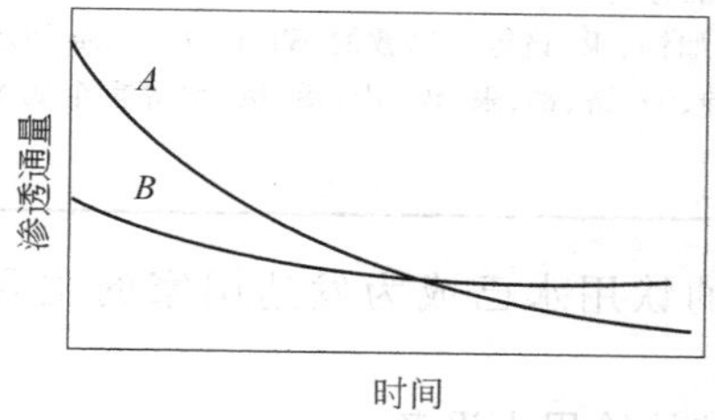

图 4-48　不同操作条件下渗透通量随时间的变化曲线

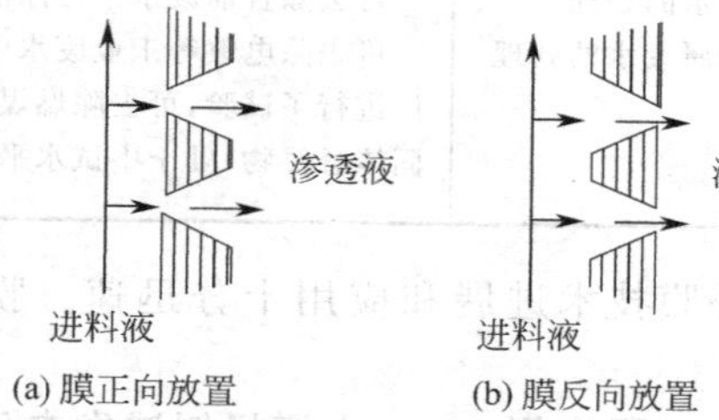

图 4-49　膜放置方向对微滤过程的影响

② 恒定通量　保持渗透通量在一定水平的操作模式，进水量从某一较低值开始逐步升高，以使渗透通量稳定在适当值，称为恒定通量（constant flux）操作模式。这种模式必须满足初始膜压差（TMP，transmembrane pressure）足够低而且缓慢升高，否则，初始 TMP 过高会产生不可逆的膜污染（如粒子被压入膜孔）而导致污染阻力急剧增大，通量难以维持稳定。

微孔膜滤的放置方式，如图 4-49 所示，也对膜过滤污染也有重要影响。研究表明，把膜反向放置方式与高频反冲洗技术结合起来可使渗透通量成倍提高，而且更容易实现恒压恒通量过滤。

流道的设计优化可以形成一个良好的操作条件，以减小膜过程污染。通常改变操作压力可避免增加沉积层的厚度和密度；增加料液流速，可减薄边界层厚度、提高传质系数；采用湍流促进器和设计合理的流道结构等方法，可使被截留的溶质及时被水流带走。此外，加电场强化微滤，使带电荷的微粒在电场力的作用下向远离膜面向外迁移；在膜面上设置凸起物、使流道截面发生变化、在流道内放置激湍物，使进料形成脉动流等方式都可以在一定程度上增加流动不稳定性，防止膜污染。

尽管料液经过各种预处理措施，但长期使用后膜表面还可能产生沉积和结垢，使膜孔堵塞，产水量下降，因此对污染膜进行定期的清洗是必要的。常见的方法有机械清洗、化学清洗以及机械、超声波和化学清洗的综合技术。

4.4.3　微滤的工程应用

(1) 微滤的工程应用范围

微滤主要用于分离流体中尺寸为 0.01～10μm 的微生物和微粒子。该技术已经广泛应用于化工、冶金、食品、医药、生化、水处理等各个行业。表 4-17 列出了微滤技术在水处理中的应用范围。

表 4-17 微滤技术在水处理中的应用范围

领　域	现状及前景
超纯水制备	小型的无流动微滤器被广泛用于超纯水的分离系统；是目前微滤应用的大市场
城市污水处理	能除去细菌、病毒；目前经济和技术是主要障碍
饮用水生产	若市场能顺利接受，其经济性优于砂滤；大规模应用将取代氯气消毒法；组建建造可改变水厂的经济性
工业废水处理 涂料行业 含油废水的处理 含重金属废水的处理	 用于从颜料中分离溶剂 可去除含油废水中可浮油及其他颗粒物的分离 可去除电镀等工业废水中的有毒重金属如镉、汞、铬等。伦敦的 West Thurrock 污水处理厂进行了试验，可去除燃煤锅炉废水中的砷、镉、铬、铜、汞、镍、铅、锡、硒、锌等重金属及其他固体悬浮物，处于中试水平

国外膜技术进展和应用十分迅速。膜技术生产的饮用水已成为发达国家的主要饮料之一。

(2) 工程实例 1——上海杨树浦发电厂超高压锅炉补给用水设备

该系统产水量 $50m^3/h$，装置从日本奥加诺（ORGANO）公司引进，反渗透装置从日本三菱重工公司引进。

工艺流程如图 4-50 所示。工艺过程中控制参数如下。

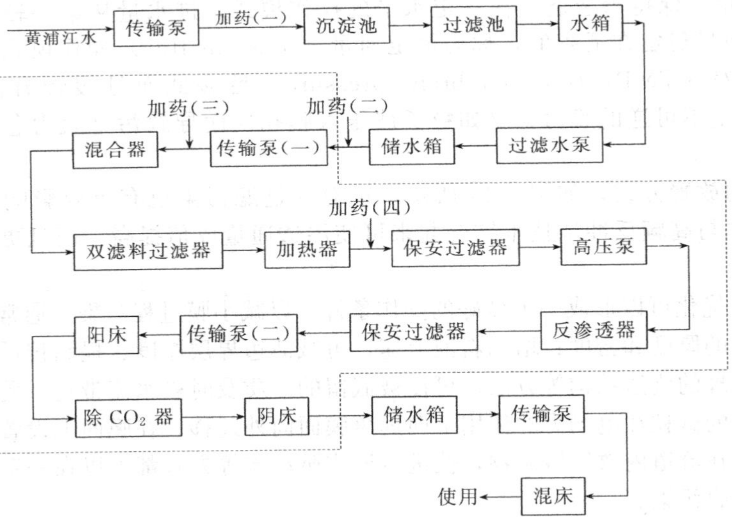

图 4-50 高压锅炉补给用水制备工艺流程

加药（一）为 PAC、Cl_2；加药（二）为 Cl_2；加药（三）为 $FeCl_3$、HCl；加药（四）为 Na_2SO_3

混合器出口：$FeCl_3$ 7～9mg/L，pH 值 5.0±0.2。

保安过滤器出口：SDI<4。

阴床出口：硬度=0，SiO_2 含量<20μg/L，电阻率>10MΩ·cm。

原水水质见表 4-18。

产水水质如下。阴床出口：电阻率>10MΩ·cm，SiO_2 含量<20μg/L，硬度=0。

混合床出口：电阻率>5MΩ·cm，SiO_2 含量<10μg/L。

表 4-18 上海杨树浦发电厂超高压锅炉补给水原水水质

项目	数值	项目	数值
pH 值	7.38(7.76)	总碱度/(mmol/L)	2.46(3.14)
总硬度/(mmol/L)	3.29(11.22)	Ca/(mg/L)	47.9(122)
SiO_2(总)/(mg/L)	7.5	SO_4^{2-}/(mg/L)	70.44(191)
SiO_2(溶)/(mg/L)	(15)	Fe/(mg/L)	0.38(1)
CO_2	—	色度	—
COD_{Mn}/(mg/L)	(5)	浊度/度	(3)
COD_{Cr}/(mg/L)	58.23		

注：括号中数值表示最高值。

(3) 工程实例 2

德国 Schenk 公司开发了陶瓷膜切线流动过滤设备（tangential flow filtration，或 TFF 过滤系统），适用于从酵母浆中回收啤酒。图 4-51 所示为 TFF 过滤系统流程。该过滤系统典型的工作周期为 30～50h，由循环泵不断将酵母浆泵入过滤器，使酵母达到浓缩，回收的啤酒送到回收槽中，滤后的浓缩型酵母则送入酵母浓缩槽内。生产过程中，液体流速为 2～3m/s，浓缩液冷却器的作用是将工艺温度控制在 15℃，生产结束后，可用 CO_2 压出残渣，然后用清水淋洗，每周进行一次清洗，陶瓷膜的使用寿命可达 8 年之久。TFF 系统回收的啤酒质量指标为：①回收啤酒卫生指标很好，杂质检验呈阴性；②回收啤酒吸氧量低于 0.02mg/L；③回收啤酒再生产时的添加量在 5%时，不影响原啤酒产品的风味；④回收啤酒再生产前不需经任何处理即可添加到正常生产啤酒中；⑤从酵母中可提取50%～60%的啤酒。

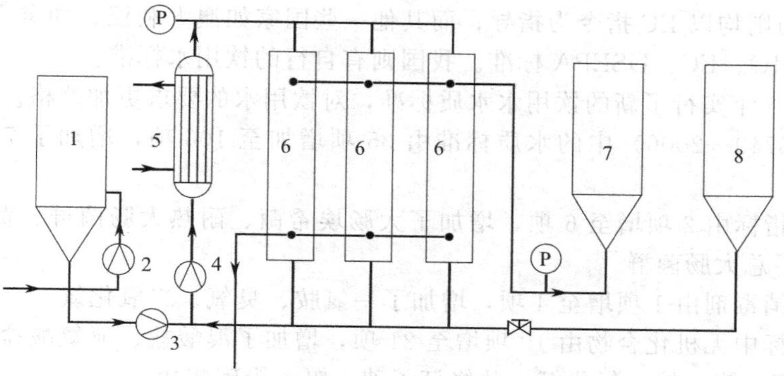

图 4-51 Schenk 公司 TFF 过滤系统流程

1—废酵母储槽；2—回流泵；3—输送泵；4—浓缩液循环泵；5—浓缩液循环冷却器；6—陶瓷膜过滤器；7—回收啤酒储槽；8—浓缩酵母浆储槽

第 5 章 微污染水源水处理技术及应用

5.1 饮用水水质标准

饮用水的安全性对人体健康至关重要。进入 20 世纪 90 年代以来，随着微量分析和生物检测技术的进步，以及流行病学数据的统计积累，人们对水中微生物的致病风险和致癌有机物、无机物对健康的危害的认识不断深化，世界卫生组织和世界各国相关机构纷纷修改原有的或制定新的水质标准。

目前，全世界有许多不同的饮用水水质标准，其中具有国际权威性、代表性的有三部：世界卫生组织（WHO）的《饮用水水质准则》、欧盟（EC）的《饮用水水质指令》以及美国环保局（USEPA）的《国家饮用水水质标准》，其他国家或地区的饮用水标准大都以这三种标准为基础或重要参考，来制定本国或地区的标准。东南亚的越南、泰国、马来西亚、印度尼西亚、菲律宾、中国香港，南美洲的巴西、阿根廷，还有匈牙利和捷克等国家和地区都是采用 WHO 的饮用水标准；法国、德国、英国（英格兰和威尔士、苏格兰）等欧盟成员国和我国的澳门则均以 EC 指令为指导；而其他一些国家如澳大利亚、加拿大、俄罗斯、日本同时参考 WHO、EC、USEPA 标准。我国则有自行的饮用水标准。

我国于 2006 年实行了新的饮用水水质标准，对饮用水的要求更加严格。《生活饮用水卫生标准》（GB 5749—2006）中的水质标准由 35 项增加至 106 项，增加了 71 项，修订了 8 项，具体如下。

① 微生物指标由 2 项增至 6 项，增加了大肠埃希菌、耐热大肠菌群、贾第鞭毛虫和隐孢子虫，修订了总大肠菌群。

② 饮用水消毒剂由 1 项增至 4 项，增加了一氯胺、臭氧、二氧化氯。

③ 毒理指标中无机化合物由 10 项增至 21 项，增加了溴酸盐、亚氯酸盐、氯酸盐、锑、钡、铍、硼、钼、镍、铊、氯化氰，并修订了砷、镉、铅硝酸盐。

毒理指标中有机化合物由 5 项增至 53 项，增加了甲醛、三卤甲烷、二氯甲烷、1,2-二氯乙烷、1,1,1-三氯乙烷、三溴甲烷、一氯二溴甲烷、二氯一溴甲烷、环氧氯丙烷、氯乙烯、1,1-二氯乙烯、1,2-二氯乙烯、三氯乙烯、四氯乙烯、六氯丁二烯、二氯乙酸、三氯乙酸、三氯乙醛、苯、甲苯、二甲苯、乙苯、苯乙烯、2,4,6-三氯酚、氯苯、1,2-二氯苯、1,4-二氯苯、三氯苯、邻苯二甲酸二（2-乙基己基）酯、丙烯酰胺、微囊藻毒素-LR、灭草松、百菌清、溴氰菊酯、乐果、2,4-滴、七氯、六氯苯、林丹、马拉硫磷、对硫磷、甲基对硫磷、五氯酚、莠去津、呋喃丹、毒死蜱、敌敌畏、草甘膦；修订了四氯化碳。

④ 感官性状和一般化学指标由 15 项增至 20 项，增加了耗氧量、氨氮、硫化物、钠、铝；修订了浑浊度。

⑤ 放射性指标中修订了总 α 放射性。

5.2 微污染水处理技术

20世纪60年代以来，不少地区饮用水水源水质日益恶化，人们在饮用水的水质净化中碰到了新问题。针对源水中出现的新污染问题，人们就开始着手对水质净化的新技术进行了研究，并且已经有很多技术在实际生产中应用，取得了较好的效果。

一般来说，当水源所含的污染物种类较多、性质较复杂，但浓度比较低微时，通常被称为微污染水。针对不同的污染类型，人们在饮用水常规处理工艺的基础上研究开发了很多新的工艺和技术，但归结起来主要有3个方向：①强化常规水处理工艺；②深度处理技术；③微污染源水预处理技术。

5.2.1 强化常规的水处理工艺

(1) 强化混凝工艺

强化混凝是指为提高常规混凝效果所采取的一系列强化措施，以确定混凝的最佳条件，发挥混凝的最佳效果。强化措施通常包括：絮凝药剂性能的改善；强化颗粒碰撞、絮凝反应设备的研制和改进；絮凝工艺流程的强化，如优化混凝搅拌强度、缩短流程时间、确定最佳反应条件等。

(2) 强化过滤工艺

滤池的主要功能是发挥滤料与脱稳胶体的接触凝聚作用而去除浊度、细菌。强化过滤的一种方法是开发改性滤料，在传统过滤滤料的基础上，使表面通过化学反应附加了一层改性剂（活性氧化剂）。改性滤料使滤料表面增加了比表面积，强化了吸附能力。表面涂料在与水中各类有机物接触过程中产生了强化学吸附和氧化净化功能，不但能净化大分子和胶体有机质，还可以大量吸附和氧化水中可溶性有机物及部分离子，达到全面改善水质的目的。另一种方法是研究新的冲洗技术。过滤效果与反冲洗效果密切相关，如果滤料冲洗不净，截污能力将受影响，过滤周期缩短，而且长期冲洗不净，将导致滤层中结泥球，表面结泥饼，严重的还会导致滤层开裂，失去过滤能力。新的冲洗方法包括气冲洗、气水配合冲洗等，使滤料冲洗时间缩短，冲洗效果改善，运行周期延长。

5.2.2 微污染水预处理技术

预处理通常是指在常规处理工艺前面采用适当物理、化学或生物的处理方法，将水中的污染物进行初级去除，同时可以使常规处理更好地发挥作用，减轻常规处理和深度处理的负担，改善和提高饮用水水质。预处理方法按对污染物的去除途径可分为吸附法、化学氧化法和生物氧化法。

(1) 物理吸附预处理

吸附处理技术是指利用物质的吸附性能来去除水中污染物的技术。目前用于水源水处理的吸附剂有活性炭（AC）、硅藻土、二氧化硅、活性氧化铝、沸石，其中用得最多的是活性炭。

活性炭具有丰富微孔结构和表面疏水性，是从水中去除多种有机物的“最佳实用技术”，可经济有效地去除嗅、味、色度、氯化有机物、农药、放射性污染物及其他人工合成有机物。活性炭应用可以单独采用，亦可以与其他方法组合使用而取得更佳效果。如粉末活性炭与预氧化同时使用，可减少氯化有机物的生成量；颗粒活性炭使用已发展为球形活性炭、浸透型活性炭、高分子涂层活性炭等多种类型；此外还有生物活性炭等方法。

用活性炭作吸附剂去除水中污染物，虽能取得良好的效果，但其价格较贵，再生困难，对大部分极性短链含氧有机物，如甲醇、乙醇、甲醛、丙酮、甲酸等不能去除。人们开始研制高效、价廉的黏土（如硅藻土、凹凸棒土等）吸附材料作为水处理吸附剂。黏土的比表面积大，低温再生能力强，储量丰富，但大量黏土投入混凝剂中也增加了沉淀池的排泥量，给生产运行带来了一定困难。目前这类吸附剂大多数仍处于研究阶段，重点在于对其吸附性能和加工条件、表面改性等方面的探讨，以期提高吸附容量和吸附速率。

无机吸附剂中研究较多的是活性氧化铝吸附。氧化铝是一种两性物质，等电点约为pH值9.5，当水中pH值小于9.5时吸附阴离子，大于9.5时吸附阳离子。因此，可以因吸附目的不同，而对氧化铝进行改进，如酸改性、碱改性，从而获得最佳吸附容量。另外，因钙、镁的活性比铝强，还可以进行酸（碱）的钙、镁修饰，可与腐殖酸形成共价键的有机金属络合物，去除腐殖酸达60%～75%。

(2) 化学氧化预处理

预氧化技术是指向原水中加入强氧化剂，利用强氧化剂的氧化能力，去除水中的有机污染物，提高混凝沉淀效果。

预臭氧氧化、预氯化、预高锰酸钾氧化及预紫外光氧化都属于化学预处理工艺，它们可以增强水的常规处理工艺的效果，大大减轻后续常规工艺处理污染物的负荷，提高整体工艺对污染物的去除率。这些方法的局限在于氧化副产物对水质的影响，还需要进一步探讨和研究。

① 臭氧氧化法　该法是在水处理中受到普遍关注的氯消毒副产物对人体具有致命危害之后开始重视并广泛采用的方法。臭氧（O_3）是应用最广泛的新型氧化剂，可提高水中有机物的生化性，提高絮凝效果，减少混凝剂的投加量。

有资料表明：含有有机物的水经臭氧处理后，有可能将大分子有机物分解成小分子有机物，在这些中间产物中，也可能存在致突变物；在臭氧投量有限的情况下，不可能去除水中氨氮，因为当水中有机氮含量高时，臭氧把有机氮转化成氨氮，致使水中氨氮含量反而增高；臭氧对水中一些常见优先污染物如三氯甲烷、四氯化碳、多氯联苯等物质的氧化性差，易生成甘油、络合状态的铁氰化合物、乙酸等，从而导致不完全氧化产物的积累。

② 二氧化氯氧化法　二氧化氯（ClO_2）可有效破坏藻类、酚，改善水的色、嗅、味。二氧化氯是氧化剂，不是氯化剂，不会像氯那样与水体中的有机物发生卤代反应而生成对人体有害的、致癌的有机卤代物。有研究认为，甚至二氧化氯本身的氧化作用也能去除THMFP。

③ 光化学氧化法　该法在化学氧化和光辐射的共同作用下，使氧化反应在速率和氧化能力上比单独的化学氧化、辐射有明显提高。光氧化法均以紫外光为辐射源，同时水中需预先投入一定量氧化剂如过氧化氢、臭氧，或一些催化剂如染料、腐殖质等。它对难降解而具有毒性的小分子有机物去除效果极佳，光氧化反应使水中产生许多活性极高的自由基，这些自由基很容易破坏有机物结构。属于光化学氧化法的有光敏化氧化、光激发氧化、光催化氧化等。

光催化氧化法是在水中加入一定数量的半导体催化剂，它在紫外线辐射下也能产生强氧化能力的自由基，能氧化水中的有机物，常用的催化剂有二氧化钛。该方法的强氧化性、对作用对象的无选择性与最终可使有机物完全矿化的特点，使光催化氧化在饮用水深度处理方面具有较好的应用前景。但是二氧化钛粉末颗粒细微，不便于回收，同传统净水工艺相比，光催化氧化处理费用较高，设备复杂，近期内推广使用受到限制。

(3) 生物预处理

水源水生物处理技术的本质是水体天然净化的人工化，通过微生物的降解，去除水源水中包括腐殖酸在内的可生物降解的有机物及可能在加氯后致突变物质的前驱物和NH_3-N、

NO_2^--N 等污染物，再通过改进的传统工艺进行处理，使水源水水质大幅度提高。

从目前国内外进行的研究和工程实践的总结可以看出，生物预处理大多采用生物膜的方法。其形式主要是淹没式生物池，它是利用填料作为生物载体，微生物在曝气充氧的条件下生长繁殖，富集在填料表面上形成生物膜，溶解性的有机污染物在与生物膜接触过程中被吸附、分解和氧化。目前，国内外的生物预处理工艺方法大致相同，区别之处就在于生物池内的生物填料，填料是生物预处理工艺的关键要素之一。目前国内应用较为广泛的填料有蜂窝状填料、软性填料、半软性填料和弹性立体填料等。

常用方法有曝气生物滤池（BAF）、生物接触氧化池（BCO）、生物活性炭（BAC）和膜生物反应器（MBR）。这些处理技术可有效去除有机碳及消毒副产物的前体物，并可大幅度降低氨氮，对铁、锰、酚、浊度、色、嗅、味均有较好的去除效果，费用较低，可完全代替预氯化。

① 曝气生物滤池（BAF） 滤池中装有比表面积较大的颗粒填料，填料表面形成固定生物膜，水流经生物膜，在与生物膜的不断接触过程中，使水中有机物、氨氮等营养物质被生物膜吸收利用而去除，同时颗粒填料滤层还有物理筛滤截留作用。常用的生物填料有卵石、砂、无烟煤、活性炭、陶粒等。此种滤池在运行时，根据水源水质状况需要可送入压缩空气，以提供整个水流系统循环的动力和提供溶解氧。BAF 技术详见本书 3.1 节。

② 生物接触氧化（BCO） 生物接触氧化工艺是利用填料作为生物载体，微生物在曝气充氧的条件下生长繁殖，富集在填料表面上形成生物膜，其生物膜上的生物相丰富，有细菌、真菌、丝状菌、原生动物、后生动物等组成比较稳定的生态系统，溶解性的有机污染物与生物膜接触过程中被吸附、分解和氧化，氨氮被氧化或转化成高价形态的硝态氮。反应过程如下。

有机污染物氧化反应：

$$4C_xH_yO_z+(4x+y-2z)O_2 \longrightarrow 4xCO_2+2yH_2O+Q$$

氨氮氧化：

$$2NH_4^+ + 3O_2 \longrightarrow 2NO_2^- + 4H^+ + 2H_2O + Q$$

$$2NO_2^- + O_2 \longrightarrow 2NO_3^- + Q$$

生物接触氧化法的主要优点是处理能力大，对冲击负荷有较强的适应性，污泥生成量少；缺点是填料间水流缓慢，水力冲刷小，如果不另外采取工程措施，生物膜只能自行脱落，更新速度慢，膜活性受到影响，某些填料如蜂窝管式填料还易引起堵塞，布水布气不易达到均匀。另外填料价格较贵，加上填料的支撑结构，投资费用较高。

现有生物接触氧化法在曝气充氧方式、生物填料上都有所改进。国内填料已从最初的蜂窝管式填料，经软性填料、半软性填料，发展到近几年的 YDT 弹性立体填料；曝气充氧方式也从最初的单一穿孔管式，发展到现在的微孔曝气头直接充氧以及穿孔管中心导流筒曝气循环式。在一定程度上，促进了膜的更新，改善了传质效果。

③ 生物活性炭（BAC） 详见本书 3.3 节。

④ 膜生物反应器（MBR） MBR 是指以超滤膜组件作为取代二沉池的泥水分离单元设备，并与生物反应器组合构成的一种新型生物处理装置。由于超滤膜能够很好地截留来自生物反应器混合液中的微生物絮体、分子量较大的有机物及其他固体悬浮物质，并使之重新返回生化反应器中，这就使反应器内的活性污泥浓度得以大大提高，从而能够有效地提高有机物的去除率。MBR 技术详见本书 3.4 节。

生物预处理工艺能够经济有效地去除微污染水源中的有机物、氨氮、藻类等，降低浊度，不产生“三致”物；减少混凝剂和消毒剂的用量，降低制水成本；可利用原水池或河道作为处理构筑物；对高锰酸盐指数（COD_{Mn}）、浊度的去除受冲击负荷影响较小。

生物预处理的问题主要有：需增设曝气设备和填料冲洗设备；生物处理运行效果受到诸多因素影响，尤其是水质、水温及操作管理水平的高低，低温对运行不利；与常规工艺比，需要一定的成熟期。一些研究表明，生物预处理对微量难生物降解的优先污染物无效；对三卤甲烷只有少量去除效果。由于生物处理是借助于微生物新陈代谢去吸收利用水中的污染物，因此会有各种代谢产物以及微生物本身进入水中，其中大多数物质的特性及对人体健康的可能影响还所知甚少。

总的来说，物理法、化学法处理效率较高。尤其是各种联用技术的开发，对一些难降解有机物的去除非常有效，通过高效氧化，去除水中的大部分有机物，并有效降低了饮用水致突变活性。但这些方法设备都相对复杂，运行和操作条件要求较高，尤其是成本问题严重制约了它们的推广使用。

相比之下，生物预处理是一种经济有效且在毒理学上安全的方法，它对氨氮和其他有机污染物有良好的处理效果，尤其在与传统工艺（混凝、沉淀、过滤、消毒）联用后，对降低饮用水致突变活性效果也很好。而且该法投资少，见效快，适合我国国情，因此，生物预处理与传统工艺的组合是目前国内水厂改善出水水质的首选方法。

从目前的研究方向和大量的研究结果来看，在自来水厂增加生物预处理和加强出水的深度处理是改善饮用水水质的有效途径。

5.2.3 微污染水的深度处理技术

深度处理通常是指在常规处理工艺以后，采用适当的处理方法，将常规处理工艺不能有效去除的污染物或消毒副产物的前体物加以去除，提高和保证饮用水质。应用较广泛的深度处理技术有活性炭吸附法、生物活性炭法、膜分离法等。

(1) 活性炭吸附法

活性炭的主要特征是比表面积大和孔隙构造，有良好的吸附性能。活性炭分粉末炭（PAC）和颗粒炭（GAC）两种，粉末炭一般和混凝剂一起连续地投加于原水中，经混合吸附水中有机和无机杂质后，黏附在絮体上的炭粒大部分在沉淀池中成为污泥排除，常应用于季节性水质恶化时的间歇处理以及粉末炭投加量不高时。颗粒活性炭可以铺在快滤池的砂层上或在快滤池之后单独建造活性炭池，以去除水中有机物，当炭的吸附能力饱和后，可以再生后重复使用。活性炭吸附是去除水中溶解性有机物的最有效办法之一，能有效地去除饮用水中的色度、嗅味、有机物、农药杀虫剂、除草剂、酚、铁、汞等多种污染物，是在常规处理的基础上去除水中有机污染物最有效最成熟的水处理深度处理技术，详见本书 2.3 节。

(2) 生物活性炭法

生物活性炭法（BAC）是指由臭氧化、砂过滤、活性炭吸附等结合在一起的水处理工艺。当原水中含有酚、农药、氨氮等污染物，如单独用臭氧或活性炭处理，效果均不理想。采用臭氧和活性炭联合使用工艺，即 BAC 技术，则可取得连续稳定的效果，其流程如图5-1所示。

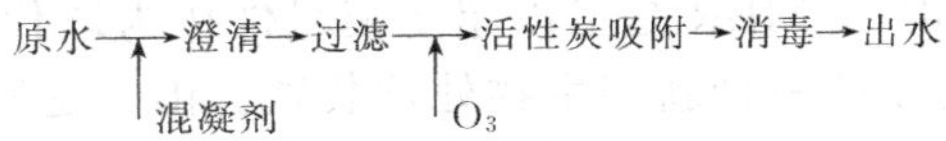

图 5-1 BAC 技术常用流程

生物活性炭法的特点是：完成生物硝化作用将 NH_3-N 转化为 NO_3^-；将溶解有机物进行生物氧化，可去除毫克每升级浓度的溶解有机碳（DOC）和三卤甲烷潜制物（GHMFP），以及纳克每升到微克每升级的有机物；此外，还可使活性炭部分再生，明显延长了再生周期；臭氧加在滤池之前还可以防止藻类和浮游植物在滤池中生长繁殖。在目前水源受到污染，水中氨氮、酚、农药以及其他有毒有机物经常超过标准，而水厂常规水处理工艺又不能将其去除的情况下，生物活性炭法成为饮用水深度处理的有效方法之一，详见本书3.3节。

(3) 膜分离法

膜分离技术是利用膜对混合物中各组分的渗透性能的差异来实现分离、提纯和浓缩的新型分离技术。常用的膜技术包括电渗析（ED）、微滤（MF）、超滤（UF）、纳滤（NF）和反渗透（RO）。其中电渗析是利用离子交换膜在电力牵动下，将水中正、负离子透过相应的膜而去除，从而使水淡化，以电势梯度作为驱动力，属脱盐工艺。而后四种膜法是靠压力驱动使水透过半透膜，而将水中所含杂质、胶体、无机离子、有机物、微生物等截留的过滤技术，以浓度差或压力差作为驱动力，且微滤、超滤为过滤工艺，纳滤、反渗透为脱盐工艺。

膜工艺过程的共同优点是成本低、能耗少、效率高、无污染，并可回收有用物质，特别适合于性质相似组分、同分异构体组分、热敏性组分、生物物质组分等混合物的分离，因而在某些应用中能代替蒸馏、萃取、蒸发、吸附等化工单元操作。实践证明，当不能经济地用常规的分离方法得到较好的分离时，膜分离作为一种分离技术往往是非常有用的，并且膜技术还可以和常规的分离方法结合起来使用，使技术投资更为经济。由于膜技术既可解决传统工艺所难于解决的诸多问题，如去除水中的微污染物和消毒副产物（DBP），又具有基建费用低、运行管理简单等优点，所以已被大规模用于处理饮用水。

膜法被美国环保局推荐为最佳工艺之一，日本则把膜技术作为21世纪的基盘技术，并实施国家攻关项目“21世纪水处理膜研究（MAC21）”，专门开发膜净水系统。目前常见的膜法有微滤、超滤、纳滤、反渗透、电渗析、渗透蒸发、液膜及刚出现的纳滤技术等。从膜法的功能上看，反渗透能有效地去除水中的农药、表面活性剂、消毒副产物、THMs、腐殖酸和色度等，纳滤膜用于相对分子质量在300～1000范围内的有机物质的去除，而超滤和微滤膜可去除腐殖酸等大分子量（相对分子质量大于1000）的有机物。因此，膜法是解决目前饮用水水质不佳的有效途径。

膜法能去除水中胶体、微粒、细菌和腐殖酸等大分子有机物，但对低分子量含氧有机物如丙酮、酚类、丙酸几乎无效。把膜工艺进一步应用到给水处理中的障碍是：基建投资和运转费用高，易发生堵塞，需要高水平的预处理和定期的化学清洗，还存在浓缩物处置的问题。

一些国家在研究用微滤和超滤来取代常规的净水工艺，结果表明技术是可行的，但从经济上考虑需慎重。法国、美国已有$10^4 m^3/d$以上规模的水厂采用膜技术的实例。虽然饮用水水厂采用膜分离技术的历史只有约40年，但是随着饮用水水质标准的提高，特别是水中日益增多的致病微生物与有毒有害有机物（包括消毒副产物）等限值的严格要求，使得膜技术在水处理中的应用也越来越广泛。

芬兰的Laitila市于1999年建成了处理量为$600m^3/d$的RO（反渗透）/NF(纳滤）过滤站，以除去水中高浓度的氟和铝。荷兰某膜法水厂，处理量为$5.5\times10^4 m^3/d$。苏格兰的一家设计流量为$3.2\times10^3 m^3/d$的水厂，使用NF技术去除水中的DBP。新西兰的陶浪加市建成了一座处理量为$3.6\times10^4 m^3/d$的MF水厂，用于解决饮水中难以用氯杀灭的杆菌芽孢问题。美国佛罗里达州的$1.5\times10^5 m^3/d$的NF水厂，目前是世界上规模最大的NF水厂之一。

5.3 微污染水处理组合工艺及典型流程

由于微污染水源水中污染物的多样性和复杂性，采用单一的净水工艺很难制得安全、卫生的饮用水，目前常采用多个净水单元的组合，形成组合工艺，发挥各单元的优势和单元间的协同性来净化微污染水源水。

5.3.1 微污染水处理组合工艺

目前的组合工艺主要可以分为活性炭组合工艺、生物法组合工艺、膜法组合工艺、臭氧氧化法组合工艺和光催化氧化组合工艺。

(1) 活性炭组合工艺

在水处理工艺中活性炭吸附是去除水中有机污染物的成熟有效的方法之一。活性炭对小分子有机物有很好的吸附作用。另外，活性炭的脱色除臭效果很好，对三卤甲烷有一定的吸附能力，但使用周期比较短。

臭氧氧化法与活性炭吸附法联合使用，称为臭氧/生物活性炭法。臭氧是一种强氧化剂，臭氧与有机物反应的结果通常使有机物分子量变小，芳香性消失，极性增强，可生化性提高。臭氧/(生物) 活性炭（O_3/BAC）工艺是在活性炭前加 O_3 接触氧化，两者联用具有明显的互补性。O_3 的强氧化性可以把水中难降解的有机物断链、开环，将大分子有机物氧化为小分子有机物，使原水中有机物的可生化性和可吸附性得到增强；O_3 氧化反应后生成 O_2，为后续的活性炭中的微生物提供了足够的 DO，促进了微生物的新陈代谢作用；O_3 氧化可以把腐殖质降解成低分子物质，这些物质很少与氯反应，从而减少了三卤甲烷前体物（THMFP）的形成。活性炭的作用在于：吸附水中的有机污染物和 O_3 的氧化副产物；利用自身附着的微生物降解水中的有机物；去除水中残余的 O_3。

实践证明：O_3/BAC 技术对去除水中的 COD、色度、嗅味、酚、硝基苯、氯仿、六六六、DDT、氨氮、油、木质素、氰化物等均有明显效果，Ames 试验结果为阴性，净化后的饮用水能完全达到国家标准，效果大大优于单独使用 O_3 氧化时的情况，且能使 O_3 的用量节约 1/2～2/3。

(2) 生物法组合工艺

生物处理主要借助微生物的新陈代谢活动，去除水中的有机污染物、氨氮、亚硝酸盐氮以及铁、锰等无机污染物。生物处理可以和常规处理、深度处理形成组合工艺，来弥补常规工艺对有机物和氨氮去除不力的局限。

① 生物处理/常规处理　从有机物分子量分布特征的角度来讲，生物处理去除的主要是相对分子质量小于 1500 的小分子量有机物，这部分有机物一般是亲水、易生物降解的；常规处理即混凝、沉淀和过滤，主要去除相对分子质量大于 10000 的有机物，对于小分子量有机物的去除率很低。目前生物处理主要作为预处理设置在常规工艺前，通过可生物降解有机物的去除，来减少消毒副产物的前体物，改善出水水质，同时也减轻了后续常规处理的负荷，其常用形式主要有生物接触氧化和生物陶滤。

② 生物处理/常规处理/深度处理　深度处理主要有活性炭吸附、臭氧氧化、生物活性炭、膜滤和光催化氧化等。对于原水水质较差，或者出水水质要求较高的处理，一般增加深度处理工艺，如 BAC、膜过滤等。

(3) 膜法组合工艺

目前的膜技术包括微滤（MF）、超滤（UF）、纳滤（NF）和反渗透（RO）。

① 曝气生物滤池（BAF)/UF　BAF 和 UF 有着很强的互补性。天然水中低分子溶解性有机物所占的比例往往比较大，而 UF 膜对水中的溶解性有机物（DOC）的去除率不高，尤其是低分子量有机物。所以，BAF/UF 中的 BAF 主要通过微生物的新陈代谢作用去除水中相对分子质量小于 1000 的亲水、易生物降解的有机物，并通过生物絮凝和吸附作用去除水中部分胶体和悬浮物；而 UF 主要用于去除疏水、难降解的有机物以及细菌和病毒，并作为出水的把关措施。

② PAC/UF　PAC/UF 组合工艺形成了吸附/固液分离系统，组合工艺中 PAC 的作用

主要是：一方面吸附水中的低分子量有机物，把溶解性有机物转移至固相，再通过后续的UF膜截留去除，从而克服了UF膜无法去除水中溶解性有机物的不足；另一方面PAC会在UF膜上形成一层多孔状膜，吸附水中有机物，从而能有效防止膜污染。组合工艺中的UF膜能去除水中的固体微粒，还能拦截PAC于反应器中，防止PAC的流失。可见，PAC/UF发挥了两者协同互补的作用。

法国已将PAC/UF应用于大型水厂，总处理水量超过$2\times10^5 m^3/d$，其中最大的一家处理水量为$5.5\times10^4 m^3/d$。许多研究表明，对于小型水厂（$<20000m^3/d$），膜工艺的制水成本与传统工艺相当。

此外，膜法还可以和混凝、O_3等处理单元组合，形成优势互补，来提高水处理的综合效益。

(4) 臭氧氧化法组合工艺

O_3具有强烈的氧化性，能够去除水中的有机污染物，因此被广泛应用于水处理行业中。但是，水中也有一些有机物是不能被氧化的，这就促使了高级氧化工艺（AOPs）的产生。AOPs就是将O_3和H_2O_2或UV照射等组合，强化·OH的产生，大大增强了氧化性，净水效果更好。

① O_3/H_2O_2　研究表明，向O_3水溶液中添加H_2O_2能极大地提高·OH的产生量和速率，并能将水溶液中的·OH浓度稳定地维持在较高的水平。O_3/H_2O_2工艺就是基于此研究开发出来的。O_3/H_2O_2在国外的一些水厂已有应用，如意大利佛罗伦萨Anconeiia水厂、法国巴黎Mout水厂、美国旧金山市Fairfield Vacawille市北海湾地区水厂，都取得了较好的净水效果。

② O_3/UV　O_3/UV是利用O_3在紫外光辐射下分解产生的·OH来氧化有机物。研究表明，O_3/UV比单独采用紫外线辐射和O_3氧化更有效，并能氧化分解O_3难以降解的有机污染物，其反应速率是臭氧氧化法的100～1000倍。这充分体现了O_3/UV的协同作用。使用UV/O_3工艺可以使一些通常单独使用O_3氧化难以降解的化合物，如乙酸、乙醇等迅速转化成CO_2和H_2O。美国环保局已经规定，O_3/UV是处理多氯联苯的最佳实用技术。因此，O_3/UV组合工艺在微污染水源水处理中具有广阔的应用前景。

此外还有O_3/混凝、O_3/吹脱、O_3/放射线、O_3/超声波等组合工艺。

(5) 光催化氧化组合工艺

光催化氧化是以化学稳定性和催化活性很好的二氧化钛为代表的N型半导体为敏化氧化，一般认为在合适的反应条件下，有机物经光催化氧化的最终产物是CO_2和水等无机物。国内外大量研究表明，经钛催化剂光催化氧化的水中有机物按种类可归纳为烃类化合物、卤代化合物、羧酸类化合物、含氮有机物、表面活性剂、有机杀虫剂和除锈剂。

① H_2O_2/UV　H_2O_2是一种强氧化剂，但是对于水中极微量的有机物以及高浓度难降解的污染物（如高氯代芳香烃），仅使用H_2O_2的氧化效果不十分理想，本身对有机物降解几乎没有作用的紫外光在与H_2O_2联用后，却产生令人意想不到的效果。

② 活性炭/光催化　活性炭对于水中的微量污染物有较好的去除效果，但是其缺点是不能有效地去除对水中的余氯、亚硝酸氮、细菌以及小分子极性物质，而光催化氧化虽有较强的氧化性，但由于其对作用对象的无选择性以及当水中的有机物浓度较高时，使得光催化氧化去除水中污染物需要较长的停留时间。但是将光催化氧化作为活性炭出水的后续处理，就能达到取长补短，形成有效的净水工艺。研究表明光催化氧化能很快分解余氯；光催化氧化能有效去除NO_2^-，但难以去除氨氮；活性炭的出水中细菌总数高达2.2×10^4CFU/ml，但经光催化氧化20min的处理，出水细菌降为50CFU/ml；光催化氧化对于易穿透活性炭柱的三氯甲烷、四氯化碳等污染物有较好的处理效果。

以上介绍的多种针对微污染水源水的处理方法，任何一个处理单元都有各自的去除对象，没有哪一个单元具有广谱的去污能力。这就要求我们在选择微污染水源水处理工艺时，必须根据水源水质的特点和处理后水质的要求，对各种处理单元进行有效合理的组合，形成组合工艺，充分发挥组合工艺中各处理单元的去污能力，同时发挥各单元间协同互补的特点，来获得经济、优质的饮用水。

5.3.2 微污染水处理典型流程

(1) 微污染预处理工艺

① 原水→粉状活性炭→絮凝沉淀→砂滤→消毒→出水

在微污染水物化预处理中，该工艺主要使用粉状活性炭吸附水中的有机物和异臭、异味的物质，活性炭与混凝剂同时投加。

② 原水→O_3 或 $KMnO_4$ 预氧化→絮凝沉淀→过滤→消毒→出水

该工艺对原水中低分子有机物氧化有效，也不会产生卤化物等三致物质。适用于低浓度微污染水质。

③ 原水→生物接触氧化→常规处理→出水

④ 原水→BAF→常规处理→出水

③、④两种工艺适用于有机污染物降解处理，氨氮、亚硝酸盐的氧化以及铁、锰预氧化，配合后续处理可以有较好的去除效果。

(2) 微污染水深度处理

① 原水→絮凝沉淀→砂滤→O_3＋生物活性炭→消毒→出水

该工艺行可提高全年运行水质，并对臭味有一定的改善作用。但当臭味非常高时，该工艺不能完全去除臭阈值。若在絮凝沉淀前加氯，可以去除铁、锰，但会产生三卤甲烷前驱物和总有机卤化物（TOX）等氯消毒副产物，缩短活性炭的运行周期。

② 原水→预臭氧→絮凝沉淀→砂滤→O_3→活性炭→消毒→出水

该工艺对有机物去除率极高，水质改善明显，增加臭氧后可以将嗅阈值降到极低，并能氧化有机物，使活性炭滤池中生长微生物，可去除氨氮，延长活性炭使用周期。但该工艺所用设备复杂，工程投资和运行成本较高。

③ 原水→生物预处理→絮凝沉淀→砂滤→O_3＋生物活性炭→消毒→出水

该工艺依靠生物预处理去除氨氮和生物易降解有机物，依靠常规处理和活性炭去除生物难降解有机物，改善臭味。缺点是冬季水温低时，去除效果会受到影响。另外，河流中污水厂排放水一般均为生物难降解有机物，生物处理效果较差，所以一般用于湖泊水。

④ 原水→絮凝沉淀→砂滤→颗粒炭→MF→UF→出水

为了防止活性炭滤池中的微生物泄漏，必须在活性炭后加 MF。

(3) 微污染水处理的工程应用流程

目前国外采用的工艺流程大致有以下几种。

① 德国 Dohne 水厂工艺流程：

Ruhr 河水→预臭氧→加药→沉淀→臭氧→过滤→生物活性炭→地下渗滤→安全投氯→用户

② 德国缪尔霍姆水厂工艺流程：

原水→混凝→澄清→臭氧投加→活性炭过滤→砂滤→安全投氯→用户

③ 法国乔斯莱诺水厂工艺流程：

原水→臭氧预氧化→混凝→沉淀→砂滤→活性炭过滤→二次臭氧→安全投氯→用户

④ 法国麦瑞休奥斯水厂工艺流程：

原水→预臭氧化→储水池→混凝→沉淀→砂滤→二次臭氧→活性炭过滤→安全投氯→用户

⑤ 法国 Choisy-Le-Rei 水厂工艺流程：

寒纳河水→预臭氧→加药→沉淀→生物砂滤→臭氧→生物活性炭→安全投氯→用户

⑥ 日本千叶县柏井净水厂工艺流程：

原水→粉末活性炭→配水井（前加氯）→平流沉淀池→侧向流斜板沉淀池→跌水曝气→快滤池→臭氧氧化池→活性炭池→后加氯混合池→清水池→管网

国内目前采用的工艺流程大致有以下几种。

① 北京田村山水厂工艺流程：

原水→预加氯→混凝→澄清→砂滤→臭氧接触→活性炭过滤→安全投氯→用户

② 兰州铁路水厂采用的工艺流程：

原水→混凝→澄清→气浮→砂滤→臭氧接触→活性炭过滤→安全投氯→用户

③ 哈尔滨某水厂中试采用的工艺流程：

原水→混凝→沉淀→砂滤→臭氧接触→活性炭过滤→安全投氯→用户

在选择采用臭氧/生物活性炭净水工艺之前，最好对原水进行1年以上的抽样试验和分析。对原水各个季节的COD、TOC的可生物降解性以及pH值、浊度、臭味、色度等项目进行测定，并对原水中的重金属、聚合氯化联苯、三卤甲烷前驱物及三卤甲烷进行试验和分析。据其结果，确定原水是否可生物降解、可吸附，从而确定生物活性炭工艺是否适用于原水水质。

5.4 微污染水处理的工程实例

5.4.1 上海惠南水厂生物预处理工程

(1) 水源

上海惠南水厂位于浦东南化县，水源大治河近年来受有机污染的程度有所加大，氯化有机物含量时有超标现象，水中色度较高，氨氮、亚硝酸盐、耗氧量及铁、锰的含量也偏高，在污染严重时，水中的氨氮值高达4～5mg/L，色度高达60～70度，原水的总体水质状况已趋向中度污染边缘，其水质见表5-1。

表5-1 上海市惠南水厂水质分析

分析项目	原水	生化池出水	去除率/%	沉淀池出水	去除率/%	快滤池出水	去除率/%	出厂水	总去除率/%
浊度/NTU	50～60 30～50	30～36 15～23	40～45 50～55	4～6 2～4	90～92 92～93	0.4～0.8 0.2～0.4	98～99 98～99	0.3～0.6 0.2～0.3	98～99 99～99.5
色度/度	60～70 30～60	35～40 25～40	40～43 20～30	5～6 2～4	90～91 90～92	5.0～5.5 2.0～2.5	90～92 90～92	5.0～5.5 1.8～2.0	90～92 90～92
pH值	7.6～7.7	7.5～7.6		7.5～7.6		7.5～7.6		7.5	
DO/(mg/L)	2.0～3.0 4.5～5.0	8.0～8.5 6.5～6.5						7.0～7.5 6.0～6.5	
氨氮/(mg/L)	1.5～2.0 2.0～3.0 3.0～4.0	0.15～0.25 0.20～0.42 0.3～0.6	88～99 86～90 85～90	0.015～0.025 0.08～0.12 0.3～0.5	98～90 95～96 85～90	0.01～0.02 0.05～0.10 0.3～0.45	98～99 95～97 85～91	0.01～0.015 0.05～0.08 0.3～0.4	98～99.5 96～98 85～92

续表

分析项目	原水	生化池出水	去除率/%	沉淀池出水	去除率/%	快滤池出水	去除率/%	出厂水	总去除率/%
亚硝酸盐/(mg/L)	0.1～0.15	0.01～0.02	88～90	0.01～0.015	89～90	0.00～0.01	89～90	0.008～0.01	89～90
铁/(mg/L)	1.50～1.90	1.05～1.45	25～30					0.08～0.10	93～95
锰/(mg/L)	1.30～1.80	0.52～0.85	50～60					0.008～0.01	98～99
COD_{Mn}/(mg/L)	5.41～6.50	4.25～5.52	15～21						

(2) 生物预处理工艺

惠南水厂生物预处理工程规模 $1.2\times10^5m^3/d$，设计工艺为推流型生物接触氧化，该池型微生物种群沿水流方向变化，生物相丰富，有机物降解机会多，符合水体自净规律。推流流态为多级串联，流态合理，处理效果好。设计水力停留时间 1.45h，池有效水深 4.25m；填料采用弹性丝填料，尺寸为 Φ175mm×3500mm，曝气器采用 JT-1 型橡胶薄膜式拱形微孔曝气器，尺寸为 Φ188mm×60mm，生物接触氧化池设计的气水比为（0.8～1.4）∶1；进水采用溢流堰加穿孔配水墙，出水采用指形槽，排泥采用穿孔排泥管。

(3) 过程控制

由于微污染原水生物预处理的效果受原水水质、负荷、生物量、生物活性和温度等诸多因素影响，因此增强调节手段是强化过程控制的关键。本设计生物接触氧化采用推流式，渐减曝气方式控制运行，鼓风机房按 3 用 1 备配置，其中 3 台 $Q=46m^3/min$，$H=0.059MPa$，另一台 $Q=30m^3/min$，$H=0.059MPa$，实际运行台数可按气水比 0.8∶1、1.1∶1、1.4∶1 等多种不同工况自控选择；生化池沿池长方向分 4 个曝气段，各段的曝气量可按实际运行状况分别调整；生化池运行一段时间后，可视填料上生物膜的生长状况，定期进行气动冲洗，帮助老化生物膜脱落；鼓风机房供气总管和生化池各段供气总管装有在线检测仪表，生化池进出水段装有在线水质检测仪表，可根据实际运行状况和处理效果分别调整各段的运行参数，并可根据生化池的运行规律编排不同的运行模式由 PLC 自控运行。

(4) 工程运行效果

运行效果见表 4-1。根据该表分析：①在原水低浊度时，由于生物絮凝作用，生化池出水的浊度去除率可达 50%以上，已基本满足直接过滤的要求，若维持原常规工艺不变，则可相应减少加矾量；②由于原水的色度主要是腐殖酸引起，经生物预处理后，水中悬浮胶体的分子结构和电性得以改善，再经常规处理，色度去除率大为提高，由此可见生物氧化和絮凝作用对提高常规工艺处理效率起很大作用；③在环境温度适宜的条件下，当原水氨氮浓度低于 3mg/L 时，生化池氨氮去除率达 85%以上，整个工艺流程氨氮去除率可稳定在 90%以上；当原水氨氮浓度在 3～5mg/L 时，整个工艺流程氨氮去除率可达 80%以上；④当水温低于 10℃时，水温对处理效果有一定影响；最低水温跌至 3.5℃，主要水质指标的处理效果比正常时期下降 7%～10%；⑤生化池铁和锰去除率分别为 25%和 50%以上，经生物氧化和生物絮凝后，有机铁和锰的沉淀过滤性能大为改善，去除率可达 92%以上，锰的去除效果明显优于铁；⑥生化池的耗氧量去除率仅 20%左右，说明生化池的生物氧化作用具有以氨氮硝化为主，碳源性有机物降解为辅的特性；⑦生化池常规运行的最小气水比为 0.8∶1，在水质较差的条件下，调整气水比有助于稳定处理效率。

生物接触氧化预处理工艺的治水成本为 0.035 元/m^3 水。由此可见，生物接触氧化预处理技术是一种可应用于微污染原水预处理的低价高效的新型水处理工艺，它与传统的臭氧活性炭技术相比，造价和运行成本低，操作及维护管理简便。

5.4.2 周家渡水厂深度处理工程

(1) 工艺概述及原水水质

水厂处理规模为20000m³/d，分成两条规模各为10000m³/d常规工艺生产线，其工艺流程如下：

① 原水→静态混合器(加矾)→折板反应斜管沉淀池→双层滤料滤池→清水池(加氯)→出水

② 原水→静态混合器(加矾)→机械反应迷宫沉淀池→均质滤料滤池→清水池(加氯)→出水

该流程除可按上述工艺流程进行常规运行外，还可根据需要通过一定的管道隔离和切换措施做如下几种形式的生产运行安排。

① 预臭氧-折板反应斜管沉淀池，10000m³/d；预臭氧-机械反应迷宫沉淀池，10000m³/d。

② 机械反应迷宫沉淀池，10000m³/d；预臭氧-折板反应斜管沉淀池，10000m³/d。

③ 预臭氧-机械反应迷宫沉淀池，10000m³/d；折板反应斜管沉淀池，10000m³/d。

周家渡水厂引黄浦江原水为水源，其水质见表5-2。

表5-2 周家渡水厂水源水质

项目	最高值	最低值	平均值	项目	最高值	最低值	平均值
浊度/NTU	310	12	73	铬/(mg/L)	0.004	0.004	0.004
色度/CU	20	12	17	氰化物/(mg/L)	0.005	0.002	0.003
pH值	7.8	7.1	7.4	铅/(mg/L)	0.014	0.001	0.005
碱度(以$CaCO_3$计)/(mg/L)	108	38	73	铜/(mg/L)	0.022	0.001	0.012
总硬度(以$CaCO_3$计)/(mg/L)	200	80	136	锌/(mg/L)	0.25	0.01	0.06
DO/(mg/L)	9.8	2.4	5.5	阴离子洗涤剂/(mg/L)	0.15	0.10	0.11
耗氧量/(mg/L)	9.3	5.8	7.2	氟化物/(mg/L)	3.00	0.47	0.83
氨氮/(mg/L)	3.00	0.26	1.63	银/(mg/L)	0.001	0.001	0.001
汞/(mg/L)	0.0040	0.0005	0.0010	硝酸盐/(mg/L)	5.10	0.55	2.24
酚/(mg/L)	0.009	0.002	0.003	硫酸盐/(mg/L)	93	31	66
硒/(mg/L)	0.0015	0.0003	0.0005	铁/(mg/L)	7.20	0.05	2.60
镉/(mg/L)	0.001	0.001	0.001	锰/(mg/L)	0.50	0.02	0.22
砷/(mg/L)	0.027	0.005	0.014				

(2) 深度处理工程设计

由于原水受到污染，为满足出厂水水质要求，水厂增加深度处理工艺，具体如下。

① 5000m³/d规模

原水→生物陶粒滤池(空气)→混合器(加矾)→机械反应斜管沉淀池→双层滤料滤池→提升→臭氧接触池(臭氧)→活性炭滤池→清水池(加氯或二氧化氯)→出厂水

② 5000m³/d规模

原水→阶式曝气池或预臭氧接触→混合器(加矾)→机械反应迷宫沉淀池→均质滤料砂→滤池→提升→后臭氧池(臭氧)→活性炭滤池→清水池(加氯或二氧化氯)→出厂水

单元工艺设计如下。

① 曝气生物滤池（BAF） 滤速 5.2m/s，滤料厚 2m，粒径 3～5mm，空床停留时间 22min。

滤料底部暂安设微孔扩散装置进行连续曝气，曝气量为处理水量的 0.7～1.0 倍。

滤池清水出水采用电动闸阀，按时间控制开启度，以保持运行水位相对恒定。

滤池冲洗采用单气冲加单水冲，气冲洗强度为 $55m^3/(m^2 \cdot h)$，水冲洗强度为 $69m^3/(m^2 \cdot h)$。反冲洗水来自新建的反冲洗水泵房。反冲洗气来自厂内原有的鼓风机间。冲洗周期约为 5～7 天。配气、水系统采用长柄滤头。

② 预臭氧及后臭氧接触池 预臭氧处理规模为 $5000m^3/d$，后臭氧处理规模为 $2 \times 5000m^3/d$。

预臭氧投加量按 3～6mg/L 考虑，后臭氧投加量按 2～4mg/L 考虑。

接触时间预臭氧为 4min，后臭氧为 4min、4min、2min 共 10min。预臭氧和后臭氧接触池合建，预臭氧扩散采用微孔扩散器。臭氧尾气采用电加热装置分解，分解装置设在臭氧接触池顶部。

③ 阶式跌水曝气池 规模为 $5000m^3/d$，设 4 级跌水，每级 0.5m，建于预臭氧池之上，作为与预臭氧接触法进行对比试验的工艺单元。跌水堰负荷为 $2600m^3/(m \cdot d)$。

④ 活性炭滤池 规模 $10000m^3/d$，分 4 格，单格 $16m^2$，滤速 6.8m/h，活性炭粒径 0.5～0.7mm，炭层厚 1.8m，HRT＝15min。滤池冲洗采用气冲＋水冲，气冲强度 $55m^3/(m^2 \cdot h)$，水冲强度 $25m^3/(m^2 \cdot h)$，冲洗周期约为 5～7 天。

⑤ 折板反应池改造 水厂原折板反应池改造为机械反应池，反应时间 30min。共分 6 格，配 6 套机械搅拌装置，其周边线速度 $v=0.63 \sim 0.17m/s$。

⑥臭氧制备车间 布置 2 台 $3kgO_3/h$ 的臭氧发生器，用于为预臭氧和后臭氧供气，互为备用，均考虑采用液态氧为原料制备臭氧。

工艺流程详见图 5-2。

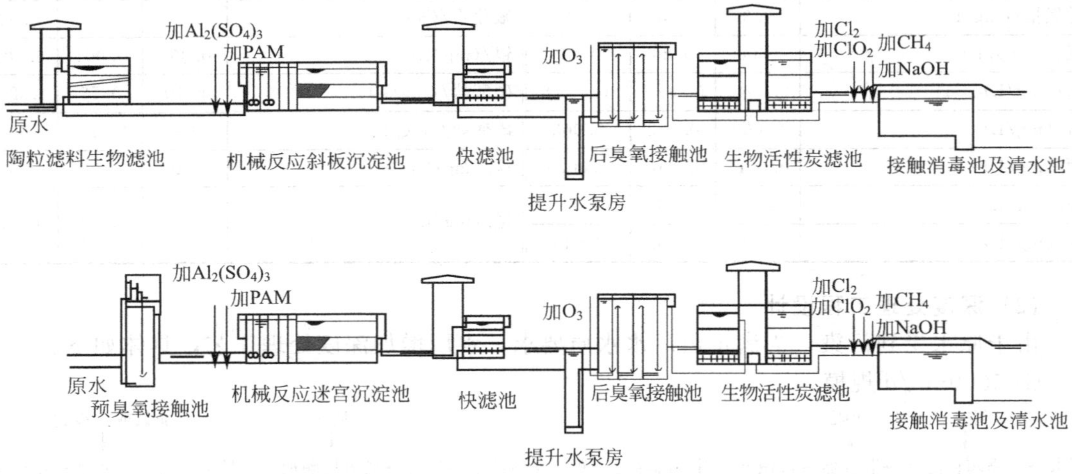

图 5-2 周家渡水厂深度处理工艺流程图

(3) 处理效果

周家渡水厂处理出水指标全部达到国家《生活饮用水卫生标准》(GB 5749—2006)。

5.4.3　桐乡果园桥水厂深度处理工程

桐乡市果园桥水厂设计规模为 $8\times10^4 m^3/d$，原采用传统的水处理工艺（混凝-沉淀-过滤-消毒）。目前作为主要水源的康汀塘属于Ⅳ～Ⅴ类水体，主要超标项目是有机物和氨氮，而且水质污染有日趋严重的趋势。水厂原水、原工艺，处理出厂水水质见表5-3。

表5-3　桐乡市果园桥水厂原水及原工艺出厂水水质

项　目	原水			出厂水		
	最大	最小	平均	最大	最小	平均
pH值	7.4	6.9	7.1	7.1	6.7	6.9
色度/度	30	11	17	17	4	7
浊度/NTU	102.6	20	51.6	2.85	0.04	0.30
COD_{Mn}/(mg/L)	8.62	4.02	5.49	6.76	2.26	3.66
氨氮/(mg/L)	3.80	0.10	1.40	2.50	0.02	0.186
总铁/(mg/L)	3.00	1.00	1.60	0.20	0.05	0.057
锰/(mg/L)	0.33	0.184	0.28	0.195	0.10	0.14
细菌/(个/ml)	14300	2400	4886	2	<1	0.4
大肠杆菌/(个/ml)	>16000	3500	7078	<1	<1	<1

桐乡市果园桥水厂面临水源水质微污染问题，为了提供清洁和安全的饮用水，水厂必须探索并改变原有水处理工艺，使出厂水水质到达《生活饮用水卫生标准》（GB 5749—2006）要求的水质标准。

（1）深度处理工艺选择

水厂原水污染物种类较多，成分复杂。对原水中有机物分子量分析表明，原水中有机物相对分子质量在500～10万之间均有分布，并且相对分子质量<500的有机物含量较高。由于水厂原净化工艺对有机物没有广泛完全的去除能力，因此根据不同微污染水处理工艺对有机物的去除有明显的互补性，确定在水厂原有常规处理基础上，增加原水生物预处理工艺和臭氧+生物活性炭深度处理工艺，使原水主要超标项目有机物和氨氮得到有效控制，为城市提供清洁、安全的饮用水。改建后的水厂工艺流程见图5-3。

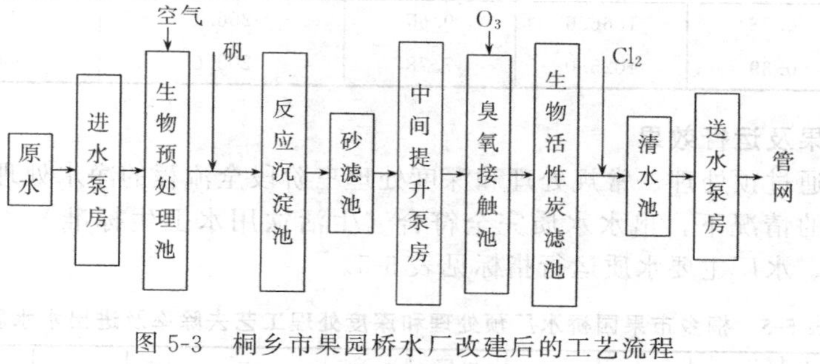

图5-3　桐乡市果园桥水厂改建后的工艺流程

（2）工艺设计

① 生物接触氧化预处理　生物接触氧化工艺主要涉及池型、填料系统、曝气系统和排泥系统。

桐乡市果园桥水厂生物预处理池为钢筋混凝土结构，$8\times10^4 m^3/d$ 规模一组，分为2格。水力停留时间为1.5h，有效水深4.5m，其中填料高度为3.5m，下部排泥层高度为1.6m，池总高6.8m。预处理池平面尺寸为69.8m×21.15m。生物接触氧化池一般采用水平推流式池型，由于池身较大，填料上下部的水流速度较高，容易造成短流，相应降低了容积利用率。为解决这个问题，在生物接触氧化池中一定间距交错布置上通和下通垂直挡板，使水流形成上下转弯，与填料充分接触，避免了短流，提高了容积利用率。同时从生化反应动力学的角度，设计成推流流态，提高了接触反应效率。

填料采用弹性波纹立体填料，呈束状，悬挂在紧绷尼龙绳网架上。填料支架设置一定数量的空隙，不安装填料，有利于更换填料和维修下部曝气及排泥设施。整池填料比表面积大于 $3m^2/m^3$。填料下方 500mm 处设穿孔曝气管，曝气管连接成环网，通过鼓风机提供气源，气水比可按 0.6∶1、1∶1、5∶1 调整。通过比较，穿孔曝气管更符合在微污染原水生物接触氧化池中使用，穿孔曝气管支管采用下弯式安装，防止曝气管内积泥堵塞。

② O_3+BAC 深度处理　生物接触氧化技术对以 COD_{Mn} 为指标的有机物控制效果不理想，因此为有效去除水中的微量有机污染物，本设计采用 O_3+BAC 联用技术。

O_3+BAC 工艺主要涉及臭氧的制造生产、投加及活性炭过滤等。在臭氧的制造生产环节设计采用以液氧为生产原料制造臭氧（远期增加制氧设备，采用现场制氧为生产原料）。臭氧投加点在活性炭滤池前，平均投加量为 2mg/L，最大为 3～5mg/L，投加量可根据实际水质进行调整。配置臭氧产量 10kg/h 的臭氧发生器［臭氧浓度 6%（质量分数，下同），冷却水温度 25℃］2 台。实际臭氧浓度控制在 10%，单台臭氧产量 6kg/h。

臭氧接触系统采用臭氧接触池，规模为 $8\times10^4m^3/d$，1 座，内部分为 2 格，可单独运行，有效水深 6m。池底部设臭氧扩散板，释放出臭氧与水充分接触。池设置成廊道式，充分提高与臭氧的接触程度。接触池总平面尺寸为 21.35m×10.6m。分两段布气，前段气量为 60%，后段为 40%，前后段反应水力停留时间为 5min，缓冲停留时间为 5min，臭氧接触混合总停留时间为 15min。臭氧扩散采用盘式布气帽，总数量为 80 个。臭氧接触池尾气破坏装置采用加热催化方式，单台处理量为 $70m^3/h$，共 2 台，1 用 1 备。

生物活性炭滤池规模为 $8\times10^4m^3/d$，1 座，滤速为 7.5m/h，分为 10 格，每格面积 $48m^2$，滤料炭层高度为 1.8m，滤池总高为 4.4m。活性炭量为 $864m^3$，使用周期按 2 年考虑。滤池采用单水反冲洗。活性炭采用了两种煤质活性炭，其中 7 格滤池采用 1.5mm 柱状炭，另外 3 格采用 8×30 目破碎炭。活性炭主要参数见表 5-4。

表 5-4　活性炭主要参数

规格	水分/%	碘值/(mg/g)	灰分/%	亚甲基蓝值/(mg/g)	装填密度/(g/L)	强度/%
8×30 目破碎炭	0.78	1066.6	9.65	256.1	494	96.5
1.5mm 柱状炭	0.39	1025.0	7.78	205.0	446	95.2

(3) 处理效果及运行效果

桐乡市水厂通过预处理、常规处理和深度处理三阶段全流程的净水处理，在原水水质属于Ⅳ～Ⅴ类水体的情况下，出水水质完全符合《生活饮用水卫生标准》（GB 5749—2006）要求的水质标准。水厂主要水质运行指标见表 5-5。

表 5-5　桐乡市果园桥水厂预处理和深度处理工艺去除率及进出水水质

项目	原水水质（平均值）	生物预处理去除率/%	常规处理去除率/%	深度处理去除率/%	出厂水质（平均值）	项目	原水水质（平均值）	生物预处理去除率/%	常规处理去除率/%	深度处理去除率/%	出厂水质（平均值）
浊度/NTU	144.4	27	99	22	0.08	亚硝酸盐/(mg/L)	0.368	23	60	82	0.02
色度/度	24	20	70	30	<5	铁/(mg/L)	1.95	22	96		<0.05
COD_{Mn}/(mg/L)	6.5	10	44	40	1.96	锰/(mg/L)	0.28	56	75	7	0.029
氨氮/(mg/L)	1.71	91	10	79	0.029	UV_{254}	0.51	18	73	63	0.040

运行成本：生物预处理为 0.026 元/m^3，活性炭费用（2 年使用期）0.078 元/m^3，O_3＋BAC 运行费 0.119 元/m^3，单位水量总运行费 0.297 元/m^3。

5.4.4 阜阳铁路水厂深度处理工程

(1) 水源状况

阜阳铁路水厂水源——茨淮新河污染日益严重，常规处理后，有机污染物指标超标，并有异色、异味，水质达不到《生活饮用水卫生标准》。为解决供水水质问题，经多次研究论证，对水厂处理工艺改造为深度处理工艺。

水源水质主要有以下特点：河水流动性差，浑浊度低，氨氮、COD 等指标较高，色度和气味较为明显。据统计，该河水质大部分时间属Ⅲ类及以下水体，33%的时间为劣Ⅴ类水体。

(2) 工艺

通过对水源水质的分析，针对藻类、氨氮、色度和气味等主要污染指标，确定了用气浮法除藻，用臭氧氧化、活性炭吸附联用的深度处理工艺。具体流程见图 5-4。其中气浮池由原斜管沉淀池改建而成，"臭氧接触氧化池→综合脱氨滤罐→GAC 滤池"为新增的深度处理工艺。本工艺中，气浮池的弹性生物填料和综合脱氨滤罐的活化沸石滤料颗粒上都生长着大量的微生物，在它们的新陈代谢作用下，水中部分有机物被分解去除。

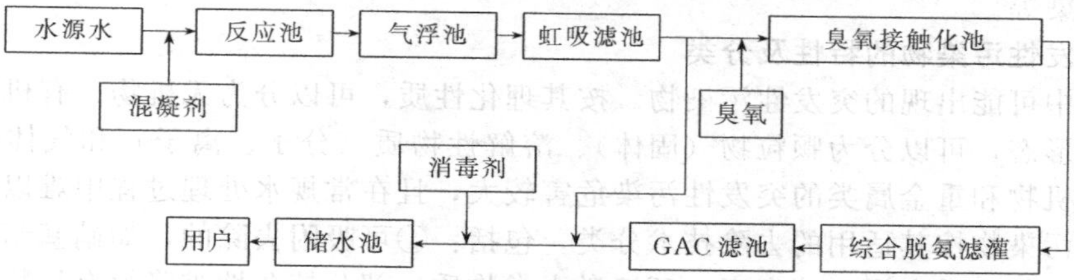

图 5-4 阜阳铁路水厂改造后工艺流程

(3) 出水性质

主要处理单元出水化验结果表明，经臭氧氧化、脱氨和活性炭吸附后，原先水中难以去除的臭、味和色度被完全去除，氨氮等其他主要指标也符合标准，具体结果见表 5-6。

表 5-6 阜阳铁路水厂进出水水质

指标	水源水	臭氧接触氧化池出水	GAC 滤池出水	指标	水源水	臭氧接触氧化池出水	GAC 滤池出水
色度/倍	25	2	0	亚硝酸盐氮/(mg/L)	0.117	0.375	0.042
嗅和味	较明显	无	无	硝酸盐氮/(mg/L)	4.78	5.01	0.201
肉眼可见物	浮游微生物	无	无	Ca^{2+}/(mg/L)	68.8	63.2	28.3
氨氮/(mg/L)	2.25	1.37	0.08	Mg^{2+}/(mg/L)	37.8	36.5	29.9

5.5 水源突发污染应急处理方法

随着经济的进一步发展，突发性水资源污染事故的发生概率还可能增加，因此，突发性污染事故的防范工作显得尤为重要。同时，建立完善的水资源污染事故应急处理机制也是《国家卫生城市检查考核标准实施细则》中一项重要的硬件指标。

2005 年 11 月的松花江水源重大污染事故给沿江流域带来了不可估量的经济损失，对松花江下游及哈尔滨等城市的居民生活带来了较大不利影响，也对供水行业应对突发事件的能力提出了更高的要求，为保障城镇安全供水提出了新的任务。

我国政府于2006年1月24日发布了《国家突发环境事件应急预案》，要求各主管部门和企业都制定相应的突发事件应急预案。城镇供水行业的各级政府部门和供水企业也纷纷编制了城镇供水突发事件应急预案。这些应急预案主要是从组织管理的角度来指导城镇供水应急工作，在解决具体问题时还需要有更具体更实用的技术措施才能使应急工作顺利进行。

饮用水突发污染时刻威胁着人民的正常生活，给城镇供水提出了更高的要求。污染发生时，水厂的常规处理已不能制得合格饮用水，必须有相应的应急处理方案。

5.5.1 突发性污染的来源与分类

(1) 突发性污染的来源

在水源水体流域上游的任何潜在污染源都可能导致水源水质污染。一些污染源由于治理不力，持续性地向水体中排放污染物，可以视作是持续性污染，对于以此水体为水源的水厂是属于正常处理过程中如何除污染的问题。一些属于突发性的污染往往是由于事故、突发自然灾害、人为破坏等意外事件引起的，具有发生时间不可预见、持续时间短、污染物不确定、污染物浓度相对较高等特点。以地表水为例，突发性污染源包括上游的近岸工厂发生事故（或偷排）等非正常排污，城市或农村的非点源污染受突降暴雨冲刷等进入水体，船舶等的污染物泄漏，环境因素变化导致水体底泥中污染物的突然释放，气候突变等自然灾害带来的突发性污染等。

(2) 突发性污染物的特性及分类

水源水中可能出现的突发性污染物。按其理化性质，可以分为无机物、有机物和生物类等。按物质形态，可以分为颗粒物（固体）、溶解性物质（分子、离子）和气体类等。其中以溶解性有机物和重金属类的突发性污染危害较大，且在常规水处理过程中难以解决。

突发性污染物按其适用的去除技术分类，包括：①可吸附去除的，如硝基苯以及多数小分子有机物、部分重金属、藻毒素、环境激素类物质、部分持久性难降解有机物、部分油类污染物、氨氮等，可以通过粉末活性炭吸附、沸石离子交换吸附等去除；②可以由氧化还原等化学反应分解或杀灭的，如COD类有机物、部分持久性难降解有机物、部分油类污染物、氨氮、细菌、病毒、贾第虫、隐孢子虫、剑水蚤、摇蚊幼虫等；③可强化混凝沉淀及强化过滤去除的，如各种颗粒物、大分子有机物、贾第虫、隐孢子虫等；④可通过调节pH值等以化学沉淀去除的，如镉等部分重金属、部分难溶金属离子、硫化物等部分难溶无机物等；⑤可用膜法去除的，如细菌、病毒、各种金属、非金属离子、小分子有机物等。有些污染物可能有几种适用的去除方法。

5.5.2 给水厂的应急预案

城市给水厂担负向城市管网按要求的水量和水质供应饮用水的任务。传统上，给水厂工艺系统都是按常规情况设计的。随着水源水污染的加重，许多水厂增加了预处理或深度处理环节，强化了处理能力。一般是按应对持续性的、微污染的水源水质情况设计的、如水源特殊难处理的、高浓度突发污染，一般来说现有水厂工艺设施是难以应对的。

为了防范可能的突发性水污染问题，需要确定应急预案。应急设施与方案的选择可能有多种，基本原则是在发生突发性污染情况下保证要求的水量与水质，应急情况下的水处理成本可以不作为主要考虑因素。

① 药剂投加设施 水厂以设置适量的药剂投加设施为应对突发性水源水质污染的首选措施。水厂建设药剂投加设施投资小，受已有处理系统的约束小，易于实现。既适合于新建水厂，也适合于旧有水厂改造；投药设施可以设计为多用途，一套设施在不同的时期可以根

据需要储存、投加不同的药剂；投加量可以根据具体需要灵活调节，适应各种污染物或各种污染程度的处理需要；投加点可以灵活改变，可以预设在水处理系统的前端或系统中不同位置的投加管线，以满足不同情况的需要。

给水厂应急预案中投加药剂（氧化剂、吸附剂、除油剂）应结合强化混凝等方法。多数突发性污染都可以通过投加某种药剂的方式加以有效应对，如投加粉末活性炭等吸附剂(PAC)，预氧化用氯、二氧化氯、臭氧等氧化剂，酸、碱等pH值调节剂，各种混凝剂、助凝剂等。近期所发生的松花江硝基苯污染是采用以粉末活性炭为主的技术解决的；北江锡污染是以投加碱剂调节pH值为主的方案解决的；牡丹江水厂发生的生物污染是以清除漂浮物和投加消毒剂为主的方式解决的。同时，在各次污染的应对中，不可缺少的都伴随有优化混凝剂与助凝剂的投加来强化混凝的内容。

因此，临时强化投加某种或几种药剂，是应对许多突发性水污染的有效措施。同时储备某种特殊处理单元，在应急时启用，如膜处理装置等，对多种突发性污染有效，在投加药剂不能解决问题时可考虑采用。

② 应急净化技术　根据不同类型的水质污染而采取相应的供水应急净化技术，用各种氧化剂氧化分解污染物，利用活性炭等进行物理、化学吸附，发挥微生物对污染物的生物降解功能；例如针对有机物硝基苯污染的粉末活性炭吸附技术，针对重金属镉污染的调节pH值强化混凝和沉淀技术等。目前国内外采用的应急技术有活性炭吸附、超滤、生物活性炭(BAC)技术等。

③ 水源与取水口保护　在水厂设计或水厂改造中要加强水源保护和水质监测，充分考虑在取水口投加各种预处理药剂的可能性，对于粉末活性炭等吸附类或氧化类药剂尽量延长接触时间，可以显著提高效率，达到控制突发性污染的目的；在尽可能早的处理环节控制污染，后续处理环节起缓冲与安全余量的作用，对水质的安全保障更加可靠。

④ 综合预防措施　为了应对高浓度的突发污染可能投加的药剂量较高，会给其他处理环节带来问题，这时将强化混凝、强化沉淀排泥、强化过滤等措施进行统筹考虑，实现工艺优化组合，会收到良好的效果。在哈尔滨气化厂（达连河）应对硝基苯污染时这是一个决定性的经验。水厂改造中要考虑较大幅度改变混凝剂投加量的可能性、考虑改变投加点的可能性。在水厂改造中，应考虑处理系统水的应急排放的可能，一旦处理后出水不合格，应在进入清水池之前能排放，避免污染清水池及管网，造成更严重的后果。

5.5.3 嘉兴南门水厂高锰酸钾-活性炭处理工程

(1) 水质特点

嘉兴南门水厂水源取自长水塘，属较典型的微污染水源，但每到梅雨、台风季节，水体倒流频繁，生活污水、工业废水滞留取水口，水源水质很差，又具突发污染性质。具体水质见表5-7。

表5-7　南门水厂原水水质及原工艺处理出水

指标	COD_{Mn}/(mg/L)	氨氮/(mg/L)	色度/倍	嗅味	浊度/NTU
原水	12.6	6.45	泛黑	异臭	360
原工艺处理出水	6.8	2.0	35	异味	2.5

结合南门水厂的工艺现状和水源特点，确定采用高锰酸钾预处理，滤前投加粉末活性炭联用组合工艺，使之与常规净水工艺流程相结合，取得了较好的净水效果。

(2) 高锰酸钾-粉末活性炭联用组合工艺

南门水厂生产规模为日供水$5\times10^4m^3$，主要工艺为折板反应时间为10～15min，迷宫式斜板沉淀池停留时间为 20min，快滤池采用 0.8～1.2mm 均质滤料，滤速为 8m/h，反冲洗周期为 22～24h。投加高锰酸钾-粉末活性炭期间，取消预加氯。其工艺流程见图 5-5。

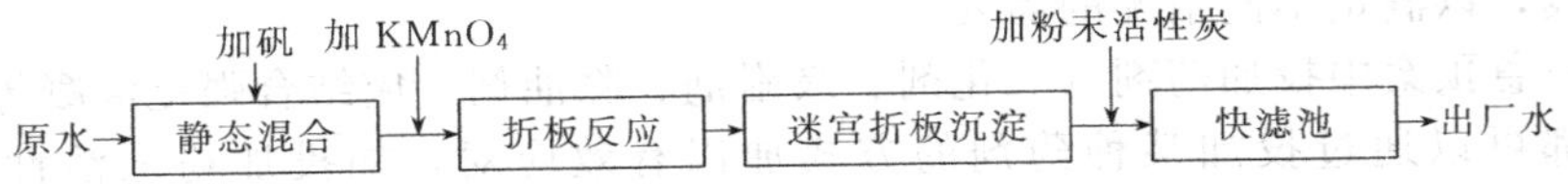

图 5-5　南门水厂高锰酸钾-粉末活性炭联用组合工艺工艺流程

高锰酸钾作为强氧化剂，它不仅能氧化水中有机物，抑制藻类生长，还具有灭菌、絮凝等多种功能，随着投加量的适量增加和接触时间的延长，效果较理想。粉末活性炭对水中的小分子量有机物（相对分子质量<3000）有很好的吸附作用，有利于净水过程中去除色、味。两者组合同时用于常规净水工艺流程，使之协同作用，效果显著。结合南门水厂工艺状况，经多次实地试验测定，确定高锰酸钾投加点为反应池进出口处，最佳投量 0.25～0.4mg/L，直接作用时间为 30～35min。粉末活性炭投加点为沉淀出水集水槽，即滤前，接触时间 5～8min，投加量 20mg/L。

(3) 药剂投加方式

① 混凝剂　由于高锰酸钾与混凝剂投加点相距极短，因此，可以认为是同时投加。试验表明，与聚合氯化铝同时投加时，相应的除色、除味及混凝效果有所下降，用硫酸铝混凝剂，效果相对较佳。可以认为，两者同时投加，选用无机盐混凝剂为宜，其相应机理有可能是：色度由腐殖酸组成，嗅、味由可溶性低分子有机物组成，通常带有 ζ 电位，硫酸铝类无机盐通过快速静态混合，水解产生游离 Al^{3+}，可以完成对色、嗅、味物质的电中和，从而混凝去除。而 PAC 的主要功能是絮体吸附，因而除色嗅味功能减弱。

② 取消预加氯　预加氯对高锰酸钾氧化作用无不利影响，但造成沉淀池出水有残余氯存在，影响粉末活性炭的吸附效果。再者，水源污染期间，原水常有挥发酚检出，取消预加氯，使之不再形成嗅味更为强烈的氯酚，对改善出水嗅味有利。

(4) 工艺改造后处理效果

工艺为适应时段突发性污染而改造，改造后处理效果见表 5-8。

表 5-8　高锰酸钾-活性炭工艺处理效果

指标	COD_{Mn}/(mg/L)	氨氮/(mg/L)	色度/倍	浊度/NTU	UV_{254}
原水	5～11	0.75～2.5	25～45	118～584	0.3～0.6
出水	2～6	<0.25	10～20	0.8	<0.1
去除率/%	40	60～80	50	>99	65～80

由表 5-8 可见，采用混凝投加 $KMnO_4$ 和滤前活性炭工艺对时段突发性污染的处理效果是十分有效的。

第 6 章 特种水质处理技术及应用

6.1 水的除氟

6.1.1 氟的性质与危害

我国地下水含氟地区的分布范围很广，高氟地区地下水中氟化物浓度多为 1.5～4.0mg/L，地下水含氟量与地下水温度关系密切，因为当水温升高时，难溶的萤石（CaF_2）可转化为易溶的氟化钠。温泉水中的含氟量通常高于常温状况的地下水。相关反应如下：

$$CaF_2+2Na^++2OH^- \rightleftharpoons Ca(OH)_2+2Na^++2F^-$$

$$CaF_2+2Na^++CO_3^{2-} \rightleftharpoons CaCO_3\downarrow+2Na^++2F^-$$

随着工农业的发展，氟化物也随各种排放物进入环境，如玻璃制造、电镀工艺、铬和钢铁生产以及电子工业等所排放的废水中含有氟化物，用含 $Ca_5(PO_4)_3F$ 的磷酸盐岩石生产化肥时也会排放大量氟化物。

适量的氟能使骨牙坚实，减少龋齿发病率，还对神经系统、甲状旁腺功能以及细胞酶生殖系统有一定作用。但长期饮用含氟量高的水可对牙齿和骨骼产生严重危害。

我国高氟水地区分布面积非常广，范围遍及全国 29 个省、区、市，有病区县达到 1226 个，受威胁人口超过 1 亿人。地方性氟中毒已列入我国主要的地方病之一。

世界范围内高氟水的分布也相当广泛，世界卫生组织调查的 46 个国家中有 28 个国家饮用水含氟量超标。为了减少和防止氟中毒，控制饮用水中的含氟量是十分必要的。国外的氟化物饮用水标准为 0.7～1.5mg/L，我国为 1.0mg/L。

6.1.2 除氟原理与方法

由于自然的原因和现代金属加工、蚀刻等工业的发展而聚集，使得饮用水水源的高氟问题日益加重，因而对净水工艺的进一步完善提出了新的要求。

给水处理中使用最为广泛的除氟方法是离子交换法，处理后可保留少量氟化物。常用的吸附剂有活性氧化铝、沸石、骨炭、其他人造吸附剂或离子交换树脂。有关吸附理论详见本书 2.3 节。

下面介绍各种吸附剂的吸附性能。

(1) 活性氧化铝法

① 活性氧化铝的性质及除氟交换反应　活性氧化铝是将氧化铝的水化物灼烧制成的，是白色颗粒状多孔吸附剂，具有较大的比表面积。活性氧化铝是两性物质，等电点约在 9.5。当水中pH＜9.5 时，吸附阴离子；pH＞9.5 时，去除阳离子。因此，在酸性溶液中，活性氧化铝为阴离子交换剂，对氟有良好选择性。活性氧化铝吸附过滤技术是目前相对比较成熟、应用最广的除氟方法。

活性氧化铝使用前可用硫酸铝溶液活化，转化为硫酸盐型。

$$(Al_2O_3)_n \cdot 2H_2O + SO_4^{2-} \longrightarrow (Al_2O_3)_n \cdot H_2SO_4 + 2OH^-$$

除氟反应可表示为

$$(Al_2O_3)_n \cdot H_2SO_4 + 2F^- \longrightarrow (Al_2O_3)_n \cdot 2HF + SO_4^{2-}$$

再生反应式为

$$(Al_2O_3)_n \cdot 2HF + 2OH^- \longrightarrow (Al_2O_3)_n \cdot 2H_2O + 2F^-$$

活性氧化铝失去除氟能力后，可用1%～2%的硫酸铝溶液再生。

活性氧化铝对阴离子的吸附交换顺序如下：$OH^- > PO_4^{3-} > F^- > Fe(CN)_6^{4-} > CrO_4^{2-} > SO_4^{2-} > Fe(CN)_6^{3-} > Cr_2O_7^{2-} > Cl^- > NO_3^- > MnO_4^- > ClO_4^- > S^{2-}$。

普通离子交换剂对于氟的交换顺序位于最后，因此活性氧化铝与普通离子交换剂有很大区别，所以应用活性氧化铝除氟具有独特效果。

② 活性氧化铝除氟的影响因素　活性氧化铝除氟的影响因素主要有水的 pH 值、HCO_3^- 浓度，以及活性氧化铝的吸附容量、颗粒粒径等。

a. pH 值。当原水 pH 值较高时，投加混凝剂时残留的铝盐容易形成 $Al(OH)_3$ 胶态沉淀物而析出，水中硬度也会形成沉淀使滤料板结，缩短运行周期，降低除氟容量。pH 值与除氟效果的关系见图 6-1。不同 pH 值时剩余 F^- 浓度和接触时间的关系见图 6-2。可见，在 pH＝5～8 时，除氟效果最好，吸附量较大。

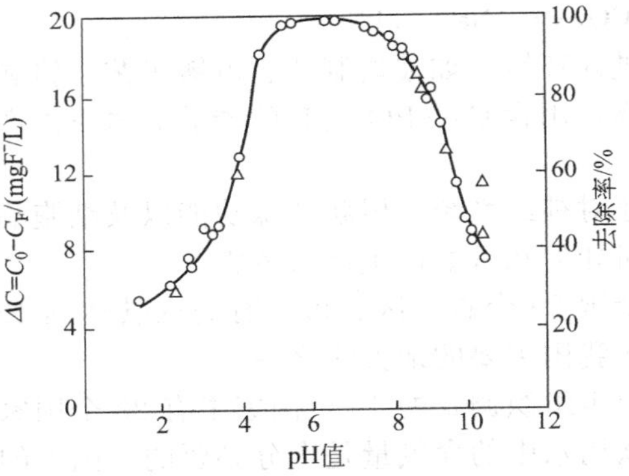

图 6-1　pH 值与除氟效果的关系

ΔC—进出水含氟浓度差；C_0—进水含氟浓度，$C_0 = 20\mu g/L$；C_F—出水含氟浓度

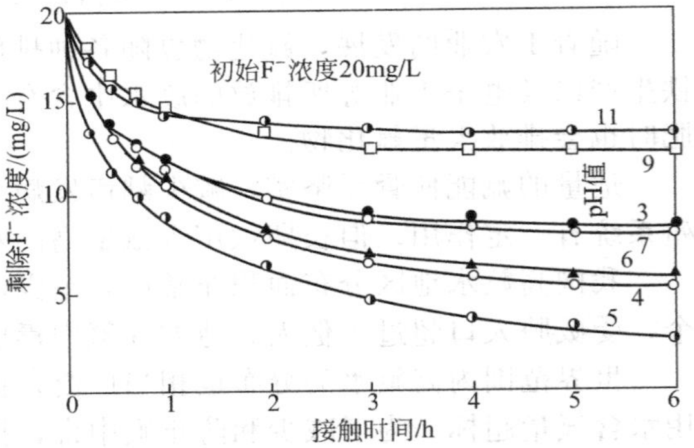

图 6-2　不同 pH 值时剩余 F^- 浓度与接触时间的关系

但为降低 pH 值就必须加酸调节，为节省酸的投加量并降低出水的盐度，将进水 pH 值控制在 6.0～6.5 是比较经济的，滤料也不会出现板结，除氟容量亦有大幅提高。

b. 原水 HCO_3^- 浓度。在天然水系中水的 pH 值范围在 6.5～8.5 之间，总碱度主要以 HCO_3^- 的形式出现。HCO_3^- 浓度越高，吸附容量越低。当原水碱度较高时，会发生如下反应：

$$Al_2(SO_4)_3 + 6NaHCO_3 \rightleftharpoons 3Na_2SO_4 + 6CO_2 + 2Al(OH)_3 \downarrow$$

析出的 $Al(OH)_3$ 胶态沉淀物易使滤料板结，缩短运行周期，使除氟容量降低。

c. 吸氟容量。原水的氟浓度、pH 值、活性氧化铝粒径大小等都会影响吸氟容量。原水含氟量增加时，吸氟容量相应增大。原水 pH 值在 5.5 左右，可增加活性氧化铝的吸氟容量。因此，加酸或 CO_2 调节原水的 pH 值到 5.5～6.5 之间，是提高除氟效果的途径之一。活性氧化铝吸氟容量一般为 1.2～4.5mgF⁻/gAl₂O₃。

d. 氧化铝颗粒粒径。氧化铝颗粒粒径越小，除氟容量越高。当原水氟含量、过滤流量和接触时间相当时，粒径为0.4～1.2mm的小颗粒氧化铝的除氟容量可高达9～10mg/g。颗粒大小和吸氟容量成线性关系，颗粒小则吸氟容量大。但小颗粒会在反冲洗时流失，并且容易被再生剂NaOH溶解。国内常用的粒径是1～3mm。

e. 含铁杂质。Fe、Fe_2O_3等含铁杂质水解后形成的土黄色氢氧化物会沉积滤料表面，影响除氟效率。需定期用HCl浸泡以清洗滤料。

③ 除氟工艺和再生方法 活性氧化铝除氟工艺可分为原水调节pH值和不调节pH值两类。调节pH值是为减少酸的消耗和降低成本，我国多将pH值控制在6.5～7.0之间。除氟装置的接触时间应在15min以上。

除氟装置常用固定床。固定床的水流一般为升流式，滤层厚1.1～1.5m，滤速3～6m/h。

当活性氧化铝柱吸附饱和，出水含氟量超过标准，运行周期即告结束，需进行再生。常用的再生剂有$Al_2(SO_4)_3$、H_2SO_4和NaOH。再生时，首先将活性氧化铝柱反冲洗10～15min，膨胀率为30%～50%，以去除滤层中的悬浮物。用$Al_2(SO_4)_3$再生时浓度一般取1%～2%，再生后用除氟水反冲洗8～10min，再生时间约为1.0～1.5h。

(2) 沸石交换法

① 沸石的性质及除氟反应 沸石是一种含水的碱或碱土金属的铝硅酸盐矿物，其化学式为：$(Na,K)_x(Mg,Ca,Sr,Ba)_y[Al_{x+y}Si_{n-(x+y)}O_{2n}]mH_2O$。由于其离子交换性、表面酸碱性、孔道选择性以及疏水性等性能，已被广泛应用于化工、环境保护、石油加工等领域。表6-1列出了常见天然沸石的典型交换特性。

表6-1 常见天然沸石的典型交换特性

沸石种类	Si/Al	交换阳离子	交换位置	选择顺序
斜发沸石	2.7～5.3	Na,K,Ca	孔道	$Cs^+>K^+>Sr^{2+}=Ba^{2+}>Ca^{2+}>Na^+>Li^+>Pb^{2+}>Ag^+>Cd^{2+}>Zn^{2+}>Cu^{2+}>Na^+$
菱沸石	1.4～2.8	K,Ca	空穴	$Ti^+>Cs^+>K^+>Ag^+>Rb^+>NH_4^+>Pb^{2+}>Na^+=Ba^{2+}>Sr^{2+}>Ca^{2+}>Li^+$
钙十字沸石	1.3～2.9	Na,K,Ca	孔道	$Ba^{2+}>Rb^+\sim Cs^+\sim K^+>Na^+\gg Li^+$
丝光沸石	4.4～5.5	Na	孔道	$Cs^+>K^+>NH_4^+>Na^+>Ba^{2+}>Li^+>NH_4^+>Na^+>Mn^{2+}>Cu^{2+}>Co^{2+}\sim Zn^{2+}>Ni^{2+}$

天然沸石本身除氟容量很低，必须经过一定的预处理，即所谓的“活化”后才能用于除氟，其除氟机理为

$$Z-K^+\cdot Al(OH)SO_4+3F^-+M^{n+}\rightleftharpoons Z-M^{n+}\cdot AlF_3+SO_4^{2-}+K^++OH^-$$

式中Z表示沸石骨架，M^{n+}表示阳离子，一般为1～3价离子。

饱和失效的沸石可通过用明矾水浸泡的方法，使沸石恢复活性，反应式如下。

$$Z-M^{n+}\cdot AlF_3+Al^{3+}+SO_4^{2-}+K^++H_2O\rightleftharpoons Z-K^+\cdot Al(OH)SO_4+AlF_3+M^{n+}+H^+$$

② 沸石交换法除氟的影响因素

a. 接触时间。图6-3反映了沸石的吸附容量与接触时间的关系。在接触60min后吸附容量可以认为是该条件下的可利用吸附容量，与吸附操作接触时间0.5～1.0h的一般要求基本一致。

b. pH值。吸附容量与原水pH值之间的关系见图6-4。可以看出，在pH值为4～9时，随着pH值的增加，除氟效果降低，但在pH值为7～9内，其对除氟效果的影响不大。考虑到在饮用水pH值范围内，除氟效果随pH值的变化不大，因此调低pH值难以实施。

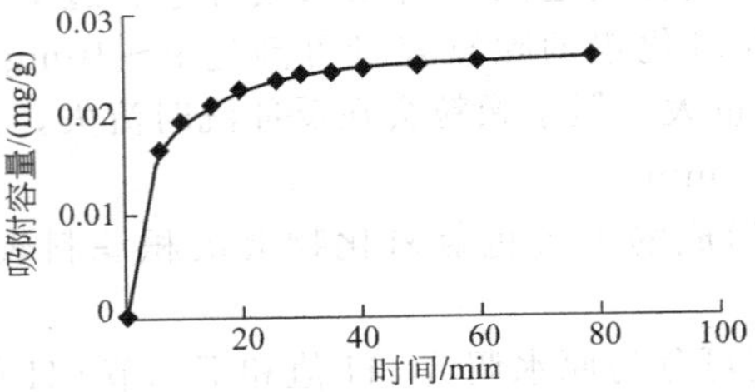

图 6-3　吸附容量与接触时间的关系

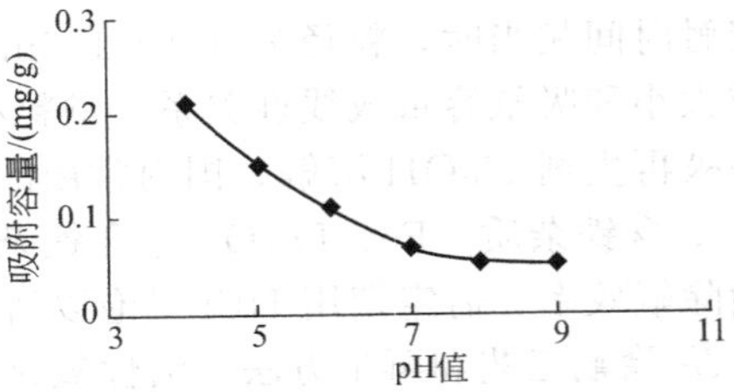

图 6-4　pH 值对吸附容量的影响

c. 温度。图 6-5 反映温度对吸附容量的影响。随着温度的升高吸附容量逐渐减小，在较低温度范围内，随温度的升高，吸附容量下降较快，当温度升高到 20℃时，吸附容量下降速度减慢。

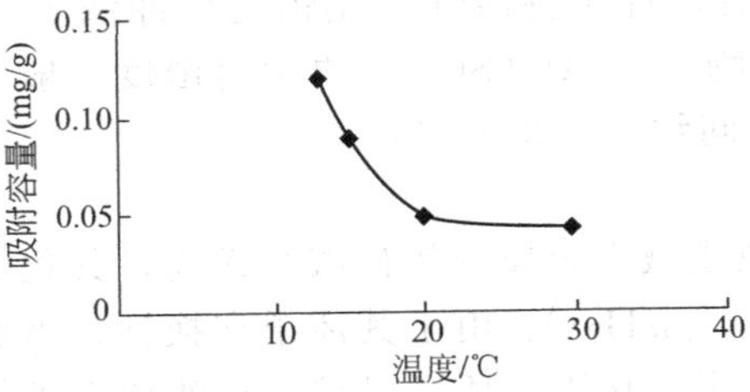

图 6-5　温度对吸附容量的影响

吸附是一个放热过程，温度升高不利于吸附。在较低温度下运行可提高吸附效果。在实际生产中，冬季的处理效果比夏季的处理效果要好。

d. 再生后重复使用效果。沸石可使用 $Al_2(SO_4)_3$ 或 $AlK(SO_4)_2$ 再生，吸附容量随再生次数的增加有明显的上升趋势。因此，虽然沸石的吸附容量比较小，但随着再生次数的增加，吸附容量不但不减少反而增加，这是其他除氟剂达不到的（如活性氧化铝和骨炭的吸附容量均随着再生次数的增多而下降）。从长期使用来看，采用沸石作除氟剂，不需要经常更换除氟剂，使用起来较为方便。

e. 沸石粒径。滤料粒径越小，吸氟容量越高，但滤料粒径过小，在反冲洗时易流失，且滤柱水头损失也较大，通常滤料粒径为 0.5～2.0mm 为宜。原水含氟量增大，相应沸石的吸附容量也增大。降低 pH 值、增加滤料高度、减小滤速等措施都可以提高除氟效果。

(3) 骨炭法

① 骨炭的性质及除氟反应　骨炭是一种黑色、多孔的颗粒状物质，骨炭比表面积大，吸附容量为 2～3.5mgF^-/g 骨炭，主要成分为羟基磷酸钙、碳酸钙和活性炭。与水接触时，骨炭能大量吸收色素、异臭、异味等污染物质。

发射光谱仪分析结果说明，经骨炭处理过的含氟水中的 Ca^{2+} 浓度明显减少，骨炭主要成分是羟基磷酸钙，除氟的交换反应为

$$Ca_{10}(PO_4)_6(OH)_2 + 2F^- \rightleftharpoons Ca_{10}(PO_4)_6F_2 + 2OH^-$$

当水中氟含量高时，反应向右进行，氟被吸收。当骨炭饱和失效时可用 1%NaOH 浸泡再生，然后用硫酸中和，再生后骨炭可重复使用。

pH 值低时，骨炭除氟能力增强，但骨炭溶于酸，因此必须小心调节水中的 pH 值，尽量减少滤料的损失。

当骨炭处理含砷的含氟水时，砷也能被去除。但除砷的过程中砷不能通过碱再生洗脱，会影响骨炭的处理能力，甚至不得不更换骨炭，因此，骨炭法不宜处理高砷的含氟水。

② 骨炭除氟的影响因素

a. pH 值。进水 pH 值对骨炭除氟效果有明显影响。pH 值越低，除氟容量越高，但在 pH 值为 6.5～8.5 时，除氟容量无明显差异。高氟地下水的 pH 值大多数为 8.0 左右，故无必要调节原水的 pH 值。

b. 滤速。滤速越慢，除氟容量越高，最佳滤速为3.5～4.0m/h。

c. 水温。水温越高，除氟容量越高。

(4) 载铁交换树脂除氟

在饮用水除氟中离子交换法应用较多，尤其随着各种改性交换剂的研制成功，极大提高了吸附容量，但同时也存在成本较高和改性方法的烦琐等问题。因此，有研究者利用 F^- 易与 Fe^{3+} 生成配位化合物的特点，选用常见的001×7强酸树脂作为改性材料，找到一种成本低、容量高、操作简单的饮用水除氟新方法。

研究表明，改性树脂对 F^- 的吸附是Langmuir单分子层吸附，呈现出化学吸附的特征，而且其吸附容量要优于传统除氟剂。

改性树脂在pH值为4.5～6.0时能较好地去除水中的氟，拥有较大的静态饱和吸附容量，原水的水力状态对改性树脂的吸附平衡时间影响较大，吸附过程主要为化学吸附，其去除机理主要是通过 F^- 与 Fe^{3+} 产生配位反应，将原来的配位体置换下来，从而具有较好除氟能力。

6.1.3 除氟的工程应用

(1) 活性氧化铝除氟装置设计参数

① 活性氧化铝的吸附交换容量　活性氧化铝的吸附交换容量受原水氟浓度、pH值和碱度、交换器过滤接触时间、活性氧化铝滤料粒径及再生情况等条件影响。设计中活性氧化铝的吸附交换容量 E_W（单位质量吸附剂的吸附交换容量）需进行试验确定，无资料时可选1.2～2.0mg/g [E_V（单位体积吸附剂的吸附交换容量）为960～1600g/m³]。

② 活性氧化铝滤料粒径　活性氧化铝滤料的粒径以1～3mm为宜，滤料不均匀系数 $K \leqslant 2$。粒径过大，则滤料的比表面积太小，影响吸附交换容量；粒径小，可提高滤料的比表面积，增加吸附交换容量，但在反冲洗操作过程中易流失，损耗较大。

③ 活性氧化铝滤料层厚度　滤料层的厚度 H 过小，则影响过滤接触时间和运行周期，过滤时水流也容易短路；过大则增加过滤水头损失，加大反冲洗强度。除氟装置滤料层厚度宜采用1.1～1.5m。

④ 过滤接触时间　过滤时，原水与活性氧化铝滤料的接触时间对滤料的吸附交换容量影响较大，接触时间越长，其吸附交换容量越大。接触时间一般以不小于15min为宜，过滤速度 $v=3\sim6$m/h。

⑤ 除氟装置工作周期　除氟装置的工作周期 T 包括除氟器的吸附交换时间 T_1 和再生时间 T_2。

$$T=T_1+T_2 \tag{6-1}$$

式中 T——除氟装置的工作周期，h；

T_1——除氟装置的吸附交换时间，h；

T_2——滤料再生时间，h，包括再生、冲洗及阀门操作等时间，一般为4～6h。

(2) 除氟装置工艺计算

固定床逆流再生除氟装置便于操作管理，除氟及再生效果好，建设费用低。装置的基本计算公式，可采用吸附交换物料平衡关系式计算：

$$SHE_V=Q_hT_1\Delta\rho_{F^-} \tag{6-2}$$

式中 S——除氟器总断面积，m²；

H——活性氧化铝滤料层厚度，m；

E_V——活性氧化铝滤料吸附交换容量，g/m³；

Q_h——除氟器产水量，m³/h；

T_1——除氟器吸附交换时间，h；

$\Delta\rho_{F^-}$——被吸附交换去除的 F^- 浓度，g/m^3。

SHE_V 表示在设计条件下，活性氧化铝滤料所具有的实际吸附交换能力。$Q_hT_1\Delta\rho_{F^-}$ 表示在吸附交换工作时间内，实际被去除的 F^- 总量。

① 除氟器直径 D　除氟器总工作断面积 $S(m^2)$ 为

$$S=Q_h/v \tag{6-3}$$

式中　v——滤速一般取 3.0～6.0m/h。

一台除氟器工作断面积 $f(m^2)$ 为

$$f=S/m_1 \tag{6-4}$$

式中　m_1——除氟器工作台数。

关于除氟器台数，如一台除氟器运行即可满足供水要求，则另设一台备用。如多台除氟器同时运行，则备用台数≥同时再生台数。

除氟器直径 $D(m)$ 为

$$D=\sqrt{\frac{4f}{\pi}} \tag{6-5}$$

② 滤料装填量　一台除氟器滤料装填量 $V_L(m^3)$ 为

$$V_L=fH \tag{6-6}$$

相应干滤料质量 $W(kg)$ 为

$$W=V_L\gamma \tag{6-7}$$

式中　γ——活性氧化铝滤料干容重，约为 $800kg/m^3$。

③ 除氟器的吸附交换工作时间　除氟器的几何尺寸和滤料装填量已定，则可根据式(6-12) 计算除氟器的吸附交换工作时间 T_1：

$$T_1=\frac{SHE_V}{Q_h\Delta\rho_{F^-}} \tag{6-8}$$

此外，处理系统还应设置水质水量调节设备，调节设备可以对除氟器不同时间出水进行掺和，使出水水质均匀。调节设备有效容积 $V(m^3)$，在无水量变化资料时，可按下式计算。

$$V=tQ_h \tag{6-9}$$

式中　t——水力停留时间，h，t=10～12h。

(3) 除氟装置再生

固定床除氟装置宜采用逆流再生，再生效果好，且再生剂的用量相对较少。再生前，先用原水自下而上进行反冲洗，使滤料层松动并将过滤时滤层中截留的杂质清除。一般控制反冲洗强度11～12L/(s·m²)，反冲洗历时 10～15min，膨胀率 30%～40%。

以 1%～2%的硫酸铝溶液再生，再生液自上而下通过滤层，滤速为 0.4～0.8m/h，循环再生时间 1～1.5h。再生剂用量与原水水质及再生操作条件有关，一般控制硫酸铝用量约为除氟量的60～80 倍。

每台除氟器再生一次，所需的再生剂量 $G(kg)$ 为

$$G=\frac{Q_hT_1\Delta\rho_{F^-}n}{1000\alpha} \tag{6-10}$$

式中　n——再生比耗（即解吸 $1gF^-$ 所消耗再生剂量的克数），用硫酸铝再生时 n=60～80g $Al_2(SO_4)_3/gF^-$；

α——再生剂的纯度，%，精制硫酸铝时 α=99.7%，粗制硫酸铝时 α=76%。

再生后，用除氟水自下而上进行清洗，以洗掉残留于滤层中的再生剂和再生过程中被解吸的 F^-，清洗至出水水质满足要求为止，清洗时间约 8～10min。

活性氧化铝滤料连续使用几个月之后，由于吸附了难以解吸的杂质而受到污染，其颜色明显变黄，此时需要进行一次大清洗。大清洗时，采用3%～4%的盐酸溶液浸泡1h左右，盐酸用量与滤料质量之比约为1∶10。

6.2　水的除砷

6.2.1　砷的来源及危害

水中砷污染的来源有：自然矿物及岩石的风化、火山的喷发、温泉溢水以及砷化物的开采和冶炼等。

随着金属矿的大量开发，以及砷在工业上的广泛应用，砷对环境污染有所加重。砷的污染主要来源于采矿、化工、冶金、化学制药、农药生产、纺织、玻璃、制革等部门的工业废水、废气。据统计，约有30%的砷在冶金工业生产过程中进入废气、废水中。

砷是一种对人体及其他生物体有毒有害作用的致癌物质。As_2O_3 俗名砒霜，是砷的重要化合物，它的主要用途是制造杀虫剂、除草剂及防腐剂。砷的硫化矿物主要是我国独有的雄黄矿和雌黄矿，可作为含砷药物原料。

砷化合物容易在人体内积累，造成慢性砷中毒。国内资料调查表明，长期饮用含砷水的人群中，砷中毒患病率可高达47.2%。我国饮用高砷水地区涉及台湾、新疆、内蒙古、西藏、云南、贵州、山西、吉林等10个省（自治区）约30个县（旗）。我国砷中毒危害病区的暴露人口高达1500万。世界卫生组织推荐的水体中砷的饮用水最高标准为0.01mg/L，我国的饮用水最高标准为0.05mg/L。

6.2.2　除砷机理及方法

(1) 混凝法除砷

混凝法是目前水处理中运用最广泛的除砷方法，并且可以很好地使生活饮用水达到饮用标准。

① 铁盐混凝沉淀法　$FeCl_3$ 在水溶液中水解成 $Fe(OH)_3$，能吸附As(Ⅴ)。该方法一般采用搅拌、沉淀、过滤除去As(Ⅴ)。此法最适宜被污染的地面水源的砷去除。对As(Ⅲ)可采用氯-聚合硫酸铁除砷法，用聚合硫酸铁作为混凝剂去除水中的砷。先往水溶液中加入氯溶液，使得As(Ⅲ)被氧化为As(Ⅴ)。之后，加入聚合硫酸铁溶液，搅拌放置，出水砷含量可低于饮用水标准。本法适宜的pH值为6.5～8.5。

高铁酸盐作为一种多功能水处理剂，具有氧化絮凝双重水处理功能。高铁酸盐与砷浓度比为15∶1，最佳pH值为5.5～7.5，适宜的氧化时间为10min，絮凝时间为30min，处理水中砷残留量可达到国家饮用水标准。盐度和硬度不干扰除砷过程。与传统的铁盐法和氧化铁盐法对比，高铁酸盐除砷简便，高效，无二次污染，更有利于饮用水的清洁化除砷。高铁酸钾可将水中的As(Ⅲ)氧化成As(Ⅴ)，后续投加 $FeCl_3$ 絮凝共沉降除砷。天然有机物(NOM)的存在会影响砷的去除效果。

② 氧化铁砷体系除砷法　根据化学热力学和电化学原理，可以得出当 $1\leqslant pH\leqslant 5.5$ 时，水中As(Ⅴ)与 Fe^{3+} 形成 $FeAsO_4$ 沉淀物。方法是在低pH值的条件下，向水溶液中加入过量的 $FeCl_3$ 溶液，使水溶液中的 AsO_4^{3-} 与 Fe^{3+} 形成溶解度很小的 $FeAsO_4$，并被过量的 Fe^{3+} 形成的羟基氧化铁（FeOOH）吸附沉淀使砷得到去除。本法多用于处理含砷浓度较低的饮用水，且得到的铁砷沉淀物毒性低，化学稳定性强，产渣率低，含砷品位高，可

以进行砷回收而不易造成渣的二次污染。

③ 石灰软化法　高硬度源水中也往往含有较高的砷，而水经过石灰软化后，其中砷可得到有效去除。但石灰软化法去除As(Ⅲ)的效果远小于去除As(Ⅴ)的效果，这是由于砷的去除过程常包括带负电荷的AsO_3^-被吸附在带正电荷的物质表面，而亚砷酸盐常以中性物H_3AsO_3存在于大多数的水体中。所以水中As(Ⅲ)必须先氧化成As(Ⅴ)后，才能更有效地被去除。石灰软化法通过升高水体的pH值，有利于碳酸钙的沉淀，并且当水中Mg^{2+}的含量很低时，有利于对砷的吸附。

(2) 吸附与离子交换法除砷

吸附法除砷的主要药剂有活性氧化铝、海泡石、铈铁吸附剂及一些人工合成载铁交换吸附剂、阴离子交换树脂等。

① 活性氧化铝吸附过滤法　活性氧化铝在近中性溶液中对许多阴离子有亲和力，pH值为5时对砷的吸附性最好，当水中有絮凝物时，水的pH值调至6～6.5，过滤除砷效果较好。我国大多数高砷地区的水质条件下，采用此种方法可以保证水中的砷含量完全符合卫生标准（0.05mg/L以下）。粒径为0.4～1.2mm的活性氧化铝处理含砷水的通水倍数为400。再生液可选用1%的氢氧化钠溶液，用量为滤料体积的4倍左右。再生后的活性氧化铝可以重复使用。

② 海泡石吸附除砷法　海泡石除砷技术无毒、无害、高效，并能进一步改善饮用水的质量，对砷的价态无要求。无论是As(Ⅴ)还是As(Ⅲ)，都表现出同样优良的去除效果。

天然海泡石需活化，未活化的海泡石对含砷水的去除率较低；要求待处理的水的pH>6.0，否则去除效果欠佳；吸附作用时间超过1h，吸附作用基本达到平衡，此时吸附率稳定在95%～98%之间。

③ 铈铁吸附剂除砷法　铈铁除砷吸附剂的最佳pH值为3.5～5.5，最大吸附量为8.6mgAs(Ⅴ)/g；而铈铁吸附剂的pH值适用范围广，在pH值3～7的范围内具有较高的除砷效能，最大吸附量可达16.0mgAs(Ⅴ)/g，吸附过程不受水的硬度、盐度和F^-的干扰，在饮水除砷中具有较大的应用前景。

④ 载铁（Ⅲ）-配位体交换棉纤维素吸附剂除砷法　一类新型载铁（Ⅲ）-配位体交换棉纤维吸附剂［Fe(Ⅲ)LECCA］能吸附饮用水中Na_3AsO_4和NaF，吸附剂经过反复吸附、洗脱再生、再吸附后性能稳定。该吸附剂能够有效、高选择性地联合去除高砷［As(Ⅴ)］和高氟。饱和吸附容量可高达15mg/g干重，处理出水的各项有关指标均符合我国《生活饮用水卫生标准》，特别是As(Ⅴ)的浓度低于0.010mg/L，该吸附剂在砷氟共存的地区具有很好的应用前景。

⑤ 阴离子交换树脂除砷法　砷在水体中以阴离子形式存在，处理砷污染水体多用阴离子交换树脂。常用的交换剂有201×7型树脂。利用阴离子交换技术可以对水中的AsO_3^{3-}、AsO_2^-进行交换去除。该技术的优势在于处理装置简单、使用方便、处理量大。但阴离子交换树脂对含砷废水进行处理，对原水质量要求较高，主要适用于处理离子成分单一而又对出水水质要求较高的饮用水。如果原水中含有较高浓度的SO_4^{2-}、PO_4^{3-}等阴离子时，树脂易失效。

6.2.3 除砷的工程应用

美国新墨西哥州Albuquerque市46万人的供水取自同一含水层的92口井。该地下水平均含砷13μg/L，是美国大于10万人供水系统中最高的砷浓度。鉴于地下水砷浓度变化大和井位分散，该市为满足砷的新标准要求，与Houston大学合作对比研究了离子交换、混凝-微滤及活性氧化铝吸附三种除砷工艺。最终选择满足安全供水、运行简便和有成本效益的混凝-微滤法。

(1) 三种工艺的说明

① 水质　Albuquerque 市地下水的主要组分见表 6-2。

表 6-2　Albuquerque 市地下水的主要组分　　单位：mg/L

主要组分	碱度（$CaCO_3$ 计）	As(总)	As(Ⅲ)	Ca	F^-	SiO_2	SO_4^{2-}	TDS	pH 值(无量纲)
平均值	164	0.052	0.0004	3.9	1.47	28.7	54.6	320	8.54

该市地下水水质特点是：地下水含砷为 52μg/L，主要以 As(Ⅴ) 存在；原水高 pH 值将影响混凝-微滤及活性氧化铝吸附；SO_4^{2-} 和 SiO_2 较高，分别对离子交换和混凝-微滤有影响。

② 离子交换法　聚苯乙烯强碱型阴离子交换树脂在近中性溶液中吸附 $HAsO_4^{2-}$ 和 $H_2AsO_4^-$ 形式的 As(Ⅴ)，而非离子的 H_3AsO_3 难以去除。树脂吸附阴离子顺序为 $SO_4^{2-}>HAsO_4^{2-}>CO_3^{2-}>NO_3^->Cl^->H_2>AsO_4^->HCO_3^->Si(OH)_4>H_3AsO_3$，交换过程除 $HAsO_4^{2-}$、$H_2AsO_4^-$ 被去除外，水中 OH^- 亦被交换。交换饱和后用 NaCl 再生。洗脱液含较高的 HCO_3^-、OH^- 及 AsO_4^{3-}、$HAsO_4^{2-}$，应加 H_2SO_4 调低 pH 值使 $Fe(OH)_3$ 完全沉淀。洗脱液中的砷通过 $Fe(OH)_3$ 共沉淀析出。

具体设计参数见表 6-3。

表 6-3　离子交换法设计参数

组　成	设计参数	组　成	设计参数
空滤层接触时间	1.5min	调 pH 值的 NaOH 用量	5mg/L
树脂高度	1m	调再生洗脱液 pH 值的 H_2SO_4 用量	0.014L H_2SO_4/L 盐水
再生用盐的用量	87kg/m²	去除再生洗脱液中砷的 $FeCl_3$ 用量	39kg $FeCl_3$/kg As

③ 混凝-微滤　As(Ⅴ) 可在新析出的 $Fe(OH)_3$ 絮体上共沉淀，然后由微孔过滤（可去除粒径 0.1～0.2μm 的颗粒）除去。加足够的 $FeCl_3$ 使 pH 值降至 7.3，处理出水中含砷量小于 2μg/L。

具体设计参数见表 6-4。

表 6-4　混凝-微滤法设计参数

组　成	设计参数	组　成	设计参数
快速搅拌的转速	1000r/s	微滤器回洗循环时间	20min
快速搅拌的时间	20s	$FeCl_3$ 用量	23mg/L
微孔过滤流	0.0032cm/s	混凝-微滤 pH 值	7.3

④ 活性氧化铝吸附　活性氧化铝吸附包括表面络合及离子交换，其选择性吸附顺序为：$OH^->H_3AsO_4^->H_3AsO_4>F^->SO_4^{2-}>HCO_3^->Cl^->NO_3^-$。As(Ⅲ) 必须氧化成 As(Ⅴ) 才能被吸附。此地下水除砷的适宜 pH 值为 5.5～6.0。具体设计参数见表 6-5。

表 6-5　活性氧化铝吸附法设计参数

组　成	设计参数	组　成	设计参数
空滤层接触时间	5min	NaOH 溶液体积	滤层体积的 4 倍
Al_2O_3 滤层高度	1.5min	H_2SO_4 淋洗液浓度	0.2mol/L
Al_2O_3 粒度	28～40 目	每次再生 Al_2O_3 用量	2%
进水 pH 值	6.0		

(2) 三种除砷工艺的比较

具体见表 6-6～表 6-8。

表 6-6 处理 8700m³/d 进水及再生液残余物需要的化学品

化学品和残余物	离子交换	混凝-微滤	活性氧化铝吸附	化学品和残余物	离子交换	混凝-微滤	活性氧化铝吸附
化学品/(kg/d)				H_2SiF_6(氟化)	—	9	9
NaCl	1990	—	—	残余物/(m^3/d)			
$FeCl_3$	13	218	—	盐水	35	—	10
H_2SO_4	305	—	1230	其中盐分	2.1	—	0.3
NaOH	44	244	880				

表 6-7 设计产水量 8700m³/d 的基建费预算 单位：美元

项目	离子交换	混凝-微滤	活性氧化铝吸附
除砷处理设备	2459000	3728000	3250000
残余物处置设备	2784000	421000	1307000
总计	5243000	4149000	4557000

表 6-8 处理 8700m³/d 进水的年运行和维修费

项目	离子交换	混凝-微滤	活性氧化铝吸附	项目	离子交换	混凝-微滤	活性氧化铝吸附
除砷处理设备/美元	203700	233000	344000	总计/美元	447000	273000	444000
残余物处置设备/美元	244000	40000	100000	成本/(美元/t 处理水)	0.1400	0.0872	0.1400

6.3 水的除铁除锰

6.3.1 地下水中铁锰的存在及危害

含铁和含锰地下水在我国分布很广，铁和锰可共存于地下水中，但含铁量往往高于含锰量。我国地下水的含铁量一般小于 5～10mg/L，含锰量约在 0.5～2.0mg/L 之间。

水中的铁以二价溶解态为处理对象；锰主要以溶解度高的二价锰为处理对象。地表水中含有溶解氧，铁、锰主要以不溶于水的 $Fe(OH)_3$ 和 MnO_2 状态存在，所以铁、锰含量不高。地下水、湖泊水和水库的深层水中，由于缺少溶解氧，所以三价铁和四价锰还原为溶解性的二价铁和二价锰，因而铁、锰含量较高，需要加以处理。

水中含铁量较高时，水会有铁腥味，影响水的口感；作为造纸、纺织、印染、化工和皮革精制等生产用水，会降低产品质量；含铁水可使家庭用具产生锈斑，洗涤衣物会出现黄色的斑渍；铁的氧化物会滋长铁细菌，阻塞管道，使自来水出现“红水”。

水中所含锰的危害和铁的危害类似，例如使水有色、臭、味，影响纺织、造纸、酿造、食品等工业产品的质量，家用器具会被污染成棕色或黑色，洗涤衣物会有微黑色或浅灰色的斑渍等。

我国《生活饮用水卫生标准》中规定，铁、锰浓度分别不得超过 0.3mg/L 和 0.1mg/L，这主要是为了防止水的臭味或沾污生活用品，并没有毒理学的意义。

6.3.2 地下水铁锰的氧化及其速率

(1) 铁的氧化及其速率

地下水中的铁多数是以 $Fe(HCO_3)_2$ 的形式存在，为去除地下水中的铁，一般用氧化方法，将水中的二价铁（Fe^{2+}）氧化成为三价铁而从水中沉淀出来。氧化剂有氧、氯和高锰酸钾等，因为利用空气中的氧既方便又经济，所以生产上应用最广。氧化时的反应如下。

$$4Fe^{2+}+O_2+10H_2O \rightleftharpoons 4Fe(OH)_3+8H^+$$

地下水中一般存在 HCO_3^- 碱度，它能与 H^+ 产生 CO_2 和 H_2O：

$$H^++HCO_3^- \rightleftharpoons H_2O+CO_2 \qquad (6\text{-}11)$$

在氧化反应过程中，H^+ 浓度增加，pH 值降低，使氧化速率变慢，如果水的碱度不足，会使 Fe^{2+} 的氧化速度减慢，而水中 CO_2 的吹脱可促进式(6-11) 向右移动，从而促使 Fe^{2+} 的氧化。根据化学计量关系，每氧化 1mg/L 的 Fe^{2+}，会降低 1.8mg/L（以 $CaCO_3$ 计）的碱度。图 6-6 所示为 Fe^{2+} 氧化速率和 pH 值的关系，在半对数纸上是直线，当 pH>7.0 时，氧化速率较快。

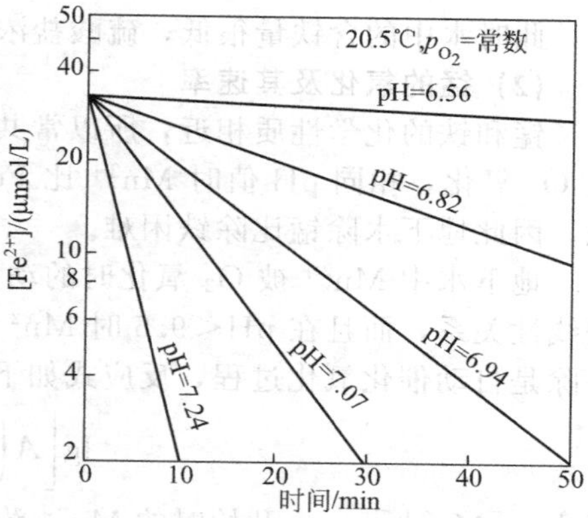

图 6-6　Fe^{2+} 氧化速率和 pH 值的关系

含铁水曝气后在滤池中过滤时，在滤料颗粒表面上会逐渐生成深褐色的 $Fe(OH)_3$ 覆盖膜，它可将 Fe^{2+} 吸附在其表面，使 Fe^{2+} 局部浓度增加，具有使 Fe^{2+} 催化氧化的作用。

动力学主要研究 Fe^{2+} 浓度随时间的衰减率，即 Fe^{2+} 的氧化速率。均相反应时，在 pH 值大于 5.5 的条件下 Fe^{2+} 的氧化速率可用下式表示，负号表示 Fe^{2+} 的浓度随时间减少。

$$\frac{d[Fe^{2+}]}{dt}=-k[Fe^{2+}][OH^-]^2 p_{O_2} \qquad (6\text{-}12)$$

式中　t——反应时间，min；

k——反应速率常数，20.5℃时为 8×10^{11} $L^2/(mol^2\cdot kPa\cdot min)$；

p_{O_2}——气相中氧的分压，kPa；

$[OH^-]$——OH^- 的浓度，mol/L；

$[Fe^{2+}]$——时间 t 时 Fe^{2+} 的浓度，mol/L。

由上式可见，Fe^{2+} 氧化速率与水的 pH 值及水中氧的分压有关，提高 pH 值及水中充氧是有效的方法，尤其曝气充氧是简单经济的实用方法。

上式左侧对 pH 值的关系作图，可得斜率为 2 的直线，见图 6-7。可以看出，当 pH>5.5 时，Fe^{2+} 的氧化速率很快；pH<5.5 时，氧化速率非常缓慢。

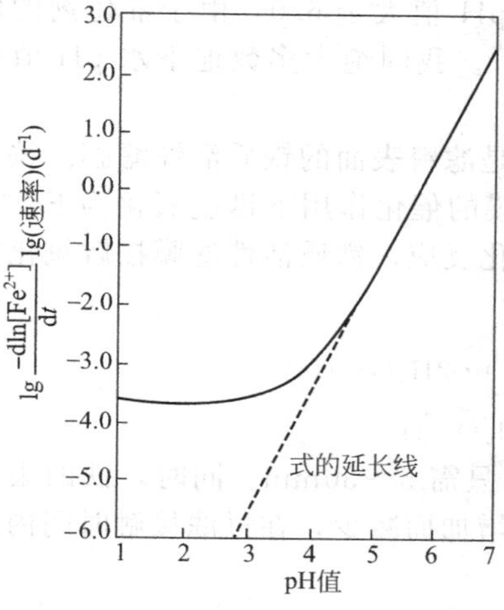

图 6-7　Fe^{2+} 的氧化速率试验和理论曲线

水中 Fe^{2+} 的氧化速率受到多种因素如氧化还原电位（E_h）、pH 值、重碳酸盐、硫酸盐和溶解硅酸等的影响，所以铁的化学反应比较复杂。例如，一般 Fe^{2+} 氧化后成为 $Fe(OH)_3$ 沉淀。当水的碳酸盐碱度较大（如大于 250mg/L，以 $CaCO_3$ 计）时，可能生成 $FeCO_3$ 沉淀而不是 $Fe(OH)_3$ 沉淀；此外，有机络合剂可使铁的反应更为复杂，水中腐殖质可以和铁络合成为有机铁，使氧化过程非常缓慢，此时如用曝气氧化法，不能将络合物破坏，因此除铁效果很差。

当 $FeCO_3$ 在水中浓度较高时，有

$$FeCO_3+H^+ \rightleftharpoons Fe^{2+}+HCO_3^-$$

这时，出水 Fe^{2+} 浓度就可能很高，而 HCO_3^- 浓度也相应增加。

当水中含有 FeS_2 时，FeS_2 易于沉淀，水中铁的浓度控制于

$$FeS_2 \rightleftharpoons Fe^{2+} + S_2^{2-}$$

此时水中的含铁量很低，硫酸盐浓度也较低，但常含微量的 H_2S。

(2) 锰的氧化及其速率

锰和铁的化学性质相近，所以常共存于地下水中，但锰的氧化还原电位高于铁，所以难被 O_2 氧化，相同 pH 值时 Mn^{2+} 比 Fe^{2+} 的氧化速率慢，Fe^{2+} 的存在也会影响 Mn^{2+} 的氧化，因此地下水除锰比除铁困难。

地下水中 Mn^{2+} 被 O_2 氧化时的动力学和铁的氧化不同，$[Mn^{2+}]$ 随时间 t 的变化不再是线性关系，而且在 pH<9.5 时 Mn^{2+} 的氧化速率很慢。有试验结果认为，Mn^{2+} 的氧化和去除是自动催化氧化过程，反应式如下。

$$\lg\left[A\left(\frac{[Mn^{2+}]_0}{[Mn^{2+}]}-1\right)\right]=Kt \tag{6-13}$$

式中 $[Mn^{2+}]_0$——开始时的 Mn^{2+} 浓度，mol/L；

$[Mn^{2+}]$——时间 t 时的 Mn^{2+} 浓度，mol/L；

t——反应时间，min；

K——自动催化反应速率常数，min^{-1}；

A——常数。

Mn^{2+} 的氧化速率也和 $[OH^-]^2$ 以及 p_{O_2} 成正比，较高 pH 值使氧化较快，除锰较容易。

除锰反应过程中缓慢生成 MnO_2 沉淀，然后水中 Mn^{2+} 很快吸附在 MnO_2 上成为 $Mn^{2+} \cdot MnO_2$，此后吸附的 Mn^{2+} 以缓慢的速度氧化为 MnO_2。

6.3.3 接触氧化法除铁除锰

(1) 除铁

地下水除铁问题较为突出，铁通常以 $FeCO_3$ 形式存在。处理工艺为原水—曝气—催化氧化—过滤。

曝气方式可在地下深井引入曝气管，也可在地面处理站设空气曝气池，过滤常用压力滤池，滤料可选用石英砂（0.8～1.4mm）。

地下水经过简单曝气后不需要絮凝、沉淀而直接进入滤池，成熟滤料表面的催化作用使 Fe^{2+} 迅速氧化为 Fe^{3+}，并被滤层截留而去除。一般水的 pH 值大于 6.0，由于催化剂的作用，Fe^{2+} 都能顺利地氧化为 Fe^{3+}，只需要向水中充氧即可。我国绝大多数地下水 pH 值都是满足此要求的。

接触氧化除铁的机理是催化氧化反应，起催化作用的是滤料表面的铁质活性滤膜。铁质活性滤膜首先吸附水中的 Fe^{2+}，被吸附的 Fe^{2+} 在活性滤膜的催化作用下迅速氧化为 Fe^{3+}，并且使催化剂再生，反应生成物为催化剂，又参与新的催化反应，铁质活性滤膜接触氧化铁的过程是一个自催化反应过程。其反应式如下。

$$Fe(OH)_3 \cdot 2H_2O + Fe^{2+} \xrightarrow{\text{吸附}} Fe(OH)_2(OFe) \cdot 2H_2O + H^+$$

$$Fe(OH)_2(OFe) \cdot 2H_2O + Fe^{2+} + 1/4O_2 \xrightarrow{\text{氧化}} Fe(OH)_3 \cdot 2H_2O + H^+$$

接触氧化除铁工艺的构筑物较为简单，水力停留时间只需 5～30min。同时，铁的去除不受溶解性硅酸的影响。出水总铁浓度也随着过滤时间的增加而减少，在过滤接触时间内水质会越来越好。

(2) 除锰

接触氧化除锰工艺流程比较简单，水经简单曝气之后进入除锰滤池，滤料为锰砂（1.0～

2.0)，在锰砂滤料表面的锰质活性滤膜的作用下，Mn^{2+}被水中的溶解氧氧化成MnO_2，并吸附在滤料表面，使滤膜得到更新，该过程也是自催化反应。

关于锰质活性滤膜的组成，通常认为接触氧化物为MnO_2，其反应式为

$$2Mn^{2+}+O_2+4OH^- \longrightarrow 2MnO_2 \cdot H_2O$$

接触氧化除锰与接触氧化除铁的工艺类似，都是简单曝气后直接过滤，水力停留时间短。由于锰的氧化还原电位比铁高，二价锰较难被氧化成四价锰，所以其滤速比除铁滤速低，一般为8～10m/h 。而且水中有二价铁共存时对四价锰成为还原剂，阻碍二价锰的氧化。

锰的去除远比铁困难，铁、锰共存时，铁对锰的去除有干扰。在滤层中，要先完成对铁的去除，才能开始除锰，因此，要获得稳定的除锰效果，Fe^{2+}的界限浓度约为2mg/L。

(3) 原水中铁、锰共存的除铁除锰方法

在实际工程中，原水中铁、锰往往共存。此时要除铁、锰，必须考虑水质条件和操作方式对二者去除率的影响。

① 主要影响因素 在一般工程实践中，应先除铁后除锰。当原水铁、锰浓度均较低时，铁、锰可在同一滤层中被去除。

a. 水溶性硅酸对除铁的影响。水中可溶性硅酸浓度超过30～50mg/L时，含高浓度硅酸盐的水曝气后，pH值会升至7.0以上，Fe^{2+}迅速被氧化成Fe^{3+}，生成的三价铁-硅酸复合物会大量穿透滤层，致使滤后水质不合格。可用曝气接触氧化法适当控制曝气程度，使Fe^{2+}的氧化减慢，Fe^{3+}的凝聚沉淀过程基本上在滤层中完成，确保良好的除铁效果。

b. pH值和碱度的影响。由铁、锰氧化的反应方程式可知，水的pH值越高，越有利于铁、锰的氧化。接触曝气除铁，要求水的pH值在6.0以上；接触曝气除锰，要求水的pH值在7.3～7.5以上。碱度对去除铁、锰的影响更甚于水溶性硅酸，当原水碱度达4.4～17.4mmol/L时，曝气后水不会发生高铁穿透滤层的现象。

经验表明，原水碱度低于2.0mmol/L，将明显影响铁、锰的去除。必要时应在设计前进行模型试验，以便合理选择曝气形式及其设计参数。

c. 有机物的影响。当水中色度、耗氧量、总氮和腐殖酸等污染物浓度较高时，滤池中的熟砂滤料表面会吸附难以被氧化的有机质铁锰络合物，从而降低滤料的催化作用和氧化再生能力，使氧化过程和再吸附过程受阻。

② 铁、锰共存的原水除铁除锰方法

a. 曝气→(反应)→一级过滤→二级过滤。适用于含铁量>5mg/L 、含锰量>1.5mg/L的原水，一级过滤主要除铁，二级过滤主要除锰。当含铁量<5mg/L时，可采用一级过滤。

b. 简单曝气→过滤→曝气→过滤。适用于含铁量>5mg/L、含锰量>1.5mg/L的原水，当原水可溶性SiO_2浓度较高，而碱度较低（<1～2mmol/L）时，可在一级过滤前采用射流、压缩空气、跌水等简单曝气装置；在一级过滤后进行强烈曝气。

c. 曝气→反应→双层滤料过滤→过滤。适用于含铁、含锰量较高（Fe^{2+}>10～20mg/L）的原水。应采用煤砂双层滤料滤池，适当降低滤速，延长滤池工作周期，以确保处理效果。

(4) 主要设计参数

跌水曝气：跌水高度>1.5～2.5m，单宽流量<20m³/(h·m)。

射流曝气：气水比（体积比）0.1～0.3。

滤池滤速：4～6m/s。

滤料厚度：1～1.2m。

在有条件时，射流曝气充氧能力优于跌水曝气。

6.3.4 水除铁除锰的工程应用

接触氧化法是目前水除铁除锰的主要工艺方法。根据某市水厂A、水厂B内不同地下水水质条件而设计不同的地下水除铁除锰工艺流程，经生产实践证明除铁除锰效果良好。

水厂A水质分析主要监测数据见表6-9。

表6-9 水厂A水质分析主要监测数据

项　目	国家标准	检测结果	项　目	国家标准	检测结果
色度/度	≤15	48	pH值	6.5～8.5	7.10
浊度/NTU	≤3	2.212	铁/(mg/L)	≤0.3	22.2
嗅和味	无	—	锰/(mg/L)	≤0.1	0.4
肉眼可见物	无	黄浊	总大肠菌群/(个/L)	≤3	0.69

根据水质特点，采用工艺流程为

含铁锰水⟶重力式跌水曝气⟶一级除铁滤罐⟶二级除锰滤罐⟶出水

经此流程后水质达到《生活饮用水卫生标准》，含铁<0.3mg/L，含锰<0.1mg/L，水质清澈。

水厂B水质分析主要监测数据见表6-10。

表6-10 水厂B水质分析主要监测数据

项　目	国家标准	检验结果	项　目	国家标准	检验结果
色度/度	≤15	44	pH值	6.5～8.5	7.10
浊度/NTU	≤3	31.5	铁/(mg/L)	≤0.3	4.212
嗅和味	无	—	锰/(mg/L)	≤0.1	0.8
肉眼可见物	无	黄浊	总大肠菌群/(个/L)	≤3	0.69

根据上述水质特点，采用工艺流程为

含铁锰水⟶射流曝气⟶一级除铁滤罐⟶曝气塔⟶二级除锰滤罐⟶出水

与水厂A相比，水厂B地下水除铁、除锰装置具有以下特点。水厂B地下水含铁、锰量比较高，如果再采用水厂A的重力式跌水曝气装置就不能达到理想的净水效果，同时，根据其含锰量也较高的特点，也必须在一级滤罐过滤之后，采用更有效的曝气塔曝气方式，以强化除锰效果。

在一级射流曝气过滤后，二级曝气采用板条式曝气塔以强化曝气效果，曝气塔共分为5层，每层板条之间有空隙，使水由上而下逐层下落曝气，层间净距为0.3m，淋水密度为$5m^3/(h \cdot m^2)$时，曝气后水中溶解氧饱和度为80%，二氧化碳脱除率为50%。

经此流程处理后水质可达到《生活饮用水卫生标准》，含铁<0.3mg/L，含锰<0.1mg/L。

6.4 水的除藻

6.4.1 藻类产生的人为因素及其危害

近年来，随着社会经济的迅猛发展，不合理的生产、生活方式导致了水体中氮、磷等营养盐类大量富集，致使全球性水体富营养化日益严重。湖泊水质调查结果显示，多数湖泊处于富营养化状态，滇池、太湖和巢湖已出现因藻类（尤其是蓝藻）过度生长而引起的严重水污染，长江中下游许多水库、湖泊也检测出微囊藻毒素。目前全国淡水水体的富营养化状况仍在进一步恶化，2007年太湖蓝藻暴发产生了严重的后果。随之产生的对水环境的危害日益引起广泛的关注。

藻类以及藻毒素的危害如下。

① 水中的藻类会使水产生令人厌恶的味和臭。

② 藻类及其可溶性代谢产物是氯化消毒副产物的前体物。

③ 藻毒素可使鱼卵变异，鱼类生长异常。水华暴发更会导致大量水生生物死亡；在水生动物体内积累的藻毒素，有可能通过食物链危害人体健康。

④ 含毒素的蓝藻细胞在水体中通过与黏土共沉淀，或被水生生物捕食后随其排泄物沉淀等途径，使毒素积累并滞留在底质中，对水环境产生不利影响。

⑤ 含藻水混凝沉淀的效果不好，易于堵塞滤池，会使水厂无法正常运行。同时还会对管网造成不利影响。

6.4.2 藻类及藻毒素的去除方法

易受日照影响的较浅和流动缓慢的水体（如湖泊、水库等），在富营养条件下水中藻类易于大量繁殖，特别是在水温较高的季节，水中的藻类在数天内快速增长，产生所谓藻类“暴发”现象，水体中含藻量很高，局部积累在水面形成很厚的一层。

世界各地根据原水水质、水源地环境及藻类的种类、数量，采取相应的去除方法，取得了不同程度的效果，目前水处理中除藻单元工艺主要有如下几种方法。

（1）水源除藻

① 取水口拦截 控制藻类生长根本上是防治水体的富营养化，然后才是对水的治理。可以采用工程技术方法，降低藻类生长率，改变水体条件，以抑制藻类的生长。选择合适的取水口深度、利用堤岸过滤进行排水以及设置防止浮渣运动的障碍物，都能够在短期内快速减少危害。

② 硫酸铜药剂法 除藻剂一直以来并且将来都可作为控制藻类的应急措施。目前使用最广泛的除藻剂是硫酸铜，它的最大优点是经济、有效、相对安全、便于使用，通常该法所使用的硫酸铜量被认为对人体健康无明显影响。

Cu^{2+} 对浮游生物的浓度有一定的抑制作用，对于硅藻、甲藻、绿藻及蓝藻来说，Cu^{2+} 发挥抑制作用的浓度为 $10^{-11}\sim10^{-6}$ mol/L。

③ 水体打捞法 该法在水源取水口附近配置捞藻船或取水口固定捞藻机，可以较大规模消除水体较高浓度的藻类。捞藻船上装有藻浆浓缩机，可很快打捞收集水体中藻类。图6-8是江苏鼎泽公司生产的DZ-LZ藻浆浓缩机，其主要运行参数见表6-11，由于浓缩机不破坏藻细胞结构，因而产生的藻毒素较少。

图6-8 DZ-LZ藻浆浓缩机

（2）水处理工艺除藻

① 混凝除藻 除藻可使用无机絮凝剂［如硫酸铝、聚合铝（PAC）和聚合氯化铝铁等药剂］混凝。使用聚合氯化铝铁处理含藻水时，沉淀水浑浊度最低，投率也最低。形成的矾花既具有铝盐大而松散的特点，又具有较大的密度，沉淀效率最好。

聚合氯化铝铁最佳投加量为25mg/L左右。

表 6-11 DZ-LZ500 型藻浆浓缩机参数（综合型捞藻船作业中测试数据）

项目	参数	备注	项目	参数	备注
处理能力	2～3m^3/h	浓藻浆，折合浓缩前稀藻为25m^3/h	药剂A消耗量(干粉)	6～8kg/h	
			打捞藻饼量(干)	50kg/h	
总功率	≤10kW		藻饼含水率	80%	

有机高分子絮凝剂和无机混凝剂联合使用可使含藻水的浊度去除效果显著提高，且药剂投加量降低。混凝阶段后期，只需用很少量的有机絮凝剂，就可以对固体颗粒产生极大的捕集作用，加速絮体的形成，使絮体变得致密，沉降速度加快。

② 气浮法　藻类密度一般较小，投加混凝剂后形成的絮凝体不易沉淀，采用气浮则可以取得较好的除藻效果。尤其是对于低浊度、高色度水，产生的絮体更轻，更容易上浮。

气浮法对于藻细胞外的毒素并不比常规沉淀法有效，这种方法并不使藻细胞破损，不会产生细胞质黏液，能够去除更多的完整细胞。因此，溶气气浮法除藻得到了广泛应用，此法在固液分离速度（5～8m/h）、污泥浓度及节约药耗等方面都有比较满意的效果。

气浮法除藻优于沉淀法之处主要在于：当原水中藻类的含量较高时，气浮池分离速度快，节省混凝剂；气浮池污泥干固体浓度为25～30g/L，干固体浓度仅为气浮池的1/10，因此在污泥处理时气浮法可省去污泥浓缩阶段，减少了处理设备的投资。

气浮法除藻的影响因素有气固比、混凝剂和是否进行预氧化。

气固比提高可明显改善气浮除藻效率。提高溶气水压力，增大溶气量可提高气固比；调节增大回流比也可提高气固比。

混凝剂对于气浮有较大的影响，PAC的处理效果优于氯化铁和硫酸铝，PAC产生的絮体大而表面积大，更有利于藻类的吸附和去除。

预氧化可以改善藻类表面的带电性能，氧化了藻类表面一些影响混凝的胞外分泌物，从而提高了藻类的去除效果。试验采用氯、高锰酸盐（PPC）和臭氧三种氧化剂，分别考察了预氧化对气浮效果的影响。混凝剂采用PAC，投加量为1mg/L。结果表明：在气浮阶段，预氧化对于藻类的去除起到良好的强化作用，所起效果从高到低依次是臭氧、高锰酸盐和氯。臭氧和高锰酸盐可以将藻类的去除率从60%左右提高到80%。

③ 直接过滤法　适用于含有藻类的浊度较低的湖泊水，不加絮凝剂直接过滤处理，除藻效果较好。原水浊度不高（小于5NTU）时，可长时间获得优质的滤后水。如果适当缩短运行周期，则由于藻类也被同时冲掉，是解决滤池堵塞最经济的办法。控制过滤周期较短，藻类不容易死亡，可以减少藻毒素的释放。用直接过滤法去除藻类，推荐使用煤砂双层滤料，纳污量大，冲洗周期可延长。

④ 微滤机除藻　通常微滤机除藻主要用于处理低浊高藻的湖泊水，效果优于混凝沉淀，但对浊度、色度、COD_{Mn}的去除率都很低，远不及混凝沉淀。因此，微滤机主要用以去除水中浮游动物和藻类。微滤机对藻类的去除率随藻的种类不同而有很大区别，越细小的藻类越难去除，有时仅去除10%，可是这种藻类用混凝气浮法所消耗的混凝剂量较大。

(3) 氧化法除藻

各种氧化法只适用于藻类浓度不大的水质处理，或配合混凝气浮处理。

① 折点加氯杀藻　使反应池前预加氯量达到折点加氯量，以氧化水中的有机物，杀灭藻类。除藻率一般能达到50%左右，并能除去水中的一部分异味，除藻后的原水再经常规水处理工艺，能使饮用水中不含藻。但当水中含有大量天然有机物如腐殖质、富里酸时，这些天然有机物就成为卤代烃形成的前驱物，经加氯时，卤代烃形成的概率就会增加。这种情

况不得用折点加氯法除藻。折点加氯除藻成本较高，NaClO 除藻特性类似折点加氯。

② 二氧化氯杀藻 ClO_2 是一种强氧化剂，具有更好的灭菌、除藻和除臭效果，并且能够有效地控制卤代烃的生成，降低矾耗，改善水质。ClO_2 成本较氯气高，生产条件较为苛刻。

ClO_2 具有较高的氧化还原电势，比液氯除藻能力强，由于它不像 Cl_2 以亲电取代为主，而是以氧化反应为主，经氧化的有机物多降解为氧基为主的产物，不会产生卤代烃等消毒副产物，对人体的副作用小。但当 ClO_2 投加量较大时可能会产生较高浓度的亚氯酸盐副产物，对微污染水源水不宜使用。

③ 臭氧氧化除藻 臭氧对藻类的去除率随着投加量的增加不断提高。在臭氧投加量少时，不足以使藻体细胞完全溶裂；而当剂量增大后臭氧不仅可以使更多的藻体细胞完全溶裂，而且可以扩散至藻细胞内部，破坏叶绿素 a 的结构。臭氧除藻对除臭、味有较好的功效。藻类被氧化剂氧化后，通常会释放出有机碳、土腥臭代谢物，这些产物会被臭氧立即氧化掉，而其他氧化剂对消除这些代谢物的臭与味不起作用。

④ 紫外线除藻 提高光强可提高配套气浮装置的除藻率，当紫外线光强为 0.5～2.5W/m^2 时，气浮出水的除藻率在 75%～90%之间。增大光强往往会使更多的藻破裂，向水中释放胞内藻毒素，所以应该根据除藻和藻毒素的控制要求，综合考虑。照射时间在 4～6min，过长的时间除藻率提高不大。

紫外线剂量对除藻效果有明显的影响。随着剂量的增加，除藻率的总体趋势是增大的，但是波动很大。光强和时间是交互影响的，在辐射剂量相同时，强度越大，藻细胞所受的伤害越大，复苏也越缓慢，强度和剂量具有明显的双重叠加效应。辐照剂量一定时，时间越长，对藻的代谢和增殖的抑制作用也越强，例如，辐射剂量固定为 2200J/m^2 时，6W/m^2 照射 6min 的效果略好于 25 W/m^2 照射 1.5min 的效果。此外，紫外光照射还产生了微量的活性氧，可以破坏藻细胞的活性，氧化少量有机物。因此经过紫外线照射后，水的浊度略有升高，溶解氧减少，pH 值与 COD_{Mn} 降低。

(4) 其他除藻方法

其他除藻方法有电絮凝法、电磁变频反应器、膜技术（微滤、超滤等）、给水深度处理的生物炭（BAC）法等。这些方法均只适用于低浓度藻类及藻毒素的处理。

(5) 含藻污泥的处理处置

从水厂气浮池、沉淀池和滤池排出的污泥中，所含藻类细胞会很快析出藻毒素，有时可达很高的浓度，所以应将污泥和反冲洗水隔离储存，直到细胞衰亡为止。藻毒素可在数周内自然降解。

某些湖泊在藻类暴发时，每天产藻数千吨。为防止脱水藻饼二次污染，必须对脱水藻饼处理处置。目前有如下几种方法，各种方法的优点及存在问题均在研究之中。①发酵制饲料。由于藻毒素的影响，藻饼发酵饲料有无毒性尚成问题。②发酵制肥。藻毒素对发酵的生物过程有无抑制尚无进一步试验。③焚烧。需要消耗一定外部能源。焚烧可杀死所有病菌、病毒，消除有机物及藻毒素的危害。藻饼自身有热值（约 1500～2000cal[1]/kg），只需补充少量柴油或天然气，运行费约 300～350 元/(t 藻饼)。焚烧尾气经处理后可达到排放要求。

6.4.3 除藻技术的性能特点比较

各种除藻技术性能特点比较见表 6-12。

---

[1] 1cal=4.18J，下同。

表 6-12 各种除藻技术性能特点比较

处理技术	藻细胞去除率	胞外藻毒素去除率	技术性能特点
混凝	>80%	<10%	去除藻细胞，去除细胞内毒素
直接过滤	>60%	<10%	去除藻细胞，去除细胞内毒素
混凝/气浮	>90%	通常很低	去除藻细胞，去除细胞内毒素
吸附-粉末活性炭	很低	>85%	粉末活性炭适用于去除藻类浓度较低，主要去除胞外藻毒素，DOC竞争容量很低
吸附-颗粒活性炭	>60%	>90%	DOC竞争容量低，过滤也可去除藻细胞
预臭氧化/澄清	有效改善除藻效果	可能增加藻毒素	低剂量有助于藻细胞沉淀分离，但需防止毒素泄漏
预氯化/澄清	有效改善除藻效果	溶解细菌，使可溶性物质释放	有助于藻细胞分离，但溶菌释放的藻毒素会增加
臭氧化/澄清	>80%	>98%	$[Cl_2]>0.5mg/L$，$t>30min$，去除藻毒素有效
氯化/过滤	>60%	>80%	pH<8且DOC低时有效；藻类浓度低或pH>8时基本无效
二氧化氯/澄清	>70%	>90%	处理饮用水标准的藻毒素剂量较大，除臭效果好，防止卤代烃产生
高锰酸钾/澄清	约>70%	>95%	对溶解于细胞外的藻毒素有效，有效去除UV_{254}及臭味，适用于小剂量(大剂量会破坏藻细胞结构)
紫外线/澄清	约>70%	>70%	有降解藻毒素的能力，但需很高剂量
纳滤(NF) 反渗透(RO)	>99%	>95%	NF、RO分离藻毒素效率很高
微滤(MF) 超滤(UF)	>95%	>60%	UF分离藻毒素优于MF

6.4.4 除藻工程实例

(1) 昆明五水厂除藻工程

昆明五水厂原水藻类数量平均为30500个/mL，采用微絮凝直接过滤法除藻（双层滤料：陶粒粒径2.0～2.5mm、高700mm，石英砂粒径0.6～1.2mm、高500mm，滤速6～10m/h)，其去除率平均为96.4%。

(2) 日本小岛净水厂除藻工程

日本小岛净水厂发生藻类严重堵塞滤池的情况。过滤周期由72h缩短为5h。改造砂滤为煤砂双层滤池，在砂滤池表层上均匀地铺设25mm煤滤料的措施，结果滤池堵塞情况很快就好转。

(3) 武汉东湖水气浮除藻工程

东湖水富营养状况严重，藻类浓度达到1×10^6～4×10^7个/mL，包括蓝藻、绿藻、甲藻等。1980年采用气浮除藻工艺，处理水量为6×10^4t/d，成为国内第一家气浮工艺除藻的厂家。处理工艺为：原水→穿孔旋流反应（部分折板反应)→气浮→移动冲洗罩滤池。

主要设备运行参数为：混凝反应HRT 10min；气浮表面负荷$7m^3/(h\cdot m^2)$；回流比6%；过滤滤速9.8m/h；冲洗周期8h；工艺除藻效率84%～95%。

6.5 水的沸石除氨

6.5.1 氨氮的性质与危害

氨氮是水相环境中氮的主要形态。天然水中的氨氮主要来源于蛋白质分解产生，或因附近污染源造成氨氮、亚硝酸氮、硝酸氮在一定条件下相互转化而形成。随着工农业迅速发展，大量工业污水、生活污水和农田化肥等进入河流、湖泊，也使得这些水域中氨氮含量增高。

氨氮是水体富营养化和环境污染的一种重要物质，引起水体缺氧，孳生有害水生物，导致鱼类中毒。原水的氨氮污染给给水处理带来了困难，城市水厂常规工艺无法去除原水中的氨氮，即使采用反渗透（RO）技术也无法去除天然水源中的氨氮，致使饮用水水质得不到保证，已对人体健康形成威胁。氨氮对人体有一定的危害，氨氮进入人体而合成亚硝基化合物，诱发癌变。

因此，国家饮用水标准对氨氮及总氮指数做了严格规定。必须采取去除氨氮的措施，以改善饮用水的质量。

目前，去除水中氨氮的方法较多，有生化法、吹脱法、活性炭吸附法、折点加氯法和液膜法等，但因工艺设备复杂、容易造成二次污染等原因，不适宜用于微污染水源中的氨氮处理，更不适宜用于水厂的深度处理。对于大水量低浓度氨氮采用离子交换法显然经济上难以承受。近年来，沸石除氨因其成本低廉、再生容易、管理方便及其优异的除氨性能，得到了广泛的应用。

6.5.2 沸石除氨原理及工艺

沸石（zeolite）具有对 NH_4^+ 的选择吸附能力，可作为 NH_4^+ 的离子交换剂。沸石是一种密集铝的硅酸盐。结构是以 Si 为中心，形成四个顶点有 O 配置的 SiO_4 四面体，可用化学式 $[M^+ \cdot M^{2+}] \cdot O \cdot AlO_3 \cdot nSiO_2 \cdot mH_2O$ 表示。

其中，M^+、M^{2+} 分别为一价、二价的阳离子。因为 M^+、M^{2+} 具有离子交换性，所以沸石也具有离子交换能力。

天然产的沸石有许多种类，其中以丝光沸石（mordenite）和斜发沸石（clinoptilolite）为主要成分的沸石，具有较高的阳离子交换容量。纯度较高的沸石交换容量不大于 2mmol/g，一般为 1～1.5mmol/g 左右。沸石的交换容量，约为单位质量强酸性阳离子交换树脂交换容量（4.3～4.4mmol/g）的 1/4～1/2，但因沸石的密度大，单位体积的交换容量值较高。若假定沸石的视密度为 1kg/L，则单位体积的交换容量平均为 1～1.5mol/L，比强酸性阳离子交换树脂的交换容量相差不大。

沸石对 NH_4^+ 的吸附交换作用可用下式表示。

$$RM + NH_4^+ \rightleftharpoons RNH_4 + M^+$$

式中 R——沸石母体；

M——金属。

沸石作为离子交换体，具有特殊的离子交换特性，对离子的选择交换顺序如下：$Cs^+ > Rb^+ > K^+ > NH_4^+ > Sr^+ > Na^+ > Ca^{2+} > Fe^{3+} > Al^{3+} > Mg^{2+} > Li^+$

在 NH_4^+ 和 Na^+、K^+、Ca^{2+} 和 Mg^{2+} 的共存溶液中，沸石离子交换平衡图如图 6-9 所示。

由图可知，因沸石对 NH_4^+ 有较高的选择性，当水中有 Ca^{2+}、Mg^{2+}、Na^+ 共存时，沸

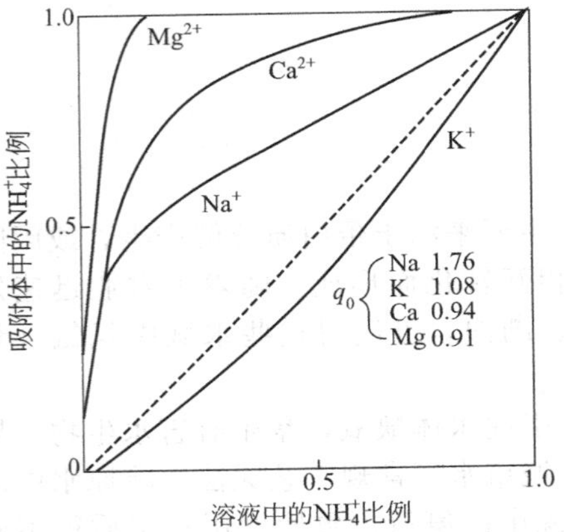

图 6-9 沸石离子交换平衡图

注：图中数据单位为 Na^+、K^+ 为 mmol/L，Ca^{2+}、Mg^{2+} 为 $\frac{1}{2}$mmol/L

石对氨的吸附交换影响较小；K^+ 对 F^- 的交换吸附有干扰，而事实上 K^+ 的存在浓度都较小。采用沸石进行离子交换处理，从水中去除氨氮是可行的。

沸石除氨的运行方式通常是颗粒沸石固定床。采用粉末沸石与水混合搅拌方式因出水浓度高，且操作复杂很少采用。

6.5.3 固定床沸石除氨的影响因素

(1) 沸石的种类

直接采用天然产的沸石和采用预先将交换基置换成 Na(Ⅰ) 型的沸石，对 NH_4^+ 的去除率都较高。选用粒径小的沸石可使接触面积增大，去除率提高，但粒径过小会使柱很快被堵塞而失去去除能力。粒径为 0.8～1.7mm 左右的沸石较为适宜。

(2) 水温

常温下低浓度氨氮用沸石脱氨具有较充分的 NH_4^+ 吸附交换能力。

(3) pH 值

氨和铵离子间有 $NH_4^+ \rightleftharpoons NH_3 + H^+$ 的化学平衡关系，当 pH 值高时，沸石的吸附 NH_4^+ 能力降低。所以在处理 pH 值为 7 左右的原水时，沸石除氨效率都在 80%左右，pH 值可以不予考虑。图 6-10 是 pH 值对沸石除氨效率的影响。

(4) 空塔速度

空塔速度 SV(h^{-1}) 表示单位时间内，允许通过塔体的处理水量与塔的平均体积之比[相当于体积负荷，$m^3/(m^3 \cdot h)$]，是停留时间 (h) 的倒数。采用的 SV 大，则处理所需的设施体积就可以缩小。一般情况下，增大 SV，则到 NH_4^+ 泄漏时的处理水量会减少 [可用相当于柱体积的倍数 BV（即通水倍数）表示]。图 6-11 是不同 SV 时的穿透曲线，穿透时 NH_4^+ 泄漏的 BV 值即为运行周期。

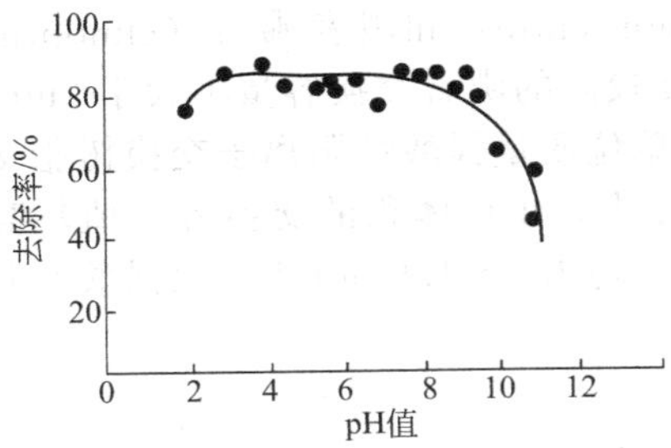

图 6-10 pH 值对沸石除氨效率的影响

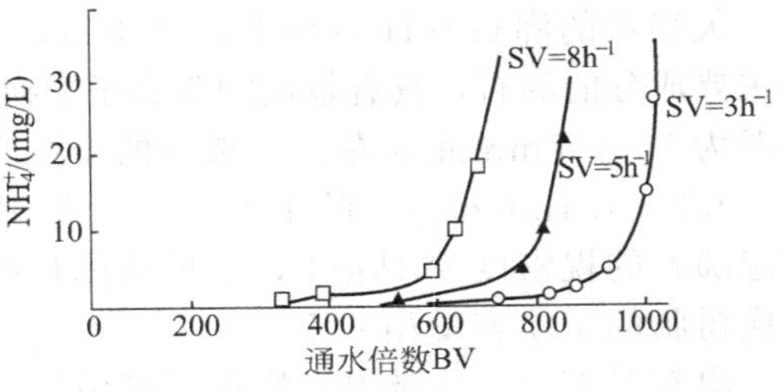

图 6-11 不同 SV 时的穿透曲线

SV 较大时，运行时间短，由于再生时间与 SV 无关，各种 SV 值穿透时所需再生时间相同，所以 SV 较大时，总的运行效率降低。综合各种因素，SV 采用 5～10h^{-1}，二级污水的运行时间约为 8～24h，通水倍数 BV 约为 70～160。

(5) 滤层厚度

一般取固定床沸石填充高度不小于 1m，滤速为 5～10m/h（相当于 SV=5～10h^{-1}）。

(6) 共存物质

沸石与 NH_4^+ 的反应是离子交换反应，因而吸附时受到共存离子的影响。由离子交换顺序看，K^+、Na^+ 均对 NH_4^+ 的吸附有干扰。事实上 Ca^{2+} 由于具有二价正电荷，沸石吸附牢固，消耗掉沸石的部分交换容量，对 NH_4^+ 的吸附有不容忽视的影响。表 6-13 是试验条件下碱金属、碱土金属存在时 NH_4^+ 的去除率，可以看出各种共存离子对 NH_4^+ 吸附的影响。表 6-14 则是试验条件下重金属离子存在时 NH_4^+ 的去除率。

表 6-13　试验条件下碱金属、碱土金属存在时 NH_4^+ 的去除率　单位：%

浓度/(mg/L)	Na^+	K^+	Ca^{2+}	Mg^{2+}
0	85.0	85.0	83.3	83.3
10	83.8	83.0	78.4	84.0
20	82.9	79.6	77.2	84.2
50	78.9	69.3	76.2	82.7
100	74.9	56.8	70.2	82.4

注：C_0 为原水中的 NH_4^+ 浓度，$C_0=10.5$mg/L（Na^+、K^+ 共存的情况下），$C_0=10.9$mg/L（Ca^{2+}、Mg^{2+} 共存的情况下）。

表 6-14　试验条件下重金属离子存在时 NH_4^+ 的去除率　单位：%

浓度/(mg/L)	Cu^{2+}	Zn^{2+}	Pb^{2+}	Ni^{2+}	Ca^{2+}	Mn^{2+}
0	82.8	82.8	82.8	85.0	85.0	83.3
1	84.0	83.8	84.3	85.5	85.3	86.8
5	82.3	81.1	83.4	85.5	85.3	82.4
10	81.3	81.1	83.2	84.2	84.2	79.4
20	80.0	79.1	81.7	83.4	83.8	74.9

注：C_0 为原水中的 NH_4^+ 浓度，$C_0=10.6$mg/L（Ca^{2+}、Zn^{2+}、Pb^{2+} 共存情况下），$C_0=10.5$mg/L（Ca^{2+}、Ni^{2+} 共存情况下），$C_0=10.9$mg/L（Mn^{2+} 共存情况下）。

6.5.4　沸石除氨工艺的设计

(1) 沸石除氨工艺的设计参数

沸石除氨工艺的设计参数见表 6-15。

表 6-15　沸石除氨工艺的设计参数

NH_4^+ 吸附时的条件	水温	无特殊影响
	pH 值	不需要调节 pH 值
	使用的沸石	为提高沸石对 NH_4^+ 的吸附能力，可预先用钠盐溶液处理。沸石粒径 1mm 左右
	空塔速度 SV	$5\sim10h^{-1}$
	滤层厚度	1m 左右(可以考虑更高些)
	LV	5～10m/h(可以考虑更高些)
	运行周期	24h 左右(NH_4^+ 为 10～20mg/L)
	通水倍数 BV	100 左右(NH_4^+ 的去除率为 95%时)

续表

沸石再生时的条件	再生液的种类	Na盐(以NaOH为宜)
	再生液的浓度	1mol/L
	再生液的pH值	11
	再生液的过滤速度SV	$2\sim4h^{-1}$
	再生时间	6h
	CV①	12～16倍
再生液的处理方式		氨吹脱塔

① CV为再生液通水倍数，即再生液用量与交换剂用量的体积比。

注：改变再生液的循环方式，再生液用量可以减少。

(2) 沸石的再生

沸石对 NH_4^+ 的吸附饱和时，必须进行再生。再生的方法以再生液法为主。

① 再生液法　这是用其他可交换的离子把吸附在沸石上的大量 NH_4^+ 置换下来，以恢复沸石对 NH_4^+ 的吸附能力的一种方法。

a. 再生剂的选择。再生剂有KCl、NaOH、NaCl、$CaCl_2$ 等，其中KCl脱附再生沸石上 NH_4^+ 的能力最强，$CaCl_2$ 对 NH_4^+ 的再生率低，而再生后的沸石对 NH_4^+ 的吸附能力下降，所以采用 $CaCl_2$ 作再生剂是不适宜的。

b. pH值。水中的 NH_4^+ 在pH值高时，NH_4^+ 会转变成 NH_3。pH值上升，再生率也增大，当pH值在11以上时再生率达到最大。另一方面还应考虑到，pH值过高，会使沸石本身破坏，所以选用pH值为11较为适当。这个值对于将使用后的再生液再投入氨吹脱塔时也是适当的。一般情况下，再生剂通过沸石后，pH值要有所降低。

c. 通水速度。再生液通水速度SD对再生效果也有影响。若增大通水速度，则再生剂用量增大，但再生效率没有提高。SV增大，如大于 $5h^{-1}$ 以上时，并不能节约再生时间。SV以 $2\sim4h^{-1}$，再生时间为4～6h为宜，这样可以减少再生液的用量。再生后流出液中 NH_4^+ 浓度在初期很高，而后显著降低。后期含 NH_4^+ 浓度低的再生液可以储存，用作下一期再生的初期再生液，这就是所谓多段再生方式，可以节约再生液。

② 焚烧法　焚烧法是在高温条件下进行，将沸石中的 NH_4^+ 变成氨气的一种方法。一般情况下，沸石加热到500～600℃进行再生后，就可以重复使用。采用焚烧法再生时产生的氨气必须进行处理。

6.6 纯净水处理及应用

6.6.1 纯净水的特征

20世纪90年代以来，随着经济的发展，环境污染日趋严重，水源水质变差，自来水原水水质下降，同时，生活水平的提高及自我保健意识的加强，人们对饮水质量越来越重视，对洁净水的期盼越来越高，甚至认为水越纯净越好。于是市场上便产生了各种名称很好听的水的产品，实际上，它们都属于"纯净水"的范畴。

瓶装饮用纯净水是指以符合《生活饮用水卫生标准》的水为原料，通过电渗析法、离子交换法、反渗析法、蒸馏法以及其他适当的加工方法制得的，密封于容器中且不含任何添加物可直接饮用的水。其水质标准应符合国家《瓶装饮用纯净水标准》(GB 19298—2014)。

当然，纯净水的各项理化及微生物指标的数值是一个限值，其水质特征可以归纳为：可直接饮用；感观上清澈透亮，无任何肉眼可见物，无色，无味；微生物指标要求高，不得检出致病菌、霉菌、酵母菌的检测；对有机物、致癌物、重金属等各类有毒有害物质的去除要求更高，口感上甘甜醇和；不含任何添加物。

6.6.2　纯净水的一般处理流程与设备

（1）国内纯净水生产工艺的发展

饮用纯净水的原料大都是使用地下水或自来水，原水水质一般满足我国《生活饮用水卫生标准》（GB 5749—2006）。饮用纯净水的生产就是对自来水（或地下水）进行深度处理，进一步去除水中的各类杂质，提高感官性状，保证毒理学指标，尤其是去除水中的溶解性固体，以提高水的口感，制备出可以直接饮用的、完全满足我国《瓶装饮用纯净水标准》（GB 17323—1998）的优质水。

我国最早的纯净水生产线的制造工艺流程是既采用了反渗透、微孔过滤、臭氧消毒等新技术，又保留了离子交换的传统除盐方法，出水水质稳定且有保证，但在操作上较复杂。

二级反渗透（RO）系统是目前我国纯净水的制造的主流工艺，如图 6-12 所示。该工艺技术已在许多著名的纯净水制造企业中应用，如娃哈哈、康师傅、维维、正广和、养生堂等企业。系统可 24h 连续稳定运行，制造的纯净水透明度高，口感佳，微生物指标控制安全稳定。

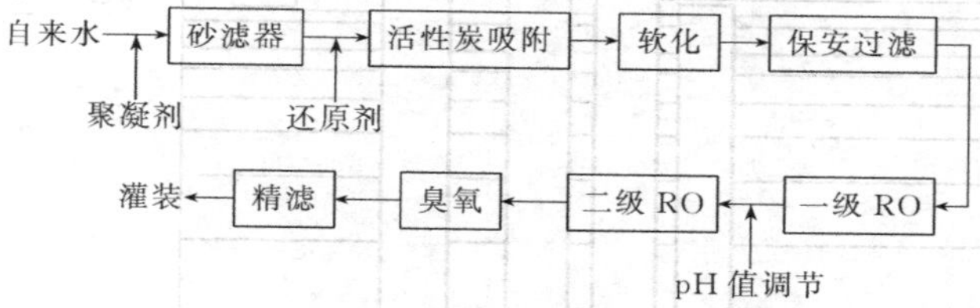

图 6-12　二级反渗透制纯净水工艺

根据膜技术的发展，近几年纳滤技术在工业上应用广泛。在新的纯净水处理工艺中可以利用纳滤代替一级反渗透，即组成纳滤-反渗透纯净水系统，在某种程度上优于二级反渗透系统，如运行压力略低、对原水的适应性较强等，生产成本也有所下降。

（2）纯净水处理系统的单元组成与工艺流程

纯净水生产线由水处理系统和灌装系统组成，其中水处理系统可分为预处理（多介质过滤、活性炭吸附、预软化）、中段处理（保安过滤、高压泵、一级或二级反渗透）和终端处理（臭氧消毒、终端过滤）三大部分。瓶装饮用纯净水生产的一般流程即总体生产线如图 6-13 所示。

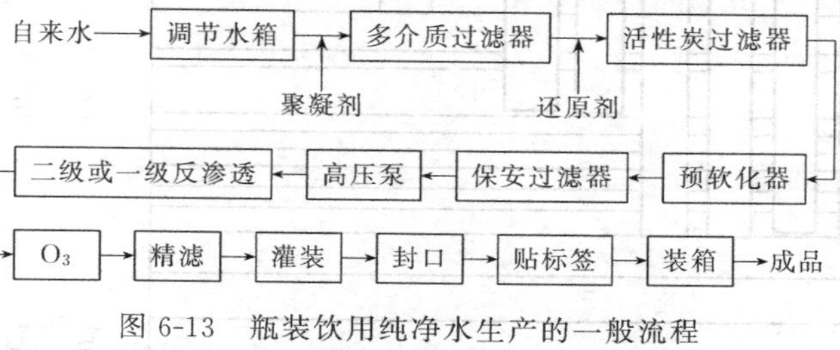

图 6-13　瓶装饮用纯净水生产的一般流程

（3）纯净水生产工艺中单元处理方法的选择

饮用纯净水的生产工艺和设备的设计，应根据原水水质选择恰当的单元处理方法与设备，组成合理的工艺流程系统。

以某城市常规自来水（浊度 3NTU，硬度 5～6mmol/L，电导率 1500～1600μS/cm）为例，工艺中均有砂滤、活性炭吸附、臭氧消毒等技术，除硬、除盐常用离子交换、电渗析、

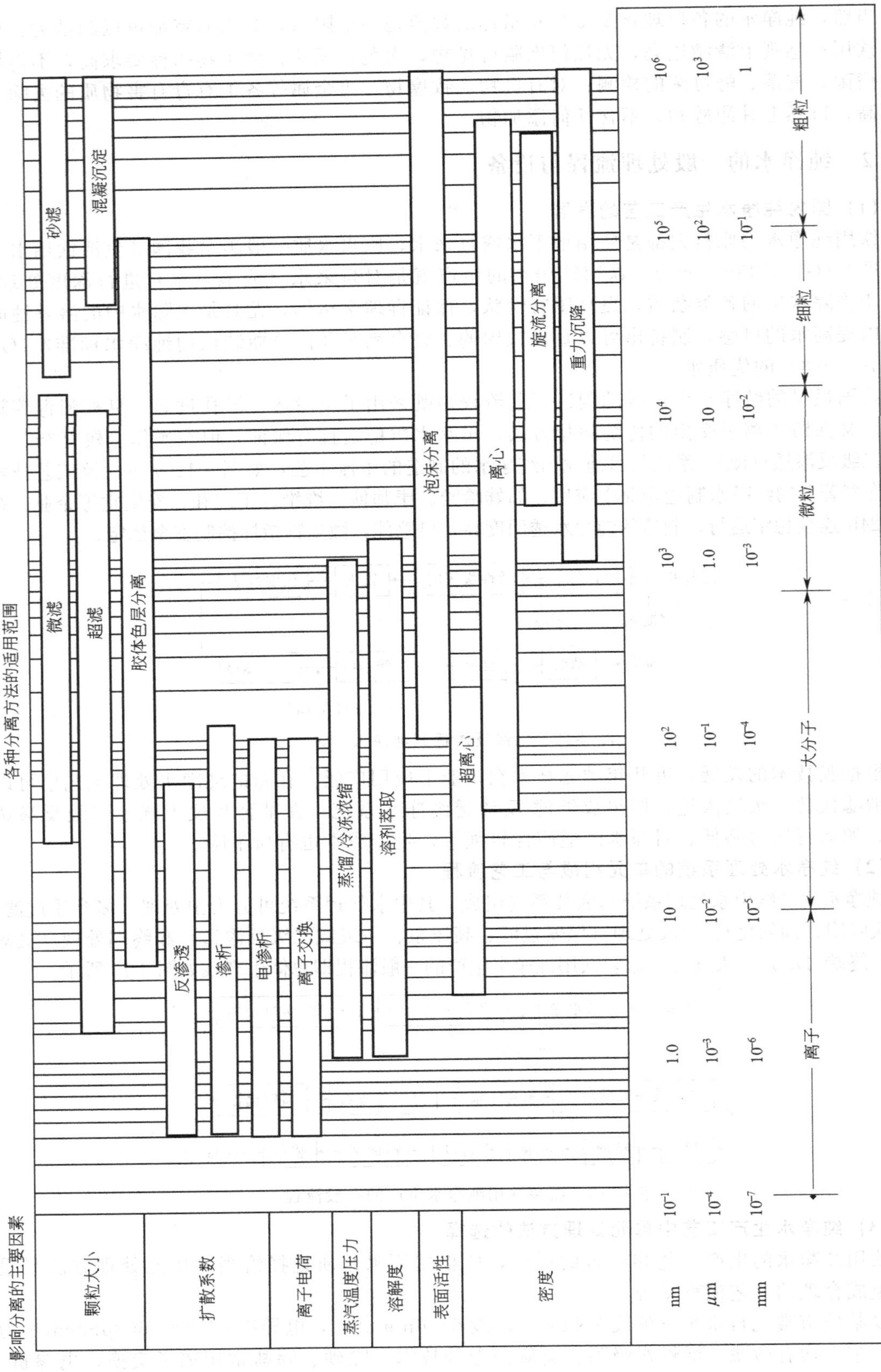

图 6-14 各种分离方法的适用范围

反渗透技术。

复床-混床工艺投资低，但是离子交换树脂再生复杂，而且出水中有有机胺等异味，为此在离子交换后面必须再设置活性炭吸附及微滤或超滤，这就增加了工艺的复杂性。因此，制取饮用纯净水不宜采用复床-混床、电渗析-混床、反渗透-混床工艺。

二级反渗透工艺与电渗析-反渗透工艺比较，不仅设备投资低，而且制水成本也低。所以除对现有电渗析的改造，可采用在电渗析后面增加反渗透外，对新建的制水设备，一般可不采用电渗析工艺。离子交换和电渗析只能去除水中盐类，而不能去除水中微生物等，但反渗透既可去除水中盐类，又可去除水中有机物及细菌、病毒等有害杂质，这是反渗透制取纯净水的最大优点。

图6-14为各种分离方法的适用范围，表6-16为常用水处理方法去除水中杂质的能力，供选择参考。

表 6-16　常用水处理方法去除水中杂质的能力

杂　质	机械过滤	活性炭吸附	电渗析	反渗透	纳滤	离子交换复床	离子交换软化	紫外线杀菌	臭氧杀菌	超滤	微滤	吹脱	蒸发
悬浮物(>5μm)	很好												
悬浮物(>2μm)	很好												
胶体(>0.1μm)	好	一般	好	很好	很好					很好	好		很好
胶体(<0.1μm)			好	很好	很好					很好	一般		很好
微粒(>0.2μm)	好	一般		很好	很好					很好	很好		很好
低分子量溶解性有机物	一般	好		好	好	一般	一般						
高分子量溶解性有机物	好	好	一般	很好	很好	一般	一般	一般		好			
溶解性无机物			很好	很好	好	很好	很好	去除钙镁很好					很好
微生物				好	好				好	很好	好		很好
细菌					好				很好	很好	好		很好
气体												很好	

6.6.3　纯净水制备工程实例

(1) 工艺流程及设备配置

某公司纯净水生产线工艺流程见图6-15所示。膜组件进水水质应达到表6-17所示的要求。

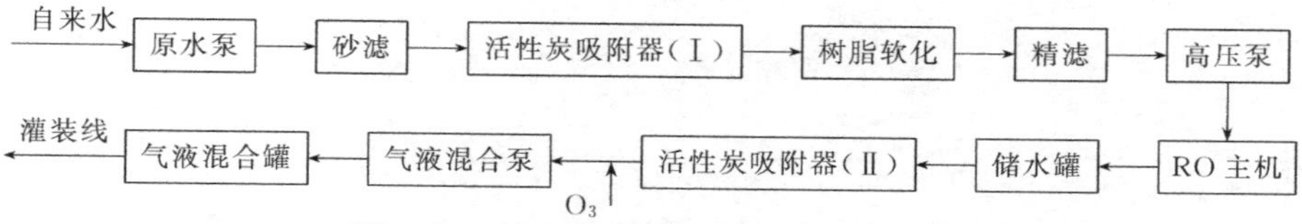

图6-15　某公司纯净水生产线工艺流程

表 6-17　膜组件进水水质要求

浊度/NTU	污染指数SDI	水温/℃	游离氯/(mg/L)	pH值	COD_{Mn}/(mg/L)	含铁量/(mg/L)
0.5	<3	5～40	<0.05	3～10	<1.5	<0.1

① 砂滤（石英砂）　石英砂过滤器主要过滤水中大颗粒、絮体杂质，减小精滤器的负荷。

② 活性炭吸附器（Ⅰ）　主要去除原水中前道工序难以去除的余氯（聚酰胺膜不耐余

氯)、三氯甲烷、农药等有害物质，同时实现水的脱色、除异味。

③ 软化处理　软化处理采用全自动树脂交换软水器，采用强酸型苯乙烯阳离子交换树脂，吸附去除水中钙镁离子。降低原水硬度。树脂再生采用食盐溶液，采用自动控制运行。

④ 精滤　前级处理工序在工作与反冲洗切换期间可能会导致处理效果的短时间降低，采用 5μm 精滤防止 RO 膜的堵塞，减少膜的反冲洗以提高产量。

⑤ 膜组件　采用数个 RO 膜组件构成一组以提高过滤面积，选用从美国海德能公司进口的节能型聚酰胺膜。与传统复合膜相比，具有如下优点：膜流量高，可以在较低水压和较高流速下保持高脱盐率（>97%），淡水流速几乎达到其他复合聚酰胺膜的两倍，可降低膜组件的投资；机械强度好，清洗方便，采用管束结构，相同体积的膜组装置的过滤面积比卷式膜增加 12%，因此减少了膜组件的体积；膜对水质适应性强，由表可知进水 pH 值在 3～10 均可；膜运行寿命长，在设计工况下可达 3～5a。

⑥ 活性炭过滤器（Ⅱ）　膜组件后增设活性炭过滤器可以改善出水的口感，提高瓶装水的商业价值。

⑦ 臭氧消毒装置　详见 2.6.5 臭氧消毒。

(2) 处理效果及技术经济指标

出水水质检测数据见表 6-18，主要技术经济指标见表 6-19。

表 6-18　出水水质检测数据

色度	浊度/NTU	Cu/(mg/L)	As/(mg/L)	Pb/(mg/L)	亚硝酸盐/(mg/L)	细菌总数/(个/mL)	嗅和味
<1	<1	<0.01	<0.02	<0.01	<0.002	0	无

表 6-19　主要技术经济指标

总产水量/(t/d)	电阻	膜组件水压/MPa	反冲洗运行周期	化学清洗周期/a	高压泵功率/kW	膜寿命/a
22.71	>5MΩ	1～1.8	24h,每次 20min	1.5	2.2	3

第 7 章 污水除磷技术

污水中的磷主要来自生活污水中的含磷有机物、合成洗涤剂、工业废液、农业用化肥农药以及各类动物的排泄物。磷在污水中存在的方式包括有机磷和无机磷。有机磷主要存在于各类微生物机体及动物排泄物中，无机磷包括磷酸盐、聚磷酸盐等，主要以各类磷酸根离子存在。

磷在污水中具有以固体形态和溶解形态互相循环转化的性能，污水除磷技术就是以磷的这种性能为基础而开发的。污水除磷技术有：使磷成为不溶性的固体沉淀物，从污水中分离出去的化学除磷法；使磷以溶解态为微生物所摄取，与微生物成为一体，并随同微生物从污水中分离出去的生物除磷法。根据磷在废水中不同的存在方式，应采用不同的除磷技术。

7.1 污水生物除磷原理

7.1.1 污水中磷的转化

污水中磷的转化过程主要是有机磷转化为无机磷的过程。

有机磷结构较复杂，但它们一般都带有易断裂的P═O、P═S双键，偏聚磷酸盐主要包括焦磷酸盐（$Na_4P_2O_7$）、三聚磷酸盐（$Na_5P_3O_{10}$）等，在厌氧条件下，它们都可被生物酶水解，最终生成无机磷酸盐。在好氧条件下，大分子有机物被氧化生成CO_2，同时，存在于其中的有机磷也会被生物氧化为无机磷酸盐。这样，通过厌氧水解和好氧氧化，污水中的有机磷基本上转化为无机磷酸盐，供微生物体合成自身细胞所用而被去除。

对于市政污水而言，有机磷一般在污水管网中已有部分转化为无机磷酸盐，在污水处理厂的厌氧段，有机磷进一步转化为无机磷。

7.1.2 生物除磷原理

污水生物除磷技术的发展起源于生物超量除磷现象的发现。污水生物除磷就是利用活性污泥的超量磷吸收现象（即微生物吸收的磷量超过微生物正常生长所需要的磷量），通过污水生物处理系统使水中的磷转化被微生物吸收。在所有污水生物除磷工艺流程中都包含厌氧操作段和好氧操作段，完成有机磷⟶无机磷⟶含磷微生物（污泥）的转化，使剩余污泥的含磷量达到3%～7%。由于进入剩余污泥的总磷量增大，处理出水的磷浓度明显降低。

经过厌氧状态释磷的活性污泥在好氧状态下有很强的磷吸收能力，这就是磷得以除去的原因所在。磷在污水处理过程中的转化步骤如下。

(1) 厌氧区

在没有溶解氧和硝态氮存在的厌氧条件下，厌氧细菌通过发酵作用将溶解性BOD转化为VFAs（低分子发酵产物——挥发性有机酸）。聚磷菌吸收这些发酵作用产生的或来自原污水的VFA，并将其运送到细胞内，同化成胞内碳能源储存物聚β-羟基丁酸（PHB）等，所需的能量来源于聚磷的水解以及细胞内糖的酵解，并导致磷酸盐的释放。

（2）好氧区

聚磷菌的活力得到恢复，并以聚磷的形式超量吸收生长需要的磷量，通过PHB的氧化代谢产生能量，用于磷的吸收和聚磷的合成，能量以聚磷酸高能键的形式存储，磷酸盐从液相去除。产生的新的聚磷菌细胞（富磷污泥），将在后面的操作单元中通过剩余污泥的形式得到排放，从而将磷从系统中除去。从能量角度来看，聚磷菌在厌氧状态下释放磷获取能量以吸收废水中溶解性有机物，在好氧状态下降解吸收的溶解性有机物获取能量以吸收磷，在整个生物除磷过程中表现为PHB的合成和分解。

乙酸盐和其他发酵产物来源于厌氧区内兼性微生物的正常发酵作用，一般认为这些发酵产物产生于进水中的溶解性BOD，只是由于反应时间短，进水中的颗粒性BOD尚来不及得到完全水解和转化。

除磷系统的关键所在就是厌氧区的设置，可以说厌氧区是聚磷菌的“生物选择器”。聚磷菌能在短暂的厌氧条件下优先于非聚磷菌吸收低分子基质（发酵终产物）并快速同化和储存这些发酵产物，厌氧区为聚磷菌提供了生存条件和竞争优势。同化和储存发酵产物的能量来自聚磷菌的水解以及细胞内糖的酵解，聚磷菌为基质的传质、乙酰乙酸盐（PHB合成前体）的形成提供能量。这种选择性增殖的另一个好处就是抑制了丝状菌的增殖，避免了产生沉淀性能差的污泥。厌氧/好氧组合生物除磷工艺可使曝气池混合液的SVI值降低，从而有利于泥水分离。

聚磷菌在生物除磷过程中的作用机理见图7-1。由生物除磷的机理可知，PHB的合成和降解，作为一种能量的储存和释放过程，在聚磷菌的摄磷和释磷过程中起着十分重要的作用，即聚磷菌对PHB的合成能力的大小将直接影响其摄磷能力的高低。应当指出，正是因为聚磷菌在厌氧-好氧交替运行的系统中有释磷和摄磷的作用，使得它在微生物生理生化的竞争中取得优势，从而使除磷过程顺利完成。在厌氧条件下聚磷菌能够将其体内储存的聚磷酸盐分解，以提供能量摄取废水中溶解性有机基质，合成并储存PHB，在竞争中使其他微生物可利用的基质减少，从而不能很好地生长。在好氧阶段，聚磷菌具有高能过量摄磷作用，使得污泥中其他非聚磷微生物得不到足够的有机基质及磷酸盐，也会使聚磷菌在竞争中获得优势。

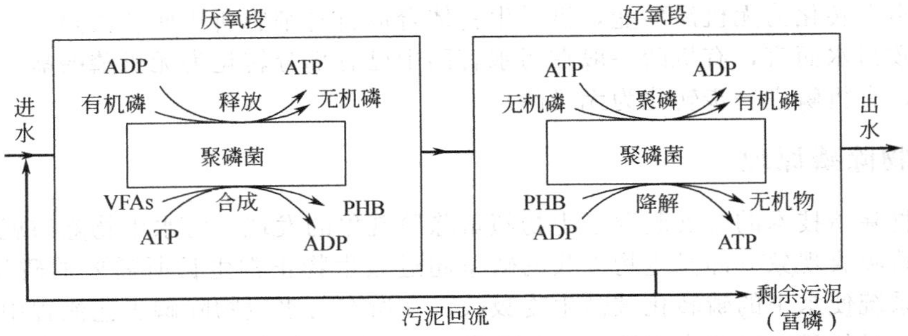

图7-1 聚磷菌的作用机理

厌氧释磷的基本条件是溶解氧（DO）趋近于0，氮氧化物（NO_x）趋近于0，厌氧反应器内具有一定数量的聚磷菌和其他厌氧异氧菌等。当有机废水进入该反应器，异养菌将有机物降解为简单有机物以及部分低分子基质（挥发性有机酸VFA），聚磷菌在VFA的诱导下，优先吸收VFA，同时其体内三磷酸腺苷（ATP）水解放出H_3PO_4和能，形成二磷酸腺苷（ADP），所产生的能量用于吸收VFA，并合成为聚β-羟基丁酸（PHB），作为聚磷菌胞内碳储存物进入体内。厌氧阶段随着有机物的降解过程发生有机磷（O-P）分解为无机磷（A-P）如 H_3PO_4 等，相关反应式如下：

① $COD \xrightarrow[\text{异养菌}]{\text{分解}} VFA$

② $O\text{-}P \xrightarrow[\text{聚磷菌}]{\text{分解}} H_3PO_4 + H_2S + \text{醇} + \text{能量}$

③ $VFA \xrightarrow[\text{聚磷菌}]{\text{合成}} PHB$

④ $ATP \xrightarrow[\text{聚磷菌}]{\text{分解}} ADP + H_3PO_4 + \text{能量}$

好氧摄磷的基本条件是水中要有一定的溶解氧，存在足够的有机基质 BOD 及磷酸盐，有相当数量的好氧菌、异养菌及聚磷菌等。当经厌氧或水解酸化的废水进入好氧池，在有氧条件下，对有机物进行降解，使有机磷进一步分解为无机磷。聚磷菌通过氧化分解自身体内储存的 PHB，转化为无机物并获得能量，过量摄取水中磷酸盐，利用体内 ADP 合成 ATP 储存在体内。相关的反应有：

① $COD \xrightarrow[\text{异养菌}]{\text{分解}} VFA$

② $H_3PO_4 + VFA + \text{能量} \xrightarrow[\text{聚磷菌}]{\text{合成}} O\text{-}P(\text{聚磷菌菌体})$

③ $PHB \xrightarrow[\text{聚磷菌}]{\text{分解}} \text{无机物} + \text{能量}$

④ $ADP + H_3PO_4 + \text{能量} \xrightarrow[\text{聚磷菌}]{\text{合成}} ATP + H_2O$

在整个厌氧-好氧过程中，厌氧过程聚磷菌在优先吸收 VFA，利用聚磷菌自身水解以及细胞内糖的酵解的能量。完成选择性增殖。好氧过程聚磷菌利用自身 PHB 分解产生的能量以及异养菌有机物降解的能量，过量吸收厌氧段有机磷转化的无机磷，以 ATP 形式转化成聚磷菌机体。聚磷菌高能过量摄磷的能力具有竞争优势，强化了聚磷菌的增殖。

对于废水生物除磷工艺中的聚磷菌，早期的研究认为主要是不动杆菌，而目前的研究认为是假单胞菌属和气单胞菌属。Brodisch 等人通过研究认为，假单胞菌属和气单胞菌属可占聚磷菌数量的 15%～20%，而不动杆菌仅占 1%～10%。较多的报道还是认为，虽然不动杆菌并非唯一的聚磷菌，但在生物处理系统中不动杆菌储存聚磷菌的能力最强，在生物除磷系统中分离出的细菌中不动杆菌数量居多。目前，有关聚磷菌中何种菌群占主要地位的问题，尚需进一步研究。

7.1.3 生物除磷的影响因素

(1) BOD 负荷和有机物性质

废水生物除磷工艺中，厌氧段有机基质的种类、含量及其与微生物营养物质的比值（BOD_5/TP）是影响除磷效果的重要因素。不同的有机物为基质时，磷的厌氧释放和好氧摄取是不同的。根据生物除磷原理，分子量较小的易降解的有机物（如低级脂肪酸类物质）易于被聚磷菌利用，将其体内储存的多聚磷酸盐分解释放出磷，诱导磷释放的能力较强，而高分子难降解的有机物诱导释磷的能力较弱。当废水中可供聚磷菌利用的易降解有机物量很少时，聚磷菌便发生无效释磷，即在释磷过程中不合成细胞内贮物（PHB），无效释放出的磷在系统中是不能被去除的。只有厌氧阶段磷的有效释放越充分，好氧阶段磷的摄取量才会越大。另一方面，聚磷菌在厌氧段释放磷所产生的能量，主要用于其吸收进水中低分子有机基质合成 PHB 储存在体内，以作为其在厌氧条件压抑环境下生存的基础。因此，进水中是否含有足够的易降解有机基质（VFA）提供给聚磷菌合成 PHB，是关系到聚磷菌在厌氧条件下能否顺利生存的重要因素。

一般认为，进水中 BOD_5/TP 要大于 15，才能保证聚磷菌有着足够的基质需求而获得良好的除磷效果。为此，可以采用部分进水和省去初沉池的方法，来获得除磷所需要的 BOD 负荷。

（2）溶解氧

溶解氧（DO）的影响包括两方面。首先必须在厌氧区控制严格的厌氧条件，这直接关系到聚磷菌的生长状况、释磷能力及利用有机基质合成 PHB 的能力。由于 DO 的存在，一方面 DO 将作为最终电子受体而抑制厌氧菌的发酵产酸作用，妨碍磷的释放；另一方面会耗尽能快速降解有机基质，从而减少了聚磷菌所需的脂肪酸产生量，造成生物除磷效果差。其次是在好氧区中要供给足够的 DO，以满足聚磷菌对其储存的 PHB 进行降解，释放足够的能量供其过量摄磷之需，从而有效地吸收废水中的磷。一般厌氧段的 DO 应严格控制在 0.2mg/L 以下，而好氧段的 DO 控制在 2.0mg/L 左右。

（3）厌氧区硝态氮

硝态氮包括硝酸盐氮和亚硝酸盐氮，其存在同样也会消耗有机基质（即降低了进水的有效 BOD_5/P 值）而抑制聚磷菌对磷的释放，从而影响在好氧条件下聚磷菌对磷的摄取。另一方面，硝态氮的存在会被部分生物聚磷菌（气单胞菌）利用作为电子受体进行反硝化，从而影响其以发酵中间产物作为电子受体进行发酵产酸，抑制了聚磷菌的释磷和摄磷能力及 PHB 的合成能力。

（4）温度

温度对除磷效果的影响不是很明显，因为在高温、中温、低温条件下，有不同的菌群都具有生物除磷的能力，但低温运行时厌氧区的停留时间要更长一些，以保证发酵作用的完成及基质的吸收。试验表明在 5～30℃的范围内，都可以得到很好的除磷效果。

（5）pH 值

pH 值的变化可以引起细胞膜电荷的变化，从而影响微生物对营养物质的吸收，还可以影响代谢过程中酶的活性，改变生长环境中营养物质的可给性和有害物质的毒性。试验证明，pH 值在6.5～8.0 的范围内时，磷的厌氧释放比较稳定。pH 值低于 6.5 时生物除磷的效果会大大下降，因为厌氧段，低 pH 值抑制了细胞吸收营养质的过程，从而抑制磷的释放，不利于除磷。

（6）泥龄

由于生物除磷系统主要是通过排除剩余污泥去除磷的，因此剩余污泥量的多少将决定系统的除磷效果。而泥龄的长短对污泥的摄磷作用及剩余污泥的排放量有着直接的影响。一般来说，泥龄越短，污泥含磷量越高，排放的剩余污泥量也越多，越可以取得较好的除磷效果。短的泥龄还有利于好氧段控制硝化作用的发生（因为硝化菌泥龄较长），而防止回流时将硝化作用产生的硝态氮带入厌氧段而影响其充分释磷，因此，仅以除磷为目的的污水处理系统中，一般宜采用较短的泥龄。但过短的泥龄会影响出水的 BOD_5 和 COD，可能会使出水的 BOD_5 和 COD 达不到要求。资料表明，以除磷为目的的生物处理工艺污泥龄一般控制在 3.5～7d。

另外，一般来说厌氧区的停留时间较长（HRT≤2h），除磷效果越好。但过长的停留时间并不会太多地提高除磷效果，且会有利于丝状菌的生长，使污泥的沉淀性能恶化，因此厌氧段的停留时间不宜过长。同时，剩余污泥的处理方法也会对系统的除磷效果产生影响，因为污泥浓缩池中呈厌氧状态会造成聚磷菌的释磷，使浓缩池上清液和污泥脱水液中含有高浓度的磷，此时回流至厌氧区的聚磷菌即减弱了释磷能力，也就不利于此后的好氧摄磷效果。

因此有必要采取合适的污泥沉淀、回流方法，避免磷释放的效率降低。

7.2 污水生物除磷工艺

根据生物除磷的原理可知，废水生物除磷包括厌氧释磷和好氧摄磷两个过程。按照磷的最终去除方式和构筑物的组成，现有的除磷工艺可分为主流除磷工艺和侧流除磷工艺两类。①主流除磷有多个系列，包括 A/O 及在此基础上为了提高除磷效率而发展起来的 A^2/O、UCT、Bardenpho 等，主流工艺厌氧池在污水水流进口方向上，磷的最终去除通过剩余污泥排放。②侧流除磷工艺以 Phostrip 工艺为代表，结合生物除磷和化学除磷，将部分回流污泥分流到厌氧池释磷并用石灰沉淀，释磷污泥直接进入好氧区摄磷。厌氧池不在污水主流方向上，而在回流污泥的侧流中。

7.2.1 A/O 工艺

A/O 工艺流程如图 7-2 所示。A/O 工艺系统由厌氧池、好氧池和二沉池构成，污水和污泥顺次经厌氧和好氧交替循环流动。回流污泥进入厌氧池可吸收降解一部分有机物，在简单有机物诱导下，污泥中聚磷菌释放出体内的磷，异养菌分解含磷有机物，同时放出部分无机磷。进入好氧池废水中有机物得到好氧降解，释放无机磷，同时污泥将过量摄取废水中的磷，完成聚磷菌的合成与增殖部分富磷污泥以剩余污泥的形式排出，实现磷的去除。

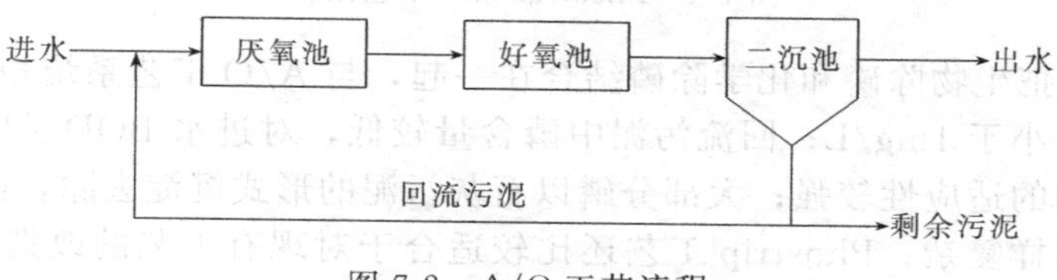

图 7-2 A/O 工艺流程

A/O 工艺流程简单，不需另加化学药品，基建和运行费用低。厌氧池在好氧池之前，不仅有利于抑制丝状菌的生长，防止污泥膨胀，而且厌氧状态有利于聚磷菌的选择性增殖，污泥的含磷量可达到干重的 6%。A/O 工艺运行负荷高，泥龄和停留时间短。根据报道，A/O 工艺的典型停留时间设计值为厌氧区 0.5～1.0h，好氧区 1.5～2.5h，MLSS 为 2000～4000mg/L。由于泥龄短，系统往往得不到硝化，回流污泥也就不会携带硝酸盐回到厌氧区。

图 7-3 为 A/O 工艺的特性曲线。由图可见，在 A 段和 O 段 BOD_5 均有所下降，其中 A 段 BOD_5 的下降是由于聚磷菌利用废水中溶解性有机基质合成 PHB 所造成的，而在 O 段的下降是由于异养菌的好氧分解。磷的含量在 A 段有所升高，到了 O 段才有了大幅度的降低。

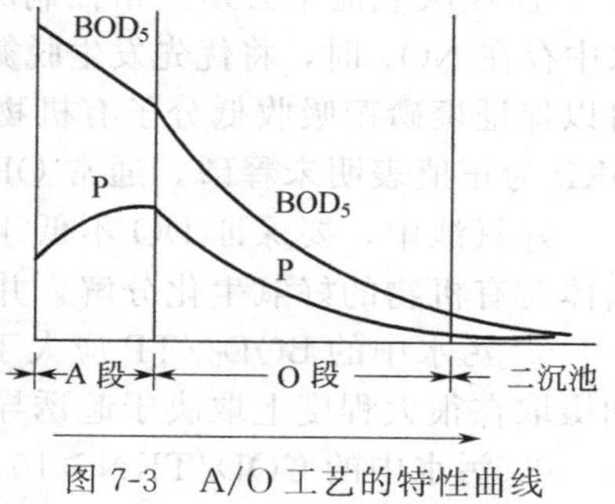

图 7-3 A/O 工艺的特性曲线

A/O 工艺的问题是除磷效率低，处理城市污水时除磷率在 75%左右，出水含磷约 1mg/L，很难进一步提高。原因是 A/O 系统中磷的去除主要依靠剩余污泥的排除来实现，受运行条件和环境条件的影响大，且在二沉池中还难免有磷的释放。如果进水中易降解的有机物含量较低，聚磷菌较难直接利用这类基质，也会导致聚磷菌在好氧段对磷的摄取能力下降。

7.2.2 Phostrip 工艺

Phostrip 工艺是由 Levin 在 1965 年首先提出的。该工艺由在回流污泥的分流管线上增设一个脱磷池和化学沉淀池构成。工艺流程如图 7-4 所示。废水经曝气池去除 BOD_5 和 COD，同时在好氧状态下过量地摄取磷。在二沉池中，含磷污泥与水分离，回流污泥一部分回流至曝气池，而另一部分分流至厌氧除磷池。在厌氧除磷池中，回流污泥中的聚磷菌在好氧状态时过量摄取的磷得到充分释放，污泥回流到曝气池。由除磷池流出的富磷上清液进入化学沉淀池，投加石灰形成 $Ca_3(PO_4)_2$ 不溶物沉淀，通过排放含磷污泥去除磷。

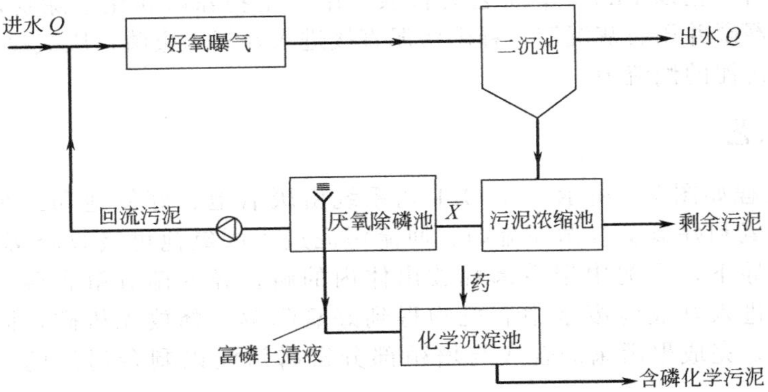

图 7-4 Phostrip 除磷工艺流程

Phostrip 工艺把生物除磷和化学除磷结合在一起，与 A/O 工艺系统相比具有以下优点：出水总磷浓度低，小于 1mg/L；回流污泥中磷含量较低，对进水 BOD_5/TP 没有特殊限制，即对进水水质波动的适应性较强；大部分磷以石灰污泥的形式沉淀去除，因而污泥的处置不像高磷剩余污泥那样复杂；Phostrip 工艺还比较适合于对现有工艺的改造。总之，Phostrip 工艺受外界条件影响小，工艺操作灵活，除磷效果好且稳定。

7.2.3 污水生物除磷工艺设计

(1) 设计要点

① 在厌氧池中必须严格控制厌氧条件，使其既无分子态氧，也无 NO_x 等化合态氧，当水中存在 NO_x 时，将优先发生脱氮反应，阻碍释磷。原则上 DO＜0.2mg/L、NO_x＜2mg/L，可以保证聚磷菌吸收低分子有机物并释放磷。厌氧条件控制以氧化还原电位（ORP）为准，ORP 为正值表明未释磷，通常 ORP 为－300～－200mV 可保证释磷效果。

好氧池中，要保证 DO 不低于 2mg/L，以供给充足的氧，保持好氧状态，维持微生物菌体对有机物的好氧生化分解，并有效地吸收污水中的磷。

② 污水中的 BOD_5/TP 应大于 15，BOD_5/TP 失调除磷效果将下降，聚磷菌对磷的释放和摄取在很大程度上取决于起诱导作用的有机物。

③ 污水中的 COD/TKN≥10，否则 NO_3^--N 浓度必须≤2mg/L，才不会影响除磷效果。

④ 泥龄短（θ_c＝3.5～7d）对除磷有利，生物除磷系统的除磷效果与排放的剩余污泥量直接相关，剩余污泥量又取决于系统的泥龄，一般生物除磷系统的泥龄取 5～10d。

⑤ 水温以 5～30℃为宜。

⑥ pH 值 6.5～8.0。

⑦ BOD 污泥负荷 N_s＞0.1kgBOD_5/(kgMLSS·d)。为维持厌氧状态，应去除 NO_x-N 及 DO 对聚磷菌生理活动的干扰，所以污水中 BOD 浓度至少保持一基准值。通常去除 1mg

DO 需消耗 2～3mg BOD，去除 1mg NO_x-N 消耗 2.5mg BOD。

⑧ 在保证进水 BOD_5/TP＞15 的前提下，厌氧池水力停留时间一般可取 1h 左右，且厌氧池与好氧池的容积比采用 (1∶3)～(1∶2.5)为宜。

(2) 设计参数

A/O 法设计参数见表 7-1。

表 7-1 A/O 法设计参数

参 数	数 值	参 数	数 值
污泥负荷率 N_s/[$kgBOD_5$/(kgMLSS·d)]	≥0.1(0.5～0.7)	污泥龄/d	3.5～7(5～10)
		污泥指数 SVI	≤100
TN 污泥负荷/[TN/(kgMLSS·d)]	0.05	污泥回流比 R/%	40～100
水力停留时间/h	3～6h(A 段 1～2;O 段 2～4) A∶O＝1∶(2～3)	混合液浓度 MLSS/(mg/L)	2000～4000
		溶解氧 DO/(mg/L)	A 段≈0、O 段＝2

注：括号中数据供参考。

表 7-2 和表 7-3 为国外部分 A/O 法除磷运行参数，可供参考。

表 7-2 国外部分 A/O 法除磷运行参数

参 数	数值	参 数	数值
污泥负荷/[$kgBOD_5$/(kgMLSS·d)]	0.24～0.48	BOD_5 去除率/%	90～95
泥龄/d	2.5～5.3	TP 去除率/%	77～95
SVI/(ml/g)	41～75	TKN 去除率/%	75

表 7-3 美国一些 A/O 除磷工艺污水厂运行参数

运行参数和水质		厂名及规模		
		Largo,FL(12100m³/d)	Largo,FL(14800m³/d)	Baltimore,MD
停留时间(A/O)/h		0.8/2.6	1.2/2.1	
污泥负荷/[$kgBOD_5$/(kgVSS·d)]		0.24	0.36	0.48
污泥龄/d		5.3	2.5	4.1
SVI/(mg/L)		41	42	75
BOD_5/(mg/L)	进水	106	127	189
	出水	8	10	9
NH_3-N/(mg/L)	进水	14		
	出水	3.8		
NO_x-N/(mg/L)	出水	3.6		
TKN/(mg/L)	进水	26	26	
	出水	6.5		
TP/(mg/L)	进水	8.2	9.5	8.2
	出水	1.85	0.8	1.4
PO_4^{3-}-P/(mg/L)	进水	4.7		
	出水	0.51	0.56	0.6

(3) 计算方法

由于生物除磷系统是从普通活性污泥法和生物脱氮工艺发展起来的，故其他设计计算可参见普通活性污泥法和生物脱氮工艺。

A/O 法中好氧过程摄磷 ΔP 可用式(7-1) 估算。

$$\Delta P = YP_X \Delta BOD \tag{7-1}$$

式中 P_X——污泥含磷量，mgP/mgMLSS（%），可取 6%～8%；

Y——污泥产率系数，0.5～0.6；

ΔBOD——去除的 BOD 量，mg。

Phostrip 法摄磷量 ΔP 可用式(7-2) 估算。

$$\Delta P = P_X \alpha\beta \times MLSS \tag{7-2}$$

式中 α——污泥在厌氧解吸池中放出的磷量占污泥中含磷量的比例；

β——回流到厌氧解吸槽中污泥量与污泥总量的比例；

MLSS——污泥产生总量，mg；

P_X——污泥含磷量，mgP/mgMLSS（%），可取 6%～8%。

(4) 设计计算例题

例题 城市污水设计流量 5400m³/h，$K_2=1.3$，原水 COD＝265mg/L，BOD_5＝180mg/L，SS＝130mg/L，TN＝25mg/L，TP＝5mg/L，要求二级出水达到 BOD_5＝20mg/L，SS＝30mg/L，NH_4^+-N＝0，TP≤1mg/L 的情况下，设计 A/O 除磷曝气池。

解： 首先判断水质是否可采用 A/O 法。COD/TN＝265/25＝10.6＞10；BOD_5/TP＝180/5＝36＞20，可采用 A/O 法。

(1) 设计参数

产率系数 $Y=0.5$，$K_d=0.05d^{-1}$，SVI＝80，MLVSS＝0.75MLSS，泥龄 $\theta_c=7d$。

① 计算系统污泥负荷。取 $\theta_c=7d$，由

$$\frac{1}{\theta_c}=YN_s-K_d \quad (取\ Y=0.5,\ K_d=0.05)$$

得

$$N_s=0.38[kgBOD_5/(kgMLSS \cdot d)]$$

② 计算曝气池内活性污泥浓度 X_a

$$X_a=\frac{\theta_c}{t}\times\frac{Y(S_0-S_e)}{(1+K_d\theta_c)}$$

$$X_aV=\theta_cQ\times\frac{Y(S_0-S_e)}{(1+K_d\theta_c)}=7\times5400\times24\times\frac{0.5\times(0.18-0.02)}{(1+0.05\times7)}=53760$$

$$X_a=\frac{53760}{V}$$

③ 根据已定 SVI 值,估算可能达到的最大回流污泥浓度。

$$X_{r(max)}=\frac{10^6}{SVI}\times r=\frac{10^6}{80}\times1.2=15000\ (mg/L)\ (r\ 为二沉池系数)$$

$$X_r=0.75\times15000=11250(mg/L)=11.25\ (kg/m^3)$$

④ 计算回流比。由 $\frac{1}{\theta_c}=\frac{Q}{V}\left(1+R-R\frac{X_r}{X_a}\right)$ 得

$$\frac{1}{7}=\frac{5400\times24}{V}\left(1+R-\frac{11.25}{53760}RV\right)$$

$$V=\frac{129600(1+R)}{\frac{1}{7}+27.12R}=\frac{129600(1+R)}{0.14+27.12R}$$

设 $R=0.4$，得 $V=16513m^3$。

⑤ 计算 X_a 及停留时间 t

$$X_a=\frac{53760}{V}=\frac{53760}{16513}=3.255(kg/m^3)=3255\ (mg/L)$$

$$t=\frac{V}{Q}=\frac{16513}{5400}=3.05\ (h)$$

(2) 确定曝气池容积

① 随 R 的提高，曝气池内混合液浓度也增高，而曝气池容积下降，根据 HRT 的要求，选 $R=0.4$，则

$$V=16513m^3$$

$$t=3.05h$$

② 曝气池有效水深 $H_1=4.2m$。

③ 曝气池总有效面积

$$S_{总}=\frac{V}{H_1}=\frac{16513}{4.2}=3932\ (m^2)$$

④ 曝气池分两组，每组有效面积

$$S=\frac{S_{总}}{2}=1966\ (m^2)$$

⑤ 设5廊道式曝气池廊道宽为 $b=8m$，则单组曝气池池长

$$L_1=\frac{S}{5b}=\frac{1996}{40}=49\ (m)，取50m$$

曝气池总长 $L=5L_1=250m$，则 $L\geqslant(5\sim10)\ b$，符合要求。

$b=(1\sim2)H$，$b/H=8/4=2$，符合要求。

⑥ A∶O为1∶2.5，则A段停留时间

$$t_1=0.87h$$

$$t_2=2.18h$$

(3) 剩余污泥量的计算

① 降解BOD生成污泥量为

$$W_1=a(L_0-L_e)Q=0.55\times\frac{180-20}{1000}\times\frac{5400\times24}{1.3}=8772.9\ (kg/d)$$

② 内源呼吸分解泥量

$$X_V=X_a f=3255\times0.75=2440(mg/L)=2.44\ (kg/m^3)$$

$$W_2=bVX_V=0.05\times16513\times2.44=2014\ (kg/d)$$

③ 不可生物降解和惰性悬浮物量（NVSS）。该部分占总TSS的约50%。

$$W_3=Q(S_0-S_e)\times50\%=\frac{5400\times24}{1.3}\times\frac{130-30}{1000}\times0.5$$

$$=99692.3\times0.1\times0.5$$

$$=4984.62\ (kg/d)$$

④ 剩余污泥量

$$W=W_1-W_2+W_3=8772.9-2014+4984.62=11743.52\ (kg/d)$$

每日生成活性污泥量

$$X_W=W_1-W_2=8772.9-2014=6758.9\ (kg/d)$$

⑤ 湿污泥量（剩余污泥含水率 $P=99.2\%$）

$$Q_s=\frac{W}{(1-P)\times1000}=\frac{11743.52}{(1-0.992)\times1000}=1467.94\ (m^3/d)$$

7.3 化学沉淀法除磷技术

化学沉淀法是向污水中投加药剂，使水中磷酸离子生成难溶性的盐，形成絮凝体与水分离，从而去除污水中所含磷的一种物理化学方法。根据使用的药剂可分为石灰沉淀法和铝铁盐沉淀法两种。这两种处理方法的比较见表 7-4。

表 7-4 石灰沉淀法和铝铁盐沉淀法比较

比较项目	石灰沉淀法	铝铁盐沉淀法
混凝剂的必要投加量	根据碱度，将 pH 值调至一定值所需混凝剂量	按与磷的物质的量比
从沉淀物中再生混凝剂	可以	不可以
污泥产生量	多	少
污泥处理·处置	容易	困难
处理水中的溶解盐	不增加	增加
最适宜的 pH 值范围	>10	6～8
处理效率	高	一般
适用的处理规模	大	所有规模
其他	同时进行氨的解吸是经济的，但会生成水垢	投加的药剂对生物处理有利

7.3.1 化学沉淀法除磷原理

(1) 石灰沉淀法

正磷酸在 OH^- 存在的条件下，与 Ca^{2+} 反应生成羟基磷酸钙沉淀。

$$3HPO_4^{2-}+5Ca^{2+}+4OH^- \longrightarrow Ca_5(OH)(PO_4)_3\downarrow+3H_2O$$

此反应中，pH 值越高，磷的去除率越高。应考虑到污水中的碱度、镁也与石灰反应而消耗石灰用量。

$$Ca(OH)_2+Ca(HCO_3)_2 \longrightarrow 2CaCO_3\downarrow+2H_2O$$

$$Ca(OH)_2+Mg^{2+} \longrightarrow Mg(OH)_2+Ca^{2+}$$

生成的 $CaCO_3$ 能提高絮凝体的沉淀性能，而 $Mg(OH)_2$ 能形成羟基磷酸镁去除磷，所以磷的总去除率是较高的。

这种方法主要是投加石灰而使污水 pH 值升高，随 pH 值的上升，处理水中总磷量减少，当 pH 值为 11 左右时，总磷浓度可以小于 0.5mg/L。为了使 pH 值达到所要求的数值，必须投加石灰消除碱度所带来的污水缓冲能力。投加石灰量主要取决于污水的碱度。

(2) 铝铁盐沉淀法

采用的混凝剂有硫酸铝、聚合氯化铝、氯化亚铁、氯化铁、硫酸亚铁、硫酸铁等。

硫酸铝与磷反应如下。

$$Al_2(SO_4)_3\cdot 18H_2O+2PO_4^{3-} \longrightarrow 2AlPO_4\downarrow+3SO_4^{2-}+18H_2O$$

当水中存在 HCO_3^- 时，会消耗 Al^{3+}，有如下反应。

$$Al^{3+}+3HCO_3^- \longrightarrow Al(OH)_3\downarrow+3CO_2$$

铝铁盐和磷的物质的量比为理论值的两倍以上。从沉淀物的溶解度看，最适宜的 pH 值范围是：铝盐 pH 值为 6，亚铁盐及铁盐 pH 值分别为 8 和 4.5。

7.3.2 化学沉淀法除磷的影响因素

(1) 石灰混凝时的影响因素

① 碱度 $Ca(OH)_2$ 投量与水的pH值及水中残磷浓度的关系见图7-5。当 $Ca(OH)_2$ = 100mg/L时，pH>9，而残磷<2mg/L。只有当pH>11.5时，水中残磷<0.5mg/L。此时 $Ca(OH)_2$ 投量已大于300mg/L。为使污水中的磷酸盐、碳酸盐经絮凝沉淀去除，需投加一定量的石灰。投加石灰至污水pH值为10以上时，磷的混凝沉淀作用完成。当pH值达到11.5以上时，HCO_3^- 碱度大致能完全沉淀。因此，为了使污水能进行磷的高度去除，必须将污水中的 HCO_3^- 碱度完全沉淀去除。10<pH≤11.5时，水中 Ca^{2+} 减少，这是由于水中 HCO_3^- 碱度竞争 Ca^{2+} 形成 $CaCO_3$。当pH>11.5时，HCO_3^- 去除，才能彻底除磷。当除磷仅需出水磷<2mg/L，而原水碱度不高时，控制pH值为10是合理而经济的。

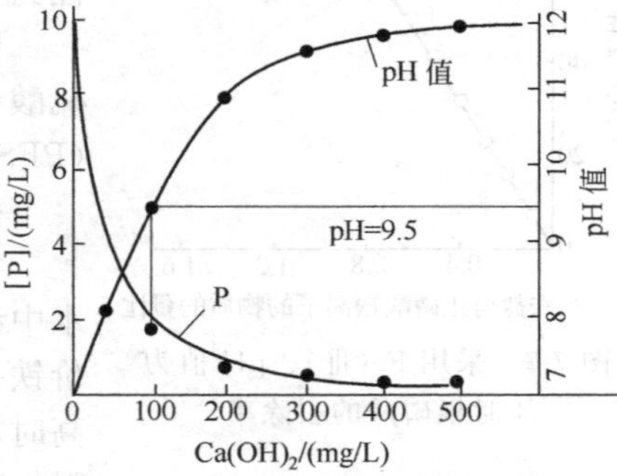

图7-5 $Ca(OH)_2$ 投量与水的pH值及水中残磷浓度的关系
(原水P浓度10mg/L)

② 镁 经过石灰混凝沉淀处理，污水中的镁从pH值11左右开始急剧减少。镁的存在对于 H_3PO_4-P、$H_3PO_4^-$ 等可溶性磷的去除没有影响，但当污水中的磷以 H_3PO_3 形式存在时，投加同一石灰量，随着镁去除量的增加，上清液中磷的浓度相应减少。

(2) 铝铁盐混凝的影响因素

① pH值 当采用Al(Ⅲ)及Fe(Ⅲ)盐且其用量与正磷酸根离子的物质的量比为1∶1或2∶1时，pH值对反应的影响情况如图7-6所示。正磷酸去除的最适宜pH值为：投加铝盐时为5～6，投加铁盐时为4左右。

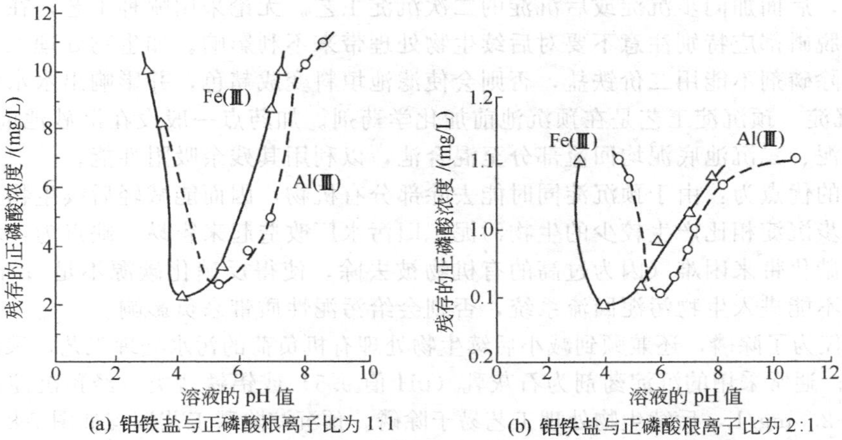

(a) 铝铁盐与正磷酸根离子比为1:1　(b) 铝铁盐与正磷酸根离子比为2:1

图7-6 pH值对Al(Ⅲ)、Fe(Ⅲ)盐混凝除磷的影响

② 物质的量比 当pH值为4，铝铁盐与正磷酸根离子的物质的量比上升直到1.2，正磷酸的去除率呈直线增加，当物质的量比≥1.4时，磷基本上可100%被去除，详见图7-7。

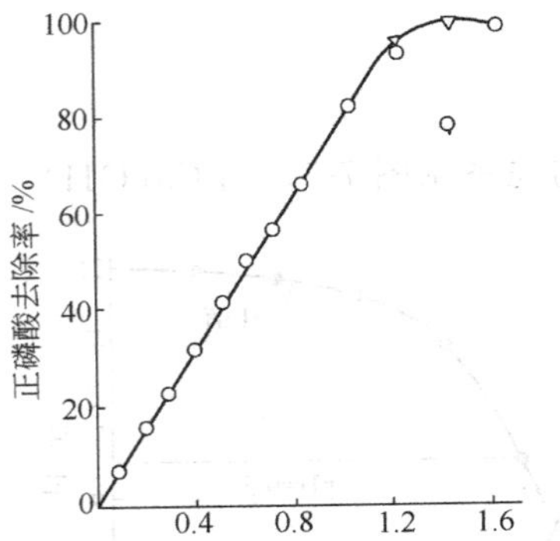

图 7-7 采用 Fe(Ⅲ)、pH 值为 4 时根磷酸的去除率

7.3.3 化学沉淀法除磷工艺

(1) 化学沉淀法除磷的药剂

常用的化学除磷药剂分为两大类，即铝铁盐药剂与碱性药剂。

铝铁盐药剂包括：二价及三价铁盐及铝盐（氯化铝与硫酸铝等）；高分子聚合物，如聚合铝盐（PAC）、聚合铁（PFS）等。

碱性药剂包括：20%～40%石灰乳；40%铝酸钠。

实践中常用的沉淀剂为铝铁盐类，很多高价金属离子在水中都能与磷酸根生成不溶的磷酸盐。常用的铝铁盐类为三价铁盐、铝盐及二价铁盐等。二价铁盐只有在水中氧含量较高时才能应用，比如曝气沉砂池内或曝气池内，工业废水则曝气充氧，因为较高的氧含量能将 Fe^{2+} 氧化成 Fe^{3+}。

污水中投加铝铁盐药剂除磷的同时，会给污水生物处理带来积极的影响，如污泥特性改良、沼气预脱硫等。但铝铁盐类的加入也有其消极作用，即在 PO_4^{3-} 去除的同时，会使 Cl^- 或 SO_4^{2-} 等留在水中，增大了污水厂出水盐的含量，同时会生成过多的污泥。

对高浓度含磷工业废水，铝铁盐除磷效果远不如石灰法，石灰除磷可以同时除去碱度，产生的 $CaCO_3$ 与 $Ca_5(OH)(PO_4)_3$ 形成共沉条件，通常 pH>10 时即可使出水磷<2mg/L，当需深度除磷（即 PO_4^{3-}-P<0.5mg/L）时，pH 值应大于 11.5，这就带来出水回调 pH 值的麻烦。

(2) 化学沉淀法除磷工艺

根据加药点的不同，化学沉淀工艺分为预沉淀、同步沉淀、后沉淀等。这几种工艺可以结合应用，所谓两点加药就是将化学药剂分为两点加注到处理流程中，实际上是上述任意两沉淀方法的结合。这种投药方式的优点为除磷效果优于一点加药，并且节省投药量。比如前面为预沉淀，后面加同步沉淀或后沉淀的二次沉淀工艺。无论采用哪种工艺，在生物处理工艺前的化学脱磷都应特别注意不要对后续生物处理带来不利影响。如生物处理工艺采用生物滤池，化学除磷剂不能用二价铁盐，否则会使滤池填料变成赭色，并影响出水水质。

① 预沉淀　预沉淀工艺是在预沉池前加化学药剂。加药点一般设在沉砂池前的混合池，将初沉池污泥、二沉池底泥均回流部分至混合池，以利用其残余吸附性能。

预沉淀的优点为：由于预沉淀同时能去除部分有机物，因而能减轻后续生物处理工艺的负荷；与同步沉淀相比产生较少的生物污泥；旧污水厂改造起来容易。缺点为：增加总的污泥量；给反硝化带来困难（因为过高的有机物被去除，使得反硝化碳源不足）；沉淀污泥需单独处理，不能进入生物污泥回流系统，否则会给污泥性质带来负影响。

对于不仅为了除磷，还兼顾到减小后续生物处理有机负荷的污水处理工艺，采用预沉淀工艺尤其优越。通常采用的沉淀药剂为石灰乳（pH 值 9.5）或铝铁盐类。经预沉淀后残存磷的浓度为1.5～2.5mg/L，后续生物处理工艺易于除磷。预沉淀除磷工艺流程如图 7-8 所示。

② 同步沉淀　应用最多的除磷工艺是同步沉淀。加药点一般在曝气池或二沉池进水，产生的可沉产物在二沉池随活性污泥一同沉出。而投药至曝气池进水或回流污泥中的情况较少。

同步沉淀的优点为：投加的化学药剂随回流污泥回流，会使沉淀药剂得到充分地利用；由于化学药剂直接投加到曝气池中，因而可使用比较便宜的二价铁盐做沉淀剂；金属盐类使活性污泥性质改良，更易沉淀，并可防止污泥膨胀；如在原有构筑物基础上增加化学除磷，无需对原有构筑物进行改造。缺点为：有可能破坏聚磷菌厌氧释磷、好氧摄磷的生理生化系

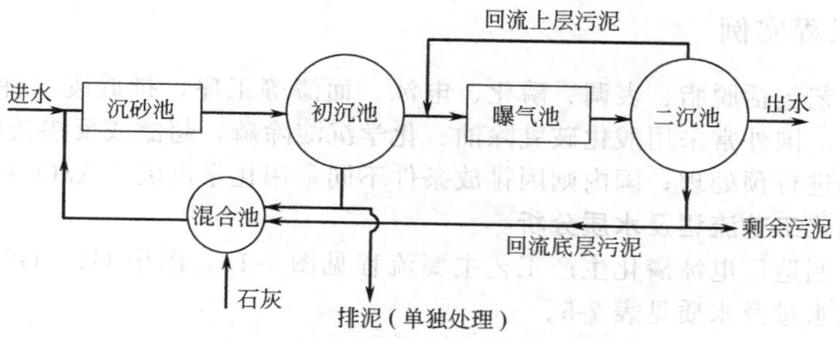

图 7-8 预沉淀除磷工艺流程

统，因此金属盐投加量受到限制；磷酸盐沉淀污泥与活性污泥混合在一起，污泥中的聚磷菌在厌氧条件下重新释放受到影响。

同步沉淀工艺流程见图 7-9，投药点可分别在①、②、③。

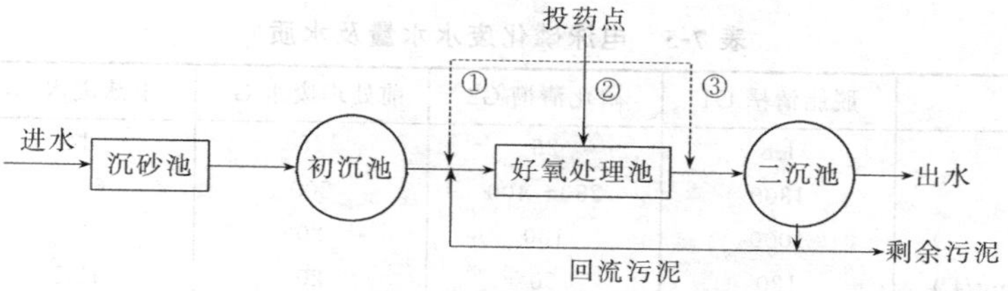

图 7-9 同步沉淀工艺流程

由于在曝气池中加入了化学药剂，污泥性质发生改变，由此对生物处理的功能与效率会带来影响，因此采用同步沉淀工艺需十分慎重。对于无需污泥回流的工艺如 SBR、CAST、循环氧化沟以及膜法生物处理工艺如生物转盘、生物滤池、生物接触氧化池等，采用同步沉淀法除磷就比较稳妥并能取得满意的效果。

③ 后沉淀 后沉淀是将沉淀与絮凝过程及絮凝物的分离，在生物处理后单独设置的构筑物内完成，因而也称为“二步法”工艺。投药点位于二沉池之后的混凝池，最后是附加的沉淀池。这种工艺因其附加的后沉淀设施造价增加而在实践应用中受到限制。

后沉淀的主要优点是：磷酸盐的去除在一单独的构筑内进行，对前面的生物处理工艺没有影响；加药量的多少可根据磷的负荷随时调控；沉淀出的化学污泥单独排出，为其进一步利用创造了条件，比如用作农肥或用其调整其他污泥的特性等。后沉淀工艺的除磷效率最高，可达 93%～99%。

用石灰乳作混凝剂的后沉淀工艺要特别注意不能使出水的 pH 值过高，若太高要用酸中和。在采用金属盐类的工艺中要注意出水 pH 值不能太低，并要特别注意化学药剂中的有害成分随出水进入水体的问题。后沉淀工艺流程如图 7-10 所示。

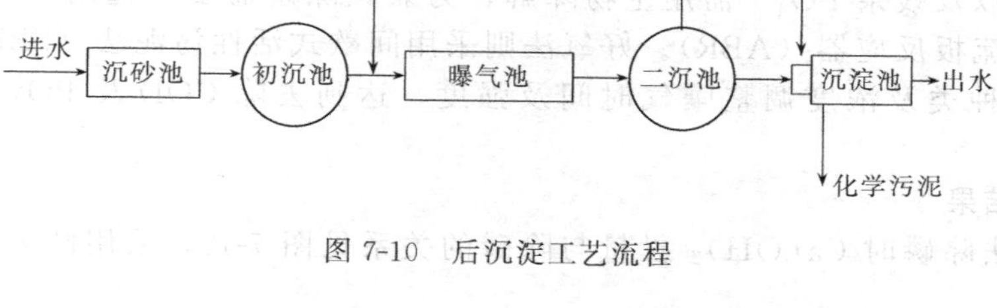

图 7-10 后沉淀工艺流程

7.3.4 除磷工程实例

汽车涂装工艺包括脱脂、表调、磷化、电泳、面漆等工序，排放废水种类多成分复杂，处理有相当难度。国外常采用酸化破乳除油、化学沉淀除磷，超滤或反渗透回收电泳废水涂料、树脂等方法进行预处理；国内则因排放条件不同常用化学沉淀＋A/O生物方法处理。

(1) 电泳磷化工艺流程及水质分析

南京某汽车制造厂电泳磷化生产工艺主要流程见图7-11。图中G1～G5代表不同废水，各工序所排废水水量及水质见表7-5。

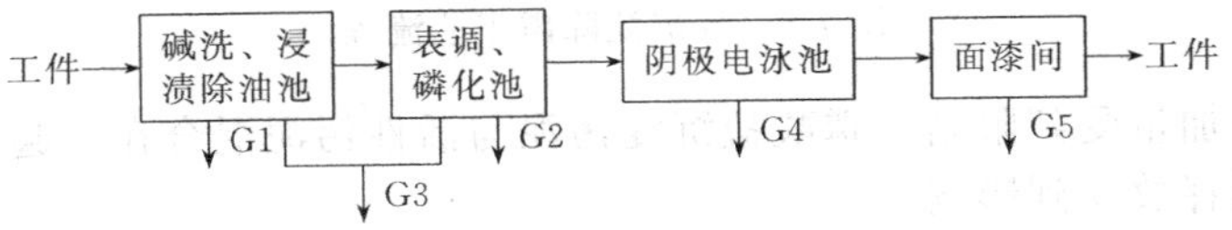

图7-11 电泳磷化生产工艺主要流程

表7-5 电泳磷化废水水量及水质

水量水质指标	脱脂清槽G1	磷化清槽G2	前处理废水G3	电泳废水G4	面漆废水G5
水量/(m^3/h)	1.8	26	46	14	1
COD/(mg/L)	1300	250～400	200	6000	10000
油类/(mg/L)	1000	100	20		
表面活性剂LAS/(mg/L)	120	50	20	12.5	
PO_4^{3-}-P/(mg/L)		200	25		
Pb^{2+}/(mg/L)				30	
Zn^{2+}/(mg/L)		20～30	10～12		
pH值	10～12	911	7～8	5～5.3	8～8.5

(2) 废水处理原理

各类废水的污染物中，G1＋G2的乳化油、LAS（直链烷基苯磺酸钠）、PO_4^{3-} 及G4＋G5的COD（树脂、漆料等）为处理难点。

高浓度 PO_4^{3-} 采用 Al^{3+}、Fe^{3+}、Ca^{2+} 在高pH值时均能形成沉淀，其中 Ca^{2+} 效果较好，形成 $Ca_{10}(OH)_2(PO_4)_6$ 沉淀，其溶度积 $L=10^{-90}$，即

$$10Ca^{2+}+2OH^{-}+6PO_4^{3-}\longrightarrow[Ca_{10}(OH)_2(PO_4)_6]\downarrow$$

而相应 $AlPO_4$、$FePO_4$ 的溶度积 L 分别为 10^{-21} 及 10^{-23}，因此石灰法和 $NaOH+CaCl_2$ 法除磷优于铝、铁盐法，pH＞10.5时，除磷效果可达95%。

Pb^{2+}、Zn^{2+} 在碱性条件下均可沉淀，其中 Zn^{2+} 为两性，pH＞10.5时 $Zn(OH)_2$ 成为 ZnO_2^{-} 而溶解，因此同时除磷时应控制pH值不大于10.5。

电泳废水中COD高，其组成中的高分子树脂可用药剂混凝形成缩聚产物吸附去除。混凝剂采用铁盐，pH值较高时水解速度快，产物聚合度高，分子量大，对树脂吸附效果好，且沉淀分离速度快，但混凝法去除高分子物质类COD效率仍有限制。水中各种醇、醚类溶剂以及残余 PO_4^{3-} 需用生物降解，为兼顾除磷需要，选用A/O工艺。优选设备为缺氧折流板反应器（ABR）。好氧法则采用间歇式活性污泥法（SBR），易于根据多变的有机物种类及浓度调整曝气时间及强度，达到去除COD及 PO_4^{3-} 的预定处理目标。

(3) 小试结果

石灰沉淀法除磷时 $Ca(OH)_2$ 投量与除磷的关系见图7-12，采用缺氧折流板反应器

（ABR）提高废水可生化性（BOD_5/COD）的试验结果见图 7-13。

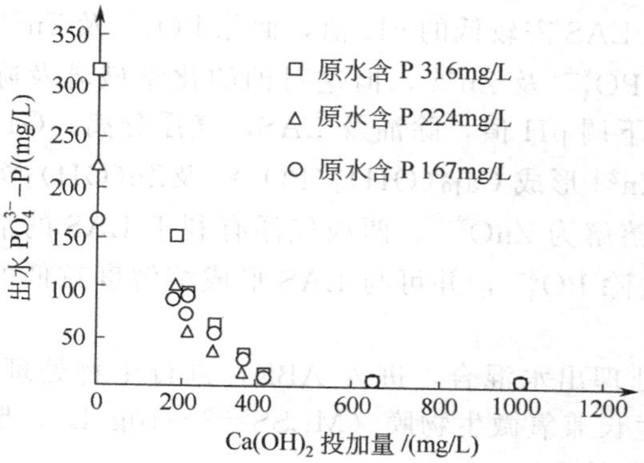

图 7-12 $Ca(OH)_2$ 投量与出水 PO_4^{3-}-P 的关系

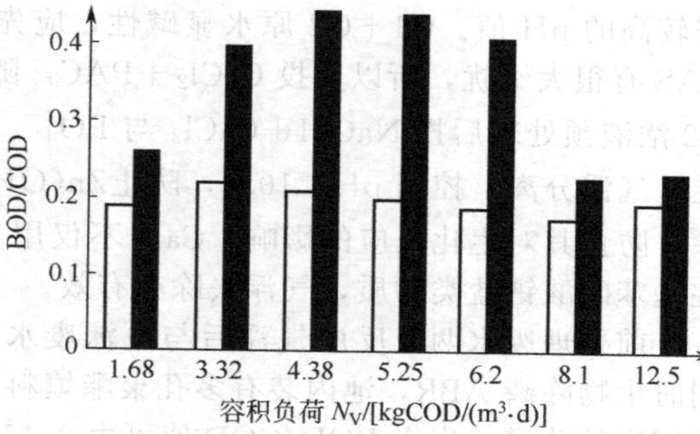

图 7-13 ABR 的 N_V 与 BOD/COD 变化关系

（4）废水处理工艺流程

根据水质将废水大致分为两类：即前处理废水（G1＋G2＋G3）和电泳废水（G4＋G5）。前者 pH 值较高，主要污染物为乳化油、表面活性剂（LAS）、PO_4^{3-} 及 Zn^{2+} 等。后者 pH 值中等，COD 高（主要为树脂及漆类），可生化性差，且含 Pb^{2+} 等重金属。

设计的废水分级处理流程及各工序的处理效果见图 7-14。

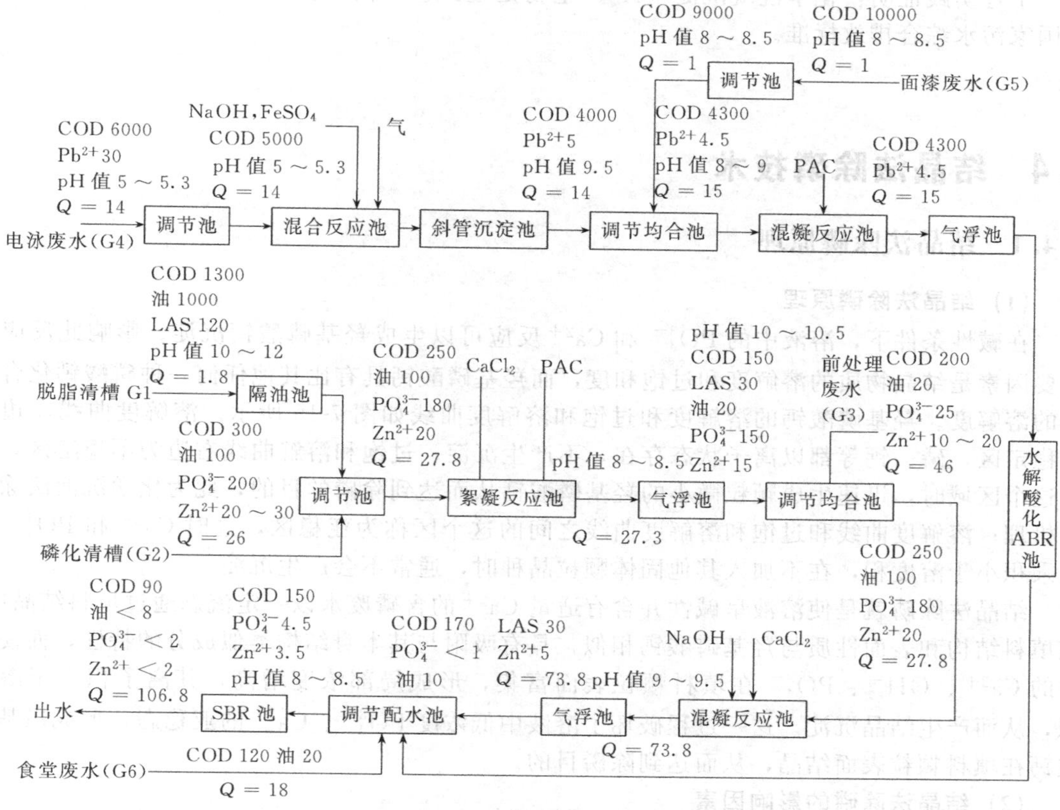

图 7-14 废水分级处理流程及各工序的处理效果

注：水量 Q 单位 m^3/h，水质单位 mg/L

除磷重点在前处理废水，尤其是磷化清槽液 G_2，PO_4^{3-} 为 200mg/L，水中乳化油、LAS、PO_4^{3-} 及 Zn^{2+} 需要不同的处理条件，油及 LAS 需较低的 pH 值，而除 PO_4^{3-} 及 Zn^{2+} 需较高的 pH 值。G1＋G2 原水显碱性，应先除 PO_4^{3-} 及 Zn^{2+}，但这对油的化学破乳及除 LAS 有很大干扰，所以先投 $CaCl_2$＋PAC，随后下调 pH 值，除油及 LAS，气浮分离。G1、G2 浓液预处理后投 NaOH＋$CaCl_2$ 与 PO_4^{3-} 及 Zn^{2+} 形成 $Ca_{10}(OH)_2(PO_4)_6$ 及 $Zn(OH)_2$ 沉淀，气浮分离，控制 pH＜10.5，防止 $Zn(OH)_2$ 溶解为 ZnO_2^{2-}。两级气浮有利于 LAS 的消除，防止其对生化反应的影响；Ca^{2+} 不仅用于去除 PO_4^{3-}，并可与 LAS 形成溶解度较低的烷基苯磺酸钙盐类物质，气浮去除亦有效。

前处理废水两级反应气浮后与电泳废水预处理出水混合，进入 ABR，进行生物处理。同时生物除磷 ABR，池内装有多孔聚酯填料，生长兼氧微生物膜（MLSS＝8～10g/L），形成宽广的菌谱，出水 BOD/COD 值可由 0.15 提高至 0.38。

各类废水经预处理后进入配水池混合稀释均匀，进入 SBR。SBR 污泥不排放，调整闲置与曝气时间，保证 A/O 段时间比（程序控制器 PLC 控制），取得满意的除磷效果和 COD 降解效果。

(5) 技术经济指标及小结

工程建设费用单价约 1480 元/m^3；水处理直接费 2.36 元/m^3，其中包括药剂费 0.86 元/m^3，电费 0.96 元/m^3，管理费 0.54 元/m^3。

工程实践证明：化学混凝沉淀＋A/O 生物处理工艺对高浓度含磷有机废水的处理可达到国家污水综合排放标准。

7.4 结晶法除磷技术

7.4.1 结晶法除磷原理

(1) 结晶法除磷原理

在碱性条件下，溶液中的 PO_4^{3-} 和 Ca^{2+} 反应可以生成羟基磷酸钙沉淀。影响此反应的重要因素是结晶物质的溶解度和过饱和度，而羟基磷酸钙具有比其他任何一种磷酸钙化合物小的溶解度。羟基磷酸钙的溶解度和过饱和溶解度曲线如图 7-15 所示。溶解度曲线左边称为稳定区，磷、钙等都以离子状态存在，不产生沉淀；过饱和溶解曲线右边为不稳定区，到达这个区域时，迅速生成颗粒微小的羟基磷酸钙从而达到除磷的目的，此为化学沉淀法除磷的机理；溶解度曲线和过饱和溶解度曲线之间的这个区称为亚稳区，这时 Ca^{2+} 和 PO_4^{3-} 浓度乘积小于溶度积，在不加入其他固体颗粒晶种时，通常不会产生沉淀。

结晶法除磷就是使溶液呈碱性并含有适量 Ca^{2+} 的含磷废水以一定流态通过填料结晶床。该填料结构和表面性质与羟基磷酸钙相似，具有吸附与其本身结构类似成分的特性，而使水中的 Ca^{2+}、OH^-、PO_4^{3-} 在填料颗粒表面富集，形成局部浓度增高，其离子积大于溶度积，从而产生结晶沉淀。这一过程破坏了溶液中低浓度 PO_4^{3-}、Ca^{2+} 的亚稳态，形成羟基磷酸钙在填料颗粒表面结晶，从而达到除磷目的。

(2) 结晶法除磷的影响因素

① pH 值　pH 值对结晶法除磷的影响可以由图 7-16 看出。随着 pH 值的升高，结晶床的除磷效率逐渐增加，当 pH 值达到 9.0 后，空塔接触时间 SRT＝30min 时的去除率达到了 95%以上，出水［PO_4^{3-}-P］可以小于 0.5mg/L，再增加 pH 值对提高最终除磷效率作用不

大。一般来说，结晶法除磷的最佳 pH 值为 8.0～9.0。

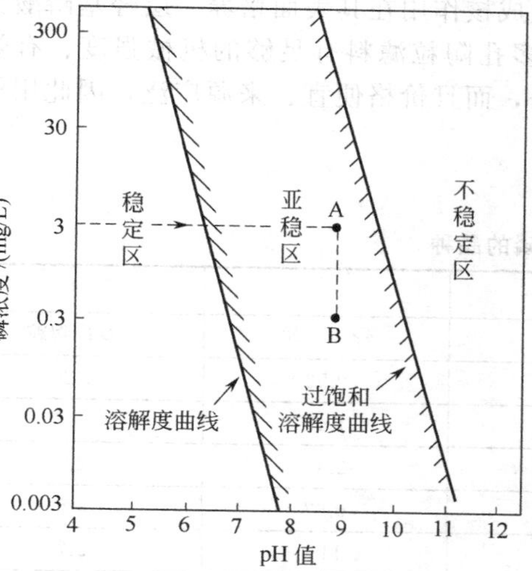

图 7-15 羟基磷酸钙溶解度曲线

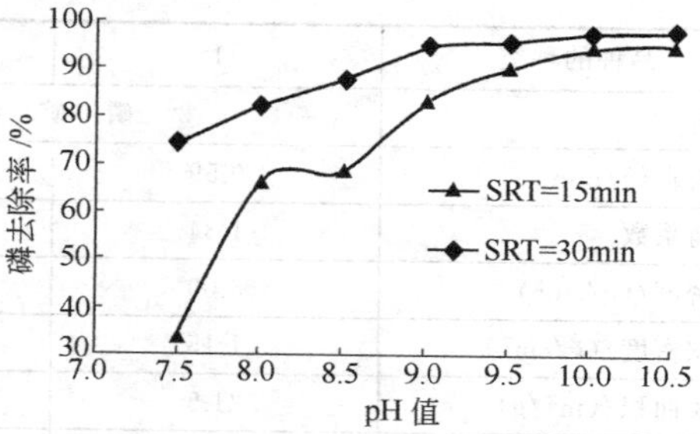

图 7-16 pH 值与磷去除率的关系

注：$[PO_4^{3-}\text{-}P]_{原水}=3.05\sim3.24mg/L$，Ca/P＝3（质量比），$v_s=1m/h$，温度 20℃，去离子水

② Ca/P（质量比） 溶液中钙投加量越多，磷的去除率也越高。对于 pH＞8.0，$[PO_4^{3-}\text{-}P]=3.0mg/L$ 左右的污水而言，去除率随着 Ca/P 的增大而上升，当 Ca/P＞4 时，去除率即可超过 90%，出水 $[PO_4^{3-}\text{-}P]<0.5mg/L$。随后，Ca/P 增大对磷去除率的增高无明显效果。结晶法除磷的最佳 Ca/P 为 4。

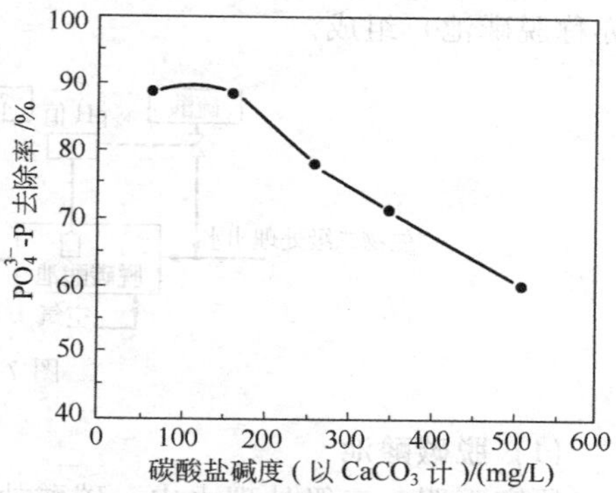

图 7-17 碳酸盐碱度对结晶法除磷的影响

③ 碳酸盐碱度 结晶法除磷工艺中，水中存在的 CO_3^{2-} 会和 Ca^{2+} 反应生成 $CaCO_3$ 结垢在晶种表面，影响除磷效果，并消耗 Ca^{2+}。有研究表明，当碳酸盐碱度（以 $CaCO_3$ 计）＞160mg/L 时，结晶法除磷才会受到不利影响。碳酸盐碱度对结晶法除磷的影响见图 7-17。当原水碱度较高时，需投酸下调 pH 值，吹脱 CO_2 以降低碱度，并提高水的 pH 值，消除碱度对除磷的不利影响。

我国各地原水中碱度各不相同，差别很大。但是污水在生物处理过程中，NH_4^+-N 会被氧化成 NO_3^--N 并消耗大量碱度，使得污水中的碱度大幅下降。东南大学环境工程研究所研究成果表明，二级生物处理出水中碱度值一般小于 160mg/L。因此，无需去除碳酸盐碱度，也不会对二级生物处理出水的结晶法除磷造成太大影响。

7.4.2 结晶法除磷的晶种

结晶法除磷常用的晶种有磷灰石和骨炭，它们均含有磷、钙组分，和羟基磷酸钙有相似的晶格。磷灰石品质优良，但是受产地限制。骨炭的比表面积在一般情况下是磷灰石的 3 倍，同时骨炭可起脱色作用，出水较稳定，但是成本较高。磷灰石和骨炭还有几个共同的缺点就是密度轻，反冲洗时容易被水冲出；机械强度差，容易粉碎；有效直径小，晶种易堵塞。

针对磷灰石和骨炭在工程应用上的局限性，东南大学环境工程研究所的研究人员利用多孔陶粒为载体，在一定条件下，利用非均相及二次成核作用在其表面培养一层羟基磷酸钙晶体，从而培养出除磷晶种（已获国家发明专利）。多孔陶粒滤料有足够的机械强度、有效直径适中、孔隙率较大、吸附能力强、化学稳定性好，而且价格便宜、来源广泛，因此用作晶种载体在理论和实践上都是可行的。

结晶法除磷的晶种详见表 7-6。

表 7-6　结晶法除磷的晶种

晶种的种类	1	2	3	4
原料	磷　矿　石		骨　　炭	多孔陶粒
有效直径/mm	0.59	0.54	0.53	1.20
均衡系数	1.34	1.43	1.43	
真密度/(g/cm^3)	3.00	2.62	2.47	2.3
容积密度/(g/cm^3)	1.15		0.67	1.5
比表面积/(m^2/g)	21.5		110	9.7
P_2O_5 含量/%		34.8	约 33.7	约 30～35(表层)
CaO 含量/%		52.6	约 44.6	约 45～50(表层)

7.4.3　结晶法除磷工艺

图 7-18 为结晶法工艺流程。该流程由脱碳酸池、pH 值调节池、过滤池及结晶固定床（亦称脱磷池）组成。

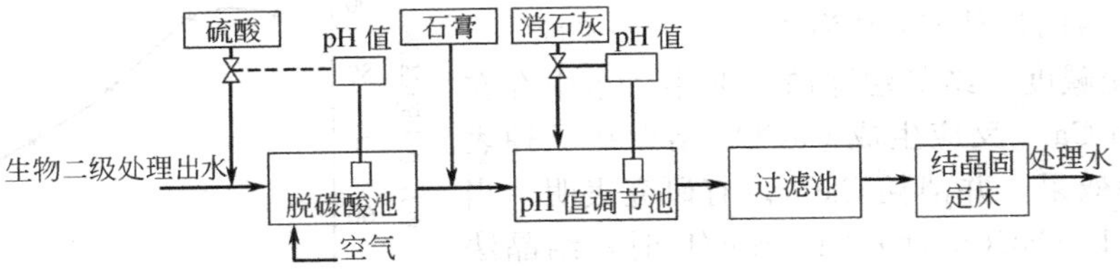

图 7-18　结晶法工艺流程

(1) 脱碳酸池

研究表明，二级处理水中，碳酸盐碱度（以 $CaCO_3$ 计）大于 160mg/L 时，结晶反应速度会下降。主要是由于磷酸与碳酸共存的体系中，析出的碳酸钙会覆盖晶种表面，致使磷的去除能力下降。因而，当原水碳酸盐碱度大于 160mg/L 时，需在 pH 值调节之前增设脱碳酸工序。在二级处理水中投加硫酸，将 pH 值调至 5～6 以下，然后曝气使污水中的 CO_2 逸出。

(2) pH 值调节池

采用结晶反应除磷，必须投加适量钙，并调节 pH 值，实践中常投加消石灰来增加钙量和 OH^-，调节 pH 值。操作时 pH 值的适宜范围为 8.0～9.0，Ca/P>4 即可满足操作要求。

(3) 过滤池

为了去除水中的 SS，去除工业消石灰中含有的不纯物质或未溶解的其他成分，有必要在 pH 值调节池后设置快滤池。其装置与污水二级处理中的快滤池相当。

(4) 结晶固定床

结晶反应池一般都是采用固定床方式。反应池内装填晶种。与过滤原理相同，为防止晶种上的孔眼堵塞及晶种的黏附，必要时进行冲洗。结晶床的运行参数为：接触反应时间

SRT＝30min，水力负荷 $q=2\sim4m^3/(m^2\cdot h)$，pH＝8～9，Ca/P＝4。

7.4.4 结晶法除磷的应用

结晶法除磷具有以下特点。

① 除磷效率高，出水水质好。结晶法除磷秉承了物化法除磷高效率的优点，能有效地去除含磷废水中的 PO_4^{3-}，同时可以起到过滤作用，较好地保证了出水水质，出水可以满足中水回用的要求。

② 无二次污染。结晶法除磷最终使得水中的磷在晶种上以晶体的形式析出，理论上不产生污泥，这一点正好克服了化学法除磷中的污泥问题，不会造成二次污染。

③ 操作简单，运行费用低廉。结晶法除磷装置和过滤装置类似，操作简单，易于自控。同时可以不投或少投药剂，大大减少了运行费用。

④ 适用范围广。结晶法除磷可以用于深度处理城市生活污水厂的二级出水；可以和混凝法联用处理高浓度工业含磷废水；可以用于去除污泥消化池中具有较高磷浓度的上清液等。

结晶法除磷具有处理效率好、污泥产量少、操作简单、适用范围广等优点，可以应用于以下几种情况。

① 建成的二级生物处理厂，随着污水排放标准的提高，在现有生物处理基础上可以增加结晶法除磷工艺，即组成二级强化深度处理工艺。

② 结晶法除磷可以处理高浓度含磷废水，且高浓度含磷废水是最理想的磷源回收之处。因此，污泥厌氧消化上清液和集泥地上清液中的磷可以用结晶法去除并回收。另外，结晶法除磷技术还可以应用于侧流除磷工艺（Phostrip 工艺）中，去除侧流厌氧池高浓度含磷出水中的磷。

③ 结晶法可作为化学沉淀法的后一级除磷方法。高浓度工业含磷废水采用石灰沉淀法除磷。为不使出水 pH 值过高，常控制 pH＝10 左右，此时出水磷为 2～3mg/L。为使出水磷达到国家排放一级标准（即 PO_4^{3-}-P＜0.5mg/L），化学沉淀法后加一级结晶除磷是最佳选择。青岛开发区某涂装废水处理工程中应用了磷矿粉结晶过滤工艺，出水 PO_4^{3-}-P 可达 0.5mg/L 以下。

第 8 章 污水脱氮技术

在自然界，氮化合物是以有机体（动物蛋白、植物蛋白）、氨态氮（NH_4^+-N、NH_3-N）、亚硝酸氮（NO_2^--N）、硝酸氮（NO_3^--N）以及气态氮（N_2）形式存在。在二级处理水中，氮则是以氨态氮、亚硝酸氮和硝酸氮形式存在的。

二级处理技术对氮的去除率比较低，它仅为微生物的生理功能所利用。氮和磷同样都是微生物保持正常的生理功能所必需的元素，即用于细胞合成，其合成过程一般可用下式表示。

$$nC_xH_yO_z+nNH_3+n\left(x+\frac{y}{4}-\frac{z}{2}-5\right)O_2 \longrightarrow (C_5H_7NO_2)_n+n(x-5)CO_2+\frac{n}{2}(y-4)H_2O$$

按此式可以计算出细胞合成所需要的氮量。

活性污泥法理想的营养平衡式为 BOD∶N∶P＝100∶5∶1。若原污水 BOD 值为 150mg/L，通过一级处理 BOD 去除率 30%，则按营养平衡式计算，氮的需要量仅为 5～6mg/L。因此，在城市污水中，氮是过剩的，这也说明为什么一般二级污水处理厂对氮去除率较低的原因。

含有氮化合物的污水未经脱氮处理任意排放会造成水体富营养化。氮化合物是植物性营养物，排放湖泊、水库一类的缓流水体，会使水中藻类异常增殖，水呈绿—褐色，有损水体外观，藻类释放的藻毒素将严重影响水质。这种水不能作为水源。

含有氮化合物的污水在排放或利用前应进行脱氮处理。脱氮技术可分为物理化学脱氮和生物脱氮两种技术。物理化学脱氮技术主要有氨的吹脱脱氮法、折点加氯脱氨法及沸石除氨法。生物脱氮有 A/O 硝化-反硝化，同步硝化-反硝化，短程硝化反硝化，以及近年来发展的厌氧氨氧化、好氧反硝化等方法。

8.1 污水生物脱氮原理

以传统活性污泥法为代表的好氧生物处理法，其功能是去除污水中呈溶解性的有机物。氮、磷是细菌细胞的组成部分，在细胞合成中由于生理上的需要要摄取一定数量。但是氮、磷数量超过了细菌细胞的摄取量，这样氮的去除率为 20%～40%，而磷的去除率仅为 5%～20%。

在自然界存在着氮循环的自然现象。水处理生物脱氮过程，实际上就是采取适当的运行条件后，将这一自然过程作用运用在活性污泥反应系统的。

8.1.1 氨化与硝化

在未经处理的新鲜污水中，含氮化合物存在的形式主要为有机氮，如蛋白质、氨基酸、尿素、胺类化合物、硝基化合物等；其次为氨态氮（NH_3、NH_4^+）。

含氮化合物在微生物的作用下，相继产生氨化反应、亚硝化反应和硝化反应。

（1）氨化反应

有机氮化合物在氨化菌的作用下，分解、转化为氨态氮，这一过程称为氨化反应。以氨基酸为例，在好氧条件与厌氧条件下其反应式如下。

$$R-\underset{\underset{NH_2}{|}}{\overset{\overset{H}{|}}{C}}-COOH \xrightarrow[\text{好氧}]{+O_2} RCOOH+NH_3+CO_2$$

$$R-\underset{\underset{NH_2}{|}}{\overset{\overset{H}{|}}{C}}-COOH \xrightarrow[\text{厌氧}]{+H_2} R-\underset{\underset{COOH}{|}}{\overset{\overset{H_2}{|}}{C}}+NH_3$$

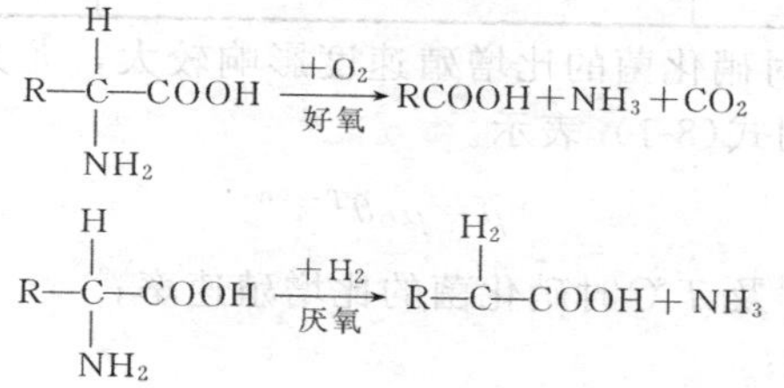

（2）亚硝化反应和硝化反应

在硝化菌的作用下，氨态氮进一步分解氧化，就此分两个阶段进行。首先在亚硝酸菌的作用下，NH_4^+ 转化为亚硝酸氮（亚硝化反应）；然后亚硝酸氮在硝酸菌的作用下，进一步转化为硝酸氮（硝化反应）。这两项反应均需在有氧的条件下进行。常以 CO_3^{2-}、HCO_3^- 和 CO_2 为碳源，反应式为

$$NH_4^+ + \frac{3}{2}O_2 \xrightarrow{\text{亚硝酸菌}} NO_2^- + H_2O + 2H^+ - 278.42kJ$$

$$NO_2^- + \frac{1}{2}O_2 \xrightarrow{\text{硝酸菌}} NO_3^- - 72.27kJ$$

硝化总反应为

$$NH_4^+ + 2O_2 \longrightarrow NO_3^- + 2H^+ + H_2O - 351kJ$$

研究表明，硝化反应速率主要取决于氨氮转化为亚硝酸氮的反应速率。

亚硝酸菌与硝酸菌统称为硝化菌，硝化菌利用硝化反应放出能量，进行细胞合成，属于自养型细菌。硝化过程中除硝化反应外，还有附加的细胞合成反应如下。

$$55NH_4^+ + 76O_2 + 109HCO_3^- \xrightarrow{\text{亚硝酸菌}} C_5H_7NO_2 + 54NO_2^- + 57H_2O + 104H_2CO_3$$

$$400NO_2^- + NH_4^+ + 4H_2CO_3 + HCO_3^- + 195O_2 \xrightarrow{\text{硝酸菌}} C_5H_7NO_2 + 3H_2O + 400NO_3^-$$

将两式合并，得硝化菌合成总反应为

$$NH_4^+ + 1.86O_2 + 1.98HCO_3^- \xrightarrow{\text{亚硝酸菌+硝酸菌}} (0.0181+0.0024)C_5H_7NO_2 + 1.04H_2O + 0.98NO_3^- + 1.88H_2CO_3$$

由上述反应式计算得知，在硝化反应过程中，将 1g 氨氮氧化为硝酸盐需要 4.57g 氧（其中亚硝化反应需耗氧 3.43g，硝化反应需耗氧 1.14g），同时约需耗 7.14g HCO_3^- 碱度（以 $CaCO_3$ 计），以平衡硝化产生的酸度，其中亚硝化过程是主要耗碱过程。

根据亚硝化反应及硝化反应可知，亚硝酸菌与硝酸菌从反应中获得的能量不等，因而两种细菌氧化同量的氮时，其收率有较大的差异。根据转化率计算，亚硝酸菌与硝酸菌收率分别为 $0.04 \sim 0.13 mgVSS/mgNH_4^+\text{-}N$ 及 $0.02 \sim 0.07 mgVSS/mgNH_4^+\text{-}N$。

（3）硝化菌的增殖特性

硝化菌的比增殖速度比活性污泥中的异养菌的比增殖速度要小一个数量级，而且硝化菌又呈悬浮态，排泥时损失较大，一般活性污泥法很难有其良好的增殖条件。要使硝化菌具有良好的生长环境，首先，必须保证其较长的泥龄。表 8-1 为硝化菌的世代时间与增殖速度常数。

表 8-1 硝化菌的世代时间与增殖速度常数

细 菌	世代时间/h	增殖速度常数/h^{-1}
硝化菌	31	0.022
活性污泥中的异养菌	2.31～8.69	0.08～0.3
大肠菌	0.26～0.28	2.42～2.69

① 温度的影响　温度对硝化菌的比增殖速度影响较大，尤其 15℃以下，硝化速度显著下降。温度的影响效果可用式(8-1) 表示。

$$\mu=\mu_0\theta^{T-20} \tag{8-1}$$

式中　μ_0，μ——温度 20℃及 T℃时硝化菌的比增殖速率；

θ——温度系数；

T——温度，℃。

硝化菌的温度系数为：对于亚硝酸菌为 1.1～1.13，对于硝酸菌为 1.07，比一般活性污泥法中 BOD 氧化时的 θ(＝1.0～1.04) 值大。从式(8-1) 可推算，当 $T>20$℃时，$\mu>\mu_0$，而当 $T<20$℃时，$\mu<\mu_0$。硝化菌适宜的生存增殖温度为 30℃左右，低温对硝化菌增殖很不利。

② pH 值的影响　亚硝酸菌与硝酸菌的增殖速度受 pH 值的影响，其关系见图 8-1。从中可见亚硝酸菌最适宜 pH 值为 7～8.5，硝酸菌为 6～7.5。对一般污水 pH＝7 左右，亚硝化反应更容易完成。

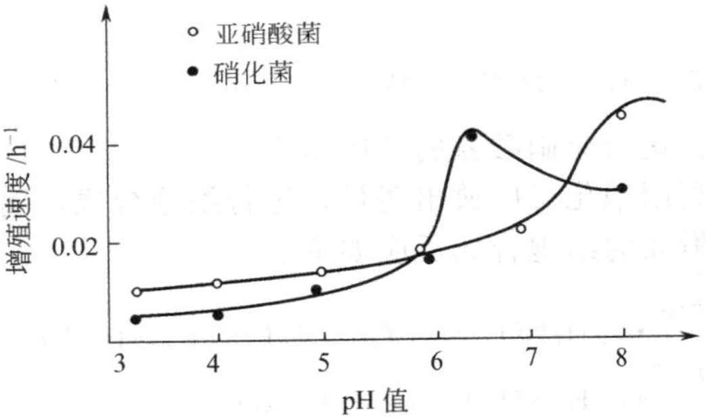

图 8-1　硝化菌增殖速度与 pH 值的关系

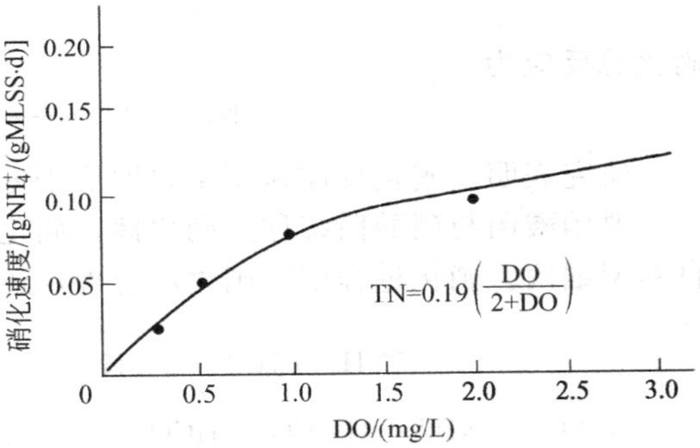

图 8-2　DO 对硝化速度的影响

③ DO 的影响　DO 对硝化反应的影响也比对 BOD 降解反应要大。图 8-2 是用米-门式公式给出的 DO 与硝化速度的关系。从图中可知，DO>2mg/L 时，硝化速度的增加渐趋平缓。也有学者提出，硝化过程 DO 应大于 2mg/L。多数研究者认为 DO 应控制在 1～2mg/L。

(4) 反硝化反应过程与反硝化菌

反硝化反应是指硝酸氮（NO_3^--N）和亚硝酸氮（NO_2^--N）在反硝化菌的作用下，被还原为气态氮（N_2）的过程。

反硝化菌属于异养型兼性厌氧菌。在厌氧条件下，营厌氧呼吸，以硝酸氮（NO_3^--N）为电子受体，以有机物（有机碳）为电子供体。在这种条件下，不能释放出更多的 ATP，相应合成的细胞物质也较少。

在反硝化反应过程中，硝酸氮通过反硝化菌的代谢活动，可能有两种转化途径，即：

同化反硝化（合成），反应最终形成有机氮化合物，成为菌体的组成部分；另一为异化反硝化（分解），最终产物是气态氮。反硝化反应过程见图 8-3。

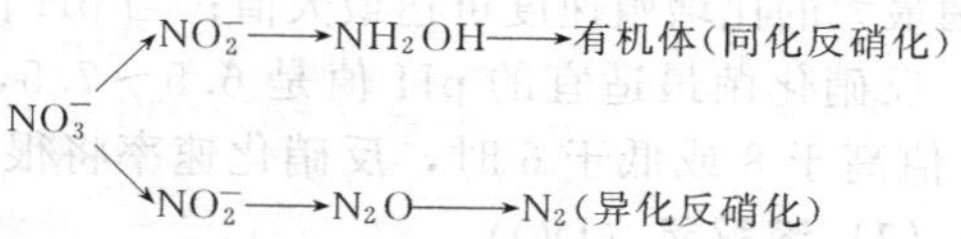

图 8-3 反硝化反应过程

研究表明，当废水中碳源不足，NO_3^- 的浓度远远超过可被利用的供氢体时，反硝化过程中所产生的 N_2 量将减少，并致使反硝化反应大量生成 N_2O。

反硝化过程亦可用下式表示。

$$NO_2^- + 3H(\text{供氢体——有机物}) \longrightarrow \frac{1}{2}N_2 + H_2O + OH^-$$

$$NO_3^- + 5H(\text{供氢体——有机物}) \longrightarrow \frac{1}{2}N_2 + 2H_2O + OH^-$$

由上式可以算出，去除 1g 氮，需要相当于 1.71gNO_2^--N 或 2.85gNO_3^--N 的有机物，同时产生 3.75g 碱度。

该反应是水中 DO 趋向于 0 的条件下进行的，为使反应进行完全，需要一定量有机物，消耗水中的残余溶解氧。水中有机物应以易生物降解的简单有机物为宜。当水中 BOD 偏低时，应投加有机物，一般以甲醇为好。甲醇的投加量 C_m 可用下式计算。

$$C_m = 2.47[NO_3^- \text{-N}] + 1.53[NO_2^- \text{-N}] + 0.87DO \quad (8\text{-}2)$$

式中 $[NO_3^-$-N$]$，$[NO_2^-$-N$]$——硝酸氮、亚硝酸氮的浓度，mg/L；

DO——水中溶解氧浓度，mg/L。

(5) 反硝化的增殖速率

当反硝化过程中有充足的有机碳源存在，且 NO_3^- 的浓度高于 0.1mg/L 时，反硝化速率与 NO_3^- 的浓度成零级动力学反应关系，即此时的反硝化速率与 NO_3^- 的浓度高低无关，而只与反硝化菌的数量有关。

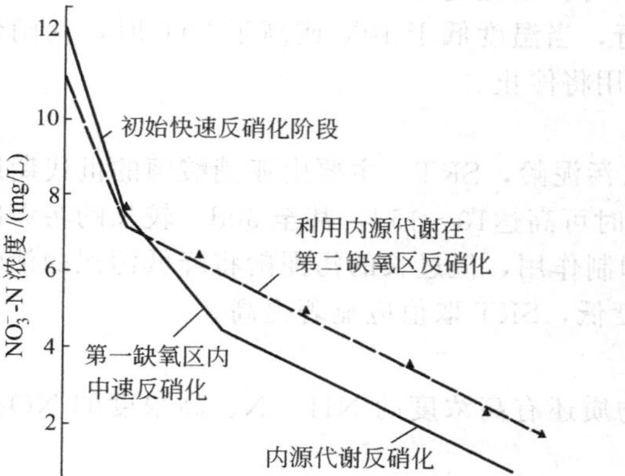

图 8-4 反硝化反应的三种不同速率阶段

Barmard 等人的研究发现，反硝化过程存在三种不同的反应速率阶段，如图 8-4 所示。在第一阶段反硝化菌利用挥发性脂肪酸和醇类等易被降解的厌氧发酵产物作为碳源，因而反硝化反应速率较快，约为 50mgNO_3^-/(L·h)。通常在反硝化反应最初的 5～15min 内为反应速率最快的第一阶段。第二阶段的反应速率较第一阶段慢，约为 16mgNO_3^-/(L·h)，这是因为在此阶段中易降解的碳源已在第一阶段被消耗，因而此阶段反应只能利用颗粒状和复杂的可缓慢降解的有机物作为碳源。在第三阶段由于外碳源的耗尽，反硝化菌只能通过细胞物质的自身氧化即内源代谢产物作碳源进行反硝化反应，此时反应速率更低，仅为 5.4mgNO_3^-/(L·h)。

8.1.2 硝化反应和反硝化反应的主要影响因素

(1) pH 值

硝化菌对 pH 值的变化非常敏感，最佳 pH 值是 8.0～8.4。在这一最佳 pH 值条件下，硝化菌最大的比增殖速度可达最大值；当 pH 值低于 6 或高于 9.6 时，硝化反应将停止进行。

反硝化菌最适宜的 pH 值是 6.5～7.5，在这个 pH 值的条件下，反硝化速率最高，当 pH 值高于 8 或低于 6 时，反硝化速率将很快下降。

(2) 溶解氧 (DO)

氧是硝化反应过程中的电子受体，反应器内溶解氧高低，必将影响硝化反应的进程。在进行硝化反应的曝气池内，据试验结果证实，DO 含量不得低于1mg/L，通常为 1～2mg/L。

反硝化菌是异养兼性菌，只有在无分子氧而同时存在 NO_3^- 和 NO_2^- 的条件下，它们才能够利用这些离子中的氧进行呼吸，使硝酸盐还原。在有溶解氧存在时，反硝化菌首先利用溶解氧，这将阻碍反硝化反应的进行。但当水中有少量溶解氧时，污泥絮体内部仍为厌氧状态，所以反硝化反应并不要求 DO 严格为零。反硝化菌以在厌氧、好氧交替所谓“兼氧”的环境中生活为宜，DO 应控制在 0.5mg/L 以下。

(3) 碳源

硝化菌是自养型细菌，有机物浓度并不是它的生长限制因素，故含碳有机物浓度不应过高，一般 BOD 值应在 20mg/L 以下；若 BOD 浓度过高，会使异养菌迅速增殖，从而使自养型的硝化菌得不到优势，不能成为优势种属，硝化反应较难进行。

在反硝化过程中，BOD/N 是控制脱氮效果的一个重要因素。能为反硝化菌所利用的碳源分为污水中所含的碳源及外加碳源，前者可直接用于反硝化过程。一般认为当污水中 $BOD_5/TN>3\sim5$ 时，碳源充足，无需外加碳源；低于此值时应补充必要的外来碳源，通常补加甲醇、乙醛等可生化性好的物质。

(4) 温度

硝化反应的适宜温度是 20～30℃，15℃以下时，硝化速度下降，5℃时完全停止。

反硝化反应可在 15～35℃的温度范围内进行，当温度低于 10℃或高于 30℃时，反硝化速率明显下降；当温度在 3℃以下时，反硝化作用将停止。

(5) 生物固体平均停留时间

生物脱氮工艺中的生物固体平均停留时间（污泥龄，SRT）主要由亚硝酸菌的世代期所控制。一般生物脱氮工艺的污泥龄为 2～4d，有时可高达10～15d，甚至 30d。较长的污泥龄可增加生物硝化的能力，并可减轻有毒物质的抑制作用，但过长的污泥龄将降低污泥的活性而影响处理效果。SRT 值与温度密切相关，温度低，SRT 取值应显著提高。

(6) 有毒物质

除重金属外，对硝化反应产生抑制作用的物质还有高浓度的 NH_4^+-N、高浓度的 NO_2^--N 和 NO_3^--N、有机物以及络合阳离子等。

8.1.3 生物脱氮过程中氮转化的条件

图 8-5 为生物脱氮过程中氮转化的条件。表 8-2 为生物脱氮反应与有机物好氧分解反应条件与特性。

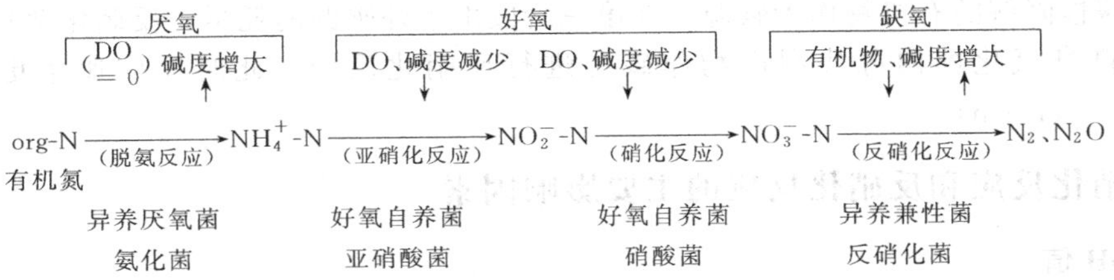

图 8-5 生物脱氮过程中氮转化的条件

表 8-2 生物脱氮反应与有机物好氧分解反应条件与特性

反应条件与特性	硝化		脱氮	有机物的好氧分解
	亚硝化	硝化		
有关的微生物	主要为亚硝酸菌（自养型细菌）	主要为硝酸菌（自养型细菌）	兼性厌氧性菌约占半数	好氧性及兼性厌氧菌（异养型细菌）
能源	化学能	化学能	有机物	有机物
氧源	（O_2）	（O_2）	NO_3^-，NO_2^-	O_2
DO	2mg/L 以上	0 或接近 0	有氧存在	
碱度	氧化 1g NH_4^+-N 需要 7.14g 的碱度	没有变化	还原 1g 的 NO_2^--N、NO_3^--N 生成 3.57g 的碱度	没有变化
氧的消耗	氧化 1g NH_4^+-N 需要 3.43g O_2	氧化 1g NO_2^--N 需要 1.14g O_2	分解 1g 有机物（TOD）需要 NO_2^--N 为 0.58g，NO_3^--N 为 0.35g的氧化态的氮	分解 1g 有机物（TOD）需要 1g O_2
最适宜的 pH 值	7～8.5	6.75	6～8	6～8
水温	最适宜水温 30℃（温度系数 θ 在1.1 左右）		最适宜水温 34～37℃（θ=1.06～1.08）	最适宜水温 15～25℃（θ=1.0～1.04）
增殖速度/d^{-1}	0.21～1.08	0.28～1.44	好氧分解的 1/2.5～1/2	1.2～3.5
分解速度	7mgNH_4^+-N/(g MLSS·h)		2～8mgNO_3^--N/(gMLSS·h)	70～870mgBOD/(g MLSS·h)
收率	0.04～0.13mgVSS/NH_4^+-N（能量转换率为 5%～35%）	0.02～0.07mgVSS/NH_4^+-N（能量转换率为 10%～30%）	16%（$CH_3OH/C_5H_7O_2N$，质量分数）	16%（$CH_3OH/C_5H_7O_2N$，质量分数）

生物脱氮过程包括氨化、亚硝化、硝化、反硝化过程，伴随这些过程有机物降解碳化过程同时完成。特别是在硝化和反硝化过程中，溶解氧和碱度的变化是两种相反的过程。如果从单一独立的氨化、硝化、反硝化反应来看，势必要附加充氧曝气，投加碱度物质，投加碳源（易生物降解有机物作反硝化反应的供氢体），这将消耗资源而使反应复杂化，并需设置较多反应槽以满足多个单元反应的条件。综合考虑各项因素（如菌种及其增殖速度、溶解氧、碱度、温度、pH 值、负荷率等），有可能简化和改善生物脱氮的总体过程。

8.1.4 生物脱氮的其他理论

(1) 同步硝化-反硝化工艺原理

近些年来发展起来的同步硝化-反硝化工艺（simulfaneous nitrification-denitrification，SND）是一种新型的脱氮工艺，其机理可从三方面得到解释。宏观环境解释认为，反应器内的水流流态不同，可形成缺氧区域；微观环境解释认为，由于微生物生存环境外部氧大量消耗，氧扩散受到限制，在微生物絮体与生物膜内产生溶解氧梯度，絮体和膜的外表面溶解氧较高，以硝化细菌为主进行硝化反应，絮体和膜的内部溶解氧较低，形成缺氧区，反硝化菌占优势，进行反硝化反应；生物学解释认为，许多好氧反硝化菌同时也是异养硝化菌，能将 NH_4^+ 直接转化为 N_2 排出。

该技术的优点有：硝化阶段和反硝化阶段可以在同一反应器中进行，占地面积及基建投资相对较少，避免了亚硝酸盐氧化成硝酸盐、硝酸盐还原成亚硝酸盐的多余反应，减少了氧气和有机碳的消耗。但是，生物膜、生物絮体间溶解氧的传递是能否达到 SND 环境的关键因素，很难控制。

(2) 短程硝化-反硝化工艺原理

短程硝化-反硝化（shortcut nitrification-denitrification）是在硝化过程中造成一定的特殊环境使 NH_4^+ 正常硝化成 NO_2^-，而 NO_2^- 到 NO_3^- 的过程受阻，NO_2^- 积累后直接反硝化，从而实现废水中氮的去除。短程硝化-反硝化的反应方程式如下。

$$2NH_4^+ + 3O_2 \longrightarrow 2NO_2^- + 2H_2O + 4H^+$$

$$6NO_2^- + 3CH_3OH \longrightarrow 3N_2 + 3CO_2 + 3H_2O + 6OH^-$$

该工艺特点十分明显：能大大节省曝气量，减少反硝化阶段中碳源的投加，反应器的体积也能相应减少。在一般条件下要实现短程硝化-反硝化脱氮需要控制 NO_2^- 硝化的速率，因为亚硝化反应生成的亚硝酸会很快被硝酸菌氧化成硝酸，所以如何将 NH_4^+-N 氧化控制在亚硝酸阶段、持久维持较高浓度的亚硝酸盐积累，就成为实现短程硝化-反硝化的关键。

(3) 厌氧氨氧化工艺原理

厌氧氨氧化（Anaerobic Ammonium Oxidation，ANAMMOX）是在厌氧条件下以 NO_2^- 作为电子受体由自养菌将 NH_4^+ 直接氧化成 N_2 的一种新型生物脱氮工艺。其反应方式程式为

$$NH_4^+ + NO_2^- \longrightarrow N_2 + 2H_2O$$

$$NH_4^+ + 0.6NO_3^- \longrightarrow 0.8N_2 + 1.8H_2O + 0.4H^+$$

该工艺具有以下优点：在 ANAMMOX 过程中不需要将 NH_4^+ 转化氧化为 NO_3^-，而仅需转化为 NO_2^-，因此所需供氧量大大降低；由于实现 ANAMMOX 的微生物为自养菌，因此无需外加碳源。该工艺的基质是氨和亚硝酸盐，但若这两种物质浓度过高会对厌氧氨氧化菌的活性产生抑制作用。而且，厌氧氨氧化菌的活动温度范围为 20～43℃，需要外部加热，因此该工艺的运行费用较高。

(4) 好氧反硝化工艺原理

近年来，国内外的不少研究和报道已能充分证明反硝化可发生在有氧条件下，即好氧反硝化（Aerobic denitrification）。好氧反硝化的机理可以从生物学、生物化学以及物理学的角度进行解释。从生物学角度来看，好氧反硝化菌同时也是异养硝化菌，能够直接把氨转化成最终气态产物；从生物化学角度来看，好氧反硝化所呈现出的最大特征是好氧阶段总氮的损失，而这一损失主要是因其中间产物 N_2O 的逸出造成的；从物理学角度来看，在好氧性微环境中，由于好氧菌的剧烈活动，当耗氧速率高于氧传递速率时，好氧微环境可变成厌氧微环境，同样厌氧微环境在某些条件下也能转化成好氧性微环境。而采用点源性曝气装置或曝气不均匀时，则易出现较大比例的局部缺氧微环境，因此曝气阶段会出现某种程度的反硝化。

8.2 污水生物脱氮工艺

8.2.1 活性污泥法脱氮传统工艺

(1) 三级生物脱氮工艺

活性污泥法脱氮的传统工艺是由巴茨（Barth）开创的所谓三级活性污泥法流程，它是以氨化、硝化和反硝化三项反应过程为基础建立的。其工艺流程示于图 8-6。

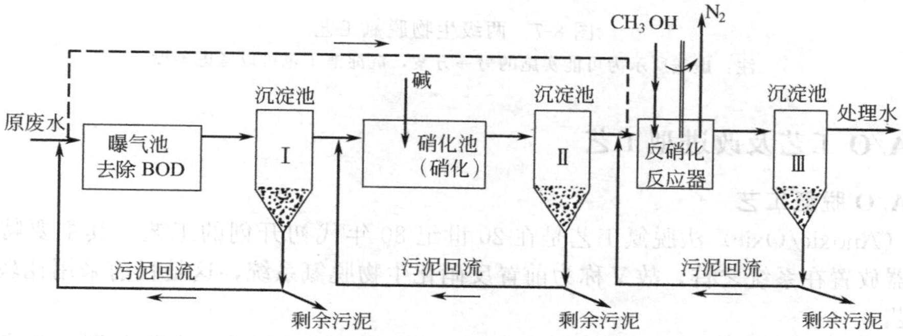

图 8-6 传统活性污泥法脱氮工艺（三级活性污泥法流程）

第一级曝气池为一般的二级处理曝气池，其主要功能是去除 BOD、COD，使有机氮转化，形成 NH_3、NH_4^+，即完成氨化过程。经过沉淀后，污水进入硝化曝气池，进入硝化曝气池的污水，BOD_5 值已降至 15～20mg/L 较低的程度。

第二级硝化曝气池，在这里进行硝化反应，使 NH_3 及 NH_4^+ 氧化为 NO_3^--N。如前述，硝化反应要消耗碱度，因此需要投碱，以防 pH 值下降。

第三级为反硝化反应器，这里在缺氧条件下，NO_3^--N 还原为 N_2，并逸往大气，在这一级应采取厌氧-缺氧交替的运行方式。碳源，既可投加 CH_3OH（甲醇）作为外投碳源，亦可引入原污水作为碳源。

当以甲醇作为外投碳源时，其投入量按式(8-2) 计算，按下式核算水中 BOD 量。

$$C_m = 2.85N_0 + 1.71N + DO \tag{8-3}$$

式中 C_m——必须投加的甲醇量，mg/L；

N_0——初始的 NO_3^--N 浓度，mg/L；

N——初始的 NO_2^--N 浓度，mg/L；

DO——初始的溶解氧浓度，mg/L。

在这一系统的后面，为了去除由于投加甲醇而带来的 BOD 值，设后曝气池，经处理后，排放处理水。

这种系统的优点是有机物降解菌、硝化菌、反硝化菌，分别在各自反应器内生长增殖，环境条件适宜，而且各自回流在沉淀池分离的污泥，反应速度快而且比较彻底。但处理设备多，造价高，管理不够方便。

(2) 两级生物脱氮工艺

除上述三级生物脱氮系统外，在实践中还使用两级生物脱氮工艺，如图 8-7 所示，将 BOD 去除和硝化两道反应过程放在统一的反应器内进行。

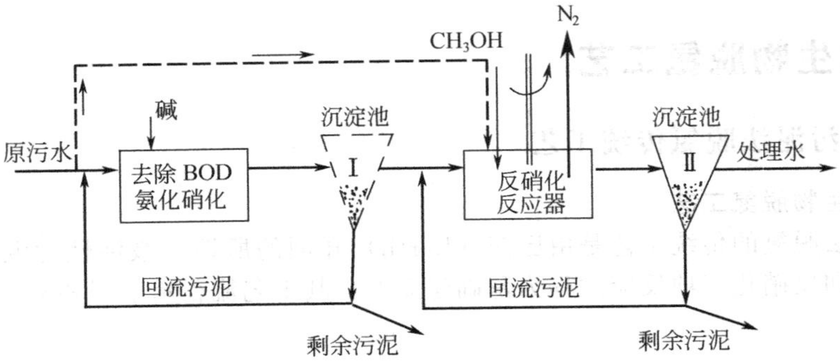

图 8-7 两级生物脱氮工艺

注：虚线所示为可能实施的另一方案，沉淀池 I 也可以考虑不设

8.2.2 A/O 工艺及改进型工艺

(1) A/O 脱氮工艺

A/O（Anoxic/Oxic）法脱氮工艺是在 20 世纪 80 年代初开创的工艺，其主要特点是将反硝化反应器放置在系统之首，故又称为前置反硝化生物脱氮系统，这是目前采用比较广泛的一种脱氮工艺。

图 8-8 所示为分建式 A/O 脱氮系统，即反硝化、硝化与 BOD 去除分别在两座不同的反应器内进行。

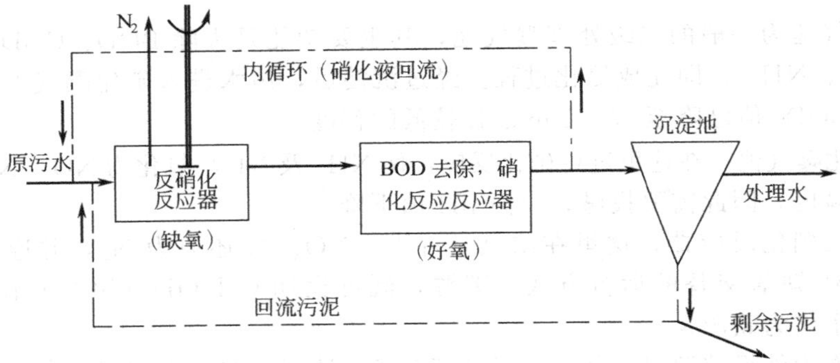

图 8-8 分建式 A/O 脱氮系统

硝化反应器内已进行充分反应的硝化液的一部分回流入反硝化反应器，而反硝化反应器内的脱氮菌以原污水中的有机物作为碳源，以回流液中硝酸盐的氧作为受电体，进行呼吸和生命活动，将硝态氮还原为气态氮（N_2），不需外加碳源（如甲醇）。

设内循环系统，向前置的反硝化池回流硝化液是本工艺系统的一项特征。

A/O 工艺的特点如下。

① 流程简单，构筑物少，基建费用省，运行费用低，占地面积小。

② 好氧池在缺氧池之后，可进一步去除反硝化残留的有机污染物，确保出水水质达标排放。

③ 硝化液回流（内循环）液中含一定易生物降解有机物，为缺氧反硝化提供碳源，作为反硝化的电子供体，保证了脱氮的生化条件。

④ 缺氧池置于好氧池之前，既可减轻好氧池的有机负荷，又可改善活性污泥的沉降性能，以利于控制污泥膨胀。反硝化过程产生的碱度可以补偿硝化过程碱度的消耗，形成碱度

平衡。

A/O 法生物脱氮工艺特性曲线见图 8-9。

在 A/O 生物脱氮系统中缺氧池和好氧池可以是两个独立的构筑物，也可以合建在同一个构筑物内，用隔板将两池隔开。在此工艺中混合液的回流比的控制较为重要，若控制过低，则将导致缺氧池中 BOD/NO_3^--N 过高，从而使反硝化菌无足够的 NO_3^- 作电子受体而影响反硝化速率；若控制过高，则将导致 BOD/NO_3^--N 过低，从而使反硝化菌无足够的碳源作电子供体而抑制反硝化菌的作用。

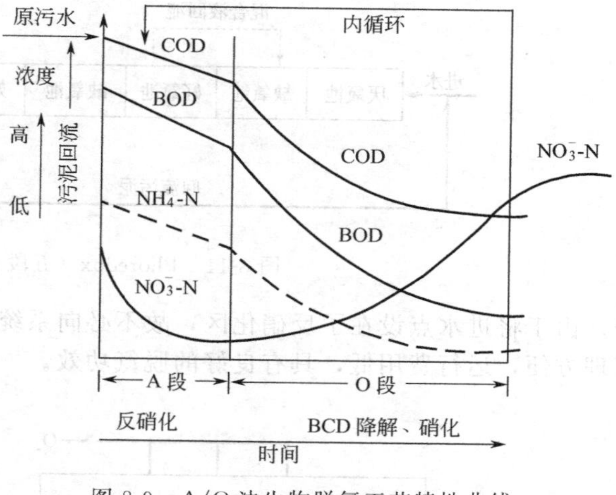

图 8-9 A/O 法生物脱氮工艺特性曲线

此外，本工艺的主要不足之处是该流程的沉淀处理水是来自好氧曝气硝化反应器，因此在处理水中含有一定浓度的硝酸盐，如果沉淀池运行不当（形成局部厌氧环境），在沉淀池内也会发生反硝化反应，使污泥上浮，处理水水质恶化。通常要求污泥斗存量不宜过大，污泥在泥斗中储存时间不要过长，采用连续排泥也是可考虑的一种方式。

（2）Bardenpho 工艺及 Phoredox（五段）工艺

① Bardenpho 工艺　该工艺由两级 A/O 工艺所组成，其流程见图 8-10。该工艺脱氮效率可达 90%～95%。某水厂规模为 36300m^3/d，采用 Bardenpho 工艺典型的设计参数如下。污泥回流比400%～600%；HRT，第一缺氧池 2～5h，第一好氧池 4～12h，第二缺氧池 2～5h，第二好氧池 0.5～1h；MLSS 2～5g/L；泥龄 10～40d；F/M 0.1～0.2gBOD/(gMLVSS·d)；出水 TN≤3.0mg/L；TN 去除率可达 83%～92%。该工艺尚具有除磷功能。

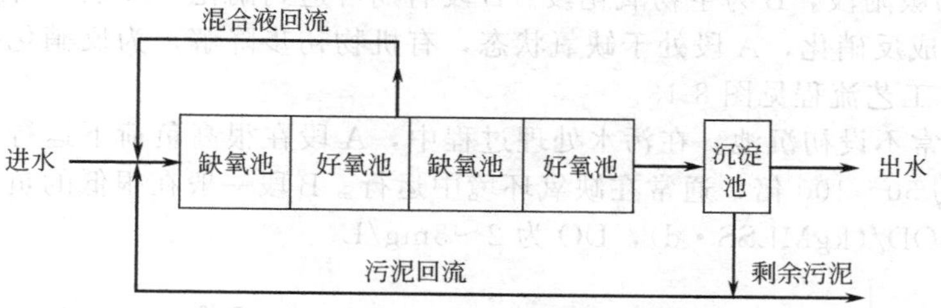

图 8-10 Bardenpho 工艺流程

② Phoredox(五段)工艺　该工艺是 Bardenpho 工艺的改进型工艺，其典型的工艺流程见图 8-11。

从该图可知，Phoredox 工艺主要在 Bardenpho 工艺前增加一个厌氧池。该工艺除有益于除磷外，有利于 VFS（挥发性有机酸）的产生提供较高优质碳源以脱氮，并可作为生物选择器来抑制丝状菌的繁殖。

（3）同步硝化和反硝化工艺

同步硝化（N）和反硝化（D）工艺见图 8-12。在此工艺中硝化和反硝化过程分别在同一个处理构筑物的不同区域中进行，这样就省去了 A/O 工艺中硝化段出水混合液的回流部

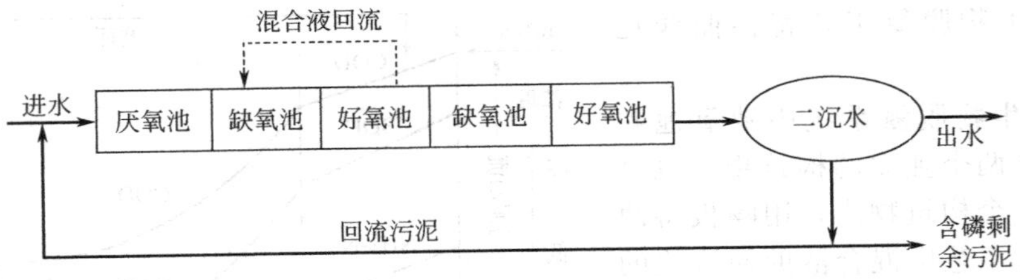

图 8-11 Phoredox（五段）工艺典型流程

分。由于将进水点设在了反硝化区，故不必向系统投加外碳源。该工艺流程简单，操作运行管理方便，运行费用低，具有良好的脱氮功效。

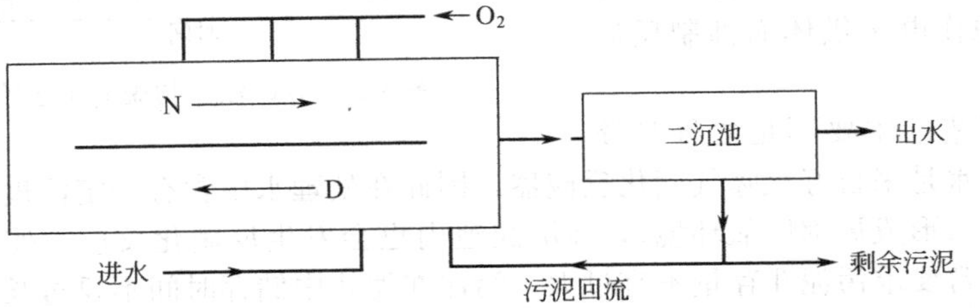

图 8-12 同步硝化（N）和反硝化（D）工艺

(4) A^2/O 工艺

A^2/O 是 Anaerobic/Anoxic/Oxic 的简称。该工艺将在第 9 章中具体叙述。

8.2.3 AB 工艺及改进型工艺

(1) AB 工艺

AB 工艺是吸附-生物降解（Adsorption-Biodegradation）工艺的简称。AB 法为两段活性污泥法，A 为吸附段，B 为生物氧化段。B 段后期可达到硝化（N 区），内回流 R_2Q 到前段（DN 区）完成反硝化，A 段处于缺氧状态，有机物初步降解，为反硝化提供碳源。具有脱氮功能的 AB 工艺流程见图 8-13。

AB 工艺通常不设初沉池。在污水处理过程中，A 段在很高负荷下运行，其负荷率为普通活性污泥法的 50～100 倍，通常在缺氧环境中运行。B 段一般在很低的负荷下运行，负荷一般＜0.15kgBOD/(kgMLSS·d)，DO 为 2～3mg/L。

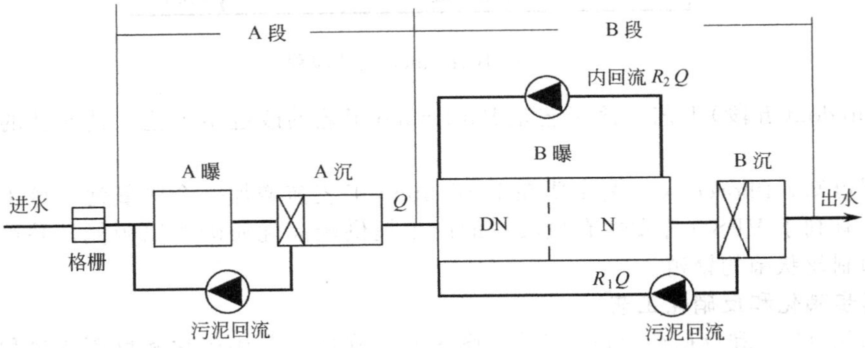

图 8-13 具有脱氮功能的 AB 工艺流程

该工艺具有运行稳定、抗冲击、容积负荷高、投资省等优点，但在除磷方面有碳源相对不足的问题，因此不具备深度除磷功能。

(2) ADMONT 工艺

奥地利 SGP 公司和维也纳技术大学提出了一种能充分脱氮除磷的 AB 法改进工艺——ADMONT 工艺，并在奥地利 ADMONT/HALL 污水处理厂实施了这一工艺。其工艺流程见图 8-14。其中 r 为污泥回流比，R 为混合液回流比，X_1、X_2 为 A、B 段沉淀污泥浓度。

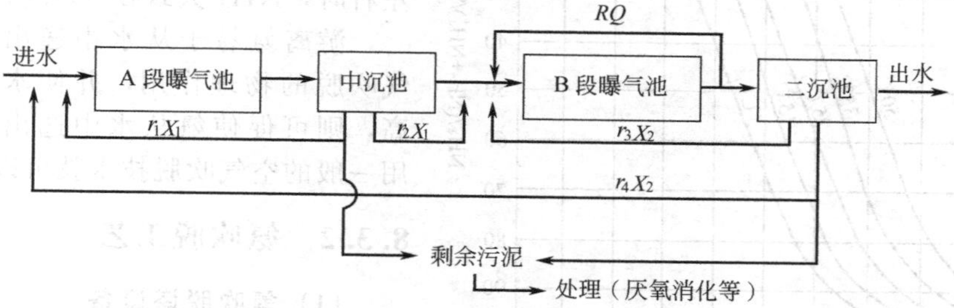

图 8-14 ADMONT 工艺流程

ADMONT 工艺打破了 AB 工艺中 A 段和 B 段污泥回流系流严格分开的特征要求，且仅比 AB 工艺多设两套污泥输送管道，不必增加污泥泵的容量。污泥分段分类回流是 ADMONT 工艺的关键技术。其中 r_1X_1 为维持 A 段曝气池污泥高浓度，增大污泥对有机物的吸附量，并对污泥中微生物进行选择、优化。r_2X_1 为沉淀厌氧释磷污泥，进入 B 段曝气在好氧条件下摄磷，完成整个流程的除磷功能。r_3X_2 为维持 B 段曝气硝化菌的泥龄（15～30d），保证 B 段的硝化效果，r_4X_2 为聚磷菌及其他菌种的回流，保证一定吸磷功能。B 段污水回流 RQ 可使反硝化至 B 段前段（DN 区）完成。

8.2.4 其他工艺

污水处理的常规工艺如氧化沟、SBR、CAST 工艺等均有一定的脱氮功能。氧化沟污水处理工艺详见第 9.2 节。SBR 改进工艺包括 ICEAS 工艺、DAT-IAT 工艺、CASS（或 CAST、CASP）工艺、IDEA 工艺及 UNITANK 工艺等。这些工艺在第 9.3 节中有具体叙述，它们均具有不同程度的脱氮功能。

8.3 氨的吹脱去除

8.3.1 氨吹脱原理

水中的氨氮多以铵离子（NH_4^+）和游离氨（NH_3）的状态存在，两者保持平衡，平衡关系为

$$NH_3 + H_2O \rightleftharpoons NH_4^+ + OH^-$$

这一关系受 pH 值的影响，当 pH 值升高，平衡向左移动，游离氨所占的比例增大。水中所含氨氮中游离氨所占的比例（物质的量分数）可按下式计算。

$$NH_3(\%) = \frac{[NH_3]\times 100}{[NH_3]+[NH_4{}^+]} = \frac{100}{1+\dfrac{K_b[H^+]}{K_w}} = \frac{10^{pH}}{K_b/K_w + 10^{pH}} \times 100 \tag{8-4}$$

式中　K_b——NH_4^+ 在 25℃时的解离常数；

$[H^+]$——H^+的物质的量浓度，mol/L；

K_w——水在25℃时的解离常数，$K_w=[OH^-][H^+]=10^{-14}$。

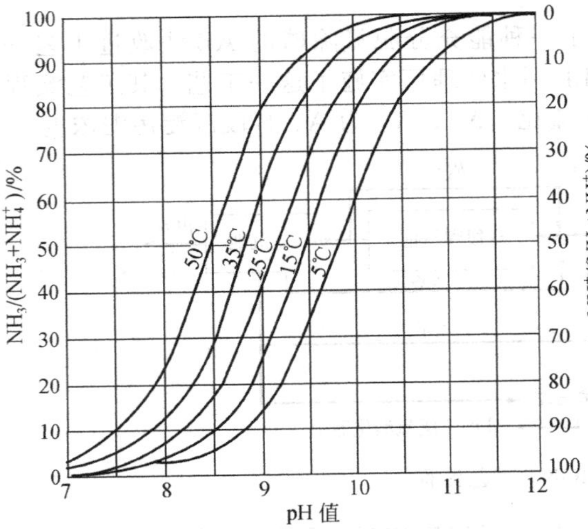

图 8-15 水中 NH_4^+ 和 NH_3 存在比例

根据这个关系式，水中 NH_4^+ 和 NH_3 存在比例与pH值的关系见图8-15。

从图可见，当pH值为7时，氨氮多以 NH_4^+ 的状态存在，而当pH值为11左右时，NH_3 大致在90%以上。

游离氨易于从水中逸出，若加以曝气吹脱的物理作用，并使水的pH值升高，则可促使氨从水中逸出。这只要采用一般的空气吹脱技术就可以做到。

8.3.2 氨吹脱工艺

(1) 氨吹脱塔设备

图8-16所示为氨气吹脱塔的外形与内部构造。

在塔内安设木制或塑料制的格子填料，用以促进空气与水的充分接触。一般以石灰作为碱剂对污水进行预处理，使pH值上升到11左右。污水从塔的上部淋洒到填料上而形成水滴，在填料间隙次第下滴，用风机或空气压缩机从塔底向上吹送空气，使水气对流，在填料的作用下，水、气能够充分接触，水滴不断地形成、破碎，使游离氨呈气态而从水中逸出。

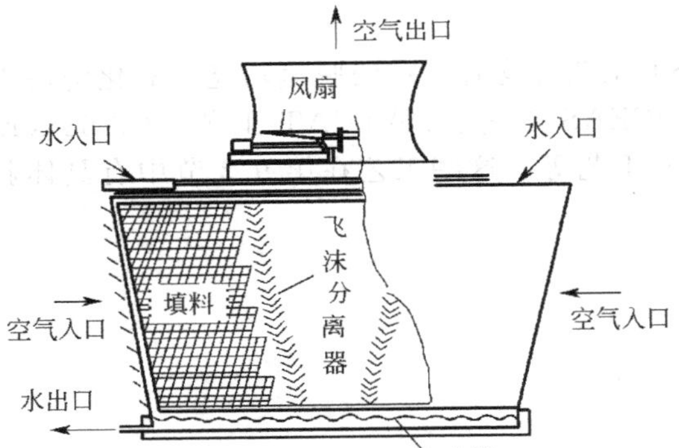

(a) 交差流型

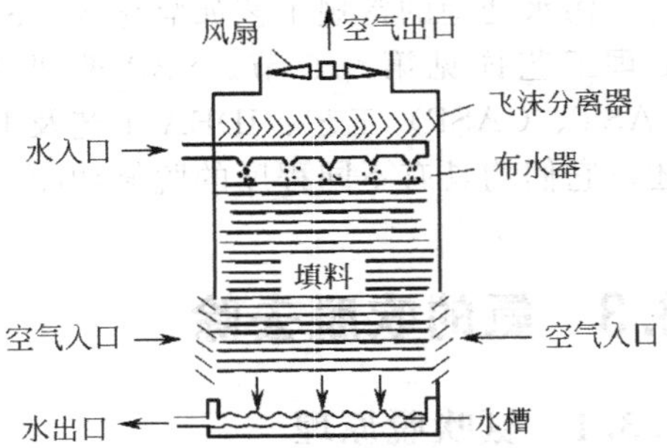

(b) 逆向流型

图 8-16 氨气吹脱塔的外形与内部构造

这种处理技术的优点是：除氨效果稳定；操作简便，容易控制。逸出的游离氨需吸收回用，以免造成二次污染；使用石灰易生成水垢；水温降低，脱氨效果也降低。用氢氧化钠作为预处理碱剂，可防止形成水垢；水温低时应用蒸汽盘管预热。

(2) 氨吹脱工艺流程

氨吹脱设备的代表性流程见图8-17。用石灰乳提高原水的pH值并除去水中的磷。水经氨吹脱塔，通入 CO_2 使生成的 $CaCO_3$ 沉淀下来，同时pH值下降。沉淀物经脱水后回收，CaO和 CO_2 可以重复利用，残留污泥送去进行污泥处理。

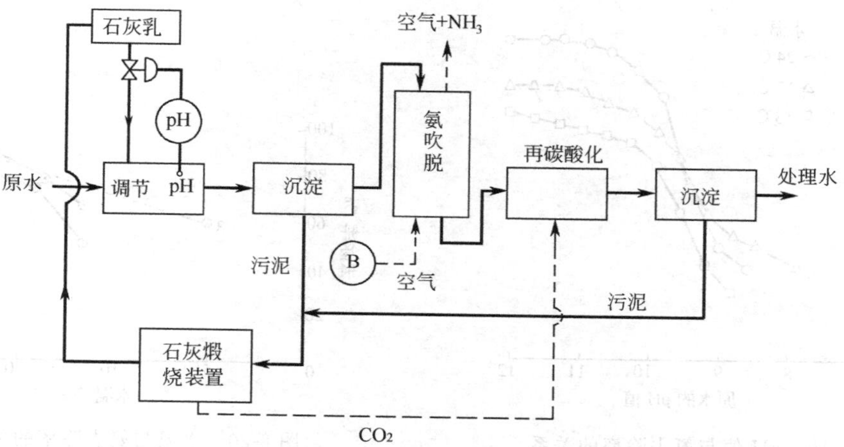

图 8-17 氨吹脱设备的代表性流程

吹脱塔可以采用逆流通风冷却塔或横流通风冷却塔，填料可用蜂窝酚醛管。对于氨氮浓度高的氨水（如煤气洗涤水、离子交换液等），也可使用填料塔或多层筛板塔。

为防止氨气向大气中逸散，当原水中的氨氮浓度较高时，把吹脱塔和吸收塔闭路连接，可以使回收工艺实用化，例如从粪便消化分离液或乙酸工业、焦化工业含氨废液中回收硫酸铵的工艺，如图 8-18。在吸收塔中通入酸以固定气态氨，可因低温和 CO_2 的作用防止水垢的生成，但这种工艺费用略高。

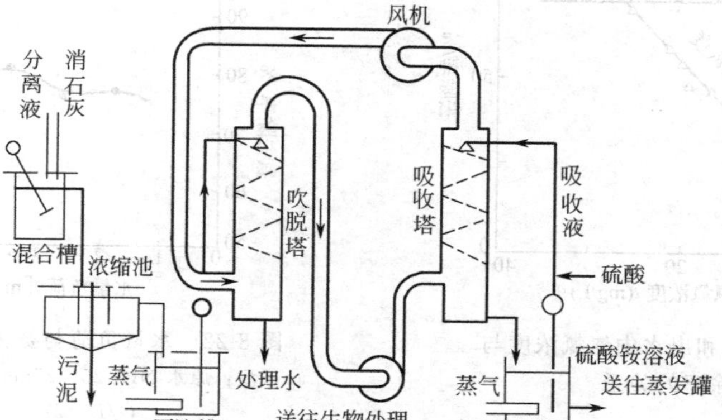

图 8-18 回收硫酸铵型的流程

8.3.3 氨脱除塔工作的影响因素

影响氨气脱除塔工作效果的主要因素如下。

(1) pH 值

氨脱除效果随 pH 值上升而提高，即游离氨比例增加，氨吹脱效率提高。但 pH 值提高到 10.5 以上，去除率提高即渐趋缓慢。pH 值与氨去除率的关系见图 8-19。

(2) 水温

氨去除率随水温升高而提高。水温与氨去除率的关系见图 8-20。日本的根本研究认为：氨吹脱除受水温影响外，还与空气温度有关，氨去除率与空气温度的 0.26 次方及水温的 0.51 次方成正比。

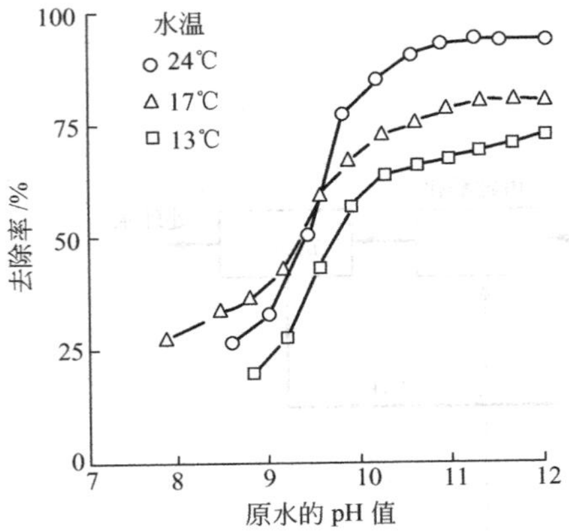

图 8-19 pH 值与氨去除率的关系

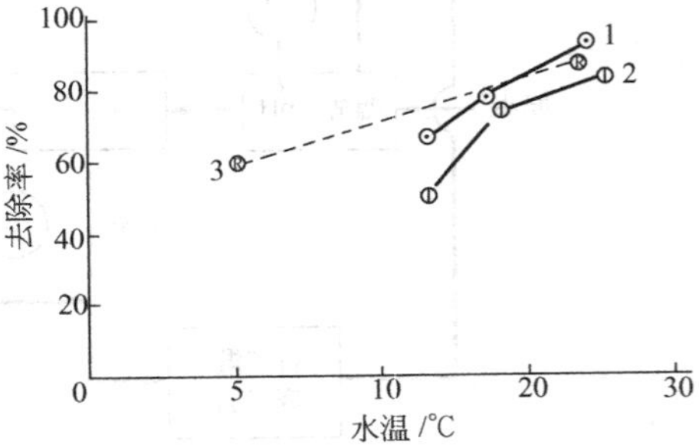

图 8-20 水温与氨去除率的关系

注：1、2、3 为不同水样

(3) 原水和出水中氨氮浓度

原水和出水中氨氮浓度与去除率的关系见图 8-21。当原水氨氮浓度增加时，氨的去除率增加不多，大约为 75%。因此，高浓度含氨废水要提高氨去除率只有增加串联吹脱塔的级数。

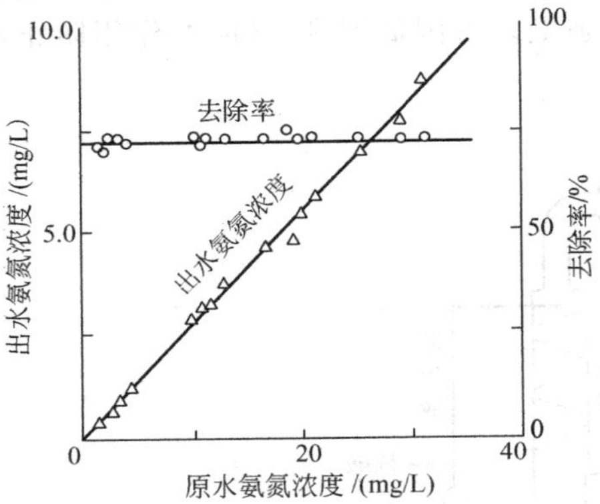

图 8-21 原水和出水中氨氮浓度与去除率的关系

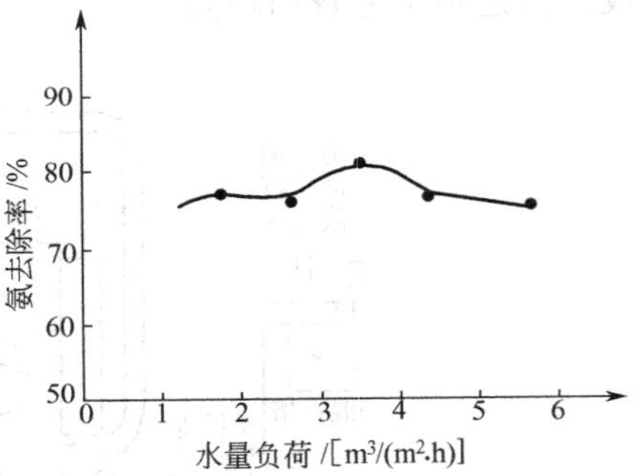

图 8-22 水量负荷与氨去除率的试验结果

注：原水 NH_3 20～25mg/L，pH 值 10.3，G/L＝2700～3000

(4) 水量负荷

水必须以滴状下落，若以膜状下落，脱氨效果当大减。当填料高 6.0m 以上时，水量负荷不宜超过 $180m^3/(m^2 \cdot d)$。国外设计水量负荷取 $60m^3/(m^2 \cdot d)$ 左右。日本水量负荷与氨去除率的试验结果见图 8-22。可见过高的水量负荷氨去除率下降，但过低的水量负荷容易发生偏流现象，也不能取得满意的脱氨效果。

(5) 气液比

当填料高在 6.0m 以上时，气液比以 2200～2300 以下为宜，空气流速的上限为 1600m/min。原水的水温、气液比与氨去除率的关系见图 8-23。

从图 8-23 中可以看出，当气液比增加时，氨去除率提高，但不同温度时均存在一个临界气液比（$G/L|_0$）。超过这个数值再增加气液比，氨去除率增加缓慢。这一临界气液比常作为设计气液比的依据。

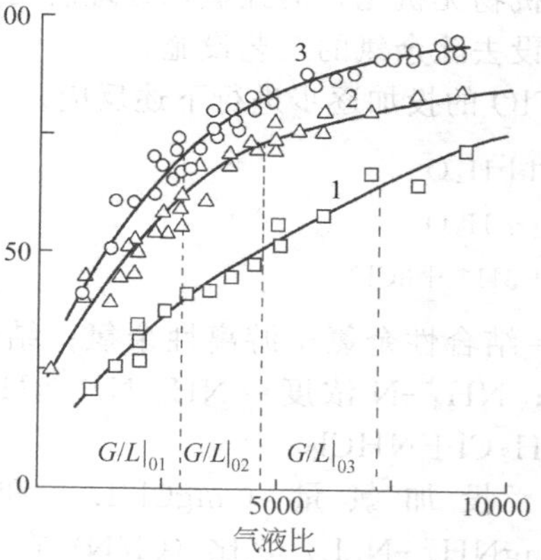

图 8-23 原水的水温、气液比与氨去除率的关系

1—水温 13℃；2—水温 18℃；3—水温 25℃

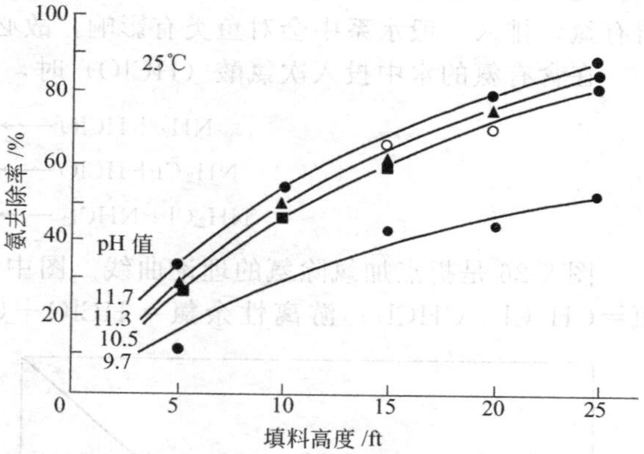

图 8-24 不同 pH 值时填料高度对氨去除率的影响

注：1ft=0.3048m

(6) 对塔高的要求

不同 pH 值时填料高度对氨去除率的影响如图 8-24 所示。若要获得 80%以上的氨去除率，需要的填料高度可参见图中曲线。塔的高度受气液接触时水中物质传递效率的影响。J. F. Roesler 对逆流塔的塔高与氨去除率的关系做试验的结果见图 8-25。可见若要取得 80%的去除率，塔高必须在 9m (27ft) 以上。

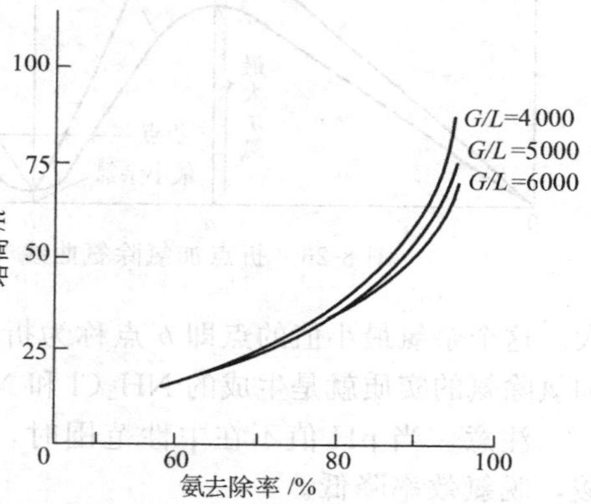

图 8-25 逆流型氨吹脱塔塔高与氨去除率的关系

注：1ft=0.3048m

8.3.4 氨吹脱工艺的设计

根据相关研究及工程实践，设计吹脱塔时可参考下列参数：水力负荷 $3\sim4m^3/(m^2\cdot h)$，气水比 $>4000m^3/m^3$，原水 pH 值>10，吹脱塔填料高$>9m$，水温$>25\sim30$℃。

原水氨氮浓度不受限制，最高可达 1000mg/L。当原水氨氮浓度较高时，应考虑脱氨塔多级串联。单级脱氨率按 70%计，并应考虑吹脱氨的回收利用。

该工艺的脱氨效果，当二级处理水氨氮浓度为 25~35mg/L 时，氨气脱除塔出口处水中将为5~9mg/L，氨去除率为 75%~85%。

该工艺对 BOD、COD、SS 以及浊度等指标都有一定的去除效果，COD 去除率 25%~50%，BOD 65%左右，SS 50%，浊度 90%。

8.4 折点加氯法除氨

8.4.1 折点加氯法除氨的基本原理

折点加氯法除氨是利用在水中的氨与氯反应生成氮气，从而将水中氨去除的化学处理法。这种方法还可以起到杀菌作用，同时使一部分有机物无机化，但经氯化处理后出水中残留有氯，排入一般水系中会对鱼类有影响，故必须附设去除余氯的工艺设施。

在含有氨的水中投入次氯酸（HClO）时，随 HClO 的投加逐步进行下述反应。

$$NH_3 + HClO \longrightarrow NH_2Cl + H_2O \tag{8-5}$$

$$NH_2Cl + HClO \longrightarrow NHCl_2 + H_2O \tag{8-6}$$

$$NH_2Cl + NHCl_2 \longrightarrow N_2\uparrow + 3H^+ + 3Cl^- \tag{8-7}$$

图 8-26 是折点加氯除氨的理论曲线。图中余氯＝结合性余氯＋游离性余氯；结合性余氯＝$CH_2Cl + CHCl_2$；游离性余氯＝$HClO + ClO^-$；NH_4^+-N 浓度＝NH_3-N＋NH_4^+-N＋$NH_2Cl + NHCl_2$。

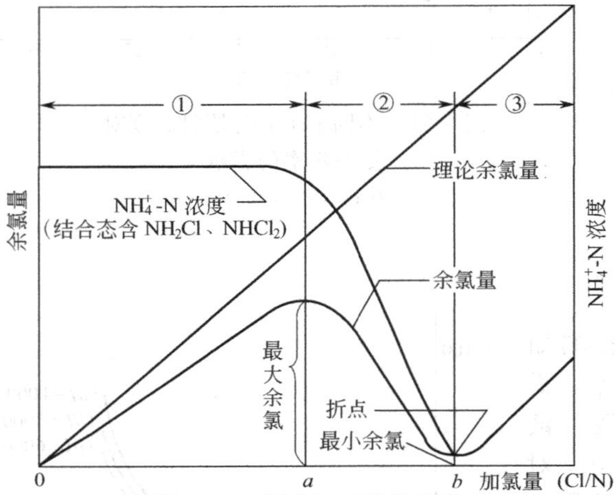

图 8-26 折点加氯除氨曲线

投加氯量（mgCl/L）和氨氮（mgNH_4^+-N/L）之比（Cl/N）在 5.07 以下时（图 8-26 中的①），首先进行式(8-5)的反应，生成 NH_2Cl，水中余氯浓度增大；其后，随着次氯酸投加量的增加，NH_2Cl 按式(8-6) 进行反应，生成 $NHCl_2$（图 8-26 中的②），同时进行式(8-5) 的反应，水中的氮呈 N_2 被去除。Cl/N 超过 a 点后，水中的余氯浓度随 Cl/N 的增大而减少。当 Cl/N 比值达到某个数值时，水中 NH_2Cl、$NHCl_2$ 反应耗尽，随着加氯量的增加，因未反应而残留的次氯酸（即游离余氯）增多，水中余氯的浓度再次增大。这个余氯最小值的点即 b 点称为折点。此时的 Cl/N 按理论计算为 7.6。由此可见，折点加氯除氨的实质就是生成的 NH_2Cl 和 $NHCl_2$，进一步相互反应生成 N_2 除去。

注意，当 pH 值不在中性范围时，酸性条件下可生成三氯胺，在碱性条件下多生成硝酸，脱氮效率降低。

$$NHCl_2 + HClO \rightleftharpoons NCl_3 + H_2O$$

$$NH_4^+ + 4HClO + 2OH^- \longrightarrow NO_3^- + 4H^+ + 4Cl^- + 3H_2O$$

8.4.2 折点加氯处理的影响因素和设计参数

(1) 氯投加量与处理水污染程度的关系

表 8-3 为 pH 值接近中性时氯化处理折点处 Cl/N 值及脱氮率。试验结果可以表明，污水预处理程度越高，到达折点时的需氯量越小，Cl/N 值越接近于理论值 7.6；同时，污水预处理程度提高，也减少了氯化反应的副产物 NO_3^- 和 NCl_3。

表 8-3 pH 值接近中性时氯化处理折点处 Cl/N 值及脱氮率

试验水样	原水水质		反应条件			折点 Cl/N	脱氮率（去除 NH_4^+-N/初期 NH_4^+-N）/%
	NH_4^+-N /(mg/L)	COD /(mg/L)	pH 值	水温 /℃	接触时间 /min		
初沉池出水	17.71	126.8	7.0	20	20	9.00	89.7
二级处理水	11.58	61.3	6.4	21.2	30	8.60	94.4

续表

试验水样	原水水质		反应条件			折点 Cl/N	脱氮率(去除 NH_4^+-N/初期 NH_4^+-N)/%
	NH_4^+-N /(mg/L)	COD /(mg/L)	pH 值	水温 /℃	接触时间 /min		
原污水	15	—	6.5～7.5	23	—	9～10	约 100
原污水石灰混凝沉淀过滤	11.2	—	6.5～7.5	23		8～9	约 100
二级处理水石灰混凝沉淀过滤	23	—	6.5～7.5	23		7～8	约 100

折点加氯量既需氧化 NH_4^+-N，亦需去除有机物，根据处理水的污染程度，可用下式计算折点加氯量。

$$Cl/N=8+0.135\times\frac{COD_0}{N_0} \tag{8-8}$$

式中 COD_0——处理水的 COD 浓度，mg/L；

N_0——处理水 NH_4^+-N 浓度，mg/L；

0.135——系数。

（2）pH 值

pH 值对氯与氨的反应影响很大，不但影响反应的产物也影响反应速度。如图 8-27 所示，pH 值高时生成 NO_3^--N 量增多，pH 值低时 NCl_3 量增多。pH 值过高或过低，到折点的 Cl/N 增大，而且折点的余氯浓度增高，故反应时 pH 值以 6～8 为宜。

折点加氯处理水 pH 值有所下降，Cl^- 也有所增加。必要时（如原水污染程度大，投氯量高时）需调整 pH 值，对二级处理水进行加氯反应，一般不需调 pH 值。

（3）碱度

因为氯水解所需的碱度大于理论计算值，一般可投加 NaOH 和石灰来补充污水碱度的不足。按理论计算必需的最低碱度为 10.7mg $CaCO_3$/L。当在碱性溶液中以 NaClO 为氯源时，一般不必调节 pH 值。

（4）氯化反应速度

pH 值为中性时，基本上 5min 以内反应就结束，但 pH 值较高时（9～10），反应速度很慢。

（5）水温

水温对所有的化学反应速度都有影响，因 NH_4^+-N 的脱氮反应是以极快速度进行的，故实际反应中一般温度的影响可以不考虑。

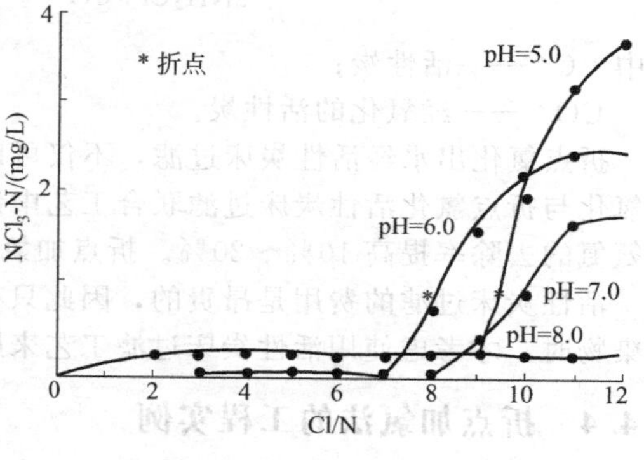

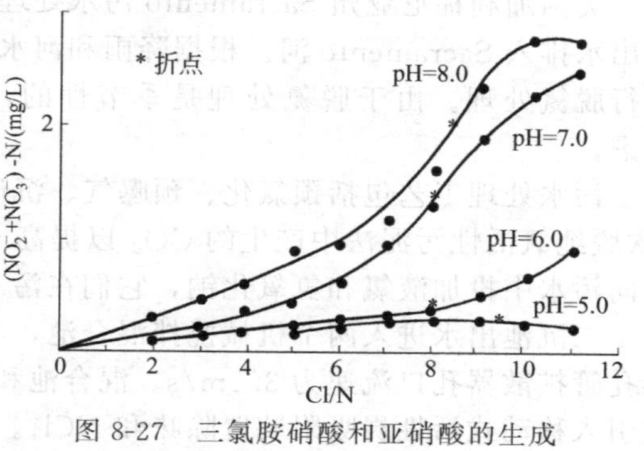

图 8-27 三氯胺硝酸和亚硝酸的生成与 pH 值的关系

折点加氯法除氨工艺的关键是 pH 值和氯投加量的准确控制。

8.4.3 余氯脱除

折点氯化出水中含有余氯，在排放水体之前应该脱氯，以免毒害鱼贝类水生生物。余氯脱除可用还原剂 SO_2 将余氯还原成 Cl^- 或用活性炭床过滤吸附。

(1) 二氧化硫脱除余氯

SO_2 是一种无色无味的气体，溶于水生成亚硫酸。SO_2 是一种强还原剂，可以和自由余氯和化合余氯发生反应，将氧化态氯转变成 Cl^-，反应式如下。

$$SO_2+HClO+H_2O \longrightarrow Cl^-+SO_4^{2-}+3H^+$$

$$SO_2+NH_2Cl+2H_2O \longrightarrow Cl^-+SO_4^{2-}+NH_4^++2H^+$$

按化学反应方程式计算，脱除余氯 SO_2 投加量按 SO_2/Cl_2（质量比）为0.9∶1。从上两式知，SO_2 和余氯反应产生 H^+，1mg SO_2 大致消耗 2mg 碱度。因为污水折点氯化或消毒后余氯浓度不高，所以投加 SO_2 消耗的碱度和引起 pH 值变化可以不加考虑。

(2) 活性炭床过滤脱除余氯

关于用活性炭去除余氯的反应机理至今尚不十分清楚，据一些研究分析可能按下列反应进行。

$$C^*+HClO \longrightarrow CO^*+H^++Cl^-$$

$$C^*+NH_2Cl+H_2O \longrightarrow CO^*+NH_4^++Cl^-$$

$$2NH_2Cl+CO^* \longrightarrow N_2\uparrow+C^*+2H^++2Cl^-+H_2O$$

式中 C^*——活性炭；

CO^*——经氧化的活性炭。

折点氯化出水经活性炭床过滤，不仅可以去除余氯，而且可以进一步去除 NH_4^+-N。折点氯化与折点氯化活性炭床过滤联合工艺中试结果表明，采用这种联合工艺比单独折点氯化除氨氮的去除率提高 10%～20%。折点加氯后活性炭脱除余氯的炭床接触时间为 30min。

活性炭床过滤的费用是昂贵的，因此只有在脱除余氯的同时需要用活性炭吸附去除其他污染物时，才考虑使用活性炭床过滤工艺来脱除余氯。

8.4.4 折点加氯法的工程实例

美国加利福尼亚州 Sacramento 污水处理厂规模为平均日旱季流量 473000m^3。污水处理厂出水排入 Sacramento 河。根据降雨和河水流量资料，每年约有 67 天需对污水处理厂出水进行脱氮处理。由于脱氮处理是季节性的，设计中脱氮采用折点氯化，设计流量按一半考虑。

污水处理工艺包括预氯化、预曝气、沉砂、初沉、纯氧活性污泥法处理、二沉、后曝气（吹脱纯氧活性污泥法中产生的 CO_2 以提高 pH 值）、氯化处理和 SO_2 脱氯。氯化处理为直接向污水中投加液氯和氢氧化钠，它们在污水中直接反应生成次氯酸盐。

二沉池出水进入两个机械搅拌混合池，与通过穿孔管扩散器投入的次氯酸盐快速混合，穿孔管扩散器孔口流速为 3.1m/s。混合池和后曝气池都是密封加盖系统。后曝气排出的废气引入移动式活性炭吸附装置除味和 NCl_3。当活性炭失效后，更换另一移动式活性炭吸附装置，将失效活性炭吸附装置送至中央处理设施更换新活性炭。氯化处理系统是一闭路控制系统。前馈控制测定出水流量、NH_4^+-N 浓度和 Cl/N，再以测定出水余氯量反馈调整氯投加量。

第9章 污水同步脱氮除磷技术

9.1 污水同步脱氮除磷工艺

9.1.1 传统活性污泥法工艺

(1) A-A-O 工艺

A-A-O 工艺，亦称 A^2/O 工艺，其工艺流程见图 9-1。

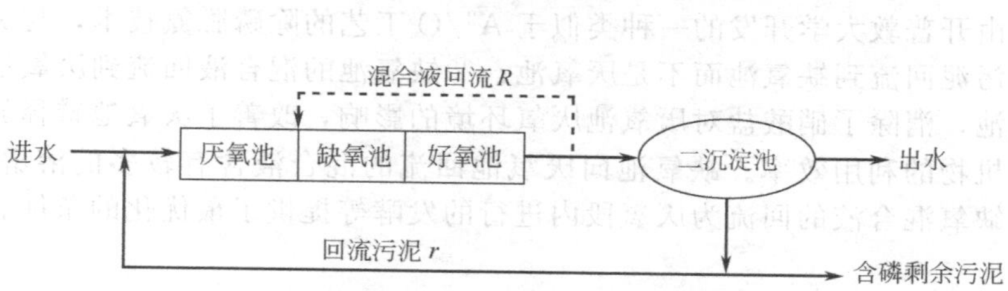

图 9-1 A^2/O 工艺流程

厌氧反应器的主要功能是释放磷，同时部分有机物进行降解。原污水同步进入的还有从沉淀池排出的含磷回流污泥。

污水经过第一厌氧反应器进入缺氧反应器，它的首要功能是脱氮，硝态氮是通过内循环由好氧反应器回流进入脱氮。循环液回流比 R 较大，一般为 1～3。

混合液从缺氧反应器进入好氧反应器，这一反应单元是多功能的：去除 BOD，NH_3-N 硝化和吸收磷等多项反应都在本反应器内进行。这三项反应都很重要，混合液中含有 NO_3^--N，污泥中含有过剩的磷，而污水中的 BOD（或 COD）得到去除。流量为 RQ 的混合液从这里回流到缺氧反应器。

沉淀池的功能是泥水分离，污泥的一部分回流到厌氧反应器污泥回流比 r，上清液作为处理水排放。

A^2/O 工艺的主要特点有以下三点。

① 流程的总水力停留时间小于其他同类工艺。运行稳定，出水水质可保证。

② 厌氧（缺氧）/好氧交替运行，不宜于丝状菌的繁殖，基本不存在污泥膨胀问题。

③ 反硝化不需外加碳源，由工艺系统提供；硝化过程消耗的碱度由缺氧过程提供，系统可保证碱度平衡。

A^2/O 工艺还存在如下问题。

① 由于混合液回流量不宜太高，脱氮效果不能满足较高的要求。

② 由于受污泥增长的限制，除磷效果较难提高。

③ 沉淀池的设计有特殊要求，含磷污泥的停留时间不能太短。

(2) Phoredox 五段工艺

Phoredox（五段）工艺流程如图 9-2 所示。

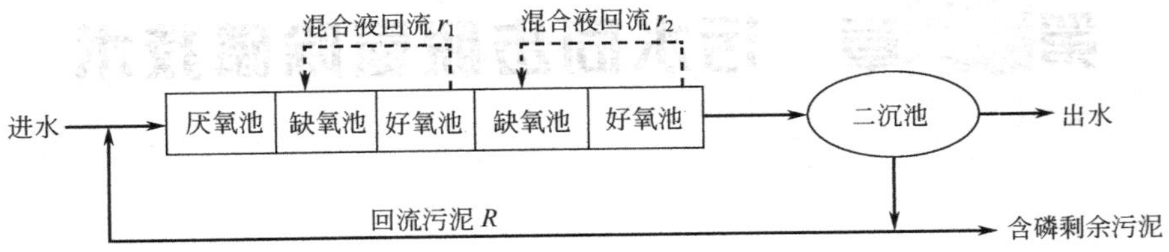

图 9-2 Phoredox（五段）工艺流程

该五段系统有厌氧、缺氧、好氧三个池子用于除磷、脱氮和碳氧化，第二个缺氧段主要用于进一步的反硝化。利用好氧段所产生的硝酸盐作为电子受体，有机碳作为电子供体。混合液两次从好氧区回流到缺氧区。该工艺的泥龄长（约 30～40d），增加了碳氧化的能力，二次反砂化脱氮，脱氮效果好。该工艺又称 A^3/D^2。

(3) UCT 工艺

该工艺是由开普敦大学开发的一种类似于 A^2/O 工艺的除磷脱氮技术，与 A^2/O 工艺有两点不同：①污泥回流到缺氧池而不是厌氧池；②缺氧池的混合液回流到厌氧池。将活性污泥回流到缺氧池，消除了硝酸盐对厌氧池厌氧环境的影响，改善了厌氧池磷释放的环境，增加了厌氧段有机物的利用效率。缺氧池向厌氧池回流的混合液含有较多的溶解性 BOD，而硝酸盐很少。缺氧混合液的回流为厌氧段内进行的发酵等提供了最优化的条件。其工艺流程见图 9-3。

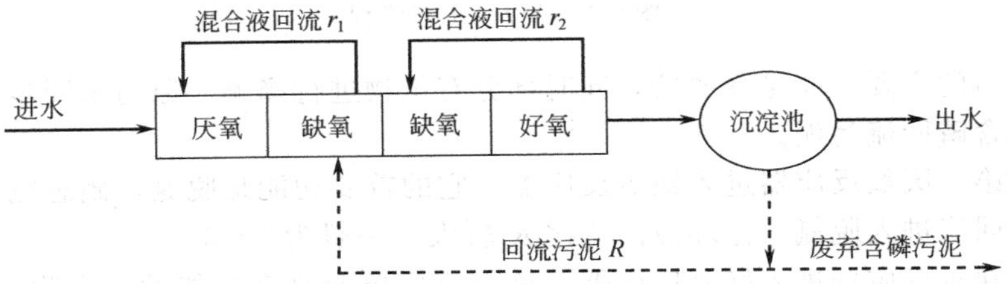

图 9-3 UCT 工艺流程

9.1.2 巴颠甫（Bardenpho）脱氮除磷工艺

本工艺是以高效率同步脱氮、除磷为目的而开发的一项技术，可称为 A^2/O^2 工艺，其工艺流程见图 9-4。

第一厌氧反应器的功能是脱氮和污泥释磷。原水直接进入厌氧反应器，含硝态氮的污水通过内循环也回流至第一好氧反应器，完成脱氮反应；含磷污泥从沉淀池回流，在厌氧条件下完成释磷。

第一好氧反应器的功能为：降解 BOD，去除由原污水带入的有机污染物；初步硝化，由于 BOD 浓度还较高，因此，硝化程度较低，产生的 NO_3^--N 也较少；聚磷菌对磷的吸收，按除磷机理，只有在 NO_x^- 得到有效脱除后，才能取得良好的除磷效果，因此在本单元内，磷吸收的效率不高。

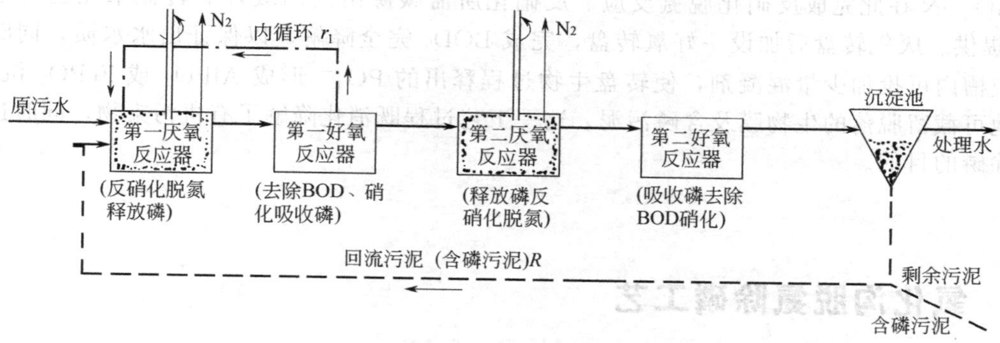

图 9-4　巴颠甫脱氮除磷工艺流程

第二厌氧反应器的功能与第一厌氧反应器相同，一是脱氮，二是释放磷，以前者为主。第二好氧反应器的功能是吸收磷和进一步硝化，并去除 BOD。

沉淀池的主要功能是泥水分离，上清液作为处理水排放，含磷污泥的一部分作为回流污泥，回流到第一厌氧反应器，另一部分作为剩余污泥排出系统。

由此可见，无论哪种反应，在系统中都反复进行两次或两次以上。各反应单元都有其首要功能，并兼具其他项功能。因此本工艺脱氮、除磷效果很好，脱氮率达 90%～95%，除磷率 97%。

其缺点是工艺复杂，反应器单元多，运行烦琐，处理成本较高。

9.1.3　生物转盘同步脱氮除磷工艺

生物转盘工艺具有如下工艺特征。

① 微生物浓度高，特别是最初几级生物转盘，盘片上生物膜量折算后将达 50～80g/L，F/M 约为 0.05～0.1，因而生物转盘处理效率高。

② 生物相丰富，各级转盘上生长着与该级污水性质适应的微生物，这对微生物的生长发育、有机物（包括含氮、含磷有机物）降解很有利。

③ 污泥龄长，在转盘上能增殖世代时间长的微生物如硝化菌，当配置一定数量缺氧条件的转盘时，即可完成硝化、反硝化脱氮作用。

④ 生物膜上微生物食物链长，产生污泥量少（1kgBOD 转化为污泥量约 0.25kg），脱落的老化膜成为污泥，沉降性及稳定性好。

⑤ 依靠转盘转动充氧，动力消耗低（约 0.7kW/kgBOD）。

⑥ 由于污泥无需回流，在最后一级转盘的反应槽或测定池中适当投加混凝剂即可除磷。图 9-5 为具有脱氮除磷功能的生物转盘工艺流程。

经预处理的废水，在经两级生物转盘处理后，BOD_5 得到一定降解，随后硝化逐步强化，形成 NO_2^--N 和 NO_3^--N，第五级设厌氧转盘，实际即为不转动的转盘，形成厌氧条

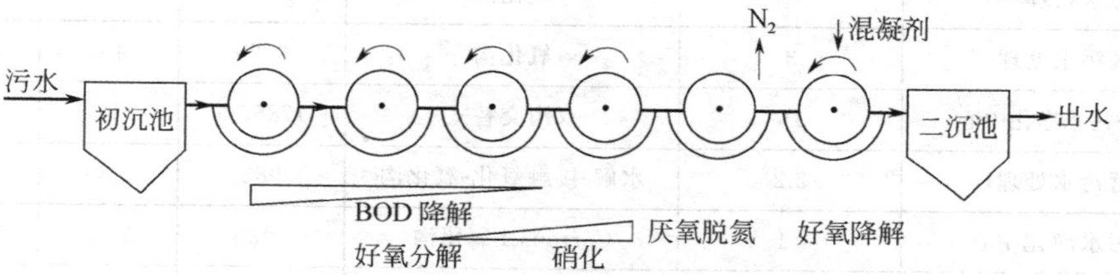

图 9-5　具有脱氮除磷功能的生物转盘工艺流程

件，NO_3^--N在此完成反硝化脱氮反应。反硝化所需碳源由前四级好氧转盘未完全降解的BOD提供。厌氧转盘后加设一好氧转盘，完成BOD_5完全降解，以保证出水水质，同时在此反应槽内可投加少量混凝剂，使转盘生物过程释出的PO_4^{3-}形成$AlPO_4$或$FePO_4$沉淀。二沉池可截留脱落的生物膜及含磷污泥。这一工艺过程既消化降解了有机污染物，同时达到脱氮除磷的目的。

9.2 氧化沟脱氮除磷工艺

9.2.1 氧化沟工艺概述

氧化沟又名循环曝气池（Oxidation Ditch，简写OD），是活性污泥法的一种变型。

氧化沟一般呈环状沟渠形，也可以是长方形、圆形等。池壁以钢筋混凝土现浇。氧化沟的断面有梯形、单侧梯形和矩形。氧化沟的水深与曝气和混合推动设备及相关的结构有关，一般在3.5～5.0m，最深的可达8.0m。

用氧化沟技术处理城市污水的效果显著，这已由我国和其他国家的工程实践所证实。将氧化沟工艺用于工业废水的处理更进一步推动了该工艺的发展。目前氧化沟工艺已成功用于化工废水、造纸废水、印染废水、食品加工废水、屠宰废水、乳品废水、啤酒及酿酒废水、家畜废液、甜菜制糖废水、马铃薯加工废水、脂肪提炼与加工废水、制药废水等的处理。随着氧化沟技术的不断完善和配套设施的进一步更新，这项工艺的适用范围愈来愈扩大。目前氧化沟处理量已可达$10^5m^3/d$以上。

氧化沟沟型有Pasveer沟、一体化氧化沟、导管式氧化沟、Carrousel氧化沟、Orbal氧化沟、交替式氧化沟等。目前氧化沟工艺已成为我国城市污水处理的主要工艺，许多新建的污水厂都采用此工艺。表9-1列出了我国部分采用氧化沟工艺的城市污水处理厂简单情况。

表9-1 我国部分采用氧化沟工艺的城市污水处理厂简单情况

厂名	处理规模/($\times10^4m^3/d$)	工艺	投资/万元	占地/ha	投产时间
邯郸市东污水处理厂	10	三沟交替式	5450	5.0	1990年11月
苏州新区污水处理厂	4	三沟交替式	5067	7.8	1996年3月
南通市污水处理厂	5	五沟交替式	6633	6.7	1994年4月
常熟市城北污水处理厂	3	三沟交替式	15000	5.3	1998年8月
杭州市大关污水处理厂	0.45	合建式	620	0.59	1995年5月
合肥王小郢污水处理厂	15	氧化沟	18342	15	1998年5月
福州市开发区污水处理厂	3	氧化沟	6070	4.6	1998年5月
西安市北石桥污水净化中心	15	双沟交替式	17856.6	19	1998年1月
安阳市豆腐营污水处理厂	2.2	水解-接触氧化-氧化沟	982	1.89	1994年9月
长沙市第二污水净化中心	14	Carrousel氧化沟	4980	2.97	1994年8月
珠海市香洲水质净化中心	3	氧化沟	7253	3.6	1994年1月

续表

厂 名	处理规模 /(×10^4m^3/d)	工 艺	投资/万元	占地/ha	投产时间
南海市桂城区污水处理厂	2.5	氧化沟	3500	2	1989年2月
中山市污水处理厂	10	Carrousel 氧化沟	32000	10	1998年5月
昆明第一污水处理厂	5.5	氧化沟	3300	9	1991年3月
东莞市塘厦污水处理厂	1.5	双沟交替式			1996年4月
河南开封市西区污水处理厂	8.0	三沟交替式		6	

注：1ha=10^4m^2。

9.2.2 氧化沟工艺及其技术特征

(1) 氧化沟工艺

氧化沟是活性污泥法的发展，沟中的活性污泥以污水中的有机物作为食料，使其降解、无机化。在氧化沟系统中，通过转刷（或曝气转盘等其他机械曝气设备）使污水和混合液在环状的渠内循环流动，依靠转刷推动污水和混合液流动以及进行曝气。氧化沟工艺的典型流程见图9-6。

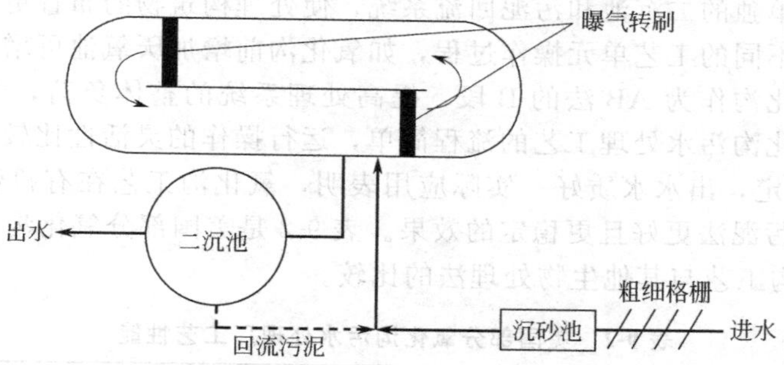

图9-6 氧化沟工艺的典型流程

混合液通过转刷后，溶解氧浓度被提高，随后在渠内流动过程中又逐渐降低。氧化沟通常以延时曝气的方式运行，水力停留时间为10～24h，污泥泥龄为20～30d。通过设置进水、出水位置及污泥回流位置、曝气设备位置，可以使氧化沟完成硝化和反硝化功能。如果主要去除BOD_5或硝化，进水点通常设在靠近转刷的位置（转刷上游），出水点在进水点的上游处。

氧化沟的渠道内的水流速度为0.25～0.35m/s。沟的几何形状和具体尺寸与曝气设备和混合设备密切相关，要根据所选择的设备最后确定。常用的氧化沟曝气和混合设备是转刷（盘）、立轴式表曝机和射流曝气机。目前也有将水下空气扩散装置与表曝机或水下扩散装置与水下推进器联合使用的工程实例。污泥沉淀设施可采用分建式或合建式。

(2) 氧化沟的技术特征

① 结合了推流和完全混合两种流态 污水进入氧化沟后，在曝气设备的作用下快速、均匀地与沟中混合液混合，混合后的水在封闭的沟渠中循环流动。废水在氧化沟中的水力停留时间多为10～24h，在每个停留时间内要完成70～300次循环。氧化沟具有推流和完全混合流特征，两者的结合可减少短流现象，有利于有机物降解，同时提高了氧化沟系统耐冲击负荷的能力。

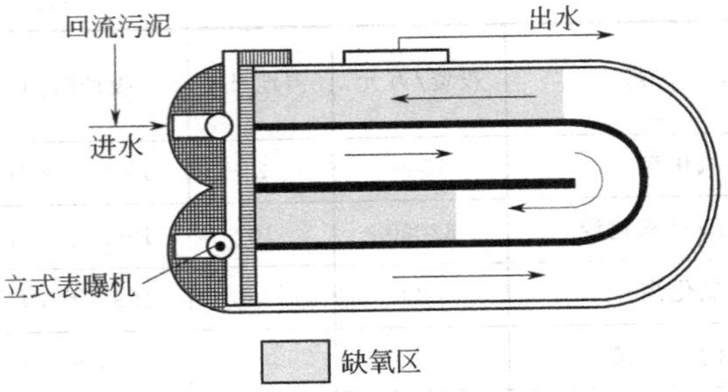

图 9-7 Carrousel 氧化沟中的缺氧区（带）位置示意

② 具有明显的溶解氧浓度梯度　氧化沟的曝气装置是定位布置的，因此在装置下游混合液的溶解氧浓度较高，随着水流沿沟长的流动，溶解氧浓度逐步下降，在某些位置溶解氧的浓度甚至可降至零，出现明显的溶解氧浓度梯度。图 9-7 是 Carrousel 氧化沟中的缺氧区（带）位置示意。利用溶解氧在沟中的浓度变化以及存在好氧区和厌氧区的特性，氧化沟工艺可以在同一构筑物中实现硝化和反硝化，通过反硝化可以利用硝酸盐中的氧，恢复了硝化过程消耗的部分碱度，无需外加碳源并维持碱平衡。由于存在局部厌氧区，故可完成聚磷菌中磷的释放，从而实现摄磷除磷的功效。

③ 处理流程简捷　氧化沟工艺处理城市污水时可不设初沉池，悬浮状的有机物可在氧化沟内得到部分稳定。由于氧化沟采用的污泥平均停留时间较长，污泥部分消化，污泥产率低，且已得到一定程度的稳定，因此一般可不设污泥消化处理装置。为防止无机沉渣在沟中的积累，原污水应先经过粗、细格栅及沉砂池的预处理。

工艺流程中的二沉池可与氧化沟分建也可与氧化沟合建（视具体的沟型而定）。合建的氧化沟系统可省去单独的二沉池和污泥回流系统，使处理构筑物的布置更加紧凑。另外，氧化沟工艺也可参与不同的工艺单元操作过程，如氧化沟前增加厌氧池可增加和提高系统的除磷功能，也可将氧化沟作为 AB 法的 B 段，提高处理系统的整体负荷，改善和提高出水水质。由此可见，氧化沟污水处理工艺的流程简单，运行操作的灵活性比较强。

④ 处理效果稳定，出水水质好　实际应用表明，氧化沟工艺在有机物和悬浮物去除方面，有比传统活性污泥法更好且更稳定的效果。表 9-2 是美国部分氧化沟污水处理厂工艺性能，表 9-3 是氧化沟工艺与其他生物处理法的比较。

表 9-2　美国部分氧化沟污水处理厂工艺性能

参　数	出水浓度/(mg/L)			去除率/%		
	冬季	夏季	年平均	冬季	夏季	年平均
BOD 平均浓度	15.2	1.2	12.3	92	94	93
SS 平均浓度	13.6	9.3	10.5	93	94	94

表 9-3　氧化沟工艺与其他生物处理法的比较

处理工艺	出水浓度低于下列数值的时间比例/%					
	10mg/L		20mg/L		30mg/L	
	TSS	BOD_5	TSS	BOD_5	TSS	BOD_5
活性污泥法	40	25	75	70	90	85
生物滤池		2				15
生物转盘	22	30	45	60	70	90
氧化沟	65	65	85	90	94	96

我国邯郸市东污水处理厂的多年运行资料分析表明，满足 BOD_5 浓度小于 30mg/L 出现的频率为 92%。

9.2.3　氧化沟工艺类型

氧化沟工艺的典型流程见图 9-6，当前的氧化沟系统种类较多，其系统流程（或组成）各有特点。

（1）Carrousel 型氧化沟

Carrousel 型氧化沟是 1967 年由荷兰的 DHV 公司开发研制的。它的研制目的是为满足在较深的氧化沟沟渠中使混合液充分混合，并能够维持较高的传质效率，以克服小型氧化沟沟深较浅、混合效果差等缺陷。该工艺具有投资省、处理效率高、可靠性好、管理方便和运行维护费用低等优点。

Carrousel 型氧化沟是一个多沟串联系统，进水与回流活性污泥混合后，沿水流方向在沟内不停地循环流动，沟内在池的一端安装立式表曝机，每组沟安装一个。Carrousel 型氧化沟曝气机均安装在沟的一端，因此形成了靠近曝气机下游的富氧区和曝气机上游的缺氧区。设计有效深度一般为 4.0～4.5m，沟中的流速 0.3m/s，由于曝气机周围的局部区域的能量强度比传统推流式曝气池中的强度高得多，因此氧的转移效率大大提高。

DHV 公司和美国的 EIMCO 公司在原 Carrousel 型氧化沟系统的基础上又开发了 Carrousel 2000 型氧化沟系统，进一步提高了 Carrousel 型氧化沟的脱氮效果和稳定性，见图 9-8。

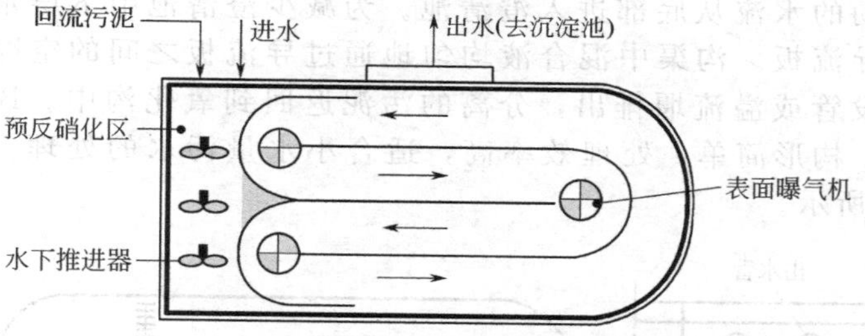

图 9-8　Carrousel 2000 型氧化沟系统

Carrousel 2000 型氧化沟由于其特殊的反硝化区的设计，在缺氧条件下使进水与一定量的混合液混合，剩余部分包括有氧区和缺氧区，用于进行同时硝化反硝化和磷的富集吸收。每座 Carrousel 2000 型氧化沟中配有相当数量的表曝机，实现沟内水体的推流、混合和充氧。系统的供氧量可以通过控制沟内表曝机运行台数和功率进行调节，每座沟中还装有一定数量的推进器用于保证混合液具有一定的流速，以防止污泥在进水有机物含量低的情况下发生沉淀。

（2）Orbal 型氧化沟

Orbal 型氧化沟又称同心圆氧化物，由几条同心圆或椭圆形的沟渠组成。

Orbal 型氧化沟设计深度一般为 4.0m 以内，采用转刷（盘）曝气，转盘浸没深度控制在 230～530mm。沟中水平流速为 0.3～0.6m/s。

Orbal 型氧化沟组成如图 9-9 所示。运行时，污水先进入氧化沟最外层的渠道，在其中不断循环的同时，依次进入下一个渠道，最后从中心管排出混合液，进入沉淀池。因此，Orbal 型氧化沟相当于串联的一系列完全混合反应器的组合。

Orbal 型氧化沟可根据需要分设 2 条沟渠、3 条沟渠和 4 条沟渠。常用 3 条沟渠形式。三沟体积比为 6∶3∶1，溶解氧浓度依次递增，通常为 0～0.5mg/L、1.0～1.5mg/L、2.0～2.5mg/L，以达到除碳、除氮的目的。

Orbal 型氧化沟适用于中小规模的城市污水处理厂。

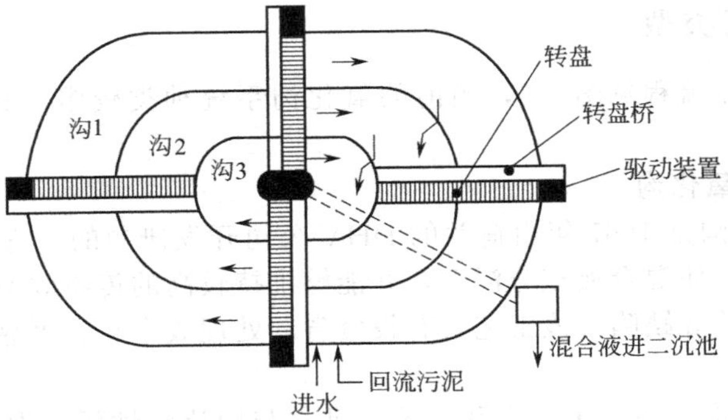

图 9-9 Orbal 型氧化沟组成示意

(3) BMTS 型一体化氧化沟

一体化氧化沟又称合建式氧化沟（Integral Combined Oxidation Ditch），它集曝气、沉淀、泥水分离和污泥回流功能为一体，无需建造单独的二沉池。

固液分离器是一体化氧化沟的关键技术设备，目前已应用的固液分离方式有多种。最为典型的是 BMTS 沟内分离器。

BMTS 型一体化氧化沟使用渠道内的澄清池，由前挡板、后挡板及底部构件组成。挡板强迫水平流动的水流从底部进入澄清池。为减少澄清池中下层水流的紊动，在底部设置一系列的导流板。沟渠中混合液均匀地通过导流板之间的空隙进入澄清池，处理后的水通过浸没管或溢流堰排出，分离的污泥返回到氧化沟中。BMTS 型一体化氧化沟经济、节能，构形简单，处理效率高，适合小水量污水的处理。BMTS 型一体化氧化沟如图 9-10 所示。

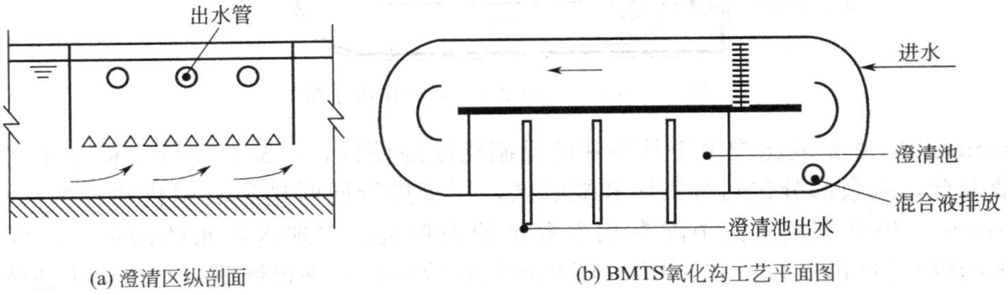

图 9-10 BMTS 型一体化氧化沟

(4) 交替式氧化沟

交替式氧化沟（Phased Isolation Ditch）是 SBR 工艺与传统氧化沟工艺组合的结果，最早由丹麦 Kruger 公司开发。目前应用的主要三种交替式氧化沟是 VR 型、DE 型和 T 型。结合交替式氧化沟可以采用具有脱氮或具有脱氮除磷能力的 Bio-Denitro、Bio-Denipho 等工艺。三种交替氧化沟主要工艺特征见表 9-4，其示意见图 9-11。

VR 型氧化沟由一个池子组成，它以连续进水、连续出水的方式运行。池中部为中心岛。整个沟的工作体积分为两部分，分别交替用作曝气区和沉淀区，每个功能区的一端都设有由水流压力封闭的单向活拍门，利用定时器自动改变转刷的旋转方向，并通过沟内水流流向启闭活拍门，以改变沟中水流流动方向和各功能区的工作状态。由于构筑物中两个功能区反复用来曝气和沉淀，因而无需污泥回流系统。通常一个完整的运行周期为 8h。

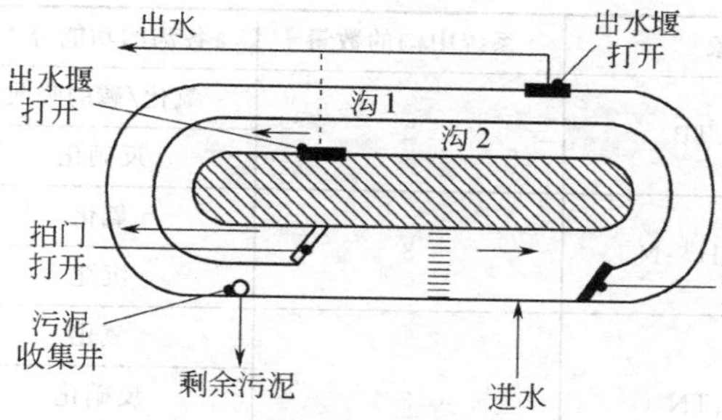

(a) VR 型氧化沟

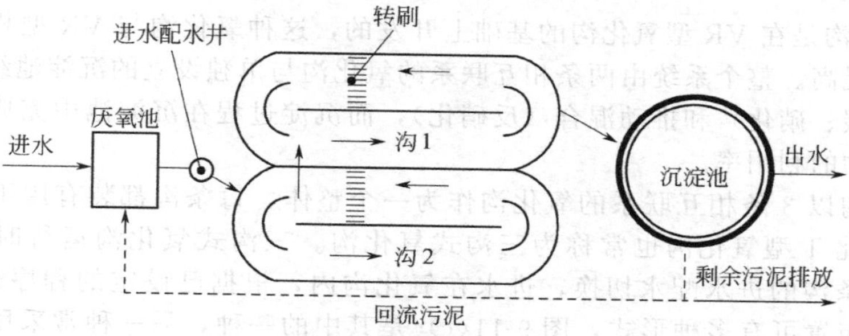

(b) DE 型氧化沟

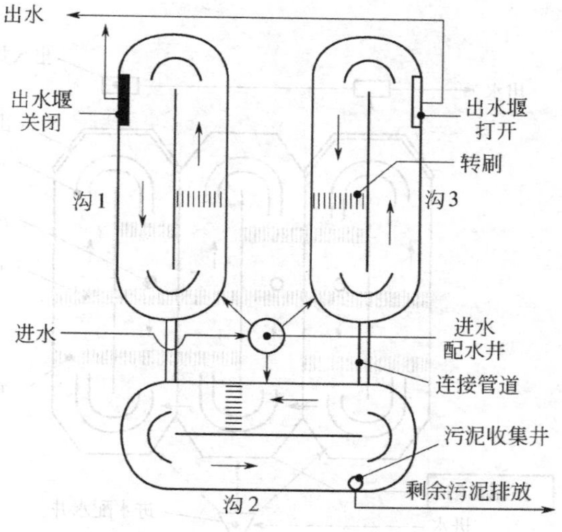

(c) T 型氧化沟

图 9-11　交替氧化沟的几种类型

表 9-4　三种交替氧化沟的主要工艺特征

类　型	处理对象	系统中沟的数量	各沟的功能分工	设置单独的沉淀池
VR 型	BOD_5、SS、NH_4^+-N	2	氧化	不需要
			沉淀	
DE 型	BOD_5、SS、TN	2	氧化	需要
			反硝化	

续表

类　型	处理对象	系统中沟的数量	各沟的功能分工	设置单独的沉淀池
DE 型	BOD_5、SS、TP	2	氧化/磷的吸收	需要
			反硝化	
T 型	BOD_5、SS、NH_4^+-N	3	氧化	不需要
			沉淀	
	BOD_5、SS、TN	3	氧化	不需要
			反硝化	
			沉淀	

DE 型氧化沟是在 VR 型氧化沟的基础上开发的，这种氧化沟与 VR 型相比，处理能力大，脱氮效率提高。整个系统由两条相互联系的氧化沟与单独设立的沉淀池组成。氧化沟仅进行曝气（脱碳、硝化）和推动混合（反硝化），而沉淀过程在沉淀池中完成。这样就提高了设备和构筑物的利用率。

T 型氧化沟以 3 条相互联系的氧化沟作为一个整体，每条沟都装有用于曝气和推动循环的转刷，因此 T 型氧化沟也常称为三沟式氧化沟。三沟式氧化沟运行时，污水由进水配水井进行 3 条沟的进水配水切换，进水在氧化沟内，根据已设定的程序进行工艺反应。T 型氧化沟的布置可有多种形式，图 9-11(c) 是其中的一种，另一种常采用的布置形式是 3 条沟并排布置，利用沟壁上的连通孔相互连接，图 9-12 为并排布置的 T 型氧化沟系统组成。

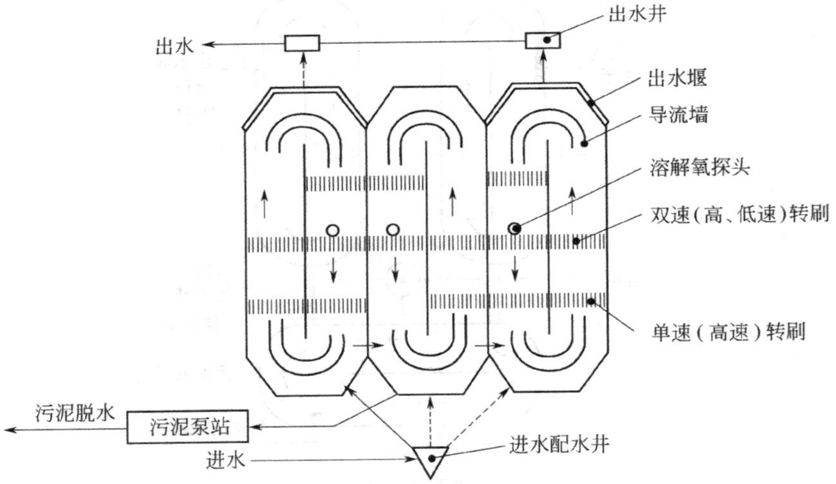

图 9-12　并排布置的 T 型氧化沟系统组成

在 T 型氧化沟系统中，3 条沟交替变换工作方式，其中两条沟用于工艺反应（曝气和混合），另一条用于沉淀。

交替式氧化沟系统实际上是单个氧化沟的不同组合。除了上述介绍的形式以外，根据使用情况还可以进行更多的组合，这是交替氧化沟系统的突出优点。

(5) 导管式氧化沟系统和射流曝气氧化沟系统

导管式氧化沟系统以导管式曝气器（Draft Tube Aerator，简称 DTA）替代转刷等表曝机。沟内流速由水力推进器维持，供氧由鼓风机提供，氧化沟内的混合和供氧分别由两套装置独立承担。水流从氧化沟底部推进，可避免底部污泥淤泥。DTA氧化沟内的水深与采用转刷的氧化沟相比，较少受到限制。氧化沟内的水位可有较大幅度的调节，而不影响导管式曝气器设备的运行。溶解氧可通过供氧量来调节，可较大幅度地控制氧化沟内高氧区和低氧区的比例。DTA设备的氧利用率较高，可达26%～34%。

曝气设备采用射流曝气器的氧化沟称为射流曝气氧化沟。氧化沟沟底设置射流曝气装置，将压缩空气与混合液在混合室充分混合，完成水、泥、气三相掺混合传质，并以挟气溶气的状态向水流流动方向射出，达到氧化沟要求的曝气充氧和搅拌推流的双重功能。射流曝气装置沿沟宽方向均匀布置。由于射流曝气装置在池底，故沟深可以较深，有资料表明沟深增加到8m仍然可以有良好的混合效果。

9.2.4 氧化沟工艺系统的设计

(1) 设计参数

对于城市污水，氧化沟系统通常的预处理是采用粗、细格栅和沉砂池，一般不设初沉池。混合液在沟内的循环速度为0.25～0.35m/s，以确保混合液呈悬浮状态。氧化沟污泥回流比采用60%～200%，设计污泥（MLSS）浓度为1500～5000mg/L，氧化沟中的氧转移效率为1.5～2.1kg/(kW·h)。设计参数与进、出水水质及脱氮除磷的要求密切相关。

氧化沟工艺的重要设计参数及相应取值如下。

① 泥龄　氧化沟的设计泥龄范围为10～30d。泥龄与温度、脱氮、脱磷要求和污泥稳定的程度相关。

② 有机负荷　氧化沟常用的设计BOD负荷取0.16～0.35kg/(m^3·d)。

③ 污泥负荷（BOD_5/MLSS）　取0.03～0.10kg/(kg·d)。

④ 水力停留时间　对于城市污水，采用的数值为10～30h。

(2) 氧化沟工艺系统的设计

① 氧化沟脱氮除磷工艺的设计　硝化菌的生长速率μ_n的计算公式如下。

$$\mu_n=0.47e^{0.098(T-15)}\times\left(\frac{N}{N+10^{0.051T-1.158}}\right)\times\left(\frac{DO}{K_{O_2}+DO}\right)\times[1-0.833\times(7.2-pH)] \tag{9-1}$$

式中　μ_n——硝化菌的生长率，d^{-1}；

N——出水的NH_4^+-N的浓度，mg/L；

T——温度，℃；

DO——氧化沟中的溶解氧浓度，mg/L；

K_{O_2}——氧的半速常数，一般为0.45～2.0mg/L。

则最小污泥平均停留时间θ_{cm}(d)为

$$\theta_{cm}=K_a\times\frac{1}{\mu_n} \tag{9-2}$$

式中　K_a——安全系数，与水温、进出水水质、水量等因素有关，通常取2.0～3.0。

去除有机物及硝化所需的氧化沟体积为

$$V=\frac{YQ(S_0-S_e)\theta_{cm}}{X_V(1+K_d\theta_{cm})} \tag{9-3}$$

式中　V——用于硝化及氧化有机物所需的氧化沟有效体积，m^3；

Y——污泥产率系数（以VSS/去除BOD_5计），kg/kg，对城市污水取0.3～0.5kg/kg；

Q——处理水流量，m^3/d；

S_0——进水 BOD_5 浓度，mg/L；

S_e——出水 BOD_5 浓度，mg/L；

θ_{cm}——最小污泥龄，d，如考虑污泥稳定，θ_{cm}取 30d 左右；

K_d——污泥内源呼吸系数，d^{-1}，对城市污水，K_d 取 0.03～0.10d^{-1}；

X_V——混合液污泥 MLVSS 浓度，kg/L，考虑脱氮时，X_V 取 2.5～3.5kg/L。

估算在硝化过程中所消耗的和在反硝化过程中所恢复的碱度（以 $CaCO_3$ 计）。通常系统中应保证有大于 100mg/L 的剩余碱度（即保持 pH 值≥7.2），以保证硝化时所需的环境。具体计算如下。

$$\begin{aligned}\text{剩余碱度(或出水碱度)}=&\text{进水碱度(以 } CaCO_3 \text{ 计)}+\\&3.57\times\text{反硝化 } NO_3^-\text{-N 的量}+0.1\times\text{去除 } BOD_5 \text{ 的量}-\\&7.14\times\text{氧化沟氧化总氮的量}\end{aligned} \tag{9-4}$$

式中 3.57——反硝化 NO_3^--N 所产生的碱度，mg/mg；

0.1——去除 BOD_5 所产生的碱度，mg/mg；

7.14——氧化 NH_4^+-N 所消耗的碱度，mg/mg。

选择反硝化速率为

$$r'_{DN}=r_{DN}\times1.09^{T-20}\times(1-DO) \tag{9-5}$$

式中 r'_{DN}——实际的反硝化速率（以 NO_3^--N/VSS 计），mg/(mg·d)；

r_{DN}——反硝化速率（以 NO_3^--N/VSS 计），mg/(mg·d)，在温度为 15～27℃时城市污水取值范围为 0.03～011mg/(mg·d)；

DO——反硝化条件下的溶解氧浓度，mg/L。

依据反硝化速率和 MLVSS 浓度，确定反硝化所要求增加的氧化沟的体积。

$$V'=\frac{\Delta S_{NO_3}}{X_V r'_{DN}} \tag{9-6}$$

式中 V'——反硝化所需氧化沟的反应体积，m^3；

ΔS_{NO_3}——去除的硝酸盐氮量，kg/d。

氧化沟总体积为

$$V_{总}=V+V' \tag{9-7}$$

在同时有脱磷要求时，氧化沟前要设专门的厌氧池，厌氧池水力停留时间按 1.0～2.0h 考虑，如果进水中的快速可降解有机物含量高，水力停留时间可以取得小一些，生物反应系统的污泥停留时间不宜大于 20d。

② 需氧量的确定 氧的供给是以需氧量为依据的。计算需氧量时，假定除了用于合成的那一部分有机物外，所有有机物都被氧化；同样除了用于合成的那部分氮外，其余的氮都需先被氧化，然后再被反硝化还原脱氮，此过程还可获得一部分氧。因此，需氧量为

$$D_{O_2}=Q\times\frac{S_0-S_e}{1-e^{-kt}}-1.42\Delta X_V+4.5Q(N_0-N_e)-0.56\Delta X_V-2.6Q\Delta NO_3^- \tag{9-8}$$

式中 D_{O_2}——同时去除 BOD_5 和脱氮所需的氧量，kg/d；

Q——污水流量，m^3/d；

S_0——进水 BOD_5，mg/L；

S_e——出水 BOD_5，mg/L；

k——速率常数，d^{-1}；

t——BOD 测试天数，d，对 BOD_5 而言 $t=5d$；

ΔX_V——每日产生的生物污泥（VSS）量，kg/d；

N_0——进水氮（TKN）浓度，mg/L；

N_e——出水氮（TKN）浓度，mg/L；

ΔNO_3^-——还原或反硝化的硝酸盐氮量，mg/L。

得到需氧量后，可根据工艺要求选择曝气设备。由于考虑厌氧或缺氧的要求，还需核算混合所需要的最小净输入功率（以确保沟内平均水流速度≥0.25m/s）。

$$P/V=0.94\mu^{0.3}\ (\text{MLSS})^{0.298} \tag{9-9}$$

式中　μ——绝对黏滞性系数，20℃时等于 1.0087；

P/V——单位体积需要的净输入功率，W/m³；

MLSS——氧化沟中混合液污泥浓度，mg/L。

③ 沉淀池的设计　氧化沟工艺由于通常采用延时曝气工艺参数，因此污泥的沉降性能要优于普通活性污泥法工艺。氧化沟工艺中沉淀池设计的推荐参数见表 9-5。

表 9-5　氧化沟工艺中沉淀池设计的推荐参数

表面负荷/[m³/(m²·d)]	固体负荷/[kg/(m²·d)]	堰负荷率/[m³/(m·d)]
12.2～20.4	19.6～98.0	124～186

④ 剩余污泥量的确定　在泥龄为 10～30d 时，氧化沟工艺的污泥产率（$VSS/\Delta BOD_5$）为 0.3～0.5kg/kg，剩余污泥量的计算应考虑泥中惰性物质和沉淀池出水流失的固体，基本公式可表示为

$$\Delta X=Q\Delta S\times\frac{Y}{f(1+K_d\theta_c)}+X_iQ-X_eQ \tag{9-10}$$

式中　ΔX——总的剩余污泥量，kg/d；

Q——污水流量，m³/d；

ΔS——进出水 BOD_5 浓度之差，mg/L；

Y——污泥产率，kg/kg；

f——MLVSS/MLSS 之比；

K_d——污泥内源呼吸系数，d^{-1}；

θ_c——设计污泥停留时间，d；

X_i——污泥中的惰性物质浓度，为进水总悬浮物浓度（TSS）与挥发性悬浮物浓度（VSS）之差，mg/L；

X_e——随出水流出的污泥量，mg/L。

9.3　SBR 法脱氮除磷工艺

SBR 法（Sequencing Batch Reactor）又称序批式活性污泥法或间歇式活性污泥法，1979 年由美国 Irvine 等人根据试验结果提出 SBR 商业化的工艺，随着自控技术的进步，特别是一些在线自动检测仪表，如溶解氧仪、pH 计、电导率仪、氧化还原电位（ORP）仪等的使用，使 SBR 系统能够自控运行，从而得到广泛应用。我国于 20 世纪 80 年代中期开始了工程应用，上海市吴淞肉联厂污水处理站是我国第一座应用 SBR 工艺的污水处理单位。

SBR 活性污泥法是将初沉池出水引入具有曝气功能的 SBR 反应池，按时间顺序进行进水、反应（曝气）、沉淀、出水、待机（闲置）等基本操作，从污水的流入开始到待机时间结束称为一个操作周期。SBR 工艺不需要设置专门的二沉池和污泥回流系统。SBR 工艺反应操作过程都在同一池中完成，只是依时间的变化，各反应操作随之变化。

9.3.1 SBR工艺及其技术特征

(1) SBR工艺的运行步骤

SBR工艺的运行由5个步骤所组成，完成一个周期的运行。其典型运行方式见图9-13。

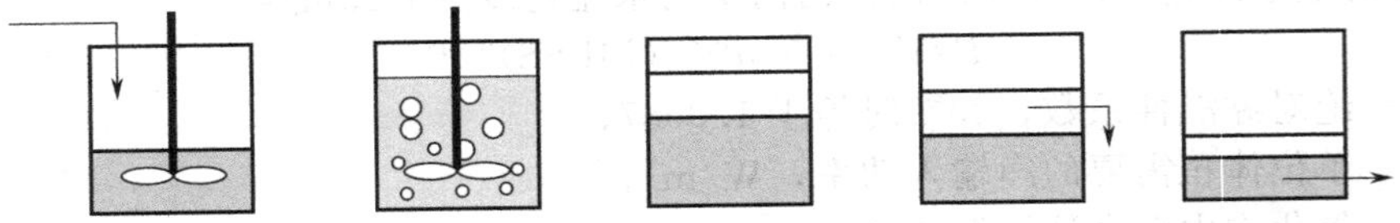

功 能	进水	反应（曝气）	沉淀	出水	待机（闲置）或排泥
供氧状况	不供氧、供氧	供氧	不供氧	不供氧	不供氧
运行体积占总容积比例/%	25→100	100	100	100→35	35→25
一个周期内运行时间比例/%	20～25	35～40	15～20	10～15	5～10

图9-13 SBR工艺典型的运行方式

① 进水工序 污水流入曝气池前，该池处于操作周期的待机（闲置）工序，此时沉淀后的清液已排放，曝气池内留有沉淀下来的活性污泥。

当污水流入的同时可进行曝气，使曝气池内的污泥再生和恢复活性，并对污水中有机物初步降解，进水同时缓速搅拌。当污水流入的同时不进行曝气，而是进行缓速搅拌使之处于缺氧状态，则可对污水进行脱氮与聚磷菌对磷的释放。污水流入时间短对工艺效果，尤其对除磷有利。

② 反应（曝气）工序 当污水注满后，即开始曝气（或仅进行混合）操作，它是最重要的一道工序，可去除有机物、硝化和磷的吸收。

③ 沉淀工序 使混合液处于静止状态，进行泥、水分离，沉淀时间一般为1.0～1.5h，沉淀效果良好。

④ 出水工序 排除曝气池沉淀后的上清液，留下活性污泥，作为下一个操作周期的菌种。

⑤ 待机（闲置）工序 待机阶段池内沉泥处于厌氧状态，聚磷菌释磷，为好氧曝气时摄磷的准备。剩余污泥的排放可以放在这一阶段。

(2) SBR工艺的技术特征

① 工艺系统组成简单，工艺流程简捷 SBR池兼有许多工艺功能，如曝气、反硝化、沉淀等，可以省去二沉池，多数情况下可省去初沉池、调节池，无需污泥回流等。构筑物的布置比较紧凑，占地面积小，造价相对较低。

② 抑制污泥膨胀，改善污泥的沉降性能 SBR工艺由于存在较高的有机物浓度梯度，并且缺氧和好氧状态交替出现，能够抑制易于产生生物污泥膨胀的丝状菌的过量繁殖。丝状菌通常为好氧专性菌，在低有机物浓度的条件下易于繁殖。而SBR工艺所具有的环境条件不利于丝状菌的繁殖，因此SBR池中污泥指数低，污泥的沉降性能比较好。

③ 处理效率高，出水水质好 SBR工艺的操作过程中，池中的有机物浓度随时间是变化的，活性污泥处于一种交替的吸附、吸收和生物降解过程。整个反应过程保持着最大的生化反应推动力，从而保证了比较好的处理效果。

④ 控制灵活，易于实现脱氮除磷 SBR工艺过程中的各工序可根据水质、水量应用电动阀、液位计、可编程序控制器等自控仪表进行控制调整，运行灵活。根据进、出水水质的要求，通过改变工艺的工作方式，如搅拌混合、曝气等可以任意设置缺（厌）氧、好氧的状

态，如工作时间、泥龄等，从而易于实现脱氮除磷的工艺要求。

9.3.2 影响SBR工艺脱氮除磷的主要因素

(1) 易生物降解的有机物浓度的变化对脱氮除磷的影响

在厌氧条件下，易生物降解的有机物由兼性异养菌转化成低分子脂肪酸（如甲酸、乙酸、丙酸）后，才能被聚磷菌所利用。这种转化对聚磷菌的释磷起着诱导作用，如果这种转化速率越高，则聚磷菌的释磷量越多，导致聚磷菌在好氧状态下的摄磷量更多，从而有利于磷的去除。所以污水中易生物降解有机物的浓度越大，则除磷越高，通常以 BOD_5/TP（总磷）作为评价指标，一般认为 $BOD_5/TP>20$，则磷的去除效果较稳定。

SBR工艺进水过程为单纯注水缓慢搅拌时，在进水过程中随池内有机物量增加，活性污泥混合液处于从缺氧过渡到厌氧状态，混合液污泥浓度逐渐降低，有机物不断积累，反硝化细菌则会利用水中有机物作碳源，通过反硝化作用可去除部分 NO_x^--N。聚磷菌在厌氧条件下释放磷，当进水结束时其易生物降解有机物浓度值更高，则兼性厌氧细菌将其降解成低分子脂肪酸的转化速率大，其诱导聚磷菌的释磷速率就高，聚磷菌在好氧条件下摄磷量更高，除磷效率提高。注意到进水时慢速搅拌可提前进入厌氧状态，利于释磷，并缩短厌氧反应时间。

(2) NO_3^--N浓度对脱氮除磷的影响

当进水处于厌氧状态时，水中存在沉淀及排水工序的缺氧段的反硝化作用不完全而留下的 NO_3^--N。由于 NO_3^--N的存在，会发生反硝化反应。反硝化消耗易生物降解有机物，而反硝化速率比聚磷菌的磷释放速率快，所以反硝化细菌与聚磷菌争夺有机碳源而优先消耗掉部分易生物降解的有机物，使聚磷菌释放时间滞后，最终导致好氧状态下聚磷菌摄取磷能力下降，影响除磷效果。如反硝化彻底，残留的 NO_3^--N浓度很小，同时也提高了氮的去除率。为此可调整运行方式，适当延长待机时间，提高脱氮效率，降低 NO_3^--N浓度。

(3) 运行时间和DO的影响

运行时间和DO是SBR工艺取得良好脱氮除磷效果的两个重要参数。在进水工序的厌氧状态，DO应控制在小于0.3mg/L，以满足释磷要求，易生物降解有机物浓度较高时则释磷速率快。当释磷速率为9～10mg/(g·h)，水力停留时间大于1h时，则聚磷菌体内的磷已充分释放。

好氧曝气工序DO应控制在2.5mg/L以上，曝气时间2～4h。主要应满足BOD降解和硝化以及聚磷菌摄磷过程的高氧环境。由于聚磷菌的好氧摄磷速率低于硝化速率，因此，以摄磷来考虑曝气时间较合适。

沉淀、排放工序均为缺氧状态，DO不高于0.5mg/L，时间不宜超过2h。在此条件下，反硝化菌将好氧曝气工序时储存体内的碳源释放，进行SBR所特有的储存性反硝化作用，使 NO_3^--N进一步去除而脱氮。注意时间过长也会造成磷释放，使出水含磷量增加，影响除磷效果。

9.3.3 SBR的工艺类型

(1) 典型的SBR工艺流程

用于城市污水处理的典型SBR处理系统工艺流程见图9-14。

SBR系统的污水储存池，可根据需要设置，其容积应根据运行周期的具体安排来定。一座污水处理厂的SBR系统，通常由不少于2只SBR单池组成，按照一定的时间周期运行，根据所要求达到水质指标，设定各工序的时间。SBR池的配套设备包括曝气系统、混合设备、出水设备和排泥设备等。

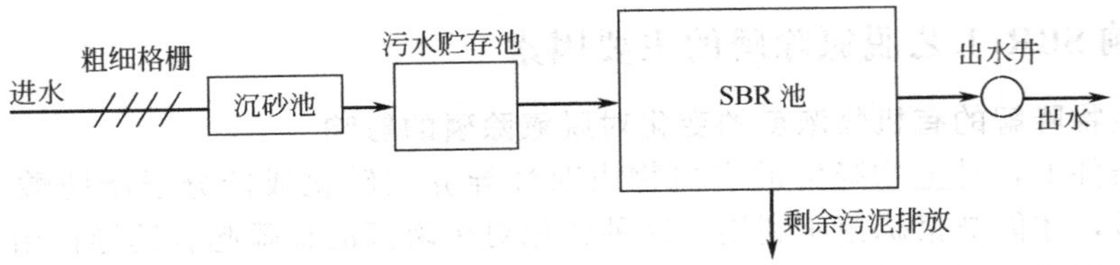

图 9-14 典型 SBR 处理系统工艺流程

(2) MSBR 工艺

MSBR (Modified Sequencing Batch Reactor) 工艺是改良型 SBR 工艺，不需设置污水储存池、初沉池和二沉池，系统连续进、出水，两个程序池交替充当沉淀池用，周期运行。

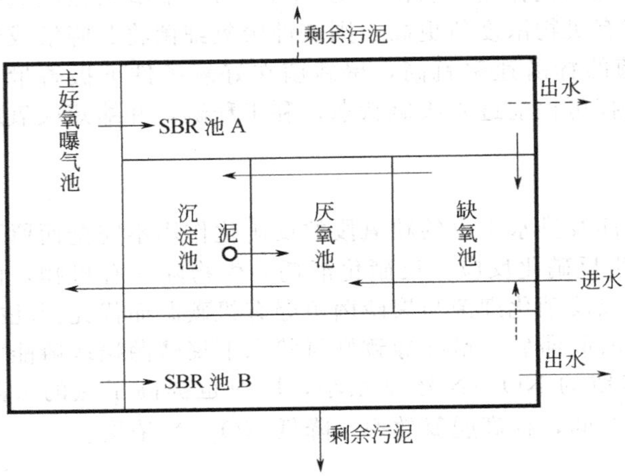

图 9-15 典型的 MSBR 平面布置

MSBR 工艺是同时进行生物除磷及生物脱氮的污水处理工艺，它是由 A^2/O 系统与 SBR 系统串联组成，并集合了二者的全部优势。

在工程实践中，通常将整个 MSBR 设计成为一座矩形池，并分为不同的单元。典型的 MSBR 平面布置见图 9-15，其污水流动方向见图 9-16。

MSBR 工艺中，污水首先进入厌氧池，在厌氧池内进行水与由沉淀池回流的高浓度污泥混合，聚磷菌在此进行磷的释放，吸收低分子脂肪酸并以 PHB 等形式在体内储存起来。接着混合液进入好氧池，聚磷菌过量吸收周围环境中的正磷酸盐，并以聚磷酸盐的形式在细胞内累积，该池同时完成有机碳的降解和氨氮的硝化。好氧池混合液一部分进入了 SBR 池 A，然后依次进入缺氧池、沉淀池和好氧池，完成系统内部的混合液循环。在内循环过程中，缺氧池担负着反硝化功能，沉淀池将混合液中的污泥沉淀下来进入厌氧池，上清液流入主曝气池。好氧曝气池混合液的另一部分进入 SBR 池 B，沉淀后作为水流出系统。两个 SBR 池交替进行上述过程，当 A 池进行缺氧、好氧循环反应时，B 池作为平流式沉淀池出水排放。一个周期后两条路线交换运行。剩余污泥在沉淀后期直接从 SBR 池中底部排放。

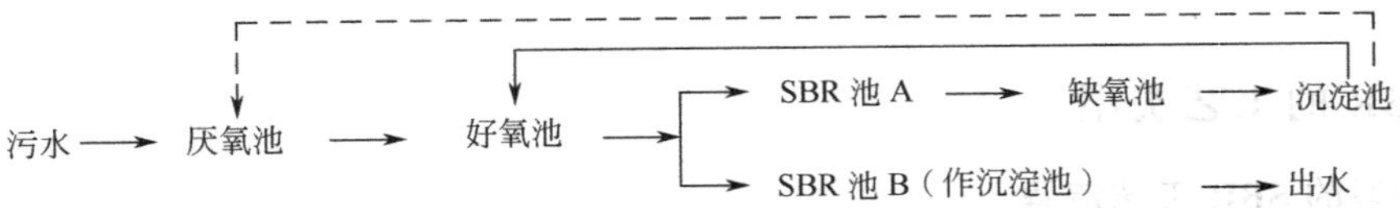

图 9-16 MSBR 污水流动方向

——为水流向；----为泥流向

缺氧池、厌氧池、SBR 池分别设置有搅拌装置。主曝气池内设曝气管，空气来自鼓风机，SBR 池出水由自动阀门控制，便于两 SBR 池之间切换。

MSBR 工艺也是将运行过程分为不同的时间段。一个运转周期分为 6 个时段，由 3 个时段组成半个周期，运转半周期持续 120min。

MSBR 工艺的主要特点是：

① 采用连续进、出水，避免了传统 SBR 对进水的控制要求及其间歇排水所造成的问题；

② 采用恒水位运行，避免了传统 SBR 变水位操作水头损失大、池子容积利用率低的缺点；

③ 提供传统连续流、恒水位活性污泥工艺对生物脱氮除磷所具有的专用缺氧、厌氧和好氧反应区，提高了工艺运行的可靠性和灵活性；

④ 为泥、水分离提供了与传统 SBR 类似的静止沉淀条件，改善了出水水质；

⑤ 提供与传统 SBR 类似的间歇反应区，提高了系统对生物脱氮除磷及有机物的去除效率。

(3) CAST 工艺

CAST 工艺（Cyclic Activated Sludge Technology）是一种循环式活性污泥法，它的反应池用隔墙分为选择区和主反应区，进水、曝气、沉淀、排水、排泥都是间歇周期性运行，生物反应过程和泥水分离过程在同一个池子中进行。CAST 工艺在进水处设置一生物选择区，进入反应器的污水和从主反应区内回流的活性污泥（回流比约 $0.2Q$）在此相互混合接触。生物选择区的设置遵循活性污泥种群组成动力学的有关规律，创造合适的微生物生长条件并选择出适应性优势细菌，可提高系统降解功能并抑制丝状性细菌的繁殖。

CAST 工艺的运行以周期循环方式进行，其工艺反应时间可以根据需要进行调整。标准的 CAST 工艺反应器以 4h 为一循环周期，其中 2h 曝气，2h 非曝气。混合液在生物选择器的水力停留时间为 1h，回流污泥浓度高时生物选择器具有良好的释磷功能。当有冲击负荷时，可以通过延长曝气时间、增加循环周期的时间来适应负荷的冲击，保证处理效果。

CAST 工艺的每个周期的运行可分成 4 个阶段，见图 9-17。

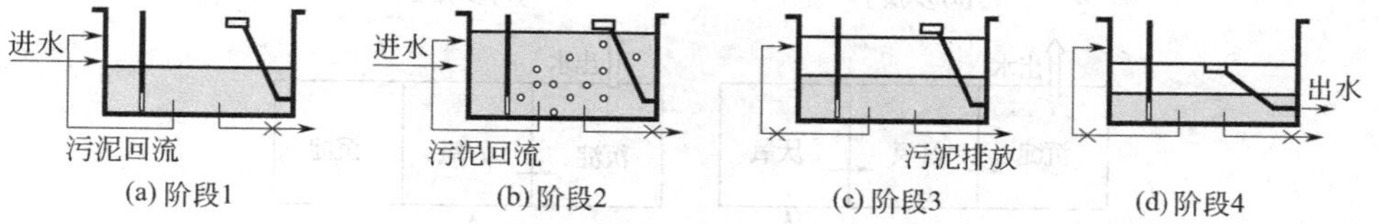

图 9-17　CAST 工艺的运行阶段示意

(4) ICEAS 工艺

ICEAS（Intermittent Cycle Extended Aeration System，间歇循环延时曝气系统）工艺是一种连续进水、间歇排水的 SBR 工艺。为了在沉淀阶段也能够进水而不影响出水的水质，对反应池的长度有一定的要求。一般从停止曝气到开始出水，原污水最多流到反应池全池长的 1/3 处；滗水结束，原污水最多到达反应池全长的 2/3 处。

ICEAS 工艺的反应池前端设置专门的缺氧选择区——预反应区，用以促进菌胶团的形成和抑制丝状菌的繁殖。反应池的后部为主反应区。在预反应区内，污水连续流入；在主反应区内，依次反复进行曝气、搅拌、滗水、排泥等过程，并且周期循环，从而产生有机物降解、硝化、反硝化、摄磷、释磷等反应，能够取得比较彻底的去除 BOD、脱氮除磷的效果。主反应区和预反应区通过隔墙下部的孔洞相连，污水通常以 0.03～0.05m/min 的速度由预反应区流入主反应区。ICEAS 工艺反应池的构造见图 9-18。

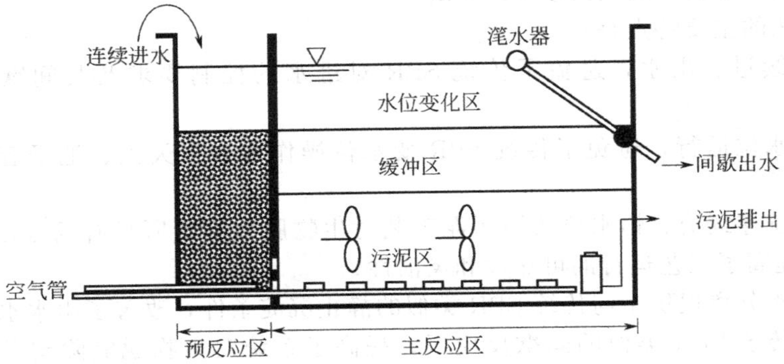

图 9-18　ICEAS 工艺反应池的构造

（5）UNITANK 工艺

UNITANK 工艺集合了 SBR 法和传统活性污泥法的优点，系统由三格池组成。三池之间水力连通；每池都设有独立的曝气系统；外侧的两池设有出水堰及剩余污泥排放口，它们交替作为厌氧池和沉淀池。污水采用连续进水，周期交替运行。通过调整系统的运行，可以实现处理过程的时间及空间控制，形成好氧、厌氧或缺氧条件，以完成处理目标。与普通的活性污泥法相比，它不需要另设二次沉淀池、污泥回流及污泥回流设备。一般情况下也可不设调节池、初沉池。

UNITANK 工艺运行模式如图 9-19 所示。

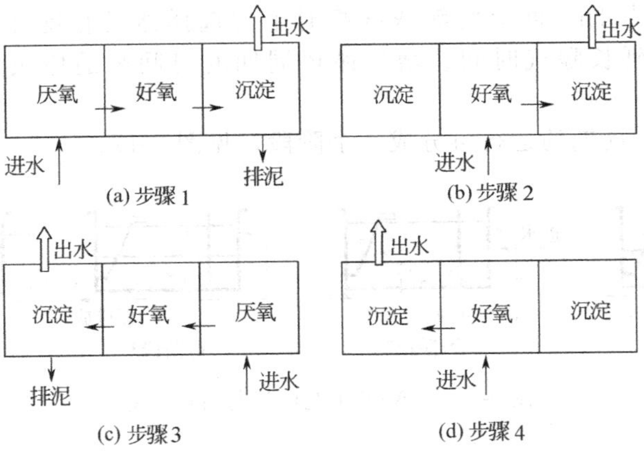

图 9-19　UNITANK 工艺的运行模式

通过对该系统进行灵活的时间和空间控制，调整水力停留时间和功能设置，可以实现污水的脱氮除磷。

污水交替进入左侧池和中间池，左侧池作为缺氧搅拌反应器，以污水中的有机物为电子供体，将在前一个周期运行阶段的硝态氮通过兼性菌的反硝化作用实现脱氮，然后释放上一阶段运行时沉淀的含磷污泥中的磷。中间池曝气运行时，去除有机物、进行硝化及吸收磷；进水并搅拌时，可以进行反硝化脱氮，同时污泥也由左向右推进（见步骤 1）。右侧池进行沉淀，泥水分离，上清液作为处理水溢出，含磷污泥的一部分作为剩余污泥排放。在进入本周期下一个运行阶段前，污水只进入中间池，使左侧池中尽可能完成硝化反应。其后左侧池作为沉淀池（见步骤2）。然后进入下一运行阶段，污水流动方向由右向左，运行过程相同（见步骤3、4）。

9.3.4　SBR工艺系统的设计

（1）设计的参数和选择

典型的SBR工艺设计参数如下（对于改良形SBR工艺可根据其特点做相应的调整）：BOD_5 体积负荷0.08～0.24kg/(m^3·d)；污泥负荷0.05～0.20kg/(kg·d)；工作周期4～8h，各阶段的时间比例可参见图9-13；污泥MLSS浓度2000～5000mg/L；水力停留时间15～40h；污泥龄15～40d。

（2）SBR工艺系统的设计

① 确定设计参数　包括：确定 N_V，SVI为90～100ml/g；确定工作周期 T 及其一日内的周期数 n；确定工作周期内各工作程序的时间分配；反应池混合液MLSS浓度；根据工艺要求，选择计算并确定泥龄 θ_c；确定周期进水量 V_0（m^3）。

$$V_0=\frac{QT}{24N} \tag{9-11}$$

式中　Q——平均日污水流量，m^3/d；

T——工作周期，h；

N——反应池池数，应不少于2。

② 反应池有效容积 V（m^3）

$$V=\frac{nV_0C}{1000N_V} \tag{9-12}$$

式中　C——进入反应池的污水BOD平均浓度，g/m^3；

n——一日之内的周期数，$n=24/T$。

有效容积 V 应等于周期进水量和池内最小水量 V_{min} 之和。

因此

$$V=V_0+V_{min} \tag{9-13}$$

则

$$V_{min}=V-V_0$$

最小水量 V_{min} 是指沉淀与排水工序之后，其池内污泥界面所对应的反应池的容积。同时污泥界面的高度应低于排水口的高度。

通常把 V_0/V 称为充水比，一般取值范围为0.5～0.7。

③ 校核反应池最小存水量 V_{min}（m^3）

$$V_{min}\geqslant\frac{\mathrm{SVI}\times\mathrm{MLSS}}{10^6}\times V \tag{9-14}$$

④ 确定单座反应池的工艺尺寸　一般池水深为4.5～5.5m，然后确定池的长度与宽度，矩形反应器长宽比一般为（1∶1）～（2∶1），超高为0.5m。当采用ICEAS工艺时，长宽比将增大至（3∶1）～（5∶1）。

⑤ 排水口距反应池底高度 h（m）

$$h=\left(H-\frac{V_0}{LB}\right)+0.3=H\times\frac{\mathrm{SVI}\times\mathrm{MLSS}}{10^6}+0.3 \tag{9-15}$$

式中　H——反应池有效水深，m；

L，B——单座反应池的长与宽，m；

0.3——缓冲保护高度，m。

⑥ 污水储存池最小容积的计算　如每周期的进水时间为 t_{in}，则污水储存池最小容积 V_K（m^3）按下式计算。

$$V_K=\frac{V_0(T-nt_{in})}{n} \tag{9-16}$$

对于规模较大的污水处理厂，一般通过调整适当的周期可以不设置污水储存池。

⑦ 计算总需氧量 D_{O_2}、需氧速率 R 根据需氧量求出标准状态下曝气设备的供氧量和供气量。其计算与普通活性污泥法相同，参见氧化沟工艺设计内容。

⑧ 剩余污泥量 排泥量 Q_w（m^3）计算公式如下。

$$Q_w=\frac{T}{24}\times\frac{h-0.3}{H}\times\frac{V}{\theta_c} \tag{9-17}$$

剩余污泥量计算的其他内容参见氧化沟工艺设计内容。

对于池容较大、进水浓度高、原水注入量大的反应器，应采取多点进水的方式。原水浓度低时，提高进水速率、缩短注入时间，可利于提高反应器内浓度梯度，提高溶解氧利用率。对于浓度较高的有机废水，可适当延长污水的注入时间，并采取非限制曝气方式（进水同时曝气）。

9.4 污水同步脱氮除磷处理工程实例

9.4.1 A^2/O 工艺工程实例

某污水处理厂设计处理能力为 $8\times10^4 m^3/d$（最大可处理 $10\times10^4 m^3/d$），采用 A^2/O 工艺，处理净化后的出水近期用于农业灌溉和补给城河、改善城市景观，远期目标为工业回用。

(1) 工艺流程

参见图 9-1。

(2) 设计工艺参数

设计流量为连续最大 8.5h 流量，即流量 $Q=3833m^3/h$。

污泥龄 SRT=16.7d。

污泥负荷 F/M（即 $BOD_5/MLSS$）=0.15kg/(kg·d)。

污泥浓度 MLSS=3500mg/L。

溶解氧：厌氧段 0.3～0.5mg/L，缺氧段<0.7mg/L，好氧段 2.0mg/L 以上。

停留时间：厌氧段 1.1h，缺氧段 2.2h，好氧段 5.2h。

污泥产率（污泥/去除的 BOD_5）$Y=0.4$kg/kg。

污泥指数 SVI=80～100ml/g。

污泥回流比 $R=50\%\sim100\%$。

混合液回流比 $r=200\%$。

系列（池）数 $n=2$，每系列（池）有效体积为 $15600m^3$。

(3) 除磷工艺的调整改善

该厂自运行以来，实际平均进水量和 BOD_5 均未达到设计值。工艺除磷效果不稳定，需进行提高除磷效果的工艺调整。具体工艺参数见表 9-6。初沉池单池运行，破坏其沉淀效果，提高初沉池出水 BOD_5；延长进水停留时间，延长排泥间隔时间，使其污泥产生初步发酵；关闭部分缺氧段曝气阀，增加厌氧段容积，提高污水在厌氧段的停留时间；在保证出水氨氮达标的情况下，周期减小部分好氧池气量，使之变成缺氧池，进行反硝化；曝气池单池运行，MLSS 保持两池运行时数值，使 F/M 提高 1 倍。

表 9-6 运行调整时的工艺参数

工艺参数		双池运行	单池运行
流量/(m^3/h)		2795(平均值),1258～3410	2410(平均值),1196～3390
pH 值		7.9(平均值),7.2～8.9	7.9(平均值),7.7～8.3
温度/℃		14.5(平均值),13.6～16.1	17.8(平均值),16.7～19.1
MLSS/(mg/L)		2549～4946	2200～3200
F/M/[kg/(kg·d)]		0.06～0.08	0.12～0.18
SV/%		22～37	26～35
SVI/(ml/g)		64～98	110～127
污泥龄/d		6.4～12.3	5.5～11.7
混合液回流比/%		200	200
污泥回流比/%		30～45	46～52
总水力停留时间/h		11	5
氧化还原电位/mV		−290～−455	−280～−491
溶解氧浓度/(mg/L)	厌氧段		
	缺氧段	0.3～0.8	0～0.5
	好氧段	1.2～3.3	1.4～2.6

按调整后的工艺运行，其结果如表 9-7 所示。

表 9-7 调整后的工艺运行结果

项目		双池运行	单池运行	项目		双池运行	单池运行
BOD_5	进水浓度/(mg/L)	143.7	138.6	SS	进水浓度/(mg/L)	226.6	159.2
	出水浓度/(mg/L)	13.7	18.1		出水浓度/(mg/L)	13.8	16.2
	去除率/%	90.5	86.9		去除率/%	93.9	89.8
COD	进水浓度/(mg/L)	347	363.6	TP	进水浓度/(mg/L)	4.9	4.57
	出水浓度/(mg/L)	35.1	47.3		出水浓度/(mg/L)	0.68	0.96
	去除率/%	89.9	87.0		去除率/%	86.1	79.0
				TN	进水浓度/(mg/L)	28.6	30.5
					出水浓度/(mg/L)	23.8	24.0
					去除率/%	16.8	21.3

9.4.2 氧化沟脱氮除磷工艺工程实例

其污水处理厂引进丹麦 Kruger 公司技术和设备建设三沟交替式氧化沟（T 型氧化沟）城市二级污水处理厂。该厂设计处理能力为 $10^5 m^3/d$，其中，生活污水和工业废水各占 50%。

(1) 工艺流程

该污水处理厂工艺流程见图 9-20。

(2) 基本设计参数及进出水水质标准

① 进水水量及进出水水质标准 处理流量 100000m^3/d，高峰流量 5200m^3/h；COD_{Cr}（平均）进水 260mg/L；BOD_5（平均）进水 130mg/L，出水 15～20mg/L；TN（平均）进

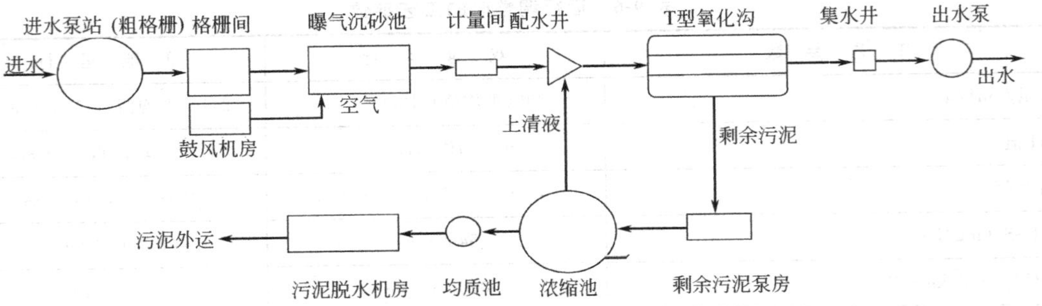

图 9-20 某污水处理厂工艺流程

水 22mg/L，出水 10～12mg/L（8℃），6～8mg/L（25℃）；TP 进水 7mg/L；SS 进水 160mg/L，出水 20～25mg/L。

② 基本设计参数　沟中平均 MLSS 浓度 4000mg/L；水力停留时间 14.5h；污泥停留时间（好氧）12d。

(3) 氧化沟的组成和运行

该污水处理厂建有 3 组平行的 T 型氧化沟系统，沟中采用转刷曝气机进行曝气和混合。中间沟的转刷连续运转。两侧边沟交替作为曝气、反硝化或沉淀运行，其中转刷只在曝气阶段和混合反硝化阶段运转。处理后的水在作为沉淀池的边沟中沉淀，经过自动调节出水堰溢出。T 型氧化沟系统参见图 9-12。

每组沟的日处理能力为 $3.3\times10^4m^3$，沟长 98m，沟宽 73m，水深 3.5m，池的体积为 $19950m^3$。每组氧化沟安装转刷曝气机 14 台，其中高速转刷（单速）8 台，位于两端的转刷桥上；双速转刷 6 台，位于中间的转刷桥上。转刷直径 1m，长 9m。高速运转时转速 72r/min，功率 45kW，充氧能力 75kg/h；低速运行时转速 48r/min，功率 30kW，主要起混合和推流作用。

在每条沟的中间桥上设有一个膜电极溶解氧连续测定探头，将水中的溶解氧浓度及时反馈至 PLC 控制器及总控室，由预先编设的程序控制转刷的启闭。在两条边沟的出水端，设有可调式溢流出水堰，用于控制出水和调节转刷的浸水深度。

该污水处理厂 T 型氧化沟运行模式见图 9-21。硝化状态溶解氧浓度控制为 2.0mg/L，反硝化状态溶解氧浓度小于 0.5mg/L，可实现生物脱氮和一定程度除磷。

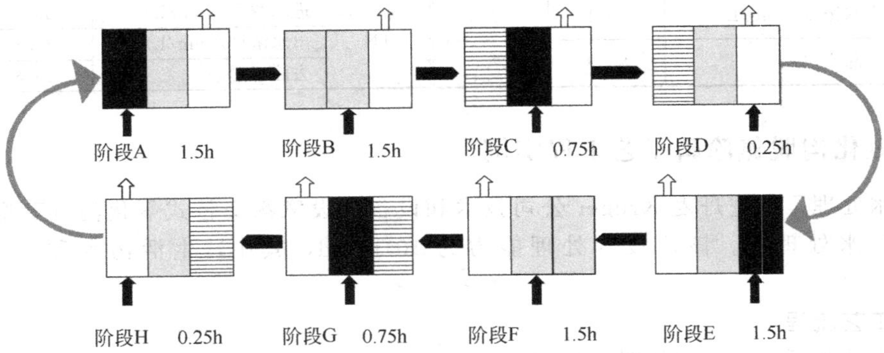

图 9-21 污水处理厂 T 型氧化沟运行模式

(4) 处理效果

表9-8是该厂氧化沟工艺处理效果。

表 9-8 污水处理厂氧化沟工艺处理效果

单位：mg/L

项目	进水（年平均）	实际出水		项目	进水（年平均）	实际出水	
		月平均	年平均			月平均	年平均
BOD_5	117	4.1～15.5	7.2	NH_4^+-N	15.5	2.1～12.3	4.6
COD_{Cr}	234	8.8～47.6	28.2	TN	29.7	7.0～17.2	14.3
SS	103	4.8～16.1	7.6	TP	3.1	1.1～2.4	1.7

此外，该厂的氧化沟系统在比较高的水力负荷条件下也可获得满意的处理效果，表9-9是三种水力停留时间下的处理效果。

表 9-9 三种不同水力停留时间下的处理效果

单位：mg/L

项目		水力停留时间		
		8.0h	10.0h	14.5h(设计)
进水平均 COD_{Cr}		251	228	222
出水 COD_{Cr}	最小	27.4	19.3	12.7
	最大	70.8	44.8	21.4
进水平均 SS		120	106	115
出水 SS	最小	11	7	5
	最大	25	14	9
进水平均 TN		26.4	25.6	28.1
出水 TN	最小	8.7	8.1	6.4
	最大	19.5	15.2	10.8

(5) 能耗比较

表9-10是该厂T型氧化沟与其他活性污泥法能耗的比较。

表 9-10 污水处理厂T型氧化沟与其他活性污泥法能耗的比较（均未考虑污水提升的能耗）

工艺	一般应用范围	比能耗①/(kW·h/kg)	工艺	一般应用范围	比能耗①/(kW·h/kg)
普通活性污泥法	深度处理(各种规模)	1.26～3.56	普通氧化沟	深度处理(小型厂)	2.26～4.86
高纯氧活性污泥法	深度处理(大型厂)	1.30～1.72	某污水处理厂T型氧化沟	部分脱氮除磷	1.20

① 指相对于去除每千克 BOD_5 的能耗。

(6) 水回用现状

该厂出水水质能满足电厂冷却水使用要求，向电厂提供6.0×10⁴m³/d的冷却用水。

9.4.3 循环式活性污泥法（C-TECH工艺）工程实例

太仓市城东污水处理厂位于江苏省太仓市城东新区。污水处理厂总规模为$4\times10^4 m^3/d$，分两期建设，一期工程规模为$2\times10^4 m^3/d$，主要处理现有城东新区的生活污水和工业废水。该厂污水处理工艺采用循环式活性污泥法（C-TECH工艺）。

(1) 工艺原理

循环式活性污泥法指设有一个分建或合建式生物选择器的可变容积，以间歇曝气—非曝气方式运行的充-放式间歇活性污泥处理工艺，在一个反应器内完成有机污染物的生物降解和泥水分离的处理功能。整个系统以推流方式运行，而各反应区则以完全混合的方式实现同步碳化、硝化-反硝化和厌氧释磷-好氧摄磷的功能。整个工艺在曝气阶段主要完成生物降解过程，在非曝气阶段虽然也有部分生物作用，但主要是完成泥水分离过程。因此，循环式活性污泥法系统无需设置二沉池，可以省去传统活性污泥法中曝气池和二沉池之间的连接管道。完成泥水分离后，利用撇水器排出每一操作循环中的处理出水。根据活性污泥实际增殖情况，在每一处理循环的最后阶段（撇水阶段）自动排出剩余污泥。循环式活性污泥法工艺可以深度去除去有机物（BOD_5、COD），同时完成除磷脱氮过程，其出水中氮和磷的浓度是很低的。

循环式活性污泥法工艺每一操作循环由下列四个阶段组成：①进水/曝气；②进水/沉淀；③撇水；④闲置（视具体运行条件而定）。

上述各个阶段组成一个循环，并不断重复。循环开始时，开始充水，池子中的水位由某一最低水位开始上升，经过一定时间的曝气和混合后，停止曝气，以使活性污泥进行絮凝并在一个静止的环境中沉淀，在完成沉淀阶段后，由一个移动式撇水器排出已处理的上清液，使水位下降至池子所设定的最低水位。完成上述操作阶段后，系统进入下一循环过程，重复以上操作。

(2) 工艺流程

目前国内污水处理厂工程建设项目很多，各污水处理厂采用的工艺类型也很多，运行效果也不尽相同。本项目生化处理系统选择范围主要是活性污泥法中较为常规且成熟的生物除磷脱氮工艺。同时，根据太仓新区的实际情况，具体工艺流程如图 9-22 所示。

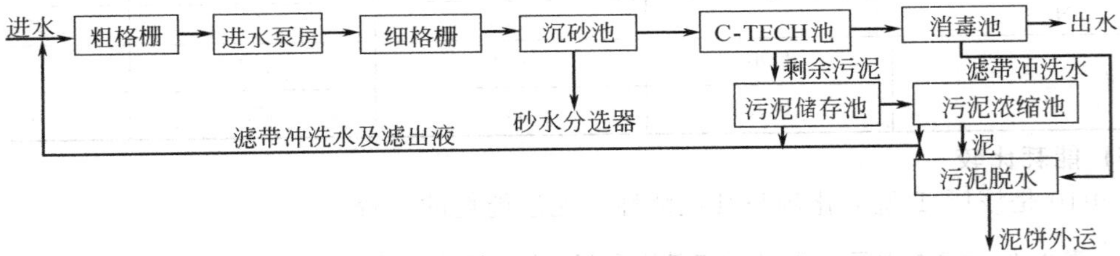

图 9-22 太仓市城东污水处理厂工艺流程

该流程的核心部分是生化处理池——C-TECH 池，即循环式活性污泥工艺池。C-TECH 池的操作循环过程见图 9-23。

(3) 工艺组成

C-TECH 工艺各组成部分简介如下。

① 生物选择器　在选择器中，污水中的溶解性有机物质能通过活性污泥的快速吸附作用而迅速去除。选择器可以恒定容积也可以可变容积运行。选择器内不曝气，维持缺氧-厌氧状态，污泥回流液中所含有的少量硝酸盐也可在此选择器中得以反硝化；在选择器中进行磷的释放，为后续主曝气区磷的过度吸收创造条件。

② 主曝气区　在 C-TECH 工艺的主曝气区进行曝气供氧，主要完成降解有机物和同步硝化/反硝化过程。

③ 污泥回流/剩余污泥排除系统　在 C-TECH 池的末端设有潜水泵，污泥通过此潜水泵不断地从主曝气区抽送至选择器中（污泥回流量约为进水流量的 20%左右）。安装在池子内的剩余污泥泵在沉淀阶段结束后将工艺过程中产生的剩余污泥排出系统。

④ 撇水装置　在池子的末端设有可升降的撇水器，以排出处理出水。撇水及其他操作

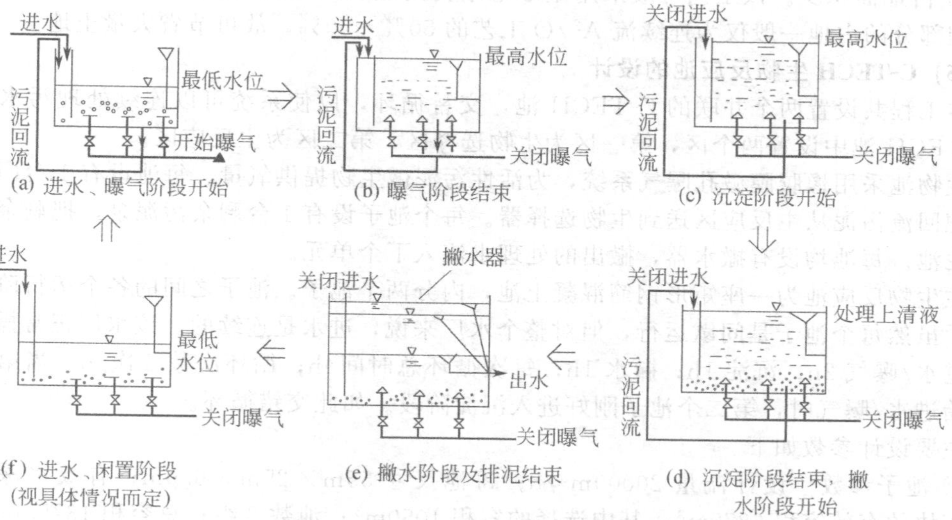

图 9-23 C-TECH 池的循环操作过程

过程均实行中央自动控制。撇水器的独特结构可以有效防止池子表面可能产生的浮泥进入撇水器而随出水排出，可进一步保证处理效果。

为了处理连续的进水，在工程中设置两个池子。每池之间的各个运行阶段相互错开。

C-TECH 工艺系统的一个重要特性是在工艺过程中不设缺氧混合阶段的条件下，高效地进行硝化和反硝化，从而达到深度去除氮的目的。在循环式活性污泥法工艺中，硝化和反硝化在曝气阶段同时进行。运行时控制供氧强度以及曝气池中溶解氧浓度，能保证絮体的周围有一个好氧环境进行硝化，由于溶解氧浓度得到控制，氧在污泥絮体内部的渗透传递作用受到限制，而较高的硝酸盐浓度（梯度）则能渗透到絮体的内部，因此在絮体内部能有效地进行反硝化过程。

C-TECH 工艺系统通过将活性污泥从主曝气区（好氧）回流到选择器（厌氧）以及系统间歇曝气的运行方式可以使活性污泥不断地经历好氧和厌氧的循环，这些反应条件将有利于聚磷菌在系统中的生长和累积。因此系统具有生物除磷的功能。在曝气阶段完成磷的吸收过程，在生物选择区中及在主反应区非曝气阶段完成磷的释放过程。生物除磷的效果很大程度上取决于进水中所含有的易降解基质的含量。由于在选择器中基质浓度梯度较大，有利于提高整个系统的生物除磷效果。采用 C-TECH 工艺的污水处理厂的大量运行结果表明，在不加任何化学药剂的条件下，生物除磷的除磷效果在 90%左右。

(4) 工艺特点

C-TECH 工艺的主要特征和优点可以总结如下。

① 工艺流程简单，布置紧凑，运行灵活，处理效果好，可在不增加大量投资的条件下，实现深度除磷脱氮，产生的剩余污泥同时得到部分稳定。

② 应用污泥耗氧速率控制技术严格控制溶解氧水平，故系统可最大程度地降低能耗和运行费用。

③ 污泥龄及水力停留时间可任意调整。能保证有机物的降解、硝化等生物处理过程的正常进行。

④ 具有很大的抗冲击负荷能力，能有效地控制污泥膨胀和丝状微生物的生长。

⑤ 适应水质水量的变化能力强。通过调节循环时间和各个阶段的时间安排即可适应实际进水负荷的变化。

⑥ 占地面积少。该工艺一般采用矩形池结构的模块式建造方式，布置非常紧凑，其生物处理部分的占地一般仅为连续流 A^2/O 工艺的 50%～60%，故可节省大量土地。

(5) C-TECH 生物反应池的设计

本工程共设置两个并联的 C-TECH 池，交替循环，以使系统可以连续处理污水。在每个 C-TECH 池中设置两个区，第一区为生物选择区，第二区为主反应区。

生物池采用橡胶膜微孔曝气系统，为活性污泥微生物提供氧量。每池设有 1 台回流污泥泵，把回流污泥从主反应区送到生物选择器。每个池子设有 1 台剩余污泥泵，把剩余污泥送到污泥池。每池均设有撇水器，撇出的处理水流入下个单元。

主生物反应池为一座矩形钢筋混凝土池，内分两个池子。池子之间的各个运行阶段相互错开。虽然每个池子是间歇运行，但对整个水厂来说，进水是连续的。该水厂正常操作循环为：进水/曝气 2h；沉淀 1h；撇水 1h；每次循环总时间4h；循环次数 6 次/d。当第一个池子开始进水/曝气时，第二个池子刚好进入沉淀阶段。如此交错循环。

主要设计参数如下。

① 池子参数　设计流量 $20000m^3/d$；每池尺寸 55m×25m×6.0m；有效水深 5.0m；每一模块的有效容积 $6875m^3$；其中选择的容积 $1050m^3$；池数 2 组；总容积 $13750m^3$。

② 工艺参数　污泥负荷 $0.07kgBOD_5/(kgMLSS \cdot d)$；总泥龄 16d；最高水位 5.00m；最低水位 3.18m；撇水深度 1.82m；最高水位时的污泥浓度 $3.63kgMLSS/m^3$；污泥产率 $0.87kgDS/kg\ BOD_5$；剩余污泥量 3125kgDS/d。

(6) 原水水质与运行处理效果

设计进水水质指标为：pH 值 6～9；COD 400mg/L；BOD_5 180mg/L；SS 200mg/L；TKN 35mg/L；TP 4mg/L。

出水水质为：COD≤60mg/L；BOD_5≤20mg/L；SS≤20mg/L；NH_3-N≤15mg/L；TN≤30mg/L；TP≤1mg/L。

第 10 章 污水自然生态处理技术

10.1 稳定塘

稳定塘又称氧化塘，是一种古老而又不断发展的、在自然条件下处理污水的生物处理系统。稳定塘系统由若干自然或人工挖掘的池塘组成，通过菌藻作用或菌藻、水生生物的综合作用而实现污水的净化。经过长期实践，稳定塘处理工艺表现出基建投资省、运行管理费用低、操作简单、节约能源等优点，从而作为代用技术而重新得到重视，近几十年来在世界范围得到复兴和发展。稳定塘技术已广泛应用于城市污水和部分工业废水的处理。目前全世界已有几十个国家采用稳定塘处理污水，美国有稳定塘 7000 余座。

稳定塘作为一门生物处理技术，其主要优点有：能充分利用地形，工程简单，可以利用农业开发利用价值不高的废河道、沼泽地，起到美化环境的效益；能够实现污水资源化，使污水处理与回用相结合。

稳定塘处理出水，一般都能达到农业灌溉的水质标准；塘内能形成藻菌、水生植物、浮游生物、底栖动物以及虾、鱼、水禽等多级食物链，组成复合生态系统，使水中有机污染物转化为鱼、水禽等物质。稳定塘的问题在于占地面积大，处理效果受气候、温度、光照等自然因素的控制，易产生臭气。

稳定塘可分为好氧稳定塘、兼性稳定塘、厌氧稳定塘等。好氧塘水深约 0.5m，阳光能透入，全部塘水呈好氧状态，好氧塘降解能力相对较高，散发臭气少，适用于我国《城镇污水处理厂污染物排放标准》(GB 18918—2002) 一级 A、B 标准出水的深度处理。兼性塘水深大于 1m，表面阳光能透入，藻类光合作用旺盛，塘底有沉淀污泥，处于厌氧发酵状态，中层为兼性区，存活大量兼性微生物。兼性塘是应用较多的一种稳定塘。厌氧塘水深大于 2m，有机负荷高，整个塘水处于厌氧状态，其中进行水解、酸化、甲烷发酵等全过程，净化速度慢，污水停留时间长。厌氧塘由于有臭气产生，在城市郊区及人口密集的农村不宜使用，只有在特殊条件下才使用。

10.1.1 稳定塘的工艺及净化原理

稳定塘属于生物处理设施，稳定塘净化污水的原理与自然水域的自净机理十分相似，污水在塘内滞留的过程中，水中的有机物通过好氧微生物的代谢活动被氧化，或经过厌氧微生物的分解而达到稳定化。好氧微生物代谢所需的溶解氧由塘表面的大气复氧作用以及藻类的光合作用提供，也可通过人工曝气供氧。

(1) 稳定塘生态系统

稳定塘生态系统由生物及非生物两部分构成。生物系统主要包括细菌、藻类、原生动物、后生动物、水生植物以及高等水生动物；非生物系统主要包括光照、风力、温度、有机负荷、pH 值、溶解氧、CO_2、氮及磷营养元素等。

细菌与藻类的共生关系是构成稳定塘的重要生态特征。稳定塘内典型的生态系统见图 10-1。在光照及温度适宜的条件下，藻类利用 CO_2、无机营养和 H_2O，通过光合作用合成细胞并放氧，异养菌利用溶解在水中的氧降解有机质，生成 CO_2、NH_3、H_2O 等，这些物质又成为藻类合成的原料。其结果是污水中溶解性有机物逐渐减少，藻类细胞和惰性生物残渣逐渐增加并随水排出。

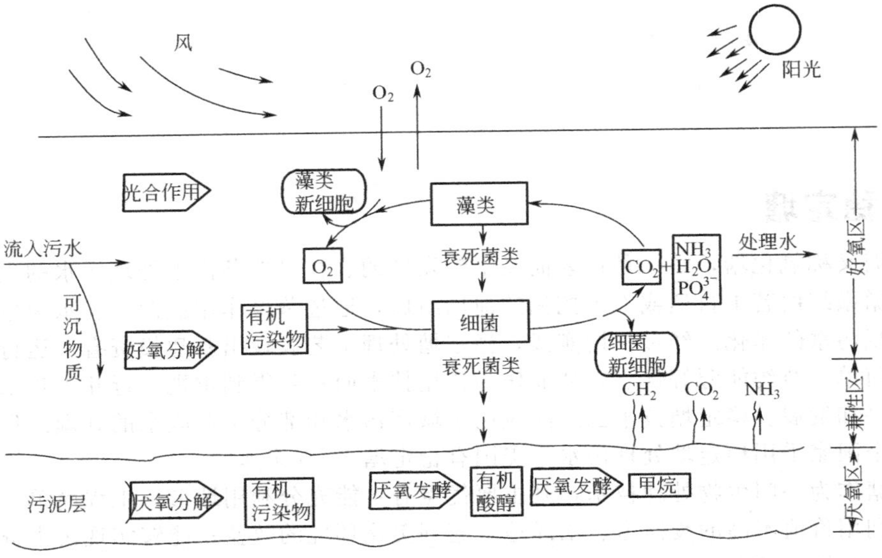

图 10-1 稳定塘内典型的生态系统

细菌对有机物（以葡萄糖为代表）的反应式如下。

$$C_6H_{12}O_6 + 6O_2 \longrightarrow 6CO_2 + 6H_2O + \text{能量}$$

藻类光合作用可表示为

$$NH_4^+ + 5CO_2 + 2.5H_2O \longrightarrow C_5H_9O_{2.5}N + 5O_2$$

在稳定塘中，细菌和藻类是浮游动物的食料，而浮游动物又被鱼类吞食，高等水生动物也可直接以大型藻类和水生植物为饲料，形成多条食物链，构成稳定塘中各种生物相互依存、相互制约的复杂的生态体系。

稳定塘生态系统的非生物组成部分亦即环境因子的作用也是不可忽视的。光照影响藻类的生长及水中溶解氧的变化；温度影响微生物的代谢作用；有机负荷则对塘内细菌的繁殖及氧、CO_2 含量产生影响；pH 值、营养元素等其他因子也可能成为制约因素。各项环境因子相互联系、多重作用，构成稳定塘的生态循环。

(2) 稳定塘中物质的迁移转化

稳定塘是比较复杂的生态系统，塘中物质转移过程受生物代谢及环境因素的影响和制约。在稳定塘中与污水净化关系最密切的是碳、氮、磷的转化和循环。

稳定塘内物质转移分析表明：①塘内碳元素的转移量与有机碳的去除量密切相关，碳元素转移通量与有机碳的去除率正相关；②生物稳定塘的工作机理主要体现为菌藻的协同工作及氧和 CO_2 的动态平衡，污水中溶解性有机碳、氮、磷转换产物主要是藻体；③氮、磷的去除主要靠生物同化作用完成，由于生物同化能力有限，生物稳定塘的脱氮除磷能力较弱。

(3) 稳定塘的供氧

稳定塘中各类生物需要的氧来自大气复氧和藻类光合作用放氧。除曝气塘外，各类稳定塘一般无需人工充氧，通常认为，以藻类为主的水生浮游植物的光合作用是稳定塘供氧的主要来源。

稳定塘中微生物将有机物分解为无机物，如 CH_4、CO_2、NH_3 等，这些无机物中的相当一部分可以经过气水界面排到大气中，另一部分由于藻类光合作用重新转化为藻类有机体的形式，增加了营养物质在稳定塘中的循环。藻类死亡时体内有机物被分解的耗氧量是不可忽略的。因此，稳定塘降解有机物的需氧相当部分由水面复氧提供。

有资料认为稳定塘大气复氧传质速率根据不同气象条件大约为 5～10g/(m^2·d)。

(4) 稳定塘对污水的净化作用

① 稀释作用　污水进入稳定塘后，在风力、水流以及污染物的扩散作用下，与塘内已有塘水进行一定程度的混合，使进水得到稀释，降低了其中各项污染指标的浓度，为进一步的净化作用创造条件。

② 沉淀和絮凝作用　污水进入稳定塘后，所夹带的悬浮物质在重力作用下沉于塘底，使污水的 SS、BOD_5、COD 等各项指标得到降低。稳定塘塘水中的生物分泌物具有絮凝作用，使污水中的细小悬浮颗粒聚集成大颗粒，沉于塘底成为沉积层。沉积层则通过厌氧分解进行稳定。

③ 微生物的代谢作用　在稳定塘内，污水净化最关键的作用仍是在好氧条件下，异养型好氧菌和兼性菌对有机污染物的代谢作用，绝大部分的有机污染物都是在这种作用下而得以去除的。

在兼性塘的塘底沉积层和厌氧塘内，厌氧细菌对有机物进行厌氧发酵分解，这也是稳定塘净化作用的一部分。

在厌氧塘和兼性塘的塘底，有机污染物一般能够经历厌氧发酵 3 个阶段的全过程，即水解阶段、产氢产乙酸阶段和产甲烷阶段的全过程，最终产物主要是 CH_4、CO_2 以及硫醇等。在稳定塘内，有机污染物是在好氧微生物、兼性微生物以及厌氧微生物协同作用下得以去除的。

④ 浮游生物的作用　在稳定塘内存活着多种浮游生物，它们各自从不同的方面对稳定塘的净化功能发挥着作用。藻类的主要功能是供氧，同时也起到从塘水中去除某些污染物，如氮、磷的作用。

原生动物、后生动物及枝角类浮游动物在稳定塘内的主要功能是吞食游离细菌和细小的悬浮状污染物和污泥颗粒，可使塘水进一步澄清。此外，它们还分泌能够产生生物絮凝作用的黏液。底栖动物如摇蚊等摄取污泥层中的藻类或细菌可使污泥层的污泥数量减少。放养的鱼类的活动也有助于水质净化，它们捕食微型水生动物和残留于水中的污物。各种生物处于同一的生物链中，互相制约，它们的动态平衡有利于水质净化。

⑤ 水生植物的作用　在稳定塘内，水生维管束植物主要在以下方面对水质净化起作用：水生植物吸收氮、磷等营养，使稳定塘去除氮、磷的功能有所提高；植物的根部具有富集重金属的功能；水生植物都能供氧。

10.1.2　好氧塘

(1) 概述

好氧塘深度较浅，水深一般小于 0.5m，主要靠塘内藻类放氧及大气表面复氧，全部塘水呈好氧状态，由好氧细菌起净化作用。好氧塘有机负荷较小，主要用于处理低浓度有机废水和城市二级处理厂出水。好氧塘适于 BOD_5 小于 20mg/L 的污水的深度处理，通常与其他塘（特别是兼性塘）串联组成塘系统，在部分气温适宜的地区也可以自成系统。其功能和设计目标是使塘出水水质应达到《城镇污水处理厂污染物排放标准》一级 A、B 标准处理水平。

好氧塘内存在着藻-菌及原生动物的共生系统，在阳光照射时间内，塘内生长的藻类在光合作用下，释放出大量的氧，塘表面也由于风力的搅动进行自然复氧，这一切使塘水保持良好的好氧状态。在水中繁殖生育的好氧异养微生物通过其本身的代谢活动对有机物进行氧化分解，而它的代谢产物 CO_2 充作藻类光合作用的碳源。藻类摄取 CO_2 及 N、P 等无机盐类，并利用太阳光能合成其本身的细胞质，并释放氧气。

(2) 好氧塘设计

① 设计参数　好氧塘的主要工艺设计参数为BOD_5表面负荷和水力停留时间，二者以水深为条件相互校核。我国城市污水好氧塘工艺设计参数见表 10-1。

表 10-1　好氧塘典型设计参数

参　数	类　型		
	高负荷好氧塘	普通好氧塘	深度处理好氧塘
BOD_5表面负荷率/[kg/(m²·d)]	0.004～0.016	0.002～0.004	0.005
水力停留时间/d	4～6	2～6	5～20
水深/m	0.3～0.45	0.45～0.5	0.5～1.0
BOD_5去除率/%	80～90	80～95	60～80
藻类浓度/(mg/L)	100～260	100～200	5～10

② 计算方法

a. 好氧塘占地面积确定

$$A=\frac{QC_0}{N_{S0}} \tag{10-1}$$

式中　A——好氧塘占地面积，m^2；

Q——进水流量，m^3/d；

C_0——进水BOD_5浓度，kg/m^3；

N_{S0}——进水BOD_5表面负荷 $kg/(m^2 \cdot d)$。

b. 好氧塘容积计算

$$V=AH \tag{10-2}$$

式中　V——好氧塘容积，m^3；

H——好氧塘有效水深，m。

c. 水力停留时间计算及校核

$$t=\frac{V}{Q} \tag{10-3}$$

式中　t——水力停留时间，d。

d. 单塘面积、长宽比、边坡及塘数的确定。好氧塘单塘面积一般不超过$40000m^2$，长宽比一般为（3∶1）～（4∶1），内边坡为（2∶1）～（3∶1），外边坡为（4∶1）～（5∶1）。塘数不应少于2个，串并联皆可。

(3) 工程应用

我国部分城市污水稳定塘工程中好氧塘运行参数和结果见表 10-2。

表 10-2　我国部分城市污水稳定塘工程中好氧塘运行参数和结果

塘规模	塘址	年均气温/℃	水深/m	BOD_5表面负荷/[kg/(m²·d)]	水力停留时间/d	去除率/%		
						BOD_5	COD_{Cr}	SS
中试塘	河北沧州	12.5	0.67	0.0036	10.55	41	12	5
	四川彭山	17.2	0.93	0.0049	11.0	57	32	—
生产性塘	齐齐哈尔	2.9	3.25	0.01	68	19	23	42
	黑龙江安达	3.2	0.9	0.0004	104	62	47	47

10.1.3　兼性塘

(1) 概述

兼性塘是目前世界上应用最为广泛的一类塘，适宜 BOD_5 小于 50mg/L 的污水深度处理。由于厌氧、兼性和好氧反应功能同时存在其中，兼性塘既可与其他类型的塘串联构成组合塘系统，也可以自成系统来达到出水达标排放的目的。

兼性塘深度在 0.5～1.2m 范围。阳光对塘水的透射深度小于 0.4～0.5m，在此深度范围内，藻类的生长不受限制，水中的溶解氧含量较高，尤其在白天能达到饱和，为好氧生物的生命活动提供了良好的环境条件，形成好氧微生物活动带。随塘深度的增加，溶解氧含量逐步降低，形成兼性微生物的活动带。在底部的废水和污泥层中，溶解氧为零，因而水体中的微生物亦随之由兼性微生物活动带过渡到厌氧微生物活动带。

兼性塘中的上述 3 个区域通过物质与能量的转化形成相互利用的联系。在厌氧带范围产生的代谢产物向上扩散运动经过其他两区域时，所生成的有机酸可被兼性菌和好氧菌吸收降解，CO_2 被好氧层的藻类利用，CH_4 则逸散进入大气；好氧区的藻类死亡之后沉淀到厌氧区，由厌氧菌对此进行分解。

(2) 兼性塘设计

① 设计参数　兼性塘的主要工艺设计参数为 BOD_5 表面负荷和水力停留时间，二者以水深为条件相互校核。冬季平均气温低于 0℃时，水力停留时间应不小于冰冻期。我国城市污水兼性塘主要设计参数见表 10-3。

表 10-3　我国城市污水兼性塘主要设计参数

冬季月平均气温/℃	BOD 负荷/[kg/(ha·d)]	停留时间/d	冬季月平均气温/℃	BOD 负荷/[kg/(ha·d)]	停留时间/d
15 以上	50～70	≥7	−10～0	20～30	120～40
10～15	30～50	20～7	−20～10	10～20	150～120
0～10	15～30	40～20	−20 以下	<10	180～150

注：在串联塘系统中，前部塘的 BOD_5 负荷率取高值，一般在 40～70kg/(10^4m^2·d) 之间，当气温高于 15℃时，BOD_5 负荷率也可以高达 100kg/(ha·d) 以不出现全塘呈厌氧状态为准。

② 计算方法

a. 兼性塘占地面积确定

$$A=\frac{QC_0}{N_{S0}} \tag{10-4}$$

式中　A——兼性塘占地面积，m^2；

Q——进水流量，m^3/d；

C_0——进水 BOD_5 浓度，kg/m^3；

N_{S0}——进水 BOD_5 表面负荷，$kg/(m^2 \cdot d)$。

b. 兼性塘容积计算

$$V=AH \tag{10-5}$$

式中　V——兼性塘容积，m^3；

H——好氧塘有效水深，m。

c. 水力停留时间计算及校核

$$t=\frac{V}{Q} \tag{10-6}$$

式中　t——水力停留时间，d。

d. 单塘面积、长宽比、边坡及塘数的确定。兼性塘单塘面积一般不超过 40000m²，长宽比一般为 (3∶1)～(4∶1)。小型塘系统中可采用单级兼性塘；塘系统较大时，一般采用有利于水质改善的三级或多级串联的方式；当塘系统很大时亦可采用串、并联并举的方式，使几个相同的串联塘并联运行。

串联塘中第一个塘通常采用较高的负荷设计 [如 0.004～0.007kg/(m² · d)]，以不出现全塘厌氧状态为宜（至少有 20cm 的好氧层），其面积一般为串联兼性塘系统的 30%～60%。

(3) 工程应用

我国部分城市污水稳定塘工程中兼性塘运行参数和结果见表 10-4。

表 10-4　我国部分城市污水稳定塘工程中兼性塘运行参数和结果

塘规模	塘址	年均气温/℃	水深/m	BOD_5 表面负荷/[kg/(m² · d)]	水力停留时间/d	去除率/%		
						BOD_5	COD_{Cr}	SS
中试塘	河北沧州	12.5	1.6	0.0177	4.0	13	5.4	—
	湖北武汉	16.3	1.8～2.85	0.004～0.006	44.7～55.8	68～81	42～70	24～49
	四川彭山	17.2	1.28	0.066	1.3	21	12.6	—
	广东中山	22.0	1.4～1.5	0.0212	2.26	65	46	—
生产性塘	齐齐哈尔	2.9	2.5	0.04875	9	11	18	18
	黑龙江安达	3.2	1.5～2.0	0.0174	9	36	31	23
	天津汉沽	11.9	1.5～2.4	0.008	17	85	46	60
	深圳布吉	22.0	1.5	0.0343	2.8	55	44	47

10.2 污水生态法处理技术

污水生态法处理是指将经过一、二级处理的废水通过生态处理方式用于农业灌溉用水、景观水、甚至循环冷却水，实现废水净化的技术。

由于废水经过自然生态法处理后的出水中含有农作物所需要的营养成分，如氮、磷、钾等，利用这些废水进行灌溉，不仅解决水的排放问题，同时提高了土壤的肥力。利用生态法处理不但使难降解有机物得到进一步的净化，而且可以实现废水的资源化。

10.2.1 湿地处理技术

(1) 湿地系统的工艺

天然湿地由水体、透水介质以及水生生物组成，处于水陆交接相的生态系统。人工湿地则是为处理污水人为设计建造的、工程化的湿地系统，是通过人工挖掘增加水负荷，并移栽植物形成的。湿地主要由五部分组成：①具有各种透水性的介质，如土壤、砂、砾石；②适于在饱和水和厌氧基质中生长的植物，如芦苇；③水体（在介质表面下或上流动的水）；④无脊椎动物；⑤好氧或厌氧微生物种群。天然湿地和人工湿地已广泛应用于城市污水或工业废水处理的实践中。从经验观点看，在处理废水中，人工湿地比自然湿地具有更大的优势。人工湿地作为一种新型的水处理工艺在许多国家被广泛应用。

湿地处理系统以生长沼泽生植物为主要特征，繁茂的水生植物为微生物提供栖息的场所，可以减缓水流速度和风速，有利于 SS 的去除和底泥上浮，能够遮盖阳光，避免藻类大量增殖影响出水水质。纤管束植物向根部输送光合作用产生的氧气以及水面复氧作用维持水和根区附近土壤中微生物的正常活动，植物本身也能直接吸收和分解污染物。

湿地系统的另一特征是水下保持一定厚度的淤泥层，淤泥层含有大量的有机质和微生物，对吸附和分解污水中污染物起重要作用。

图 10-2、图 10-3 是自由水面人工湿地、人工潜流湿地两种系统的示意图。

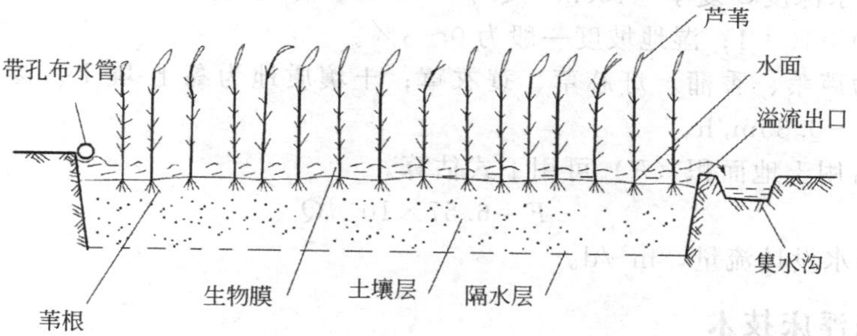

图 10-2　自由水面人工湿地系统

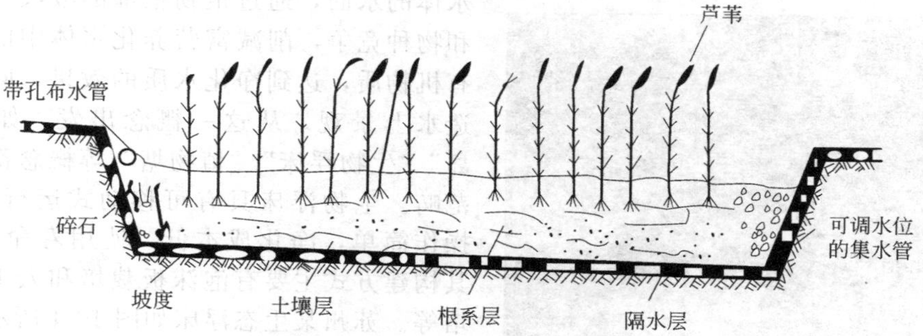

图 10-3　人工潜流湿地处理系统

湿地水深约 0.2～0.3m，表面负荷可达 5～6kgBOD/(ha·d)。

(2) 湿地的净化机理简述

湿地利用基质、微生物、植物复合生态系统的物理、化学和生物等的协调作用，通过过滤、吸附、沉淀、植物吸收和微生物分解来实现对污水的深度净化。不溶性有机物通过湿地沉淀、过滤可以从污水中截留下来被微生物利用，可溶性有机物则通过植物根系的吸附、吸收及代谢降解过程而被分解去除。微生物的氨化、硝化和反硝化作用可完成对氮的去除。植物的吸收及湿地床的物理化学作用可完成对磷和硫化物的去除。

① 氧变化情况　氧来源于植物根毛的释放、水面更新溶氧。湿地植物光合作用产生的氧气，一部分释放到湿地环境中，使植物根毛周围形成了一个好氧区域，好氧生物膜对氧的利用使离根毛较远的区域按层次呈现缺氧状态和完全厌氧状态，有利于大分子有机物及氮、磷的去除。

② 湿地对有机物的去除　可溶性有机物则可通过生物膜的吸附及微生物的代谢过程去除。无机氮可以直接被植物摄取，合成植物蛋白质等有机氮，通过植物的收割而从废水和湿地系统中去除，同时氮的去除还可以通过微生物的硝化、反硝化作用来完成。废水中无机磷在植物吸收及同化作用下可变成植物的 ATP、DNA 及 RNA 等有机成分，通过植物收割而去除。微生物对磷的去除包括它们对磷的正常同化（将磷纳入其分子组成）和对磷的过量积累。含钙质或铁质的地下水渗入人工湿地也有利于磷的去除。

③ 湿地对细菌的去除　湿地对细菌具有相当有效的去除效果。当污水通过基质层时，寄生虫卵沉降并被截留，细菌和病原体在湿地中去除是因为它们对环境的不适应而死亡，或植物根系的某些分泌物对它们有灭活作用。

(3) 湿地的主要设计参数

湿地系统初步设计可考虑采用的参考性参数如下：水力停留时间7～10d；投配负荷率2～20cm/d；布水深度，夏季＜10cm，冬季＞30cm；有机负荷15～20kgBOD/($10^4 m^2$·d)；长宽比（L：B）＞10：1；湿地坡度一般为0～3%。

植物一般为芦苇、香蒲、灯芯草、蓑衣草；土壤质地为黏土-壤土。渗透性为慢-中等，渗透率为0.025～0.35m/h。

人工湿地占用土地面积（F）可用下式估算。

$$F=6.57\times10^{-3}Q \tag{10-7}$$

式中　Q——污水设计流量，m^3/d。

10.2.2　生态浮床技术

生物浮床技术是把高等水生植物或改良的陆生植物，以浮床作为载体，种植到富营养化水体的水面，通过植物根部的吸收、吸附作用和物种竞争，削减富营养化水体中的氮、磷及有机物质，达到净化水质的效果，同时又可营造水上景观。从这一概念出发，如“生物浮岛”“生物浮床”“植物塘”等概念都属于这一范畴。生物浮床具有可移动式运行、无动力、操作简单，净化成本低、使用寿命长等特点。其构建方式主要有泡沫板栽培和人工蛭石袋栽培等。苏州某生态浮床如图10-4所示。

图10-4　苏州某生态浮床

用于净化富营养化水体的高等植物品种繁多，主要是一年生或多年生草本植物和花卉等。目前已用于生物浮床的植物主要有美人蕉、芦苇、荻、多花黑麦草、水稻、香根草、牛筋草、香蒲、菖蒲、石菖蒲、水浮莲、海芋、凤眼莲、土大黄、水芹菜、水雍菜、旱伞草、灯心草等。

人工生物浮床净化富营养化水体的作用主要表现在以下方面。①对浮游植物的削减，有关隔离水域试验结果表明，在生物浮床占有率25%条件下，植物性浮游生物削减率达到90%以上。②对水体中营养物质的去除：大多数植物都可以直接从水层和底泥中吸收氮、磷，并同化为自身机体的组成物质，能对富营养化水体起到很好的修复效果。浮床植物对受试水体中营养物质（TN、TP）的去除大都能达到70%以上。③对重金属的富集。一些植物演化出特定的生理机制使其脱毒，并能对重金属进行吸收、富集，从而具有一定的去除水体重金属污染功能。如凤眼莲能富集镉、铬，铅、汞、砷、硒、铜、镍等多种重金属，吸收降解酚、氰等有毒有害物质，水浮莲能富集汞、铜等。

此外，生物浮床还具有良好的景观效果、增加生物多样性、取得一定的经济效益，使得这一技术具有广阔的应用前景。

(1) 水生植物的分类

水生植物与其他植物明显不同的习性是对水分的要求和依赖远远大于其他各类，因此也构成了其独特的习性。

我国水生植物丰富，大致可分为以下4类。

① 挺水植物　根生长于泥土中，茎叶挺出水面，绝大多数有茎、叶之分，直立挺拔，花色艳丽，花开时离开水面，如芦苇、菖蒲等。

② 浮叶植物 也称浮水植物，根生于泥土中，茎细弱不能直立，叶片漂浮于水面或略高于水面，开放时近水面，如莼菜、荸荠等。

③ 漂浮植物 根不生于泥中，植株漂浮于水面之上，可随水漂移，在水面的位置不易控制，以观叶为主，如大藻、浮萍等。

④ 沉水植物 整个植物沉入水中，通气组织特别发达，叶多为狭长或丝状，以观叶为主，如网草、金鱼藻等。

(2) 水生植物的污水净化机理

水生植物对污染物的净化包括吸附、吸收、富集和降解几个环节，植物可通过根系吸收，也可直接通过茎、叶等器官的体表吸收。吸收到体内的有机物，属于难降解的种类，如重金属及DDT、六六六等有机氯农药，可储存于体内的某些部位，其蓄积量甚至达到很高时，植物仍不会受害，如将蓄积大量污染物的植物体适时的从水体中移出，则水体即可达到较好的净化效果。一些有机污染物，如酚、氰等进入植物体内，可被降解为其他无毒的化合物，甚至降解为 CO_2 和 H_2O，这是更为彻底的净化途径。

① 水生植物对城镇污水的净化 通常植物在生长过程中，能忍耐土壤中高浓度的污染物，植物的这种抗毒性作用，为植物对土壤和水体中的污染物吸收和降解奠定了基础。如凤眼莲的根能吸收大量造成富营养化的氮、磷、钾，它依靠根系的吸收以及根际微生物的降解等完成净化作用。水生维管植物茭白、慈菇对城镇污水BOD的去除率可达80%以上。

② 水生植物对工业有机废水的净化 水生植物净化工业有机废水时，可以有效降低废水中的COD、SS、有机氮、有机磷等指标，如利用水生植物水葫芦、绿萍治理淀粉废水，使 COD_{Cr} 的总去除率达98%，氨氮的去除率可达99%；水生植物对一些有毒有害有机污染物也有一定的净化作用。利用凤眼莲、水浮莲、水花生和浮萍4种水生植物对三肼污水进行处理，能将污水中偏二甲肼、甲基肼和无水肼吸收到根部和叶部，达到较好的净化效果。凤眼莲能净化含萘废水，它依靠根际微生物的降解等完成净化作用。在石油化工废水中（经生化处理后）投放凤眼莲、龙须子菜等水生植物，可使石油类、As、氰化物的浓度明显下降，可达到渔业水质标准。

③ 水生植物对污染水体的净化 凤眼莲、水花生、伊乐藻、菹草和微齿眼子菜等水生植物，用于净化富营养化湖水，能快速提高水体透明度，对湖水的N、P有较高的去除率，对藻类有明显的抑制作用。

沉水植物可以直接吸收湖水中的营养盐，降低湖水营养水平，抑制浮游藻类的生长。通过根部吸收底泥中的N、P和植物体吸收水中的N、P，大型水生植物由根从底泥中吸收的 PO_4-P。高等水生植物根、茎的吸附、分解、吸收，及其共生细菌构成的多级生态系统分泌物，使水体中的悬浮颗粒与胶体凝聚后沉降，对浮游藻类产生抑制作用，快速提高了透明度；高等水生植物能促使富含营养盐转化为营养盐的悬浮有机碎屑沉降，离开水体，使水体中营养盐含量减少。

(3) 生物浮床的结构设计

生物浮床采用轻质、坚固、耐腐蚀的UPVC等管材做边框，底部固定泡沫塑料地板（预留植物栽种空穴）或高强度尼龙网，每个浮床单体，可为2m×1m或 ϕ1.5～2m，彼此连接成浮岛，通过活铰链或软绳固定在桩柱上。浮床结构需能随风浪起伏，具有一定的抗浪能力。

德国曾利用橡皮筏提供浮力制作干式浮岛，日本利用高强度泡沫、木架、棕网制作浮岛。

浮床植物的品种应根据当地气候条件及景观要求选择。如北方常选各类美人蕉、旱伞草、凤眼莲、芦苇、香蒲、狐尾藻，南方常选菖蒲、芦竹、燕子花、千屈莱、再力花、苦草等。种植密度各地差异较大，大约 40～100 株/m^2之间。浮床植物的收获量也与气候条件、水体污染程度有关，南北方差异较大。收获量可达 6～12kg/m^2。水温较高，N、P 营养丰富的一年可收获数季，收获量较大。生态浮床占水面面积通常为 1/3～1/2，当种植面积较大时，水面美观度较差，水中溶解氧有所降低。某些情况浮床面积还可以适当增加，但需保证水体维护空间和必要的溶解氧（DO>1mg/L）。

工程生态浮床目前尚处于试验阶段，有关设计参数尚不成熟，下列参数可供参考：生态浮床植物平均保有量 3～6kg/m^2；植物体含水 80%左右，N、P 含量约 15g/kg 和 1.1g/kg（干重）；浮床种植面积为水面面积 40%时，每年 N、P 去除量为 3.6g/(a·m^2) 及 0.25g/(a·m^2) 或 36kg/(a·ha) 及 2.64kg/(a·ha) 以上。

10.2.3 水葫芦生态植物塘

水葫芦能大量吸收水中的养分、重金属或其他污染物质，生长速度快、产量高，可作为生物量资源而加以利用；能有效改善水质，因而是生态植物塘中水分有前景的一种植物品种。图 10-5 是苏州某水葫芦植物塘。

图 10-5 苏州某水葫芦植物塘

(1) 水葫芦的生物特性

水葫芦又名凤眼兰、凤眼莲、水风信子等，系雨久花科凤眼兰属植物，为多年生漂浮性水生草本植物，须根发达，长 15～30cm，并悬垂于水中，茎为缩短茎，须根即丛生于缩短茎基部；叶为倒心形或肾形，也直立集生于短茎上。

水葫芦的无性繁殖能力特别强，其繁殖特点是：分生能力强，能不断长出腋芽，不断发育新株；匍匐茎脆而长，易折断成为独立新株；腋芽耐寒能力较强，有利于春天繁殖。

水葫芦是喜温好湿的植物，易在静水或流动缓慢的水面生长，能耐隐蔽，在微弱光照下能生长，对酸和碱不敏感，对水质肥瘦及水的深浅要求不严，能耐 5℃左右低气温和短期 0℃低气温，气温 13℃左右时开始生长，25℃以上时生长较快。

水葫芦各种组成成分的比例可因地点、气候、生长水体水质以及水葫芦品种的不同而有较大差异。例如在美国某地含 BOD 83mg/L，氮 14.9mg/L，磷 8.3mg/L 的生活污水中生长的水葫芦，其干重含蛋白质 23.4%，粗脂肪 2.20%，氮 3.74%，磷 0.84%，水葫芦吸收、富集水中无机物的能力很强，各类金属元素如 Fe、Cu、Cr、K、Mg、Ca 等均可被水葫芦吸收富集。

水葫芦叶蛋白质所含氨基酸要胜过稻谷、燕麦、小麦、高粱和棉籽粉，接近牛乳与浓缩叶绿蛋白的水平，可见水葫芦的营养利用价值很高。

(2) 水葫芦的生长速率

水葫芦的现存量视其生长地点、气候及生长水体的营养程度而异，差别相当大。一般说来，水葫芦刚能覆盖全部水面时的现存量为 4～6kg 鲜重/m^2。最常见的现存量约为每亩（1亩=666.7m^2，下同）2 万～3 万斤鲜重。

水葫芦的生长速度特别快，这是它最重要的特性，最高产的水葫芦约为日产 1800kg（干重）/ha（1ha=10^4 m^2，下同），折合鲜重约为每日 4800 斤/亩。多数文献提供的日产量都在每天 15～20g（干重）/m^2，即每日产鲜水葫芦 400～534 斤/亩左右。

在水葫芦增长季节，每隔 12.5～14 天左右其覆盖水面面积就可增加 1 倍，即每天增加 5.07%～5.70%左右，据此，以一年 300 天生长期计算，则 1 亩水葫芦 300 天后就可发展到 280 万～1680 万亩。在所有的水生植物中，水葫芦可以说是最高产的一种，在定时收割及十分适宜的生长条件下，全年都是生长期的地区，年产可高达干重 150t/ha，即鲜重 40 万斤/亩左右。

(3) 水葫芦生长影响因素

① 水葫芦的生长与水体的DO值的关系　当水面长满了水葫芦时，由于它们的光合作用是在水面上进行的，因此无法向水体供氧，而原来能通过光合作用向水体供氧的藻类由于受水葫芦影响而无法生长；另一方面，水中氨态氮在细菌作用下迅速氧化成硝态氮时又要消耗水体中大量 DO，加以水下真菌、原生动物所进行的新陈代谢也需要消耗水中的 DO。这样，一方面是 DO 的大量消耗，另一方面又无法补充来源，使水体处于缺氧状态。为防止水中缺氧，解决的方法是水葫芦定时收割，不宜长得太密，覆盖率在 90%以下，植物塘即可维持溶解氧 1mg/L 以上。

② 水葫芦生长与水体 pH 值的关系　在自然水体中，往往由于藻类在水中的光合作用吸收了水中大量的 CO_2 或由于其他原因而使水呈程度不同的碱性，但在水葫芦茎叶覆盖下的水体由于藻类生长基本停止，水葫芦茎叶的光合作用又不需从水中吸取 CO_2，相反其根系的呼吸作用还向水体补充 CO_2，同时水葫芦又吸收了水中氨态氮，因此，当自然界水体养殖水葫芦后，水体的 pH 值会有所降低。水体引种水葫芦后，进出水 pH 值平均都为 7.0 左右，可见水葫芦起了一种明显的缓冲作用。水体 pH 值为 3～9 时，是水葫芦的适生范围，而 pH 值为 7.0 左右时，水葫芦的产量相对最高。

各种环境因子与水葫芦生长的关系见表 10-5。

表 10-5　各种环境因子与水葫芦生长的关系

环境因子	适生值		最佳值
	下限	上限	
水体 pH 值	4	9	6.9～7.0
水体含磷/(mg/L)	0.1	40	20
水体含氮/(mg/L)		160	40
水体含 NaCl/(mg/L)		600	
水温/℃	7	34	28～30
气温/℃	13	39	27～33
光照期/(h/d)			8

10.2.4　生态绿地处理系统

人工生态绿地技术的基本方法是：在绿地建设人工生态绿地模块，在模块上种植绿色观赏植物（如美人蕉、山茶花等），污水通过专门管道接入模块后，经过植物吸收、微生物降解、填料过滤等作用，得到净化。污水经绿地渗滤系统可达到污水处理回用水标准。

生态绿地投资省，不需铺设庞大的排污管道，将污水从源头就近处理；可以利用绿化面积，不需另行占地；运营费用低，所有能耗主要为太阳能等生态型能源；管理维护简单，依靠微生物、动物、植物及系统基质构成生态系统，通过生物链作用净化污水；系统运行稳定可靠；处理后的水质可达回用水标准。

人工生态绿地是具有一定长宽比且底部具有坡度的生态模块。该工艺把污水处理工艺与生态绿化相结合，由土壤、填料和滤料混合组成填料床，并在土壤层种植根系发达、耐污性能好及适应性强的景观或经济作物，能够与周围景观相协调。污水经植物的吸收、填料过滤、好氧、兼氧和厌氧微生物降解等一系列物理化学生物过程。系统好氧氧源主要来自于植物的光合作用，根系输氧，土壤的呼吸作用和水自流负压吸氧。污水在填料床孔隙中流动一方面起到了过滤、充氧作用，同时进行了微生物的好氧处理；另一方面可充分利用填料表面生长的生物膜的降解作用、发达的植物根系及表层土壤的截留作用，达到进一步处理的效果。人工生态绿地技术主要是利用陆生植物和土壤生物的作用，生态结构过于简单，负荷率低。该技术需和人工湿地、水生生态技术等有机结合，构成复杂的人工生态系统（如人工生态公园）才能发挥更大的作用。

10.3 污水生态法处理技术的应用

近年来，随着我国城市化和工业化进程的发展，城镇人口剧增，城镇污水造成的水环境污染日趋严重，城镇污水的处理和综合利用成为改善水环境的关键。一方面大量的淡水资源被浪费，另一方面水体污染日益加剧。尽管城市工业废水的产生得到了一定的控制，但以生活污水、养殖废水和农村化肥、农药流失为主要污染物的非点源污染又呈现上升的趋势，而且更加难以控制。传统的集中式污水处理工艺不适用于小城镇分散污染的防治，生态处理技术以其与环境的良好协调性和适用性而得到了广泛的应用。

污水资源化是解决我国水资源短缺的必由之路。目前我国的污水治理大部分仅停留在单纯的水污染控制上，要达到完全、系统的水环境治理，就是把水污染控制处理上升到水循环过程治理，即做到人工强化处理与利用自然处理相结合的循环系统。生态处理技术可以实现污水就地处理，达到回用的目的，为城镇污水处理和节约水资源提供了一个可持续的方法。

10.3.1 城镇污水的人工湿地处理

湿地污水处理系统是一个综合的生态系统：投资费用低，可利用天然水塘、水池；运行费用低；可缓冲对水力和污染负荷的冲击；具有良好的景观效应，可持续的经济效益；管理简单，占地面积大，冬季处理效率低，易受病虫害影响；生物和水力条件复杂，因此常由于设计不当使出水达不到设计要求或不能达标排放。当上下表面植物密度增大时，人工湿地系统处理效率提高，在达到其最优效率时，需2～3个生长周期，所以通常需建成几年后才达到完全稳定的运行。通常处理城镇污水宜采用人工强化处理与湿地系统相结合的方法，强化处理的方法是A/O-生物膜法（生物接触氧化、曝气生物滤池等）或活性污泥法（传统推流曝气等）。目标是达到排放标准。湿地系统处理其尾水，经深度处理，可达到回用水水质指标。图10-6是江宁某农村污水人工湿地。

图10-6 江宁某农村污水人工湿地

湿地作为一种新型的生态废水处理工艺，在工艺设计、工程技术、经济效益和美化环境等方面具有突出的优势，可以防止环境的再污染，获得污水处理与资源化的最佳效益，在小城镇污水深度处理方面有较广应用前景。

10.3.2 淀山湖自然水体植物塘处理

淀山湖是上海境内最大的天然淡水湖泊以及黄浦江上游重要的水源保护地，近十几年来，受上游地区工农业、旅游业的发展和渔业养殖的影响，淀山湖水体富营养化污染日趋严重，综合水质标准由过去的Ⅱ类为主下降为目前的Ⅳ～Ⅴ类。以上海淀山湖入湖水质改善为目标，进行围隔试验和示范工程，筛选适合本地的植物种类，设计净化效果好且能重复利用的生态植物塘，为今后淀山湖全面开展富营养化防治工作提供技术支撑，也可为该技术在其他大型湖泊中的应用提供借鉴。

(1) 植物选择及其适应性

植物选择方面既考虑对水质的净化效果，又体现一定的观赏价值，形成景观效果良好的水面绿化。因此以适应能力强的淀山湖乡土种类为主，选择根系发达、根茎分蘖繁殖能力强、生物量大、植株优美，尤其是生长期长的品种，如美人蕉、旱伞草、花叶芦竹、灯芯草、再力草、水葱、千屈菜、黄菖蒲、泽泻、梭鱼草等，并根据外形、体量、花期的差异将不同植物交叉、组合栽种在一起，体现层次性和群落性。

在选择的十余种植物中，经过试验发现物种的适应性有明显差别。其中黄菖蒲适应能力最强，根系发达，生物量大，其中根长 0.5～0.6m，植株高度 1.0～1.5m，平均株重 0.15kg，并可进行高密度种植（100 株/m^2）。再力花、花叶芦竹、燕子花、千屈菜、苔草长势一般，单位面积生物量比黄菖蒲等稍低，可用于提高浮床的物种多样性和景观效果。而泽泻、水葱、梭鱼草、旱伞草、美人蕉长势较差，不适合作为修复淀山湖水质的植物物种。试验结果还表明黄菖蒲在淀山湖环境条件下生长周期最长，能在湖面顺利越冬，是该地区生态浮床的最适宜种类。

(2) 植物吸收氮磷营养素的能力

植物的生物量及养分吸收以 4800m^2 计算得出植物工程的一年的总生物量为 63792kg。以植物体内氮、磷含量分别为 15g/kg 和 1.1g/kg 计（干重），植物含水率为 80%计算，则每亩植物在一年内共吸收氮素 26.56kg，磷素 1.95kg，若将植物全部收割，可从水体中移除氮素 191.4kg，磷素 14kg。

(3) 水质净化效果

植物塘净化效果试验结果（TSS、总氮、氨氮及总磷等）表明：生态植物塘使水中污染物明显降低。悬浮物（TSS）去除效果最为明显，可能由于水中悬浮物以藻类为主，植物塘由于遮光效应能有效抑制藻类而降低悬浮固体。总氮的去除率较低，植物塘出水口氮的净化效果为 3.5%～22%，对氨氮的净化效果好于总氮，去除率为 20%～30%。在气象状况稳定的情况下，植物塘去除总磷的效果为 14%～32%。

10.3.3 鸭儿湖城镇污水生物稳定塘处理

鄂州鸭儿湖稳定塘处理城镇污水取得较好效果，鄂州属亚热带季风气候，年均气温 16.9℃，相对湿度 78.7%，全年日照时数 2000h，年均降雨量为 1160mm，全年主导风向为东南风，年内基本无霜冻，是生物活动较为理想的地区。建成的稳定塘处理能力为 8×10^4t/d。

(1) 处理流程及设计参数

鸭儿湖稳定塘的处理流程如下。

进水 → 1号塘 → 2号塘 → 3号塘 → 4号塘 → 5号塘（鱼种塘）→ 出水经上鸭儿湖入长江 / 红莲湖

鸭儿湖稳定塘系统由厌氧塘、兼性塘和好氧塘三种类型组成。1～4 号塘的主要功能是处理污水，5 号塘则用于深度净化水质。污水通过排污暗管进入 1 号塘，在稳定塘的隔堤上有滚水坝、涵闸等构筑物控制塘中水位，强化大气复氧与污水混合，处理后的出水经过鸭儿湖进入长江，也可通过涵闸进入红莲湖。在稳定塘的东西两边均有截流沟与红莲湖相连而与塘分开，截流沟的主要作用是排泄雨水和农田灌溉引水。

改建后的鸭儿湖稳定塘的设计参数见表 10-6。

表 10-6 改建后的鸭儿湖稳定塘的设计参数

项　目	参数值	项　目	参数值
占地面积/ha	187	停留时间/d	>60
流量/(t/d)	8.0×10^4	COD 负荷/[gCOD/(m³·d)]	3.0～4.5

(2) 处理效果

鸭儿湖稳定塘进出水水质见表 10-7。

表 10-7 鸭儿湖稳定塘进出水水质

项目	进水/(mg/L)	4 号塘出水浓度/(mg/L)	5 号塘出水浓度/(mg/L)	项目	进水/(mg/L)	4 号塘出水浓度/(mg/L)	5 号塘出水浓度/(mg/L)
COD	308.27	65.65	37.03	有机磷	3.9788	0.6847	0.1768
	230.37	79.65	48.3		3.8353	0.9981	0.3211
无机磷	0.5823	3.5383	0.7024	对硝基酚	0.7554	0.0040	0.0037
	0.5568	3.1770	0.9495		1.0288	0.0241	0.032

注：进水水质为年平均值。

稳定塘建成后，水质明显改善，塘中出现正常水体中多种常见的底栖生物和固着生物种群，鲫鱼畸形率大大降低，沿湖池塘已恢复渔业生产，没有发生农作物、牲畜和居民中毒、死亡等恶性事件，保障了工农业的生产发展和人民的身心健康。

(3) 小结

① 该稳定塘综合厌氧塘、兼氧塘与好氧塘的特点，负荷率比常规的兼性塘、好氧塘高得多。

② 经过四级稳定塘处理后的出水水质比较好，可用于养鱼和农田灌溉，达到了污水治理和出水综合利用相结合的目的。

③ 在鸭儿湖稳定塘中，污泥淤积厚度已超过 40cm，进口部位 1 号塘污泥已接近水面，影响稳定塘的处理效果。为此在稳定塘前应设置适宜的强化预处理设施。

第11章 污水再生利用技术及应用

11.1 污水再生利用的水质指标与要求

全球城市化、工业化和农业集约化的进程以及人口的剧增，从根本上导致了水污染的日益严重，并在一定程度上改变了全球的水循环，导致了全球性的水危机，对人类生存及发展产生重大影响。目前，城市污水再生利用已经成为世界上不少国家解决水资源不足的战略性对策，我国也越来越重视污水的再生利用问题。国家“八五”期间完成的重大科技攻关项目“城市污水资源化研究”，针对我国北方部分城市在经济发展中急需解决的缺水问题，研究开发出适用于部分缺水城市的污水回用成套技术、水质指标及回用途径，完成了规划方法及政策法规等基础性工作，在北京、天津、秦皇岛、大连、太原、泰安、青岛、邯郸、大同、沈阳、威海、大庆、深圳等十余个城市重点开展污水再生利用事业，并相继建设了回用于市政景观、工业冷却等示范工程，为我国城市污水再生提供了技术与设计依据，并积累了一定的经验。

再生水水质标准是保证用水的安全可靠及选择经济合理水处理流程的基本依据。水的再生利用及最终排放，必须保证不影响受纳水体的使用功能，但是，由于再生水的使用目的、使用场地及最终受纳水体等情况相当复杂，目前国内尚无系统完整的再生水水质标准，对有关水质要求应该结合具体情况进行分析。

11.1.1 污水再生利用的水质指标

再生水水质指标按性质可分为物理指标、化学指标、生物化学指标、毒理学指标、细菌学指标等。

(1) 物理指标

主要包括浊度（悬浮物）、色度、臭味、电导率、含油量、溶解性固体、温度等。

(2) 化学指标

主要包括 pH 值、硬度、金属与重金属离子（铁、锰、铜、锌、镉、镍、锑、汞）、氧化物、硫化物、氰化物、挥发性酚、阴阳离子合成洗涤剂等。

(3) 生物化学指标

① 生化需氧量（BOD） 是在规定条件下，水中有机物和无机物在生物氧化作用下所消耗的溶解氧量（以质量浓度表示）。

② 化学需氧量（COD） 是在一定条件下，经重铬酸钾氧化处理时，水中的溶解性物质和悬浮物所消耗的重铬酸盐相对应的氧的质量浓度。

③ 总有机碳（TOC）与总需氧量（TOD） 都可用燃烧法快速测定，并可与 BOD、COD 建立对应的关系。

上述水质指标都是反映水污染、污水处理程度和水污染控制标准的重要指标。

（4）毒理学指标

毒理学指标包括氟化物、有毒重金属离子、汞 Cr、Pb、Cd、Ni、Hg、砷、硒、酚类以及亚硝酸盐等各类“三致”物质（如多氯联苯、多环芳烃、芳香胺类和以总三卤甲烷为代表的有机卤化物等），一部分农药和放射性物质。

（5）细菌学指标

细菌学指标反映威胁人类健康的病原体污染指标，如大肠杆菌数、细菌总数、寄生虫卵、余氯等。

（6）其他指标

包括在工农业生产中或其他用水过程中对再生水水质有一定要求的水质指标。

11.1.2 污水再生利用的水质要求

污水经处理净化后，主要回用于农业、工业、地下水回灌、市政用水等。不同的用途对再生水水质有不同的要求。

（1）农业灌溉

生活污水回用于农田灌溉时，通常对其处理程度要求不高，处理后一般仍含有较高的氮、磷、钾等成分，用于灌溉可以给土壤提供水分和肥分、增加农作物产量，同时可以减少化肥用量，通过土壤的自净作用还能使污水得到进一步的净化。因此，将处理后的污水应用于农业灌溉既可以取得经济效益，又可以保护环境，是符合可持续发展的一种再生利用方式。

我国的《农田灌溉水质标准》（GB 5084—2005）适用于农业灌溉再生水水质要求。美国、英国、瑞士和以色列等国家将污水用于农业灌溉的同时，对污水进行农业灌溉的准则和水质标准进行了严格的控制，这些都可以作为我国推进污水再生利用的参考依据。下面以美国华盛顿州和以色列为例介绍它们的灌溉再生水水质标准。

美国各州制定的灌溉再生水水质各不相同，但其规定都比较具体，要求也很严格。其出发点是为了提高作业人员或其他人员接触再生水的安全性。表 11-1 为美国华盛顿州灌溉再生水水质标准。表 11-2 为以色列灌溉再生水水质标准。

表 11-1 美国华盛顿州灌溉再生水水质标准

灌溉项目	处理要求	大肠菌值/(个/100 ml)
饲料、纤维、谷物、森林	一级、消毒	<230
产奶牲畜牧场	二级、消毒	<23
草坪、运动场、高尔夫球场、墓地	二级、消毒	<23
果园(地表灌溉)	二级、消毒	<23
食用作物(地表灌溉)	二级、消毒	<2.2
食用作物(喷灌)	二级、过滤、消毒	<2.2

表 11-2 以色列灌溉再生水水质标准

灌溉项目	BOD /(mg/L)	SS /(mg/L)	溶解氧 /(mg/L)	大肠菌值 /(个/100 ml)	余氯 /(mg/L)	其他要求
干饲料、纤维、甜菜、谷物、森林	<60	<50	>0.5	—	—	限制喷灌
青饲料、干果	<45	<40	>0.5	—	—	
果园、熟食蔬菜、高尔夫球场	<35	<30	>0.5	<100	>0.15	

续表

灌溉项目	BOD/(mg/L)	SS/(mg/L)	溶解氧/(mg/L)	大肠菌值/(个/100 ml)	余氯/(mg/L)	其他要求
其他农作物、公园、草地	<15	<15	>0.5	<12	>0.5	需过滤处理
直接食用作物	即使是再生水也不能用于灌溉					

(2) 工业回用

① 工业再生水的适用范围　工业用水由于范围广泛，对水质要求的差异性非常大。在考虑工业用水的水质标准时应从实际出发，结合各种工业用水的水质标准来制定相应的工业再生水水质标准。

一般来讲，水质要求越高，水处理的费用也就越大，所以比较好的回用对象应该是用水量较大并且对水质要求不高的部门。工业中这类回用对象如下。

a. 工业冷却水。工业冷却水对水质要求较低，目前国内外污水特别是处理后的出水相当部分用作工业冷却水。其中，工业间接循环冷却水对水质的要求，如碱度、硬度、氯化物以及锰含量等，城市污水的二级处理出水均能满足，水量也很大，它是城市污水工业回用的理想对象。用污水处理后的出水作冷却水时应考虑可能对冷却水系统造成的不良影响，并应采取相应的防治措施。

b. 工业低水质用水。近年来，在发展城市和工业区分质给水系统中，通常将供应低质的给水系统称为工业用水管道系统（亦称中水道）。这类系统所供的水只是一般工业用水或污水处理后的再生水和“原水”，没有特别的针对性，各类工业企业可根据生产用水水质要求进行进一步的处理。

c. 其他工业用水。如原料用水、生产工艺用水、生产过程用水以及锅炉用水等，至今还没有相应的再生水水质标准。如果要将再生水用于这些工业企业中，就必须要符合相关行业的工业用水水质标准。

② 我国部分工业再生水水质标准　表11-3为我国江苏某些污染企业废水经膜技术深度处理后回用于工艺配水的水质指标。经实践证明，该水质不影响纺织印染产品质量。表11-4是某电镀厂深度处理后回用于一般镀件喷淋清洗水水质指标。经实践证明，该水质不影响产品质量，有关指标可供参考。

表11-3　再生水用作印染工艺配水的水质指标

项目	数值	项目	数值	项目	数值
pH值	6.5～8.5	COD_{Cr}/(mg/L)	≤10	NH_3-N/(mg/L)	≤5
SS/(mg/L)	≤10	铁/(mg/L)	≤0.2	TN/(mg/L)	≤15
浊度/NTU	≤5	锰/(mg/L)	≤0.2	TP/(mg/L)	≤0.5
色度/倍	≤10	硬度(以$CaCO_3$计)/(mg/L)	≤250		

表11-4　某电镀厂用于镀件清洗的回用水水质指标

项目	数值	项目	数值	项目	数值
pH值	7.0～8.5	COD_{Cr}/(mg/L)	≤20	NH_3-N/(mg/L)	≤5
悬浮物/(mg/L)	≤5	总固体/(mg/L)	≤500	电导率/(μS/cm)	≤100
浊度/NTU	≤5	硬度(以$CaCO_3$计)/(mg/L)	≤300		

③ 国外工业再生水水质标准简介　表11-5为国外冷却水水质要求。可供工程应用参考。

表 11-5 国外冷却水水质要求 单位：mg/L(pH 值、温度除外)

水质指标	冷却用水				水质指标	冷却用水			
	直流		循环补充水			直流		循环补充水	
	淡水	咸水	淡水	咸水		淡水	咸水	淡水	咸水
硅(Si)	50	25	50	25	悬浮固体	5000	2500	100	100
铝(Al)			0.1		硬度(以 $CaCO_3$ 计)	850	6250	130	6250
铁(Fe)			0.5		硬度(以 $CaCO_3$ 计)	500	115	20	115
锰(Mn)			0.5		pH 值	5～8.3			
钙(Ca)	200	520	50	420	MBAS			1	
碳酸氢根(HCO_3^-)	600		25		四氯化碳(CCl_4)			1	
硫酸根(SO_4^{2-})	680	2700	200	2700	COD	75	75	75	75
氯(Cl)	600		500		温度/(℉①)	100	120	100	120
氟(F)	600	19000	500	19000	浊度	5000	100		
溶解固体	1000	15000	500	15000					

① x ℉$=\frac{5}{9}(x-32)$℃。

(3) 市政用水

由于水资源紧张，自来水供应有限，再生水用于市政用水有很大前景。市政用水主要包括市政、环境、娱乐、景观及生活杂用水等，这些再生水主要是按用途来划分，虽然各有侧重但无明确界线，实际上往往会有交叉。例如，景观用水有时属灌溉、环境用水，而生活杂用水和市政用水中的绿化用水可属景观用水，环境、景观、娱乐用水往往密切相关，但水质要求又不完全相同，同人体直接接触的娱乐用水的水质要求应高于单一的环境或景观用水水质标准。

① 生活杂用水水质标准 我国《城市污水再生利用 生活杂用水质》(GB/T 18920—2002)适用于厕所便器冲洗、道路清扫、消防、城市绿化、车辆冲洗、建筑施工杂用水质要求的其他用途的水。

② 回用于景观水体的水质标准 表 11-6 列出了再生水回用于景观水体的水质标准。

表 11-6 再生水回用于景观水体的水质标准 单位①：mg/L

标准值 \ 回用类型 项目	人体非直接接触	人体非全身性接触	标准值 \ 回用类型 项目	人体非直接接触	人体非全身性接触
基本要求	无漂浮物、无令人不愉快的臭和味	无漂浮物、无令人不愉快的臭和味	大肠菌群(个/L)	1000	500
			余氯②	0.2～1.0③	0.2～1.0③
色度/度	30	30	全盐量	1000/2000④	1000/2000④
pH 值	6.5～9.0	6.5～9.0	氯化物(以 Cl^- 计)	350	350
化学需氧量(COD)	60	50	溶解性铁	0.4	0.4
五日生化需氧量(BOD_5)	20	10	总锰	1.0	1.0
悬浮物(SS)	20	10	挥发酚	0.1	0.1
总磷(以 P 计)	2.0	1.0	石油类	1.0	1.0
凯氏氮	15	10	阴离子表面活性剂	0.3	0.3

① pH 值及注明单位处除外。

② 为管网末梢余氯。

③ 1.0 为夏季水温超过 25℃时采用值。

④ 2000 为盐碱地区采用值。

本标准适用于进入或直接作为景观水体的二级或二级以上城市污水处理厂排放的水。

③ 国外城市生活用水中水水质标准 日本在中水回用工程中做出很大的成绩，取得很好的效益。兹将日本中水水质相关标准摘录，以便参照。

表11-7为日本市政杂用水和景观游览用水水质标准。表11-8为日本城市生活用水中水水质标准。表11-9为美国市政杂用水水质标准。

表11-7 日本市政杂用水和景观游览用水水质标准

用途 水质指标	日本下水道循环利用、市政杂用水标准			建设省景观回用水标准	
	卫生间	景观	游览	景观	游览
大肠菌值/(个/ml)	<10	不检出	不检出	<10①	50
BOD_5/(mg/L)	—	—	<10	<10	
pH值	5.8～8.6	5.8～8.6	5.8～8.6	5.8～8.6	5.8～8.6
浑浊度/度	—	—	<10	<10	<5
臭味	无不快感	无不快感	无不快感	无不快感	无不快感
色度/度	—	—	—		
余氯/(mg/L)	>2	>0.4	—	—	—
外观	无不快感	无不快感	无不快感	无不快感	无不快感

① 可能是<10个/100ml之误。

表11-8 日本城市生活用水中水水质标准

用途 指标	冲洗卫生间	空调冷却	车辆冲洗
浊度/度	<20	<10	<10
色度/度	<30	<15	<15
臭味	无不快感	无不快感	无不快感
pH值	6.5～7.6	6.5～8.6	6.5～8.6
氨氮/(mg/L)	<20	<10	<10
总含盐量/(mg/L)	—	<1000	<500
铁/(mg/L)	<1.0	<0.3	<0.3
锰(mg/L)	<0.3	<0.3	<0.3
ABS/(mg/L)	<1.0	<1.0	<1.0
大肠杆菌/(MPN①/ml)	—	<1	<1
余氯/(mg/L)	>0.4	>0.4	>0.4
BOD/(mg/L)	<20	<10	<10
COD/(mg/L)	<40	<20	<20

① MPN为最大可能数。

表11-9 美国市政杂用水水质标准

用途 水质指标	美国自来水工程协会			
	卫生间	空调冷却	洗车、洒水、消防	城市造景
pH值			5.8～8.6	5.8～8.6
浑浊度/度	<20	<10	<10	<10

续表

用途 / 水质指标	美国自来水工程协会			
	卫生间	空调冷却	洗车、洒水、消防	城市造景
色度/度	<40	<30	<30	30
臭味			无不快感	
蒸发残渣/(mg/L)		<800	<500	
总硬度(以 $CaCO_3$ 计)/(mg/L)		<300		
氯离子/(mg/L)				
余氯/(mg/L)	以不发生沉渣为度			
铁、锰/(mg/L)	总计不超过 0.5			
悬浮物/(mg/L)				<10
ABS/(mg/L)	<1	<1	<1	<1
大肠菌值/(个/100ml)				<2.2

(4) 地下水回灌

城市污水处理厂二级处理出水经深度处理达到一定水质标准后回灌于地下，水在流经一定距离后同原水源一起作为新的水源开发。这要求污水处理程度高，循环复用的周期长，但可提供较高质量的源水乃至饮用水，既可减少污水排放，又可减少原有水资源的开发量，充分体现了“小量化、无害化、资源化”的可持续发展原则。

用于地下水人工回灌的再生水水质是人们长期关注的问题。由于水中的有机污染物质在地层渗透过程中是较难有效去除的，因此，地层渗透不能被看作是一种水处理手段，而不恰当的再生水地下回灌可能造成含水层和地下水难以消除的近期和长期污染。一些国家对再生水地下回灌十分慎重。例如美国加利福尼亚州在 1976 年公布了污水回灌地下水的第一个水质标准草案，建议回灌污水在经过二级处理后必须再经过滤、消毒和活性炭吸附等深度处理，在回用前必须在地下停留 6 个月以上。

地下水人工回灌水的水质要求，取决于当地地下水的用途、自然和卫生条件、回灌过程和含水层对水质的影响及其他技术经济条件。回灌水的水质应符合以下两个基本条件：①回灌后不会引起区域地下水的水质变化和污染；②不会引起管井或滤水管的腐蚀和堵塞。

表 11-10～表 11-12 分别为上海市、北京市和俄罗斯地下水人工回灌水水质标准。

表 11-10　上海市地下水人工回灌水水质标准

类别	项目	水质标准
物理指标	温度	冬灌时，越低越好，一般<15℃；夏灌时，越高越好，一般>30℃
	臭味	无异臭异味
	色度	无色，色度<20 度
	浑浊度	<10 度
化学指标(除 pH 值外，均以 mg/L 计)	pH 值	6.5～8.0
	氯化物	<250
	溶解氧	<7
	耗氧量	<5
	铁	<0.5(最好<0.3)
	锰	<0.1

续表

类 别	项 目	水 质 标 准
化学指标(除pH值外,均以mg/L计)	铜、锌	<1
	砷	<0.02
	汞	<0.001
	六价铬	<0.01
	铅	<0.01
	镉	<0.01
	硒	<0.01
	氰化物	<0.01
	氟化物	0.5~1.0
	挥发性酚	<0.002
细菌指标	细菌总数/(个/L)	<100
	大肠杆菌数/(个/L)	<3
	其他	不含放射性物质及水生物等

表 11-11 北京市地下水人工回灌水水质控制标准

项 目	控制指数		项 目	控制指数	
	指 标	单 位		指 标	单 位
浑浊度	10~20	mg/L	锌	5~15	mg/L
色度	40~60	度	硫酸盐	250~350	mg/L
高锰酸盐指数	15~30	mg/L	硝酸盐	50左右	mg/L
铁	0.3~1	mg/L	六六六	0.05	mg/L
酚	0.002~0.005	mg/L	滴滴涕	0.005	mg/L
氰	0.02~0.05	mg/L	大肠杆菌	1000	MPN①/100ml
汞	0.001	mg/L	细菌总数	1000~5000	MPN/100ml
镉	<0.01	mg/L	有机磷	0	
重油	0.005~0.01	mg/L	水温	<30	℃
石油	0.3	mg/L	pH值	6~9	
表面活性物质	0.5	mg/L	硬度	不超过当地地下水德国度	
铬(六价)	0.05~0.1	mg/L			
铅	0.05~0.1	mg/L	总矿化度	不高于当地地下水指标	
铜	3.0	mg/L			
砷	0.05~0.1	mg/L	氟化物	<1.0	mg/L

① MPN为最大可能数。

表 11-12 俄罗斯人工回流入渗的水质允许浓度标准

水 质 指 标	要 求(不大于)	备 注
浑浊度/(mg/L)	当泥土的有效粒径为0.5~1.0mm时,<20 当泥土的有效粒径为0.15~0.3mm时,<10	
有机物(按化学耗氧量计)		
COD_{Mn}/(mg/L)	15	
COD_{Cr}/(mg/L)	30	
细菌污染		
细菌总数	当泥土的有效粒径为0.5~1.0 mm时,<10000 当泥土的有效粒径为0.15~0.3 mm时,<1000~5000	
铁/(mg/L)	<3	

续表

水质指标	要求(不大于)	备注
酚类/(mg/L)	<0.001	短时期可达0.005
表面活性物质/(mg/L)	<0.5	
石油/(mg/L)	<0.3	
铅/(mg/L)	<0.1	
铜/(mg/L)	<3.0	
砷/(mg/L)	<0.05	
锌/(mg/L)	<5	

11.2 污水再生利用的方法与工艺

深度处理至回用要求的水称为回用水。当二级处理出水满足特定回用要求并已回用时，也可称为回用水或再生水。回用水用于建筑物内杂用时也称为中水。

污水二级处理后的深度处理，其目的是进一步去除污水中的悬浮物（SS）、细菌、病毒、有机残余物、氮和磷等营养盐以及可溶的无机盐等。

由于污水再生利用的目的不同，污水深度处理的工艺也不同。水处理工艺包括物理法、化学法、物理化学法和生物化学法等。污水再生利用技术通常需要多种工艺的合理组合，对污水进行深度处理，单一的某种水处理工艺很难达到回用水水质要求。

由于新工艺以及新材料的不断发展，在污水深度处理方面涌现出许多新技术。

11.2.1 污水再生利用的方法

以再生水水质为目标，选择水处理单元工艺及方法，即为基本方法，主要有五种。

(1) 物理方法

① 筛滤截留　包括格栅、格网、微滤和过滤技术。

② 重力分离

a. 重力沉降　主要依靠重力分离悬浮物。

b. 气浮　依靠微气泡黏附上浮分离不易沉降的悬浮物，目前最常用的是压力溶气及射流气浮。

③ 离心分离　主要作用是不同质量的悬浮物在高速旋转的离心力场作用下依靠惯性被分离。

④ 高梯度磁分离　利用高梯度、高强度磁场分离弱磁性颗粒。

⑤ 高压静电场分离　利用高压静电场，改变物质的带电特性成为晶体从水中分离；或利用高压静电场局部高能，破坏微生物（如藻类）的酶系统，杀死微生物。

(2) 化学方法

① 化学沉淀　以化学方法析出并沉淀分离水中的物质。

② 中和　用于处理酸性或碱性物质。

③ 氧化还原　通过氧化分解或还原去除水中的污染物质。

④ 电解　电解分离并氧化或还原水中污染物质。

(3) 物理化学法

① 离子交换　以交换剂中的离子基团交换去除水中的有害离子。

② 萃取　以不溶于水的有机溶剂分离水中相应的溶解性物质。

③ 气提与吹脱　水中通入空气去除挥发性物质，如低分子低沸点有机物、CO_2、NH_3 等。

④ 吸附处理　以吸附剂（多孔性物质）吸附分离水中的物质，常用吸附剂是活性炭。

(4) 膜分离技术

① 电渗析　在直流电场中离子交换树脂膜选择性地定向迁移、分离去除水中离子。

② 扩散渗析　依靠半渗透膜两侧的渗透压分离溶液中的溶质。

③ 反渗透　在压力作用下通过半透膜反方向地使水与溶解性盐类分离。

④ 纳滤　在压力条件下分离水中低分子物质及部分无机盐。

⑤ 微滤、超滤　通过微滤、超滤膜使水溶液中悬浮物或大分子物质同水分离。

(5) 生物法

① 活性污泥法　以曝气方式使水充氧利用水中微生物分解其中有机物。

② 生物膜法　利用生长于各种载体上的微生物分解水中的有机物。

③ 自然生态处理（如生物稳定塘/植物塘、生物浮床）　利用水体中的微生物、藻类、水生植物等通过好氧或兼氧分解降解水中有机物。

④ 土地处理　利用土壤和其中的微生物、植物及其根系综合处理（过滤、吸附、降解）水中的有机污染物质。

以上是再生水的基本处理方法，而深度处理通常是污水再生利用的必需处理工艺，表 11-13 是水的深度处理单元工艺。

表 11-13　水的深度处理单元技术

水中污染物质			可供选择的水处理方法(操作单元)
溶解性物质	有机物	COD(TOC)	好氧生物处理，兼氧生物处理，化学氧化，微电解
		活性物质	泡沫分离，活性炭吸附，好氧生物处理，超滤
		有毒物质	化学氧化，活性炭吸附
	无机物	硝酸盐	生物脱氮，离子交换，反渗透，电渗析
		氨氮	吹脱，好氧生物氧化，折点加氯，离子交换，电渗析
		磷酸盐	混凝/沉淀，生物氧化
		总溶解性固体	离子交换，反渗透，电渗析，蒸馏
悬浮性物质	有机物	COD(氮、磷、碳)	混凝/气浮、沉淀，过滤/微电解
		病毒、病原体寄生虫	混凝/气浮、沉淀，过滤，硅藻土过滤
	无机物	矿物质	混凝/沉淀，过滤
		金属离子	化学沉淀，过滤，氧化还原，电解

11.2.2　污水再生利用的工艺

污水再生利用的基本处理工艺可采用传统的污水处理方法，而污水的深度处理是控制其出水水质的关键。如上所述，污水的深度处理需要多种污水处理技术的合理组合，这不仅与污水的水质特征、处理后水的用途有关，还与各处理工艺的互容性及经济上的可行性有关。

工艺①：二级出水⟶砂滤⟶消毒

工艺①是简单实用的传统污水二级处理流程。它利用砂滤去除水中细小颗粒物，再经消毒制取再生水，可用作工业循环冷却用水、城市市政用水（浇洒、绿化、景观、消防、补充水体等）、居民住宅的冲洗厕所用水等杂用水以及农业用水等。美国、日本及西欧一些发达国家在 20 世纪 70 年代与 80 年代广泛使用这类深度处理水作为再生水，被认为是适用范围广泛、经济的一种安全实用的常规污水深度处理技术，在工程应用中，深度处理再生装置设施常与二级污水厂共同建设。

当二级出水含磷不能达标时，可投加少量铝、铁、钙盐，形成磷酸铝（铁、钙）沉淀，砂滤运行方式为接触过滤。

工艺②：二级出水⟶混凝⟶沉淀⟶过滤⟶消毒

工艺②在工艺①的基础上增加了混凝沉淀，即通过混凝进一步去除二级污水厂不能去除的胶体物质、磷酸根、部分重金属和有机污染物。出水水质为SS＜10mg/L、BOD_5＜8mg/L，优于工艺①出水。这种再生水除适用于工艺①的再生利用范围外，还可用于地下水回灌（经进一步土地吸附过滤处理）。发达国家的城市再生水（景观、浇洒等）一般使用这类再生水。

工艺③：二级出水⟶混凝⟶沉淀⟶过滤⟶活性炭吸附⟶消毒

工艺③是在工艺②的基础上增加了活性炭吸附，这对去除微量有机污染物和微量金属离子、颜色，去除病毒等有毒污染物方面效果比较明显。本工艺适用于除人体直接接触外的各种工农业再生水和城市再生水，但费用比较高，约为0.8～1.1元/t水。

工艺④：二级出水⟶接触过滤⟶膜分离（UF）⟶消毒

工艺④主要采用了膜分离技术，并采用接触过滤作为膜处理的预处理工艺，混凝剂将水中残存细颗粒经脱稳凝结成小颗粒过滤除去，从而减小膜阻力，提高膜透水通量。通过混凝剂的电中和和吸附作用，使溶解性的有机物成为略大于膜孔径大小的颗粒，使膜可截留去除，减缓了膜污染。Wiesner等人的研究表明，当胶体表面的电位为零时，膜过滤的阻力最小，透水通量最大，这是由于此时水中残存微粒最少。丹保等人的试验表明，将混凝、沉淀或接触过滤作为超滤膜的预处理可以提高后续的膜过滤的透水通量，并且认为存在最佳投药量使透水通量最大。混凝不能有效防止膜污染，因为混凝主要去除的是大分子有机物，而无法去除分子量较小的小分子有机物。

工艺⑤：二级出水⟶砂滤⟶微滤⟶纳滤⟶消毒

工艺⑤的特点是采用微滤和纳滤技术。微滤可截留水中胶体和细菌病毒在内的超细污染物，还可降低水中磷酸盐含量。纳滤对一价阳离子和相对分子量低于150的有机物去除率低，对二价以上的高价阳离子及相对分子质量大于200的有机物质的选择性较强，可完全阻挡分子直径在1nm以上的分子，除去二级出水中2/3的盐度，4/5的硬度，超过90%的有机碳和THMs前体物，出水接近安全饮用水标准。为减少消毒副产物和溶解有机碳，用纳滤比传统的臭氧、活性炭经济。

工艺⑥：二级出水⟶臭氧⟶超滤或微滤⟶消毒

工艺⑥采用臭氧氧化作为膜处理的预处理。臭氧氧化的作用是将大分子有机物分解为小分子，因此作为膜的预处理是不适合的。对于含铁、锰的原水，臭氧能将溶解性的铁和锰氧化，生成胶体并通过膜分离加以去除，因而可以提高铁、锰的去除率，还可去除异臭味。

工艺⑦：二级出水⟶活性炭吸附或氧化铁微粒过滤⟶超滤或微滤⟶消毒

工艺⑧：二级出水⟶混凝沉淀过滤⟶膜分离（活性炭吸附）⟶消毒

工艺⑨：二级出水⟶臭氧⟶生物活性炭（BAC）⟶微滤⟶消毒

工艺⑩：二级出水⟶混凝沉淀⟶生物曝气（粉末活性炭）⟶超滤⟶消毒

工艺⑦～工艺⑩这四类工艺将粉末活性炭（PAC）与超滤（UF）或微滤（MF）联用，组成吸附固液分离工艺流程进行净水处理。PAC可有效去除水中低分子量的有机物，使溶解性有机物转移至固相，再利用MF和UF膜截留去除微粒的特性，可将低分子量的有机物从水中去除。更重要的是，PAC还可有效防止膜污染。氧化铁微粒的作用和PAC一样，能聚积在膜表面起到保护膜的作用，这层膜既可使膜本身免受污染，反冲洗时又易将有机物洗脱，恢复通水量。PAC粒径范围在10～50μm，大于膜孔径n个数量级（微滤＞0.1μm，超滤 0.01～0.1μm)，因此不会堵塞膜孔。

工艺⑩适用于氨氮含量较高的城市二级出水。有研究表明，在试验条件下（当向生物曝气池内投加 10mg/L PAC 形成炭污泥），进水氨氮＜10mg/L 时，组合工艺出水的氨氮＜1.0mg/L，亚硝酸盐氮＜1.0mg/L，硝酸盐氮＜5.0mg/L。研究还表明，中空超滤膜还可应用于混凝沉淀→生物曝气→超滤工艺中，且 PAC 的投加有利于膜水通量的提高。

城市污水经处理后如用作生活饮用水源时，对水质要求很高，尤其对水中的病毒、有机物及重金属等要求十分严格。图 11-1～图 11-4 是国外目前以城市污水二级处理出水经高级处理回用作生活饮用水源时较为完善典型的处理流程。

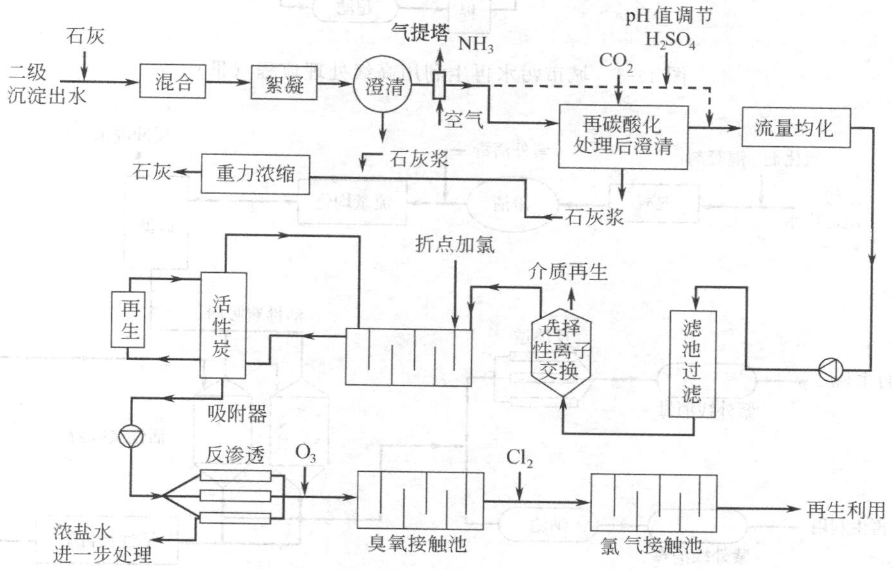

图 11-1　城市污水再生利用高级处理流程（Ⅰ）

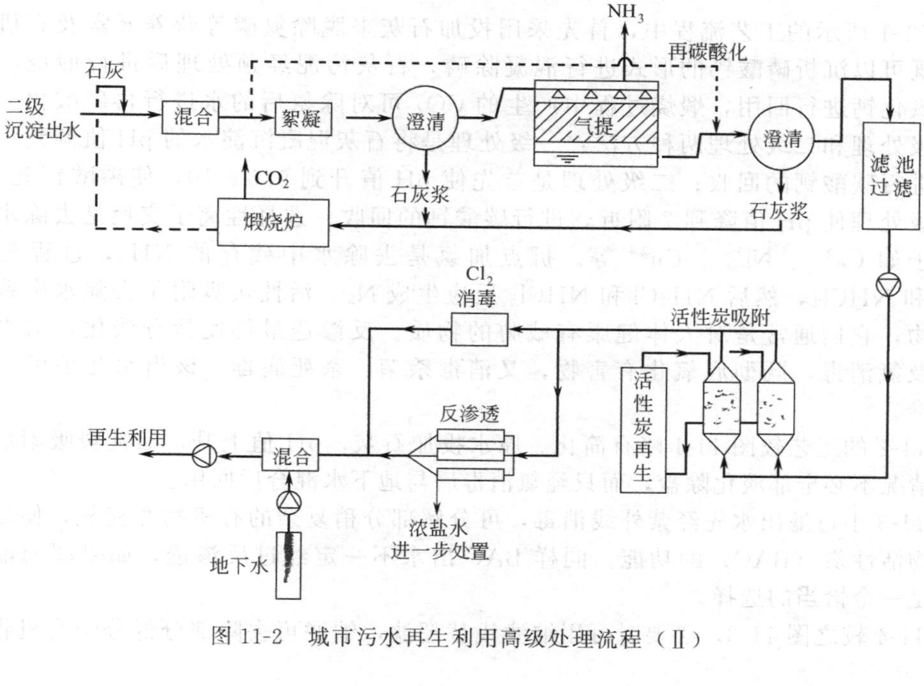

图 11-2　城市污水再生利用高级处理流程（Ⅱ）

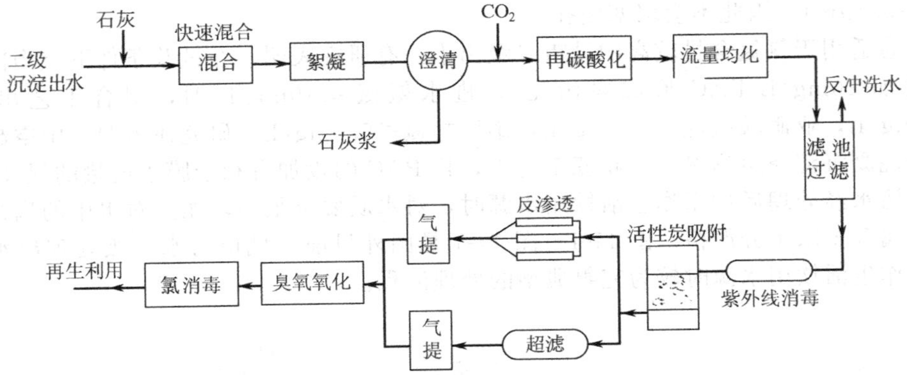

图 11-3 城市污水再生利用高级处理流程（Ⅲ）

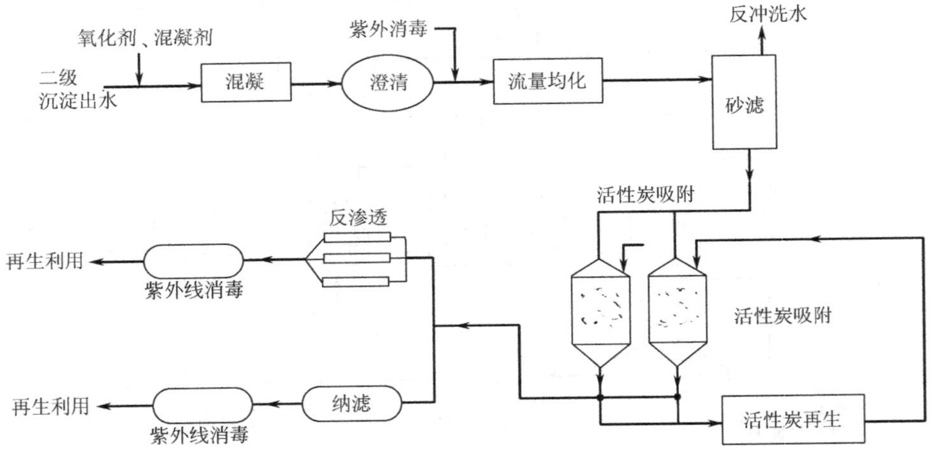

图 11-4 城市污水再生利用高级处理流程（Ⅳ）

图 11-1 所示的工艺流程中，首先采用投加石灰来脱除氮磷等营养元素及有机物。投加石灰既可以沉析磷酸钙的形式进行混凝除磷，石灰污泥经预处理后进行煅烧，将碳酸钙烧成氧化钙进行回用，煅烧过程中产生的 CO_2 可对除氨后的水进行再碳酸化。再碳酸化有一级处理和二级处理两种方法：一级处理是将石灰混凝沉淀水的 pH 值调到中性附近后直接进行碳酸钙的回收；二级处理是首先使 pH 值升到 9.5～10，使磷酸钙充分沉淀，再经二级处理使 pH 值降到 7 附近，进行碳酸钙的回收。选择性离子交换是去除水中有害金属离子如 Ca^{2+}、Ni^{2+}、Cu^{2+} 等。折点加氯是去除水中残存的 NH_3，过程是先形成 NH_2Cl 和 $NHCl_2$，然后 NH_2Cl 和 $NHCl_2$ 反应生成 N_2。活性炭吸附是去除水中残余的含氯有机物，它们通常是对人体健康有威胁的物质。反渗透最终使盐分淡化，出水再经臭氧氧化及氯消毒，既彻底氧化有害物，又消毒杀菌、杀死病毒。该出水几乎可达到原水水质标准。

图 11-2 的工艺较图 11-1 略有简化。原水投加石灰，pH 值上升，活性炭吸附后出水根据水质情况不必全部淡化除盐，而只经氯消毒后与地下水混合后回用。

图 11-3 中过滤出水先经紫外线消毒，可分解部分稍复杂的有机物并充氧，使活性炭柱具有生物活性炭（BAC）的功能。同样 BAC 出水不一定经过反渗透，如果超滤能满足要求，也是一个恰当的选择。

图 11-4 较之图 11-3，必要时可用纳滤代替超滤，纳滤可去除部分低分子有机物并能部

分除盐，较之超滤更具安全性；而纳滤消耗能量又大大小于反滤透。出水可用紫外线杀菌。该工艺对大水量的适应性稍差。

11.3　城镇污水再生利用的工程实例

11.3.1　日本芝山住宅区污水处理系统

(1) 流程及设施

日本芝山住宅区的污水处理设施是日本典型的住宅区污水实例。区内污水采用活性污泥法和混凝法处理。处理后出水的75%～80%排放，20%～25%经过臭氧氧化、活性炭吸附和消毒后作为中水回用。污水处理回用于冲洗厕所、洗涤用水、清扫用水和小池小河补充水，其流程见图11-5。该中水装置设有监测设备，当中水水质达不到标准时，会启动活性炭吸附设备，活性炭罐根据压头损失实行自动反冲洗和手动反冲洗两种方式，反冲洗水返回到调节池。消毒采用加氯，其投加量根据设置在污水池出口的余氯测定仪所发出的信号自动调整。

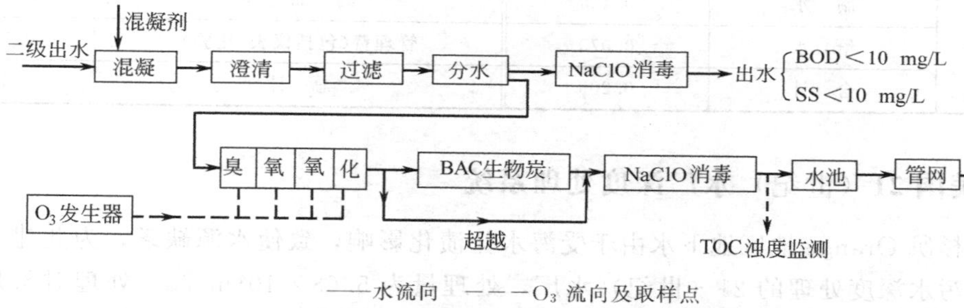

图11-5　日本芝山住宅区中水处理流程

芝山住宅区的污水处理回用设施，包括二级处理设施、三级处理设施、污泥处理设施及污水处理设施。

二级处理设施处理对象人口为4700人，其污水排放方式为合流制，设计小时最大污水量为149m^3，采用延时曝气法进行处理。其中调节池为255m^3（小时平均污水量为5h水量），曝气时间是16～24h，供气量为15.7～17.4m^3/min，BOD容积负荷为0.25kg/(m^3·d)，污泥负荷为0.075kg/(kg·d)。沉淀池表面负荷约17m^3/(m^2·h)，沉淀时间3.5h，采用间歇式集中排泥。

三级处理设施包括絮凝设备，pH调节仪（以控制絮凝反应的pH值为6.3左右），沉淀池[表面负荷为0.8m^3/(m^2·h)，停留时间为3.5h，污泥产量为60kg/m^3]，反冲水池和消毒池。

污泥处理设施包括污泥浓缩池、污泥储存池、污泥脱水机和泥渣斗等。

生活小区的污水输送设备大致可区分为送水泵、气压柜之类的压送器，室外配管及卫生器具类，水池、小河送水及循环设备。

小区的室内外中水管与上水管分开。中水系统配有卫生陶器、阀门、水表等，均比照上水设备设置。利用中水在住宅区内修筑人工小河，美化了居住环境。中水从小河上流经过跌水和浅滩，自然流入下游的水池中。

(2) 工程费及运行管理费

① 工程费　污水系统处理与再生利用设施包括污水处理设施、建筑物室外及室内配管

设施、污水水池和供水设施。这些设施的总工程费约135.69万美元，见表11-14。

表11-14 日本芝山住宅区污水处理回用设施建设费用

设施名称	工程费/美元	百分率/%	备注
污水处理工程	706342	52.0	臭氧反应设备，水质监测设备，消毒、活性炭设备，电器设备
住宅室内配管工程	146183	10.8	建筑物室内双重配管费用
住宅室外配管工程	304567	22.4	建筑物室外双重配管费用
污水蓄、供水工程	199783	14.8	污水蓄水池、送水设备、电器设备
合计	1356875	100.0	

按日处理水量160m^3计，吨水工程建设费为8400美元，其中二级处理及深度处理工程费为4400美元/t。污水处理回用设施每户工程建设费为1028美元/户。

② 运行管理费　污水设施的平均运行管理费见表11-15。

表11-15 运行管理费总计

项目		单价/(美元/t)	项目	单价/(美元/t)
电力费	制水	0.135	药品费	0.018
	给水	0.073	管理费(包括仪表、化验)	0.127
	合计	0.208	总计	0.353

11.3.2 美国21（世纪）水厂深度处理系统

美国洛杉矶Orange地区地下水由于受海水盐渍化影响，致使水源缺乏，为此建立了大规模的城市污水深度处理的21（世纪）水厂，处理量为$5.68\times10^4 m^3/d$。处理对象是城市二级污水，深度处理工艺流程见图11-6，包括石灰除磷，以脱除氨，碳酸化，三层滤料过滤，活性炭吸附去除残余溶解性有机物、表面活性剂、杀虫剂、色嗅物质，液氯消毒杀菌、杀病毒及折点加氯脱残氨。活性炭出水中$1.9\times10^4 m^3/d$经反渗透除盐，与消毒后出水混合压入23口深井（$H=200$m），造成地下水屏障，防止海水向陆地渗透，并用于农田灌溉和地下水补给水源。

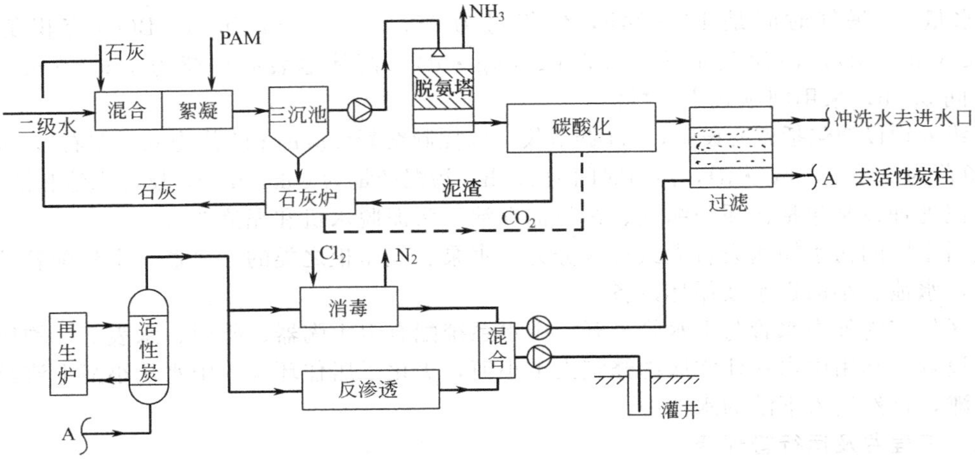

图11-6 美国21（世纪）水厂工艺流程

(1) 各工段的运行情况及主要工艺参数

化学沉淀的石灰投加量为350mg/L，水的pH＝10.8，快速搅拌混合1min，絮凝30min，再投加0.2mg/L聚合物，斜管沉淀池停留时间1.5h。石灰污泥经重力浓缩池及离心机脱水后送入多段炉在950℃下进行煅烧，冷却后的石灰回用，其烟道气（CO_2）经冷却，洗净后送往再碳酸化。

氨解吸塔的水力负荷为0.68L/(m^2·s)，空气流量为3000m^3/m^3水。

再碳酸化池中通入烟道气，水与碳酸气接触15min，沉淀池中停留40min，碳酸钙沉淀在污泥中。

过滤池由粗煤、硅石和柘榴石砂组成三层滤池，滤速12m/h。

活性炭塔径3.65m，高7.3m，水的空塔停留时间30min，水力负荷0.2m^3/(m^2·min)。废炭在六段炉中在900～950℃下再生，产量5.5t干炭/d。

氯化处理的投氯量为25mg/L，用以保证杀灭所有细菌及病毒，并氧化所有剩余的氨氮。

进反渗透装置以前，进水中投加氯及结垢抑制剂，经过过滤简单处理后，再用两台高压泵（671kW），把水加压到38.7kg/cm^2，并注入酸，调pH值到5.5，然后通过渗透膜，当处理水产量达到85%时，除盐率90%。

该水厂各单元操作对杂质的去除效果见表11-16。

表11-16　美国21（世纪）水厂各单元操作对杂质的去除效果

污染物指标	单位	进水	化学沉淀出水	氨解吸塔出水	再碳酸化出水	过滤出水	活性炭出水	反渗透出水
pH值		7.5	11.4		8.0			6.5
浊度	NTU	36	1.4		1.2	0.34		
电导率	μS/cm	1850	2070				1480	70
COD	mg/L	130	52				15	1.5
磷	mg/L	5	0.08					
氨氮	mg/L	45	37	5.7	0.9			
Na^+	mg/L	210						11
Ca^{2+}	mg/L	110	142	110	103			1
Mg^{2+}	mg/L	24	0.2					
SO_4^{2-}	mg/L	280						0.8
氯化物	mg/L	240			280			16
大肠菌	最可能数	41×10^6	<2			16	—	—
病毒	病毒蚀斑	100	2				—	—

(2) 经济指标

21（世纪）水厂的基建费（1972年标准）为1200万美元（不包括反渗透）折合211美元/(m^3·d)，运行费0.1美元/(m^3·d)。反渗透装置的基建费为300万美元，折合158美元/(m^3·d)，运行费0.14美元/(m^3·d)。总电耗2.5度/(m^3·d)。计算证明，用城市污水深度处理比从远地输水到Orange地区要经济，当地经济的未来发展在很大程度上依赖于城市污水再生利用的继续发展。

11.4 循环冷却水处理回用技术

11.4.1 循环冷却水系统及水质稳定

(1) 循环冷却水系统简介

冷却水有直流冷却水系统、密闭式循环冷却水系统和敞开式循环冷却水系统三种。其中，敞开式循环冷却水系统是应用最广泛的系统，也是水质处理技术最复杂的系统。本节主要讨论敞开式循环冷却水系统的水质处理。有关水处理的理论及处理药剂的基本概念仍适用于其他冷却系统。

敞开式循环冷却水系统是工业生产中应用最普遍的一种冷却水系统，它的流程如图 11-7 所示。

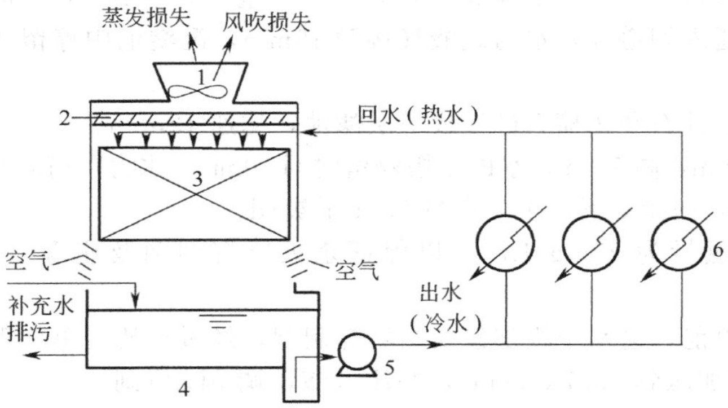

图 11-7　敞开式循环冷却水系统流程

1—风机；2—收水器；3—淋水装置；4—冷却塔集水池；5—水泵；6—换热器

该系统冷却水通过热交换器来冷却工艺介质，冷却水在换热过程中温度升高而成为热水，热水经过冷却塔与空气接触进行蒸发冷却，水经冷却后继续循环使用。

敞开式循环冷却水系统由于水在循环冷却过程中，必须经过冷却塔的蒸发冷却作用，以蒸发散热的形式带走水中的热量，使水冷却。在蒸发冷却过程中，循环水中的矿物质是在不断增加的，这叫做浓缩现象。循环冷却水中矿物质的浓缩会导致两种结果：某些在直流冷却水系统不结垢的盐类会在敞开式循环冷却水系统产生结垢现象；水中某些离子和物质的浓度也会达到引起腐蚀和大量菌藻产生的极限浓度。为了使水中的矿物质浓度维持在一定的范围，则需要给系统补充一定量的补充水，并且选择合适的水处理化学药剂和杀菌灭藻剂，投加在循环冷却水系统中且维持其足够的药剂浓度，以保障设备和系统安全正常地运行。

（2）敞开式循环冷却水系统的问题

冷却水在循环系统中不断循环使用，由于水的温度升高，水流速度的变化，水的蒸发，各种无机离子和有机物的浓缩，冷却塔和冷水池在室外受到阳光照射、风吹雨淋、灰尘杂物的进入，以及设备结构和材料等多种因素的综合作用，会产生盐分沉积、微生物孳生、管道堵塞、设备腐蚀等问题，严重影响传热效率。

① 盐的沉积　水中都溶解有重碳酸盐。在循环冷却水系统中，重碳酸盐的浓度随着蒸发浓缩而增加，当其浓度达到过饱和状态时，或者在经过换热器传热表面使水温升高时，会发生下列反应：

$$Ca(HCO_3)_2 \rightleftharpoons CaCO_3\downarrow + CO_2 + H_2O$$

冷却水经过冷却塔向下喷淋时，溶解在水中的游离 CO_2 要逸出，这就促使上述反应向右进行。$CaCO_3$ 沉积在换热器传热表面而形成致密的 $CaCO_3$ 水垢，它的导热性能很差。水垢形成必然会影响换热器的传热效率，严重时甚至会堵塞管道。

② 腐蚀性　循环冷却水系统引起腐蚀的原因如下。

a. 溶解氧引起的电化学腐蚀。敞开式循环冷却水系统中，水与空气能充分接触，因此水中溶解的 O_2 达饱和状态。当碳钢与溶有 O_2 的冷却水接触时，由于金属表面的不均匀性和冷却水的导电性，在碳钢表面会形成许多腐蚀微电池，其腐蚀过程如图 11-8 所示。

b. 离子引起的腐蚀。循环冷却水在浓缩过程中，无机盐类如重碳酸盐、氯化物、硫酸盐等的浓度增加，会加速碳钢的腐蚀。尤其是 Cl^- 的离子半径小，穿透性强，容易穿过膜层，置换氧原子形成氯化物，加速阳极腐蚀，所以 Cl^- 是引起点蚀的原因之一。

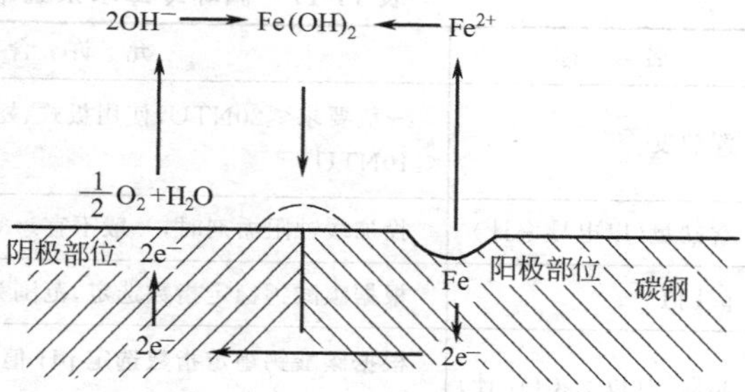

图 11-8　碳钢在水中腐蚀过程示意

对于不锈钢制造的换热器，Cl^- 还是引起应力腐蚀的主要原因，因此冷却水中 Cl^- 的浓度过高，常使设备上应力集中的部分（如换热器花板上胀管的边缘）迅速受到腐蚀破坏。循环冷却水系统中如有不锈钢制的换热器时，一般要求 Cl^- 的浓度不超过 300mg/L。

c. 微生物引起的腐蚀。微生物的孳生也会使金属发生腐蚀。这是由于微生物排出的黏液与无机垢和泥砂杂物等形成的沉积物附着在金属表面，形成氧的浓差电池，促使金属腐蚀。

③ 微生物的孳生和黏垢　冷却水中的微生物一般是指细菌和藻类。在循环水中，由于养分的浓缩、水温的升高和日光照射，给细菌和藻类创造了迅速繁殖的条件。大量细菌分泌出的黏液能使水中的灰尘杂质和化学沉淀物等黏附在一起，形成沉积附在换热器的传热面上，这种沉积物称为黏垢。黏垢附着在换热器管壁上，除了会引起腐蚀外，还会使冷却水的流量减少，降低换热器的冷却效率。

综上所述，循环冷却水的特点是具有腐蚀性，产生沉积物（结垢、污垢和黏垢），微生物繁殖。这也就是水的深度处理所要解决的问题，即腐蚀控制、沉积物控制、微生物控制。

(3) 循环冷却水的水质要求

循环冷却水中 Ca^{2+}、Mg^{2+} 及其他金属离子、Cl^-、SO_4^{2-} 等均会对循环冷却水系统产生不同程度影响。Ca^{2+} 在循环冷却水系统中易形成碳酸钙、硫酸钙、磷酸钙水垢的主要物质。Mg^{2+} 在天然水中也是常见的离子，在冷却水中易形成氢氧化镁、硅酸镁水垢。冷却水中发生钙、镁的碳酸盐沉积时，首先是钙的碳酸盐先沉积下来。冷却水系统中镁垢的影响较钙垢为大，尤其是与 SiO_3^{2-} 结合成硅酸镁后，由于坚硬很难清除。

Al^{3+}、Fe^{3+} 在天然水源中含量较低，冷却水中 Fe^{3+}、Al^{3+} 的另一个来源是补充水处理常用的作为混凝剂的铝盐或铁盐。Fe^{2+} 是微溶盐类晶体发育的催化剂，它起了晶种作用而加速微溶盐类的结晶析出。Fe^{3+} 不仅能在金属表面形成沉积，而且还能与铁发生氧化还原反应，从而造成设备的腐蚀。同时，在敞开式循环冷却水系统中，由于冷却水直接与空气接触，Fe^{2+} 又容易被氧化为 Fe^{3+}，使设备腐蚀加速。所以一般要求冷却水中总铁（Fe^{2+} + Fe^{3+}）不超过 0.5mg/L。Al^{3+} 被带入冷却水系统中将会产生铝泥沉积。为了防止铝泥沉积和垢下腐蚀，冷却水中 Al^{3+} 浓度应控制在 0.3～0.5mg/L。

Cu^{2+} 可吸附或沉积在铁金属的热交换器或管道壁上，而导致形成电化学腐蚀。冷却水中 Cu^{2+} 来源于铜质设备的腐蚀或用于杀菌灭藻的铜盐。为了控制 Cu^{2+} 对碳钢的腐蚀，冷却水中 Cu^{2+} 一般控制在 0.1mg/L 内。

另外，水中溶解的气体、悬浮物、微生物和有机物也会对循环冷却水系统产生影响。

补充水为优质淡水时，循环冷却水系统中各种离子或杂质的允许含量见表 11-17。

(4) 水质稳定

通常将循环冷却水水质按腐蚀和沉积物控制要求，作为基本水质指标。实际上这是一种反映水质要求的间接指标。

表 11-17 循环冷却水系统中各种离子或杂质的允许含量

名称	允许含量	过高或过低时的危害
浑浊度	一般要求≤20NTU，使用板式、翅片式和螺旋板式水冷器宜≤10NTU①②	污垢沉积
含盐量(以电导率计)	投加缓蚀阻垢剂时，一般不宜＞3000μS/cm	腐蚀或结垢
pH 值	根据碳酸钙稳定指数选定，范围为 7.0～9.2①或 6.5～9.5②	过高易结水垢，过低易腐蚀
总碱度(以 $CaCO_3$ 计)	根据碳酸钙稳定指数选定 pH 值指标，总碱度根据 pH 值自然平衡，大致要求≤500mg/L①	过高结水垢，过低则腐蚀
钙离子(以 $CaCO_3$ 计)	根据碳酸钙稳定指数和磷酸钙饱和指数进行控制，大致要求≥75mg/L，≤500mg/L①	过高结水垢，过低则腐蚀
钙离子加总碱度(均以 $CaCO_3$ 计)	采用全有机配方时，大致要求二者之和≤1100mg/L②	过高可能结水垢
铁和锰(总铁量)	≤0.5mg/L①②	过高表明系统有腐蚀，可形成黏性污垢，导致局部腐蚀
铜离子	对碳钢水冷器，Cu^{2+}≤0.1mg/L②	过高产生点蚀
铝离子	Al^{3+}≤0.5mg/L②	过高促进污垢沉积
镁离子与硅酸	Mg^{2+}(mg/L，以 $CaCO_3$ 计)×SiO_2(mg/L)＜15000①②	过高使硅酸镁垢沉积
硅酸(以 SiO_2 计)	≤175mg/L①	过高使硅酸镁垢沉积
氯离子	根据水冷器的材质、壳程或管程、结构、应力及药剂、配方情况决定，一般碳钢水冷器系统≤1000mg/L①，不锈钢水冷器较多的系统≤300mg/L①，或不锈钢管程水冷器系统≤700mg/L②	过高促进局部腐蚀，对碳钢主要是点蚀，对不锈钢主要是应力腐蚀开裂
硫酸根加氯离子	$SO_4^{2-}+Cl^-$≤1500mg/L①②	过高促进腐蚀
硫酸根	无阻垢剂时，要求 Ca^{2+}(mg/L)×SO_4^{2-}(mg/L)＜500000；使用阻垢剂时，＜750000	过高使 $CaSO_4$ 沉积
	对系统中混凝土的要求，按《岩土工程勘察规范》(GB 50021—94)执行①②	过高腐蚀混凝土
游离余氯	回水总管外 0.5～1.0mg/L①②	过高促进腐蚀，过低对控制微生物黏泥不利
石油类	一般应＜5mg/L，炼油企业可放宽至＜10mg/L①②	过高促进污垢沉积

① 国家标准《循环冷却水水质标准》(GB 50050—95) 中的允许值。
② 行业标准《化工企业循环冷却水处理设计技术规定》(HG/T 20690—2000) 中的许用值。

冷却水通过换热器传热表面时，重碳酸盐会受热分解，产生碳酸钙沉淀。水中溶解的硫酸钙、硅酸钙、硅酸镁等被浓缩后，也会生成沉淀沉积在传热表面上。这些无机盐沉积物结晶致密，比较坚硬，通常牢固地附着在换热表面上，不易被水冲洗掉。沉积物通常是以碳酸钙为主的。

在循环水系统中，水的腐蚀性和结垢性一般都是由水的碳酸盐系统平衡决定的。当水中碳酸钙浓度超过其饱和浓度时，会出现碳酸钙沉淀，形成结垢；反之，当水中碳酸钙浓度低于其饱和浓度时，水对碳酸钙具有溶解能力，可使已沉积的碳酸钙溶于水中。前者称结垢性水，后者称腐蚀性水，两者均称为不稳定的水。腐蚀性水可使金属管道内壁上的碳酸钙溶解，使金属表面裸露在水中，产生腐蚀。对于循环水系统而言，基于水中碳酸盐平衡原理，控制水的腐蚀和结垢，称之为水质稳定处理。

在循环冷却水系统中，常用饱和指数 I_L 和稳定指数 I_R 来判别水的结垢或腐蚀倾向。

饱和指数 I_L 用下式表示。

$$I_L = pH_o - pH_s \tag{11-1}$$

式中　pH_o——水中实际的pH值；

pH_s——水为 $CaCO_3$ 所平衡饱和时的pH值，其值随水质而定。

当 $I_L=0$ 时，水质稳定；当 $I_L>0$ 时，碳酸钙处于过饱和，有析出结垢的倾向；当 $I_L<0$时，碳酸钙未饱和，而 CO_2 过量，因 CO_2 有侵蚀性，水有腐蚀倾向。

一般认为，如 I_L 在±(0.25～0.30) 范围内，可以认为是稳定的，如超出此范围则需处理。

稳定指数 I_R 为

$$I_R = 2pH_s - pH_o \tag{11-2}$$

根据生产数据统计资料，当：$I_R=4.0\sim5.0$ 时，水有严重结垢倾向；$I_R=5.0\sim6.0$ 时，水有轻微结垢倾向；$I_R=6.0\sim7.0$ 时，水有轻微结垢或腐蚀倾向；$I_R=7.0\sim7.5$ 时，腐蚀显著；$I_R=7.5\sim9.0$ 时，严重腐蚀。

饱和指数 I_L 和稳定指数 I_R 只能判断水的结垢或腐蚀的倾向性，并不能给出计算数据。其中 I_R 实际上是利用 I_L 改变而成。相比之下，用 I_R 来判别水的稳定性比 I_L 更接近实际一些。实践中，通常同时用 I_L 和 I_R 两个指数来判别水质稳定性，可使判断结果接近实际。

11.4.2　循环冷却水处理回用方法

循环冷却水处理的目的主要是为了保护换热器免遭损害。为了达到循环冷却水所要求的水质指标，必须对腐蚀、沉积物和微生物三者的危害进行控制。

(1) 冷却水系统中结垢控制

沉积物控制包括结垢控制和污垢控制，而黏垢控制往往与微生物控制分不开。结垢控制和污垢控制所用的方法和药剂往往是不同的。

冷却水中如无过量的 PO_4^{3-} 或 SiO_2，则磷酸钙垢和硅酸盐垢是不容易生成的。循环冷却水系统中最易生成的是碳酸钙垢。控制结垢的方法，大致有以下几类。

① 去除 Ca^{2+}　水中的 Ca^{2+} 是形成碳酸钙垢的主要原因。从水中除去 Ca^{2+}，使水软化，则碳酸钙就无法结晶析出。从水中去除 Ca^{2+} 的方法主要有石灰软化法和阳离子交换树脂法（包括氢离子交换树脂法）。

石灰软化法是在预处理时投加适量的石灰，让水中的碳酸氢钙与石灰在澄清池中预先反应，生成碳酸钙沉淀析出。投加石灰所耗的成本低，原水钙浓度高而补水量又较大的循环冷却水系统常采用这种方法。石灰法主要针对碳酸氢钙与碳酸氢镁的去除。

离子交换树脂法就是让水通过离子交换树脂，将 Ca^{2+}、Mg^{2+} 从水中置换出来并结合在树脂上。用此法软化补充水，成本较高，只有在补充水水质很差，先经石灰法处理的后处理或必须提高浓缩倍数的情况下采用。

② 酸化法　采用酸化法将碳酸盐硬度转化为溶解度较高的非碳酸盐硬度也是控制结垢的方法之一。酸化法通常是加硫酸。加酸以后，碳酸盐硬度降至 H_B'，非碳酸盐硬度升高。要求经加酸处理后满足下列条件：

$$KH_B' \leqslant H' \tag{11-3}$$

式中　H_B'——酸化后的补充水碳酸盐硬度；

H'——循环水碳酸盐硬度；

K——循环水碳酸盐的浓缩倍数。

酸化法适用于补充水的碳酸盐硬度较大时。如果用硫酸，要使加酸后生成的硫酸钙浓度小于相应水温时的溶解度。运行时应控制 pH 值大于 7.0，一般为 7.2～7.8。为了保证处理效果，投酸量应严格控制，并经常监测碳酸盐硬度、pH 值、水温、酸浓度等。

③ 阻垢法　水中碳酸钙等结垢的过程，是微溶性盐从溶液中结晶沉淀的一种过程。如能投加阻垢剂，破坏其结晶增长，就可达到控制水垢形成的目的。近年来主要使用人工合成的名种阻垢剂，如聚磷酸盐、有机膦酸盐类化合物、聚丙烯酸盐等。常用的聚磷酸盐有三聚磷酸钠和六偏磷酸钠。聚磷酸盐能捕捉溶解于水中的金属离子产生可溶性络合盐，使金属离子的结垢作用受到抑制。有机膦酸盐类化合物是一种很好的分散剂和胶溶剂，主要有氨基三亚甲基膦酸（ATMP）、乙二胺四亚甲基膦酸（EDTMP）、羟基亚乙基二膦酸（HEDP）。

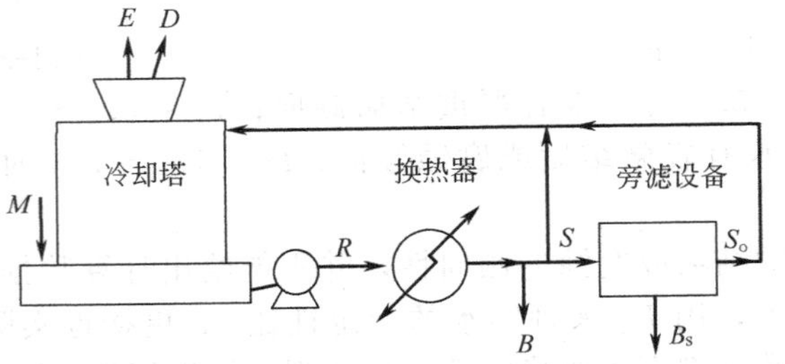

图 11-9　有旁滤设备的循环冷却水系统

E—蒸发量；D—风吹损失量；M—补充水量；R—系统循环量；B—排污量；S—旁流量；B_s—旁流排污量；S_o—旁流循环量

④ 旁滤设备　设旁滤池是防止悬浮物在循环冷却水中积累的有效方法，循环冷却水的一部分连续经过旁滤池或滤后返回循环系统。旁滤池的设置方式是与工艺冷却装置并联，或是和工艺冷却装置串联。旁滤池的构造常采用压力滤池。

旁滤池的流量可按循环冷却水系统中悬浮物量的动平衡关系决定。旁滤流量一般经验是取1%～5%的循环水量，即可保持水中悬浮物在最低限度，并可控制污物的沉积，旁流量也可按图 11-9，根据式(11-4) 进行较准确的计算。

$$S=\frac{Mc_M(1+n)-Bc}{c-c_s} \tag{11-4}$$

式中　S——旁流量，m^3/h；

M——补充水量，m^3/h；

B——排污量，m^3/h；

c_M——补充水浊度，mg/L；

c——增设旁滤设备后循环水的最终浊度，mg/L；

c_s——经过旁流后，旁滤设备出口的浊度，mg/L；

n——参数。

(2) 冷却水系统的腐蚀控制

金属材料腐蚀的控制技术包括合理的设计，正确选用金属材料，改变腐蚀环境，采用耐腐蚀覆盖层，电化学保护，采用耐腐蚀非金属材料代替金属材料，以及循环冷却水系统中加入缓蚀剂、杀菌剂等水处理药剂等。

循环冷却水对金属的腐蚀，最主要的是电化学腐蚀。为了防止电化学腐蚀，一般采用的方法是向循环冷却水中投加某些药剂——缓蚀剂，使在金属表面形成一层薄膜将金属表面覆盖起来，从而与腐蚀介质绝缘，防止金属腐蚀。

① 常用的缓蚀剂　缓蚀剂所形成的膜有氧化物膜、沉淀物膜和吸附膜三种类型。循环冷却水系统中常见的缓蚀剂有铬酸盐、硅酸盐、亚硝酸盐、锌盐、钼酸盐、苯甲酸盐、天然有机化合物、杂环化合物、聚磷酸盐、有机膦酸盐类化合物、有机膦酸酯和膦羧酸类化合物及有机胺。常见的缓蚀剂类型见表 11-18。

表 11-18　不同防蚀膜类型的缓蚀剂

防蚀膜类型		典型的缓蚀剂	防蚀膜的特性
氧化膜型		铬酸盐 钼酸盐 钨酸盐 亚硝酸盐	致密、膜薄（3～20nm），和金属结合牢固，防蚀性能好
沉淀膜型	水中离子型	聚合磷酸盐 硅酸盐 锌盐 有机膦酸酯 有机膦酸盐 苯甲酸盐	膜多孔且较厚，与金属结合不太紧密
	金属离子型	巯基苯并噻唑 苯并三唑 甲基苯并三唑	膜较致密，较薄
吸附膜型		胺类 硫醇类 其他表面活性剂	在酸性，非水溶液中能形成良好的膜，在非清洁金属表面上成膜效果不良

几种主要缓蚀剂介绍如下。

a. 氧化膜型缓蚀剂。这类缓蚀剂直接或间接产生金属的氧化物或氢氧化物，在金属表面形成保护膜，如铬酸盐等即属此类缓蚀剂。

b. 水中离子沉淀膜型缓蚀剂。这种缓蚀剂与溶解于水中的离子生成难溶盐或络合物沉淀，形成防蚀薄膜。这种缓蚀剂有聚磷酸盐和锌盐。聚磷酸盐和水中 Ca^{2+}、Mg^{2+} 等形成的络合盐在金属表面构成保护膜，主要是聚磷酸钙等，起阴极缓蚀的作用。锌盐也是一种阴极型缓蚀剂，Zn^{2+} 在阴极部位产生氢氧化锌沉淀，起保护膜的作用。锌盐的阴离子一般不影响它的缓蚀性能。锌盐在循环水中溶解度很低，容易沉淀而消耗掉。

c. 金属离子沉淀膜型极性缓蚀剂。这种缓蚀剂是使金属活化溶解，并在金属离子浓度高的部位与缓蚀剂形成沉积，产生致密的薄膜，缓蚀效果良好。这种缓蚀剂如巯基苯并噻唑（简称 MBT）是铜的很好的阳极缓蚀剂，它可在铜的表面形成一层沉淀薄膜，抑制腐蚀。

到目前为止，主要采用的还是水中离子沉淀膜型缓蚀剂，即聚磷酸盐和锌盐。

② 缓蚀复合药剂配方　复合药剂配方能够发挥药剂的协同效应，往往能够起到阻垢和缓蚀剂的双重作用，使缓蚀阻垢作用增效，同时可以减少药剂用量。以下为较为常见的配方，可供选用。

a. 锌盐/聚合磷酸盐。为双阴极型缓蚀剂。该配方适合应用于腐蚀性水质。聚合磷酸盐用量为 20～40mg/L，Zn^{2+} 用量一般为 2～4mg/L。Zn^{2+} 在 pH＞8.3 时会产生氢氧化锌水垢，所以该复合配方不宜在高 pH 值使用。

b. 聚合磷酸盐/膦酸盐/聚羧酸盐。这是广泛应用的磷系复合配方，兼有良好的缓释和阻垢作用。该配方一般在偏碱性条件下使用，运行 pH 值一般在 7.2～8.4 范围内。

c. 锌盐/聚合磷酸盐/膦酸盐/聚羧酸盐。该配方聚合磷酸盐的比例较少，而膦酸盐及聚羧酸盐的比例相对较大，可在有轻微腐蚀性的水中使用，允许的钙含量及碱度比前一种配方高。例如，某些厂的控制指标为：钙硬度（以 $CaCO_3$ 计）＜400mg/L，总碱度（以 $CaCO_3$

计）＜300mg/L。

d. 膦酸盐/聚羧酸盐或锌盐/膦酸盐/聚羧酸盐。该配方为全有机配方，配方中药剂的主要作用是分散阻垢。药剂用量根据水质条件相差很多，常用的用量范围大致如下：膦酸盐1.5～8mg/L，聚羧酸盐1～8mg/L，Zn^{2+} 1～2mg/L。

这种配方不适用于腐蚀性水质，不宜在低硬度低碱度条件下运行。

(3) 微生物控制

微生物可引起黏垢，会使换热器传热效率降低并增加水头损失，黏垢又会引起循环水系统中微生物的大量繁殖，与腐蚀有关，故循环水应控制微生物生长。

循环冷却水中最常见并能造成危害的微生物，大致有三类，即细菌、真菌和藻类。

冷却水中常见并能造成危害的细菌不过十几种，表11-19所列为冷却水系统中常见的一些细菌，以及适宜它们生长的条件。

表 11-19 系统中常见的细菌及生长条件

细菌类型	例子	生长条件		产生的问题
		温度/℃	pH值	
好氧性荚膜细菌	气杆菌属 黄杆菌属 普通变形杆菌 铜绿色假单胞菌 赛氏杆菌属 产碱杆菌属	20～40	4～8,7.4为最佳值	形成严重的细菌黏泥
好氧芽孢细菌	蕈状芽孢杆菌 枯草芽孢杆菌	20～40	5～8	产生难以消灭的细菌黏液芽孢
铁细菌	锈铁菌属 纤毛铁细菌属 嘉氏铁柄杆菌属	20～40	6～7	在细菌的外膜上沉淀氢氧化铁，形成大量的黏泥沉积物

为防止微生物腐蚀，常用方法有：采用化学惰性材料和保护层；防止日光照射；用物理化学法处理水质；化学药剂法杀菌或抑菌。

化学药剂处理法是控制循环冷却水中微生物生长的一种有效方法。化学处理所用的药剂，可以分为氧化性杀菌剂、非氧化性杀菌剂及表面活性剂杀菌剂等。

① 氧化性杀菌剂　氧化型杀菌剂主要为液氯、次氯酸盐（如次氯酸钙、次氯酸钠）及二氧化氯。氯在冷却塔中易于损失不能起持续的杀菌作用，故可用氯与非氧化型杀菌剂联合使用。

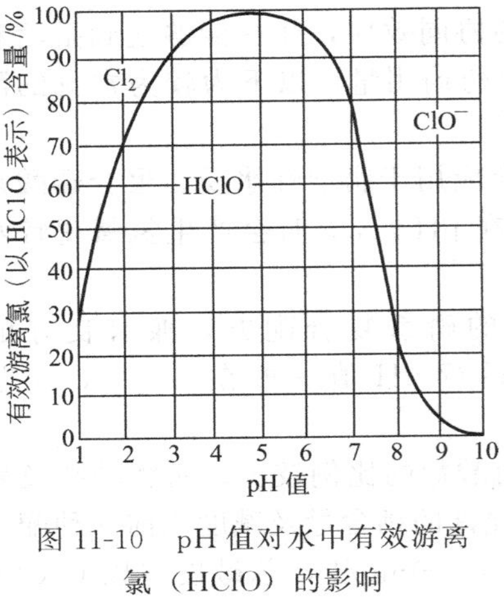

图 11-10　pH值对水中有效游离氯（HClO）的影响

a. 氯。氯至今仍是应用最广泛的一种杀菌剂。氯进入冷却水中，水解生成盐酸和次氯酸：

$$Cl_2 + H_2O \rightleftharpoons HCl + HClO$$

次氯酸在水中发生电离，生成 H^+ 和 ClO^- 两种离子：

$$HClO \rightleftharpoons H^+ + ClO^-$$

图11-10显示了pH值对水中有效游离氯的影响。当pH=4～6时，次氯酸含量最高。一般细菌表面带有负电荷，ClO^-难以接近细菌表面；Cl_2又易于挥发。游离氯的三种形态中，次氯酸容易扩散通过微生物的细胞壁，与原生质反应，破坏细胞的蛋白质结构。作为微生物杀

菌剂，次氯酸的杀菌效率要高于 ClO^-。

冷却水的pH值直接控制着次氯酸的电离度。低pH值对次氯酸的酸式存在形式有利；在pH>7.5时，ClO^-比例增加，杀菌效果逐步降低；pH=4～6时，虽能提高氯的杀生效果，但冷却水系统中金属的腐蚀速度将增加。一般氯的pH值范围以6.5～7.5为最佳。

循环冷却水系统进行微生物的生长控制时，水中游离活性氯的浓度一般可控制在0.5～1.0mg/L范围内。这时水中绝大多数微生物的生长将得到控制。当与非氧化性杀菌剂联合使用时，水中游离活性氯的浓度则可控制在0.2～0.5mg/L的范围内。

b. 次氯酸盐。冷却水系统中常用的次氯酸盐有次氯酸钠，它的杀菌作用与氯极为相似。在循环冷却水处理中的应用，主要是处理设备或管道中的黏泥。使用高浓度的次氯酸钠剥离冷却水系统中的黏泥。

c. 二氧化氯。二氧化氯的杀菌能力较氯为强，杀菌作用较氯为快，且剩余剂量的药性持续时间长。它不仅具有和氯相似的杀菌性能，而且还能分解菌体残骸，杀死芽孢和孢子，控制黏泥生长。二氧化氯的用量小，适用的pH值范围广，在pH=6～10的范围内能有效地杀灭绝大多数微生物，适用于碱性条件下运行的循环冷却水系统。二氧化氯必须在现场制备和使用。

② 非氧化性杀菌剂　硫酸铜一般不单独使用，往往同时投加铜的螯合剂如EDTA。在某些情况下，非氧化型杀生剂比氧化型杀生剂更有效或更方便。因此，在许多冷却水系统中，常常是非氧化性杀生剂与氧化性杀生剂两者联合使用。

非氧化性杀生剂主要有双氯酚，其水溶液是一种高效、广谱的杀生剂，这种杀菌剂对异养菌、铁细菌、硫酸盐还原菌等都有较好的杀菌作用。以15mg/L的剂量杀灭异养菌的效率可达95%。

③ 表面活性型杀菌剂　表面活性型杀菌剂主要以季铵盐类化合物为代表。常用的是烷基三甲基氯化铵（ATM）、二甲基苄基烷基氯化铵（DBA）及十二烷基二甲基苄基氯化铵（DBL）。

季铵盐带正电荷，而构成生物性黏泥的细菌、真菌及藻类带负电荷。因此，可被微生物选择性吸附，并聚积在微生物的体表上，改变原形质膜的物理化学性质，使细胞活动异常。季铵盐的疏水基能溶解微生物体表的脂肪壁，进入菌体内，与构成菌体的蛋白质或蛋白胨反应，使微生物代谢异常，从而杀死微生物。

作为表面活性剂的季铵盐，由于具有渗透性质，所以往往和其他杀菌剂同时使用，以加强效果。使用季铵盐类的缺点是剂量比较高，常引起发泡现象。但发泡能使被吸着在构件表面的生物性黏泥剥离下来，随水流经旁滤池除去。

11.4.3 循环冷却水再生利用工程

(1) 工程概况

污水处理回用对象为50000kW热电厂的5000m^3/d循环冷却补充水，染料分厂的3000m^3/d的循环冷却用水和部分工艺用水，煤气厂及其他工厂的工业用水。

工程处理规模为10000m^3/d。工程内容包括完善城市污水处理原有的二级处理系统，新建深度处理设施，铺设输水管道，用户厂内管路改造，设置用户水质改善与监控系统。

(2) 工艺流程

深度处理工艺流程见图11-11。

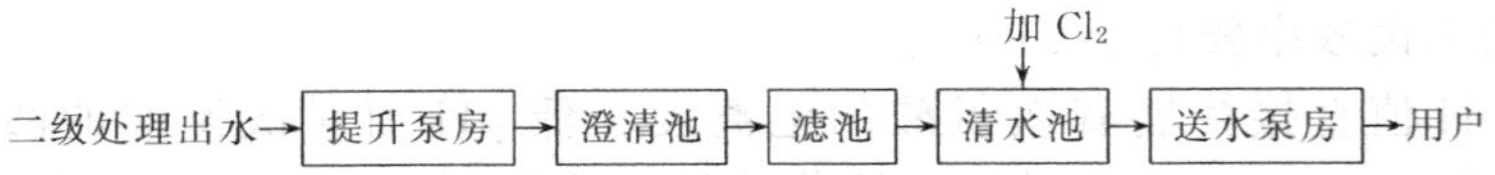

图 11-11 深度处理工艺流程

(3) 主要处理单元及构筑物

① 澄清池 以澄清池代替混凝沉淀池。澄清池为两座圆形钢筋混凝土构筑物，其作用是截留二级处理出水中的微生物絮体（菌胶团），为后续的滤池起到安全保障作用。当二级处理正常时，澄清池不需要加药；当二级处理运行不正常时，如污泥膨胀、水质水量冲击、低温、停电等，则澄清池投入药剂，保证滤池的进水有良好的水质。一般情况下经过澄清池后，浑浊发黑的污水已变得清澈透明了，投药时对磷还有明显的去除作用。澄清池投药后反应速度比天然水处理快，因为水中有活性污泥碎片，它们是形成絮凝核心，很快完成反应阶段，而出现较大颗粒。当澄清池回流泥渣层不良时可加聚丙烯酰胺助凝剂。

② 过滤 过滤是深度处理的核心，是污水再生处理必不可少的工艺。工程采用四座双阀虹吸滤池，滤速 5～6m/s，由于活性污泥形成的絮体易于穿过滤层，因而设计滤池工作层较厚，砂层含污量大，工作周期较长。

③ 清水池 清水池是储备处理后的水以供调节、滤池反冲洗及加氯杀菌反应之用。投氯量按余氯 0.4～0.8mg/L 控制。接触时间不少于 0.5h。

④ 循环水模拟试验装置 污水处理厂设置循环水模拟试验装置，随时监测水质对用水设备的损害情况，一旦发现监测项目超出规定数值，立即采取措施，以最大限度地保证生产安全。用户换热器内还要设置挂片，定期检测腐蚀量。循环系统投加缓蚀剂、阻垢剂和杀菌剂，药剂品种的选择和投加量的确定，由供水和用水单位共同商定。

(4) 处理效果

工程出水水质见表 11-20。

表 11-20 工程出水水质

项 目	工程数据	东京工业水道标准	项 目	工程数据	东京工业水道标准
pH 值	7～8	6.4～7.0	总铁/(mg/L)	0.1	0.1～0.7
浊度/度	<3	1～15	氯化物/(mg/L)	220	96～960
BOD/(mg/L)	<5		总硬度(以 $CaCO_3$ 计)/(mg/L)	280	131～344
COD/(mg/L)	<60		总碱度(以 $CaCO_3$ 计)/(mg/L)	260	
总磷/(mg/L)	1		游离余氯/(mg/L)	0.4	
氨氮/(mg/L)	1				

(5) 总结

① 二级处理出水经深度处理后回用于循环冷却补充水，在浓缩倍数为 2，投加一定量的水质稳定剂情况下，循环冷却系统运转正常，冷却温度稳定。

② 极限污垢热阻系数很小，对热传导影响不大，说明该水质不是结垢型。黏附速度也处于“好”的状态。腐蚀速度低于国家标准 0.125mm/a，说明腐蚀性也在允许范围内，但腐蚀大于结垢，说明水质偏于腐蚀型。

③ 循环水中异养菌和氨化菌最多，未检出硫酸盐还原菌。

④ 原污水中聚磷酸盐含量较高，当聚磷酸盐含量高时会干扰混凝沉淀过程。藻类在摄取氮营养盐时，对磷的需要大约为氮的 1/20～1/10，为防止菌藻生长，要对磷进行控制。为了防止污垢沉积，必须控制冷却水中的 PO_4^{3-} 含量。但 PO_4^{3-} 又是阳极型缓蚀剂，对碳钢的腐蚀有一定抑制作用。AWWA 推荐循环补充水 PO_4^{3-} 为 4mg/L（P 为 3mg/L）。从磷的浓缩情况和水质判定来看，会出现磷酸钙沉积，但结垢不严重。当总磷为 1～2mg/L 时，浓

度不高，不致产生危害。

⑤ 循环水系统的水质分析表明，氨氮由深度处理后出水的20～30mg/L骤减到0.4mg/L，去除率达98%以上。满足工业冷却，甚至铜管冷凝器对氨氮的要求。选取适当的循环冷却条件，可使氨氮被硝化。这样城市污水处理厂可以不做脱氮处理，从而可以节省很大费用。

由于用水得到了保证，避免因水荒而影响工业正常生产，意义重大。按万元产值耗水量245m^3计算，则大连市城市污水再生利用示范工程可创造工业产值1.5亿元。

11.5 雨水收集处理回用技术

11.5.1 城市雨水利用的功能

城市雨水利用的功能有：利用雨水冲洗厕所，浇洒路面，浇灌草坪，水景补水，可节省城市自来水，节省市政管网投资；修复水生态环境，改善水环境；雨洪调节，减少进入雨水系统的流量，提高城市排洪系统的可靠性。

11.5.2 雨水收集处理

居住小区、企业厂区、边沟均能收集雨水，在雨水管道（或边沟）的雨水收集后进入弃流井。初期雨水应排入城市污水管网。弃流装置采用管道中安装流量控制式装置，根据对管道流量的计算进行自动控制（由电动阀、计量装置、控制箱组成）。弃流装置中的主控电动阀发出信号启动管道上的电动阀，计量装置采用流量计，通过累计雨水量计量。自动控制弃流装置能灵活及时地切换雨水弃流管道和收集管道上阀门的启闭，保证初期雨水弃流和雨水收集的有效性。

雨水水质及回收利用的水质见表11-21。

表11-21 雨水水质及回收利用的水质

指标	初期径流	弃流后雨水	深化景观用水水质
pH值	6.5～9	6.5～9	6.0～9
SS/(mg/L)	50～100	40	10
COD/(mg/L)	50～150	<50	<40

雨水处理工艺流程常用的有：

① 雨水→初期雨水弃流→雨水蓄水池→曝气→侧向流斜板沉淀→消毒→清水池。

② 雨水→初期雨水弃流→雨水蓄水池→曝气→接触过滤→消毒→清水池。

为了保证雨水回用量，一般雨水蓄水池有较大的容量，即使弃流后雨水COD较低，仍需小量延续曝气，既能完成生化，去除有机物，同时也能防止蓄水产生臭气。蓄水池曝气量根据水质COD浓度确定。蓄水池应设溢流管，水池溢后自动溢流排水至雨水管。蓄水池后可设斜板沉淀去除活性污泥及SS，必要时投加少量PAC。由于雨水处理设施常设置在地下（地面可绿化），沉淀池不能太深，建议采用侧向流斜板。如果后续无过滤设备，斜板沉淀的表面负荷应取较小值。流程①可全部设备埋地，运行全自动。

流程②与①的区别在于不设斜板沉淀，改为接触过滤池。接触过滤通常设在地面上，因而需要二次提升，并需一定的日常管理。接触过滤进水应安装管道混合器，利用进口孔板负压，投加少量PAC等混凝剂。滤池反冲可设置自动控制。

清水池用于储存处理后的回用水。清水池进口可装 NaClO 投药器，用于回用水的消毒。

11.5.3 雨水处理回用设置的计算

(1) 初期雨水弃流量

根据暴雨强度及地面污染程度，弃流时间可为初期暴雨持续时间的 10～15min。雨水充沛地区或夏季暴雨季节，弃流时间可略延长；当收集屋面雨水时，弃流时间可略缩短，为 5～8min。

(2) 雨水储存量

用于绿化按绿地面积 $2L/(d \cdot m^2)$ 计；用于景观水补充可用水体容量▽的 0.02～0.05▽/d 计；用于洗车可按 $q=20\sim30L/(车 \cdot 次)$ 计；用于冲洗地面可按 $q=5L/(次 \cdot m^2)$ 计。

雨水储存池总容积为 15～30d 的总用水量（干旱地区取上限）。储存池较大时，根据技术经济比较，建议采用钢筋混凝土水池或土工布防渗土地。

(3) 处理设施处理能力

按回用水一天用量小时平均值计算；采用侧向流斜板沉淀，表面负荷 $q=1\sim1.2m^3/(h \cdot m^2)$；采用接触过滤，水力负荷可选 $8\sim10m^3/(h \cdot m^2)$，渗析可选用颗粒较大的砂粒（$\delta=1\sim1.2mm$），以增大纳污量，延长运行周期。

PAC 及 NaClO 的投加量建议采用干式投药器自动投加（即有水通过时药剂溶解投加），PAC 及 NaClO 的投加量可为 1～2mg/L。

清水池容量可按回用水 1d 容量计，清水池的水根据回用水的用量及输送距离，选择回用水泵，回用水泵启闭取决于回用水用量及清水池水位。

第 12 章 工业废水深度处理技术

本章着重介绍重点工业行业废水深度处理回用的技术特点及工艺选择。第 11 章中所介绍的污水深度处理的工艺、方法及回用水指标对于本章所介绍的工业废水仍然适用。

12.1 电镀废水处理回收技术及工程实例

12.1.1 电镀废水的处理回用方法

(1) 电镀废水的来源

电镀废水的主要来源是在电镀生产过程中产生的镀件漂洗用水、废镀液，另外还有镀液过滤、冲刷车间地面、刷洗极板、化验等用水和废水处理工过程中的自用水，以及由于镀槽渗漏或操作管理不当造成“跑、冒、滴、漏”的各种槽液和用水。

① 镀件漂洗水　镀件漂洗废水是电镀废水中的主要来源之一，约占车间废水排放量的 80%以上，废水中大部分的污染物质是由镀件表面的附着液在漂洗时带入的。镀件漂洗废水中主要污染物的浓度范围见表 12-1。

表 12-1　镀件漂洗废水中主要污染物的浓度范围

镀种	镀液名称	废水中金属离子浓度/(mg/L)	镀种	镀液名称	废水中金属离子浓度/(mg/L)
铬	普通镀铬	50～150	铜	焦磷酸盐镀铜	20～40
	低铬镀铬	20～50		硫酸镀铜	30～80
	高铬镀铬	150～300		HEDP 镀铜	2～10
	镀硬铬	100～150	镍	普通镀镍	20～40
铜	氰化镀铜	30～60		光亮镀镍	40～80

② 镀液过滤用水和废镀液　镀液过滤产生的废水，主要是在镀液过滤过程中，滴漏的镀液以及在过滤前后冲洗过滤机、过滤介质、镀槽等的排放水。废镀液包括清理镀槽时排出的残液、老化报废的镀液、退镀液和受污染严重的废弃槽液等。这部分废液的浓度很高，如果直接排放，则环境污染更为严重，因此应尽可能收集起来进行净化回收。

几种主要电镀废液的组分见表 12-2。

表 12-2　几种主要电镀废液的组分

废液种类	主要组分浓度/(g/L)						
	Cr(Ⅵ)	Cr^{3+}	Cu^{2+}	Fe^{3+}	Zn^{2+}	Ni^{2+}	总 CN^-
镀铬废液	90～120	3～20	1～5	2～20	<3	<3	—
氰化镀铜	—	—	60～70	—	—	—	80～90

续表

废液种类	主要组分浓度/(g/L)						
	Cr(Ⅵ)	Cr^{3+}	Cu^{2+}	Fe^{3+}	Zn^{2+}	Ni^{2+}	总 CN^-
中铬钝化废液	8～40	1～5	—	<1	1～10	—	—
电解退铜废液	180	10～20	40～50	1～2	—	—	—

(2) 电镀废水的分类

电镀废水一般按废水所含主要污染物分类，如含氰废水、含铬废水、含酸废水等。当废水中含有一种以上的主要污染物时，如氰化镀镉废水，既有氰化物又有镉，一般仍按其中一种污染物分类；当同一镀种有几种工艺方法时，也有按不同电镀工艺再分成小类，如把含铜废水再分成焦磷酸镀铜废水、硫酸铜镀铜废水等；当几种不同镀种废水都含同一种主要污染物时，如镀铬、钝化废水混合在一起时就统称含铬废水。分质建立系统时，则分别为镀铬废水、钝化废水；一般将不同镀种和不同主要污染物的废水混合在一起的废水统称为电镀混合废水。

(3) 电镀废水的污染物及回用要求

电镀废水中的主要污染物为各种金属离子，常见的有铬、铜、镍、锌、锡、铅、铝、镉、铁等；其次是酸类和碱类物质，如硫酸、盐酸、硝酸和氢氧化钠、碳酸钠等；氰化电镀工艺废水中含有大量的氰化物。镉、六价铬、铅、镍四种物质均为国家一类污染物质，最高允许排放浓度分别为 0.1mg/L、0.5mg/L、1.0mg/L 和 1.0mg/L。氰化物是剧毒物质，国家规定的最高允许排放浓度为 0.5mg/L。重金属污染物一般都在水中或沉泥中积累，并通过水中生物链最终进入人体。近年来国家要求电镀废水处理达到 60%～80%的回用率，必要时，应达到零排放。

(4) 电镀废水的处理回用方法

电镀废水的处理方法很多。目前电镀废水处理的物理法主要有蒸发浓缩法及膜分离法。电镀废水的化学处理法主要包括氧化还原法、化学沉淀法、化学中和法等。此法具有操作简单可靠、投资少、能承受大水量和高浓度负荷、效果稳定等优点，但是化学法耗药量大，处理后产生大量污泥的综合利用。物理化学方法主要有气浮法、离子交换法、电解法和活性炭吸附法等。对含油综合废水的净化，但需投加易生化有机物及 N、P 营养物。电镀废水处理回用技术主要有离子交换法和膜分离法。离子交换法可以回收金属，并从根本上消除了污染隐患。膜分离法可以选用不同孔径的膜（NF、RO），分别对不同半径的金属离子进行浓缩回收，且该法运行自动化程度高、操作简便，是有前途的回收、回用技术。

12.1.2 电镀废水离子交换法处理回用工程

离子交换法主要是利用离子交换树脂中的交换离子同电镀废水中的某些离子进行交换而将其除去，使废水得到净化的方法。

国内用离子交换技术处理电镀废水已成为处理电镀废水和回收某些金属的有效手段之一，也是使某些镀种的电镀废水达到闭路循环的一个重要环节。但是采用离子交换法的投资费用很高，系统设计和操作管理较为复杂，往往由于维修、管理等不善而达不到预期的效果，因此，在推广应用上受到了一定的限制。

当前，国内对含铬、含镍等电镀废水采用离子交换法处理较为普遍，在设计、运行和管理上已有较为成熟的经验。经处理后水能达到排放标准，且出水水质较好，一般能循环使用。树脂交换吸附饱和后的再生洗脱液经电镀工艺成分调整和净化后能回用于镀槽，实现闭路循环。另外，离子交换法也可用于处理含铜、含锌、含金等废水。图 12-1 是丹阳某电镀含镍废水离子交换器。

(1) 邳州某厂电镀废水阳离子交换-化学法处理回用工程

① 工程背景 该厂电镀含铬废水处理采用离子交换法和化学沉淀法。由于化学法使水中的铁和铬等大量杂质形成废渣，不便于铬的回收利用，为此，工厂将离子交换法中的阴柱去除，保留阳柱，去除阳离子后，与亚硫酸钠化学还原法组成“阳离子交换-化学法”处理含铬废水工艺。该厂另一类电镀废水是余下的各种废水合流的综合废水，这类废水利用化学沉淀法处理。

图 12-1 丹阳某电镀含镍废水离子交换器

② 工艺基本原理 电镀车间分流出的含铬废水，经过滤进入阳离子交换柱，废水中的铁、锌、铜、镍等重金属离子交换在阳柱上，出水中Cr(Ⅵ)经亚硫酸钠在酸性条件下还原成Cr(Ⅲ)，再经碱中和沉淀，沉淀物压滤成饼，可获取高纯度的氢氧化铬副产品。

阳柱再生液含铁、锌、铜、镍等金属离子进入综合废水处理系统。综合废水经熟石灰处理，水中的铁、铜、锌、镍形成氢氧化物沉淀，使废水得到净化。

③ 工艺流程 把电镀废水从车间分流出来，分别进行处理。图12-2为含铬废水处理流程。

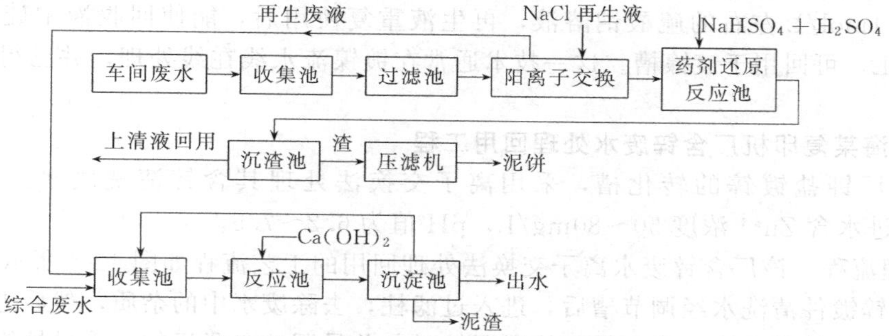

图 12-2 含铬废水处理流程

含铬废水经过滤、阳离子交换后出水，进入反应池，主要含 $Cr_2O_7^{2-}$、CrO_4^{2-}，在搅拌下加硫酸调 pH 值为 2～3，然后加入亚硫酸钠继续搅拌反应，用氢氧化钠调 pH 值为 7～8 后，进入沉淀池沉淀分离。上清液导入清水池，送车间回用；沉淀物分离压滤成泥饼供专业化工厂回收铬。

综合废水由收集池泵入反应沉淀池，在搅拌下用石灰调 pH 值为 8～9，分离出水可供酸洗镀件用；沉渣到干化后送砖厂制砖。

(2) 上海某滚镀厂含镍废水处理回用工程

该厂在滚镀镀镍槽的自动生产线上，采用了离子交换法处理镀镍清洗水。废水含镍浓度为 200～400mg/L，处理后水循环使用，树脂再生洗脱液回用于镀镍槽。

① 工艺流程 图12-3为该厂含镍废水离子交换法处理回用的工艺流程。

交换柱 ϕ500mm×2000mm 2个，每个柱内填装 Na 型 732 强酸阳离子交换树脂 250L 左右，树脂层高度约为 1.3m。

② 运行效果 镀件出槽后经3级逆流清洗，废水流入调节池，用泵抽升送入处理系统。当Ⅰ号交换柱泄漏镍时与Ⅱ号交换柱串联，待Ⅰ号交换柱树脂交换吸附镍饱和后进行再生，

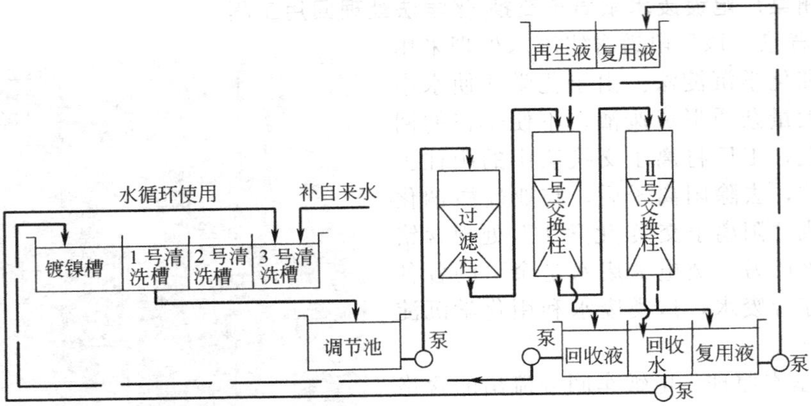

图 12-3 上海某滚镀厂含镍废水离子交换法处理回用的工艺流程

此时，Ⅱ号交换柱单柱运行到泄漏镍时与已再生的Ⅰ号交换柱串联，这样反复交替运行，即“双阳柱—全饱和”工艺。经处理后出水 pH 值 6～7，循环使用。循环水的补充水采用自来水。据试验，若废水中含镍浓度在 150mg/L 以上时，混入自来水中少量的钙、镁离子不影响回收液的质量。若废水中含镍浓度较低（在 10mg/L 左右），用自来水作为补充水则其再生洗脱液中将存在大量钙、镁离子的沉淀，而含镍量很少，无法回用，同时树脂的交换容量也将减少 1/3 左右。该厂废水含镍浓度在 200mg/L 以上，故可作为工件清洗水。

再生用 1mol/L 左右的硫酸钠溶液，再生液重复使用后，能使回收液中硫酸镍浓度达 180～200g/L，可回用于镀镍槽。这一技术通常在镀镍流水线在线处理，并已得到广泛的工程应用。

(3) 上海某复印机厂含锌废水处理回用工程

上海某厂钾盐镀锌的转化槽，采用离子交换法处理其含锌清洗废水。处理水量为 $0.8m^3/h$，进水含 Zn^{2+} 浓度 50～80mg/L，pH 值为 6.2～7.5。

① 处理流程 该厂含锌废水离子交换法处理回用的工艺流程如图 12-4 所示。

钾盐镀锌镀件清洗水经调节槽后，进入过滤柱，去除废水中的杂质，然后进入双阳柱全饱和交换树脂的处理系统，当Ⅰ号阳柱泄漏锌时与Ⅱ号阳柱串联运行，Ⅰ号柱饱和后进行再

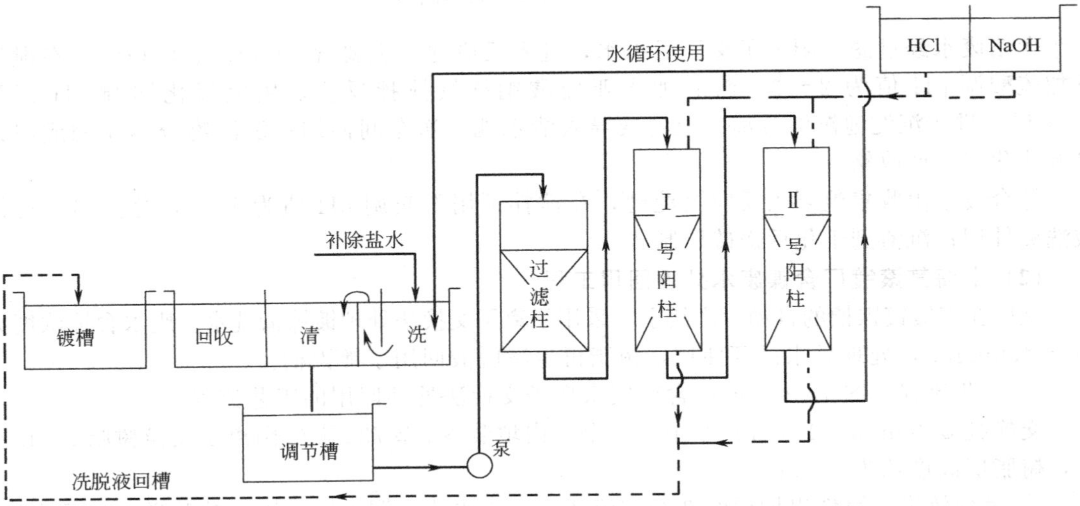

图 12-4 上海某厂含锌废水离子交换法处理回用的工艺流程

生，此时Ⅱ号阳柱单柱运行，待Ⅱ号阳柱泄漏锌时与已再生的Ⅰ号阳柱串联，这样反复交替运行。

② 运行效果 处理后水循环使用，控制 Zn^{2+} 浓度在 30mg/L 以下，pH 值 6～9。每天换水 10%～15%，补充除盐水，每月更新循环水一次。再生液为 HCl 溶液，再生液呈酸性，含 HCl 及 $ZnCl_2$，用于调整镀槽槽液的 pH 值。再生洗脱液量能与回用量基本达到平衡，回收液中含氯化锌平均浓度 100g/L 左右，pH 值在 2 左右。

计入设备折旧（按 10 年计算）后，其处理成本与回收量比较，经济上能达到基本平衡。

12.1.3 电镀废水膜分离法处理回用工程

随着国家对电镀废水处理回用并回收重金属的要求逐渐严格。电镀废水处理达到“零”排放的目标逐渐明确。膜分离技术快速、高效，易控制、调整，是电镀废水处理回用并达到“零”排放的有效手段。目前国内已有电镀工业园采用此技术并取得初步成功。

(1) 电镀废水膜分离法处理回用常用的工艺流程

常用工艺流程见图 12-5。

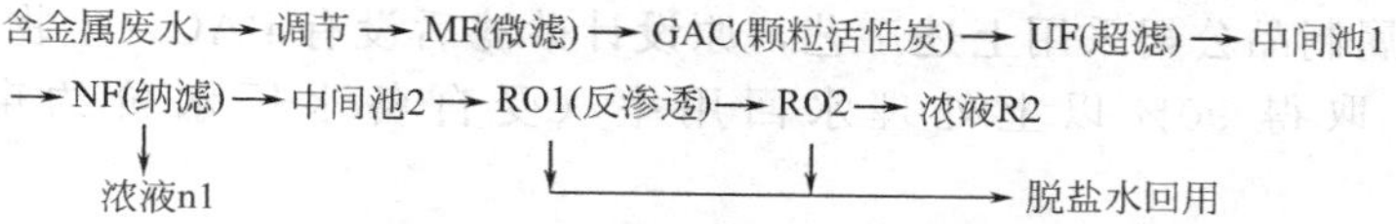

图 12-5 电镀废水处理回用常用工艺流程

张家港某电镀废水反渗透装置和超滤器分别见图 12-6 和图 12-7。

图 12-6 张家港某电镀废水反渗透装置

图 12-7 张家港某电镀废水超滤器

各种含金属废水应分别收集处理，便于回收，并简化处理工艺。根据需要 MF 前可增加砂滤。工件脱油、清洗产生的综合废水，由于含油及酸碱等，应单独处理。

上述流程中，MF、UF 的功能均为净化金属废水，防止 SS、COD 等污染物对 NF、RO 膜的损害。GAC 的功能吸附小分子、可溶性 COD，同样是为了保证 NF、RO 在较高通量下，正常运行的有效措施。NF 膜孔径在 5～20nm 之间，对二价以上金属离子的截留率可达

90%以上。仅就回收金属来说，NF已可达到要求并大幅降低RO膜的负荷。NF淡液出水进入RO1，RO1浓液R1进入RO2。RO1、RO2淡液即为脱盐水。RO2浓液R2与NF浓液n1可回收金属。两级RO的功能是脱盐，获得脱盐水可回用于电镀工件的清洗甚至电镀药液的配制。

RO2浓液R2及NF浓液n1含较浓的金属离子，可采用阳离子交换法进一步浓缩金属离子。离子交换树脂交换柱饱和后，需用酸（HCl）再生，再生液中金属离子达到很高的浓度，回收价值更高。回收的方法有两种，一是直接配制电镀槽液，二是采用化学沉淀→污泥压滤→得到滤饼回收金属，滤液进入进水端调节池二次处理。

综合废水（金属酸洗废水、碱中和废水等）含乳化液，COD较高，其处理流程见图12-8。

综合废水→隔油调节→破乳混凝-斜管沉淀→A/O生化→二沉→砂滤→UF→RO→淡水回用

RO↓浓水回流至隔油调节

图12-8 电镀综合废水膜技术处理回用工艺

江苏东江金属制品公司采用上述工艺，原设计砂滤后设有BAC（生物炭）处理电镀废水及综合废水，取得90%以上处理水回用率（受自备水厂水价约束，目前仅回用50%～60%）。

UF、RO主要运行参数如下。

UF，工作压力：$P=0.4\text{MPa}$，通量：$J_r=40\sim45\text{L/(h}\cdot\text{m}^2)$；

RO，工作压力：$P=0.8\sim1.2\text{MPa}$，通量：$J_r=15\text{L/(h}\cdot\text{m}^2)$。

UF采用FPM0860，$\phi300\text{mm}\times1700\text{mm}$共304支，膜通量：$J_r=25\text{L/(h}\cdot\text{m}^2)$；

RO采用陶氏膜，216支，37m²，膜通量：$J_r=13\text{L/mm}^2$。

(2) 处理效果

该项目处理水量$Q=11000\text{m}^3/\text{d}$，处理水质见表12-3。

表12-3 废水深度处理水质

指标	COD/(mg/L)	电导率/(μS/cm)
二沉池(出)	60	—
澄清池(出)	30	5000～6000
BAC(出)	28～30	5000～6000
UF(出)	24～25	2000
RO(出)	<1	100～120

由表12-3可见：

① 系统出水COD<1mg/L，电导率100～120μS/cm，完全满足生产回用要求，节省大量生产用水，大幅减排有机污染物，基本做到零排放，成效显著；

② BAC的COD降解功能未能有效发挥，出水COD未能达到预定要求，后续UF负担过重。UF出水COD 24～25mg/L，对RO的稳定运行带来一定负面影响；

③ UF膜孔径30nm，如适当减小（如20～25nm），虽然UF通量有所降低，但可提高大分子COD截留效果，可保护RO的运行，提高出水率及脱盐率；

④ BAC的操作有一定难度，需要总结经验。适当提高炭颗粒直径，防止滤床堵塞，或选用微孔稍大的颗粒炭，强化生物膜的再生功能，可能会有效提高COD的去除率。

12.2　造纸废水气浮法处理回收技术

12.2.1　造纸废水的处理回用方法

造纸工业是我国主要的工业污染源之一，也是耗用水量最大的行业之一，生产每吨文化用纸需耗用 $300m^3$ 水，造纸机白水占整个造纸过程排水量的 45%左右。我国造纸业多采用草秆、木浆等作为造纸原料。造纸废水成分复杂，可生化性差，属于较难处理的工业废水。但水中 COD 主要由纤维、填料、松香胶状物等组成，只要调整水中组分如纤维、填料的疏水性即可容易地去除，既防止了污染，又回收了有用的纸浆。因此，搞好造纸机白水封闭循环，对提高资源利用率、节约水资源有着重要意义。

造纸机白水封闭循环技术，目前广泛采用的有气浮法、沉淀法和过滤法 3 种方法。而气浮处理与其他方法比较有下列的优点：气浮时间短；用于处理造纸机白水时，纸浆回收率为 90%以上，纸浆渣浓度在 5%以上；处理后的白水不经过滤，即可直接送到造纸机循环使用；工艺流程和设备结构比较简单，占地少，投资省；应用范围广，适用于牛皮纸、水泥袋纸、凸版纸等各类品种的白水处理，去除效果都很显著。

加压溶气气浮法是目前应用最广泛的一种气浮方法。这种方法是空气在加压条件下溶于水中，再使压力降至常压，把溶解的过饱和空气以微气泡的形式释放出来。

加压溶气气浮法溶气水中的空气溶解度大，能提供足够的微气泡，可满足不同浓度白水的固液分离，确保去除效果。经减压释放后产生的气泡粒径小（20～100μm）、粒径均匀、微气泡在气浮池中上升速度很慢、对池水扰动较小，用于絮凝体松散、细小的纸浆分离效果好。注意造纸废水气浮处理回用的先决条件是纤维凝聚并控制 pH 值。

气浮法处理回用技术也适用于再生纸浆的加工废水的处理。浅层气浮是加压溶气气浮的一种类型。

12.2.2　造纸废水气浮法处理回用工程

造纸废水的气浮处理技术在现有的造纸行业中应用广泛，制浆废水与纸浆白水的深度处理与回用已得到广泛关注，其技术的发展也相当迅速。在处理造纸废水并要求回收废水中有用成分时，选择气浮法与其他处理工艺相结合的办法，能取得良好的处理效果。

(1) 杭州某纸业有限公司浅层气浮技术的利用

① 工程背景　杭州某纸业有限公司系以生产卷烟纸为主的企业，在白水回收工程上采用了浅层气浮设备。浅层气浮主要参数为：水深 0.4m，HRT＝3min，溶气压力 0.5MPa，表面负荷 $8～10m^3/(m^2 \cdot h)$，溶气水回流比 30%。该工程投入运行 10 年，设备运行稳定，出水达标，纤维及白水回收回用，经济效益较明显。处理水量 $1200m^3/d$。

原水设计水质如下：pH 值 7.6～8.1，SS 500～1500mg/L，COD_{Cr} 100～600mg/L，BOD_5 20～25mg/L。

处理水水质要求如下：pH 值 7.5～8.1，SS＜30mg/L，COD_{Cr}＜80mg/L，BOD_5＜16mg/L。

② 处理流程　见图 12-9。

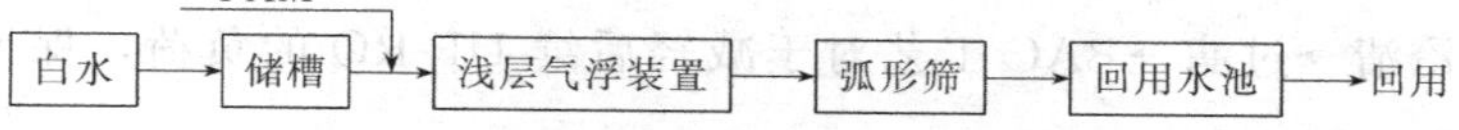

图 12-9　杭州某纸业公司浅层气浮工艺流程

③ 处理效果及经济效益　该纸业有限公司提供的测试数据如下：进水 SS 500～850mg/L，COD 280～350mg/L，投药量 PAM 0.8～1.0mg/L（相对分子质量 700 万）。

可见，采用浅层气浮装置处理卷烟纸白水时，SS 去除率为 95%以上，COD 去除率 95%左右。出水 SS<30mg/L，COD<40mg/L，达到了预期要求。

目前浮浆浓度平均值在 35g/L 左右（其中 $CaCO_3$ 占 75%，纤维占 25%），每日回收浮浆约 24m^3（840kg）；其中，$CaCO_3$ 为 630kg，纤维为 210kg。$CaCO_3$ 以 300 元/t，纤维以 5000 元/t 计，则日回收浮浆价值为 1239 元，另外，每天 1200m^3 的水全部回用，价值约 1500 元。合计每天创效益 2739 元。

(2) 浙江某纸业公司废水处理工程

① 工程概况　该公司年生产板纸 5 万吨，主要原料为废纸。废水中主要含细小纤维、废纸和少量有机污染物质。处理水量 $Q=12000m^3/d$。

设计进水水质为：pH 值 6～9；$COD_{Cr}\leqslant 820mg/L$；$SS\leqslant 800mg/L$。

处理后水质要求为：pH 值 6～9；$COD_{Cr}\leqslant 100mg/L$；$SS\leqslant 70mg/L$。

② 处理工艺流程　工艺流程见图 12-10。

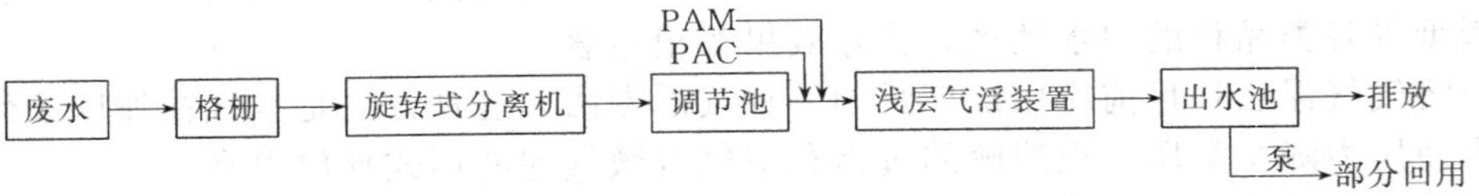

图 12-10　浙江某纸业公司浅层气浮工艺流程

③ 处理效果　经环保监测站监测，出水日均值中 SS 为 30.6mg/L，COD_{Cr}为 97.0mg/L，BOD_5 为 26.3mg/L，pH 值在 6.80～7.22 之间，可达标排放，部分回用。该工艺若增加过滤工段，预计可全部回用。

12.2.3　造纸废水深度处理回用技术

造纸废水中纸浆采用气浮法处理回收后，COD 及 SS 仍很高，通常采用 A/O 生化处理后达标排放。由于废水量大，达标水质造成对水体的污染不容忽视。近年来国家要求造纸废水处理回用，并设定较高的回用率，在环境敏感地区甚至要求零排放。为此各造纸企业均采取有效技术及措施，建设生化处理后的深度处理工程，很多工程取得较好的成绩，如典型的苏州金华纸业公司。

造纸废水　常规处理工艺流程如下：

筛网→气浮→水解酸化→好氧生化→二沉池→出水

深度处理回用工艺流程如下：

前处理出水→循环加速澄清池→滤布滤池→生物炭（BAC）→UF-RO→回用

↑

$Ca(OH)_2$、Na_2CO_3

回用工程中，加速澄清池投加 $Ca(OH)_2$、Na_2CO_3脱硬，澄清池泥渣循环，药剂利用率高，脱硬效果好。澄清池出水经滤布滤池过滤，除去细小沉淀颗粒。滤布滤池自动化程度高，滤速快，设备占地省。BAC 可以去除水中残余 COD，BAC 具有自行再生功能，不必经常更换颗粒炭。

由此可见，澄清→过滤→BAC 工艺对于减轻后续 UF-RO 的负荷，保证稳定运行十分必要。

苏州某造纸废水反渗透装置和超滤器分别见图 12-11 和图 12-12。

图 12-11 苏州某造纸废水反渗透（RO）装置

图 12-12 苏州某造纸废水超滤（UF）器

12.3 化工废水处理回用技术

12.3.1 化工废水的特性及深度处理技术

(1) 化工废水的特性

化工生产，其中特别是精细化工产品（如农药、染料、医药等）生产过程中排出的有机物质，大多都是结构复杂、有毒有害和生物难以降解的物质。因此，化工废水处理的难度较大。

化工废水的基本特征如下。

① 水质成分复杂，副产物多。反应原料常为溶剂类物质或环状结构的化合物，增加了废水的处理难度。

② 废水中污染物含量高。这是由于原料反应不完全和原料或生产中使用的大量溶剂介质进入了废水体系所引起的。

③ 有毒有害物质多。精细化工废水中有许多有机污染物对微生物是有毒有害的，如卤素化合物、硝基化合物、具有杀菌作用的分散剂或表面活性剂等。

④ 生物难降解物质多，B/C 比低，可生化性差。

⑤ 含盐量高，有的高达 20%。

近年来我国化工行业的环境污染防治工作取得了较大进展，废水治理率、排放达标率逐年有所增长。但目前化工行业废水排放达标率仍不高，对高效、低成本的处理化工废水新工艺、新技术的研究，仍然是世界各国研究者研究的重点之一。

(2) 化工废水深度处理技术

化工废水深度处理的方法有电解法、高级氧化法、萃取法、吸附法、膜分离法等。主要处理对象为难生物降解溶解性有机物。

① 电解法　电解法是废水在直流电作用下，阴、阳两极分别发生氧化还原反应，使污染物分解为简单无毒物质的一种方法，它的优点是方便，简捷。该法耗电较大，主要适用于含盐最高的电解质溶液。化工废水有机质浓度高，通常含盐量又大，采用生物法或膜法都互相制约，电解法既能适应高有机质，又需要导电性（减少电耗），因而在化工废水处理中是有优势的。

微电解技术又称为内电解法，是广泛研究与应用的一项废水处理技术。它采用铁、炭熔融物（铁屑）或混合物作填料，利用铁、炭屑在水中产生的原电池的微小电压差，完成氧化还原反应，分解废水（如染料、印染、农药、制药等工业废水）中难生物降解污染物，从而实现大分子有机污染物的断链、发色与助色基团的脱色，提高废水的可生化性，便于后续生化反应的进行。

② 高级氧化法　高级氧化法有紫外光催化氧化及湿法氧化（WO）法等法。紫外光催化氧化处理技术利用 TiO_2 等半导体催化剂在 300～400nm 的紫外光照射下，产生光电子空穴和形成羟基自由基等强氧化剂的能力，将废水中的有机物氧化分解，并最终氧化为 CO_2 和 H_2O。湿法氧化（WO）法在高温高压下，在水溶液中有机物发生氧化反应的处理技术。利用催化剂，用空气中的氧气和纯氧为氧化剂，可以在较低的温度和压力下，使有机物氧化。

③ 萃取法　该法采用与水不互溶但能很好溶解污染物的萃取剂，使其与废水充分混合接触，利用污染物在水和溶剂中的溶解度或分配比的不同，达到分离、提取污染物和净化废水。萃取剂的重复使用有一定限制，成本也较高，该法主要用于分离提取物有回收利用价值的情况。

④ 生物固定化细胞技术（简称 IMC）　通过化学或物理手段，将筛选分离出的适宜于降解特定废水的高效菌株，或通过基因工程技术克隆的特异性菌株进行固定化，使其保持活性并反复利用。固定化细胞技术，由于其诸多的优点：生物处理构筑物中微生物浓度高，反应速度快；固定对某种特定污染物有较强降解能力的酶或微生物，使有毒难降解物质的降解成为可能；固定化技术为生理特性不同的硝化菌、反硝化菌的生长繁殖提供了良好的微环境，使得硝化、反硝化过程可以同时进行，从而提高了生物脱氮的速度和效率；固定化微生物特别是混合菌相当于一个多酶反应器，对成分复杂的有机废水适应能力强，因而成为近年来化工废水生物处理领域的研究热点，并已有工程应用。

⑤ 吸附法　是利用多孔性固体物质作为吸附剂，以吸附剂的表面吸附废水中的有机污染物的方法，活性炭是常用的一种非选择性的吸附材料，但是活性炭再生技术尚需工程化。大孔树脂是一种重要的吸附剂，它吸附容量大，不易污染，能有效有机废水中污染物质，并脱附重复使用，有的脱附物可回收作原料。

新型修饰材料吸附法是一种工艺简单的水处理技术。经过化学修饰的吸附材料，能选择性地除去废水中含 N 和 Cl 等有机物，对于含硝基苯、硝基酚、苯酚、氯代烃等难降解废水具有很好的水处理效果，材料吸附和解吸速度快、再生性能优良。将该材料成功用于含苯酚废水处理，用该材料一次处理后的废水，其硝基苯类化合物、苯酚等可以达到国家一级排放标准，并可以回收硝基酚和苯酚等有价值的化工产品。新型吸附材料具有使用寿命长、操作方便、工艺简单的优点，达到工业应用的阶段。

⑥ 膜分离法　包括反渗透（RO）、纳滤（NF）、超滤（UF）、微滤（MF）、透析（Dialysis）、电渗析（ED）以及渗透气化（PV）等。反渗透是利用“半渗透膜”，完成分离作用。它可以除去水中的溶解固体、大部分溶解性有机物和胶状物质。超滤和微滤常作为反渗透、纳滤的前处理，用于除去杂质及大分子物质。

纳滤是纳米级孔径的膜技术，孔径 2～10μm。纳滤机理属于压力渗透溢流过滤，无明显的浓差极化。其功能是去除相对分子质量小于 300 的低分子有机物及二价以上离子。可为 RO 起保护及减轻负荷的作用。由于纳滤允许部分盐分通过膜排除，浓液循环处理不易发生盐分积累问题，较之反渗透更便于在化工废水的处理中应用。纳滤技术是化工废水深度处理的一种有前景的方法。

电渗析是在渗析法的基础上发展起来的一项废水处理工艺，它在直流电场的作用下，利用阴、阳离子交换膜对溶液中阴、阳离子的选择透过性，而使溶液中的溶质与水分离的一种物理化学过程。该法处理对象是无机离子。水中有机物会对膜产生污染，需经微滤、超滤预处理。

12.3.2 化工废水处理回用工程

(1) 天津某化纤公司废水处理回用工程

① 工程概况 该公司由于生产需要，对原污水处理厂进行了改扩建。污水处理能力由原450t/h扩大到1245t/h；污水回用能力由200t/h扩大到400t/h。

污水总量最高达1445t/h，COD总量约5218t/d，其中高浓度化工、化纤污水（COD>1000mg/L）约366t/h，中、低浓度生产生活污水（200<COD<1000）约869t/h。污水来源状况见表12-4。

表12-4 污水厂污水来源状况

名 称	主要成分	水量/(t/h)	COD/(mg/L)	pH值
原化工含油污水	少量油	300	200	6～9
原化工氧化污水	乙酸、甲醇、PTA等	40	10000	2～4
原涤纶有机污水	涤纶油剂	13	10000	4～7
原生活污水		300	200	6～9
新增PTA污水	乙酸、PTA	185	5700	4～6
新增PET污水	涤纶油剂	68.2	5000	5～7
新增PX装置污水	少量油、Cl^-、S^{2-}、NaOH	60	1000	6～9
新增动力站污水		16.5	500	6～9
新增其他配套装置污水		33	400	6～9
新增生活污水		26	400	6～9
新增清净下水		403	200	6～9
合计	—	1444.7	—	—

注：PTA为对苯二甲酸，PET为聚对苯二甲酸乙二醇酯，PX为对二甲苯。

② 工艺流程 化工废水处理工艺采用接触氧化（空曝）+纯氧曝气工艺。其纯氧曝气池为密闭式，高纯氧气直接输入池内，利用曝气机叶轮旋转搅拌污水，使氧气充分与污水接触，该工艺流程短，占地少，污泥量较少，处理效果好，高浓度废水可经两段处理后达标排放。污水处理改扩建工艺流程见图12-13。

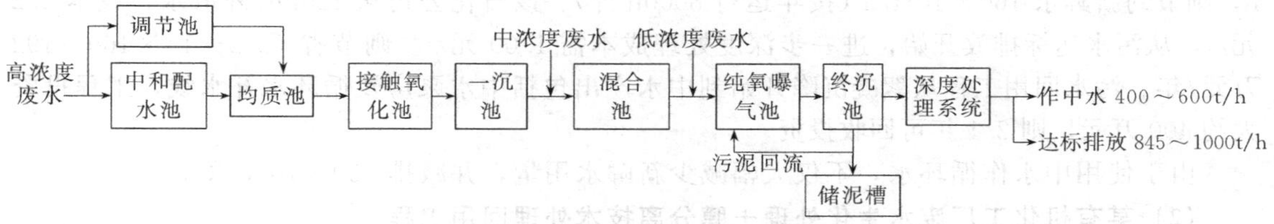

图12-13 污水处理改扩建工艺流程

新增PTA废水、PET废水和原化工有机废水属高浓度污水，通过各自管道送入新建的中和配水池，在此调整pH值并用空气搅拌使之混匀。事故状态时污水可送入调节池储存，正常时逐渐返回中和配水池。

中和配水池调整后的污水送入新建的均质池，池内用空气搅拌并使加入的营养盐混合均匀后，送入接触氧化池，初次生化处理后的污水提升到接触氧化沉淀池进行泥水分离，污泥排至储泥槽，污水从池上溢流至混合池。

接触氧化后的污水进入混合池后，再加入中浓度废水（新增的芳烃装置污水和原化工含油污水），池内设空气搅拌，使三种水混合均匀。该废水用泵送入三个纯氧曝气池，Ⅰ为原纯氧曝气池（处理量233m^3/h），Ⅱ为新建大纯氧曝气池（770m^3/h），Ⅲ为新建小纯氧曝气池（250m^3/h）。三个纯氧曝气池为密闭式顺流工艺流程，Ⅰ、Ⅲ为一条生化处理线，Ⅱ为两条生化处理线。所有处理线均为一线四段，氧气和污水从第一段进入池内并依次通过各段，使废水逐步生化。废水、废气由第四段排出。

混合池污水进入纯氧曝气池的同时，低浓度生活污水和清净污水也用泵送入池中，使进入池内的污水COD调整到1500mg/L左右。

经纯氧曝气池后，出水COD可小于100mg/ L，去除率达93%。通过四段连续曝气而使氧气利用率可达88%～90%。

纯氧曝气池中设有在线溶解氧检测仪、COD检测仪等，检测数据送入DCS系统，池内同时设有烃含量超标报警和连锁。通过DCS系统的控制对污水进量、氧气进量、氧气转化量、尾气氧含量、池中污水COD等检测数据调整来达到污水处理自动化和安全生产。

纯氧曝气后的污水分别进入终沉池。终沉池为辐流式，配有旋转刮泥机。泥水在此分离后，活性污泥大部分回流到纯氧曝气池（增加反应活性），多余部分进入储泥槽。污水从池上部溢流达标排放。

③ 中水回用　在该污水处理厂改扩建中，增加了污水回用的内容，其流程如图12-14所示。

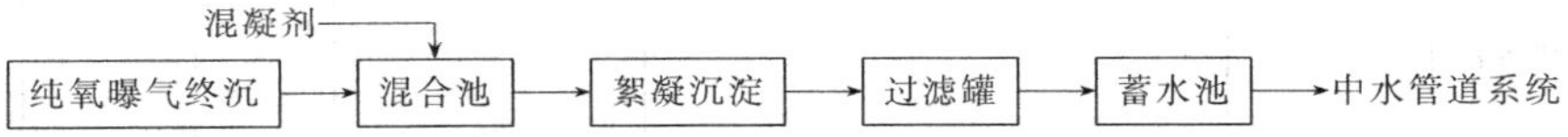

图12-14　中水深度处理回用处理系统

通过上述处理，使出水（中水）COD≤50mg/ L，浊度≤10度，达到《城市污水再生利用生活杂用水质》（GB/T 18920—2002）。该中水主要用于工业循环水补充水，厂区绿化用水，同时也部分送生活区冲厕用。改扩建后中水能力达400t/h。其中，污水处理厂原有中水（回用污水）200t/h，新建中水200t/h，新建中水全部用于循环水补充水。

④ 技术经济分析　原设计循环水补充水400t/h，现利用中水200t/h，新鲜水少用200t/h，则节约新鲜水160×10^4t/a（按年运行8000h计）。该石化公司从120km外取水，成本2.2元/t，从污水达标排放开始，进一步深度处理成本需1.00元/t。则节省（2.2－1）×160＝192万元/年。污水回用工程从絮凝沉降开始到中水产出包括中水泵房及循环水补水线，工程投资大约400万元，则2.1年可回收投资。

由于使用中水作循环水，不仅大幅减少新鲜水用量，并减排160×10^4t水/a。

(2) 某有机化工厂废水生化处理＋膜分离技术处理回用工程

该化工厂在生产烧碱和聚氯乙烯的过程中产生的废水和车间地面冲洗水混合后进行统一处理。该废水污染程度高，pH值变化大，可生化性较差，并且含盐量较高。针对此废水的水质特点，为达到节水回用的目的，设计采用将生化处理和膜分离技术相结合的处理工艺，将废水进行生化处理并脱盐后回用于循环冷却水，以充分利用水资源。

① 废水水质水量　废水水量为3000m^3/d，设计进水水质和出水水质主要指标见表12-5。

表 12-5　废水设计水质和出水水质

项　目	设计水质	出水水质	项　目	设计水质	出水水质
COD_{Cr}/(mg/L)	850	60	总碱度(以 $CaCO_3$ 计)/(mg/L)		350
BOD_5/(mg/L)	250	10	氨氮/(mg/L)		10
SS/(mg/L)	400		磷酸盐(以 P 计)/(mg/L)		1
pH 值	3～12	6.5～9.0	总含盐量/(mg/L)	3000	1000
浊度/NTU		5	游离余氯/(mg/L)		0.1～0.2
Cl^-/(mg/L)	1000	250	大肠菌群/(个/L)		2000
总硬度(以 $CaCO_3$ 计)/(mg/L)		450			

注：出水水质标准执行《污水再生利用工程设计规范》(GB 50335—2002)，再生水用作冷却用水的水质控制指标(循环冷却系统补充水)。

② 工艺流程　由于该化工废水处理出水回用于循环冷却系统补充水，出水水质要求严格，必须进行生化处理和脱盐处理。工程采用水解酸化＋接触氧化＋超滤＋反渗透组合工艺对该废水进行有机物降解和脱盐处理。废水生化处理及回用系统工艺流程见图 12-15。

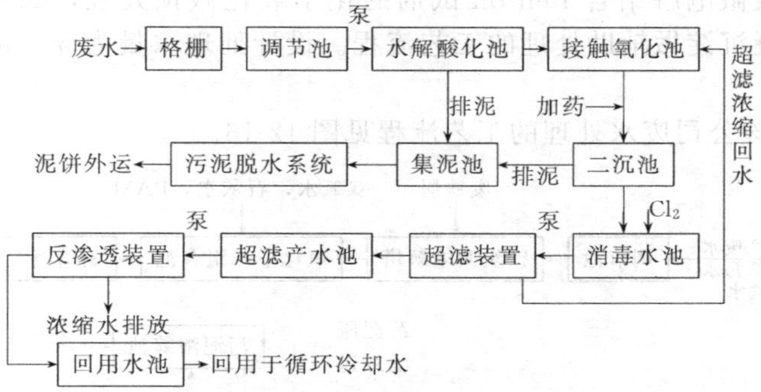

图 12-15　废水处理及回用系统工艺流程

厂区的混合废水进入格栅槽，经过格栅截留悬浮物后进入调节池，在调节池内进行水质水量调节，经均质中和的废水由泵提升输送到水解酸化池，通过水解酸化作用提高废水的可生化性。出水进入生物接触氧化池，通过池内好氧微生物的代谢作用将水中的有机污染物降解，生化出水加药后进入二沉池，进行泥水分离，二沉池上清液自流进入消毒水池。加氯消毒后进行超滤处理，去除水中的胶体和微生物，并部分去除水中残余的有机物，产水达到反渗透的进水要求，经反渗透处理后的脱盐水回用于循环冷却水补充水。超滤浓缩水返回接触氧化池段进行处理。

③ 主要构筑物及设备参数

a. 调节池。进行水质水量调节，并投加酸碱进行 pH 值中和。池内铺设曝气管线，对废水进行预曝气，有效容积 $1125m^3$，HRT 为 6h。

b. 水解酸化池。在池内设置弹性立体填料，填料区高度为 2.5m。池顶布置配水渠，多点均匀布水，有效容积 $980m^3$，HRT 为 6h。

c. 生物接触氧化池。采用直流式，池体前端设配水渠，曝气区分格设置。填料采用弹性立体填料，聚丙烯材质。鼓风供氧系统采用三叶罗茨鼓风机＋散流曝气器。主要设计参数：填料 BOD 容积负荷为 $1.5kg/(m^3 \cdot d)$；填料容积为 $500m^3$；气水比为 15∶1，供风量为 $31.25m^3/min$，鼓风压力为 49kPa。池体有效容积为 $1050m^3$，HRT 为 6.7h。

d. 二沉池。采用斜管式沉淀池，池顶设喷洒设施。二沉池的总尺寸为 15.0m×5.0m，共设 3 座。水力表面负荷为 $2m^3/(m^2 \cdot h)$。

e. 脱盐处理系统。选用“超滤＋反渗透”双膜法进行污水回用脱盐处理。

超滤系统选用中空纤维内压式超滤膜。截留分子量为10万。超滤系统设计参数：设计通量80L/(m^2·h)(25℃)，每支循环流量为15m^3/h，每支快冲流量11m^3/h，反洗通量170L/(m^2·h)。冲洗频率为运行40min，反冲洗1min，快冲洗0.5min，冲洗历时5min。系统回收率为88%。

反渗透系统采用聚酰胺膜组件，设计参数为：通量19.5L/(m^2·h)，温度15℃，回收率>70%。

④ 经济效益分析　制水成本约为1.5元/t，其中电费0.95元/t，药剂费0.45元/t。工业用水价为4.6元/t，排污费为0.3元/t，按此计算每年可减少排污费12万元，节约水费230万元，取得了良好的经济效益和社会效益。

(3) 江苏某化工公司铁炭微电解-Fenton试剂氧化-二级A/O工艺处理精细化工废水工程

① 工程概况　江苏某化工有限公司，主要生产β-萘乙酮、苯胺和苯甲酸类产品，排放量约500m^3/d。废水中主要含有硝基苯类、苯胺和苯酚等污染物。废水的特点是浓度高，毒性大，水质变化大，成分复杂，可生化性差（BOD/COD小于0.1）。

该项目选择铁炭微电解结合Fenton试剂的化学氧化做预处理，二级A/O结合PACT工艺做后处理，混凝沉淀做辅助处理的工艺流程。设计处理水量为600m^3/d，进水COD为5000mg/L。

② 工艺流程　该公司废水处理的工艺流程见图12-16。

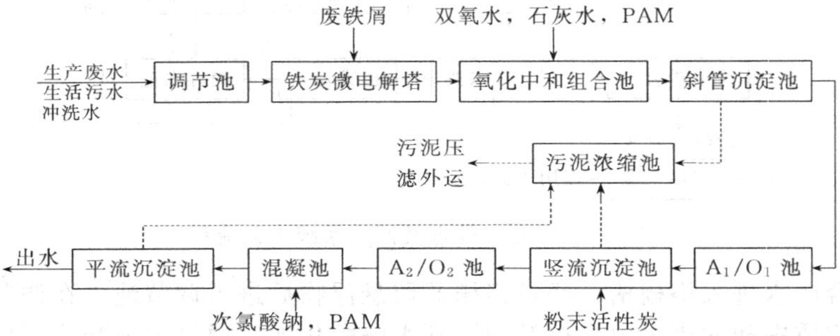

图12-16　铁炭微电解-Fenton试剂氧化-二级A/O工艺处理流程

③ 主要构筑物及设计参数

a. 调节池。尺寸为10m×10m×3m，HRT为12h。

b. 铁炭微电解塔。2座，外壁材料为钢板，内壁采用橡胶防腐。该塔为升流式反应器，底部设有空气扩散板和活性炭层，下部进水并微量曝气，上部溢流出水。塔内填满废铁刨花，堆放体积为18m^3。塔身尺寸为$\phi=2m$，$H=6m$。进水pH值为2～4，出水为3～5，HRT为1.6h。

c. 氧化、中和组合池。2组，地上钢筋混凝土结构，底部设有曝气管道。氧化池尺寸均为4m×2.5m×4.2m，HRT为3.5h，中和池尺寸各为4m×1m×4.1m及4m×0.7m×3m，HRT为2.1h。

d. 斜管沉淀池。2座，表面负荷0.8m^3/(m^2·h)，尺寸为4m×4m×3m。

e. A_1/O_1池。2组，A_1池尺寸均为5m×6m×5m，HRT为12h；O_1池尺寸各为5m×6m×5m及2m×6m×5m，HRT为16.8 h，曝气充氧量为0.1kgO_2/(m^3·h)。

f. A_2/O_2池。A_2池和O_2池各2座，尺寸相同，均为5m×7m×4.5m。各池挂有弹性填料，填料体积约为80m^3/池，A_2池HRT为12.6h，O_2池HRT为12.6h，曝气充氧量为0.1kgO_2/(m^3·h)。

g. 混凝池。出水 pH 值 7～8，次氯酸钠投加量为 50mg/L，阳离子 PAM 投加量为 1mg/L。

④ 运行效果

a. 预处理。当进水 COD 约为 3000mg/L 时，经 Fenton 试剂氧化后，预处理出水 COD 可降至 1000mg/L 左右，BOD/COD 由 0.1 上升至 0.3 以上。

b. 生物处理。经过 A_1/O_1 池和 PACT 工艺处理后，出水 COD 约为 500mg/L，COD 去除率在 60%以上；A_2/O_2 池出水 COD 平均为 150mg/L，COD 去除率约为 70%～90%。

c. 辅助处理。在二级 A/O 处理之后的出水中加入阳离子 PAM 进行混凝沉淀并添加次氯酸钠，出水的 COD 小于 100mg/L，COD 去除率约为 30%～50%。

铁炭微电解-Fenton 试剂氧化-二级 A/O 工艺处理该化工废水有机废水，COD 总去除率可达 97%，硝基苯类、苯胺和苯酚等污染物也控制在达标排放水平。该工艺根据废水呈酸性的特点并结合利用废铁刨花，进行微电解处理，具有以废治废的特点。

该工艺拟进一步采用膜技术对出水进行深度处理，则可以达到中水回用的要求。

12.3.3 高盐化工废水的深度处理回用技术

(1) 高盐废水深度处理的关键技术

化工、医药、农药等行业生产中常占较高比例高盐废水产生，含盐率高达 3%～20%，并且通常伴有高浓度有机物。盐分会对微生物产生抑制和毒害作用，主要表现在：盐浓度高，渗透压高，微生物细胞脱水引起细胞原生质分离；盐析作用使脱氢酶活性降低；氯离子高对细菌有毒害作用；盐浓度高，废水的密度增加，活性污泥易上浮流失，从而严重影响生物处理系统的净化效果。

有机废水生物处理是目前公认的经济有效的方法，而高盐度严重影响生物处理的正常运行。生物处理要求的盐分应小于 0.5%。要使高盐浓废水处理达标排放，常用稀释盐分（30～40 倍）的方法，即使如此，有机废水生物处理仍有相当难度。要进一步脱盐，降解有机物，并深度进化，达到回用要求，脱盐是关键技术。

(2) 高盐废水脱盐的方法

高盐废水脱盐的方法主要有蒸发结晶处理、膜处理、催化技术。

① 蒸发结晶技术　蒸发结晶是利用不同物质在不同温度下溶解度不同的原理，实现盐分浓缩结晶分离，其过程是采用加热的方式，使水中盐分变为饱和，继续蒸发，过剩的溶质就会呈晶体析出。蒸发结晶技术可有效用于高盐废水的脱盐。目前常用的蒸发结晶技术为多效蒸发和 MVR（蒸汽机械压缩蒸发技术）。多效蒸发就是利用前一级的蒸汽余热作为下一级的能源，可大幅减少蒸汽用量。多效蒸发随着效数增加，单位蒸汽的耗量减少，使操作费用降低，降低了单位水量蒸发的能耗，节约运行成本。如三效蒸发的吨水消耗仅为 0.35～0.4t 蒸汽。蒸汽机械压缩蒸发技术（MVR）是利用压缩机将蒸发器蒸出的二次蒸汽提高压力，作为下一效的加热蒸汽。蒸汽机械再压缩将一部分机械能转为热能，所以使用的蒸汽能减少。MVR 的运行成本低于三效蒸发，而投资费用是三效蒸发的 1.3～1.4 倍。

② 膜处理技术　膜分离法是一种与膜孔径大小相关的筛分过程。该法以膜两侧的压力差为推动力，以膜为过滤介质，在一定的压力下，当废水流过膜表面时，膜表面密布的许多细小的微孔只允许水及小分子物质通过而成为透过液，而废水中直径大于膜表面微孔径的物质则被截留在膜的进水侧，成为浓缩液，实现对废水中杂质及盐分的分离和浓缩。膜处理技术用于分离盐分的设备主要是纳滤（NF）和反渗透（RO）。

纳滤膜孔径一般 1～5nm，操作的压力在 0.5～1.0MPa，截留的有机物的相对分子质量大约为150～500，能有效分离二价以上离子。反渗透膜的表面微孔的直径一般为0.5～2nm之间，操作压力在1～10MPa，是最精细的一种膜分离产品，能有效截留所有的溶解盐及相对分子质量大于100的有机物。

NF能截留Ca^{2+}、Mg^{2+}、SO_4^{2-}等二价离子，截留率＞85%，同时对Na^+、Cl^-等一价离子也有10%～15%的截留率。NF常用作RO的前处理，以减轻RO的负荷。

微滤（MF）、超滤（UF）用作NF、RO的预处理，去除微量有机物和杂质。膜技术自动化程度高，操作速度快，用于低盐水的脱盐，出水电导率＜100μS/cm，完全满足回用要求。

滨海某化工废水反渗透装置和超滤器分别见图12-17和图12-18。

图12-17 滨海某化工废水反渗透（RO）装置

图12-18 滨海某化工废水超滤器

(3) 高盐废水处理回用工艺

典型的高盐废水深度处理回用工艺如图12-19所示。

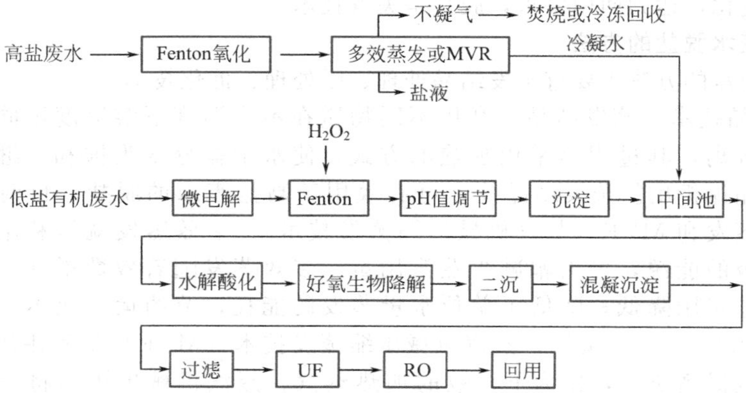

图12-19 典型的高盐废水深度处理回用工艺

该工艺有多种变通方式，如：

① 多效蒸发与MVR的选择应根据当地电费、蒸汽价格及机械压缩机的质量、管理操作水平等统筹考虑，经比较确定；

② 蒸发产生的盐渣，如原水含盐较纯，则盐渣可以回收；如原水含盐较杂，盐渣中含高分子、大分子有机物及杂盐，则盐渣不能利用，只能进行固废焚烧等；

③ 蒸发产生的混合气如烃类、氮气等可高温焚烧（RTO蓄热式焚烧炉）；如混合气组

分可利用，则采取冷冻浓缩可回收利用；

④ 蒸发产生的低挥发分在蒸汽冷凝时进入冷凝水可直接进入生物反应。

低盐有机废水如 pH 较低（pH＜3～3.5），推荐采用微电解处理，一则可以氧化复杂结构有机物，二则可自动回升 pH 值，免去加碱的费用。微电解出水 pH 值可达 4.5～5，后续跟踪应用 Fenton 反应是必要和合理的。

低盐有机废水如 pH 值较高（pH＞4～5 及以上），推荐采用 Fenton 反应，利用投加的双氧水，在 Fe^{2+} 的催化作用下完成氧化还原反应，进一步分解有机物，利于后续生物降解。

当有条件采用其他催化氧化剂时，只要具备选择性、针对性的催化剂，不失为有效的方法，并可取代微电解和 Fenton 反应。

微电解、Fenton 氧化后续应调整 pH＝7～7.5，完成残留 Fe^{2+} 的氧化，并形成混凝条件，使大分子有机物沉淀分离。出水中有机物通常可生化性得到改善，可以蒸发冷凝水一起混合，完成生物反应。只要预处理到位，生物处理过程含盐量较低，且有机物主要为可生化性较好的低分子有机物，生物处理的效果通常是较好的。这类废水通常采用 A/O（如水解酸化－推流曝气好氧处理）工艺即可达到要求，一般无需采用高级厌氧工艺（如 UASB、ABR 等）。生物处理出水经二沉后一般均可达到水质排放要求。

如果要求出水回用，则生物处理出水需进行深度处理。通常经混凝沉淀（可采用斜管沉淀）、过滤（活性炭过滤、纤维转盘过滤等可以用较大的滤速），再采用 UF-RO 除盐。RO 出水电导率＜100μS/cm、盐含量约 20～30mg/L、COD＜3～5mg/L，即可达到回用水水质标准。对于水中二价盐 Ca^{2+}、Mg^{2+} 浓度较高的原水，UF-RO 可以变通为 UF-NF-RO 工艺，利用 NF 对二价以上盐类较高的脱盐率，减轻 RO 的脱盐负荷，则工艺稳定性更好，脱盐效率更高。

(4) 红太阳药业公司废水处理回用工程

常州红太阳药业公司年产 50t 头孢美唑钠、50t 头孢西丁酸、50t 头孢匹罗、50t 头孢丙烯、50t 头孢替唑钠、50t 头孢匹胺钠、50t 头孢替安盐酸盐、50t 头孢卡品酯、50t 头孢米诺钠、100t 头孢呋辛钠、5t 氯诺昔康、200t 邻甲苯海拉明、400t 盐酸苯海拉明。该公司废水水质见表 12-6。

表 12-6　红太阳药业公司废水水质

废水量/(m^3/d)	污染物名称	浓度/(mg/L)	治理方式	排放去向
180	COD_{Cr}	30000	厂内污水处理站处理	回用于循环冷却系统
	NH_3-N	300～500		
	TP	93.3		
	苯胺类	0.97		
	二甲苯	4.5		
	二氯甲烷	38.5		
	氯化物	22.9		
	甲苯	10.1		
	盐分	16000～25000		

红太阳药业公司要求废水经过处理后全部回用，出水标准参照《城市污水再生利用　工业用水水质》(GB/T 19923—2005)，如表 12-7。

表 12-7 《城市污水再生利用 工业用水水质》

控制项目	冷却用水
	敞开式循环冷水水系统补水
pH 值	6.5～8.5
悬浮物(SS)/(mg/L)	—
色度/度≤	30
生化需氧量(BOD_5)/(mg/L)≤	10
化学需氧量(COD_{cr})/(mg/L)≤	60
氯离子/(mg/L)≤	250
氨氮(以 N 计)/(mg/L)≤	10
总磷(以 P 计)/(mg/L)≤	1
溶解性总固体/(mg/L)≤	1000
阴离子表面活性剂/(mg/L)≤	0.5

该公司废水处理工艺流程见图 12-20。

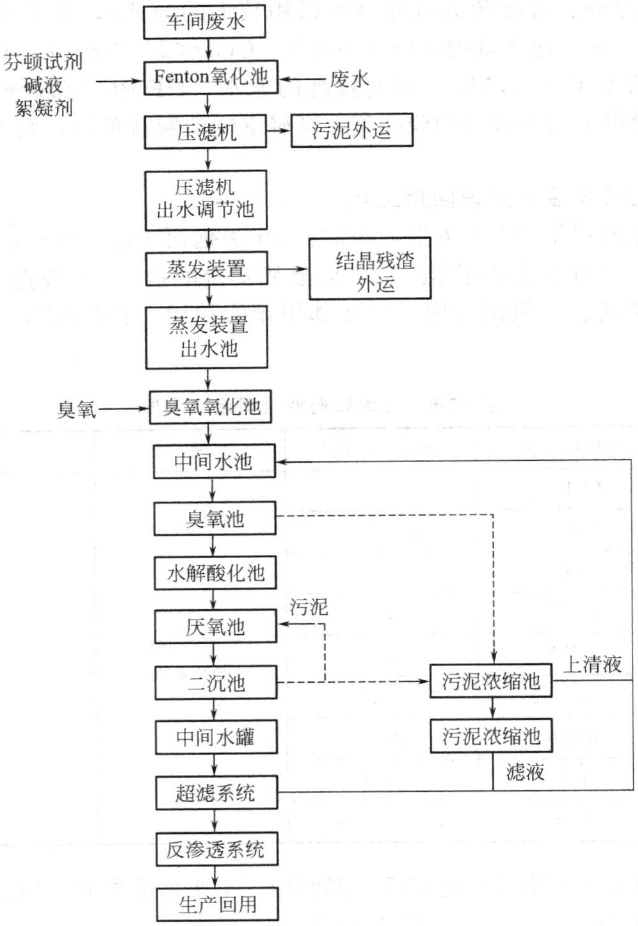

图 12-20 红太阳药业公司废水处理工艺流程

废水处理工艺流程介绍如下。

① 所有车间废水收集至车间集水池，然后和其他废水一同打入芬顿氧化池，投加H_2O_2、$FeSO_4$，完成反应。Fenton氧化池出水进入压滤机压滤，出水调节后进入三效蒸发系统。

② 蒸发冷凝液经调节后泵入氧化塔，蒸发残渣外运，蒸发系统所用蒸汽，部分为外供蒸汽，部分为废气焚烧系统余热。

③ 冷凝液在氧化塔中通入臭氧，臭氧氧化后大部分长链和杂环有机物被氧化分解。

④ 氧化池出水进入厌氧池，在厌氧池中，污染物被厌氧微生物大量降解，厌氧出水自流进入水解酸化池。在水解酸化池内，废水中的大分子难降解有机物，被分解为小分子易降解有机物，提高废水可生化性。水解酸化池出水自流进入好氧池，完成好氧生物反应。

⑤ 二沉池出水经UF后，清水进入RO装置，UF浓水回至中间水池，RO淡水进入回用水池，RO浓水在二级RO进水，二级RO浓水进蒸发装置处理。

系统处理效果见表12-8。

表12-8 系统处理效果

工段		COD_{cr}/(mg/L)	氨氮/(mg/L)	盐分/(mg/L)
Fenton氧化	进水	30000	300～500	16000～25000
	出水	15000～18000	<300	—
三效蒸发＋臭氧氧化	出水	6000～8000	<100	300～400
厌氧生物反应	出水	2000	≤100	—
水解酸化	出水	1000	≤80	—
好氧生物反应＋二沉	出水	80～100	20	—
超滤(UF)	出水	50～60	20	—
反渗透(RO)	出水	15～20	1	10

12.4 机械切削乳化液混凝破乳处理回用技术

12.4.1 机械切削乳化液废水的处理方法

(1) 机械切削乳化液的来源与性质

机械切削加工是现代制造业的重要手段和基本条件。但切削加工过程会产生很多的污染物，其中主要的污染物是切削废液。切削废液中含有矿物油及含硫、磷、氯等的添加剂，对环境有害，切削废液未经处理排入水体会造成严重污染。通常未处理的切削废液中含油量达1500mg/L，化学耗氧量（COD）高达18000mg/L，生物需氧量（BOD）高达9300mg/L。此外，还含有大量的亚硝酸钠、三乙醇胺等缓冲蚀剂和表面活性剂等。因此，切削液的环境污染问题引起了充分重视。下面主要讨论机械切削废液的处理。

(2) 机械切削含油废水的处理方法

机械加工含油废水中油的存在状态，分为四类，游离油、细分散油、乳化油和溶解油。其COD组成主要为油，因此除油成为关键技术。

对于游离油的处理，目前多采用简单的隔油池分离回收，处理效果取决于油珠的粒径、油的密度、水的温度和黏滞性等因素。细分散油和乳化油在动力学上具有一定的稳定性，较难处理。由于其中含有碱性物质、表面活性物质，有时还含有脂肪酸盐和硫酸盐，使油珠表面具有强烈的负电性，ζ电位增高（>30mV），表面张力降低，这就进一步加深了油在水中的乳化性质，加大了废水处理的难度。切削液处理的难度在于含乳化油废水的处理。

含油废水的处理的方法与分类见表12-9。其中乳化液的破乳是最重要的核心技术。

表12-9 机械加工含油废水处理的方式与分类

方式			特点
物理处理	沉降分离(隔油、斜管除油)		适用直径(d)>60μm 油珠
	气浮分离(溶气气浮、电气浮、气浮)		适用 d=10～60μm 油珠
	离心分离(离心机、水力旋流器)		适用 d>10μm 油珠
	过滤分离(疏水性滤料过滤)		适用 d<10μm 油珠
化学处理	化学破乳(酸化、混凝法)		加酸或无机盐破乳凝聚，乳化油 d=0.1～10μm
	氧化还原法	电解	适用溶解性油 d 为几纳米至1μm
		臭氧氧化	适用微量油，c<5～10mg/L
生物处理	活性污泥法		适用废水中油含量<20mg/L，并同时去除非离子系活性剂、有机胺、多元醇等有机物

12.4.2 乳化液破乳技术

(1) 乳化液破乳反应的原理及方法

破乳反应是针对乳化油的必要处理手段，通常结合气浮完成油水分离（单纯可浮油、分散油可用隔油方法处理）。由乳化液的表面化学特性可知，油的乳化主要是表面活性剂的存在，使分散油带有ξ电位而互相排斥，或形成稳定的乳化液体系。水中碱会形成金属离子的皂素，也会使油珠带电形成稳定的乳化液。所以凡能消除或削弱乳化剂保护能力的因素，皆可达到破乳的目的。

乳化液的油珠表面带有ζ电位。ζ电位越大说明乳化油珠越稳定。

乳化液中若投加带正电荷的离子，ζ电位开始下降，各油珠之间的排斥减少就更容易靠相互碰撞而聚结在一起。破乳即需降低表面电位，削弱界面膜的保护作用，降低系统内液-液界面的自由能，常用的方法如下。

① 在切削液的成分中，优先采用不能形成牢固的结构膜的表面活性物质代替原来的乳化剂，某些乳化剂的表面活性很强，但因碳链短而无法形成牢固的界面膜。

② 混凝或酸化破乳。在乳化液中加入某些电解质，产生带正电荷的反离子中和油珠的ζ电位，消除乳化剂的保护作用。如加无机酸、无机盐类，使某些有机酸盐（油酸钠）的表面活性剂变成不具有表面活性的有机酸（油酸），而达到破乳的目的。

③ 加入类型相反的乳化剂，如向O/W型的乳化液中加入W/O型的乳化剂。

④ 电解。产生油珠所带电荷的反离子（如H^+、Fe^{2+}等），消除油珠的ζ电位。

⑤ 加热。温度升高可降低乳化剂在油-水界面的吸附量，削弱保护膜对乳化液的保护作用，降低分散介质的黏度。

(2) 混凝破乳

乳化油带有ζ电位，当水中投加无机盐，如$Al_2(SO_4)_3$、$FeCl_3$等，它们会离解成Al^{3+}、Fe^{3+}等阳离子，Al^{3+}、Fe^{3+}进入油珠的吸附会中和其ζ电位，在旋流涡流的水力条件下碰撞凝聚成大油珠，完成破乳。

铝、铁盐水解产物受pH值影响。采用某种混凝剂对任一废水的破乳，一般不必担心

pH 值过低。pH 值过低时，$Al_2(SO_4)_3$、$FeCl_3$ 水解产生的高价阳离子 $[Al(H_2O)_6]^{3+}$、$[Fe(H_2O)_6]^{3+}$ 比例高，电中和能力强，因而有利于消除乳化油的 ζ 电位，加速脱稳。

水温高对破乳有利。铝盐水解是吸热反应，高温水解快，水的黏度小，电导大，可提高破乳效果，缩短破乳反应时间。有机高分子絮凝剂只能作为助凝剂，只有当油珠破乳脱稳，并凝聚成大油珠后方能起黏附油珠的作用。聚合氯化铝（PAC）、聚合硫酸铁（PFS）等无机高分子絮凝剂因为不能产生高价阳电荷水解产物，因而破乳效果不如 Al_2SO_4、$FeCl_3$ 等。

（3）酸化破乳

酸化破乳的原理类似于混凝破乳。它利用强酸水解产生的 H^+ 中和乳化油的 ζ 电位，使其脱稳凝聚。由于一定浓度的酸的 H^+ 强度很大，压缩双电层效果显著，且 H^+ 同时能去除乳化液废水中经常存在的 OH^- 及 HCO_3^-，因而促进了破乳作用。酸破乳又称酸析，实践证明，投加定量酸的破乳效果常优于无机盐，而且通常不加碱，只要一定的水力条件即可完成油水分离。但酸化破乳涉及设备都要求严格防腐，因而部分应用有具体困难。

（4）电解破乳

电解破乳是将正负相间的多组电极安插于含油废水中。当通电时，发生电化学反应，使可溶性阳极在电极表面附近直接连续地产生金属阳离子而进入废水溶液内部，这些阳离子经过水解、聚合作用，可生成多核羟基络合物及氢氧化物，这些高电荷金属离子水解产物可使废水中油珠降低 ζ 电位并凝聚，从而达到破乳的目的。另外，由于产生的络合物具有链式结构，起到了网捕、架桥作用，络合离子及氢氧化物有很高的吸附活性，其吸附能力高于一般药剂水解法得到的氢氧化物吸附能力，它能有效地吸附含油水中的油类、悬浮物以及可溶性的有机物。

12.4.3　机械切削含油废水处理回用工程

常见的机械切削含油废水处理回用除破乳气浮外，需增加过滤、生物处理或膜技术等，其组合工艺有：

① 调节→隔油→混凝破乳→气浮→核桃壳过滤→砂滤→出水

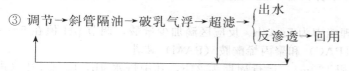

② 调节→平流隔油→破乳气浮→混合→水解酸化→推流曝气生化→二沉→过滤→出水

生活污水或其他营养（→混合）

③ 调节→斜管隔油→破乳气浮→超滤→{出水；反渗透→回用}（浓水回流至调节）

某乳化液废水超滤器见图 12-21。

图 12-21　某乳化液废水超滤（UF）器

宁波市乳化液处理回用工程实例如下。

(1) 处理工艺

宁波市乳化液处置中心设计处理能力为20m^3/d。混合废液分析结果见表12-10。

表12-10 废乳化油的特性

pH值	COD_{Cr}/(mg/L)	BOD_5/(mg/L)	B/C	石油类/(mg/L)	浊度/NTU
6.5～7.8	18000～40000	2200～7000	0.122～0.175	1200～3000	2000～4000

注：乳化油平均粒径为11.9μm。

废乳化液中含有大量复合型的表面活性剂，这些表面活性剂大部分是烃基化合物，如阴离子型表面活性剂中的酯及酸皂、甘油酸酯、乙二醇等；非离子型表面活性剂中的醚键型与酯键型以及阳离子型的胺盐等。因此，工艺选择破乳、气浮、生化、过滤，达到深度处理回用要求。生化处理选择SBR工艺，该工艺有生化反应速度快、运行稳定、耐冲击负荷、污泥沉淀性能好等优点。间歇反应中出现的厌氧、缺氧和好氧环境，有利于部分难降解物质转化为易降解物质，控制系统供氧可实现脱氮除磷。

从经济和处理效果考虑，最终采用"混凝气浮—SBR生化—过滤"处理工艺。工艺流程见图12-22。

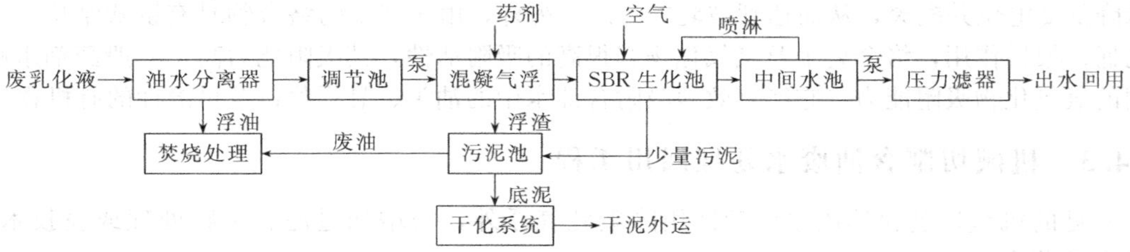

图12-22 宁波市乳化液处理回用工程

(2) 工程主要构筑物、设备及设计参数

① 调节池 调节池尺寸7m×4m×2.5m，全地下钢筋混凝土结构，有效容积56m^3。进水处设计格栅井，安装无动力油水分离器，处理能力为3m^3/h，自动收集浮油，可回收利用或焚烧处理。

② 混凝气浮 混凝气浮处理能力为5m^3/h。反应区滴加少量酸，调节pH值在5～6之间，投加氯化钙、聚合氯化铝（PAC）和聚丙烯酰胺（PAM）破乳。

③ SBR生化池 SBR池容积120m^3，运行周期为24h，其中进水4h，曝气16h（进水2h后开始），静置2h，排水2h，空置2h。进水处滴加碱回调pH值到8左右，池顶设喷淋装置，池底安装可变微孔曝气器，气水比为（16～18）：1，采用螺杆滗水器排水。

④ 回用水池 回用水池有效容积30m^3，设置污水泵，部分回流喷淋，喷淋水量为2m^3/h。

⑤ 压力滤器 压力滤器处理能力为8m^3/h。

(3) 工程经验及总结

工艺采用盐混法进行破乳，即氯化钙、PAC和PAM，在油水分层的同时，能有效去除大量的有机污染物，且所需设备和操作工艺简便。

考虑到废乳化液含有大量表面活性剂，通过好氧曝气后会产生大量黏稠状泡沫，漂出水池，严重影响周围环境卫生，为此在SBR生化池顶增设一套喷淋装置，利用中间水池中排放水喷淋，形成内回流，既减少了泡沫，又降低了SBR生化池有机负荷。

实行废乳化液集中处置有以下优点：可避免小规模重复建设；便于管理部门监管，保证处置效果；可避免分散处置造成的二次污染，有利于污染集中控制。

混凝气浮—SBR 生化—过滤组合处理工艺处理废乳化液经过工程实际运行，系统运行稳定、处理效果良好，出水可以回用于一般用途。当回用要求较高时，出水经 UF-RO 均可满足要求。

12.5 印染废水膜法处理回用技术

纺织印染行业是我国工业的重要组成部分，排放废水量大，约占工业废水排放总量的 35%。纺织行业废水排放量如此之高，一方面是因为工艺相对落后，用水量大，另一方面还在于废水的回用率低。因此，要实现我国印染行业的可持续发展，必须开发印染废水处理回用技术。这对于解决水资源短缺，保护环境也具有非常重要的意义。

12.5.1 印染废水的特性及深度处理方法

(1) 印染废水的特性

印染废水一直是难处理的废水，它具有以下特点：①由大量游离态的染料残留在水中引起的高色度；②由高分子合成印染助剂和染料所引起的难降解的 COD 很高；③部分印染工艺印染助剂的含盐量很高导致废水的电导率很高；④由于生产过程的氯漂白工艺和一些染料带有的卤素、硫磺、重金属而使废水中具有很高浓度的 AOX、硫化物、重金属。

印染废水中各类污染物主要有染料及色度物质、浆料、酸、碱、盐、表面活性剂等，其中危害较大的有重金属、卤化物、甲醛和酚类化合物。

① 染料及色度物质　印染废水的颜色多变，色度高，排入河流使河水变色。造成印染废水色度的主要因素是染料，它们处于物质转化的过渡阶段，性质极不稳定，COD 值很高且难降解。

例如，残留于涤纶染色废水中的分散染料，其 COD 值高达 2000～3000mg/L，且大多数成分为非生物降解物质。

② 浆料　浆料有淀粉、变性淀粉和 PVA（聚丙烯醇），丙烯酸淀粉上浆的织物采用酶退浆或氧化剂退浆，产物是葡萄糖或氧化淀粉，全部转移到水中，通常 COD 高而可生化性好。PVA 及丙烯酸为合成浆料难降解，污染较大。

③ 化学物质及氮、磷营养物质　由于印染工业涉及许多有害化学药物，成分复杂。近些年，许多含氮、磷的化合物大量用于洗净剂，尿素也常用于印染各道工序，使废水中总磷、总氮含量增高，排放后使水体污染。

④ 有机卤化物　通常为人工合成，具有易溶、高活性等优点，印染工艺中应用较多，漂白废水、毛纺氯化和防缩废水中含有多种有机卤化物。

(2) 印染废水深度处理常用方法

物理方法主要包括过滤和吸附方法，包括砂滤、纤维球过滤、硅藻土吸附和活性炭吸附等；在原有印染废水处理（一般为生物处理）的基础上，进行三级深度处理。常用的处理技术包括化学氧化法、电化学氧化法、膜分离法等。膜分离技术在印染废水回用中不仅能去除污水中残存的有机物和色度，还能脱除无机盐类，防止系统中无机盐类的积累，确保系统长期稳定运行，是印染废水回用处理的最具有可行性的技术。

① 硅藻土吸附脱色技术　硅藻土主要成分为非晶形 SiO_2，并含有少量 Al_2O_3，Fe_2O_3 等。经精选、改性后的硅藻精土比表面大、孔隙率高、吸附性好，能有效吸附印染废水中残余的色度物质而使水脱色。其工艺为：①二级出水→投加硅藻土→脱色反应→沉淀；②二级出水→投加硅藻土→加速澄清池。第二种方法由于硅藻土可循环使用，达到吸附饱和，因而

脱色效率更高。该技术需要改进的关键在于如何对吸附饱和的硅藻土进行再生，以进一步降低成本。

硅藻土脱色技术已在江苏新航、红嘉等印染公司取得成功经验。

② Fenton 试剂法　常用于可溶性染料废水预处理，即 $FeSO_4$ 法后二次投加 H_2O_2，反应约半小时后再投加石灰，使 pH 值达 7 以上，絮凝初沉，脱色效率大幅提高。这样可减轻生化对脱色的负担。

③ 臭氧氧化法　经二级生化处理出水采用臭氧接触氧化既可完成脱色反应又可完成消毒反应。脱色效率取决于臭氧投加量，通常为 10～15mg/L。臭氧氧化后如需回用，通常应经过砂滤或微滤。

④ 印染废水膜法处理技术　膜分离法是利用特殊的薄膜对液体中某些成分有选择性透过而得到分离的方法。目前在印染废水回用上应用较多的膜分离技术有反渗透（RO）、纳滤（NF）、超滤（UF）和微滤（MF）。这些膜分离过程都是以压差为驱动力，废水流经膜面的时候，废水中的污染物被截留，而水透过膜，实现了对废水的处理。对于微滤和超滤来说，它们的孔径较大，可以用常规的过滤过程来描述其分离机理；而对于纳滤和反渗透这些细孔膜来说，它们的分离机理一般用溶解-扩散模型和平衡热力学模型来解释。

纳滤及反渗透法除盐的操作压力约为 1～4MPa，能从印染废水中去除离子或低分子量有机物，出水能达到无色和低盐度，水质优良，可回用于印染工艺配水。

在印染废水处理回用中要求进水经砂滤、微滤甚至超滤作为预处理。

微滤与超滤的膜孔径范围分别为 0.1～10μm 及 0.01～1μm，在进行分离时微滤的操作压力为 0.01～0.3MPa，超滤的操作压力为 0.2～1.0MPa。微滤及超滤可截留水中胶体、细菌及病毒在内的超细污染物。微滤处理印染废水，能去除胶状染料，与传统工艺中的介质过滤处理相当；超滤能有效去除颗粒物质（相对分子质量＞300）和直径大于 10nm 的大分子有机物。超滤和微滤属于过滤工艺，常作为纳滤和反渗透的预处理工艺。当印染废水回用于清洗水时，用微滤、超滤处理出水，水质已可满足要求。

12.5.2　印染废水处理回用技术的膜法组合工艺

膜分离技术在印染废水回用工艺上的应用包括几种膜分离技术组合工艺和膜分离技术与其他技术（如生物技术）的组合工艺。

(1) 几种膜分离技术的组合工艺

① 二级出水—砂滤—超滤—反渗透/纳滤—回用　采用超滤作为反渗透的预处理工艺，深度处理并回用印染废水的二级处理出水。用纳滤作为最后的膜处理工艺电导率和总硬度的去除率分别是 40%和 75%，出水能达到一般染色的工艺用水要求；而以反渗透作为最后的膜工艺工程对盐分的去除率达到 95%以上，出水几乎不含有任何有机物和色度，可回用于包括对水质要求最高的浅染色工艺在内的任何印染工艺配水。

② 二级出水—微滤—纳滤/反渗透—回用　当二级出水澄清时，可省去砂滤。微滤作为纳滤和反渗透的预处理工艺，可以降低废水中的胶体和悬浮固体浓度，减少膜污染，保证膜具有足够长时间的运行周期。经纳滤和反渗透后的出水水质见表 12-11。

表 12-11　纳滤和反渗透进水和出水水质情况

参数	纳滤(NF)(稳定的进水浓度)			反渗透(RO)		
	进水	渗透液	去除率/%	进水	渗透液	去除率/%
COD/(mg/L)	76.5	24	68.63	134～172	7～10	94～95
TOC/(mg/L)	16.0	2.1	86.88	14～27	2～3	85～90

续表

参数	纳滤(NF)(稳定的进水浓度)			反渗透(RO)		
	进水	渗透液	去除率/%	进水	渗透液	去除率/%
TSS/(mg/L)	5.5	0	100	12～32	0	100
硬度(以 $CaCO_3$ 计)/(mg/L)	180	66	63.33	200～250	20～30	88～90
电导率/(μS/cm)	1480	880	40.54	2000～2400	135～400	83～93
色度(426nm)	0.081	0.003	96.30	0.019～0.037	0.002～0.008	78～89

从表 12-11 中可以看出，经纳滤和反渗透出水后的水质都很好，反渗透对 COD、硬度、电导率的去除率都远远高于纳滤。纳滤膜的性能介于超滤和反渗透之间，在膜分离技术里能以最低的一次设备投资和运行、维修费用，取得良好的出水水质，通常能满足印染工艺回用水的水质要求，因此是应该优先选择的工艺。

(2) 膜技术组合工艺处理回用印染废水

① 经生化处理后的二级出水—臭氧—纳滤—回用　将臭氧作为纳滤的预处理工艺，能氧化引起膜污染的有机物质，从而阻止膜的污染。当臭氧浓度为 4mg/L，氧化时间为 60min，COD 的去除率能达到 43%，经纳滤后，电导率下降了 65%以上，出水的各项指标均达到回用标准。

② 生产车间直排废水—絮凝澄清—臭氧—超滤—回用　第一阶段的絮凝澄清处理能去除 49%以上的浊度，这对后续深度处理起到了保障。整个工艺能去除 93%的色度，其中臭氧阶段能去除 71%的色度；超滤去除了 27%的浊度和 30%的悬浮固体物质；全流程对 COD 的去除率达到 66%。各取样点的水质情况如表 12-12 所示。

表 12-12　印染废水絮凝澄清—O_3—UF 处理阶段水质

参数	取样点			
	原废水	澄清絮凝出水	臭氧出水	超滤出水
pH 值	6.9	8.9	7.8	7.3
COD/(mg/L)	1017	660	512	352
TSS/(mg/L)	173	121	56	<5
浊度/NTU	123	63	34	0.8
电导率/(μS/cm)	2702	2938	2956	2778
总硬度	—	—	—	25
色度(420nm)	0.092	0.027	0.009	0.007

将 50%的超滤渗透液与 50%的自来水应用在印染工艺工业应用上取得了很好的效果，染色的结果与使用新鲜水染色并没有任何的不同。

常熟某印染废水砂滤器见图 12-23，太仓某印染废水好氧曝气池见图 12-24。

图 12-23　常熟某印染废水砂滤器

图 12-24　太仓某印染废水斜管沉淀池

12.5.3 印染废水深度处理回用工程

(1) 上海某纺织厂超滤法处理染料废水

上海某纺织厂采用超滤工艺处理染缸下脚以及第一道水洗槽排放的染料废水，该部分废水由于染料浓度较高而采用丙烯腈-聚氯乙烯超滤膜进行处理并回收染料。超滤透过液与其余工段排放废水和生活污水一起采用延时曝气法进行生化处理。整个工艺处理水量为 $500m^3/d$，其中生产废水 $450m^3/d$，膜水通量为 $60L/(m^2 \cdot h)$，超滤膜对染料的截留率高达 99%～100%。

(2) 无锡某棉纺织印染企业印染废水 BAF—UF—RO 系统深度处理

无锡某工业园区采用二级生化工艺对印染废水进行预处理，出水水质达到三级排放标准。现采用曝气生物滤池—超滤—反渗透联合工艺进行深度处理，使出水水质能达到回用于印染工艺的要求。

① 废水水质　二级生化处理后，水质指标见表 12-13。

表 12-13　废水水质指标

项目	pH 值	COD/(mg/L)	BOD_5/(mg/L)	色度/倍	浊度/NTU	电导率/(μS/cm)
数值	8～8.5	300～500	20～60	120～220	50～160	5000～7000

② 工艺流程　采用的工艺由曝气生物滤池（BAF）、超滤（UF）和反渗透（RO）单元组成，处理规模为 $5m^3/d$；试验装置的生产和组装由上海 IT 恒通先进水处理有限公司完成。工艺流程见图 12-25。

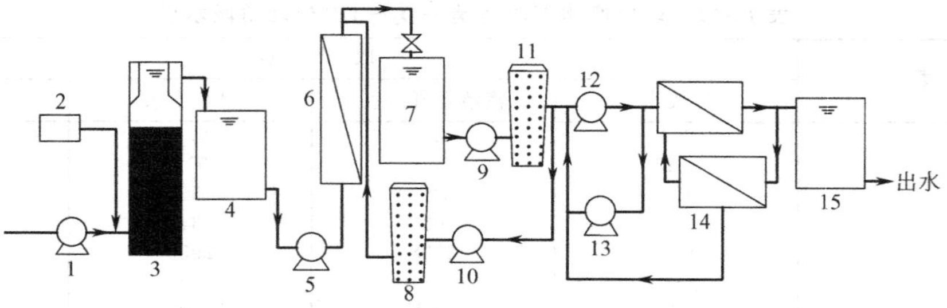

图 12-25　印染废水 BAF—UF—RO 深度处理流程

1—进水泵；2—电磁式空压机；3—BAF；4—BAF 产水箱；5—UF 进水泵；6—UF 装置；7—UF 产水箱；8—100μm 反洗过滤器；9—RO 给水泵；10—超滤反洗泵；11—5μm 保安过滤器；12—RO 高压泵；13—清洗泵；14—RO 装置；15—RO 产水箱

BAF 水力停留时间为 5h，气水比为 10∶1。超滤膜为中空纤维内压式超滤膜，孔径为 0.2μm，中空丝内径为 1.0 mm，截留分子量为 80。UF 采用错流过滤方式，操作压力为 0.15～0.2MPa，产水量为 $75L/(h \cdot m^2)$。反渗透膜为卷式聚酰胺复合膜，处理方式为一级两段，操作压力为 1.49～1.51MPa，淡水通量为 $59L/(m^2 \cdot h)$，回收率为 60%。

③ 处理效果　系统处理效果见表 12-14。

表 12-14　印染废水 BAF—UF—RO 系统处理效果

指　标	进　水	BAF 出水	UF 出水	RO 出水	总去除率/%
COD/(mg/L)	300～500	160～290	58～110	10～20	96%
色度/倍	128～220	112～164	56～86	<2	>99%
电导率/(μS/cm)	5300～6600	5300～6300	5580～6610	48～59	

采用 BAF—UF—RO 联合工艺对印染废水二级生化处理出水进行深度处理，相应的 COD、色度、浊度、电导率出水指标为 10～20mg/L，＜2 倍、＜0.5 NTU，48～59μS/cm，其水质可满足印染生产工艺的要求。

(3) 某集团水解酸化—接触氧化—双膜系统法处理印染废水

① 工程概况　某集团以生产羊绒制品为主，其废水主要包括漂洗废水、印染废水、洗毛废水和部分生活污水。污染物主要有活性士林、纳夫妥、分散剂等染料及多种无机助剂、有机助剂和柔软剂。工程采用了水解酸化—接触氧化—连续微滤（MF）—反渗透（RO）组合工艺对生化出水进行深度处理并回用。

结合该集团的实际情况，反渗透浓水和生化系统排放的泥水用于电厂水膜除尘器的除尘，除尘排水经沉淀、炉渣过滤后又回用于水膜除尘器，沉渣用于制砖。最终形成了一套以膜分离技术为核心的集成技术处理工业废水的工艺路线，该工艺没有固体废物产生，真正实现了废水的“零”排放。

废水处理规模为 2544m³/d，其生化系统进水水质及排放标准见表 12-15，工艺流程见图 12-26。

表 12-15　生化处理系统水质及排放标准

项　目	COD_{Cr}/(mg/L)	BOD_5/(mg/L)	SS/(mg/L)	pH 值	色度/倍
废水水质	450～900	180～350	170～340	6.8～9	200～350
排放标准	150	30	150	6～9	80

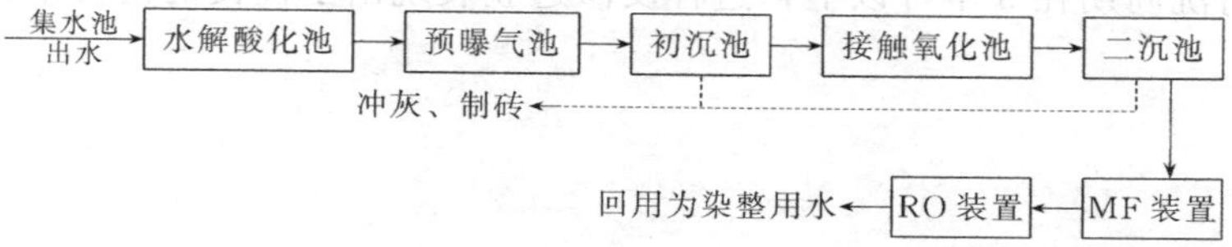

图 12-26　印染废水 A/O—MF—RO 系统处理回用工艺流程

② 各主要构筑物及设备参数

a. 水解酸化池。有效容积 875m³，池内装半软性填料，填充率为 40%，HRT 为 8h，容积负荷为 1.3～2.5kgCOD_{Cr}/(m³·d)。

b. 初沉池。表面负荷为 1.6m³/(m²·h)。

c. 接触氧化池。容积负荷为 0.58～0.82kgCOD_{Cr}/(m³·d)，穿孔曝气管充氧，DO 2～4mg/L。

d. 二沉池。表面负荷为 1.6m³/(m²·h)。

e. 微滤装置。采用聚偏氟乙烯（PVDF）中空纤维膜，内径/外径为 0.8mm/1.2mm，膜孔径为 0.2μm。4 台（3 用 1 备），每台机组 20 支膜，膜组件直径 161.6mm，高 1730mm，每只膜组件的有效过滤面积为 42m²，运行压力 0.1～0.2MPa，设计膜通量 50L/(m²·h)。

f. 反渗透装置。采用海德能的抗污染 LFC-36 型的卷式膜，4 台（3 用 1 备）。采用一级两段式，一段与二段间膜组件比 3∶2，一段 3 只膜组件，二段 2 只膜组件，每只膜组件装 6 个膜元件，膜元件的面积为 33.7m²/个。运行压力 1.2～1.6MPa，回收率为 55%～60%。膜元件设计寿命 3 年。

③ 运行效果　接触氧化池出水 COD_{Cr} 为 74～110mg/L，平均为 90mg/L；BOD_5＜20mg/L，平均为 12mg/L；SS＜10mg/L，平均为 7mg/L；pH 值为 7.3～7.8，平均为 7.5；色度为 30～40 倍。

接触氧化池出水通过30目的保安过滤器后进入微滤膜系统，微滤膜系统进出水水质见表12-16。

表12-16 微滤膜系统进出水水质

项目	COD_{Cr} /(mg/L)	电导率 /(μS/cm)	SO_4^{2-} /(mg/L)	pH值	碱度(以 $CaCO_3$ 计) /(mg/L)	硬度(以 $CaCO_3$ 计) /(mg/L)
进水	70～110	2700～5000	300～500	7.3～7.8	340～570	350～470
出水	67～93	2800～5000	296～500	7.3～7.7	350～570	350～470

反渗透产水水质与企业染整用水指标见表12-17，可用作企业染整用水，代替自来水软化工艺。

表12-17 RO产水水质与企业染整用水指标

项目	RO产水	染整用水指标	项目	RO产水	染整用水指标
色度	无	无	SiO_2/(mg/L)	0.35	<15
pH值	6.7～7.5(7.1)	6.5～7.5	总铁/mg/L	未检出	不含
硬度(以 $CaCO_3$ 计)/(mg/L)	0.035～3.5(1.5)	<5	电导率/(μm/cm)	65～78(74)	<100
钙/(mg/L)	0.106	<0.5	COD_{Cr}/(mg/L)	0.53	<1
镁/(mg/L)	0.081	<0.2	浊度/NTU	0	0

④ 技术经济分析 本工程处理水量约为2500m^3/d，生化处理部分运行费用为0.65元/m^3。膜深度处理部分费用为3.1元/m^3，主要由膜更换费、电费、药剂费、人工费等组成。

膜的化学清洗周期在3个月以上，这种反渗透膜表现出了优良的抗污染性能。

参 考 文 献

[1] 许保玖，龙腾锐. 当代给水与废水处理原理. 第2版. 北京：高等教育出版社，2000.
[2] 张自杰. 排水工程. 北京：中国建筑工业出版社，2000.
[3] 钱易等译. 水的再生与回用. 北京：中国环境科学出版社，1989.
[4] 涂锦葆. 电镀废水治理手册. 北京：机械工业出版社，1989.
[5] 国家环境保护局. 电镀废水治理技术综述. 北京：中国环境出版社，1992.
[6] 张芳西. 实用废水处理技术. 哈尔滨：黑龙江科学技术出版社，1983.
[7] 顾夏声等. 水处理工程. 北京：清华大学出版社，1985.
[8] 沈耀良，王宝贞. 废水生物处理技术. 北京：中国环境科学出版社，1999.
[9] 金兆丰，余志荣. 污水处理组合工艺及工程实例. 北京：化学工业出版社，2003.
[10] 杨芸，李旭东. 废水处理技术及工程应用. 北京：机械工业出版社，2003.
[11] 周彤. 污水回用决策与技术. 北京：中国建筑工业出版社，2002.
[12] 吴一蘩，高乃云，乐林生. 饮用水消毒技术. 北京：化学工业出版社，2005.
[13] 严煦世，范瑾初. 给水工程. 第4版. 北京：中国建筑工业出版社，1999.
[14] 蒋兴锦. 饮水的净化和消毒. 北京：中国环境科学出版社，1989.
[15] 周云，何义亮. 微污染水源净化技术及工程实例. 北京：化学工业出版社，2003.
[16] 余淦申. 生物接触氧化处理废水技术. 北京：中国环境科学出版社，1992.
[17] 顾国维，何义亮. 膜生物反应器. 北京：化学工业出版社，2002.
[18] [英] Tom Stephenson，Simon Judd，Bruce Jefferson，Keith Brindle 编著. 膜生物反应器污水处理技术. 张树国，李咏梅译. 北京：化学工业出版社，2003.
[19] [美] E·G·福奇曼，R·G·赖斯，M·E·布朗宁. 臭氧消毒. 朱庆爽等译. 北京：中国建筑工业出版社，1983.
[20] [英] P. 希立斯编著. 膜技术在水和废水处理中的应用. 刘广立，赵广英译. 北京：化学工业出版社，2003.
[21] 化学工业出版社组织编撰. 水处理工程典型设计实例. 第2版. 北京：化学工业出版社，2005.
[22] [英] 西蒙·贾德，布鲁斯·杰斐逊编著. 膜技术与工业废水回用. 蔡邦肖译. 北京：化学工业出版社，2006.
[23] 杭世珺编著. 北京市城市污水再生利用工程设计指南. 北京：中国建筑工业出版社，2006.
[24] 刘光钊等编译. 水体富营养及其藻害. 北京：中国环境科学出版社，2005.
[25] 王宝贞，王琳主编. 水污染治理新技术：新工艺、新概念、新理论. 北京：科学出版社，2004.
[26] 刘辉编著. 全流程生物氧化技术处理微污染原水. 北京：化学工业出版社，2003.
[27] [日] 宗宫功编著. 污水除磷脱氮技术. 北京：中国环境科学出版社，1987.
[28] 余淦申编. 生物接触氧化法处理废水. 杭州：浙江科学技术出版社，1983.
[29] 许建成等编著. 水的特种处理. 上海：同济大学出版社，1989.
[30] 美国环保局（USEPA）组织编写. 污水再生利用指南. 胡洪营等译. 北京：化学工业出版社，2008.
[31] 曾一鸣著. 膜生物反应器技术. 北京：国防工业出版社，2007.
[32] 丁忠浩编著. 废水资源化综合利用技术. 北京：国防工业出版社，2007.
[33] 叶建锋编著. 废水生物脱氮处理新技术. 北京：化学工业出版社，2006.
[34] 刘茉娥，蔡邦肖，陈益棠编著. 膜技术在污水治理及回用中的应用. 北京：化学工业出版社，2005.
[35] 杨健，章非娟，余志荣编著. 有机工业废水处理理论与技术. 北京：化学工业出版社，2005.
[36] 陈朝东主编. 循环冷却水处理技术问答. 北京：化学工业出版社，2006.
[37] 李仲先编著. 循环冷却水的水质稳定与处理. 北京：冶金工业出版社，1987.
[38] 全国化学标准化技术委员会水处理剂分会编. 循环冷却水水质及水处理剂标准应用指南. 北京：化学工业出版社，2003.
[39] 龙荷云编著. 循环冷却水处理. 南京：江苏科学技术出版社，2001.
[40] 许振良，马炳荣编著. 微滤技术与应用. 北京：化学工业出版社，2005.
[41] 张莉平，习晋编. 特殊水质处理技术. 北京：化学工业出版社，2006.
[42] 周云，何义亮编著. 微污染水源净水技术及工程实例. 北京：化学工业出版社，2003.
[43] 王占生，刘文君编著. 微污染水源饮用水处理. 北京：中国建筑工业出版社，1999.
[44] 尹军，崔玉波. 人工湿地污水处理技术. 北京：化学工业出版社，2006.
[45] 孙铁珩，李宪法. 城市污水自然生态处理与资源化利用技术. 北京：化学工业出版社，2006.
[46] 吕淑清，侯勇，李俊文. 纤维过滤技术的研究进展. 工业水处理，2006，26（10）：6-9.
[47] 涂国华. 电镀废水的化学综合处理. 电镀与环保，1988，(10)：29-31.

[48] H wang, Shy Jye, Lu, Wen-Jang. Ion exchange in semifluidized bed. Industrial Engineering Chemistry Research, 1995, 34 (4): 1434-1439.
[49] 丁春生，刘宏远，王卫文等. 高效气浮技术设备及其在造纸废水处理中的应用. 浙江工业大学学报，2001，29 (4)：398-401.
[50] 丁春生，李达钱. 化工废水处理技术与发展. 浙江工业大学学报，2005，33 (6)：647-651.
[51] 张蓓，周琪，宋乐平等. 混凝沉淀-生物接触氧化法工艺处理混合化工污水. 净水技术，2000，18 (3)：17-21.
[52] 马家骅. 化工、化纤废水处理及回用. 工业用水与废水，2001，32 (3)：26-31.
[53] 王秋华，李素芹，刘素青. 利用生化处理和膜分离技术处理回用化工废水的设计. 工业水处理，2006，26 (8)：73-76.
[54] 徐续，操家顺，常飞. 铁炭微电解-Fenton试剂氧化-二级A/O工艺处理化工废水工程实例. 给水排水，2004，30 (5)：44-47.
[55] 胡萃，黄瑞敏，林德贤等. 膜分离技术在印染废水回用中的应用现状. 江西科学，2006，24 (4)：187-190.
[56] 尤隽，任洪强，严永红. BAF/UF/RO联合工艺深度处理印染废水中试. 中国给水排水，2006，22 (21)：82-84.
[57] 张景丽，曹占平. 印染废水处理及回用实例. 给水排水，2007，33 (8)：65-67.
[58] 张志峰，何晨燕. 印染废水的回用现状与技术发展. 北方环境，2003，28 (4)：50-53.
[59] 门阅，赵峰，孙挺. 超滤 (UF) 技术处理乳化油废水的研究. 当代化工，2004，33 (1)：11-13.
[60] 晏华. 摩托车厂乳化油废水处理工艺设计. 云南环境科学，2006，25：138-139.
[61] 张建鹏，刘如玲，盛兆琪. 乳化液的破乳与可生化性研究. 上海环境科学，1994，13 (10)：20-23.
[62] 吴俊森，李恒军. 城市污水处理及再生利用. 山东师范大学学报，2005，20 (3)：69-71.
[63] 董继先，赵志明，王森，张安龙. 造纸废水深度处理工程设计. 中国造纸，2007，26 (3)] .
[64] 王永毅. 二氧化氯消毒现状与发展. 中国给水排水，1996，12 (5).
[65] 张辰，张欣，吕东明，肖卫星. 紫外线消毒的理论研究. 给水排水，2007，30 (1).
[66] 韩庆昌，权维，娄金生，王芳. 污水回用中的紫外线消毒技术. 中国农村水利水电，2006，(8).
[67] 张立成，傅金祥. 紫外线消毒工艺与应用概况. 中国给水排水，2002，18 (2).
[68] 王雪峰. 微电解水处理器的杀菌作用研究. 给水排水，2001，27 (11).
[69] 张文福，刘育京. 清洗用超声波对细菌的杀灭作用研究. 中国消毒学杂志，1995，12 (1).
[70] 刘明海等. 臭氧发生器应用技术现状. 上海环境科学，1999，18 (10).
[71] 吴晓军. O_3在生活饮用水处理工程上的应用. 水处理技术，1997，23 (5).
[72] 耿士锁，王占生. 生物接触氧化处理微污染地面水的实验研究. 城市环境与城市生态，2000，13 (4).
[73] 刘辉. BCO与BAC联用处理微污染原水的研究 [学位论文]. 上海：同济大学，2001.
[74] 蒋以元等. O_3/BAC工艺应用于城市污水深度处理. 中国给水排水，2004，20 (7).
[75] 许世冲，刘明宇. 膜生物反应器中的膜污染问题. 中国水运，2007，15 (4).
[76] 江萍. 曝气生物滤池处理城市污水的研究. 水处理技术，2003，(6).
[77] 李汝琪，钱易. 曝气生物滤池去除污染物的机理研究. 环境科学，1999，(11).
[78] 梁鸣. 我国城市湖泊富营养化现状及外源控制技术. 武汉理工大学学报，2007，29 (8).
[79] 朱广伟. 太湖富营养化现状及原因分析. 湖泊科学，2008，20 (1).
[80] 田永杰，唐志，李世树. 我国湖泊富营养化的现状和治理对策. 环境科学与管理，2006，31 (5).
[81] 崔福义. 给水厂应对突发性水源水质污染技术措施的思考. 给水排水，2006，32 (7).
[82] 石秋池. 从美国"9·11"之后为保护饮用水水源地所做的工作看我国饮用水水源地应急保护中的问题. 水资源保护，2003，(5)：50-52.
[83] 李妙等. 水生植物对污水净化功能的研究进展. 山东林业科技，2007，172.
[84] 卢进登等. 人工生物浮床技术治理富养化水体的植物遴选. 湖北大学学报，2005，27 (4).
[85] 陈荷生等. 利用生态浮床技术治理污染水体. 中国水利，2005，(5).
[86] 郭彪等. 生态浮床在淀山湖富营养化水体修复中的应用. 中国科技信息，2010，23.
[87] 周泽红等. 水葫芦在污水生态处理系统中的作用及其利用途径. 生态学杂志，1985，(6).
[88] 刘琉. 雨水收集利用在工程设计中的应用. 给水排水，2008，34.